On the Way to New Work

„Ich will dieses Buch!“
Matze Hielscher, Medienunternehmer, Podcaster und Buchautor

„New Work ist mehr als Tischkicker, Sofas und Hunde im Büro, es ist die Chance für mehr Sinnhaftigkeit und echte Antworten auf die großen Herausforderungen unserer Zeit.“
Tina Müller, CEO Douglas Group

„Dieses Buch ist eine frohe Botschaft für alle, die sich bei dem Wort Veränderung nicht sofort im Blackberry verkrallen. Wenn das Bild der Arbeit neu entworfen werden muss, dann ist dieses Buch die Sixtinische Kapelle.“
Micky Beisenherz, Autor, Moderator und kritischer Geist

„Die Autor:innen nehmen uns mit auf eine Reise, an der wir alle teilnehmen werden, auch wenn wir sie nicht gebucht haben.“
Claudia Willvonseder, ehe. Global CMO *IKEA* und Geschäftsführerin *Dr. Oetker*

„Seit über 300 Podcast-Folgen sind Christoph und Michael ‚On The Way to New Work‘. Zusammen mit Swantje haben sie nun das lange versprochene Buch nachgelegt. Es dürfte der Goldstandard werden für deutschsprachige Literatur zu diesem Thema. Ich weiß, wie viel Arbeit und Leidenschaft darin stecken.“
Philipp Westermeyer, Gründer und CEO *Online Marketing Rockstars*

„Ich glaube, dass wir im 21. Jahrhundert die Möglichkeit haben, die Arbeit um das Leben herum zu bauen.“
Sascha Lobo, Blogger, Autor und Journalist

„Wer sind wir eigentlich und was ist es, was wir wirklich wollen? Was braucht unsere Gesellschaft gerade jetzt? ‚On the Way to New Work‘ liefert Inspiration und Antworten auf zentrale Fragen. Vor allem aber kommt das Buch zum richtigen Zeitpunkt.“
Oliver Wurm, Medienunternehmer

„Die Digitalisierung hat die Art, wie wir arbeiten, verändert. Die Corona-Pandemie hat dies noch beschleunigt. Doch Remote Work ist nicht gleich New Work. Die Veränderungen, die wir noch vor uns haben, werden uns fordern und gehen uns alle an.“
Alexander Sixt, Co-CEO der *Sixt SE*

„Die Beiträge in diesem Band zeigen, wie Selbstbestimmung geht, der Kern der New Work, wie sie Fritjof Bergmann dachte. Es ist die real existierende Zukunft der Arbeit.“
Wolf Lotter, Transformationsexperte, Autor und Gründungsmitglied *brand eins*

On the Way to New Work

Wenn Arbeit zu etwas wird, das Menschen stärkt

von

Swantje Allmers

Michael Trautmann

und

Christoph Magnussen

Verlag Franz Vahlen München

Es sind zu wenig Menschen, die am Ende ihres Lebens wirklich mit der tiefsten Überzeugung sagen können, dass sie ihre Zeit auf Erden damit verbracht haben, das zu tun, was sie wirklich, wirklich wollen. Frithjof Bergmann (1930–2021) war einer davon. Er war brillant, lebhaft, einfühlsam und der Treiber für das, was wir heute New Work nennen. Er begründete eine Idee, die Kulturen und Branchen verändert und Generationen überdauert und er zeigte uns, dass Arbeit nicht nur etwas sein kann, das wir gern tun, sondern eine Quelle für Lebensenergie. Es ist ein schöner Gedanke, zu wissen, dass der Mann, der die Idee hinter New Work geprägt hat, am Ende zur Verkörperung seiner eigenen Philosophie wurde. Frithjof, dieses Buch, der Podcast und unsere Arbeit wären ohne dich nicht dasselbe – und aus diesem Grund widmen wir dir dieses Buch.

ISBN Print: 978 3 8006 6659 1
ISBN E-Book: 978 3 8006 6660 7

Satz: Fotosatz Buck
Zweikirchener Str. 7, 84036 Kumhausen
Druck und Bindung: Beltz Grafische Betriebe GmbH
Am Fliegerhorst 8, 99947 Bad Langensalza
Umschlaggestaltung: loved GmbH, Hamburg & Ralph Zimmermann – Bureau Parapluie

CO_2 neutral
vahlen.de/nachhaltig

Gedruckt auf säurefreiem, alterungsbeständigem Papier
(hergestellt aus chlorfrei gebleichtem Zellstoff)

INHALTSÜBERSICHT

VORWORT VON VERENA PAUSDER

Wer in die Zukunft sieht, sieht vor allem Unsicherheit: Die Klimakrise ist die größte Herausforderung unserer Zeit und der letzte Bericht des Weltklimarats ernüchternd. Bei der Digitalisierung fallen wir in Europa zurück, verlieren immer mehr an digitaler Wettbewerbsfähigkeit, während alle großen Tech-Firmen in den USA oder China gegründet werden. Unsere Kinder bekommen in unserem Bildungssystem heute nicht die Fähigkeiten mit auf den Weg, die sie für die Lebens- und Arbeitswelt von morgen brauchen.

Was wie eine düstere Prognose wirkt, ist aber vor allem ein Handlungs-Appell an uns alle, es ab jetzt besser zu machen. Ein Appell, zu überdenken, wie wir heute lernen, arbeiten, führen und Politik machen. Und ein Appell, auch die Kosten des Nicht-Tuns zu berücksichtigen, also mehr Schmerz zu empfinden ob all der Dinge, die wir bisher aus fehlendem Mut nicht versucht und ausprobiert haben.

Das fängt in den Schulen an. Hören wir auf, Kindern den Weg und das Ziel vorzuschreiben. Schulen brauchen mehr Freiräume. Ermöglichen wir das zum Beispiel mit einem FREI-Day: An einem Tag in der Woche arbeiten Kinder an einem Projekt ihrer Wahl – mit engem Bezug zu den UN-Zielen für nachhaltige Entwicklung – und Lehrer:innen können mit neuen Lernmethoden experimentieren. Und Entschlacken wir das Curriculum, um mehr Platz für digitale Bildung, Kreativität und fächerübergreifenden Unterricht zu schaffen! Muten wir unseren Kindern mehr Eigenständigkeit und Freiheit zu, damit sie lernen, ihre eigenen Antworten auf die Fragen der Zukunft zu finden. Bilden wir sie zu Gestalter:innen der Zukunft aus, damit sie ihr volles Potenzial entfalten und an den Herausforderungen von morgen mitarbeiten können.

Lassen wir auch in Unternehmen die Mitarbeiter:innen von der Leine. Statt festzulegen, wo, wie und wann Menschen arbeiten, ermöglichen wir ihnen lieber eine Arbeit, die sie wirklich, wirklich wollen. Das bringt die besten Leistungen jedes:r Einzelnen hervor. Denn die Mitarbeitenden werden ja bezahlt, weil sie denken und nicht, weil sie da sind. Damit wird Vertrauen zur Basis unseres Führungsverständnisses und wir treten bei der Arbeit nicht nur professionell „kontrolliert" auf, sondern als Menschen, die Ecken, Kanten, Bedürfnisse und Familien haben.

Und seien wir selbst wählerisch, worauf wir unsere Fähigkeiten, unsere Zeit und Konzentration verwenden. Trauen wir uns, nach dem „Warum" zu fragen. Denn wer weiß, warum er oder sie etwas tut, kann aus seiner Arbeit mehr Energie ziehen, als dass sie Energie frisst. Sich mit seinen Talenten und Fähigkeiten für ein höheres gesellschaftliches Ziel einzusetzen, ist nicht nur ehrenwert, sondern führt zu Motivationsschüben, einer höheren Job-Zufriedenheit und uns alle ein Stück näher an unser Ziel, die Herausforderungen der Zukunft gemeinsam zu meistern.

Und wenn wir unsere Schulen neu aufgestellt, unsere Unternehmen menschlicher gestaltet haben und uns unserem individuellen „Warum" bewusst sind, dann bringen wir auch mehr Mut in die Politik. Wir hören auf, den Zugang zu Spitzenämtern nur über Parteikarrieren zu kontrollieren, sondern ermutigen Quereinsteiger:innen, ihre Erfahrungen in die Politik einzubringen. Wir trauen uns, ambitionierte Ziele auszusprechen und den Fortschritt transparent zu messen – auch wenn das heißt, Fehler eingestehen zu müssen. Wir hören mit Jugendbeiräten in Ministerien den Ideen der kommenden Generationen zu, statt nur von oben herab zu erklären, warum vieles nicht geht.

Und wir erkennen an, dass wir nicht immer nur Forderungen an Politik oder Großkonzerne stellen dürfen, sondern selbst Verantwortung übernehmen müssen.

Wir alle haben viel zu tun, damit Deutschland und Europa auch in Zukunft als Innovationsstandorte relevant bleiben. Deshalb wünsche ich mir, dass dieses Buch viele Leser:innen dazu inspiriert, mutiger zu sein, unternehmerischer zu denken und immer das Ziel vor Augen zu haben, gesellschaftlich etwas bewegen zu wollen – ein Teil der Lösung zu werden. Diese Lösungen werden wir brauchen, denn das entscheidende Jahrzehnt hat bereits begonnen.

EINFÜHRUNG

> „Die Menschen, die so verrückt sind zu glauben, dass sie die Welt verändern können, sind diejenigen, die es tun."
>
> Steve Jobs, Unternehmer und Visionär

Die Welt, in der wir leben und arbeiten, hat sich in den letzten zwei Jahrzehnten deutlich gewandelt – sowohl kulturell als auch technologisch. Ein Wandel, der in Zukunft mit noch höherer Geschwindigkeit stattfinden wird, getrieben durch neue Technologien und den großen Herausforderungen, vor denen wir stehen. Die Corona-Pandemie hat unseren Arbeits- und Lebensalltag ebenfalls verändert. Gleichzeitig werden die Grenzen unseres bisherigen Wachstums immer offensichtlicher, wenn wir uns den Zustand unseres Planeten anschauen. Nichts davon kommt ohne Vorwarnung. Der Philosoph Frithjof Bergmann hat dies in den frühen 1980er-Jahren vorhergesehen, als er die vier Tsunamis benannte:

1. die sich immer weiter öffnende Schere zwischen obszönem Reichtum und schrecklicher Armut,
2. die Verschwendung unserer natürlichen Ressourcen,
3. die fortschreitende Zerstörung unseres Klimas,
4. die Zerstörung unserer Kultur.

Bergmann sah die Ursachen der vier Tsunamis in einer fehlgeleiteten Entwicklung unseres Verständnisses von Arbeit und Wirtschaft. Für viele Menschen sei Arbeit zu etwas geworden, das krank mache und schwäche. In der von ihm gegründeten New-Work-Bewegung sah er die Chance, diese Entwicklungen umzukehren und Menschen zu stärken.

Wir brauchen mehr denn je nachhaltige Formen des Wachstums und Wirtschaftens, um die Herausforderungen unserer Gesellschaft zu bewältigen und in Chancen für uns alle zu verwandeln. Das, was uns hierhergebracht hat, wird uns nicht weiterbringen. New Work ist – fasst man den Begriff weit genug – ein Teil der Lösung. Es ist weit mehr als ein Modebegriff oder der Versuch, Arbeit für eine kleine Gruppe ohnehin privilegierter Menschen noch angenehmer zu gestalten. Neues Arbeiten und neues Wirtschaften muss jede:n erreichen – von den Mitarbeitenden im Supermarkt, in der Pflege oder der Fabrik bis hin zu den Vorstandsvorsitzenden der DAX-Konzerne. Es gibt zahlreiche Beispiele, die zeigen, dass es geht, und die Erkenntnis, dass eine umfassende Veränderung nur so funktionieren kann, verbreitet sich.

Dieses Buch befasst sich mit der Frage, wie Arbeit zu etwas wird, das Menschen stärkt, Organisationen resilienter macht und zur Lösung unserer gesellschaftlichen Herausforderungen beiträgt. Es ist eine Synopse aus über 300 Podcast-Gesprächen, unseren Erfahrungen aus Beratungsmandaten, Coachings, Unternehmensaufbau und Führung sowie dem, was wir von Expert:innen gelernt haben, und nicht zuletzt aus unseren eigenen Erlebnissen und Fehlern.

Das Buch ist in drei Teile gegliedert:

- **Starkes Ich:** individuelle Ansatzpunkte, um mehr Sinn und Erfüllung in der eigenen Arbeit zu erleben.
- **Starkes Wir:** Ansätze, um die Zusammenarbeit im Team und als Organisation sinnvoll zu gestalten.
- **Starke Gesellschaft:** gesellschaftliche Chancen und Herausforderungen, mit denen wir uns (auch) im Kontext Arbeit auseinandersetzen sollten.

Wir haben das Buch so aufgebaut, dass es entweder von vorn bis hinten durchgelesen werden kann oder dass die Kapitel, je nach Interesse, einzeln gelesen werden können.

Es enthält viele Impulse und Beispiele dafür, wie die Umsetzung in der Praxis aussehen kann. Probieren Sie aus, was Ihnen passend erscheint, und entwickeln Sie Ihre eigene New-Work-Philosophie. Der Weg zur Neuen Arbeit ist eine persönliche Reise, die für uns noch lange nicht abgeschlossen ist. Dieses Buch soll als Reiseführer dienen und wir freuen uns, wenn sich unsere Wege auf der Reise kreuzen. #onthewaytonewwork

1

Starkes Ich

1/ SELBSTREFLEXION

„Wenn Sie einen Dokumentarfilm über Ihr Leben machen, was sind die entscheidenden Momente?"

Manfred Kets de Vries, Management-Professor und Psychoanalytiker

Unsere Podcast-Folgen eröffnen wir in aller Regel mit derselben Frage: „Wie bist du der Mensch geworden, der du heute bist?" Diese Frage beantworten unsere Gäste sehr unterschiedlich – sowohl, was die Länge angeht, als auch die Art und Weise, was und wie sie es sagen. Doch niemand nimmt diese Frage auf die leichte Schulter, denn sie berührt unsere prägenden Momente. Das können Weggabelungen sein, an denen wir richtig oder falsch abgebogen sind. Es können Fehler, besondere Erfahrungen, wichtige Begegnungen oder besondere Lebensphasen sein. Es geht bei dieser Frage um unsere Reise zu uns selbst.[1]

Wir Menschen schaffen es, eine Zeit lang ohne Rücksicht auf die eigenen Wünsche, Fähigkeiten und Talente zu arbeiten. Das führt uns allerdings häufig in Situationen, die uns nicht glücklich machen. Oft folgen wir Glaubenssätzen, inneren Realitäten oder fest verankerten Meinungen über uns selbst und Gesetzmäßigkeiten der Welt, ohne sie zu hinterfragen. Dazu zählen auch und ganz besonders die vielen gut gemeinten Ideen von Eltern, die häufig ihre eigenen und oft ebenfalls schon auf sie übertragenen Wahrheiten weitergeben. Früher oder später kommen die meisten von uns jedoch an den Punkt, an dem wir uns fragen, ob wir wirklich das Leben führen, das wir uns wünschen, beziehungsweise worum es uns im Leben geht. Selbstreflexion kann der erste Schritt sein, um diese Fragen zu beantworten. Wenn wir wissen, von wo aus wir starten und wohin wir wollen, haben wir gute Chancen, den für uns richtigen Weg einzuschlagen. Nur wenn wir die Notwendigkeit für Veränderungen erkennen, werden wir die Kraft finden, diese auch einzuleiten, und nur wenn wir mit uns arbeiten und nicht gegen uns, können wir selbstbestimmter, erfüllter, gesünder und damit langfristig auch glücklicher werden.

Frithjof Bergmann, der Begründer der New-Work-Bewegung, hat in Arbeit immer das Potenzial gesehen, uns Menschen zu stärken, anstatt uns zu schwächen.[2] Die Voraussetzungen dafür sind die passenden Rahmenbedingungen und dass das, was wir tun, zu unseren inneren Einstellungen, unseren Ressourcen und Talenten passt. Darum beginnt die Reise zu New Work mit dem Thema Selbstreflexion. Hierbei geht es uns vor allem um das Erkennen und Annehmen unserer Persönlichkeit mitsamt unseren Stärken, Schwächen und vielleicht auch blinden Flecken. Die Welt ist voller Werkzeuge, die uns dabei helfen.

STÄRKEN STÄRKEN

„Die meisten Menschen glauben zu wissen, was sie können. Sie liegen falsch. Oft wissen die Menschen, was sie nicht können – und selbst da liegen sie häufiger falsch als richtig. Und doch kann eine Person nur aus Stärke Leistung erbringen. Man kann Leistung nicht auf Schwächen aufbauen, geschweige denn auf etwas, das man überhaupt nicht tun kann."

Peter F. Drucker, Ökonom und Autor

Marcus Buckingham und Donald O. Clifton haben sich in ihrem beruflichen Wirken einer gemeinsamen Leidenschaft verschrieben. Sie ermutigen und befähigen Menschen dazu, ihre individuellen Stärken einzusetzen. Ihrer Erfahrung nach unterliegen die meisten Unternehmen zwei großen Irrtümern, wenn es um die Entwicklung ihrer Mitarbeiter:innen geht: der Annahme, dass jeder Mensch auf fast allen Gebieten relevante Kompetenzen erwerben kann, und dass der größte Raum für Leistungssteigerung in unseren größten Schwächen liegen würde. Wirklich erfolgreiche Unternehmer:innen und Manager:innen gehen genau vom Gegenteil aus, nämlich, dass die Talente aller Mitarbeiter:innen einzigartig und dauerhaft sind und dass der größte Spielraum für individuelle Leistungssteigerung im Bereich der größten Stärken und eben nicht bei den Schwächen liegt. Es gibt unzählige Verfahren, die uns bei der Suche nach unseren Stärken unterstützen können. Wir konzentrieren uns hier auf jene, die wir immer wieder von unseren Gästen gespiegelt bekommen haben und selbst seit Jahren erfolgreich einsetzen.

Der Stärkenfinder

„Da der größte Spielraum für das Wachstum eines jeden Menschen in den Bereichen seiner größten Stärke liegt, sollten Sie Ihre Trainingszeit und Ihr Geld darauf konzentrieren, ihn über seine Stärken aufzuklären und Wege zu finden, um auf diesen Stärken aufzubauen, anstatt zu versuchen, seine ‚Fähigkeitslücken' zu schließen."

Donald O. Clifton, Psychologe, Pädagoge, Autor und Unternehmer

Regelmäßig befragt das Meinungsforschungsinstitut *Gallup* Menschen in der ganzen Welt zum Thema Arbeit. Dabei kommt es immer wieder zu Ergebnissen, die zum Teil schockierend sind. Auf die Frage, ob Menschen in ihrem Job jeden Tag die Möglichkeit haben, das zu tun, was sie am besten können, antworten global gesehen nur 20 Prozent mit „Ja".[3] Erschwerend kommt hinzu, dass diese Zahl tendenziell noch schlechter wird, je länger jemand in einem Unternehmen beschäftigt und je höher die Position in der Hierarchie ist.

Auf der Grundlage von über zwei Millionen Gesprächen zu den individuellen Stärken und zahlreichen Expertengesprächen haben Donald O. Clifton und sein Team insgesamt 34 menschliche Talente extrahiert.[4] Nach ihrer eigenen Einschätzung kann diese Liste nicht vollständig sein, aber so wie es möglich sei, mit den 88 Tasten eines Klaviers Musik in einer Bandbreite von Mozart bis Madonna zu spielen, so gelänge es auch mit den 34 Talenten, der Individualität von Menschen gerecht zu werden. Der *CliftonStrengths*-Test hilft bei der Selbsteinschätzung und der persönlichen und beruflichen Weiterentwicklung. Er gibt zudem wertvolle Anregungen bei der Besetzung von Stellen, der Zusammenstellung von Teams und der Führung von Mitarbeiter:innen. Christoph hat das Tool in seiner Firma schon vor Jahren eingeführt. Jede:r neue Kolleg:in führt den *CliftonStrengths*-Test durch. Hierbei geht es zunächst darum, sich der eigenen Stärken bewusst zu werden und zu lernen, diese bestmöglich in die Zusammenarbeit einzubringen und die eigenen Bedürfnisse zu kennen. Außerdem nutzt das Team diese Information, um regelmäßig abzugleichen, ob alle Kolleg:innen optimal eingesetzt sind und wer bei neuen Projekten oder zu vergebenden Rollen die passenden Fähigkeiten mitbringt. Jedes Teammitglied zeigt außerdem seine fünf Topstärken öffentlich im *Slack*-Profil. Die gefühlte Zufriedenheit und die Qualität und Quantität des Outputs haben sich seitdem signifikant verbessert. Es gibt weniger Konflikte und die verbleibenden Konflikte werden unter Kenntnis der Stärken der jeweiligen Beteiligten schneller und nachhaltiger gelöst.

Die 24 Charakterstärken

> „Das gute Leben besteht darin, Glück zu erlangen, indem wir jeden Tag unsere Stärken in den Hauptbereichen des Lebens einsetzen. Das sinnvolle Leben fügt eine weitere Komponente hinzu: die Nutzung derselben Stärken, um Wissen, Macht oder Güte weiterzugeben."
>
> Martin Seligman, Psychologe und Autor

Der Psychologe Martin Seligman gilt als einer der Wegbereiter der positiven Psychologie. Sein Ziel: „Zunehmendes Aufblühen durch die Verstärkung von positiven Gefühlen, Engagement, Sinn, positiven Beziehungen und Erfolg."[5] Hierfür haben er, sein Kollege Christopher Peterson und ein Team aus insgesamt 55 Wissenschaftler:innen drei Jahre lang die zentralen Werke und Studien der Menschheitsgeschichte untersucht, die sich mit dem Themenkomplex „menschliche Stärken" befassen. Angefangen bei Aristoteles und Platon, über die großen Weltreligionen bis hin zu zahlreichen anderen großen Denker:innen und Philosoph:innen der letzten 2.500 Jahre, ist diese Arbeit der umfassendste Versuch, die positiven Stärken beziehungsweise Eigenschaften des Menschen zu überprüfen, zusammenzusetzen, zu erforschen und zu klassifizieren. Das Ergebnis ist eine gemeinsame Sprache zum Verständnis und zur Diskussion dieser Kern-Kapazitäten.[6]

Der daraus entstandene Test ordnet 24 Charakterstärken aus sechs Gruppen[7] in eine individuelle Reihenfolge. Der dazu verwendete Fragebogen, der auch in deutscher

Sprache frei zugänglich ist, wurde vom *Values in Action Institute* (VIA) unter der Leitung von Peterson und Seligman erstellt.[8]

Der Test bestätigt häufig viel von dem, was wir bereits intuitiv über uns wissen. Es sind allerdings auch Überraschungen möglich und auch die Reihenfolge liefert spannende Erkenntnisse. Für Martin Seligman hat allein die Kenntnis der Charakterstärken einen großen Effekt. Sie vermittle der Person das Gefühl von Inhaberschaft und Authentizität, verleihe Begeisterungsfähigkeit, ermögliche eine steile Lernkurve, stärke die Motivation, unsere Stärken einzusetzen, und unterstütze uns dabei, die für uns richtigen Projekte und Tätigkeitsfelder zu entdecken und uns mit Freude und Enthusiasmus einzubringen.

VERHALTENSMUSTER UND PRÄGUNGEN

„Es geht ums Leben, nicht ums Überleben."

Elke Menzel, Executive Coach und Unternehmerin

Der Vater von Elke Menzel hatte große Pläne für seine Tochter. Das ehemalige Vorstandsmitglied der *BMW AG* gründete nach seiner Konzernkarriere eine Unternehmensberatung, in der seine Tochter eine wichtige Rolle spielen sollte. Die studierte Kommunikationswissenschaftlerin und Psychologin sollte ihrem Vater an die Spitze des Beratungsunternehmens folgen – soweit der Plan. Elke hatte eine andere Idee für ihre Zukunft. Sie hatte einige Jahre zuvor ein Persönlichkeitsseminar, und zwar den *Hoffman*-Prozess, absolviert. Diesen Prozess haben seit seiner Gründung in den USA vor mehr als 60 Jahren mittlerweile über 100.000 Menschen durchlaufen. Für Elke war diese Erfahrung so prägend, dass sie für sich entschied, dass ihr beruflicher Weg sie aus der Unternehmensberatung in diese Art von Arbeit führen würde. Sie ist heute als Executive Coach unter anderem zu den Themen Führungsverhalten und emotionale Kompetenz tätig. Seit über 20 Jahren ist Elke Trainerin im *Hoffman*-Seminar und seit drei Jahren die geschäftsführende Gesellschafterin des *Hoffman* Instituts in Deutschland.[9]

Im achttägigen Seminar, in dem sich die Teilnehmer:innen vollständig von der Außenwelt abkapseln, geht es zunächst darum, zu erkennen, welche Verhaltensmuster und Prägungen ihrer Kindheit sie heute noch ausmachen. Zentrale Aspekte sind:

1. der Ausgangspunkt, dass wir als Menschen eine Einheit aus den vier Dimensionen Körper, Intellekt, Emotionen und Seele sind,[10]
2. das Phänomen der negativen Liebe, die wir als Menschen in unserer frühesten Kindheit bekommen haben, und
3. die Arbeit mit dem „inneren Kind", die uns unter anderem dabei helfen soll, uns mit unseren negativen Glaubenssätzen zu konfrontieren und diese aufzulösen.

Teilnehmer:innen berichten, dass es ihnen mithilfe der *Hoffman*-Woche gelungen sei, eigene Limitationen zu erkennen, zum Teil aufzulösen oder sogar umzukehren. Der Prozess half ihnen außerdem zu erkennen, wo ihre Prioritäten und ihre wahre Bestimmung liegen und was ihnen auf dem Weg dorthin helfen und was sie bremsen könnte.

Einen ähnlichen Ansatz beschreibt die Psychologin und Autorin Stefanie Stahl in ihren Büchern *Das Kind in dir muss Heimat finden* und *Jeder ist beziehungsfähig*.[11] Da die Menschen ihre wesentlichen Prägungen in den ersten Lebensjahren erhalten, ist es für sie unerlässlich, sich mit dieser Phase zu beschäftigen. Grob vereinfacht geht die Arbeit mit dem „inneren Kind" davon aus, dass wir uns alle bereits als Kinder von unseren Eltern ungewollt Verhaltensmuster abschauen, die uns in unseren Reaktionen beeinflussen. Diese Muster können sowohl positive als auch negative Konsequenzen für die betroffene Person und ihr Umfeld haben. Sie spricht in diesem Zusammenhang auch vom Schattenkind und Sonnenkind. Sind uns diese Verhaltensmuster nicht bekannt, können wir aufgrund negativer Verhaltensmuster und Glaubenssätze immer wieder in unerwünschte Situationen oder Konflikte kommen, die sich unauflösbar anfühlen. Wenn wir uns trauen, uns insbesondere mit den negativen Glaubenssätzen näher zu beschäftigen, haben wir die Chance, zu mehr und zu besseren Handlungsoptionen zu kommen.[12]

LANGUAGE AND BEHAVIOUR PROFILING

„Achte nicht nur darauf, was die Menschen sagen,
sondern auch darauf, wie sie es sagen."

Shelle Rose Charvet, Autorin und Kommunikationsexpertin

Die Technik des Profiling[13] dürfte den meisten von uns zum ersten Mal im Zusammenhang mit fiktiver polizeilicher Ermittlungsarbeit begegnet sein. Was den ermittelnden Behörden die Arbeit erleichtert, findet zunehmend auch Anwendung in nicht kriminellen Bereichen, so auch beim Thema Arbeit.

Der Ausgangspunkt des Language and Behaviour (LAB) Profiling besteht darin, dass jeder Mensch Muster und Präferenzen hat, die dessen Persönlichkeit ausmachen. Sie spiegelt sich unter anderem in den unbewussten Sprachmustern und der Körpersprache wider. Das heißt, nahezu jede:r verrät anderen dauernd unbewusst, wie er oder sie „tickt". Nur die Wenigsten sind in der Lage, dies zu entschlüsseln und zu nutzen. LAB-Profiling beschreibt anhand von 14 Mustern, wodurch ein Mensch motiviert wird, was dieser benötigt, um produktiv und erfüllt zu arbeiten und wie er oder sie Entscheidungen trifft. Mit diesen Informationen ist es unter anderem möglich, Menschen zu motivieren, berufliche Entwicklungen zu prognostizieren und Zusammenarbeit erfolgreich zu gestalten. Das Besondere am LAB-Profiling ist, dass sich viele Muster in einem einfachen Gespräch identifizieren lassen und wir darauf basierend unsere Sprache so anpassen können, dass wir in den Mustern des:der anderen sprechen – statt in unseren eigenen – und somit maximale Wirkung erzielen. Insofern ist dies ein wirksames Kommunikations- und Führungstool. Darüber hinaus liefert das LAB-Profiling konkrete Ansatzpunkte für die eigene Weiterentwicklung und dafür, individuelle Kommunikations- und Denkmuster zu reflektieren.

Die Grundlage der LAB-Muster stützt sich weitgehend auf die Arbeit von Carl Gustav Jung, wie er sie in seinem Buch *Psychologische Typen*[14] beschrieb. Jungs Werk wurde unter anderem von Isabel Briggs Myers fortgesetzt, die es für die Erstellung des „Myers-Briggs-Typenindikators" (kurz: MBTI) nutzte. Im Zusammenhang mit der Analyse der Muster und Präferenzen sind einige Faktoren erwähnenswert. LAB-Merkmale sind:

- **weder gut noch schlecht:** Im Rahmen des LAB-Profiling geht es vielmehr darum, das Umfeld und die Aufgaben zu finden, bei denen die eigenen Muster beziehungsweise die Muster anderer eine Stärke sind,
- **als Kontinuum zu verstehen:** Wir können starke Präferenzen in eine bestimmte Richtung haben oder auch mittig zwischen den Polen stehen und daher sehr flexibel sein,
- **kontextabhängig**: Wir können beispielsweise im beruflichen Kontext andere Präferenzen haben als in privaten Zusammenhängen und
- **änderbar:** Einzelne Muster können sich über bestimmte Zeiträume hinweg oder durch einschneidende Ergebnisse verändern. Die grundsätzlichen Motivationsfaktoren und Arbeitspräferenzen bleiben in der Regel über mehrere Jahre hinweg stabil.

Unsere Muster drücken aus, was uns motiviert und demotiviert und was uns Energie gibt oder entzieht. Das bedeutet allerdings nicht, dass wir uns ausschließlich an unseren Präferenzen ausrichten sollten. Vielmehr können wir darüber auch lernen, besser mit Situationen umzugehen, die nicht unseren Präferenzen entsprechen. Wenn ein Mensch zum Beispiel weiß, dass ihn die Zusammenarbeit im Team mehr Energie kostet, als sie ihm gibt, kann er sich dennoch darauf einlassen in dem Bewusstsein, dass dies trotzdem wichtig ist, und sich entsprechend darauf einstellen. Für Swantje war die Auseinandersetzung mit dem Thema im Rahmen einer Coaching-Ausbildung Pflichtbestandteil. Sie fand das Thema am Anfang nicht spannend, weil sie annahm, sich ja schon ganz gut selbst zu kennen. Durch die Beschäftigung mit ihrem eigenen Profil wurde ihr plötzlich vieles klar, zum Beispiel, warum es ihr schwer fällt, Ziele und Visionen zu formulieren, sie allerdings schnell erkennt, worauf bei der Umsetzung zu achten ist. Warum sie in ihrem ersten Job zu einem Zeitpunkt kündigte, den keiner (inklusive ihrer selbst) verstand, und warum Workshops für sie anstrengend sind, während sie stunden- oder auch tagelang allein arbeiten kann. Heute ist Swantje eine der in Deutschland führenden LAB-Trainer:innen und Coaches. Mit dieser Arbeit möchte sie das, was sie für sich aus der Methode mitnehmen konnte, an andere weitergeben.[15]

GEBEN UND NEHMEN

„Wenn du ein großzügiger Geber sein willst, musst du auf selbstsüchtige Nehmer achten."

Adam Grant, Organisationspsychologe und Autor

Der Organisationspsychologe Adam Grant gehört zu den renommiertesten Vertretern seiner Zunft. Im Alter von nur 28 Jahren wurde er der jüngste Professor an der *Wharton Business Schoo*l. Seine TED Talks erreichen ein Millionenpublikum. In seinem Buch *Geben und Nehmen* teilt er die Menschheit in drei Gruppen auf – Geber:innen, Nehmer:innen und Tauscher:innen. Er kategorisiert sie über ihr Verhalten in menschlicher Interaktion, wie sie zum Beispiel im Berufsalltag in Form von Zusammenarbeit innerhalb von Organisationen oder, über die Grenzen dieser hinweg, in Form von Geschäftsbeziehungen stattfindet.

- **Nehmer:innen** sind demnach immer darauf aus, mehr zu bekommen, als sie selbst bereit sind zu geben. Sie suchen nach ihren Vorteilen. Dabei geben sie sich häufig als vermeintlich faire Tauscher:innen aus und (ent-)täuschen ihr Gegenüber damit oft mit Vorsatz.
- **Tauscher:innen** erwarten immer eine Gegenleistung, die sich – für sie – wie ein fairer Austausch anfühlt.
- **Geber:innen** erwarten keine Gegenleistung, sondern geben freiwillig, und das aus einer inneren Überzeugung. Sie kommen häufig aus Familien mit mehreren Kindern und haben oft jüngere Geschwister. Geber:innen sind gute Zuhörer:innen und haben seltener ein Problem, sich verletzlich zu zeigen. Geber:innen sind sowohl die besseren Verkäufer:innen als auch die besseren Verhandlungspartner:innen, da sie sich in die Perspektive des Gegenübers versetzen können und das auch wollen. Geber:innen, so Grant weiter, fördern Kreativität und Exzellenz in ihrer Umgebung.

Grant zeigt auch den Zusammenhang zwischen der Zugehörigkeit zu einer Gruppe und der individuellen Leistungsbilanz beziehungsweise dem Einkommen auf. Während sich Nehmer:innen und Tauscher:innen hier eher im Mittelfeld bewegen, sind die Geber:innen überproportional bei den am wenigsten erfolgreichen und ebenfalls überproportional bei den erfolgreichsten Menschen vertreten. Grant nennt zahlreiche, zum Teil überraschende Beispiele. So beschreibt er mit George Meyer einen Geber, der unter anderem als langjähriger Autor der Show *Saturday Night Live* tätig war. Trotz des hohen Konkurrenzdrucks, dem die Autor:innen im Produktionsprozess der Show ausgesetzt waren, verhielt sich Meyer anders, als es zu erwarten war. Jede:r andere wollte für die großen Namen arbeiten, um möglichst viel Sendezeit zu gewinnen. Meyer hingegen schrieb oft für weniger bekannte Darsteller:innen und nahm sich außerdem Zeit, um anderen Autor:innen Feedback zu geben. Sein Fokus war die Arbeit hinter den Kulissen. Er tat, was nötig war, ohne sich um Anerkennung zu bemühen, und schuf dabei ein sicheres Umfeld für andere Autor:innen, in dem sie kreative Risiken eingehen konnten.[16] Adam Grant ist so sehr davon überzeugt, dass die Welt mehr Geber:innen braucht, dass er zu diesem Zweck zusammen mit Cheryl und Wayne Baker die *Give and Take, Inc.*, gründete, um das Thema Geben zu institutionalisieren. Dabei ermutigt er Menschen dazu, Vorbild zu sein und nicht nur zu geben, sondern auch den Geber:innen-Instinkt in anderen zu wecken. Er fordert uns auf, mehr um Rat und Hilfe zu fragen und bittet uns, jederzeit auch unsere Hilfe anzubieten. Auf seiner Website bietet er einen kostenlosen Test an, mit dem wir schnell herausfinden können, wie viel Geber:in, wie viel Nehmer:in und wie viel Tauscher:in in uns steckt.[17]

REGELMÄSSIGES FEEDBACK HILFT

„Feedback ist keine Raketenwissenschaft.
Es ist schwieriger."

Therese Huston, Autorin und Beraterin

„Woran liegt es, dass lebenslanges Lernen nicht in der Kultur von Firmen steckt?", fragt Jenny von Podewils, die Volkswirtschaftslehre und Politik in St. Gallen und Oxford studierte und schon sehr früh davon überzeugt war, dass sich soziales Engagement und Unternehmertum nicht widersprechen müssen. Nach dem Studium war sie zunächst im Bereich Vertrieb und Business Development bei einem Clean-Tech-Start-up und dann bei der *ZEIT Verlag*sgruppe tätig. Zusammen mit Kajetan von Armansperg hat sie danach *Leapsome* gegründet. „Ich habe einen fantastischen Mitgründer" fasst Jenny die Beziehung zu Kajetan zusammen. Dieser Satz klingt aus ihrem Mund glaubwürdig, denn Jenny macht in unserem Gespräch mehrfach deutlich, wie sehr sie daran glaubt, dass diese kleinen „Expressions of Gratitude" (Ausdrucksformen der Dankbarkeit) dabei helfen, um sich als Team und Organisation weiterzuentwickeln. Genau darum geht es auch bei *Leapsome*. Das Kernprodukt ist eine Software, die dabei unterstützt, die Feedback- und Lernkultur in Unternehmen zu verbessern. *Leapsome* triggert hierzu die Feedbackinteraktionen. Jede:r Mitarbeiter:in kann von jeder:jedem Kolleg:in Feedback anfordern oder auch ungefragt Feedback geben. Das erfolgt persönlich und unter Nennung des Klarnamens. Darüber hinaus hilft *Leapsome* dabei, Feedbackgespräche vorzubereiten und transparente Zielprozesse darzustellen, zu kaskadieren und den Zusammenhang individueller Ziele mit dem großen Ganzen zu verdeutlichen. Ein Analytics-Tool unterstützt außerdem dabei, auf Basis der Feedbacks den eigenen Weiterbildungsbedarf zu ermitteln. Jenny und ihren Partner treibt die Vision, jede Kollegin und jeden Kollegen in den „Driver's Seat" der eigenen Weiterentwicklung zu setzen.[18]

Natürlich ist Feedback auch ohne technische Unterstützung möglich. Frederic Laloux hat in seinem Buch *Reinventing Organizations* dafür zwei wundervolle Beispiele aufgeführt. Im ersten beschreibt er, wie an der *Evangelischen Schule Berlin Zentrum* Feedback zu einem Ritual geworden ist. Im Rahmen der regelmäßig stattfindenden Schulversammlung haben Schüler:innen, Lehrer:innen und Kolleg:innen aus der Schulverwaltung am „offenen Mikrofon" die Möglichkeit, andere zu loben und sich bei ihnen zu bedanken. Für die Beteiligten ist das – laut Laloux– ein ganz normales Verhalten und die ehrlichen Geschichten, die dort jeden Freitag zu hören sind, sorgen für ein ganz besonderes Gemeinschaftsgefühl. Kinder und Jugendliche, die ein solches Verhalten schon im Rahmen ihrer Schulausbildung erlernen, tun sich im späteren Leben leichter damit, Feedback zu geben und einzufordern.

Für uns andere, die dies nicht in der Schule gelernt haben, hat Laloux ein anderes Beispiel parat. Es beschreibt den Feedbackprozess der amerikanischen Firma *Sounds True*, deren Mission es ist, „die Welt aufzuwecken" und Menschen auf ihrem Weg zu persönlichem Wachstum zu begleiten. Das Thema Leistungsbeurteilung, das in vielen Unternehmen zu den Reizthemen zählt, hat *Sounds True* zu einer Gelegenheit für Selbstreflexion und Wertschätzung gemacht. In einem dreistufigen Prozess reflektiert jede:r Mitarbeiter:in mithilfe einer Liste von Fragen die eigenen Ziele und Leistungen. In einem zweiten Schritt finden sich Gruppen zusammen, die regelmäßig miteinander arbeiten. Jede:r erhält anhand von zwei Fragen von jedem Gruppenmitglied ein ehrlich gemeintes Feedback:

1. Was schätze ich an der Zusammenarbeit mit dir?
2. Was ist der Bereich, in dem du dich verändern und noch wachsen könntest?

Die Feedbacks werden auf ein Flipchart geschrieben und im Anschluss an die Session wie ein Geschenk überreicht. In einem dritten Schritt vertieft die beurteilte Person mit ihrer:ihrem Manager:in anhand dieses Bogens die weiteren Schritte:

- Was nimmst du aus diesen Gesprächen mit?
- Was hast du gelernt?
- Worauf möchtest du in Zukunft deine Aufmerksamkeit richten?
- In welche Richtung möchtest du dich jetzt weiterentwickeln?

Frederic Laloux, der sich mit evolutionären Unternehmen beschäftigt hat, fasst seine Eindrücke so zusammen: „Dieses Beispiel finde ich wirklich außergewöhnlich. Jährliche Beurteilungen müssen nicht entmutigend und entseelt sein. Mit der richtigen Präsenz und den richtigen Fragen können wir sie zu feierlichen Ritualen machen und zu einer tiefen Selbstreflexion über unser Wesen und unsere Berufung."[19]

Feedbackgespräche sind allerdings nicht automatisch von Erfolg gekrönt. In ihrem Buch *Let's Talk: Make Effective Feedback Your Superpower* zitiert die Psychologin Therese Huston Ergebnisse, die besorgniserregend sind. So fanden Wissenschaftler:innen bei der Analyse von mehr als 12.000 Feedbackgesprächen heraus, dass durch das Führen der Gespräche zwar die durchschnittliche Leistung ein bisschen verbessert werden konnte, dennoch wurde in 38 Prozent der Fälle die Leistung schlechter. Gemäß einer Studie von *Gallup* sehen sich vier von fünf Angestellten, die demotiviert, enttäuscht oder niedergeschlagen aus einem Feedbackgespräch herausgehen, nach neuen Jobs um.[20] Therese Huston beschreibt in ihrem Buch auch, wie wir dies verhindern und uns die Kraft, die im Geben von guten Feedbacks liegt, nutzbar machen können. Sie teilt Feedback zum Beispiel in die Kategorien Anerkennung/Würdigung, Coaching und Bewertung/Beurteilung ein.[21] Wir brauchen alle drei Formen, aber idealerweise nicht zur gleichen Zeit, so Huston. Während die ersten beiden Arten möglichst unmittelbar nach einer konkreten Situation stattfinden sollten, geht es bei der Bewertung/Beurteilung darum, ein umfassendes Bild darüber zu vermitteln, wo eine Person im Vergleich zu den Erwartungen und gegebenenfalls anderen Teammitgliedern steht. Dies erfordert die Gesamtperspektive und auch eine entsprechende Vorbereitung.

Wir empfehlen außerdem, sich immer wieder mit Kolleg:innen, Freund:innen und Bekannten auszutauschen und sie aktiv um Feedback zu bitten. Es hilft, wenn wir dabei klar formulieren können, wozu wir gern Feedback hätten und welche Art von Feedback uns in dem Zusammenhang am meisten weiterhilft.

WEITERE MÖGLICHKEITEN ZUR SELBSTREFLEXION

„Du kannst die Punkte nicht verbinden, wenn du nach vorne schaust. Du kannst sie nur rückwärts verbinden. Du musst also darauf vertrauen, dass sich die Punkte in deiner Zukunft irgendwie verbinden."

Steve Jobs, Unternehmer und Visionär

Neben den aufgezeigten Möglichkeiten gibt es unzählige weitere Wege, sich in Selbstreflexion zu üben. Wir haben in den letzten Jahren folgende Wege entweder selbst ausprobiert oder durch unsere Podcast-Gäste kennengelernt.

Steve Jobs: die Verbindung der Punkte

Im Jahr 2005 hielt Steve Jobs seine berühmte „Stanford Commencement Address", eine Rede, aus der immer wieder zitiert wird und die bei einer ganzen Reihe von Menschen – so auch bei uns – einen nachhaltigen Eindruck hinterlassen hat. Er erklärt seinen Erfolg in dieser Rede unter anderem mit der Verbindung von Lebensabschnitten und Lernphasen, die auf den ersten Eindruck nichts miteinander zu tun haben. Steve Jobs wuchs als Adoptivsohn auf, dessen Eltern keine Universitätsausbildung hatten, seiner leiblichen Mutter aber versprachen, dafür Sorge zu tragen, dass er eine College-Ausbildung erhalten würde. In seiner Rede spricht er über seine Jahre am Reed College, den Ausstieg aus dem klassischen Studium und von der Belegung von Kursen, die ihn wirklich interessierten, wie die Liebe zur Kalligrafie, die dann zehn Jahre später eine wesentliche Rolle bei der Entwicklung des ersten Mac spielen sollte: „Wenn ich nie ausgestiegen wäre, wäre ich nie in diesen Kalligrafie-Kurs gekommen und Personal Computer hätten möglicherweise nicht die wunderbare Typografie, die sie haben."[22] Es lohnt sich, diese Übung immer wieder einmal vorzunehmen, da wir uns häufig erst durch die Wiederholung den relevanten Punkten nähern, die für unsere individuelle Geschichte entscheidend sind.

Ein Journal führen

Seit Jahrhunderten schreiben Menschen in Tagebücher, aber erst in den 60er-Jahren des letzten Jahrhunderts wurde das therapeutische Potenzial des reflektierenden Schreibens erkannt. Der New Yorker Psychologe Ira Progoff entwickelte daraus eine Methode, die bis heute im Einsatz ist. In Deutschland zählt *Das 6-Minuten-Tagebuch* von Dominik Spenst zu den beliebtesten Varianten.[23] Hier werden für die tägliche Reflexion Leitfragen vorgegeben. Viele Menschen nutzen aber auch ein leeres Notizbuch. Es genügt, sich hierfür morgens und abends regelmäßig eine paar Minuten Zeit zu nehmen, in denen wir uns über unsere Gedanken und Gefühle Klarheit verschaffen und zum Beispiel morgens drei Dinge aufschreiben, auf die wir uns an dem Tag freuen und abends drei Dinge, für die wir dankbar sind. Das Journaling ist eine permanente, eher sanfte Form der Selbstreflexion. Neurowissenschaftler:innen haben nachgewiesen, dass sich bereits nach drei Wochen eine Verbesserung des allgemeinen Wohlbefindens einstellt.[24] In der rückwärtigen Betrachtung der Einträge bieten sich zahlreiche Ankerpunkte für die vertiefte Auseinandersetzung mit der eigenen Geschichte.

Fuck-Up Nights

Seit einigen Jahren erfreuen sich sogenannte „Fuck-Up Nights" einer großen Beliebtheit. Die Idee ist einfach. Statt einer Konferenz, auf der sich die Sprecher:innen darin überbieten, die Zuhörer:innen von ihrer Einzigartigkeit oder der Überlegenheit ihrer Dienstleistung oder ihres Produkts zu überzeugen, geht es bei einer Fuck-Up Night darum, die Geschichte des eigenen Scheiterns zu erzählen. In 321 Städten aus 90 Ländern wurden so über eine Million Menschen Zeugen von über 15.000 Geschichten des Scheiterns.[25] Katharina Wolff, die seit 2020 das Business-Magazin *Strive* herausgibt, führt in ihrem Heft die Rubrik „My biggest Fuck-Up". Michael hat hier erstmals öffentlich seine Story vom gescheiterten Engagement bei einer geplanten „Mond-Mission" der Berliner Firma *PTS* (*Part-Time Scientists*) erzählt. Für sich selbst anzunehmen, dass Scheitern okay ist und es dann auch noch in der Öffentlichkeit einzugestehen, ist nicht jedermanns Weg, aber auf viele, die ihn gegangen sind, wirkte dieser Schritt sehr befreiend.[26]

Lifeline – das eigene Leben im Achsenkreuz

Mit der Lifeline verschaffen wir uns innerhalb kurzer Zeit einen Überblick über unser bisheriges Leben oder einen Lebensabschnitt (zum Beispiel ein Jahr, das hinter uns liegt). Mithilfe einer schematischen Darstellung in einem Koordinatensystem (x-Achse = Zeitablauf; y-Achse = gefühltes Glück oder Zufriedenheit mit dem eigenen Leben) stellen wir uns einer Bewertung unseres Lebens. Was waren die formativen Momente oder Weichenstellungen? Was waren Phasen, in denen es uns besonders gut oder auch nicht so gut ging? Die Linie entlang dieser Wendepunkte und Phasen ist unsere Lifeline. Die Übung hilft auch bei der Bildung von Teams, weil sie, wenn wir uns auf sie einlassen, sehr schnell gegenseitiges Verständnis und Vertrauen aufbaut.

Peer-to-Peer-Coaching

Für all diejenigen, die regelmäßige Reflexion für sinnvoll halten, könnte es sich lohnen, sich einer Gruppe gleichgesinnter Personen anzuschließen. Zwei Beispiele dafür sind die *Entrepreneurs Organization* (EO) und die *Young Presidents Organization* (YPO). In beiden Organisationen ist die kleinste Einheit das „Forum". Bei EO sind je Forum in der Regel sieben bis zehn Unternehmer:innen zusammengefasst, die sich regelmäßig einmal im Monat für vier bis fünf Stunden treffen, um voneinander zu lernen und sich nach einem festgelegten Prozedere gegenseitig dabei unterstützen, ein Leben lang zu wachsen. Dieser Ansatz, den man am besten als „Peer-to-Peer-Coaching" beschreiben kann, lässt die Mitglieder immer wieder eigene Verhaltensweisen reflektieren und mit denen der Forumsmitglieder bewegen. Warum das funktioniert? Die Forumsmitglieder belehren sich nicht gegenseitig, sondern sie sprechen immer nur über Dinge, die sie selbst erlebt haben. Es gilt absolute Verschwiegenheit. Die Mitglieder eines Forums stehen nicht in Konkurrenz und haben auch keine relevanten Geschäftsverbindungen untereinander.[27] Der besondere Charme dieses Ansatzes besteht darin, dass die Teilnehmer:innen bevorstehende Entscheidungen gemeinsam mit der Gruppe beleuchten, bevor sie diese treffen und damit zwischen einem Reiz und einer Reaktion unterschiedliche Optionen abwägen, um sich dann für die beste zu entscheiden.

Ihre persönliche Liste von Fragen

Kennen Sie die Fragen, auf die Sie eine Antwort suchen? Manchmal ist auch dies ein erster sinnvoller Schritt, indem Sie sich zunächst die Frage heraussuchen, die Sie am meisten interessiert. Einige Beispiele:

- Wer bin ich?
- Welche Glaubenssätze limitieren mich? Welche Glaubenssätze verleihen mir Flügel?
- Bin ich im Gleichgewicht? Falls nein, warum bin ich es nicht?
- Was macht mir Angst?
- Was gibt mir Kraft?
- Wie gehe ich mit meinen Ressourcen um?
- Welchen Sinn möchte ich meinem Leben geben?[28]
- Wann war ich das letzte Mal glücklich?
- Was brauche ich, um gut zu arbeiten?

Peter Drucker, einer der wichtigsten Management-Vordenker des letzten Jahrhunderts, ergänzt folgende Fragen:[29]

- Was sind meine Stärken?
- Wie arbeite ich?
- Was sind meine Werte?
- Wo gehöre ich hin?
- Was kann ich beitragen?

Wenn Sie eine geeignete Frage für sich gefunden haben, können Sie damit starten, erste Gedanken niederzuschreiben, die Frage mit auf einen Spaziergang zu nehmen oder sie gemeinsam mit Ihnen nahestehenden Personen zu diskutieren.

Unsere Podcast-Gäste beschreiben oft Momente der Selbstreflexion, die zu innerem Wachstum geführt oder neue Wege eröffnet haben, was uns immer wieder berührt und zum Nachdenken anregt, so wie die Geschichte von Christian Vorländer: Auf unsere Eingangsfrage, wie er der Mensch geworden sei, der er heute ist, erzählt er die Geschichte von einem Jungen, der im Alter von zehn Jahren bei einem Solo im Kinderchor der Kirche einen Schluckauf bekam und der Jahre später, ebenfalls in der Kirche, ein Stück, das er eigentlich auswendig kannte, nicht zu Ende spielen konnte. Es ist die Geschichte eines Jungen, der die Musik so sehr liebte, aber für sich feststellen musste: „Ich fühle mich nicht so wohl im Rampenlicht. Das Performen überlasse ich anderen, die das besser können." Es ist die Geschichte des Jungen, der dann nach einigen Jahren ohne Musik über die intensive Beschäftigung mit einer Musiksoftware seine Bestimmung entdeckte. Es ist der Junge, der nach einem Musikstudium in den Niederlanden nach Los Angeles ging und dort für viele Jahre bei dem legendären Filmmusiker Hans Zimmer das Komponistenhandwerk erlernte und perfektionierte. Christian steht unter anderem in den Credits von *300* und *Men of Steel* und große Teile der Filmmusik von *Mad Max: Fury Road* stammen von dem Jungen mit dem Schluckauf. Zusammen mit seinem Partner Simon Heeger ist Christian heute mit der Firma *2WEI Music* ein erfolgreicher und glücklicher Musikunternehmer.[30]

ON THE WAY TO NEW WORK

„Die meisten Menschen nehmen sich nicht die Zeit, sich selbst zu verstehen."

Dandapāni, Hindu-Priester und Unternehmer

Mit der Selbstreflexion setzen wir den Ausgangspunkt für unseren persönlichen Weg zur neuen Arbeit. Die regelmäßige Bestandsaufnahme ist der zentrale Bezugspunkt zu uns selbst. In einer Welt, in der wir immer mehr im Außen sind und uns via *Instagram, LinkedIn, Facebook* und Co. mit anderen vergleichen, ist Selbstreflexion ein wichtiges Gegengewicht. Wer sind wir, was wollen wir, was können wir, was macht uns glücklich und wo stehen wir? Die Antworten auf diese Fragen stellen die Weichen für unsere weitere Entwicklung und sind gleichermaßen Motivation für den anstehenden Tag oder den Rückblick auf das bereits Erreichte. Es gibt unterschiedliche Möglichkeiten der Selbstreflexion und unterschiedliche Aspekte, auf die wir achten können.

- Die Beschäftigung mit den eigenen Stärken ist ein guter Startpunkt. Der *Clifton-Strengths*-Test oder die 24 Charakterstärken von Peterson und Seligman sind dafür gute Tools.

- Die Beschäftigung mit unseren Glaubenssätzen und Verhaltensmustern hilft uns insbesondere bei der Aufdeckung von blinden Flecken.
- Mithilfe des LAB-Profiling lernen wir über die Analyse unserer Sprache und unseres Verhaltens, was uns motiviert und welche Rahmenbedingungen wir brauchen, um produktiv zu arbeiten.
- Wir brauchen mehr Geber:innen als Nehmer:innen und Tauscher:innen. Es lässt sich leicht feststellen, in welche Kategorie wir gehören. Wir können es ändern.
- Regelmäßiges Feedback bindet das Umfeld in die Selbstreflexion ein.
- Manchmal ist das Formulieren einer Frage genau der Einstieg, den wir brauchen.

Selbstreflexion ist nur der Anfang der Reise zum neuen Arbeiten. Nicht selten stoßen wir dabei auf die Frage nach unserem Sinn. Dieser hilft uns dabei, gute Entscheidungen zu treffen, und führt uns näher an ein Leben, das wir „wirklich, wirklich wollen", wie Frithjof Bergmann es oft formuliert hat.

2/ SINNFINDUNG

„Die beiden wichtigsten Tage deines Lebens sind der Tag, an dem du geboren wurdest, und der Tag, an dem du herausfindest, warum!"

Mark Twain, Schriftsteller

Werden wir am Ende sagen, dass wir das Beste aus unserem Leben gemacht und unsere Zeit sinnvoll genutzt haben? Oder werden wir bedauern, dass wir zu viel Zeit auf Dinge verwendeten, auf die es eigentlich gar nicht ankommt? Bronnie Ware begleitete als Palliativschwester in ihrer australischen Heimat zahlreiche Menschen auf ihrem letzten Weg und traf immer wieder auf dieselben unerfüllten Wünsche, die sie in ihrem Buch *5 Dinge, die Sterbende am meisten bereuen* veröffentlichte:

- Ich wünschte, ich hätte den Mut gehabt, mein eigenes Leben zu leben.
- Ich wünschte, ich hätte nicht so viel gearbeitet.
- Ich wünschte, ich hätte den Mut gehabt, meine Gefühle auszudrücken.
- Ich wünschte, ich hätte den Kontakt zu meinen Freunden aufrechterhalten.
- Ich wünschte, ich hätte mir erlaubt, glücklicher zu sein.[1]

Wenn Sie darüber nachdenken, wie sicher sind Sie, dass diese Sätze nicht eines Tages von Ihnen kommen könnten? Was ist das, was Sie wirklich, wirklich wollen? Was hält Sie davon ab?

Die Auseinandersetzung mit dem Thema Sinnsuche ist kein neues Phänomen, sie zieht sich durch nahezu alle Epochen der Menschheitsgeschichte. Ungefähr 600 bis 400 Jahre vor Beginn der modernen Zeitrechnung diskutierten bereits die griechischen Philosophen „… was denn nun der wirkliche Grund aller Dinge ist, welche Rolle der Mensch im Weltganzen spiele, was der Sinn des Menschseins sei und was der Mensch brauche, um wirklich glücklich zu sein."[2] Mitte des letzten Jahrhunderts war es unter anderem der Neurologe und Psychiater Viktor Emil Frankl, der sich intensiv dem Thema Sinnsuche widmete. Sein weltweit erfolgreiches Buch *… trotzdem Ja zum Leben sagen* ist vor allem deshalb so bemerkenswert, weil er es während des Zweiten Weltkriegs als Häftling in verschiedenen deutschen Konzentrationslagern schrieb. Für ihn war die Suche nach dem eigenen Sinn nicht nur eine Beschäftigung, die auch unter den grausamen Haftbedingungen möglich war, sondern sie war für ihn und viele seiner Mitinhaftierten ein Überlebensprinzip. Nach seiner Befreiung entwickelte Frankl die Logotherapie, die auf der Annahme beruht, dass der Lebenssinn der wichtigste Motivationsfaktor des Menschen sei.[3]

Für Frithjof Bergmann, den Begründer der New-Work-Bewegung, ist die Sinngebung ebenfalls ein zentraler Punkt seines Ansatzes. Er leitet seine Ideen seit Ende der 1970er-Jahre unter anderem aus dem von ihm als „Armut der Begierde" bezeichneten Zustand ab, den er zeitlebens bei Menschen beobachtet hat. Er animiert seine Leser:innen zu mehr Leidenschaft, Freiheit und Teilhabe. Wenn es uns gelänge, das zu finden, was wir „wirklich, wirklich" wollen, formulierte es Bergmann immer wieder, dann würde uns unsere Arbeit stärken und nicht schwächen.[4] Ende der 1980er-Jahre war es dann Stephen R. Covey, der mit *Die 7 Wege zur Effektivität* einen wichtigen und viel gelesenen Beitrag zum Thema vorstellte. Seine zweite Grundregel „Schon am Anfang das Ende im Sinn haben" ist nichts anderes als die Aufforderung dazu, sich darüber Gedanken zu machen, warum wir bestimmte Dinge tun, ganz egal, ob es sich um unser persönliches Leben, unsere Familie oder unsere Arbeit handelt.[5] Simon Sinek formulierte es 20 Jahre nach Covey noch direkter, *„Frag immer erst: warum"*, so sein Aufruf und der Titel seines Buchs.[6]

Aufgrund der wachsenden gesellschaftlichen Herausforderungen wird für die nachwachsenden Generationen die Frage nach dem Sinn ein wichtiges Thema bleiben. Sie beschäftigen sich zum Teil intensiv mit den gesellschaftlichen, ökologischen und politischen Entwicklungen, die einen großen Einfluss auf ihr Leben haben werden. Wenn wir Historikern wie Yuval Noah Harari glauben, stehen uns die größten Herausforderungen noch bevor. Es gibt aber auch positive Stimmen. So weist uns Hans Rosling darauf hin, dass es uns noch nie so gut ging wie heute. Nahezu alle Kennzahlen entwickeln sich positiv. Niemals in der jüngeren Geschichte der Menschheit musste beispielsweise ein kleinerer Teil der Weltbevölkerung Hunger leiden, die Kindersterblichkeit geht immer weiter zurück und immer weniger Menschen sterben bei kriegerischen Auseinandersetzungen. Aber auch er verschließt nicht die Augen vor den großen Aufgaben, die wir als Gesellschaft vor uns haben.[7] Ursprünglich demokratische Länder drehen Entwicklungen ihrer politischen Systeme zurück, Gesellschaften spalten sich und Länder wie Syrien und Afghanistan sind weit entfernt von einer Lösung. Es gibt laufend religiöse Konflikte, und nicht erst seit der Trump-Administration kommt es vermehrt zu Handelskonflikten. Als das dringendste Thema erkennen immer mehr – vor allem junge Menschen – die deutlichen Folgen der Erderwärmung. Die United Nations haben daraus 17 Ziele für eine nachhaltige Entwicklung abgeleitet und die Singularity University hat zwölf große globale Herausforderungen formuliert, denen wir uns stellen sollten. Gibt es eine Stimme der jungen Generation, die hier stellvertretend genannt werden kann, dann ist es die von Greta Thunberg. Mit der aus ihrem Schulprotest heraus gewachsenen Bewegung „Fridays for Future" hat sie gezeigt, dass auch ein minderjähriges Mädchen den Startpunkt für eine weltweite Bewegung geben kann. Die Coronakrise hat das Thema noch einmal stärker ins Bewusstsein gerückt. Manchmal klingt es nach Resignation und manifestiert sich in Kommentaren wie „Wofür mache ich das eigentlich alles?" und manchmal klingt es eher wie ein Appell „Lasst uns ein Bewusstsein dafür entwickeln, worauf es im Leben wirklich ankommt!"

DEM LEBEN BEDEUTUNG GEBEN HILFT, PRIORITÄTEN ZU SETZEN

„Wo wollen Sie hin? Warum sind Sie nicht dort?"

Jens Corssen, Psycholge

Unser Podcast-Gast Warren Rustand war im selben Raum, als der damalige US-Präsident Richard Nixon zu seinem Vize den folgenschweren Satz sprach: „Herr Vizepräsident, seien Sie bereit, Präsident zu werden." Was dann passierte, steht fast alles in den Geschichtsbüchern. Der für uns interessante Teil steht dort jedoch nicht. Warren Rustand übernahm als einer der persönlichen Assistenten des neuen Präsidenten die Aufgabe, dessen Kalender zu führen. Bis dahin war es gängige Praxis, dass die Terminanfragen an den Präsidenten der USA nach der vermeintlichen Bedeutung der Personen, die darum baten, bearbeitet wurden. Warren Rustand vertrat die Ansicht, dass dieses Planungsprinzip für das Amt nicht angemessen sei. Zunächst solle sich der Präsident darüber Klarheit verschaffen, was sein Vermächtnis sein solle. Wofür wolle er nach seiner Amtszeit in Erinnerung bleiben? Im Anschluss daran würden daraus Prioritäten abgeleitet, die helfen, die Zeit des Präsidenten aktiv und als kostbare Ressource einzusetzen und sie nicht reaktiv zu verplanen. Diese Methode wurde zum Standard aller folgenden Administrationen und erst durch den 45. Präsidenten der USA, Donald J. Trump, wieder abgeschafft.[8]

Das, was Warren Rustand als Vermächtnis bezeichnet, sehen wir in demselben Kontext, in dem wir auch die Sinnfindung verorten. Menschen, die darauf eine Antwort oder zumindest ein Gefühl dafür haben, tun sich leichter, ihre Prioritäten klar zu formulieren und damit auch die Grundlagen für ein effektives (die richtigen Dinge tun) und effizientes (die Dinge richtig tun) Selbstmanagement zu legen. In seinem Arbeitsbuch zu *Die 7 Wege zur Effektivität* stellt Stephen Covey zwei zentrale Fragen: „Sind Sie der Mensch, der Sie sein wollen?" und „Tun Sie das, was Sie schon immer machen wollten?". Covey untermauert seine Fragen, indem er die Metapher einer Leiter nutzt, die für viele Menschen ihr zentraler (Erfolgs-)Maßstab ist. Wenn die Leiter an der falschen Wand steht, nützt es nichts, die oberste Sprosse erklommen zu haben. Für Covey gilt das Prinzip, dass alles zweimal entsteht, zunächst in einer mentalen und später dann in einer physischen Schaffensphase. Wenn wir unser Leben mit demselben Respekt behandeln wie beispielsweise den Bau eines Hauses, bei dem es eine umfassende Planungsphase gibt, haben wir eine Chance, dass unser Leben eine gute Richtung nimmt. Bergmann, Covey, Sinek und andere Autor:innen wiesen immer wieder auf die Gültigkeit dieses Prinzips hin.[9]

Die eigene Berufung zu finden, sagt sich schneller, als es getan ist, denn vielen fällt es schwer, sich mit diesem Thema zu beschäftigen. Berühmte und erfolgreiche Künstler:innen oder Sportler:innen, die bereits früh eine Idee von ihrem Weg hatten, begeistern uns, sie können aber auch einschüchtern, wenn wir sie als Vorbilder für unseren eigenen Weg nehmen. Es muss aber nicht der Weltmeistertitel, die Welttournee, die Weltformel oder die Weltrettung sein. Wir glauben aus unseren vielen Podcast-Gesprächen und Coachings ableiten zu können, wie viel Erfüllung Menschen erfahren, wenn sie sich trauen, auf ihre innere Stimme zu hören und ihre Berufung aufzuspüren. Für Stephen Covey war das Thema der inneren Stimme so wichtig, dass er ihr mit *Der 8. Weg: Mit Effektivität zu wahrer Größe* ein eigenes Buch widmete.[10]

SINN IM EIGENEN LEBEN ERKENNEN

„Wir verlangen, das Leben müsse einen Sinn haben – aber es hat nur ganz genau so viel Sinn, als wir selber ihm zu geben imstande sind.“

Hermann Hesse, Schriftsteller, Dichter und Maler

Im Folgenden wollen wir alternative Zugänge anbieten, die dabei helfen, sich dem Thema Sinnfindung zu nähern. Die Beschäftigung mit dem eigenen Sinn und Zweck kann sich zunächst etwas beängstigend anfühlen, insbesondere wenn wir Sorge haben, dass wir zu der Einsicht gelangen könnten, unser bisheriges Leben vergeudet zu haben oder die Erkenntnisse uns implizit dazu auffordern könnten, unser Leben radikal zu verändern. Erfahrungsgemäß ist Ersteres nie der Fall und Letzteres nur selten die beste Strategie. Alles, was wir bisher gemacht haben, hat uns zu den Menschen gemacht, die wir heute sind und steht damit in Bezug zu unserem Sinn. Sehr häufig macht unser bisheriger Lebensweg sogar noch sehr viel mehr Sinn vor diesem Hintergrund und er kann uns die Richtung für unseren weiteren Weg weisen. Sofern dies noch wenig mit unserem aktuellen Alltag zu tun hat, stellt sich die Frage, wie wir unseren Sinn besser in unser Leben integrieren können, ohne dass wir alles, was wir bisher getan haben, radikal verändern oder hinter uns lassen müssen. Es sei denn, es fühlt sich für uns richtig an, größere Veränderungen in kurzer Zeit vorzunehmen.

Die Rede für die eigene Beerdigung

„Wenn eines meiner Kinder bei meinem Begräbnis das Wort ergreifen würde, würde ich mir wünschen, dass es sein Leben als Bereicherung durch Lehren, Übung und liebevolle Disziplin darstellen würde. Ich würde mir wünschen, dass sein Herz und sein Geist voller schöner Erinnerungen an die wichtige gemeinsame Zeit wären. Ich würde mir wünschen, dass es mich als liebenden Vater in Erinnerung behält, der die Freude und den Schmerz des Erwachsenwerdens mit ihm geteilt hat. Ich würde mir wünschen, dass es sich an die Momente erinnert, in denen es mit seinen Problemen und Fragen zu mir kam, in denen ich zugehört, ihm Liebe geschenkt und geholfen habe. Ich würde mir wünschen, dass es weiß, dass ich nicht vollkommen war, aber dass ich alles gegeben habe, was ich konnte. Und dass ich es, vielleicht mehr als sonst irgendjemand auf der Welt geliebt habe."

Stephen R. Covey, Autor

Um sich die besondere Kraft seiner zweiten Grundregel „Schon am Anfang das Ende im Sinn haben" zunutze zu machen, empfiehlt Stephen R. Covey eine sehr konkrete Übung. Er fordert seine Leser:innen dazu auf, eine Rede für ihre eigene Beerdigung aufzuschreiben. Stellen wir es uns einmal bildlich vor, wie beispielsweise unser bester Freund oder unsere beste Freundin ansetzen, um über uns und unser Leben zu sprechen. Wofür möchten wir in Erinnerung behalten werden? Was sind die Werte, für die wir gestanden haben werden, was sind die Dinge, die wir hinterlassen werden? Wofür wird unser bester Freund oder unsere beste Freundin uns vermissen? Was blieb in unserem Leben unerfüllt? An anderer Stelle geht Covey noch weiter, indem er dazu auffordert, auch den einen Satz für den eigenen Grabstein zu formulieren.[11]

Christiane zu Salm hat nach ihrer Karriere als Medienmanagerin eine Ausbildung zur ehrenamtlichen Sterbebegleiterin gemacht. Das war ihr Weg, um sich mit dem Unfalltod ihres jüngeren Bruders auseinanderzusetzen, den sie im Alter von sechs Jahren miterleben musste. Eine der prägenden Übungen während dieser Ausbildung war für sie, ihren eigenen Nachruf zu schreiben, ähnlich wie es Covey vorschlägt. Das war für sie eine Art Erweckungserlebnis. Christiane, die nach eigenen Angaben den Konjunktiv hasst, war am Ende der Übung geschockt, wie viele Dinge sie vor sich hergeschoben hatte und die sie offensichtlich noch gerne erlebt hätte. „Gern hätte sie sich noch kreativ geäußert." In der Folge hat sie Sterbende dabei unterstützt, ihren eigenen Nachruf zu verfassen. Das waren häufig Menschen, die aus schwierigen Verhältnissen kamen und die mit diesem vermutlich letzten Akt der Selbstbestimmung sicherstellen wollten, dass ihre Lebensgeschichte auf die für sie richtige Art erzählt wurde. Ihr Buch *Dieser Mensch war ich*, das aus zahlreichen dieser Nachrufe besteht, hat uns sehr nachdenklich gestimmt. Es hat uns vor Augen geführt, wie traurig es sein kann, sich erst am Ende seines Lebens darüber Gedanken zu machen, wie wir in Erinnerung bleiben wollen.[12]

Von Stephen M. R. Covey, dem ältesten Sohn von Stephen R. Covey, der viele Jahre die Beratungsgesellschaft *Franklin Covey* führte, haben wir im Podcast-Gespräch gehört, dass es für viele Menschen einfacher ist, eine Rede zu ihrem 80sten Geburtstag zu schreiben als die zur eigenen Beerdigung.[13] Auch der „Brief von Deinem zukünftigen Ich", wie ihn beispielsweise John Stepper als Tool im Rahmen seines Peer-to-Peer-Coaching-Ansatzes *Working Out Loud* einsetzt, ist eine Möglichkeit, um sich den Themen zu nähern, die für uns eine tiefe Bedeutung haben.[14]

Die *Big Five for Life*

„Mein Vater war ein Kleinstadt-Zahnarzt. Sein Traum war es, eine Praxis mit Fenstern zu bekommen, aber er hat nie eine bekommen."

John Strelecky, Autor

Auch John Strelecky ist fest davon überzeugt, dass es sich lohnt, seinem Leben eine Ausrichtung zu geben. Um unseren Zweck der Existenz finden zu können, bietet er das Konzept der *Big Five for Life* als einen möglichen Weg an. Dabei benutzt er unter anderem das Museum als Metapher. Stellen Sie sich vor, alles was Sie je erlebt haben, wird in einem Museum ausgestellt und am Ende Ihres Lebens werden Sie für immer als Tourguide in Ihrem Museum arbeiten müssen. Wie sollten die einzelnen Räume aussehen, die Sie dort sehen werden? Und was sind die Ausstellungsstücke, die es dort gibt? Den Begriff der Big Five leiht sich John Strelecky vom Thema Safari in Afrika. Dort bemessen viele Teilnehmer:innen ihren Erfolg daran, wie viele der begehrten Tierarten sie während der Safari zu sehen bekommen: Löwe, Leopard, Nashorn, Elefant und Afrikanischer Büffel werden dort als Big Five bezeichnet. Was sind die fünf Themen, denen Sie einen Großteil Ihrer Zeit widmen möchten? Was erfüllt Sie mit Leben und mit Energie? Wobei blühen Sie auf und schaffen Höchstleistungen? Wie lautet Ihr dahinter liegender Zweck der Existenz? Wie weit von dieser Idealvorstellung läuft Ihr aktuelles Leben ab?[15]

Teja Töpfer, Co-Founder von *Facelift*, hat sich seine *Big Five for Life* im Rahmen eines Retreats mit seinem *EO*-Forum[16] erarbeitet, die ihm seitdem als guter Leitfaden dienen:

1. Ich schaffe Orte der Wärme und Geborgenheit für mich, meine Familie und Freund:innen.
2. Ich umgebe mich mit Menschen, die mich inspirieren und die ich inspirieren kann.
3. Ich werfe unnötigen Ballast ab und lebe leicht und frei.
4. Ich unterstütze Menschen, die mit ihrem Schaffen und ihrer Arbeit die Welt verschönern.
5. Ich halte meinen Körper kräftig und flexibel und sitze gerne auf dem Boden.

Seinen Zweck der Existenz fasst er so zusammen: „Ich bin hier, um zu leuchten." Er überarbeitet seine *Big Five for Life* von Zeit zu Zeit. Manchmal sind es nur leichte Änderungen in der Formulierung, aber er schließt für sich nicht aus, dass er irgendwann einen neuen Punkt formulieren und sich dafür von einem der Themen trennen wird. Für Teja sind dies gute Steuerungstools, die ihm mittelfristig helfen, Prioritäten zu setzen und konkrete Ziele zu formulieren und ihn kurzfristig unterstützen, seine Tage mit den richtigen Themen zu verbringen.[17]

Warum leben wir?

> „Für alle Menschen, die eine Welt aufbauen wollen, in der die überwältigende Mehrheit der Menschen inspiriert zur Arbeit geht, sich am Arbeitsplatz sicher fühlt und erfüllt nach Hause zurückkehrt."
>
> Simon Sinek, Berater und Autor

Simon Sineks TEDx Talk *Wie große Führungspersönlichkeiten zum Handeln inspirieren* aus dem Jahr 2009 und sein Buch *Frag immer erst: warum* haben ein Modell geschaffen, das ebenso einfach wie überzeugend ist. Anhand zahlreicher Beispiele, die von den Gebrüdern Wright über Martin Luther King und John F. Kennedy hin zu Steve Jobs und *Apple* reichen, erläutert er dieses. Das, *was* ein Mensch oder eine Organisation macht, können diese in der Regel sehr gut beschreiben. Schon weniger Menschen oder Organisationen können präzise beschreiben, *wie* sie ihr Leben leben oder ihr Geschäft betreiben – zum Beispiel in der Unterscheidung zu Wettbewerbern. Nur sehr wenige können gemäß Sineks Beobachtung den Grund nennen, *warum* sie das machen, was sie machen.[18]

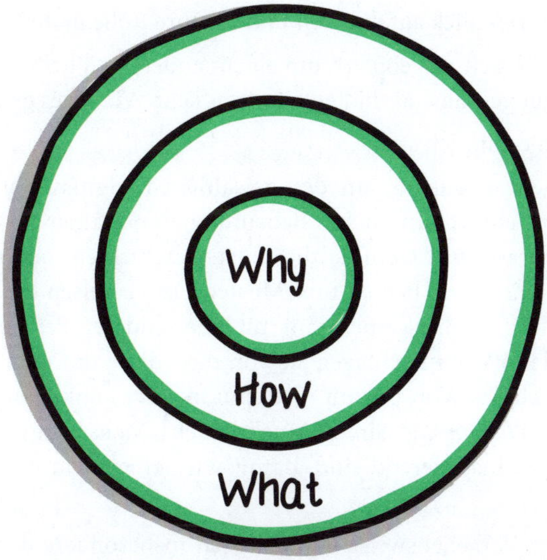

Goldener Kreis nach Simon Sinek

Bei der Suche nach dem eigenen *Warum* geht es um die Auseinandersetzung mit der eigenen Biografie und den Erfahrungen, die wir als Mensch gemacht haben. Es geht um die Menschen, die uns berührt und geprägt haben und um die Täler und Berge, die wir durchlebt haben. Simon Sinek und seine beiden Co-Autoren Peter Docker und David Mead bieten in ihrem Arbeitsbuch *Finde dein Warum* einen einfachen Prozess an, um die Antwort auf die Frage nach dem *Warum* zu entwickeln. Dieser beginnt mit der Auswahl einer geeigneten Person, die uns hierbei begleitet. Diese Person sollte von Natur aus neugierig sein und die nach ihrem Sinn suchende Person nicht allzu gut kennen, um weniger vorhersehbare Fragen stellen zu können.

Für den nächsten Schritt – die Reflexion der prägenden Ereignisse und Begegnungen – bietet das Arbeitsbuch zwei alternative Methoden an. Die erste ist die schon aus dem Kapitel „Selbstreflexion" bekannte Lifeline, also die Anordnung prägender Erlebnisse auf einem Zeitstrahl und eine damit verbundene Bewertung anhand positiver und negativer Gefühle. Die zweite Methode arbeitet mit konkreten Fragen, die dabei helfen, die richtigen, persönlich erlebten Geschichten in das Bewusstsein zurückzuholen:[19]

- Wer hat im Laufe Ihres Lebens dazu beigetragen, Sie zu der Person zu machen, die Sie heute sind?
- Erinnern Sie sich an einen Arbeitstag, an dem Sie sich auf dem Weg nach Hause sagten „Diese Arbeit hätte ich umsonst gemacht?" Was brachte Sie dazu, dies zu sagen.
- Denken Sie an Ihren schlimmsten Arbeitstag, was ist geschehen?
- Was ist die früheste glückliche Kindheitserinnerung, die Ihnen ins Gedächtnis kommt?
- Ein positives Erlebnis aus Ihrer Schulzeit.
- Geben Sie ein Schlüsselerlebnis in Ihrem Leben wieder.
- Was änderte Ihren Blick auf die Welt und auf Ihre Rolle in ihr?
- Wann haben Sie sich aufgeopfert, um einem anderen zu helfen und sich danach unglaublich gut gefühlt – als hätten Sie etwas sehr Wichtiges getan?
- Worauf sind Sie wirklich stolz?

Anschließend geht es darum, aus den gewählten Ereignissen und Geschichten die relevantesten Aspekte und deren Bedeutung zu extrahieren. Wiederkehrende Ideen, Wörter, Phrasen und Gefühle, die in den Geschichten vorkommen, sind gute Indikatoren für wichtige Themen und Muster. Dabei weisen die Autoren darauf hin, dass es wichtig ist, dies gemeinsam mit einer anderen Person zu tun. Für die Formulierung des *Warums* schlagen sie vor, dass diese mit dem eigenen Beitrag beginnt und durch das Wort „damit" getrennt in einer konkreten Wirkung endet. Das persönliche *Warum* von Simon Sinek lautet: „Menschen inspirieren, Dinge zu tun, die für sie inspirierend sind, damit wir gemeinsam die Welt verändern können."[20]

Die Magie dieser Vorgehensweise entfaltet sich insbesondere dann, wenn wir in einem nächsten Schritt ein Gespräch mit einem:einer wirklich guten Freund:in führen, um das erste Ergebnis der Suche zu überprüfen. Dabei wird nicht einfach über den konkreten Satz reflektiert und wie genau dieser bereits zutrifft, sondern es wird über die Frage „Warum bist du mein:e Freund:in?" ein Dialog angestoßen, der entweder den Sinn bestätigt oder neue Aspekte und Formulierungen aufwirft. Dies gelingt besonders gut, wenn im Laufe des Gesprächs immer tiefer nachgeforscht wird: „Was war es, das dich dazu veranlasste, mein:e Freund:in zu werden?" oder „Was hast du speziell an mir anziehend gefunden?". Im Idealfall verlässt die:der Freund:in irgendwann die rationale Ebene und kommt auf die Gefühlsebene. Dieser Austausch bestätigt oft den zuvor entwickelten Sinn, manchmal kommt es aber auch zu wertvollen Ergänzungen oder ganz neuen Aspekten.

Gibt es das eine Wort, das uns ausmacht?

„Hier ist das Geheimnis: Es gibt ein Wort, das definiert, wer du bist."

Evan Carmichael, Autor und YouTuber

Evan Carmichael war nach eigenem Bekunden ein langsamer Lerner. Es dauerte 19 Monate, bis er laufen lernte, und die Leute fragten seine Eltern häufig, was mit ihm los sei. Als er im Alter von drei Jahren in die Schule kam, verbrachte er viel Zeit damit, unter seinem Schreibtisch zu sitzen, anstatt am Unterricht teilzunehmen. Er war sehr oft krank, bekam ständig Antibiotika wegen schlimmer Ohrenentzündungen und wurde immer wieder operiert, um sein Hörproblem zu beheben. Er wechselte zwischen drei verschiedenen Schulen, und seine Eltern machten sich Sorgen, dass er nicht die zusätzliche Aufmerksamkeit bekam, die er brauchte, und dass er keine Freund:innen fand. Evan ist auch heute noch schüchtern. Er hasst Small Talk, hat Angst vor der Kamera und Angst vor der Bühne. Trotzdem hat er heute einen YouTube-Kanal mit mehr als 3,25 Millionen Abonnent:innen und über 7.000 Videos. Dafür gibt es zwei Gründe. Erstens: Er fand heraus, dass er eine echte Leidenschaft dafür hatte, anderen zu helfen und nutzte diesen Antrieb, um genau das zu tun. Der zweite Grund ist auch der Titel einer seiner Keynotes: *„Angst ist kein ausreichender Grund, nicht zu handeln."*[21]

Evan setzt in seinem Buch *Your One Word* bei der Mittelmäßigkeit an, mit der sich so viele Menschen zufriedengeben: „Ich möchte, dass du etwas Wichtiges mit deinem Leben machst und aufhörst, mittelmäßig zu sein." Anders als Sinek beginnt er seine Ausführungen nicht mit den Lichtgestalten King, Kennedy und Jobs, sondern mit einem offensichtlich übergewichtigen Teenager, der in einem TV-Spot der Sportmarke *Nike* wohl seine ersten Laufschritte absolviert. Er ist einer der Helden der „Greatness" Kampagne aus dem Jahr 2012. „Dieses dicke Kind bist du!", ruft uns Carmichael entgegen und fordert zum Blick in den Spiegel auf. Wenn wir dort „Greatness" entdecken, dann sind wir auch bereit für das eine Wort, das uns ausmacht. Dort liegt für ihn die Magie eines jeden Menschen. Es gibt für jeden Menschen ein Wort, so seine Überzeugung, das definiert, wer er ist. Kurz darauf nutzt er dann doch noch drei Superstars, um einleuchtende Beispiele zu geben.

Martin Luther King stehe für Gleichberechtigung, Oprah Winfrey für Herz und der oft zitierte Steve Jobs für Wirkung.[22]

Ähnlich wie Sinek entwickelt auch Carmichael seinen Ansatz aus drei Elementen. Er beschreibt den Verkauf über Ausstattung (Feature Selling), den Verkauf über Vorteile (Benefit Selling) und den Verkauf über den Kern (Core Selling). Während 99 Prozent der Welt versuchten, aus den ersten beiden Elementen heraus zu verkaufen, machten die Menschen, die den Ein-Prozent-Weg wählten, den Unterschied aus. Beim Verkaufen aus dem Kern erfolge die Argumentation aus dem einen Wort, so Carmichael. Wofür genau stehst du und warum ist das wichtig? Im Gegensatz zu Sinek und Co. empfiehlt Evan Carmichael seinen Leser:innen, die Suche nach dem einen Wort allein anzutreten und zitiert in diesem Zusammenhang Deepak Chopra: „Die Menschen müssen verstehen, dass sie alle Werkzeuge in sich haben." Mithilfe von fünf Schritten lässt sich demnach das eine Wort finden:

- Was macht dich glücklich?
- Was verbindet die Dinge, die dich glücklich machen?
- Welche Eigenschaft magst du gar nicht? Gegen welche hegst du sogar Hass?
- Was ist deine Konstante?
- Bist du wirklich die Person, die du sein willst?

In diesem Prozess unterscheidet sich Carmichael besonders durch seine dritte Frage von Sinek. Insbesondere denjenigen, die Schwierigkeiten damit haben zu fühlen, wer sie sind, fällt es oft leichter, sich von dem abzugrenzen, wofür sie nicht stehen wollen. Auch wenn sich die beiden Ansätze ähneln, so gibt es noch einen weiteren Unterschied. Carmichael steht für Unternehmer:innen, sein ganzer Ansatz ist stark mit seiner Biografie als erfolgreicher YouTuber verknüpft. Zusammengefasst propagiert er eine Symbiose aus eigener Persönlichkeit, persönlicher Marke und unternehmerischer Idee, die seine Leser:innen mit seiner Methode definieren können.

Wie lautet das eine Wort von Evan? „Glaube!"[23] Sein Weg lässt sich mit diesem Wort gut erklären, denn was anderes als der Glaube an sich selbst und seine Fähigkeiten hätten den eher introvertierten Evan dazu bringen können, sich das Medium Film zu suchen? Auch der Blick auf seine YouTube-Filme, die uns anregen, an uns und unseren Fähigkeiten zu arbeiten, zeigt, dass Evan an sich selbst erfahren hat, was möglich ist, sobald wir an uns glauben.

Ikigai – japanische Lebenskunst

> „Mein Ikigai hat anscheinend weniger mit Änderungen meines Lebens zu tunals vielmehr mit einer Änderung meiner Einstellung zum Leben."
>
> John Stepper, Unternehmer und Autor

Der Begriff Ikigai stammt aus Japan. Er setzt sich aus den Silben „ik" (Leben) und „gai" (Wert) zusammen und bedeutet damit wörtlich übersetzt „lebenswert". Mit dieser Philosophie lässt sich herausfinden, was unser Leben für uns lebenswert macht. Glaubt man dem „National Institute of Aging", das auf der Insel Okinawa Menschen interviewte, die über 100 Jahre alt waren, hat die Formulierung eines Ikigai einen positiven Einfluss auf ein gesundes, glückliches und langes Leben.[24] Die Japaner:innen glauben, dass jeder Mensch ein Ikigai in sich trägt, es ist ein im Inneren verborgener Schatz, auf dessen Suche sich jeder Mensch machen sollte.

Mithilfe der vier Kernaspekte

- Was du liebst
- Was du gut kannst
- Wofür du bezahlt wirst
- Was die Welt braucht

lässt sich unser persönliches Ikigai entwickeln. Wir können mit einem losen Herunterschreiben der ersten Aspekte starten, die uns zu den einzelnen Feldern einfallen, und uns Schritt für Schritt jener Schnittmenge nähern, die unser Ikigai ausmacht. Wie bei allen Methoden zur Sinnfindung kann dies unterschiedlich lange dauern und auch bedeuten, dass wir feststellen, unser persönliches Ikigai noch nicht zu leben. Wer sich zum Beispiel in den ersten Berufsjahren befindet, ist meist schon froh, für etwas bezahlt zu werden, was er oder sie gut kann. Verbleiben wir jedoch nur dort und lassen unsere Passion sowie die Sinnhaftigkeit unseres Tuns außen vor, kann es sein, dass wir uns in einer Komfortzone wiederfinden, die früher

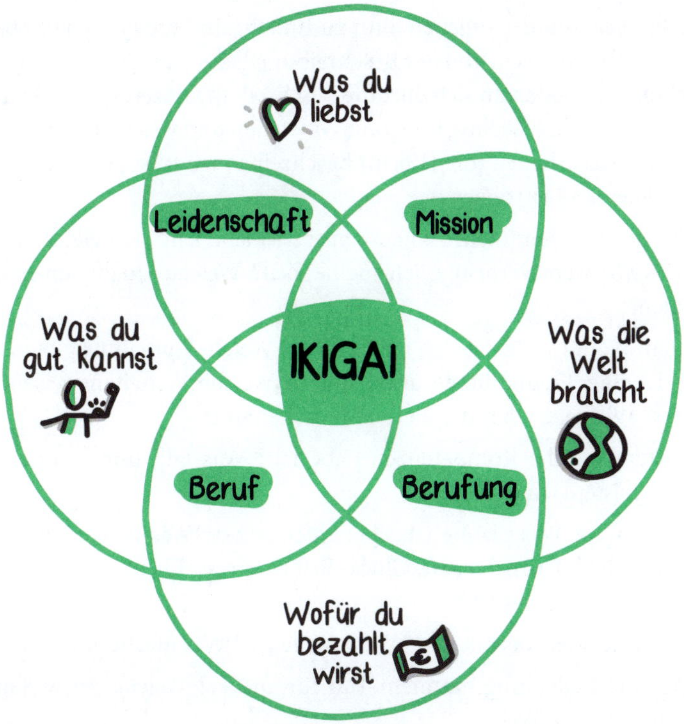

Die Ikigai-Methode

oder später das Gefühl von Leere in uns hervorruft. Spätestens dann ist es an der Zeit, den nächsten Schritt in Richtung des eigenen Ikigais zu gehen. Wenn es uns gelingt, alle vier Aspekte im Rahmen unserer beruflichen Tätigkeit zu erfüllen, ist dies natürlich ideal. Erfüllt diese beispielsweise nur drei von vier Aspekten, bedeutet dies allerdings nicht, dass wir unser berufliches Tun sofort infrage stellen müssen. Vielmehr können wir das Modell nutzen, um zu versuchen, auch noch den fehlenden Aspekt zu integrieren, indem wir uns zum Beispiel fragen: „Was kann ich tun, um mehr Geld mit dieser Tätigkeit zu verdienen?" oder „Wie kann ich darin besser werden?". Falls uns eine volle Integration nicht gelingt, haben wir außerdem die Möglichkeit, einen Schritt zurückzutreten und uns zu fragen, auf welche andere Art wir den fehlenden Aspekt in unser Leben integrieren können. Es ist kein Selbstgänger, den Punkt zu finden, an dem wir alle vier Aspekte erfüllt sehen, zumal dieser Zustand in der Regel nicht statisch ist. Das Modell bietet eine wertvolle Unterstützung dabei, jene Felder zu identifizieren, die uns noch fehlen, und uns damit auseinanderzusetzen.

Das perfekte Leben

> „Flexibilität entsteht, wenn man mehrere Möglichkeiten hat;
> Weisheit entsteht, wenn man mehrere Perspektiven hat."
>
> Robert Dilts, Coach und Autor

Ein weiterer Weg, um den eigenen Sinn zu finden, sind die logischen Ebenen von Robert Dilts. Was vielleicht von der Beschreibung her etwas trocken anmuten mag, ist eine schöne Methode, um sich über die Beschreibung unseres „perfekten Lebens" zu erschließen, was uns wichtig ist, wofür wir stehen und welchen Sinn unser Leben hat beziehungsweise haben soll. Hierfür beschreiben wir unser perfektes Leben anhand der folgenden Leitfragen:

- Umgebung: Wie sieht mein Zuhause aus? Wo lebe ich? Wie viel Zeit verbringe ich dort? Mit wem verbringe ich meine Zeit? Welche Qualitäten haben diese Menschen?
- Verhalten: Womit verbringe ich meinen Tag? Welche Aufteilung gibt es zwischen Arbeit, Familie, Freund:innen und Hobbys? Welche Verhaltensweisen zeichnen mich aus? Wie gehe ich mit anderen Menschen um?
- Fähigkeiten: Welche Kompetenzen habe ich? Was fällt mir besonders leicht? Womit begeistere ich andere?
- Überzeugungen: Was glaube ich über mich selbst? Was denke ich über Liebe, Menschen, Geld, Partnerschaft, Glück, Erfolg, Stress, Ehe, Sex oder Arbeit? Was ist mir wichtig und warum?
- Identität: Wer oder was bin ich? Wofür stehe ich? Was macht mich aus?
- Sinn: Welche Bedeutung hat mein Tun für andere? Welche Auswirkungen hat mein Tun auf diese Welt?

Jede der sechs Ebenen sollte dabei ausreichend Raum erhalten und uns zum Träumen anregen. Es geht nicht darum, bereits zu wissen, wie wir dorthin kommen. Das Ausschalten des:der inneren Kritiker:in ist wichtig, um ein Leben zu beschreiben, das uns wirklich begeistert. Die Antworten halten wir schriftlich und so konkret wie möglich fest, was ein bis zwei Stunden dauern kann. Wir können dies allein tun oder uns von einer anderen Person begleiten lassen, die uns durch den Prozess führt, unsere Antworten für uns festhält und dabei unterstützt, wirklich zu träumen. Die erste Variante muss dabei nicht die finale Version sein – ganz im Gegenteil – manchmal fallen uns später noch Aspekte ein, die jederzeit ergänzt werden können. Die Methode bietet auch jenen, denen es nicht so leicht fällt, sofort assoziativ zu denken, einen einfachen Zugang zum Thema Sinnfindung und unterstützt durch eine logische Herleitung. Unser Sinn steht in engem Zusammenhang zu unserer Persönlichkeit und damit unserer Identität. Diese ist wiederum das Ergebnis unserer Überzeugungen, die unsere Fähigkeiten unterstützen. Mithilfe unseres Verhaltens bringen wir diese dann in unsere Umwelt ein.

Das schicksalhafte Ereignis

„Ich stand vor einer Wahl, entweder gehen oder bleiben."

Fabien Matthias, Sozialunternehmer

Manchmal sind es schicksalhafte Begegnungen oder Ereignisse, die Menschen in eine bestimmte Richtung schubsen beziehungsweise die sie entdecken lassen, worum es im Leben geht. Fabien Matthias wuchs in Berlin als Sohn einer französischen Mutter und eines deutschen Vaters auf. Kurz nach dem Abitur an einer deutsch-französischen Schule ging er nach Nepal und arbeitete dort als Lehrer an einer Schule – eine folgenschwere Entscheidung, denn am 25. April 2015 wurde er Zeuge eines verheerenden Erdbebens. Zusammen mit seinen Gastbrüdern und zwei jungen Frauen entschied er sich, nicht wie empfohlen ins nächste Flugzeug nach Hause zu steigen, sondern im Katastrophengebiet zu bleiben, um zu helfen. Zufällig wurden sie Zeugen einer Krisenkonferenz und entschieden danach, in die Dörfer in den Bergen zu gehen, da dort das Leid am größten war. Während zahlreiche NGOs ihre Arbeit auf die Städte konzentrierten, waren die jungen Menschen in den Bergen zunächst auf sich gestellt. Mit geliehenen Bussen, Jeeps und Fahrern versorgten sie die Bevölkerung mit einfachen Zeltplanen und Nahrungsmitteln. Aus 800 Euro, die Fabien und seine Mitstreiter:innen bei sich hatten, wurden mithilfe weniger Mails, die in der Heimat einen Schneeballeffekt zur Folge hatten, schnell 25.000 Euro. Es gelang ihnen in sehr kurzer Zeit, 700 temporäre Zelte und Nahrung für eine Woche für 2.500 Menschen bereitzustellen. Nach fünf Wochen ohne Pause kehrte Fabien physisch und psychisch total erschöpft zurück nach Hause. Es war ihm sofort klar, dass er sich langfristig für Nepal engagieren wollte.

Wenige Jahre später ist aus dem Verein *NePals e. V.*, den Fabien und seine Weggefährt:innen gegründet haben, eine bemerkenswerte Organisation geworden. In einem der Projekte findet momentan eine Ausgründung aus dem Verein statt. Gemeinsam mit dem Fraunhofer-Institut wurde ein Verfahren entwickelt, bei dem nicht recycelbares Plastik als Bitumenersatz im Straßenbau eingesetzt werden soll. Außerdem hat das Team biologisch abbaubare Menstruationsbinden entwickelt, die in Nepal produziert werden. 3.000 Menschen haben nun Zugang zu sauberem Trinkwasser und über 30 Kinder können zur Schule gehen. Sein Studium an der Zeppelin Universität hat Fabien nebenbei abgeschlossen. Aus der ehrenamtlichen Arbeit im Verein ist mittlerweile sein Beruf und seine Berufung geworden.[25]

ON THE WAY TO NEW WORK

„Es gibt kein größeres Geschenk, das du geben oder empfangen kannst, als deine Berufung zu ehren. Deshalb wurdest du geboren und so wirst du am wahrhaftigsten lebendig."

Oprah Winfrey, Unternehmerin und TV-Ikone

Die Suche nach der eigenen Bestimmung kann länger dauern, als es viele Autor:innen versprechen. Sie führt Sie unter Umständen in die eine oder andere Sackgasse. Es gibt auch Menschen, die einfach nichts mit diesem Konzept anfangen können. Sogar berühmte Philosophen haben die Suche nach dem Sinn des Lebens ergebnislos aufgegeben. Es gibt hier wie so oft nicht den einen Weg. Wichtig erscheint uns, zunächst eine Offenheit für das Thema zu erreichen und sich immer wieder zu fragen, ob Sie sich einen Großteil des Tages mit Dingen beschäftigen, die wirklich zu Ihnen passen. Das eigentliche Vorgehen kann sehr unterschiedlich aussehen:

- Die Rede zum eigenen 80. Geburtstag ist ein möglicher Einstieg ins Thema. Wer danach spürt, dass es kribbelt, sollte weitermachen. Für wen es nicht funktioniert, der könnte eine der folgenden Methoden versuchen.
- Die *Big Five for Life* vermitteln das Thema über eine Story, die sich eher wie ein Roman als ein Fachbuch liest. Wer außerdem Angst hat, sich zu früh auf ein Thema festzulegen, findet hier einen fast spielerischen Einstieg und der „Zweck der Existenz", der sich idealerweise aus den Big Five ableitet, ergibt sich dann später fast von selbst.
- Der Golden Circle von Simon Sinek macht die Frage nach dem „Warum" zur Kernfrage der Sinnfindung. Sinek und seine Co-Autoren bieten uns praktische Anleitungen, um uns auf die Suche zu begeben.
- *Your One Word* ist für all diejenigen ein vielversprechender Ansatz, die sich zusätzlich zum Thema Sinnfindung bereits mit der Idee beschäftigen, unternehmerisch tätig zu sein.

- Die Schnittmenge von Passion, Mission, Berufung und Beruf zu bekommen, bildet unser Ikigai. Die Methode unterstützt nicht nur bei der Sinnfindung, sondern auch bei der Erforschung, woran es liegen kann, wenn uns eben dieser fehlt.
- Die logischen Ebenen von Robert Dilts führen uns anfangs noch kognitiv und später intuitiv zu unserem Sinn. Am Ende des Prozesses entsteht dabei auch eine Vision, aus der sich erste Ziele ableiten lassen.
- Bleiben Sie außerdem offen für schicksalhafte Begegnungen und Ereignisse und fragen Sie sich von Zeit zu Zeit, ob nicht vielleicht so etwas in Ihrem Leben schon stattgefunden hat und Sie nur die Bedeutung nicht sofort erkannt haben.

Eine schöne, wenn auch von uns nicht 100-prozentig ernst gemeinte Zusammenfassung zum Thema Sinn liefert die Fernsehansagerin in der Filmsatire *Der Sinn des Lebens* der britischen Satire-Gruppe *Monty Python*: „Seien Sie nett zu Ihren Nachbarn, vermeiden Sie fettes Essen, lesen Sie ein paar gute Bücher, machen Sie Spaziergänge und versuchen Sie, in Frieden und Harmonie mit Menschen jeden Glaubens und jeder Nation zu leben." Wenn wir ein Gefühl für unseren Sinn im Leben entwickelt haben, macht es Sinn, sich mit Selbstmanagement zu beschäftigen.

3/ SELBSTMANAGEMENT

> „Sich selbst zu managen, das heißt ... zum Beispiel, sich Ziele zu stecken, Pläne zu schmieden, sich selbst zu motivieren und zu wissen, wann man anführen, wann man folgen muss und wann es am besten ist, sich unabhängig von anderen zu machen."
>
> Verena Friederike Hasel, Psychologin und Autorin

Finden wir, dass wir unser Leben im Griff haben oder ist es eher umgekehrt? Breiter kann man eine Frage wohl kaum stellen. Die Antwort darauf hängt davon ab, was unter „sein Leben im Griff haben" zu verstehen ist. Tim Urban beschreibt in seinem TED Talk zum Thema Prokrastination das überwältigende Gefühl, sich wie ein Zuschauer im eigenen Leben zu fühlen, weil wir die Dinge, die uns wirklich voranbringen oder glücklich machen würden, immer wieder vor uns herschieben.[1] Das liefert eine erste Indikation für die Beantwortung der Frage. Die zweite Indikation ist das Ausmaß unseres persönlichen Stresslevels, denn viele Menschen fühlen sich getrieben und gehetzt und die Zahl der Burn-outs und stressbedingten Erkrankungen war noch nie so hoch wie heute. In engem Zusammenhang damit steht die Frage, wie gut wir darin sind, allen Bereichen unseres Lebens Aufmerksamkeit zu schenken, also auch unserer Gesundheit, Partnerschaft, Familie, Freunden und Hobbys. Als viertes können wir unsere Ablenkbarkeit heranziehen. Für den Investor und Bestseller-Autor Nir Eyal, der die Bücher *Hooked*[2] und *Indistractable*[3] geschrieben hat, ist das hohe Maß an Ablenkung eines der größten Probleme unserer Zeit.[4]

Das liefert uns vielleicht noch kein vollständiges Bild, es zeigt aber schon einige der wichtigsten Ansatzpunkte für gutes Selbstmanagement auf. Gutes Selbstmanagement schafft Raum, Klarheit und Freiheit. Es geht dabei um weit mehr als Disziplin, Listenpflege und Priorisierungstechniken. Es geht um ein erfülltes und selbstbestimmtes Leben, den sinnvollen Umgang mit den eigenen Ressourcen sowie um Reduktion von Stress und Druck. Es geht darum, Zeit sinnvoll einzusetzen und gute Entscheidungen zu treffen. Das umfasst Effektivität (die richtigen Dinge tun), hierzu gehört auch Klarheit über Sinn, Vision und Ziele. Es umfasst aber auch Effizienz (die Dinge richtig tun), um erfolgreich mit den Aufgaben und Verpflichtungen des Alltags sowie der Umsetzung von Zielen umzugehen.

Es gibt zahlreiche Ansätze, Methoden und Ideen, die uns dabei helfen, diese beiden Aspekte umzusetzen und miteinander in Einklang zu bringen. Klar ist, es gibt keinen Ansatz, der für alle funktioniert, und beinahe immer braucht es auch eine persönliche Adaption. In diesem Kapitel hoffen wir, unseren Leser:innen Impulse geben zu können, wie sie sich besser organisieren können und persönliche Freiheit für ein erfülltes Arbeiten und Leben zurückerobern.

EFFEKTIVITÄT: DIE RICHTIGEN DINGE TUN

„Solange die Leiter nicht an die richtige Wand gelehnt ist, führt uns jeder Schritt nur schneller an den falschen Ort."

Stephen R. Covey, Autor

Angesichts der Vielzahl von Aufgaben und Themen im Berufs- und Privatleben fällt es vielen Menschen schwer, sich zusätzlich noch mit dem eigenen Sinn oder konkreten Zielen zu beschäftigen. Schließlich haben sie ja bereits jetzt mehr zu tun, als sie überhaupt schaffen können. Im Podcast erzählt uns der Unternehmer Alexander Sixt, Mitglied des Vorstands und Co-CEO der *Sixt SE*, dass hierin lange Zeit ein großer Fehler von ihm lag.[5] Im Nachhinein resümiert er, dass er viel zu viele Themen gleichzeitig bewegt, nicht klar genug priorisiert und die entscheidenden Themen nicht mit der notwendigen Stringenz nachverfolgt hat. Stattdessen galt für ihn am Anfang seiner Karriere, „je voller der Kalender war, desto besser war alles".

Je weniger wir Klarheit darüber haben, was die Themen sind, die uns mittel- und langfristig wirklich voranbringen und glücklich machen, desto schwerer fällt es, Prioritäten zu setzen. Wir sind dann unserem Kalender und den Vorstellungen anderer schutzlos ausgeliefert und treiben wie ein Korken auf dem Wasser. Das Befassen mit dem eigenen Zielsystem ist deshalb kein Luxus, den wir uns erlauben, sobald wir den Alltag im Griff haben, sondern eine notwendige Voraussetzung, dies überhaupt hinzubekommen. Deshalb dürfen die Sinnfrage, persönliche Vision und Ziele nicht aus dem Thema Selbstmanagement ausgeklammert werden. Für David Allen, den Erfinder der *Getting Things Done*-Methode[6], spiegelt sich dies in den Dimensionen *Kontrolle* und *Perspektive* wider.[7]

Haben wir weder Kontrolle über unseren Alltag noch kennen wir unsere Prioritäten, bezeichnet er dies als Opfer-Modus oder (neutral formuliert) Reagierende:r. Wir kennen alle diesen Zustand, in dem wir uns gehetzt und getrieben und oft auch schlecht behandelt fühlen. Erhöhen wir davon ausgehend nur unsere Kontrolle (was bereits ein Fortschritt ist), führt uns dies ins Mikro-Management beziehungsweise den Modus des:der Ausführenden. Wir haben jetzt alles im Griff, tolle Listen und sind sehr strukturiert. Wofür das Ganze? Die Perspektive fehlt noch, also die mittel- und langfristige Sicht und die Antwort auf die Frage nach dem *Warum*. Der:die Gegenspieler:in der:des Mikro-Managenden ist der:die Verrücktmacher:in oder Visionär:in. Hier haben wir nur die Perspektive, es handelt sich um die ganz große Weltformel oder besser gleich noch mehrere, die wir anstreben. Der Haken an der Sache: Uns fehlt die Kontrolle über den Alltag, was uns davon abhält, unsere Pläne in die Tat umzusetzen. Das Ziel? Eine gute Kombination aus Kontrolle und Perspektive, wie im oberen rechten Quadranten der Abbildung. Nur wenn es uns gelingt, beides miteinander zu kombinieren, nutzen wir Kontrolle so, dass sie uns dabei unterstützt, auch unsere Ziele und Visionen zu erreichen. „Das Wichtigste, wenn ich auf meine Unternehmerlaufbahn zurückblicke, war immer das Thema Fokus, also sich zu konzentrieren auf die Dinge, die wirklich entscheidend sind",

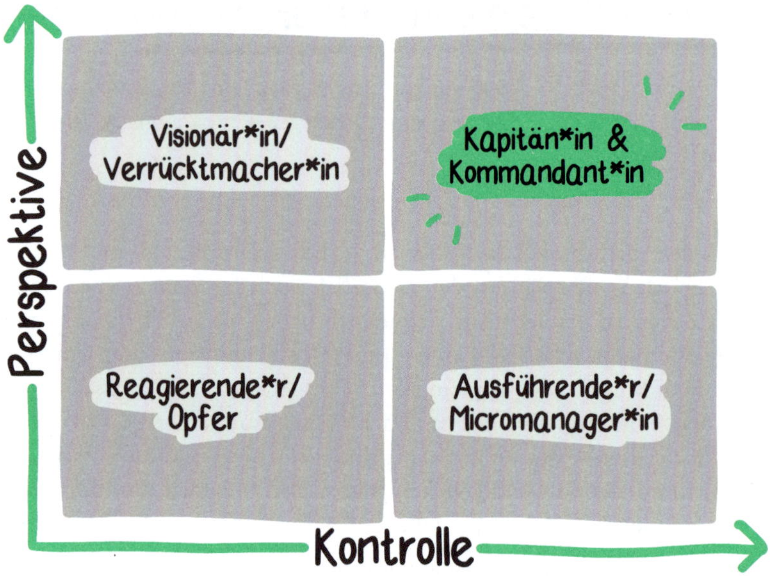

Selbstmanagement-Matrix nach David Allen

lautet eine der Kernbotschaften von Alexander Sixt. Perspektive ist die Grundvoraussetzung für Fokus. Hierfür brauchen wir Klarheit über unseren Sinn (Purpose) und unsere Ziele.[8] Wir haben deshalb beiden Themen ein eigenes Kapitel gewidmet.

EFFIZIENZ: DIE DINGE RICHTIG TUN

„Wir leben in einer Welt, in der es viel zu viele Dinge gibt. Zu viele Informationen, zu viel Unterhaltung. Das ist der Preis des Fortschritts, der Preis des Lebens in dieser Welt. Wir müssen lernen, wie wir in dieser Welt leben können."

Nir Eyal, Unternehmer und Autor

Der aufregendste Purpose und die schönsten Ziele nützen nichts, wenn es uns nicht gelingt, ausreichend Fokus herzustellen, um diese zu verfolgen. Unabhängig davon, was uns motiviert und was wir erreichen möchten, muss es uns gelingen, die erforderlichen Aktivitäten in unseren Alltag zu integrieren. So wie Nir Eyal es beschreibt, besteht unsere Herausforderung dabei insbesondere darin, mit Ablenkungen umzugehen. Für Nir ist die schlimmste Form der Ablenkung der Teil unserer Arbeit, den wir auch noch begründen können: die einfachen, aber dringenden Sachen, das schnelle Checken von E-Mails und ein paar leicht abzuhakende Themen auf der To-do-Liste, denn die muss man ja ohnehin erledigen. Cal Newport bezeichnet dies in seinem Buch *Konzentriert arbeiten*[9] als „Shallow Work" (seichte Arbeit). Das Ausmaß, in dem wir uns mit Shallow Work befassen, hängt ganz wesentlich von unserem eigenen Verhalten und unseren Gewohnheiten ab. Wie oft haben wir beispielsweise schon gedacht, dass wir zu Beginn eines Arbeitstages erst einmal kleinere Tätigkeiten erledigen, bevor wir uns dann im Anschluss den wirklich wichtigen Themen widmen – und sind dann nicht mehr dazu gekommen? Im Schnitt schauen wir außerdem 50- bis 80-mal am Tag auf unser Telefon,[10] das wir ungefähr 3,7 Stunden am Tag nutzen.[11] Nir Eyal, der sich damit auseinandergesetzt hat, wie ein Produkt designed sein muss, damit wir es immer wieder nutzen, fand heraus, dass unser Impuls, zum Telefon zu greifen, nur zu zehn Prozent durch externe Trigger wie Benachrichtigungen und Geräusche hervorgerufen wird, in 90 Prozent der Fälle sind wir es selbst.[12] Kein Wunder also, dass die durchschnittliche Dauer, die wir ungestört und konzentriert an einer Aufgabe arbeiten, nur elf Minuten beträgt.[13]

Wie kommen wir nun dahin, uns trotz der vielfältigen Ablenkungsmöglichkeiten wieder zu fokussieren? Ist es eine Frage der Willenskraft? Glücklicherweise nicht nur. Es gibt Strategien und Verhaltensweisen, die uns dabei unterstützen. Gleichzeitig sind wir aber aufgefordert, unsere bisherigen Arbeitsweisen zu hinterfragen, wie zum Beispiel die Organisation über den E-Mail-Posteingang und mehr oder weniger ausgeklügelte Ordnerstrukturen, ständige Erreichbarkeit und direktes Reagieren auf Impulse von außen. Sie entstammen einer Zeit, in der das Ausmaß von Ablenkung und die Informationsflut nicht so hoch waren wie heute.

Den Kopf leeren und Aufgaben konsolidieren

„Der Kopf ist ein total cooler Ort, um Ideen zu entwickeln, aber ein schlechter, um sie dort zu halten."

Sabri Eryiğit, Unternehmer und Coach

Wenn Sie das Gefühl haben, zu viel im Kopf zu haben, dann ist das höchstwahrscheinlich auch so. Die meisten Menschen halten viel zu viele Ideen, Gedanken und Aufgaben in ihrem Kopf fest. Hier schwirren sie herum und tauchen bevorzugt dann auf, wenn Sie ohnehin nichts damit anfangen können. David Allen bezeichnet diese Gedanken als „lose Enden". Sabri Eryiğit, Getting-Things-Done-Experte und Geschäftsführer der *Next Action GmbH*, hat uns im Podcast erklärt, wie wir am besten damit umgehen, und stellt uns die Methode der Gedankensammlung vor: fünf bis zehn Minuten, in denen wir alles aufschreiben, was uns an unerledigten Verpflichtungen, Ideen, Aufgaben einfällt – egal, ob groß oder klein, privat oder beruflich, kein Strukturieren, kein Ausformulieren.[14] Dabei kommen die meisten schnell auf 30 bis 40 Themen. Diese losen Enden sind einer der Gründe dafür, dass wir nicht abschalten können oder uns permanent unter Druck fühlen. Das regelmäßige Leeren des Kopfs durch Aufschreiben der losen Enden ist ein wichtiger Aspekt, um den Überblick zu behalten. Der zweite Aspekt besteht darin, alle Aufgaben, Verpflichtungen und Ideen konsequent an einem zentralen Ort zu konsolidieren, anstatt diese in unterschiedlichen Endgeräten, Kanälen, Dokumenten und Programmen festzuhalten.

Den „Monkey Brain" in den Griff bekommen

> „Tatsache ist, dass der 'Instant Gratification Monkey' das letzte Wesen ist, das für Entscheidungen zuständig sein sollte – er denkt nur an die Gegenwart, ignoriert die Lektionen aus der Vergangenheit und lässt die Zukunft völlig außer Acht, und er kümmert sich ausschließlich um die Maximierung der Leichtigkeit und des Vergnügens des aktuellen Moments."
>
> Tim Urban, Autor und Illustrator

Shallow Work ist auch eine hervorragende Begründung, um die Dinge nicht angehen zu müssen, die sich schwer, unklar und kompliziert anfühlen – ein Muster, das vermutlich jede:r von sich kennt. Interessant ist dabei, dass unsere Wahrnehmung von der Schwierigkeit einer Aufgabe nichts mit der tatsächlichen Schwierigkeit zu tun haben muss und sich im Zeitablauf auch verändert. Mit jedem Tag, an dem wir eine Aufgabe vor uns herschieben, wächst sie (natürlich nur in unserem Kopf) und fühlt sich schwieriger an. Tim Urban beschreibt die Chronologie von Prokrastination in seinem TED Talk so treffend wie kein Zweiter.[15] Zu Beginn sind wir noch ganz locker und wähnen uns in Sicherheit, es ist ja schließlich noch Zeit. Vielleicht machen wir uns sogar einen Plan, wie wir das Ganze angehen wollen. Bevor wir starten, tauchen plötzlich andere Dinge auf, kleine Aufgaben, die zu erledigen sind, *Amazon*-Bestellungen, Katzenvideos oder unser plötzliches Interesse für die Religionen Indiens und den beruflichen Werdegang ehemaliger Klassenkamerad:innen – einfach alles, was nichts mit der eigentlichen Aufgabe zu tun hat. Unser „Instant Gratification Monkey" (der Teil von uns, der schnelle Belohnungen sucht) hat die Kontrolle übernommen. Das geht eine Weile so, während sich die zu erledigende Aufgabe immer schwerer und unattraktiver anfühlt, bis zu jenem Tag, an dem die Deadline unausweichlich ist und wir wirklich keine andere Chance haben, als in Panik zu verfallen und die Aufgabe schlussendlich hektisch und meistens mehr schlecht als recht zu erledigen. Allein das hat Konsequenzen für unsere Lebensqualität und Zielerreichung.

Verheerender sind allerdings die Konsequenzen langfristiger Prokrastination. Es handelt sich hier um die Themen, die keine Deadline haben. Das sind meist jene, die für uns selbst wichtig sind: etwas Neues wagen, mit Sport beginnen, sich persönlich oder beruflich weiterentwickeln und so weiter, denn ohne Deadline kommt es auch nicht zur Panik, die uns schließlich zum Handeln bewegt. Diese Themen werden nie umgesetzt. Das hat nicht nur negative Konsequenzen für unser Leben, weil das, was wir uns vorgenommen haben, nicht passiert. Es schwächt uns auch, indem es sich negativ auf unsere Selbstwirksamkeit auswirkt, sodass wir uns immer weniger zutrauen.

Wie lässt sich das verhindern? Das Gegenmittel ist denkbar einfach: Was ist der allererste Schritt, um die Aufgabe voranzubringen? B. J. Fogg bezeichnet dies in seinem Ansatz *Tiny Habits*[16] als Startschritt, für David Allen ist es eines der wichtigsten Denkmuster von *Getting Things Done*[17] und Brian Tracy befasst sich damit in *Eat that Frog*.[18] So simpel es klingt, so effektiv ist dies auch. Angenommen, wir schieben unsere Steuererklärung vor uns her. Die Fantasie, wie anstrengend und frustrierend deren Erledigung ist, wächst von Woche zu Woche und der wahrgenommene Druck und unser schlechtes Gewissen machen die Aufgabe immer unattraktiver. Unsere Gedanken kreisen darum, scheinen uns aber auch davon abzuhalten, die Sache anzugehen. Ein einfacher Startschritt entzaubert das Ganze. Der erste Schritt kann (je nach Ausgangslage) beispielsweise das Sortieren der Belege sein, ein Anruf beim Schwager, welche Software dieser empfehlen kann oder irgendetwas anderes, das uns in der Angelegenheit zumindest einen kleinen Schritt voranbringt. Das sind alles Aktivitäten, die sich schnell und zwischendurch erledigen lassen. Das Vorgehen hat gleich mehrere positive Nebeneffekte:

- Der nächste Schritt ist greifbar, konkret und machbar. Das nimmt bereits viel Druck.
- Die Wahrscheinlichkeit, dass wir mit der Aufgabe beginnen, steigt um ein Vielfaches, denn es handelt sich ja um einen lächerlich kleinen Schritt.
- Wenn wir diesen nun angehen, wird meistens auch der Schrecken vor der restlichen Aufgabe genommen. Das Anfangen ist oft die größte Herausforderung.
- Je besser es uns gelingt, unsere wichtigen Themen in kleine Einheiten zu zerlegen, desto eher können wir auch kleine Zeitfenster für sinnvolle Tätigkeiten nutzen, anstatt sie mit Shallow Work zu vergeuden.

Wir können Aufgaben dabei auch in kleine Zeiteinheiten unterteilen. Vieles lässt sich leichter angehen, indem wir uns ein Zeitlimit setzen, wie „20 Minuten lang erste Ideen für den Artikel zu Papier bringen". David Allen hat hierzu übrigens auch noch eine wichtige Regel: „Immer, wenn der nächste Schritt in zwei Minuten oder weniger erledigt werden kann, machen Sie ihn sofort."

Planen, priorisieren und reflektieren

> „Die Mühen der Planung können sich in Form von erhöhter Produktivität, weniger Stress und vor allem einer bewussten Ausrichtung auf das Wesentliche auszahlen."
>
> Elisabeth Grace Saunders, Autorin und Coach

Greta Silver ist Autorin, Influencerin, YouTuberin und Glückscoach. Im Podcast erinnert sie uns an ein kraftvolles Bild: „Es ist wie im Flugzeug. Wir müssen uns die Sauerstoffmaske erst selbst aufsetzen und dann sind wir in der Lage zu helfen."[19] Was im Flugzeug ein Zeichen gesunden Menschenverstandes ist, wird im Arbeitsleben oft vernachlässigt. Warum verhalten wir uns dort so oft anders? Warum stellen viele Menschen ihre eigenen Prioritäten hintenan? Der Grund dafür ist nicht Altruismus, sondern die Angewohnheit, zunächst alles andere erledigen zu wollen, bevor wir uns in Ruhe um die Dinge kümmern, die wirklich wichtig sind, die mangelnde Fähigkeit, „nein" zu sagen, und das Fehlen eines Plans. Für die meisten ist es normal, morgens ins Büro zu gehen und sich mit dem zu befassen, was noch liegen geblieben ist oder im Laufe des Tages neu auftaucht. Der Büroalltag besteht aus Telefonaten, Mails, Meetings, Gesprächen mit Kolleg:innen und Tätigkeiten in zufälliger Reihenfolge, was dann dazu führt, dass das, was am wichtigsten ist, am Ende des Tages immer noch unerledigt ist.

Was dagegen hilft, sind klare Prioritäten. Das ist allerdings nicht unbedingt ein Selbstläufer. So hat es sich beispielsweise für die meisten Menschen als nicht sinnvoll herausgestellt, To-do-Listen mit Prioritäten zu führen. Zum einen neigen wir dazu, zu viele Dinge mit Prio 1 zu versehen, zum anderen übersehen wir dabei leicht, wenn aus Prio 2 plötzlich Prio 1 wird, und zuletzt ist es ja nicht sinnvoll, nur Prio-1-To-dos zu erledigen, wenn wir nebenher eine Prio-2- oder -3-Angelegenheit gleich mit erledigen können. Es ist, als würde man in den Supermarkt gehen und nur die wichtigsten Dinge einkaufen, um später für die weniger wichtigen zurückzukommen.

Exemplarischer Tagesablauf in Blöcken

Wenn wir erfolgreiche und organisierte Menschen fragen, ist Planung immer ein wichtiger Erfolgsfaktor. Unser allererster Podcast-Gast Teja Töpfer, Co-Founder von *Facelift*, beginnt und beendet jeden Arbeitstag mit einer 15-minütigen Rüstzeit.[20] Am Ende eines Tages lässt er diesen Revue passieren, erfasst neue Ideen und Aufgaben und legt seine Prioritäten für den nächsten Tag fest. Am Morgen überprüft er seine Termine und Aufgaben für den anstehenden Tag noch einmal, um sich darauf einzustimmen und priorisiert neu, sofern ihm dies sinnvoll erscheint. Ein Plan macht uns effizienter, weil wir weniger Zeit damit verbringen zu entscheiden, worauf wir unsere Aufmerksamkeit nun richten wollen. Brian Tracy stellt die These auf, dass wir ohne Plan pro Tag zwei Stunden Zeit vergeuden.[21]

Neben Alltagsrealitäten wie Meetings sollten wir beim Planen unsere Energiekurve berücksichtigen. Sie verläuft nicht bei allen gleich, aber vermutlich hat jede:r eine Idee davon, wann das eigene Energieniveau am höchsten ist und wann wir uns besser mit einfacheren Aufgaben beschäftigen sollten. Wenn unsere Energie beispielsweise morgens am höchsten ist, sollten wir auf keinen Fall in die Falle tappen, zunächst „den ganzen Kleinkram wegarbeiten zu wollen". Es ist sinnvoll, sich zunächst den Dingen zu widmen, für die wir die Energie auch wirklich brauchen. E-Mails, Anrufe, Beantwortung von Chat-Nachrichten, das bekommen wir meist auch mit weniger Energie hin und lässt sich zwischendurch erledigen. Ein Tag, der dies berücksichtigt, könnte beispielsweise wie folgt aussehen.

Morgens starten wir mit einem kurzen Blick auf unseren Tagesplan und prüfen, ob dieser noch passt. Prinzipiell sollten wir die Zeit am Vormittag verteidigen, sofern unsere Energie hier am höchsten ist, und mindestens eineinhalb Stunden für fokussiertes Arbeiten blocken. In dieser Zeit erledigen wir von unseren für den Tag priorisierten Aufgaben jene, die uns am meisten Konzentration abverlangen und lassen nur im absoluten Notfall Störungen zu. Das ist der Block, in dem wir uns die sprichwörtliche Sauerstoffmaske aufsetzen.

Toralf Haag, Vorsitzender der Konzerngeschäftsführung bei *Voith*, hat unternehmensweit eineinhalb Stunden am Tag eingeführt, in denen weder gemailt, telefoniert noch Meetings abgehalten werden, um allen Mitarbeiter:innen die Chance zu geben, sich ungestört konzentrieren zu können.[22] Nach einem solchen Deep-Work-Block werden wir uns wahrscheinlich einfacheren Aufgaben widmen, Anfragen und E-Mails beantworten oder an Meetings teilnehmen. Idealerweise schaffen wir es, am Nachmittag einen weiteren Fokus-Block einzufügen. Hier ist unsere Energie meistens nicht dieselbe wie am Morgen, aber immer noch gut genug, um ein paar größere Aufgaben zu erledigen. Bevor wir den Tag beenden, übernehmen wir die Planung des kommenden Tages. Für Führungskräfte ist es meistens sinnvoll, täglich einen festen 30-Minuten-Block für spontane Anfragen und Klärungspunkte der Teammitglieder freizuhalten.

Pläne unterscheiden sich je nach Rolle, Terminsituation und Präferenzen. Kai Lüssem, Gründer und CEO von *mama Restaurants*, teilt mit uns im Podcast seine wichtigste Routine: „Ich habe jeden Morgen für eine halbe Stunde einen Termin mit mir selbst."[23] In dieser Zeit strukturiert er seine Aufgaben für den Tag konsequent in meist 90-minütige Blöcke. Dadurch ist er nicht nur deutlich effektiver geworden, sondern spart auch mehrere Stunden Zeit am Tag. Natürlich wird ein solcher Plan weder immer gleich aussehen noch wird er sich wie geplant umsetzen lassen. Manche Aufgaben dauern länger, wichtige und unerwartete Themen kommen rein, Prioritäten verschieben sich und unsere Produktivität unterliegt Schwankungen. Worauf es ankommt, ist, dass wir immer einen Plan haben und unsere Prioritäten für den verbleibenden Tag kennen. Cal Newport sieht deshalb immer ein erneutes Planen über den Tag vor.[24] Es geht nicht darum, strikt einen Plan zu verfolgen, sondern dafür zu sorgen, dass wir das tun, was zum gegebenen Zeitpunkt wirklich am wichtigsten ist. Das lässt sich nicht im Vorfeld durch das Erstellen langer Prioritätenlisten und starrer Pläne lösen; wir brauchen einen iterativen Planungsansatz, der Raum für Veränderungen lässt.

Neben der täglichen Planungsroutine, bei der wir unsere Prioritäten für den Tag festlegen, ist auch eine wöchentliche Routine sinnvoll. Der Unternehmer Alexander Sixt entscheidet beispielsweise jeden Sonntagabend, welche drei Themen er in der anstehenden Woche erledigen will. Mittwochs schaut er dann noch einmal über seine Planung und kalibriert sich gegebenenfalls neu.[25] Für David Allen ist die Routine des Wochenüberblicks ebenfalls entscheidend, um Kontrolle und Perspektive zu vereinen. Diese kann wie folgt aussehen:

- Zunächst gehen Sie durch Ihre sämtlichen Aufgaben: *Ist alles aktuell, habe ich einiges davon erledigt? Muss ich Folgeschritte festhalten?*
- Im Anschluss prüfen Sie den Kalender der abgelaufenen Woche: *Habe ich aus den Terminen Aufgaben oder Ideen mitgenommen, die noch nicht erfasst sind?*
- Der nächste Schritt besteht darin, den Kalender ungefähr drei bis vier Wochen in die Zukunft anzuschauen: *Muss ich Aufgaben zur Vorbereitung anstehender Termine erfassen? Welche Blöcke für Deep Work, Reisezeiten oder Vorbereitungszeiten brauche ich? Gibt es Terminkollisionen, die ich klären muss?*
- Dann gehen Sie durch alle Dinge, auf die Sie von anderen warten (hierfür haben Sie idealerweise eine separate Liste): *Was habe ich schon bekommen? Wo muss ich nachhaken?*
- Nun ist es an der Zeit, einen Schritt zurückzutreten, um die eigenen Projekte zu reflektieren: *Habe ich für jedes meiner Projekte eine konkrete, einfach zu erledigende Aufgabe erfasst? Habe ich alle meine Projekte im Griff? Wenn nicht, was ist eine sinnvolle Maßnahme, um hier voranzukommen?*
- Betrachten Sie zusätzlich auch die privaten Rollen und Bereiche, die Ihnen wichtig sind, wie zum Beispiel Familie, Freund:innen, Sport, Gesundheit oder Erholung: *Erfülle ich meine Rollen in angemessener Art und Weise? Wenn nicht: Was ist ein einfacher kleiner Schritt, den ich tun kann, um dies besser zu machen? Wie sieht es mit meinen anderen Lebensbereichen aus? Falls ich einen Bereich vernachlässigt habe: Welcher einfache Schritt hilft mir, den Ball wieder aufzunehmen?*
- Zuletzt betrachten Sie Ihre Ziele: *Wo stehe ich im Hinblick auf meine Ziele? Habe ich für jedes Ziel ein Projekt und/oder einen klaren nächsten Schritt, der mich der Erreichung näherbringt?*

- Ergänzend sollten Sie mindestens jede zweite Woche auf die Liste mit Ideen und Themen, die in Zukunft anstehen, schauen und diese ergänzen, wenn Ihnen in der Zwischenzeit neue Ideen gekommen sind.

Neben der Klarheit und dem Überblick, den diese Routine bringt, können wir dabei auch die wichtigsten (beruflichen und privaten) Themen für die anstehende Woche als Input für die tägliche Planungsroutine festhalten, bei der wir unsere Prioritäten für den anstehenden Tag festlegen. „Der Weekly Review ist das Wichtigste", beschreibt Sabri Eryiğit seine eigenen Erfahrungen mit der Methode.[26] Für die meisten Menschen ist übrigens Freitag der beste Tag, um dies zu tun, damit sie aufgeräumt und mit freiem Kopf ins Wochenende gehen können.

Es kann übrigens auch sinnvoll sein, unsere Pläne mit anderen zu teilen. Im Podcast hat Nir Eyal darauf hingewiesen, wie wertvoll es ist, beispielsweise zu Beginn einer Woche einen 15-minütigen Termin mit dem:der Chef:in zu machen, um gemeinsam über den eigenen Kalender und die Liste der wichtigsten Themen für die Woche zu schauen.[27] Da die meisten Menschen mehr zu tun haben, als sie innerhalb der zur Verfügung stehenden Zeit erledigen können, kann gemeinsames Priorisieren sinnvoll sein. „Dein Chef hat keine Idee, was du den ganzen Tag machst, wenn du dies nicht tust", hebt Nir hervor. Angenehmer Nebeneffekt: Die vielen und teilweise auch unnötigen Meetings im Kalender werden ebenfalls transparent. Das kann ein guter Ausgangspunkt sein, um die Situation grundsätzlich zu verändern. Das gilt genauso für zu Hause. Nir und seine Frau haben oft gestritten, weil sein Anteil an privaten To-dos und Verantwortlichkeiten deutlich geringer war. Nir hatte dies nicht absichtlich gemacht, ihm war einfach nicht klar, was alles zu tun war. Heute setzen seine Frau und er sich jeden Sonntag für maximal 15 Minuten zusammen, synchronisieren ihre Kalender und planen die anstehende Woche.

Sich wieder konzentrieren lernen

> „Die Fähigkeit zu Deep Work ist zunehmend selten und gleichzeitig zunehmend wertvoll in unserem wirtschaftlichen Umfeld. Infolgedessen gehört der Erfolg den wenigen, die diese Fähigkeit kultivieren und zum Kern ihrer beruflichen Tätigkeit machen."
>
> Cal Newport, Informatiker und Autor

Die Rahmenbedingungen sind geschaffen, das Ziel und die Aufgaben sind klar. Trotzdem fällt es häufig schwer, sich auf eine Aufgabe zu konzentrieren. Das hängt unter anderem mit der Funktionsweise unseres leicht ablenkbaren Gehirns zusammen, die fokussiertem Arbeiten im Wege steht. Wir können unser Gehirn diesbezüglich aber trainieren. Nir Eyal schreibt in seinem Bestseller *Hooked* darüber, wie wir Produkte entwickeln, die Menschen süchtig machen.[28] In seinem neuesten Buch *Indistractible* beschreibt er, wie wir uns dem wieder entziehen können. Wie das geht, hat er uns auch im Podcast erklärt.[29] Für Nir ist Ablenkung alles, was uns davon abhält, das zu tun, was wir geplant haben zu tun. Um sich nicht ablenken zu lassen, sind für ihn unterschiedliche Aspekte wichtig. Zunächst sollten wir damit aufhören, der Technologie die Schuld für unsere Ablenkbarkeit zu geben und stattdessen herausfinden, warum wir uns in Ablenkung flüchten und nicht das tun, was wir geplant haben. Die Auslöser können Überforderung, Angst, Langeweile oder negative Gedanken sein. Das Denken in einfachen nächsten Schritten ist eine Strategie, um besser mit Überforderung umzugehen. Der zweite wichtige Aspekt ist Planung. „Wie kann man etwas als Ablenkung bezeichnen, wenn man nicht weiß, wovon es einen ablenkt?" Nir rät außerdem dazu, externe Störquellen so weit wie möglich abzustellen, zum Beispiel durch das Deaktivieren von Benachrichtigungen, durch Kenntlichmachen, dass wir gerade nicht gestört werden wollen, Schließen des E-Mail-Programms oder durch Reduzierung der in Meetings verbrachten Zeit. Das regelmäßige sich Zurückziehen an einen ruhigen Ort kann ebenfalls eine gute Strategie sein. Zuletzt schlägt er vor, dass wir einen Pakt mit uns selbst schließen. Um dem Drang nach Ablenkung für eine gewisse Zeit systematisch zu widerstehen, nehmen wir beispielsweise unser Telefon für eine Stunde ganz bewusst nicht in die Hand oder setzen uns Offlinezeiten, in denen wir nur an unseren wichtigsten Themen arbeiten. So gewöhnen wir unserem Gehirn sukzessive ab, ständig nach Ablenkung zu suchen: „Die Fähigkeit, sich intensiv zu konzentrieren, ist eine Eigenschaft, die trainiert werden muss."[30] Rituale und ein fester Zeitrahmen helfen, damit der Einstieg in konzentriertes Arbeiten gelingt. Der Unternehmer Alexander Sixt sorgt dafür, jeden Tag zwei bis zweieinhalb Stunden zur freien Verfügung zu haben, die er nutzt, um durchs Haus zu gehen, auf dem Sofa zu sitzen und nachzudenken oder in Ruhe zu telefonieren.[31] Um die Zeit, die er in Meetings verbringt, zu reduzieren, hat er außerdem eingeführt, dass diejenigen, die das Meeting haben möchten, vorab auf einer Seite in Prosa zusammenfassen (keine Bulletpoints), was sie mit ihm besprechen möchten und worin der Sinn und Zweck des Treffens liegt.

Evan Carmichael hilft Menschen dabei, den Glauben an sich selbst zu finden. In seinem Buch *Your One Word* erklärt er, warum er glaubt, dass jeder Mensch für ein Wort steht. „Was mir am meisten bei der Arbeit geholfen hat, ist, in der gleichen Energiezone zu bleiben. Leute springen zu oft zwischen verschiedenen Aufgaben hin und her", erklärt er uns im Podcast. Sein Produktivitätstipp besteht darin, ähnliche Aufgaben zusammen zu erledigen, um Zeit und Energie zu sparen. Evan setzt dies sehr konsequent um und nutzt jeden Tag der Woche für eine bestimmte Form von Aktivitäten: „Den Montag verbringe ich damit, die Leute in meinem Team zu betreuen. Dienstag mache ich den ganzen Tag lang nur YouTube-Videos. Mittwoch ist mein Projekttag. Donnerstag ist mein „Public Facing"-Interviewtag und Freitag mein CEO-Tag, an dem ich an Projekten arbeite, um das Unternehmen zu vergrößern. Samstag ist mein Spaßtag. Da gibt es keine Arbeit und Sonntag ist mein Familien-Admin-Tag für Themen wie Einkaufen, Aufräumen, Wäschewaschen." Diese Strukturierung hat den positiven Nebeneffekt, dass Evan sich wieder auf die Tätigkeiten freut, nachdem er sie fast eine Woche nicht machen durfte.[32]

ON THE WAY TO NEW WORK

„Du steigst nicht auf das Niveau deiner Ziele.
Du fällst auf das Niveau deines Systems."

James Clear, Autor

Sich selbst zu managen heißt, die eigenen Ziele zu kennen und zu verfolgen, Raum für Ideen und Inspiration zu schaffen, Zusagen einzuhalten und das Leben ganzheitlich zu leben. Hierfür gibt es nicht den einen Ansatz, der für alle passt, und auch nicht ein ganz bestimmtes Tool, das uns die Arbeit abnimmt. Es gibt allerdings Prinzipien, die uns dabei helfen, unsere Ziele in den Alltag zu integrieren, uns besser zu konzentrieren und produktiv und frei zu arbeiten und zu leben:

- Unser Sinn und unsere Ziele sind der Ausgangspunkt, um den Fokus herstellen und Prioritäten setzen zu können.
- Um den Überblick über unsere Aufgaben zu gewinnen, brauchen wir einen freien Kopf und einen zentralen Ort, an dem wir unsere Aufgaben und Verantwortlichkeiten konsolidieren.
- Prokrastination fühlt sich kurzfristig gut an, kostet uns aber einen großen Teil unserer Lebensqualität.
- Tägliche und wöchentliche Planungsroutinen sorgen dafür, dass wir unsere Prioritäten kennen und legen den Preis für Ablenkbarkeit fest.
- Wir müssen lernen, uns wieder auf eine einzige Sache zu konzentrieren. Time Blocking und eine ablenkungsfreie Umgebung helfen uns dabei.

Nir Eyal hat uns noch sein persönliches Mantra mitgegeben: „Beständigkeit vor Intensität."[33] Große Dinge passieren nicht aus einzelnen Motivationsschüben heraus. Selbstmanagement ist ein Teil der Antwort, gute Gewohnheiten der zweite.

4/ GEWOHNHEITEN

„Gewohnheiten sind der Kern dessen, was wir tun."

Wendy Wood, Psychologin und Wirtschaftswissenschaftlerin

Die Kluft zwischen Wollen und Tun kann groß sein. An einem Tag sind wir fest entschlossen, von nun an ein sportliches Leben zu führen, uns besser zu ernähren, endlich abzunehmen, mehr zu lesen, ein Buch zu schreiben oder andere Dinge umzusetzen, von denen wir wissen, dass sie gut für uns sind – und am nächsten Tag? Da sieht es oft schon wieder anders aus. Nicht, dass wir es nicht immer noch wollten, aber es gibt plötzlich Gründe, warum es heute nicht funktionieren wird, warum es vielleicht gerade kein guter Zeitpunkt ist oder warum andere Dinge zuerst getan werden müssen. Kurz gesagt: Unsere alten Muster haben uns zurück. Warum fällt es uns so schwer, vermeintlich einfache Verhaltensänderungen dauerhaft in unser Leben zu integrieren und konsequent umzusetzen? Das Wissen um die Dinge, die uns guttun und sinnvoll sind, scheint nur wenig Einfluss auf unsere Handlungen zu haben. Was steuert unser Verhalten wirklich? Diese Frage weckte auch das Interesse von Wendy Wood, Professorin für Psychologie und Wirtschaft an der University of Southern California, die sich daraufhin dem Erforschen von Verhaltensänderungen widmete.[1] Wenn wir verstehen und lernen, gutes Verhalten dauerhaft zu etablieren und schlechtes Verhalten hinter uns zu lassen, ist dies in allen Bereichen unseres Lebens anwendbar und unterstützt uns dabei, das zu erreichen, was uns wichtig ist, und die Person zu werden, die wir sein wollen. Der Schlüssel sind unsere Gewohnheiten.

GEWOHNHEITEN SIND DIE INFRASTRUKTUR

„Der Mensch ist ein Gewohnheitstier."

Gustav Freytag, Schriftsteller

Gewohnheiten kommen dem Bestreben unseres Gehirns entgegen, Energie zu sparen und Komplexität zu reduzieren. Wir müssen uns nicht bewusst daran erinnern oder in irgendeiner Form motiviert sein – es handelt sich um vollständig automatisiertes Verhalten. Stellen wir uns kurz vor, wir müssten jeden Morgen neu entscheiden, was wir nach dem Aufstehen als Erstes tun, wie wir unseren Kaffee trinken, ob wir frühstücken oder nicht, wie wir zur Arbeit kommen und so weiter. Dann wäre unsere Energie für Entscheidungen wahrscheinlich schon am frühen Vormittag verbraucht. Wendy Wood fand in ihren Untersuchungen heraus, dass durchschnittlich 43 Prozent unseres täglichen Verhaltens unbewusst gesteuert sind, einschließlich unserer sozialen Interaktionen.[2]

Wenn es uns gelingt, weitere Gewohnheiten hinzuzufügen, die uns bei der Erreichung unserer Ziele unterstützen, haben wir eine einzigartige Infrastruktur geschaffen, die nicht davon abhängig ist, wie motiviert wir gerade sind. Es lohnt sich deshalb, den Prozess zum Aufbau von Gewohnheiten genauer zu verstehen und zu nutzen, um gute zu etablieren und schlechte abzulegen. Die Abgrenzung ist recht simpel: Gute und schlechte Gewohnheiten sind so ziemlich dasselbe – der einzige Unterschied ist, dass gute Gewohnheiten dabei helfen, dass wir unsere Ziele erreichen und schlechte Gewohnheiten nicht, bringt es Wendy Wood im Podcast auf den Punkt. Die langfristigen Effekte sind ebenfalls ein guter Indikator zur Bewertung von Gewohnheiten. James Clear beschreibt es so: Für gute Gewohnheiten bezahlen wir in der Regel sofort, für schlechte in der Zukunft.[3] Eine gute Gewohnheit, wie am Ende des Arbeitstages zu reflektieren, was unsere wichtigste Priorität für den nächsten Tag ist, bedeutet kurzfristig Verzicht, denn wir müssen uns nochmals kurz konzentrieren, anstatt dem Impuls zu folgen, das Büro zu verlassen. Das Rauchen einer Zigarette oder das Essen von Schokolade bedeutet hingegen eine sofortige Belohnung, die erst in der Zukunft ihren Preis hat. Hier hat unser Gehirn eine ganz klare Präferenz: sofortige Belohnungen. Das gilt auch dann, wenn die zukünftig zu erwartende Belohnung aufgrund guter Gewohnheiten attraktiver ist als die kurzfristig erreichbare aufgrund schlechter Gewohnheiten. Das erklärt, warum sich schlechte Gewohnheiten deutlich leichter etablieren.

GUTE GEWOHNHEITEN AUFZUBAUEN, IST EINE FRAGE DES DESIGNS

„Willenskraft ist vielleicht gar nicht real."

Nir Eyal, Unternehmer und Autor

Wir verfügen meist nur über ein Halbwissen, wie sich Gewohnheiten etablieren. So hält sich zum Beispiel das Gerücht hartnäckig, dass man etwas 21 Tage hintereinander tun muss, um dies als Gewohnheit zu etablieren.[4] Erfüllt die Gewohnheit bestimmte Kriterien, lässt sie sich auch in kürzerer Zeit aufbauen. Erfüllt sie sie nicht, stellt sich der gewünschte Automatismus nie ein.

Es gibt einige typische Fehler beim Aufbau neuer Gewohnheiten. Der Glaube an Motivation ist einer davon. Angenommen, wir laufen alle paar Wochen einmal um die Hamburger Außenalster[5] und beschließen, dies ab jetzt fünfmal die Woche zu tun. Der erste Tag läuft noch gut, am zweiten lässt die Motivation schon etwas nach und am dritten Tag findet sich schon viel leichter ein Grund, warum wir von der geplanten Gewohnheit abweichen und lieber zu Hause bleiben. Der Fehler liegt im Design: Die Motivation, etwas zu tun (um die Alster laufen), hat einen Gegenspieler: die Motivation, zu Hause zu bleiben und sich auszuruhen. Sobald die erste, noch nicht etablierte Gewohnheit ein Formtief aufweist (ich fühle mich müde, ich hatte einen langen Tag, ich habe Hunger...), setzt sich die zweite mit Leichtigkeit durch – und das Formtief ist fast sicher, denn Motivation unterliegt natürlichen Schwankungen. Das „Hoch" unbändiger Motivation lässt sich nicht dauerhaft halten und die Frustration beim Scheitern ist meist so groß, dass das ganze Vorhaben beiseite geschoben wird.

Wenn sich unsere Motivation außerdem noch auf ein Ziel oder eine Intention anstatt auf konkretes Verhalten richtet, ist sie beinahe chancenlos. Angenommen wir treffen Entscheidungen wie: ab morgen stresse ich mich weniger, esse besser, lese regelmäßig oder organisiere mich effizienter. Ein solcher Entschluss kann zwar das wohlig warme Gefühl anstehender Veränderung hervorrufen, es fehlen allerdings konkret umsetzbare Verhaltensweisen. Ein weiterer Grund für das Nichterreichen angestrebter Verhaltensänderungen liegt schlicht und einfach im Vergessen, weil das alte Verhalten im Alltag (noch) viel naheliegender ist.

Der Anfang: das Finden einer sinnvollen Gewohnheit

„Kurz gesagt: Ihre Gesundheit, Ihr Wohlstand, Ihr Glück, Ihre Fitness und Ihr Erfolg hängen von Ihren Gewohnheiten ab."

Joanna Jast, Autorin

Der US-amerikanische Verhaltenswissenschaftler BJ Fogg untersucht menschliches Verhalten und die Frage, wie es am einfachsten gelingt, gute Gewohnheiten zu entwickeln und schlechte loszulassen. In seinem Bestseller *Tiny Habits* beschreibt Fogg einen dreistufigen Prozess, um basierend auf dem jeweiligen Anlass passende Verhaltensweisen zu finden, die wir uns zur Gewohnheit machen können.[6]

1. **Das Ergebnis festlegen**

   Im ersten Schritt geht es darum festzuhalten, was wir mit unserer Gewohnheit erreichen wollen. Das muss nicht immer ein konkretes Ziel sein, sondern kann auch einfach eine Intention sein, wie sich besser zu ernähren, mehr zu schlafen, mehr zu lesen, Stress zu reduzieren oder mehr Sport zu treiben.

2. **Verhaltensweisen sammeln, die dazu beitragen können**

   Im Anschluss sammeln wir so viele Ideen wie möglich für Verhaltensweisen, die voraussichtlich einen positiven Einfluss auf das angestrebte Ergebnis haben – ohne diese bereits zu bewerten. Wenn wir beispielsweise besser kommunizieren wollen, können dabei die unterschiedlichsten Ideen entstehen: eine:n Kommunikationstrainer:in buchen, Stimmtraining machen, ein Buch über gewaltfreie Kommunikation lesen, auf Relativierungen und Konjunktive verzichten oder einmal tief durchatmen, bevor wir etwas sagen. Je mehr Ideen wir sammeln, desto besser.

3. **Die „goldenen" Verhaltensweisen identifizieren**

   Um jetzt die sinnvollen und machbaren Verhaltensweisen zu identifizieren, wählen wir aus der Vielzahl jene aus, die sowohl effektiv als auch motivierend und machbar sind. BJ Fogg nennt dies „goldene Verhaltensweisen" und schlägt vor, sie anhand folgender Matrix zu identifizieren.

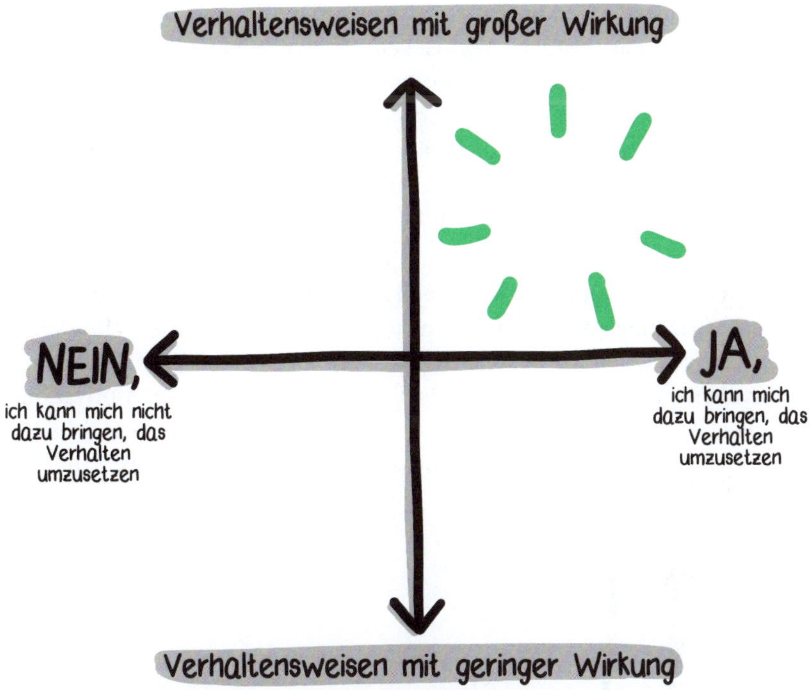

Focus Map nach BJ Fogg

Das Aufbauen einer guten Gewohnheit

„Wenn wir unser Leben selbst in die Hand nehmen wollen, müssen wir die Kontrolle über unser konsequentes Handeln übernehmen: Nicht das, was wir hin und wieder tun, prägt unser Leben, sondern das, was wir konsequent tun."

Tony Robbins, Coach und Unternehmer

Das Identifizieren passender Verhaltensweisen ist allerdings nur der Anfang. Selbst wenn Motivation und Umsetzbarkeit wichtige Kriterien für die Auswahl goldener Verhaltensweisen sind, ist das noch kein Garant dafür, dass wir diese auch konsequent umsetzen. Nun geht es darum, eine passende Gewohnheit aufzubauen. Hierbei helfen uns die Faktoren Einfachheit, Erinnerung und Belohnung.

Schlüsselfaktor 1: Einfachheit

Eine der wichtigsten Voraussetzungen, um eine Gewohnheit zu etablieren, ist: Sie muss einfach sein. Die Schwierigkeit liegt darin, dass wir häufig in Phasen großer Motivation oder Frustration entscheiden, dass sich unsere Gewohnheiten ändern müssen. In jenen Phasen suchen wir nach großen Veränderungen und vergleichen uns mit anderen, die in Bezug auf ihre Gewohnheiten oder auf das Erreichen bestimmter Ergebnisse dort sind, wo wir gern wären. Wir neigen dann dazu, vergleichsweise große Gewohnheiten zu definieren, die zwar machbar sind, aber einiges an Motivation erfordern. Dies ist keine sinnvolle Strategie, denn Motivation ist wie ein scheues Reh, auf das wir uns nicht allzu sehr verlassen sollten. Insofern liegt die Antwort im Aufbau sehr einfacher Gewohnheiten. Statt also zum Beispiel jeden Tag eine Stunde ein Fachbuch zu lesen, kann die kleine Gewohnheit darin bestehen, nur fünf Minuten zu lesen. Wir dürfen selbstverständlich auch mehr lesen, aber die Gewohnheit selbst ist mit den fünf Minuten erfüllt – alles andere ist nur ein freiwilliger Bonus.

Auch wenn das zunächst nicht zielführend klingt, es ist das Prinzip, in dem sich alle Wissenschaftler:innen und Autor:innen zum Thema Gewohnheiten einig sind. Die anschaulichste Darstellung dazu liefert BJ Fogg.[7] Ob wir eine Gewohnheit umsetzen oder nicht, ergibt sich demnach aus dem Zusammenspiel von Motivation und Fähigkeiten. Wenn die Motivation hoch ist, würden wir auch etwas Schwieriges umsetzen, und wenn sie niedrig ist, muss das Verhalten leicht sein, damit wir es tun. Den Zusammenhang erklärt die folgende Grafik.

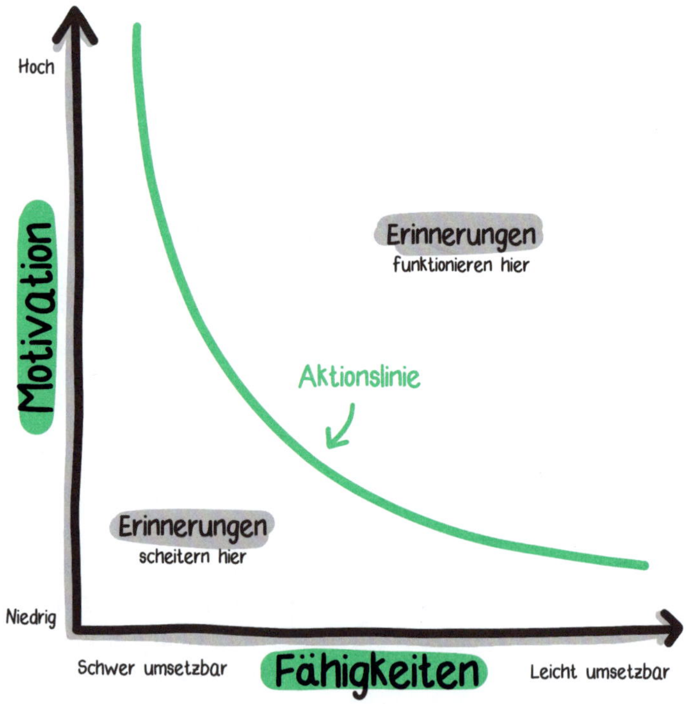

Fogg Behavior Model nach BJ Fogg

Nur eine Kombination aus Motivation und Fähigkeiten oberhalb der Aktionslinie führt zu einer Handlung. Greifen wir noch einmal auf die gewünschte Lesegewohnheit zurück, jeden Tag eine Stunde ein Fachbuch zu lesen. Aufgrund des Zeitaufwands befindet sich eine solche Handlung für die meisten auf der Fähigkeitsskala relativ weit links. Das ist kein Problem, denn dank hoher Motivation sind wir weit oben auf der Motivationsskala und erreichen einen Punkt oberhalb der Aktionslinie. Fantastisch, ein sehr guter Start! Wenn alles glatt läuft, schaffen wir das sogar ein paar Tage hintereinander, und dann kommt der Zeitpunkt, den wir befürchtet haben: Er ist voll mit anstrengenden Terminen, wir haben uns vielleicht noch über irgendjemanden oder irgendetwas geärgert, kommen nach Hause und das Letzte, was wir wollen, ist noch eine Stunde zu lesen – schon gar kein Fachbuch. Aufgrund des Motivationsverfalls rutscht der Kreuzungspunkt von Motivation und Fähigkeiten unter die Aktionslinie – und das war es mit unserer neuen Lesegewohnheit. So enden die meisten Vorsätze für neue Gewohnheiten: Sind diese nicht wirklich einfach, fallen wir bei nachlassender Motivation schnell in den Bereich unterhalb der Aktionslinie. Wir müssen es uns also zunächst ganz einfach machen, damit wir unabhängig von unserer Motivation immer oberhalb der Aktionslinie bleiben und die Gewohnheit festigen.

Es gibt zwei Herangehensweisen, um Gewohnheiten klein zu machen: den „Start-Schritt“ und die „kleine Version“.[8] Jeden Tag fünf Minuten zu lesen, ist eine kleine Version des angestrebten Verhaltens. Alternativ kann auch der Start-Schritt gewählt werden, wie zum Beispiel „das Buch aufzuschlagen“ – manchen reicht dies bereits, um mit dem Lesen zu beginnen. Der Start-Schritt ist der erste kritische Schritt im Prozess, der den nachfolgenden Prozess meist von selbst auslöst. Beiden Herangehensweisen ist gemein, dass sie auch mit wenig Motivation durchführbar sind. Die erfolgreichsten Produktdesigns bauen auf dem ersten Schlüsselfaktor auf. Je einfacher und friktionsloser deren Nutzung ist, wie zum Beispiel Bestellungen mit nur einem Klick, desto schneller etabliert sich die gewohnheitsmäßige Nutzung, insbesondere, wenn diese mit einem positiven Gefühl verbunden wird – dazu gleich mehr.

Schlüsselfaktor 2: Erinnerung

Haben Sie schon einmal etwas gekauft, das Sie weder brauchten noch wirklich wollten, nur weil Sie daran vorbeigegangen sind? Wendy Wood erinnert uns im Podcast an die Verkaufsweisheit *„Eye level is buy level“*. Visuelle Reize lösen Verlangen aus. Das gilt auch für Gewohnheiten. Insofern ist unser Umfeld viel wichtiger für die konsequente Durchführung guter (und schlechter) Gewohnheiten als unsere Willenskraft. Wenn wir uns angewöhnen möchten, mehr Obst zu essen, können wir das Obst selbst als Erinnerung nutzen und es vor uns stellen. Wenn wir nach der Arbeit Sport treiben möchten, legen wir die Sportsachen bereits morgens auf unser Bett. Ebenso können wir die Auslösereize schlechter Gewohnheiten verschwinden lassen, wie zum Beispiel Social-Media-Apps auf dem Smartphone, Schokolade im Kühlschrank oder das Telefon neben unserem Bett.

Es gibt jedoch noch eine sehr viel effektivere Variante, um sich an Gewohnheiten zu erinnern, nämlich die Verknüpfung mit einer bereits existierenden.[9] BJ Fogg schlägt vor, alle Gewohnheiten grundsätzlich nach folgendem Muster zu formulieren:

Nachdem ich … (bestehende Gewohnheit), werde ich … (neue, kleine Gewohnheit).

Also zum Beispiel:

- Nachdem ich die Kaffeemaschine eingeschaltet habe, fülle ich ein Glas mit Wasser.
- Nachdem ich meine Mails verarbeitet habe, schließe ich das Mail-Programm.
- Nachdem ich ein Telefonat oder eine Videokonferenz beendet habe, dehne ich eine Minute lang meinen Rücken.
- Nachdem ich meine Tasche zu Hause abgelegt habe, ziehe ich meine Laufbekleidung an.

Es gibt noch einige Aspekte, die bei der Verknüpfung einer bestehenden mit einer neuen Gewohnheit zu beachten sind:

- Die auslösende Handlung sollte räumlich dort stattfinden, wo wir auch die neue ausführen wollen. Es gibt zum Beispiel Büro-, Küchen- oder Badezimmer-Gewohnheiten, die sich gut miteinander verbinden lassen.
- Gewohnheiten lassen sich besser miteinander koppeln, wenn sie auch inhaltlich zusammenpassen, wie zum Beispiel Routinen für einen guten Tagesabschluss, für Pflege oder Ernährung.
- Die Häufigkeit der bestehenden Gewohnheit sollte zur angestrebten Häufigkeit der neuen Gewohnheit passen.
- Auch die Uhrzeit kann eine Rolle spielen. Wann ist es am wahrscheinlichsten, dass wir eine bestimmte Gewohnheit tatsächlich umsetzen, und wann am unwahrscheinlichsten?
- Zuletzt muss die bestehende Gewohnheit präzise genug sein. „Nachdem ich nach Hause gekommen bin", klingt beispielsweise zunächst präzise, es verhindert allerdings die stabile Verknüpfung im Gehirn, die das Verhalten zum Automatismus macht. Konkrete Handlungen, wie zum Beispiel Schuhe ausziehen, Jacke aufhängen, Tasche abstellen oder Hände waschen, funktionieren bedeutend besser.

Wenn eine Gewohnheit nicht gleich auf Anhieb funktioniert, ist das eher normal. Die genannten Punkte liefern gute Anhaltspunkte, woran dies liegen kann – vielleicht ist der Auslöser noch zu unkonkret oder er findet am falschen Ort beziehungsweise zur falschen Zeit statt, sodass ein anderer Auslöser erfolgversprechender ist. Es gibt auch andere Möglichkeiten, um sich an Gewohnheiten zu erinnern, wie zum Beispiel durch einen Termin im Kalender. Das funktioniert allerdings meist nur dann, wenn wir ohnehin in einer Situation sind, in der die Erinnerung passt und wir die Gewohnheit direkt durchführen können. Nehmen wir uns aber zum Beispiel vor, uns tagsüber einmal pro Stunde kurz zu dehnen, kann es sehr gut sein, dass wir zum Zeitpunkt der Erinnerung gerade etwas anderes tun, das wir nicht unterbrechen wollen oder können, und die Erinnerung somit nicht greift. Daher ist die Kombination einer neuen Gewohnheit mit einer bestehenden sehr viel effektiver. Einige Menschen starten den Aufbau neuer Gewohnheiten sogar damit, dass sie zuerst eine Auflistung aller bestehenden machen und sich anschließend überlegen, welche neue Gewohnheit sich gut einbauen lässt.

Schlüsselfaktor 3: Belohnung

Wenn wir einem Hund etwas beibringen wollen, was würden wir intuitiv tun, nachdem er das gewünschte Verhalten gezeigt hat? Mit Sicherheit belohnen, um ihn zu konditionieren, das Verhalten dauerhaft zu zeigen. In dieser Hinsicht unterscheiden wir uns nicht allzu sehr vom Hund – mit der Ausnahme, dass wir die Konditionierung selbst vornehmen können und müssen. Wenn wir uns also dazu bringen wollen, etwas nachhaltig zu tun, braucht unser Gehirn nach der Durchführung einen positiven Impuls. Das mag sonderbar klingen, aber es ist genau der Faktor, der unser Gehirn dazu bringt, sich diese Gewohnheit zu merken und als positiv abzuspeichern. Unser Gehirn schüttet aufgrund des Impulses den Botenstoff Dopamin aus, der ein positives Gefühl hervorruft. Durch die unmittelbare Abfolge von „Gewohnheit ausführen“ und „positivem Gefühl“ bildet es eine Verknüpfung, die dafür sorgt, dass allein der Auslösereiz dafür sorgt, dass sich unser Gehirn auf die Belohnung freut, wodurch ein unterbewusstes Verlangen erzeugt wird, ein Moment, den Charles Duhigg[10] als „Geburtsstunde einer Gewohnheit“ bezeichnet. Dahinter stecken neurowissenschaftliche Zusammenhänge.[11] Wichtig dabei ist, dass sich das positive Gefühl unmittelbar nach Ausführung der angestrebten Verhaltensweise einstellt. Eine spätere Incentivierung hat nicht mehr den gewünschten Effekt. Die Belohnung selbst kann simpel sein. Einige Beispiele:

- imaginäres Konfetti schmeißen
- „Gut gemacht!“ sagen oder denken
- innehalten, tief durchatmen und den Erfolg genießen
- an einen Song denken, der gute Laune macht

Nüchtern ausgedrückt brauchen wir lediglich einen stabilen Anker, der eine ehrliche, positive Emotion auslöst, damit unser Gehirn eine entsprechende Verknüpfung aufbaut beziehungsweise diese festigt. Das erklärt auch, warum sich schlechte Gewohnheiten häufig schnell etablieren, sie sind meist mit einem unmittelbaren positiven Gefühl verknüpft. Wenn wir diesen Aspekt auslassen, ist es sehr viel mühseliger, eine neue Gewohnheit zu etablieren. Sich für die Durchführung kleiner Gewohnheiten zu feiern, kann allerdings je nach Temperament schwerfallen. Dann hilft eine Verschiebung des Blickwinkels: Wir feiern uns nicht dafür, dass wir direkt nach dem Aufstehen unser Bett gemacht haben, sondern dafür, dass wir dabei sind, der Mensch zu werden, der wir gern sein möchten. Eine einfache Variante besteht auch darin, für jeden Tag, an dem Sie eine neue Gewohnheit durchgeführt haben, ein Kreuz im Kalender zu machen und den Moment zu genießen. Modernere Varianten sind Gewohnheiten-Tracker, kleine Apps auf dem Smartphone, in denen Gewohnheiten einschließlich der angestrebten Häufigkeit angelegt und abgehakt werden können, so wie Fitness-Tracker oder entsprechende Funktionen in Smartwatches und Smartphones, die einem beispielsweise die tägliche Anzahl der Schritte anzeigen.

Weitere Tipps für den Aufbau von Gewohnheiten

„Wer klare Gewohnheiten entwickelt hat, tut viele Dinge automatisch und ohne den Zeit- und Energieverlust, sich jedes Mal neu entscheiden zu müssen."

Wladimir Klitschko, Box-Champion, Unternehmer und Autor

Die ersten beiden der oben beschriebenen Schlüsselfaktoren erhöhen die Wahrscheinlichkeit, dass wir das gewünschte Verhalten tatsächlich durchführen. Der dritte Schlüsselfaktor konditioniert unser Gehirn, damit wir diese auch beibehalten. Es gibt darüber hinaus weitere Faktoren, die den Aufbau neuer Gewohnheiten erleichtern.

Attraktivität

Es überrascht vermutlich niemanden: Wenn uns die Durchführung der Gewohnheit Spaß macht, fällt uns diese besonders leicht. Attraktivität ist daher in allen Ansätzen zum Aufbau guter Gewohnheiten ein wesentlicher Aspekt. Ausrüstung ist zum Beispiel ein wichtiges Thema. Ab wann sind wir es uns zum Beispiel wert, richtig gute Laufschuhe, Sportbekleidung, in der wir uns wirklich gefallen, oder andere Hilfsmittel zu kaufen, die uns bei der Durchführung der Gewohnheit unterstützen? Wer mit schlechtem Equipment loslegt („erst einmal gucken, ob ich es überhaupt schaffe"), macht es sich an dieser Stelle unnötig schwer. Das Gleiche gilt auch für andere Disziplinen: Wenn wir mehr schreiben möchten, hilft es, einen Stift zu haben, den wir gern in die Hand nehmen, oder ein besonders schönes Buch, in das wir gern hineinschreiben. Wenn wir mehr kochen oder Gemüse zubereiten möchten, können stumpfe Messer oder unansehnliche Aufbewahrungsbehältnisse bereits ein Hinderungsgrund sein.

Es gibt auch andere Wege, eine Gewohnheit attraktiver zu gestalten. Wir können diese mit etwas kombinieren, das wir ohnehin gern tun, wie zum Beispiel mit unserer Lieblingsmusik, Podcasts oder Fernsehserien, die wir nur noch beim Sport einschalten. Katherine Milkman, Professorin an der Wharton School der University of Pennsylvania, bezeichnet dies als „Bedürfnisbündelung": Eine sofort befriedigende Wunschaktivität wird mit einem angestrebten Soll-Verhalten gekoppelt, das langfristige Vorteile bietet. Um die Effektivität zu untersuchen, setzte Milkman gemeinsam mit Kolleg:innen eine neunwöchige Studie auf, in der sie das Verhalten von 226 Student:innen und Dozent:innen im Fitnessstudio untersuchte. Verglichen wurden die Verhaltensunterschiede zwischen drei Gruppen. Gruppe eins hatte nur im Fitnessstudio Zugang zu favorisierten Hörbüchern. Gruppe zwei hatte jederzeit Zugang, wurde aber dazu angehalten, nur im Fitnessstudio zu konsumieren. Der Kontrollgruppe wurde lediglich in Aussicht gestellt, bei einer Steigerung der sportlichen Aktivitäten einen Gutschein über 25 Dollar zu erhalten, für den sie sich die Hörbücher selbst hätten kaufen können. Die These der Wissenschaftler:innen wurde eindrucksvoll bestätigt. Die Gruppe, die nur im Fitnessstudio Zugang zu den

Hörbüchern hatte, trainierte 52 Prozent mehr als die Kontrollgruppe und 29 Prozent mehr als die Gruppe, die lediglich dazu angehalten wurde, die Inhalte im Fitnessstudio zu konsumieren. Es stellte sich sogar heraus, dass die Teilnehmer:innen nach der Studie bereit gewesen wären, dafür zu zahlen, dass sie bestimmte Inhalte nur noch im Fitnessstudio anhören dürfen, was ökonomisch betrachtet völlig unlogisch, aber vor dem Hintergrund der Ergebnisse sinnvoll ist. „Einige Leute sind klug genug, um zu erkennen, dass sie Einschränkungen brauchen, aber nicht klug genug, um sich selbst einzuschränken, also würden sie jemand anderen dafür bezahlen", fasst es Julia A. Minson zusammen, die an der Studie mitgearbeitet hat.[12]

Große Veränderungen nutzen

Ereignisse wie Umzüge, Hochzeiten, Trennungen oder berufliche Veränderungen sind gute Gelegenheiten, um neue Gewohnheiten aufzubauen oder alte abzulegen. Der Grund: Unsere Umgebung löst unbewusst ein Verhalten aus, weil es als Auslösereiz dient. Bei großen Veränderungen werden alte Trigger im jeweiligen Umfeld aufgehoben. Das gibt uns die Gelegenheit, diese durch neue Auslösereize und neue Gewohnheiten zu ersetzen.[13] Ein großer Einschnitt in die Alltagsrealität, den beinahe alle Menschen in den letzten Jahren selbst erlebt haben, ist die Corona-Pandemie, in der sich bei vielen von uns Gewohnheiten verändert haben. Im Podcast weist uns Wendy Wood darauf hin, dass das auch eine sehr gute Gelegenheit sei, nicht nur auf individueller, sondern auch auf gesellschaftlicher Ebene Veränderungen anzustoßen, so wie es die Pariser Verwaltung tat und die halbe Stadt zur autofreien Zone erklärte.[14] Einige mögen nicht begeistert gewesen sein; in Summe fällt es allerdings leichter, in solchen Phasen Veränderungen zu akzeptieren.

KLEIN IST NUR DER ANFANG

„Auch wenn Sie große Ziele haben, fangen Sie langsam an, fangen Sie klein an, bauen Sie schrittweise auf, bauen Sie intelligent auf."

Gary Vaynerchuk, CEO und Autor

Verständlicherweise haben die meisten von uns andere Ziele, als einfach nur die Sportsachen anzuziehen, genau einen Liegestütz auszuführen oder fünf Minuten in einem Buch zu lesen. Bei der Durchführung kleiner Gewohnheiten geht es aber darum, eine belastbare Infrastruktur in Form einer stabilen Gewohnheit aufzubauen, und das geht nun einmal am leichtesten, wenn diese einfach ist. Eine zu schwierige Gewohnheit ohne passende Infrastruktur zu starten, ist, wie ein Haus ohne Fundament zu bauen – es geht nur vermeintlich schneller und endet am Ende immer mit einer Baustelle. James Clear bezeichnet Gewohnheiten in seinem Buch *Die 1 %-Methode* als den „Zinseszins der Selbstoptimierung" und macht folgende Rechnung auf: „Wenn man ein Jahr lang jeden Tag ein Prozent besser wird, hat man sich am Jahresende um das 37-fache verbessert. Wird man dagegen ein Jahr lang

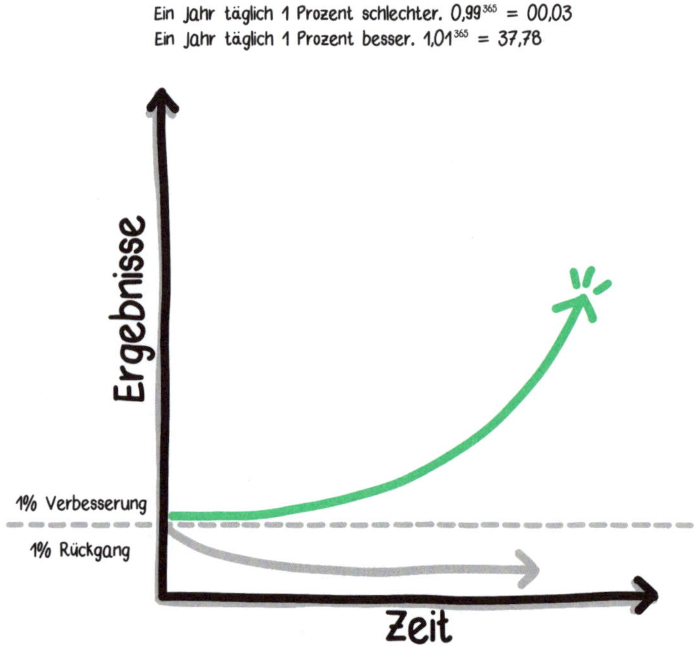

Täglich ein Prozent besser nach James Clear

jeden Tag ein Prozent schlechter, landet man fast bei null. Was als kleiner Sieg oder kleiner Rückschlag beginnt, nimmt viel größere Ausmaße an."[15]

Sobald die Durchführung einer kleinen Gewohnheit zum Automatismus geworden ist, sodass wir gar nicht mehr darüber nachdenken, wird sie von selbst umfangreicher. Wir haben beispielsweise Lust, mehr zu machen und auch herausfordernde Vorsätze anzugehen. Aber Vorsicht, Motivation ist weiterhin nur ein temporärer Helfer. Nachhaltiges Wachstum entsteht insbesondere durch den Anstieg unserer Fähigkeiten, der es uns erlaubt, den Schwierigkeitsgrad schrittweise zu erhöhen, ohne dass uns die Umsetzung schwerer fällt. Wir sind besser geworden und unsere gestiegenen Fähigkeiten gleichen den erhöhten Schwierigkeitsgrad wieder aus. Der Anspruch an uns selbst muss dabei ungefähr im Gleichklang mit unseren Fähigkeiten wachsen. Andernfalls kommen wir wieder in die Situation, dass Motivation entscheidend für die Durchführung ist – und das ist ja keine besonders nachhaltige Strategie.[16]

Die meisten Gewohnheiten haben außerdem positive Schneeballeffekte, da sie dafür sorgen, dass wir uns auch in anderen Aspekten positiv verhalten. Starten wir morgens beispielsweise mit einer kurzen Sporteinheit oder Meditation, sind die Chancen hoch, dass wir den ganzen Tag über gesündere Entscheidungen treffen. Dieses Phänomen der Pfadabhängigkeit kann auch gegen uns arbeiten: Treffen wir morgens schlechte Entscheidungen, dann werden wir mit hoher Wahrscheinlichkeit weitere wenig förderliche Entscheidungen im Tagesablauf treffen – nach dem Motto „Jetzt ist es auch egal".

Den größten Schneeballeffekt löst der Einfluss einer Gewohnheit auf unsere Identität aus. Wenn wir beispielsweise jeden Tag damit beginnen, fünf Minuten einen Artikel oder ein Fachbuch zu lesen, kann sich unser Selbstbild etwa von „ich bin jemand, der es nicht schafft, Fachliteratur zu lesen" zu „ich bin jemand, der in seine Weiterentwicklung investiert" verändern. Dies beeinflusst wiederum andere künftige Entscheidungen. Gewohnheiten, die zu unserem Selbstbild passen, sind besonders stabil und die Mechanismen, um das eigene Selbstbild zu verändern, sind nicht so kompliziert, wie man vielleicht zunächst denkt. Es geht hier ja nicht um eine vollständige Änderung unserer Persönlichkeit. Vielmehr können wir Gewohnheiten gezielt dafür nutzen, unser Selbstbild zu verändern. Wir brauchen im ersten Schritt nur darüber nachdenken, wer wir gern sein möchten, zum Beispiel „ich bin jemand, der entspannt durchs Leben geht". Im Anschluss überlegen wir uns Routinen, die dazu passen, wie zum Beispiel „morgens kurz meditieren", „regelmäßig tief durchatmen", „nach dem Mittagessen spazieren gehen", „Kräutertee trinken", „Dinge aufschreiben, für die ich dankbar bin" und so weiter. Im Anschluss wählen wir jene Gewohnheit aus, die für uns die größte Wirkung haben dürfte und von der wir glauben, dass wir sie auch wirklich machen. Wir wenden die oben beschriebenen Schlüsselprinzipien auf das Design der Gewohnheit an und starten in die Umsetzung. Sie werden erstaunt sein, wie schnell die regelmäßige Umsetzung dieser Gewohnheit dazu beiträgt, unser Selbstbild zu verändern.

WAS TUN, WENN ES NICHT KLAPPT

> „Setzen Sie sich nicht unter Druck, mehr als die kleinste Version Ihrer Gewohnheit zu tun. Wenn Sie krank, müde oder einfach nicht in der Stimmung sind, gehen Sie auf die kleinste Version zurück. Sie können die Messlatte immer höher legen, wenn Sie mehr tun wollen, und – überraschenderweise – können Sie sie auf ein winziges Maß senken, wenn Sie es brauchen. Flexibilität ist Teil dieser Fähigkeit."
>
> BJ Fogg, Verhaltenswissenschaftler, Coach und Autor

Bereiten Sie sich darauf vor, dass nicht jede angestrebte Gewohnheit sofort klappt. Der Aufbau von Gewohnheiten ähnelt einem Experiment. Wenn es nicht sofort funktioniert, liegt es weder an uns noch an der Gewohnheit selbst, sondern meist am Design. Es gibt dabei einige typische Fehler, die uns Anhaltspunkte liefern können:

- **Die Gewohnheit war nicht einfach genug**

  In Phasen hoher Motivation haben wir sie zwar gemacht, sie war aber nicht einfach genug, um sie auch mit wenig Motivation in die Tat umzusetzen. Die Lösung: die Gewohnheit noch einfacher machen.

- **Die Gewohnheit war viel zu einfach und ist damit langweilig geworden**

  Wenn uns eine Gewohnheit unterfordert, ist dies natürlich auch nicht hilfreich. Hier gilt es zu überprüfen, wie wir die Gewohnheit interessanter gestalten, damit wir im Anschluss auch etwas für uns erreicht haben.

- **Der Auslösereiz passt nicht**

  Es passiert schnell, dass wir etwas an einen unpassenden Auslösereiz knüpfen. Am effektivsten ist die Verknüpfung mit einer bereits bestehenden Gewohnheit. Das auslösende Moment muss präzise formuliert sein und sowohl räumlich, zeitlich, inhaltlich als auch von der Frequenz her zur neuen Gewohnheit passen.

- **Wir feiern nicht**

  Der Teil mit dem Belohnungszentrum gerät schnell in Vergessenheit. Nüchtern ausgedrückt geht es nur darum, eine Sache zu finden, die unmittelbar nach dem Durchführen der Gewohnheit ein kurzes Glücksgefühl auslöst, damit unser Gehirn eine positive Verknüpfung aufbaut.

- **Die Gewohnheit ist nicht attraktiv genug**

  Gute Ansatzpunkte, um Gewohnheiten attraktiver zu machen, liefern die Fragen: „Gibt es etwas, das die Gewohnheit schwierig macht oder mich daran hindert oder nervt?“ und „Gibt es etwas, das die Gewohnheit für mich leichter oder attraktiver macht?“.

- **Es war nicht die richtige Gewohnheit**

  Bei aller Liebe zum Design: Es kann auch sein, dass es einfach nicht die richtige Gewohnheit ist. Das ist insbesondere dann der Fall, wenn uns das Ergebnis gar nicht interessiert und wir die Gewohnheit nur ausgewählt haben, weil wir glauben, es müsste uns interessieren.

- **Wir sind zu ungeduldig**

  Wenn wir ungeduldig sind, hilft es gelegentlich, sich die bisher gescheiterten Versuche vor Augen zu führen, in denen wir uns Großes vorgenommen haben, großartig gestartet sind und es uns nicht gelungen ist, eine dauerhafte Veränderung zu erreichen. Warum es also nicht einmal entspannter angehen?

Eine nicht funktionierende Gewohnheit kann also die unterschiedlichsten Gründe haben und es ist – zumindest am Anfang – wahrscheinlich, dass der Aufbau einer neuen Gewohnheit nicht sofort klappt und wir nachjustieren müssen. Der einzige Fehler, den wir jetzt begehen können, besteht darin aufzugeben.

WIE MAN SCHLECHTE GEWOHNHEITEN LOS WIRD

„Die Aufgabe, eine schlechte Gewohnheit zu brechen, ist wie das Ausreißen einer mächtigen Eiche in uns."

James Clear, Autor

Im Podcast erzählt uns Wendy Wood von einem interessanten Experiment. Wissenschaftler:innen wollten herausfinden, wie man Menschen dazu bekommt, in einem vierstöckigen Gebäude nicht mehr den Fahrstuhl, sondern die Treppe zu nutzen.[17] Im ersten Versuch hängten sie Schilder auf mit Botschaften wie: „Wenn ihr den Fahrstuhl nehmt, ist das ungesund", „Ihr verbrennt viele Kalorien, wenn ihr die Treppe nehmt" oder „Die Treppe zu nehmen, ist ein gutes Cardio-Training". Der Effekt? Null. Im zweiten Versuch appellierten die Wissenschaftler:innen an die Moral und wiesen darauf hin: „Die Treppe verringert euren CO_2-Fußabdruck – es ist gut für die Umwelt." Wieder ohne Effekt. Dann griffen sie zum Äußersten: Sie verlangsamten die Geschwindigkeit, mit der sich die Fahrstuhltüren schlossen um 16 Sekunden. Die Fahrstuhlnutzung reduzierte sich sofort um ein Drittel, und das dauerhaft. Nach einem Monat wurde die Geschwindigkeit wieder auf das alte Niveau gesetzt – die Leute blieben bei der Treppennutzung. Die alte Gewohnheit war bei ihnen durch eine neue ersetzt worden.

Dieses Experiment beinhaltet gleich mehrere Erkenntnisse. Zum einen beweist es erneut, dass das Wissen um Konsequenzen in der Regel nicht zur Verhaltensänderung beiträgt. Zum anderen lässt sich eine wichtige Botschaft daraus ableiten: Wenn wir es schaffen wollen, die globalen Herausforderungen zu bewältigen, vor denen die Menschheit aktuell steht, wird es uns nicht helfen, das Wissen darüber zu erhöhen. Wir müssen es, ähnlich wie im Fahrstuhl-Beispiel, schwerer machen, sich falsch zu verhalten.[18] Im dritten Teil dieses Buches setzen wir uns weiter damit auseinander.

ON THE WAY TO NEW WORK

„Du wirst dein Leben nie ändern, solange du nicht etwas änderst, was du täglich tust. Das Geheimnis deines Erfolgs liegt in deiner täglichen Routine."

John C. Maxwell, Autor, Coach und Pastor

Gewohnheiten sind unsere neurologische Schnellstraße. Sie verbrauchen keine Willenskraft, werden beinahe unbewusst umgesetzt und geben uns sogar noch positive Energie. Dies macht sie zu einem der spannendsten Konzepte, wenn es darum geht, neues Verhalten umzusetzen – individuell, als Team und vor dem Kontext gesellschaftlichen Wandels. Um die Inhalte dieses Kapitels umzusetzen, empfiehlt es sich, die Entwicklung neuer Gewohnheiten als Experiment zu sehen.

- Wenn wir es schaffen, stabile Gewohnheiten aufzubauen, haben wir eine wirkungsvolle Infrastruktur geschaffen, die wir nutzen können, um die Themen, die uns am Herzen liegen, in die Tat umzusetzen.
- Am besten starten wir das Experiment mit drei sehr einfachen Gewohnheiten aus unterschiedlichen Bereichen, wie zum Beispiel Sport, Ernährung, Bildung oder Schlaf.
- Bei der Auswahl der Start-Gewohnheiten helfen bestimmte Kriterien: Tragen sie zu der Identität bei, die wir gerne hätten? Helfen sie uns dabei, ein für uns wichtiges Ergebnis zu erreichen? Haben sie das Potenzial, eine große Wirkung zu entfalten?
- Die Gewohnheit sollte zunächst sehr einfach umzusetzen sein, was eine wesentliche Voraussetzung ist, um erfolgreich in das Experiment zu starten.
- Darüber hinaus brauchen wir etwas, das uns im Alltag an die Gewohnheit erinnert. Am besten verknüpfen wir die neue mit einer bereits bestehenden Gewohnheit.
- Es hilft außerdem, wenn wir die Durchführung der Gewohnheit möglichst attraktiv gestalten und unmittelbar im Anschluss positive Emotionen erleben, um uns auf Wiederholung zu konditionieren.
- Veränderungen im Leben sind meist ein besonders guter Startpunkt für neue Gewohnheiten.
- Gewohnheiten wachsen auf unterschiedliche Art und Weise. Sie können im Gleichschritt mit unseren Fähigkeiten anwachsen oder positive Schneeballeffekte haben.
- Nicht jede Gewohnheit funktioniert von Anfang an. Wenn wir beobachten, was funktioniert und was nicht, finden wir gute Ansatzpunkte, um nachzujustieren, indem wir die Gewohnheit noch einfacher machen, eine bessere Erinnerung verknüpfen oder auch die Gewohnheit selbst hinterfragen.
- Schlechte Gewohnheiten lassen sich mit denselben Prinzipien brechen, wie gute Gewohnheiten aufgebaut werden.

Gewohnheiten sind der Schlüssel zu langfristigen Effekten. Die meisten Menschen wünschen sich, Krankheiten vorzubeugen oder wieder gesünder zu sein, sich regelmäßig zu bewegen und ein langes, glückliches Leben zu führen. Im nächsten Kapitel geht es darum, welche Maßnahmen den größten Einfluss darauf haben.

5/ GESUNDHEIT

> „Der Mensch. Er opfert seine Gesundheit, um Geld zu verdienen. Wenn er es hat, opfert er es, um seine Gesundheit zurückzuerlangen.“
>
> Dalai Lama, Mönch und geistiges Oberhaupt der Tibeter

Es mag überraschen, dass wir uns in einem Buch über Neues Arbeiten auch mit dem Thema Gesundheit beschäftigen. Wir sind jedoch davon überzeugt, dass es unbedingt dazugehört und meinen damit ausdrücklich nicht das Thema Arbeitssicherheit – so wichtig es auch ist –, sondern betrachten das Thema Gesundheit ganzheitlich.[1] Fest steht:

ARBEIT UND GESUNDHEIT HÄNGEN ENG ZUSAMMEN

> „Arbeit hat die Kraft, uns krank zu machen oder sogar zu töten. Arbeit hat aber auch die Kraft, uns unendlich lebendig fühlen zu lassen.“
>
> Frithjof Bergmann, Philosoph

Für Frithjof Bergmann liegt in diesem engen Zusammenhang zwischen Arbeit und Gesundheit einer der zentralen Gründe, warum ihn das Thema Zeit seines Lebens so sehr beschäftigt hat.[2] Dieser Zusammenhang hat kein einfaches Erklärmuster und es gibt auch keine eindeutige Korrelation, die uns hier weiterhilft. Es ist der Gegensatz, der die Spannung erzeugt. Arbeit hat die Kraft, Menschen krank zu machen oder sogar zu töten.[3] In der japanischen Sprache gibt es ein Wort dafür. Karōshi beschreibt den plötzlichen Tod, der einen Bezug zur beruflichen Tätigkeit hat. Die Todesursachen, die damit in Zusammenhang gebracht werden, sind in der Regel durch Stress ausgelöste Herzinfarkte oder Schlaganfälle. Auch psychische Erkrankungen, die ihren Ursprung in der beruflichen Tätigkeit haben und die Menschen in einen Suizid führen, werden unter diesem Begriff subsumiert.

Das, was Frithjof Bergmann unter klassischer Lohnarbeit versteht, war für die meisten Arbeiter:innen nie gesund – stundenlange Arbeit am Fließband, in den Fabrikhallen, auf dem Bau oder in Nähereien. Aber auch die auf den ersten Blick weniger herausfordernde Arbeit im Büro hinterlässt bei vielen Menschen gesundheitliche Spuren, sei es zum Beispiel durch zu viel Stress, emotionale Herausforderungen oder zu wenig Bewegung und schlechte Ernährung. Die Situation hat sich durch die Corona-Pandemie weiter verschärft. Das Virus wirkt weit über die unmittelbare Gefährdung durch Infektion hinaus. Viele der aktuellen Gespräche mit unseren Gästen, eigene Erfahrungen in unseren Unternehmen und bei unseren Kunde:innen sowie die Analyse erster Studien geben Anlass zur Sorge. Dem Global Leadership Forecast 2021 von *Development Dimensions International* (*DDI*) zufolge geben 60 Prozent der über 15.000 befragten Führungskräfte[4] an, dass sie sich am Ende des Arbeitstages erschöpft fühlen. Dies ist ein ernster Indikator für Burnout. „Es gibt Grund, sich Sorgen um die Zukunft der Führung auf breiter Front zu machen“, fasst Stephanie Neal, Direktorin im Center for Analytics and Behavioral Research am *DDI* zusammen.[5]

Ein erfülltes Arbeitsleben hingegen kann sich positiv auf unsere Gesundheit auswirken. Wir müssen uns aber noch mehr um unsere Gesundheit kümmern, wenn wir den ständig steigenden Anforderungen, die Arbeit mit sich bringt, gerecht werden wollen. Zusammengefasst bedeutet das: Gute Arbeit unterstützt unsere Gesundheit und eine gute Gesundheit beflügelt uns in der Arbeit. Es geht darum, die Zusammenhänge zu erkennen, in einen positiven Kreislauf einzusteigen und diesen am besten nicht wieder zu verlassen.

Es geht um die physische und psychische Gesundheit

„Walk, Breathe, Hydrate!“

Miszek Damer, Fitnesscoach und Ernährungsberater

Miszek Damer hat sich auf ganzheitliche Gesundheit und Ernährung spezialisiert.[6] Zu seinen Kund:innen zählen beispielsweise der Fußballverein *FC St. Pauli* und das Basketball-Team *Hamburg Towers*. In unserem Gespräch beschreibt er, wie er sich seinen eigenen Ansatz, weg von einer einseitigen Fokussierung auf Gewichtstraining und Nahrungsmittelergänzung hin zu einer ganzheitlichen Betrachtungsweise von Gesundheit, erarbeitet hat. Seine Erfahrungen aus über zehn Jahren bilden die Basis für sein Buch *Der Gesundheitskompass*, in dem er zahlreiche Anregungen zur Verbesserung der Gesundheit gibt. Zusammengefasst geht es für ihn um Ernährung, Bewegung, Regeneration, Pflege und Geisteshaltung.

WIR HABEN ES SELBST IN DER HAND, UNSERE GESUNDHEIT AKTIV ZU BEEINFLUSSEN

„Gesundheit ist die erste Pflicht im Leben.“

Oscar Wilde, Schriftsteller und Kritiker

Am Ende eines jeden Jahres versuchen wir, uns mit guten Vorsätzen auf das nächste Jahr einzustimmen. Wir nehmen uns vor, uns mehr zu bewegen. Wir wollen weniger und besser essen, wir wollen weniger Alkohol trinken und uns mehr Zeit für

Erholung und für die Menschen nehmen, die uns wirklich wichtig sind. Warum scheitern unsere guten Vorsätze so häufig? Woran liegt es, dass es uns so schwerfällt, Neujahrsvorsätze nachhaltig umzusetzen? Sind wir zu schwach? Nein, wir verfügen einfach über zu wenig Wissen und Routine. Es gibt typische Fallstricke, die scheinbar in unserer Natur liegen, zum Beispiel, dass wir keine greifbare Vorstellung davon haben, was die angestrebte Verhaltensänderung genau beinhaltet. Was heißt denn gesünder ernähren, mehr Sport oder weniger Zucker? Selbst wenn wir das konkretisiert haben, kann es sein, dass das Verhalten, das wir gern zeigen würden, einfach noch zu weit weg vom aktuellen Zustand ist. Neues Verhalten wie „fünfmal in der Woche ins Fitnessstudio gehen" steht beispielsweise in keinem guten Verhältnis zum aktuellen Verhalten, nämlich „überhaupt nicht ins Fitnessstudio gehen". Motiviert legen wir zu Beginn die eine oder andere Trainingsstunde ein, allerdings ist dies in der Regel nicht von Dauer. Im vorherigen Kapitel über Gewohnheiten haben wir die wichtigsten Prinzipien zusammengefasst, um stabile Verhaltensänderungen zu erreichen. Diese bilden eine gute Grundlage, um die für uns passenden Hinweise und Erkenntnisse aus diesem Kapitel in nachhaltige Gewohnheiten zu übersetzen.

Bewegung fängt mit Gehen an

„You gotta move!"

Fred McDowell, Sänger

Nils Behrens ist der Marketingchef im Gesundheitsresort *Lanserhof* und Host des Podcasts *Forever Young*. Die meisten Gäste des *Lanserhofs* sind hart arbeitende Menschen, die nicht wirklich krank sind, sondern leichte Einschränkungen haben oder aber Krankheiten vorbeugen wollen. Das Thema Bewegung nimmt dabei in der Therapie einen immer wichtigeren Raum ein. Nils berichtet von einem Patienten, der auf die Frage, welche Sportarten er denn betreibe, etwas unwirsch antwortete, er habe nur Schuhe mit Ledersohlen. Der Rat des betreuenden Mediziners lautete: „Dann versuchen Sie es doch mal mit Gehen."[7] Einer Studie der Weltgesundheitsorganisation (WHO) aus dem Jahr 2019 zufolge beginnen die Probleme, die zu einer solchen Sichtweise führen, bereits im Kindesalter. In der Untersuchung wurden die Daten von weltweit 1,6 Millionen Kindern und Jugendlichen im Alter von elf bis 17 Jahren erhoben. Mehr als 80 Prozent liegen demnach unter der empfohlenen Zeit von täglich einer Stunde Bewegung. Das hat unter anderem Auswirkungen auf die muskuläre Fitness, die Fähigkeit zur Sauerstoffaufnahme, die Gesundheit der Knochen und das Gewicht. Die Autor:innen der Studie führen weiter aus, dass aber auch kognitive und soziale Fähigkeiten davon beeinflusst werden. Zusammengefasst heißt das, wenn in der Kindheit die Weichen falsch gestellt werden, hat das negative Folgen bis ins Erwachsenenalter.[8]

Ein:e durchschnittliche:r Büroarbeiter:in verbringt im Laufe des Arbeitslebens rund 80.000 Stunden im Sitzen. Nimmt man den Weg zur Arbeit und die private Zeit dazu, so sitzt ein erwachsener Mensch etwa 11,5 Stunden am Tag. Dabei spielt es keine Rolle, ob wir am Arbeitsplatz, im Auto, der Bahn, im Flugzeug oder zu Hause vor dem

Computer oder dem Fernseher sitzen. Miszek Damer weist darauf hin, dass unser Körper nicht für das Sitzen gemacht ist. Zu viel Sitzen kann zu Skelett- und Muskelerkrankungen führen und erhöht das Risiko für Herz-Kreislauf- und Stoffwechselerkrankungen (zum Beispiel Diabetes und Fettleibigkeit).[9] Die Empfehlung ist eindeutig: mehr gehen und mehr stehen.[10] Wir sollten jeden Tag mindesten 10.000 Schritte gehen. Auch für Miszek zählt das Gehen, die natürlichste Fortbewegungsart überhaupt, zu den grundlegenden Aktivitäten für ein gesundes Leben. In seinem Buch listet er insgesamt 20 Gründe auf, die uns die Grundlage für jegliche Ausrede entziehen, warum Gehen für uns nicht interessant sein sollte. Unter anderem:

- Verbesserung der Herzgesundheit
- Unterstützung bei der Gewichtsabnahme
- Regulierung des Blutdrucks
- Bekämpfung von Krebs
- Reduktion des Diabetesrisikos
- Verbesserung der Verdauung
- Stärkung der Immunfunktion[11]

Und der Patient mit den Ledersohlen vom *Lanserhof*? Der kam nach zwei Jahren wieder und hatte in dieser Zeit ungefähr 40 Kilogramm Gewicht verloren. Er geht jetzt 20.000 Schritte am Tag, und ja, er bevorzugt immer noch Ledersohlen.

Grundsätzlich gilt für alle Menschen, dass wir unserem Körper etwas Gutes tun, wenn wir an Kraft, Ausdauer und Beweglichkeit arbeiten, erläutert uns Nils Behrens. In der Praxis beobachtet er sehr häufig die Fokussierung auf nur eines dieser Themen. Es gibt zum Beispiel Millionen von Menschen, die bemüht sind, in Fitnessstudios vor allem die sichtbare Muskulatur aufzubauen, und Millionen von Menschen, die regelmäßig laufen. Dem Thema Beweglichkeit, also der Dehnungsfähigkeit und Gelenkigkeit, messen die meisten Menschen dagegen zu wenig Bedeutung bei. Mit zunehmendem Alter werden aber gerade funktionales Muskeltraining und Beweglichkeit immer wichtiger.[12] Bei beiden Themen kommt es vor allem auf die richtigen Bewegungsabläufe an. Hier können regelmäßige Besuche im Fitnessstudio, Personal-Trainer:innen oder auch eine ganze Reihe digitaler Angeboten unterstützen. Das Unternehmen *Peloton* hat beispielsweise mit einem Spinning-Bike und digitalen Live-Klassen begonnen und bietet heute ein umfangreiches Programm mit Tausenden von Videos. Gerry Haag, der die Markteinführung in Europa begleitet hat, nennt es „das *Netflix* des Fitness".[13]

Ernährung ist der Treibstoff für unseren Körper

„Eure Nahrungsmittel sollen eure Heilmittel sein."

Hippokrates, Arzt und Lehrer

In der Theorie wissen wir es schon lange. Wir sollten mehr Wasser trinken, uns ausgewogen und abwechslungsreich ernähren, viel Gemüse essen, Zucker und Salz in geringen Mengen verwenden, frische und regionale Produkte bevorzugen und viel weniger Fleisch essen. So weit, so gut. Wir haben bereits verstanden, dass uns unser Gehirn die zur Einhaltung dieser Regeln notwendige Willenskraft vor allem in Zeiten erhöhter mentaler Belastungen schlichtweg nicht zur Verfügung stellt.[14] Es lohnt daher ein Blick auf einige der zentralen Aspekte moderner Ernährung, um zu verstehen, wo die größten Hebel liegen. Insbesondere der Zusammenhang von Ernährung und Zellerneuerung ist hierbei besonders wichtig und Fasten spielt dabei eine wichtige Rolle. Die Mayr-Kur ist seit Beginn der Unternehmensgeschichte ein wichtiges Konzept des *Lanserhofs*.[15] Bei der Kur geht es um innere Reinigung und einen besseren Zugang zur eigenen Ernährung. Sie umfasst das Fasten, bewusstes sowie langsames Essen und ist ein integrierter Ansatz, der sich durch die Kombination aus gesunder Ernährung, gezielter Bewegung, Angeboten für Achtsamkeit und durch eine umfassende medizinische Begleitung auszeichnet. Auch wenn die Mayr-Kur heute nur ein Teil des medizinischen Ansatzes des *Lanserhofs* ist, spielt Fasten nach wie vor eine gewichtige Rolle für die Selbstreinigung des Körpers, wie Nils Behrens betont.

Unsere Ernährung hat einen erheblichen Einfluss auf die Zusammensetzung der Zellstruktur und auf die drei Kompetenzen unserer Zellen: Erneuerung, Energiegewinnung und Entgiftung. Die Fähigkeit der Zellen zur Selbstreinigung (Autophagie) beeinflusst deren Fähigkeit zur Erneuerung und Energiegewinnung. Der japanische Zellbiologe Yoshinori Ōhsumi erhielt im Jahr 2016 für seine Forschungen zum Thema Autophagie den Nobelpreis für Medizin. Er konnte nachweisen, dass Zellen, die hungern, den evolutionären Vorgang der Autophagie aktivieren können. Daher sollten wir an drei bis vier Tagen pro Woche ein Intervallfasten einbauen. Am bekanntesten ist die 16/8-Variante, bei der für einen Zeitraum von 16 Stunden am Stück nicht gegessen und nur Wasser getrunken wird. Viele Anwender:innen dieser Methode lassen das Frühstück aus, aber auch ein Weglassen des Abendessens ist eine beliebte Variante. Wenn wir führenden Schlafforscher:innen folgen, dann ist wahrscheinlich der Zeitraum von 18:00 Uhr am Abend (letzte Mahlzeit) bis zum nächsten Morgen um zehn Uhr (erste Mahlzeit) das beste Zeitfenster. Um die Folgen für das soziale Leben abzumildern, lässt sich dieses Zeitfenster aber auch schieben und schon ein Zeitraum von zwölf Stunden, in denen wir nicht essen, hilft dem Körper bei der Entgiftung. Darüber hinaus gibt Nils uns den Tipp, einmal pro Jahr unter ärztlicher Anleitung über einen längeren Zeitraum zu fasten. Aus den jahrzehntelangen Erfahrungen des *Lanserhofs* und den zahlreichen Gesprächen im Podcast *Forever Young* hat er noch fünf weitere Empfehlungen für uns:

- **Besser basisch ernähren:** Der PH-Wert des Bluts muss immer basisch sein. Wir ernähren uns in aller Regel aber zu sauer. Der Körper gleicht das aus, in dem er die Säure im Gewebe ablagert. Das führt zu einem schlechten Hautbild und zum Beispiel zu Cellulite bei Frauen. Außerdem wird die Gewichtsabnahme erschwert. Basische Lebensmittel sind Obst, Gemüse und Kräuter.
- **Abends keine Rohkost:** Es ist immer noch ein weitverbreiteter Irrglaube, dass man sich mit einem Salat am Abend etwas Gutes tut. Das rohe Gemüse wird zu dieser Zeit nicht mehr ausreichend verarbeitet, sodass es anfängt, im Magen zu

gären. Dadurch entstehen Fuselalkohole, die auf den Körper toxisch wirken. Das ist einer der Gründe, warum Menschen in der Folge nachts gegen ein oder zwei Uhr aufwachen. Die Leber versucht in der Zeit, das Gift abzubauen, und versetzt den Körper in Alarmbereitschaft.

- **Der Darm als Schlüssel zur Gesundheit:** Unser zweites Gehirn sitzt im Darm. Er beeinflusst nicht nur unsere körperliche, sondern auch die seelische Gesundheit. Darum ist es wichtig, unsere Bakterienkultur im Darm, das Mikrobiom, so vielfältig wie möglich aufzustellen. Eine ausgewogene Ernährung mit viel Obst und Gemüse ist ein guter Anfang. Besonders probiotische Lebensmittel haben eine positive Auswirkung auf die hilfreichen Bakterien im Darm. Zu diesen Lebensmitteln gehören beispielsweise Sauerkraut, Joghurt oder Kefir.
- **Kein Snacking:** Zwischen den Hauptmahlzeiten sollten Essenspausen von vier bis sechs Stunden eingehalten werden. Hungergefühle können oft sehr einfach durch Wassertrinken kompensiert werden, am besten mit warmem Wasser.
- **Langsam essen:** Verdauung beginnt nicht erst im Magen. Schon, wenn wir etwas Appetitliches sehen, setzt die Speichelproduktion ein, Botenstoffe werden ausgeschüttet und versetzen die Verdauungsorgane in Aktivität. Magensaft wird produziert, aber auch die Bauchspeicheldrüse wird zur Produktion von Insulin angeregt. Schon beim Kauen beginnen Enzyme im Speichel, die Nahrung aufzuspalten, womit sie dem Magen Verdauungsarbeit abnehmen, einen großen Teil sogar: Allein das Enzym Alpha-Amylase in unserem Speichel reicht aus, um die gesamten, durch Nahrung aufgenommenen Kohlenhydrate zu verdauen. Doch oft wird viel zu wenig gekaut. Das erschwert dem Magen und dem Dünndarm die Arbeit und führt dazu, dass die Nährstoffe nicht vollständig aufgenommen werden.[16]

Schlaf ist die unterschätzte Superkraft

„Es gibt eine einfache Wahrheit. Je kürzer dein Schlaf, desto kürzer dein Leben."

Matthew Walker, Neurowissenschaftler und Psychologe

Andre Iguodala spielt in der amerikanischen Basketball-Liga *NBA*. Auf dem Höhepunkt seiner Karriere holte er mit dem Team der *Golden State Warriors* in vier Jahren dreimal die Meisterschaft. Im Jahr 2015 wurde er sogar zum wertvollsten Spieler der Finalserie gewählt und das, obwohl er in der regulären Saison nicht zur Startformation zählte und auch in der Finalserie erst ab dem vierten von insgesamt sechs Spielen von Beginn an spielte. Andre Iguodala gehört für viele Expert:innen zu den smartesten Spielern der Liga, er ist Investor in Start-ups und an einer ganzheitlichen Lebensweise interessiert. Mit Matthew Walker, Professor für Neurowissenschaften und Psychologie an der University of Berkeley, hatte er jahrelang einen der renommiertesten Schlafwissenschaftler an seiner Seite. In einer Langzeitstudie hat Walker untersucht, wie sich der Faktor Schlaf auf die Leistungsfähigkeit des

Basketballers auswirkt. Dazu glich er die in den USA üblichen und gut verfügbaren persönlichen Spielstatistiken von Iguodala mit der Schlafdauer ab, die er vor jedem seiner Punktspiele hatte. In Spielen, vor denen er mehr als acht Stunden geschlafen hatte, konnte Iguodala im Durchschnitt zum Teil deutlich bessere Ergebnisse erzielen als in Spielen, vor denen er weniger als acht Stunden schlief. Er erhielt zwölf Prozent mehr Spielzeit, erzielte pro Minute 29 Prozent mehr Punkte, seine Freiwurfquote war um neun Prozent und seine Trefferquote bei Drei-Punkt-Würfen immerhin noch zwei Prozent besser. Er hatte außerdem 37 Prozent weniger Ballverluste und beging 45 Prozent weniger Fouls.[17]

Auch Chris Surel träumte von einer großen sportlichen Karriere, doch es sollte anders kommen. Der talentierte Tennisspieler, der in seiner Jugend zusammen mit Tommy Haas trainierte, musste seinen Traum im Alter von 19 Jahren aufgrund einer komplizierten Schulterverletzung aufgeben. Seinem Ehrgeiz tat das keinen Abbruch. Nach erfolgreichem Studium und dem Berufsstart in einer Unternehmensberatung traute er sich zusätzlich zu, eine eigene Geschäftsidee zu entwickeln und zu gründen. In der Folge schlief er nur noch zwei bis vier Stunden pro Nacht, vernachlässigte sich selbst, Freunde und Familie, und auch Sport wurde zu einem Luxus. Unendlich lange To-do-Listen, das zunehmende Unvermögen, sich zu konzentrieren, und ständige Übermüdung führten irgendwann zu Schuldgefühlen. Auf einem Spaziergang mit seinem Hund Karli, der an einer Bahnstrecke vorbeiführte, spielte er im Kopf das Szenario durch, seinem Leben ein Ende zu bereiten. Chris entschied sich dagegen, realisierte aber, dass er dringend etwas ändern musste. „Im selben Moment habe ich beschlossen, alles zu tun, um meine Energie zurückzugewinnen."[18]

Nach Matthew Walker schläft nur ein Drittel der erwachsenen Menschen in den Industrienationen im Schnitt acht Stunden oder mehr. Hier sieht er eine gefährliche Zeitbombe ticken, denn alle seine Studien und die anderer Kolleg:innen weisen darauf hin, dass nahezu jeder erwachsene Mensch diese acht Stunden braucht. Schlafen wir regelmäßig weniger, so begünstigen wir die frühere und stärkere Ausbildung der meisten Zivilisationskrankheiten. Schlafen wir regelmäßig acht Stunden oder mehr, so verzögern wir diese Krankheiten und können ihren Verlauf abmildern. Wir benötigen Schlaf zur Erholung, für die Stärkung unseres Immunsystems, den Abtransport von Schadstoffen aus dem Gehirn, um Tumore, Entzündungen und Stress abzuwehren und um zu lernen. Die Weltgesundheitsorganisation hat Nachtarbeit als potenziell krebsfördernd eingestuft. Walker kommt zu dem Schluss: „Alle wichtigen Körpersysteme, das Gewebe und die Organe Ihres Körpers werden in Mitleidenschaft gezogen, wenn Sie nicht genug Schlaf bekommen."[19] Nils Behrens erläutert uns, warum das Gehirn den Schlaf braucht, um zu entgiften. Das Gehirn hat, weil es in einer starren Schale liegt, nicht die Chance zu „lymphen", so wie es andere Organe können. Das Volumen des Gehirns verkleinert sich in der Nacht und durch das Verkleinern kann Flüssigkeit abgepumpt werden. Er nennt es in Anlehnung an einen seiner medizinischen Kolleg:innen die Gehirnwaschmaschine. „Wenn man nicht schläft, ist das das größte Problem." Er weist auch darauf hin, dass sich Menschen, die eine Nachtschicht hinter sich haben, häufig so fühlen, als seien sie betrunken. Der Grund ist eine Art Vergiftung des Gehirns.

Auf dem Weg, um seine Energie wieder zurückzubekommen, musste Chris Surel unter anderem lernen, wieder richtig zu schlafen. Als er damit begann, seine Schlafqualität zu messen, stellte er anfangs mit Erschrecken fest, dass er pro Nacht nur wenige Minuten Tiefschlaf hatte. Regelmäßige Einschlaf- und Aufwachzeiten, eine gesunde Schlafumgebung (dunkel, ruhig und kühl), wenig Alkohol, die Vermeidung von späten Bildschirmzeiten sowie mindestens acht Stunden Schlaf führten dazu, dass er sowohl seine Tiefschlafphasen als auch die REM-Phasen (unsere Verarbeitungsphasen im Schlaf) auf ein gesundes Maß bringen konnte. Für Chris hatte dieser Weg aber noch weitere positive Begleitumstände. Er hat unter anderem seine Prioritäten und Werte neu definiert und angefangen, sich von seinen negativen und limitierenden Glaubenssätzen zu verabschieden. Er hat seine Ernährung umgestellt, begann ein Journal zu schreiben und seine Erfahrungen weiterzugeben. Heute zählt er zu den weltweit führenden Experten zum Thema Schlaf, Recovery und Energiemanagement.[20]

Nur wenige Themen lassen sich so leicht aus eigener Kraft ändern wie die Verbesserung der eigenen Schlafgewohnheiten. In den USA haben das einige Unternehmen und Topmanager:innen bereits erkannt. So zahlt die US-amerikanische Firma *Aetna* ihren Angestellten bis zu 500 US-Dollar mehr pro Jahr, wenn sie nachweisen können, dass sie genug schlafen. Ebenso hat der Trend abgenommen, sich damit zu brüsten, man käme mit vier Stunden Schlaf pro Nacht oder weniger aus. Der *Microsoft*-CEO Satya Nadella, *Amazon*-CEO Jeff Bezos, Risikokapitalgeber Marc Andreessen und der ehemalige *Google*-Chef Eric Schmidt sind beispielsweise stolz darauf, ausreichend zu schlafen.[21]

Die psychische Gesundheit – der blinde Fleck unserer Gesellschaft

„Manchmal sind die Leute, die in der Wirtschaft sind, noch kränker als die in der Klinik, obwohl sie noch funktionieren."

Mirriam Prieß, Medizinerin und Burn-out-Expertin

Andrew Huberman ist Professor für Neurobiologie an der Stanford University. Von seinem Vater, einem theoretischen Physiker, hat er früh gelernt, dass es Jobs gibt, die sich so anfühlen, als hätte man immer am nächsten Tag Geburtstag. Andrew hat selbst einige Schleifen gedreht, bis er es auch so weit gebracht hat. Einer glücklichen Kindheit folgte die schmutzige Scheidung seiner Eltern und das langsame Abgleiten in eine Szene, in der neben dem Skateboard und Punkmusik auch Drogen eine Rolle spielten. Er verlor einen Freund, der an einer Überdosis Drogen starb, und später einen Mentor, der sich das Leben nahm und doch gelang es ihm, auf seinem Weg eine Kraft zu entwickeln, die ihn zu einer faszinierenden Persönlichkeit hat heranreifen lassen. „Ich bin fasziniert vom Gehirn, von dem, was es leisten kann und wie es versagt", fasst er es im Verlauf unseres Podcast-Gesprächs zusammen. Er hat seelische Abgründe erlebt und erforscht und hilft heute Menschen in schwierigen Situationen dabei, ihren Weg zurück ins Leben zu finden.[22]

Julia Arndt hat schon als Kind hart gearbeitet. Ihr Einser-Abi hat sie, anders als ihre Schwester, der scheinbar alles leicht zu gelingen schien, nur mit viel Disziplin erreicht. Diese Einstellung hat sie später auch ins Studium und dann zu ihrem langjährigen Arbeitgeber *Google* mitgenommen. Auf diesem Weg wurde die Konkurrenz immer härter. „Alle, die bei *Google* landeten, waren Peak Performer“, fasst sie es im Gespräch mit uns zusammen. „Harte Arbeit zahlt sich aus“ wurde für sie und viele andere „*Googler*“ zum Mantra. Ohne Familie und Freunde in Dublin arbeitete sie auch abends und am Wochenende, um ihre hochgesteckten Ziele zu erreichen. Es ging immer um die nächste Beförderung und Julia kletterte die Leiter weiter nach oben. Sie wechselte irgendwann nach Mountain View zu *Googles* Stammsitz und der Druck stieg weiter. Der Kauf eines kleinen Hauses am Lake Tahoe, das als Zufluchtsort für die Wochenenden gedacht war, wurde schnell zur Belastung, denn das Pendeln kostete viele Stunden. Julia trank immer mehr Kaffee, aß immer mehr Süßes und bewegte sich kaum noch. Ein wichtiges globales Projekt, das notwendige Abstimmungen mit Teilen des indischen *Google*-Teams mit sich brachte, sorgte zusätzlich für Nachtschichten. In der Folge spürte sie in Meetings immer eine Aufregung, Angst wurde zum Thema. Ein Arzt bescheinigte ihr, dass sie ihre Art zu leben dringend ändern müsse. Von den drei Monaten, die sie krank zu Hause

Peak-Performance-Modell nach Julia Arndt

verbrachte, fühlte sie sich die ersten vier Wochen schuldig und ihre Angst wurde noch schlimmer. Dann wurde es besser und sie begann, sich mit den Zusammenhängen ihrer Erkrankung auseinanderzusetzen. „Ich wusste nicht, dass Burn-out eine arbeitsbezogene Depression ist." Sie erkannte, dass viele Themen, mit denen sie sich neben ihrem Job beschäftigt hatte, nun Sinn ergaben: die Ausbildung zur Fitnesstrainerin, die Beschäftigung mit Sportpsychologie und ihre Zertifizierung als Mental Coach. Nach über sieben Jahren bei *Google*, in denen das Unternehmen von 30.000 auf 100.000 Mitarbeiter:innen angewachsen war, entwickelte Julia schließlich einen Beratungs- und Coaching-Ansatz und hilft Unternehmen und deren Mitarbeiter:innen dabei, die Auswirkungen von Stress auf Körper und Geist besser zu verstehen. Ihre „Peak Performance"-Methode kombiniert kritische Produktivitäts-, Achtsamkeits- und Führungsinstrumente, um Einzelpersonen und Organisationen dabei zu helfen, die Herausforderungen der Zukunft nicht nur zu meistern, sondern erfolgreich mitzugestalten. Ihr Motto: „Wenn Ihr Gehirn Ihre wertvollste Ressource ist, sollten wir uns darum kümmern."[23]

Mirriam Prieß hatte zwei Ideen, wohin es für sie beruflich gehen sollte. Nach einem Praktikum im Bereich Grafikdesign in einer Werbeagentur war es der Geruch in der Eingangshalle eines Krankenhauses, in dem sie ihr zweites Praktikum absolvieren wollte, der sie fühlen ließ, was sie wollte. Sie finanzierte ihr Studium durch Schwesternarbeit und stellte während ihres praktischen Jahres fest, dass die Psychosomatik das Feld war, dem sie sich widmen wollte. Nach vielen Jahren im klinischen Betrieb kam sie durch einen Zufall mit dem Thema Wirtschaft in Kontakt. Zunächst teilte sie ihre Arbeitszeit zwischen den Bereichen Klinik und Unternehmen auf, bevor sie dann im Jahr 2010 ganz in die Selbstständigkeit wechselte und ihr erstes Buch schrieb.[24] Manchmal, so beschreibt sie ihre Motivation für die Arbeit in den Unternehmen, trifft sie dort auf Menschen, die noch kränker sind als die Menschen in der Klinik, nur dass sie noch funktionieren. In ihrer beruflichen Praxis stellt sie fest, dass die häufigste Ursache für den Burn-out nicht in der Überarbeitung liegt. „Jeder, der sich erschöpft hatte, hatte entweder konfliktreiche Beziehungen oder keine Beziehungen mehr, also keine sozialen Kontakte, und jeder hatte die Beziehung zu sich selbst verloren." Der Beziehungsaspekt ist für sie der entscheidende Aspekt für Gesundheit oder Krankheit. Zusammengefasst bedeutet das für Mirriam Prieß: „Leben ist gelingende Beziehung."[25]

Die meisten Menschen sprechen nicht gern über ihre psychischen Probleme, obwohl Angststörungen und Depressionen zu den häufigsten Erkrankungen in den Industrienationen zählen. In einem Gespräch mit der ehemaligen *Disney*-Managerin Kathleen Lauber haben wir erstmals davon gehört, dass es in Großbritannien einen Kurs für „Psychologische Ersthilfe" (Mental Health First Aid) gibt. Kathleen hat diesen Kurs während ihrer Zeit in London absolviert und glaubt fest, dass es hier einen erheblichen Bedarf gibt. Mittlerweile gibt es das Angebot auch in Deutschland. Wenn es sich in den Unternehmen durchsetzt, dass möglichst viele interessierte Mitarbeiter:innen diese Ausbildung absolvieren, wäre schon viel gewonnen.[26]

Gute Beziehungen als Treiber für ein gesundes, glückliches und langes Leben

„Menschen, die mehr mit anderen Menschen verbunden sind, und Menschen, die wärmere Beziehungen zu anderen haben, bleiben länger gesund und leben länger."

Robert J. Waldinger, Psychiater, Psychoanalytiker und Zen-Priester

Robert J. Waldinger ist der vierte Leiter in der Geschichte von Harvards „Study of Adult Development", der längsten jemals durchgeführten Studie zum Themenkomplex Gesundheit, Glück und langes Leben. Über 80 Jahre lang verfolgten sein Team und deren Vorgänger:innen das Leben von 724 Männern aus Boston. Die Gruppe setzt sich aus zwei Stichproben zusammen, die zunächst für zwei unterschiedliche Studien rekrutiert und später dann zusammengelegt wurden. Bei der ersten Gruppe handelte es sich um Studenten der Harvard Universität und bei der zweiten Gruppe um Jungen aus einem der ärmsten Viertel in Boston.[27] Jahr für Jahr fragten die Wissenschaftler:innen nach der Arbeit, dem Privatleben und der Gesundheit der Probanden und versuchten herauszufinden, welche Faktoren für ein sinnvolles und gesundes Leben entscheidend waren. Im Verlauf der Studie beschäftigten sich die Wissenschaftler:innen auch mit den Krankengeschichten der Männer. Zusätzlich zu den jährlichen Befragungen wurden sie auch bezüglich ihrer Interaktionen mit ihren Frauen, Kindern und Freunden beobachtet. Ungefähr 60 der ursprünglich 724 Männer leben heute noch und nehmen immer noch an der Studie teil - die meisten von ihnen sind weit über 90 Jahre alt.

Wir haben mit Robert über seine Lehren aus dieser Studie gesprochen. Was macht uns glücklich, hält uns gesund und beschert uns ein langes Leben? Natürlich gibt es einen Zusammenhang zwischen der Bildung und dem damit verbundenen Zugang zu einer hochwertigen Ernährung und der medizinischen Versorgung. So wundert es nicht, dass die Mitglieder der Harvard-Stichprobe eine im Schnitt zehn Jahre höhere Lebenserwartung haben. Diejenigen, die trotz der ungünstigen Startvoraussetzungen einen Universitätsabschluss erwerben konnten, holten diesen Nachteil jedoch vollständig auf. Es ist aber ein anderer Faktor, der sich nach all diesen Jahren als stärkster herauskristallisiert hat: Gute Beziehungen machen uns glücklich und gesund und haben einen positiven Einfluss auf ein langes Leben. Aus einer Metaanalyse von 148 Studien zum Sterberisiko geht hervor, dass stabile zwischenmenschliche Beziehungen unsere Überlebenswahrscheinlichkeit um 50 Prozent erhöhen - und zwar unabhängig von Alter, Geschlecht oder Gesundheitszustand. So erfreulich diese Nachricht ist, so schwer scheint es für immer mehr Menschen zu sein, diese Art von Beziehungen einzugehen.[28] Waldinger berichtet uns, wie sehr das Thema Einsamkeit um sich greift und berichtet aus einer seiner Studien: „Wir haben sie gebeten, alle Personen aufzulisten, die sie mitten in der Nacht anrufen können, wenn sie krank sind oder Angst haben." Die traurige Erkenntnis: Es gibt eine wachsende

Zahl von Menschen, die darauf keine Antwort mehr haben. Die Wissenschaftler:innen der zuvor genannten Metaanalyse fanden in einer späteren Studie heraus, dass fehlende soziale Beziehungen mindestens so schädlich seien wie das Rauchen von bis zu 15 Zigaretten am Tag.[29] Wie können wir also wieder bessere Beziehungen aufbauen? Neugier hilft, formuliert es Waldinger, tiefer einzutauchen in die Geschichte anderer und gut zuzuhören. Menschen, die ihre Schwächen kennen und sich derer nicht schämen, tun sich ebenfalls leichter, gute Beziehungen einzugehen.[30]

Atmung, Achtsamkeit, Meditation und mentale Gesundheit

„High on your own supply."

Wolfmother, Rock-Band

Es gibt eine ganze Reihe gesundheitsrelevanter Themen, die wir durch unsere Gäste und unsere Arbeit kennengelernt haben. Innerhalb einer Woche hatten wir nicht nur die Gelegenheit, mit dem Neurobiologen Andrew Huberman, sondern ebenfalls mit „The Iceman" Wim Hof zu sprechen. Beide glauben an die besondere Bedeutung, die das Thema Atmung für unsere Gesundheit hat.

Wim Hof hält aktuell 26 Rekorde. Darunter befinden sich Marathonläufe, die er in extremer Hitze oder Kälte (minus 20 Grad Celsius) und nur leicht bekleidet in Shorts und Sandalen absolvierte, sowie Aufenthalte in extremer Kälte. So verbrachte er 2017 eine Stunde, 49 Minuten und 57 Sekunden unbekleidet und bis zu den Schultern in Eis verpackt. Er kann in Eiswasser für sechs Minuten die Luft anhalten und wurde mit Bakterien infiziert, ohne krank zu werden, wie er im Podcast berichtete. Doch für Wim Hof geht es nicht in erster Linie um diese Rekorde, sie sind vielleicht so etwas wie eine Marketingkampagne für sein wirkliches Anliegen. Er will Menschen dabei helfen, Stress abzubauen und sich aktiv mit der Verbesserung ihres Immunsystems zu beschäftigen, um in Zukunft weniger oft krank zu werden. Viele Wissenschaftler:innen haben ihn untersucht und konnten keine besonderen körperlichen Vorteile bei ihm feststellen. „Zuallererst musst du lernen zu atmen." erklärt er uns und führt während des Podcasts eine Atemübung durch, die für jede:n ganz leicht umsetzbar ist.[31]

Andrew Huberman bestätigt den Zusammenhang zwischen Atmung und Stress. Er ist ein großer Fan von Atemübungen, wie Wim Hof sie praktiziert. „Langes Ausatmen kann dich beruhigen", sagt er und führt weiter aus, dass wir in Stressphasen tief ausatmen, aber nicht tief einatmen sollten. Andrew erwähnt in diesem Zusammenhang die Box-Breathing-Technik von Mark Divine, bei der es darum geht, in Intervallen von vier Sekunden einzuatmen, den Atem für dieselbe Dauer anzuhalten, vier Sekunden lang auszuatmen, den Atem wieder für vier Sekunden anzuhalten und so weiter. Mark Divine war früher bei den Navy Seals und ist heute Fitnesstrainer und Coach. Außerdem empfiehlt Andrew die Nasenatmung, die im Vergleich zur Mundatmung unsere allgemeine Merkfähigkeit verbessert.[32]

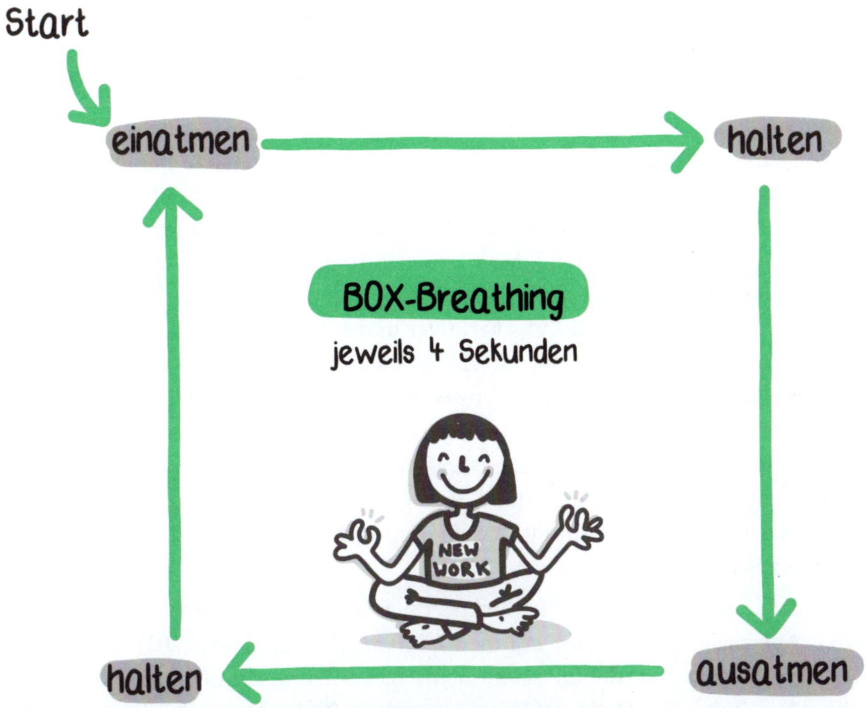

Box-Breathing-Methode nach Mark Divine

Als wir Jan Bechler kennenlernten, war er der Mann mit den zwei Handys. Scheinbar mühelos konnte der ehemalige Radiomoderator zwischen seinen Rollen als Start-up-Gründer, Berater und Mitglied bei den *Online Marketing Rockstars* hin- und herschalten. Ein facettenreiches Privatleben mit vielen Freunden, sehr viel Sport und gelegentlichen Einsätzen als DJ rundeten das Bild ab. Unser Fazit: Der Mann hat ein erfülltes und glückliches Leben. Doch unter dieser Oberfläche brodelte es. Der erhoffte Erfolg mit seinem Start-up *Navinum* blieb trotz eines großartigen Teams und guter Investorenkreise hinter den eigenen Erwartungen zurück. Der gefühlte Misserfolg und der ständige Stress begannen sich körperlich bemerkbar zu machen. „Ich habe es lange nicht bemerkt." Er schlief immer schlechter, begann mit seinen Zähnen zu knirschen und scheinbar grundlos riss sein Kreuzband. „Du mutest dir zu viel zu und gönnst dir zu wenig Auszeit", lautete die Beobachtung seiner engen Freunde. Heute glaubt Jan, dass ihm sowohl Meditation als auch mentales Training dabei geholfen haben, mit seiner Situation klarzukommen. Den ersten Einstieg in das Thema fand Jan mithilfe von *Search Inside Yourself*, einem Buch und gleichnamigem Programm bei *Google*. Der ehemalige *Google*-Mitarbeiter Chade-Meng Tan, dessen Position „Jolly Good Fellow" (so etwas wie „der gute Freund") lautete, entwickelte zusammen mit renommierten Wissenschaftlern wie Jon Kabat-Zinn und Daniel Goleman einen Achtwochenkurs zum Thema Achtsamkeit.[33] Für Jan, der mit *Finc3* mittlerweile eine der führenden Digital-Agenturen gegründet hat, sieht die Welt heute sowohl beruflich als auch privat viel besser aus. Er ist „zufriedener, gelassener, kreativer und schließlich auch erfolgreicher“.[34]

Für den gefeierten Historiker Yuval Noah Harari zählt das Thema Meditation ebenfalls zu den wichtigsten Techniken. Um Meditation praktizieren zu können, sollten wir alle vorgefertigten Erzählungen und Glaubenssätze beiseiteschieben und versuchen, die Realität so wahrzunehmen, wie sie ist. Erst dann werden wir eine Chance haben zu begreifen, wer wir wirklich sind. Wir sollten diese Chance nutzen, weshalb er dem Thema Meditation in seinem Buch *21 Lektionen für das 21. Jahrhundert* auch das letzte Kapitel widmet.[35] Meditation hilft uns dabei, besser mit Stress umzugehen, macht uns kreativer und verbessert die Leistungsfähigkeit unseres Gehirns. Studien weisen nach, dass sich Strukturen im Gehirn ändern, wenn wir regelmäßig meditieren.[36] In einer Metaanalyse von 47 Studien konnte nachgewiesen werden, dass Menschen, die sich dem Thema Meditation langfristig verschrieben haben, ihre Widerstandskraft und Stressresistenz deutlich verbessern konnten. Das galt insbesondere dann, wenn neben der reinen Achtsamkeitspraxis auch Gelassenheit und Gleichmut charakteristisch für die eingesetzten Meditationspraktiken waren.[37]

Unter dem Schlagwort Longevity formiert sich seit einigen Jahren eine Bewegung, deren Auswirkungen wir nur erahnen können. Die im Herbst 2021 gegründete Longevity Science Foundation ist eine Schweizer Stiftung, die in den nächsten zehn Jahren 1 Milliarde US-Dollar an Institutionen und Projekte verteilt, die sich mit der Erforschung und Förderung eines langen Lebens beschäftigen. Das Konsortium aus Biotech-Gründer:innen, Mediziner:innen und führenden Forschungseinrichtungen für Langlebigkeit will sich damit für die „Verlängerung einer gesunden Lebenserwartung des Menschen auf mehr als 120 Jahre einsetzen“.[38] In seinem Buch *Successful Aging* stellt uns der Neurowissenschaftler und kognitive Psychologe Daniel J. Levitin sehr praktische Wege vor, wie wir unser Gehirn jung halten. Die zehn Regeln am Ende seines Buchs fassen sie für uns zusammen.

Verjüngung Ihres Gehirns

- Gehen Sie nicht in den Ruhestand. Hören Sie nicht auf, sich mit sinnvoller Arbeit zu beschäftigen.
- Schauen Sie nach vorn. Schauen Sie nicht zurück (Zurückdenken ist nicht gesundheitsfördernd).
- Treiben Sie Sport. Bringen Sie Ihren Herzschlag in Schwung. Vorzugsweise in der Natur.
- Legen Sie Wert auf einen gemäßigten Lebensstil mit gesunden Gewohnheiten.
- Halten Sie Ihr soziales Umfeld spannend und neu.
- Verbringen Sie Zeit mit Menschen, die jünger sind als Sie.
- Gehen Sie regelmäßig, aber nicht zwanghaft zu Ihrem Arzt.
- Halten Sie sich nicht für alt (abgesehen von sinnvoller Vorbeugung).
- Schätzen Sie Ihre kognitiven Stärken (z.B. Mustererkennung, kristallisierte Intelligenz, Weisheit, angesammeltes Wissen).
- Fördern Sie Ihre kognitive Gesundheit durch das Lernen aus Erfahrung: Reisen, Zeit mit Enkelkindern verbringen und in neue Aktivitäten und Situationen eintauchen. Tun Sie neue Dinge.

Tipps zur Verjüngung des Gehirns von Daniel J. Levitin

ON THE WAY TO NEW WORK

„Drei Dinge im Leben – deine Gesundheit, deine Mission und die Menschen, die du liebst. Das ist es."

Naval Ravikant, Unternehmer und Investor

Ein wichtiger Schlüssel für den Erhalt und die Verbesserung unserer Gesundheit ist die Prävention. Dazu gibt es viele Ansatzpunkte:

- Erfüllende Arbeit und gute Gesundheit bedingen sich gegenseitig. Wenn wir uns um beides regelmäßig kümmern, können wir in einen guten Kreislauf kommen.
- Wir sollten unseren Körper – gerade mit zunehmendem Alter – regelmäßig in den Bereichen Kraft, Ausdauer und Beweglichkeit trainieren. Regelmäßig pro Tag

10.000 Schritte sind ein Anfang. Insbesondere One-on-One-Meetings, die wir im Gehen absolvieren, bieten die Gelegenheit, es hier sogar noch besser zu machen.

- Temporäres Fasten, zum Beispiel nach der 16/8-Methode, bei der nur in einem Zeitfenster von acht Stunden Nahrung zu sich genommen wird, hilft dem Körper, besser zu entgiften.
- Die Einhaltung einiger weniger Schlafregeln (zum Beispiel feste Bettgehzeiten, Achtstundenschlaf, dunkle, ruhige und kühle Umgebung) haben einen signifikanten Einfluss auf unsere Gesundheit und Leistungsfähigkeit.
- Die Überwachung des eigenen Schlafs mithilfe von Tracking-Tools kann uns bei der Verbesserung des Schlafs unterstützen (ausreichende Tief- und REM-Schlafphasen).
- Depressionen sowie Burn-out nehmen im Kontext unserer Arbeit weiter zu. Die gute Nachricht: Es gibt Hilfe und einen Weg zurück in ein erfülltes, glückliches und gesundes Leben.
- Gute Beziehungen sind der wichtigste Treiber für ein gesundes, glückliches und langes Leben.
- Eine bewusste Atmung hat zahlreiche positive Aspekte. Das Box Breathing bietet einen einfachen Einstieg.
- Eine ganz Reihe von Möglichkeiten stehen uns zur Verfügung, um unser Gehirn aktiv zu halten. Sinnvolle Arbeit gehört dazu.

Vorbeugung ist effektiver als die Behandlung von Krankheiten, Verletzungen oder schlecht entwickelten Körperfunktionen. Gesundheit ist eine wichtige Voraussetzung und ein guter Begleiter auf dem Weg hin zu einem Leben als selbstbestimmter und freier Mensch.

6/ FREIHEIT

„Alles, was wirklich großartig und inspirierend ist, wird von dem Menschen geschaffen, der in Freiheit arbeiten kann."

Albert Einstein, Physiker

Freiheit ist ein großes Wort – und wir können davon ausgehen, dass die meisten Leser:innen, die dieses Buch in den Händen halten, ebenso wie wir kaum eine Vorstellung davon haben, was die Abwesenheit von körperlicher und politischer Freiheit wirklich bedeutet. In diesem Kapitel soll es um eine Facette von Freiheit gehen, die mentale Freiheit. Damit meinen wir die Fähigkeit, Frieden mit dem zu schließen, was war, glücklich zu sein mit dem, was ist, und so zu leben, wie wir es wirklich, wirklich wollen. Wir befassen uns mit der Frage, wie wir limitierende Gedanken und Glaubenssätze sowie alte Konditionierungen hinter uns lassen und besser mit Ängsten und anderen Emotionen umgehen – eine der wichtigsten Voraussetzungen, um die Chancen, die New Work uns bietet, zu nutzen.

FREIHEIT IST DER KERN DER NEW-WORK-IDEE

„Das Ziel der Neuen Arbeit besteht nicht darin, die Menschen von der Arbeit zu befreien, sondern die Arbeit so zu transformieren, damit sie freie, selbstbestimmte, menschliche Wesen hervorbringt."

Frithjof Bergmann, Philosoph

Freiheit ist einer der zentralen Begriffe innerhalb des New-Work-Kontexts. Frithjof Bergmann versteht darunter, selbst entscheiden zu können, was wir zum Inhalt unserer Arbeit machen und wie wir dies tun,[1] denn Arbeit soll erfüllend sein. Um dieses zu (er)leben und Arbeit mit Sinn füllen zu können, sind nicht nur äußere Hürden einzureißen, sondern auch innere Muster zu überwinden. Einmal abgesehen von der ganz jungen Generation sind die meisten von uns mit einem Verständnis von Arbeit sozialisiert und konditioniert wie: Arbeit findet von Montag bis Freitag statt, nur privat können wir wir selbst sein, die Luft nach oben wird dünner, Unternehmen sind Haifischbecken, Arbeit kann nicht immer Spaß machen – sonst hieße es nicht Arbeit –, Gefühle gehören nicht an den Arbeitsplatz, bloß keine Schwäche zeigen, Augen zu und durch … Die Serie *Stromberg* und ihr amerikanisches Vorbild *The Office* sind auch deshalb so erfolgreich gewesen, weil sie überraschend viel mit dem zu tun haben, was die meisten von uns erlebt haben oder noch erleben.

FREIHEIT HEISST VOR ALLEM, DEN EIGENEN SPIELRAUM ZU ERWEITERN

„Der Wandel wird nicht kommen, wenn wir auf eine andere Person oder eine andere Zeit warten. Wir sind diejenigen, auf die wir gewartet haben. Wir sind die Veränderung, die wir suchen."

Barack Obama, 44. US-Präsident

Die Wahrscheinlichkeit, dass Menschen unterschiedlich auf ein und dieselbe Situation reagieren, ist weitaus höher, als dass Menschen genau dieselbe innerliche und äußerliche Reaktion zeigen. Dies liegt an den unterschiedlichen Weltbildern, Mustern, Filtern, Präferenzen und (Denk-)Gewohnheiten, mit denen wir ausgestattet sind. So rasten manche Menschen bereits aus, wenn das WLAN ausfällt, ein Dokument nicht auffindbar ist oder ein Brief vom Finanzamt kommt, während andere Menschen ruhig und besonnen bleiben. Wahrscheinlich hat jede:r von uns Verhaltensweisen, auf die wir nicht besonders stolz sind. Genauso wie jede:r von uns sich gelegentlich über die Verhaltensweisen anderer ärgert. Wenn wir uns allerdings über eine andere Person aufregen, weil wir finden, sie hätte sich anders verhalten sollen, liegt unserem Ärger die Annahme zugrunde, dass diese Person eine Wahl hatte und sich bewusst für das (schlechte) Verhalten entschieden hat. Das muss nicht stimmen. Menschen greifen immer auf die aus ihrer Sicht beste Verhaltensoption zurück, die ihnen im jeweiligen Kontext zur Verfügung steht, und manchmal ist diese eben nicht so hilfreich. Wenn ein Kollege oder eine Kollegin in stressigen Situationen regelmäßig Hektik, Aufregung und Drama verbreitet und die Situation dadurch für alle unübersichtlicher und stressiger gestaltet, sollten wir beispielsweise nicht davon ausgehen, dass „ruhig bleiben und konstruktiv vorgehen" für diese Person eine zur Verfügung stehende Option gewesen wäre. So sehr das Ganze auch nerven mag, wahrscheinlich ist dieses Verhalten für diese Person von allen Handlungsoptionen sogar noch die beste – unabhängig davon, wie wir finden, dass man sich hätte verhalten können oder müssen. Was auch immer wir einander vorwerfen, mit hoher Wahrscheinlichkeit haben alle Beteiligten aus ihrer besten Option heraus gehandelt. Das ist keine Entschuldigung, aber es hilft zu verstehen, warum die Dinge passieren, und es liefert uns einen wertvollen Ansatzpunkt. Wenn wir Verhaltensweisen ändern und besser mit bestimmten Situationen umgehen wollen, müssen wir neue Verhaltensoptionen hinzufügen, damit wir künftig eine bessere Wahl treffen können. Das beginnt bei unserem eigenen Glaubenssystem.

Armut der Begierde

„Vertraue deinem Herzen. Wertschätze dessen Intuition. Wähle die Angst loszulassen und öffne dich der Wahrheit und du wirst erwachen zu Freiheit, Klarheit und Freude am Sein."

Mooji, Lehrer und Autor

Was denken wir über uns selbst? Was glauben wir über Arbeit, Erfolg oder Geld? Warum leben wir unser Leben so, wie wir es leben? Gesine und Gerry Haag zählten zu unseren ersten Podcast-Gästen.[2] Die beiden haben eine beeindruckende Karriere in verschiedenen Technologieunternehmen hinter sich, unter anderem als Manager:in der ersten Stunde bei *Amazon* Deutschland. Nach einer einjährigen Reise mit ihren damals noch kleinen Kindern, die sie auch für mehrere Monate nach Hawaii führte, fiel der Entschluss, ihr Leben grundsätzlich zu ändern – sie zogen nach Mallorca. Als digitale Nomaden gelingt es den beiden dort seit vielen Jahren, ein Leben zu führen, von dem viele Menschen nur träumen. Sie kombinieren Coaching-, Beratungs- sowie Aufsichts- und Beiratsmandate mit einem Leben am Meer, das die leidenschaftlichen Kitesurfer anzieht.

Wir haben alle unterschiedliche Vorstellungen darüber, wie unser perfektes Leben aussehen könnte. Viele Menschen haben sich allerdings abgewöhnt, darüber nachzudenken, weil sie dies ohnehin für nicht umsetzbar halten. Frithjof Bergmann spricht in diesem Zusammenhang von der „Armut der Begierde".[3] Damit meint er unsere zunehmende Unfähigkeit, zu wissen und zu formulieren, was wir uns für unser Leben wünschen. Wir sind zu gut darin geworden, uns anzupassen und unsere eigenen Wünsche nicht mehr wahrzunehmen oder sie als unrealistisch abzutun. Stattdessen konzentrieren wir uns darauf, zu tun, was wir und andere von uns erwarten, nach dem Motto „Das Leben muss erledigt werden". So schleicht sich die Armut der Begierde in unser Leben ein, auch wenn wir nie so werden wollten. Ein wesentlicher Pfeiler in Bergmanns Vision besteht darin, Menschen dabei zu unterstützen, dieses innere Verlangen wiederzuentdecken und herauszufinden, was sie wirklich, wirklich wollen.

Was wir für möglich halten und was nicht, hängt mit unserem Glaubenssystem zusammen, das überwiegend unbewusst entsteht. Wir machen bestimmte Erfahrungen und Beobachtungen, wir übernehmen die Meinungen anderer, wir erhalten Feedback und ziehen daraus Rückschlüsse hinsichtlich unserer Fähigkeiten. Stück für Stück reichern sich unser Weltbild sowie unsere Vorstellung, was für uns erreichbar ist, an. Dieses Set an Annahmen und Erfahrungen entscheidet darüber, wie wir uns in bestimmten Situationen verhalten, worauf wir unseren Fokus legen und was wir uns zutrauen. Hierzu zählen auch unsere Überzeugungen zu Themen wie Arbeit, Geld, Glück, Liebe, Partnerschaft, Erfolg und vielem mehr. Es handelt sich allerdings nur um Annahmen oder auch Glaubenssätze, die wir über die Realität haben. Positive Glaubenssätze beflügeln und bestärken uns, zum Beispiel hinsichtlich unserer eigenen Talente wie „Ich kann Menschen schnell begeistern" oder „Wenn ich morgens Sport mache, bleibe ich gesund". Negative Glaubenssätze schränken uns hingegen ein und führen dazu, dass wir uns weniger zutrauen und den Fokus auf vermeintliche Limitierungen richten. Sie beginnen häufig mit Phrasen wie „Ich kann nicht …“, „Ich bin nicht gut in …“ und konditionieren uns darauf, dass wir versagen beziehungsweise bestimmte Dinge gar nicht erst in Erwägung ziehen. „Glaubenssätze sind die Brille, durch die wir die Wirklichkeit sehen“, fasst es die Psychologin und Autorin Stefanie Stahl zusammen.[4] Zu spüren, dass das, was uns davon abhält, so zu leben, wie wir es wollen, nicht wahr sein muss, ist ein wichtiger Schritt auf dem Weg zu mentaler Freiheit. Beim Aufspüren einschränkender Glaubenssätze helfen diese Fragen:

- Was traue ich mir nicht zu? Warum traue ich es mir nicht zu?
- Was hindert mich daran, das zu tun, was ich wirklich will? Warum ist das so?
- Was „muss“ ich tun, obwohl es mir keinen Spaß macht? Warum muss ich das?
- Warum lebe ich mein Leben so und nicht anders?
- Welche meiner Träume halte ich für unrealistisch und warum?

Am besten halten wir unsere Antworten auf diese Fragen schriftlich fest und fassen so lange mit „Warum“-Fragen nach, bis wir das Level genereller Gesetzmäßigkeiten erreicht haben – das sind unsere Glaubenssätze. Um herauszufinden, welche Glaubenssätze einschränkend sind, brauchen wir uns nur vorzustellen, welche Konsequenz es für uns haben wird, wenn wir dies bis ans Ende unseres Lebens weiter glauben. Ist das Ergebnis für uns neutral oder positiv, können wir es so stehen lassen. Ist es unserer Meinung nach negativ, sollten wir in Erwägung ziehen, daran zu arbeiten. Eine effektive Möglichkeit besteht darin, die Überzeugung auseinanderzunehmen, indem wir uns beispielsweise fragen, wie sicher wir uns sind, dass dieser Glaubenssatz wirklich stimmt. Woher könnte diese Überzeugung stammen? Was könnte alles dagegen sprechen, dass dem so ist? Was wäre, wenn in Wirklichkeit das Gegenteil wahr wäre? Gibt es vielleicht sogar erste Beweise dafür, dass auch das Gegenteil wahr sein kann? Am besten schaffen wir selbst weitere Beweise dafür, dass der Glaubenssatz nicht stimmt, zum Beispiel, indem wir eine Gewohnheit aufbauen, die uns das Gegenteil beweist. Wer zum Beispiel den Glaubenssatz hat „Ich kann nicht gut schreiben“, kann Schritt für Schritt einen Gegenbeweis etablieren, indem er oder sie sich eine Schreibgewohnheit aufbaut, die leicht umzusetzen ist. Der Einfluss selbst kleiner Gewohnheiten auf unsere Identität und Selbstwahrnehmung ist immens.

Heute wird ein guter Tag

„Schreibe dir auf dein Herz, dass jeder Tag der beste Tag des Jahres ist.“

Ralph Waldo Emerson,
Philosoph und Schriftsteller

Unser Wahrnehmungsfilter gehört ebenfalls auf die Liste der Dinge, die wir im Blick behalten sollten. Achten wir auf das, was gut läuft, finden wir hierfür viele Beispiele und gehen unseren Alltag positiver und entspannter an. Richten wir unseren Fokus auf das, was gerade nicht gut ist, wird uns auch davon noch viel mehr auffallen, was unsere Stimmung und Energie weiter beeinträchtigt. Warum das so ist, ist schnell erklärt: Wir sind von viel mehr Informationseinheiten umgeben, als unser Gehirn verarbeiten kann. Deshalb betreibt es zwangsläufig Komplexitätsreduktion, was in einen verdaubaren Ausschnitt der Realität mündet. Was wir genau wahrnehmen, hängt natürlich auch mit der Signalstärke zusammen und zusätzlich mit unserem Filter. Wir kennen es von Geräuschen: Es mag uns vorher nicht aufgefallen sein, aber sobald wir angefangen haben, darauf zu achten, können wir diese nicht mehr ignorieren. Esther und Jerry Hicks gehen noch einen Schritt weiter und stellen die These auf, dass wir abhängig von unserem eigenen Filter Ereignisse in unser Leben ziehen.[5] Unabhängig davon, ob wir mit unserem Filter wirklich die Realität beeinflussen oder nur unsere Wahrnehmung – der Effekt ist ganz ähnlich. Wenn wir zum Beispiel annehmen, dass andere Menschen uns Böses wollen, werden wir auch entsprechende Beweise dafür finden – Gespräche, die verstummen, wenn wir den Raum betreten, Termine, die ohne uns stattfinden, und Abstimmungen „hinter unserem Rücken". Als Konsequenz verhalten wir uns so, als wäre unsere Annahme bereits Fakt – vielleicht sind wir kurz angebunden, aggressiv oder ziehen uns zurück. Das verringert wiederum die Motivation anderer, mit uns zu sprechen. Für uns passt das dann genau ins Bild der Verschwörungstheorie.

Genauso leicht, wie wir uns einen negativen Filter angewöhnen können *(was habe ich alles nicht geschafft, was hat nicht funktioniert, was nervt mich, was tut mir weh …)*, können wir unsere Filter auch positiv verändern. Wenn wir zum Beispiel positiver durch unser Leben gehen wollen, hilft es, bewusst darauf zu achten, was an unserem Leben alles gut ist oder wofür wir dankbar sind. Hierzu zählen auch die vielen kleinen Aspekte, die wir als selbstverständlich nehmen oder vorher nicht beachtet haben, wie ein gutes Gespräch oder den ersten Kaffee am Morgen. Wenn wir selbstbewusster sein wollen, können wir jeden Tag mindestens eine Sache festhalten, die wir gut gemacht haben oder auf die wir stolz sind. Um sich diesen Blickwinkel anzugewöhnen, hilft eine entsprechende Gewohnheit wie „Nachdem ich mich morgens mit einem Tee an den Tisch gesetzt habe, atme ich tief ein und denke an eine Sache, für die ich dankbar bin". Journaling ist eine Methode, bei der wir diese Dinge morgens und/oder abends anhand von Leitfragen aufschreiben. Das dauert kaum länger als ein paar Minuten, hat aber einen großen Effekt auf unsere Wahrnehmung.[6] Im Kapitel zum Thema Gewohnheiten beschreiben wir, wie sich solche Routinen besonders leicht aufbauen lassen. Die Lieblingsgewohnheit von BJ Fogg, einem der führenden Wissenschaftler zum Thema Verhaltensänderungen, ist sein morgendliches Mantra „Heute wird ein guter Tag", das er sich jeden Tag nach dem Aufstehen sagt.

Der Zwischenraum zwischen Reiz und Reaktion

„Zwischen Reiz und Reaktion liegt ein Raum. In diesem Raum liegt unsere Macht zur Wahl unserer Reaktion. In unserer Reaktion liegen unsere Entwicklung und unsere Freiheit.“

Viktor Frankl, Neurologe, Psychiater und Autor

Vermutlich kennt jede:r Situationen beziehungsweise Reize, auf die wir immer wieder auf eine bestimmte Art und Weise reagieren – selbst wenn wir es hinterher bereuen. In unserer Folge mit Helge Hellberg, der Unternehmer und Top-Führungskräfte im Silicon Valley und in Deutschland coacht, haben wir ausführlich über dieses Thema gesprochen. Für ihn liegt hier der Kern des Coachings, der entscheidende Hebel für eine Verhaltensänderung, denn es ist nicht so, dass zwischen Reiz und Reaktion nichts passiert. Ganz im Gegenteil.[7]

Angenommen, ein Mensch reagiert grundsätzlich wütend, wenn er oder sie sich kritisiert fühlt. Die emotionale Reaktion ist keine direkte Reaktion auf die Worte selbst, sondern auf eine hierdurch angestoßene Kettenreaktion, die schnell und unbemerkt abläuft. Der Reiz, in diesem Fall die Worte des anderen, rufen eine schnelle, unbemerkte Abfolge innerer Bilder hervor, wie zum Beispiel erinnerte oder imaginäre Bilder persönlichen Versagens. Das Ganze wird bei den meisten Menschen auditiv ergänzt, indem sie sich beispielsweise Sätze sagen, die die eigene Unfähigkeit zum Inhalt haben oder den Kritikgebenden abwerten. Entscheidend ist, dass diese Reaktion das Ergebnis neuronaler Verknüpfungen im Gehirn ist, die sich zu einem früheren Zeitpunkt gebildet haben und jetzt abgefeuert werden. Wie eine viel befahrene Straße, die unser Gehirn automatisch wahrnimmt. Die Kette ist das Ergebnis einer Konditionierung.

Glücklicherweise können wir uns ein Reaktionsschema wieder abgewöhnen. Die Grundvoraussetzung besteht darin, dass wir hierauf aufmerksam werden und es auch ändern wollen. Eine wirksame Maßnahme besteht darin, sich das eigene Wunschverhalten auf den Auslösereiz intensiv bildlich vorzustellen. Dabei versetzen wir uns in die Situation hinein, als würde diese gerade passieren. Im Kritikbeispiel können wir uns etwa vorstellen, wie wir unser Gegenüber anschauen, den Inhalt des Gesagten hören und uns darauf fokussieren, die Perspektive des:der anderen zu verstehen. Wir bleiben ruhig, entspannt und beim Gegenüber, anstatt in einen inneren Dialog zu gehen. Hiermit bieten wir unserem Gehirn eine neue Reiz-Reaktions-Kette an. Diese ist anfangs noch nicht so stabil wie die alte. Durch mehrmaliges intensives Vorstellen stabilisiert sich diese jedoch und löst das alte Reaktionsschema schrittweise ab.[8] Wissenschaftler:innen haben in unterschiedlichen Untersuchungen gezeigt, wie sich bestehende Strukturen in unserem Gehirn wieder auflösen und durch neue ersetzen lassen.[9] Emotionen entstehen primär durch innere Bilder und Gedanken, die durch ein externes Ereignis ausgelöst werden. Dies geschieht meist so schnell, dass wir es gar nicht mitbekommen. Ein bewusstes Ändern eingefahrener Reiz-Reaktions-Ketten soll uns nicht emotionslos machen, es soll uns aber die

Möglichkeit geben, Reaktionsmuster hinter uns zu lassen, die uns schaden, weil sie zu impulsiv, unangebracht oder übertrieben sind (was uns hinterher auch bewusst ist) und uns den Raum nehmen, sinnvollere Verhaltensoptionen zu ergreifen.

BESSER MIT EMOTIONEN UMGEHEN

> „Dein Verstand mag verwirrt sein, aber deine Emotionen werden dich niemals belügen."
>
> Roger Ebert, Filmkritiker und Drehbuchautor

Gefühle haben in unserer Gesellschaft und gerade im beruflichen Kontext nicht immer einen guten Ruf. Man hört gelegentlich, sie seien etwas, das es in den Griff zu kriegen gelte, das nicht gezeigt werden solle oder das nicht professionell sei. Hätte es aber jemals ein außergewöhnliches Produkt, ein gutes Buch oder ein herausragendes Stück Musik gegeben, wenn nicht auch ein großes Maß an Emotionen beteiligt gewesen wäre? Wünschen wir uns wirklich, von Menschen umgeben zu sein, die keine Emotionen zeigen? Dennoch wird sehr viel Energie darauf verwendet, vermeintlich negative Emotionen nicht zu zeigen und uns selbst dafür zu verurteilen, dass wir sie empfinden. Die Kehrseite dieses Verhaltens: Wir verpassen die Chance, unsere Emotionen zu verstehen und zu nutzen. Gleichzeitig kostet aufgestaute Emotion sehr viel Energie und mit hoher Wahrscheinlichkeit werden sich unsere Gefühle früher oder später ohnehin ihren Weg bahnen – dann vielleicht auf eine Art und Weise, die nicht unseren Präferenzen entspricht.[10]

Was wir von Baby 19 über Angst lernen

> „Angst ist kein Monster, das es zu besiegen gilt. Sie ist ein wertvoller Teil unserer Gefühlswelt und wenn wir ihr offen und nicht feindselig begegnen, erkennen wir ihren tieferen Sinn und können sie als Energie für uns nutzen oder ihr gelassener begegnen, weil wir erkannt haben, dass sie eigentlich unser Bestes will."
>
> Leon Windscheid, Psychologe, Autor und Unternehmer

Der Psychologe Leon Windscheid erzählt uns im Podcast eine Geschichte, die uns sehr beeindruckt hat.[11] Es ist die Geschichte von Baby 19. Der Harvard-Professor Jerome Kagan nahm 1989 ein Experiment vor, bei dem er 400 Mütter aus der amerikanischen Mittelschicht gemeinsam mit ihren vier Monate alten Säuglingen in sein Labor einlud. Die Babys wurden zunächst mit ihren Müttern in einen Raum gebracht, dann verließen die Mütter diesen Raum und die Babys blieben allein zurück. Es erfolgte die Ansprache über einen knackenden Lautsprecher, ein Mobile kam plötzlich von der Decke und wedelte vor den Augen der Kinder und zu guter Letzt kam dann noch eine Versuchsleitung in den Raum und tröpfelte den

Kindern Zitronensaft auf die Zunge. Was passierte mit ihnen? Die ersten 18 von ihnen zeigten Neugier, waren fröhlich, brabbelten vor sich hin und schienen sogar Spaß an den Übungen zu haben. Doch Baby 19 war anders. Dieses Mädchen erlebte Todesangst, es schrie und schlug mit Armen und Beinen um sich. Warum verhielt es sich so anders als die ersten 18 Säuglinge? Die Wissenschaftler:innen setzen ihre Untersuchungen fort und stellten fest, dass es rund 20 Prozent der untersuchten Babys so erging. Sie bezeichneten die Kinder, die bereits im Alter von vier Monaten sehr viel ängstlicher als der Rest auf die externen Stimuli reagierten, als „high reactives". Leon fasst das Fazit der Studie zusammen: „Wir werden offenbar mit unterschiedlich viel Angst in uns geboren. Die uralte Idee, dass wir als weißes Blatt Papier auf die Welt kommen, scheint überholt." Die Forschenden beobachteten die Kinder über Jahre. Es zeigte sich, dass die ängstlich geborenen Kinder auch in späteren Jahren noch sehr viel ängstlicher und schüchterner waren als die anderen Kinder, was sich bis ins Erwachsenenalter durchzog. Man kann also schon im Alter von vier Monaten mit verblüffender Wahrscheinlichkeit vorhersagen, wie ängstlich wir in unserem Leben sein werden.

Vielleicht fragen wir uns jetzt, ob wir zu jenen 20 Prozent gehören und empfinden es als Nachteil dazuzugehören. Schließlich ist Angst doch etwas Schlechtes, legt uns Steine in den Weg und verhindert, dass wir über uns hinauswachsen, oder? Der Bestsellerautor Nir Eyal sieht in dieser Bewertung das Kernproblem der Selbsthilfe-Industrie. Der Anspruch, immer glücklich sein zu wollen, ist für ihn kompletter Unsinn. Evolutionär betrachtet wäre eine Spezies, die einfach nur glücklich ist und weder Angst noch Unbehagen empfindet, schon lange nicht mehr existent. Vermutlich wäre sie einfach gefressen worden. Für Nir sind es genau unsere Ängste, unbefriedigten Bedürfnisse und unser Unbehagen, die uns voranbringen. Unter der Voraussetzung, dass wir nicht vor ihnen flüchten, zum Beispiel durch Alkohol, Glücksspiel oder Konsum, sondern in der Lage sind, uns ihnen zu stellen und sie als Treibstoff zu nutzen. „Angst ist der Schwindel der Freiheit", fasst er zusammen.[12]

Im Podcast mit Frithjof Bergmann sprechen wir angesichts seines bewegten Lebens auch darüber, welche Rolle Angst für ihn gespielt hat.[13] Er antwortet: „Etwas zu tun, das einem Angst macht, und zu sagen ‚ok, ok, macht Angst, schön, gut', das darf dich nicht besonders beeindrucken. Mir macht der Gedanke, dass etwas einem Angst macht, keine Angst."[14] Und Baby 19? Es machte erst einen Abschluss in Harvard und ging dann an die Wall Street. Es ist also nicht die Angst selbst, die uns im Wege steht, denn wir können lernen, konstruktiv mit ihr umzugehen.[15]

Emotionale Granularität

„Die Fähigkeit, Gefühle auszudrücken, ist eine grundlegende soziale Fähigkeit."

Daniel Goleman, Psychologe und Autor

Um besser mit unseren Emotionen umzugehen, ist es nützlich, einen Blick hinter ihre Fassade zu werfen. Viel zu häufig spüren wir eine Emotion wie Wut, Enttäuschung oder Angst und verharren auf diesem abstrakten Level. Hinter diesen Oberbegriffen stehen allerdings sehr viel konkretere Emotionen, wie zum Beispiel die tief verwurzelte Angst, nicht gut genug zu sein, das Gefühl, nicht gesehen oder wertgeschätzt zu werden oder die Frustration darüber, in der Vergangenheit eigene Bedürfnisse zurückgestellt zu haben. Was auch immer es ist, das hinter der vordergründigen Emotion steht, es lohnt sich, dies näher zu erforschen. Leon Windscheid nennt dies emotionale Granularität. Die Fähigkeit, unsere Emotionen hinter den Emotionen zu erkennen und zum Ausdruck zu bringen, ist etwas, das wir dringend trainieren sollten. In seinem Buch *Besser fühlen – Eine Reise zur Gelassenheit* beschreibt er eine Studie, in der nachgewiesen wurde, dass Menschen, die ein vordergründiges Gefühl wie Wut genauer betrachten und ihre dahinter stehenden Emotionen benennen können, schwerer zu provozieren und weniger aggressiv sind. Es fällt ihnen außerdem leichter, sich in ein wütendes Gegenüber hineinzuversetzen. „Wut ist viel Information in kurzer Zeit", fasst Leon zusammen.[16] Es sind Informationen, die dabei helfen können, uns konstruktiv mit uns selbst und unserer Umgebung auseinanderzusetzen und Veränderungen anzustoßen.

Der Blick von außen

„Die effektivste Art und Weise, wie Menschen eine Geschichte verändern können, besteht darin, sie durch eine der drei neuen Linsen zu betrachten, die alle Alternativen zur Sichtweise der Welt aus der Opferperspektive darstellen."

Tony Schwartz, Unternehmer und Autor

Die eigenen Gefühle wahrzunehmen und zu verstehen, ist ein wichtiger Schritt auf dem Weg zu mehr mentaler Freiheit. Wirklich frei sind wir allerdings erst dann, wenn wir auch die Wahl haben, wie wir mit unseren Gefühlen umgehen wollen. Das ist nicht immer so leicht, wie es klingt. Unsere alten Reaktionsmuster haben uns schnell im Griff, wenn ein anderer genau jenen „Knopf" bei uns drückt, auf den wir besonders emotional reagieren. Um auch dann noch eine bewusste Entscheidung darüber zu treffen, wie wir uns verhalten wollen, hilft es, die Situation von außen zu betrachten. Das mentale Heraustreten aus einer Situation ist ein Grundmuster zahlreicher Coaching-Techniken. Wenn es uns gelingt, eine emotional herausfordernde Situation mit Abstand zu betrachten, erkennen wir Verhaltens- und Lösungsoptionen, die wir unter dem Einfluss starker Gefühle übersehen hätten. Das hilft uns dabei, alte Muster zu durchbrechen und uns so zu verhalten, wie wir es uns hinterher gewünscht hätten. Der hilfreiche Abstand lässt sich schnell herstellen, indem wir uns in einer emotionalen Situation beispielsweise eine der folgenden Fragen stellen:

- Wenn ich von außen auf mich schaue, welchen Ratschlag würde ich mir selbst geben?
- Was würde ich meinem besten Freund oder meiner besten Freundin raten, wenn sich diese:r in derselben Situation befinden würde?
- Was kann ich für mein weiteres Leben aus dieser Situation lernen? Wofür kann mir diese Erfahrung nützlich sein?
- Wie denke ich in einer Woche oder in einem Jahr über diese Situation?
- Wann war ich das letzte Mal in einer ähnlichen Situation und wie empfinde ich heute, wenn ich daran denke?

Wählen Sie die Frage oder die Fragen, die Ihnen erfolgversprechend erscheinen. Das ist eine einfache, aber wirkungsvolle Methode, um sich nicht von starken Emotionen überwältigen zu lassen und jene innere „Weisheit“ anzuzapfen, auf die wir normalerweise erst hinterher wieder Zugriff gehabt hätten.

Tony Schwartz und Catherine McCarthy verwenden dazu im HBR Artikel *Manage Your Energy, Not Your Time* eine schöne Analogie. Sie beschreiben den Blick durch drei Linsen, die wir zur Verfügung haben. Mithilfe einer umgekehrten Linse können wir uns fragen, was die andere Person in einem möglichen Konflikt sagen würde und ob sie vielleicht im Recht wäre. Mit der langen Linse können wir schauen, wie wir eine Situation in sechs Monaten beurteilen würden und mit Hilfe einer weiten Linse können wir uns fragen, was wir aus einer Situation lernen können und wie sie uns dabei hilft, persönlich zu wachsen.[17]

Die Perspektive verändern

> „Reframing ist ein Begriff aus der kognitiven Psychotherapie, der einfach bedeutet, etwas auf eine neue Art zu sehen, in einem neuen Kontext, mit einem neuen Rahmen drum herum.“
>
> Elaine N. Aron, Psychologin und Autorin

Schon einmal die Welt verflucht, weil ein bestimmtes Ereignis eingetreten ist, über das Sie hinterher heilfroh waren? Als Insa Klasing, die damals erfolgreiche Deutschland-Chefin von *Kentucky Fried Chicken (KFC)*, sich bei einem Reitunfall schwer verletzte, brach für sie eine Welt zusammen. Sie, die sich nie länger als zwei Wochen Urlaub gegönnt hatte, sollte nun für sechs Wochen innehalten? Aus heutiger Sicht hat sich Insa durch diesen Reitunfall, der sehr schmerzhaft war und der sie eine lange und anstrengende Rekonvaleszenzzeit kostete, ein wertvolles Geschenk gemacht. Sie hat das Thema Führung noch einmal völlig neu für sich entdeckt und daraus eine Karriere als Unternehmerin gestartet.[18]

Da Ereignisse nicht per se gut oder schlecht sind beziehungsweise vermeintlich Negatives doch positiv sein kann, können wir dies auch bewusst nutzen, denn unsere Perspektive hat unmittelbaren Einfluss auf unsere Gefühle und unser Verhalten. Eine darauf basierende Coaching-Technik nennt sich Reframing. Im Kern geht es darum, bewusst Bedeutung zu geben. Ist eine Terminabsage wirklich so schlimm oder gibt sie uns die Gelegenheit, etwas zu tun, das wir schon lange tun wollten? Auch hinsichtlich unserer Interpretation des Verhaltens anderer liegt die Deutungshoheit bei uns. Wir können anderen eine schlechte Intention unterstellen und wütend oder frustriert reagieren. Wir können uns aber auch fragen, was eine neutrale oder sogar positive Absicht sein könnte, die hinter diesem Verhalten steht. Bevor wir eigene oder fremde Eigenschaften verurteilen und entsprechend reagieren, hilft es, sich zu fragen, wann oder wo diese Eigenschaften auch sinnvoll sein können. Ein Hang zum Detail nervt vielleicht, wenn es um das Vermitteln eines Überblicks oder das Treffen schneller Entscheidungen geht, kann aber wiederum vor schwerwiegenden Fehlern bewahren. Leon Windscheid nutzt in seinem Buch *Besser fühlen – Eine Reise zur Gelassenheit* den Begriff der Etikettierung und beschreibt in dem Zusammenhang einen Versuch, in dem die Teilnehmer:innen auf eine Bühne gehen sollten, um ein Lied zu singen.[19] Zuvor wurden diese jedoch in zwei Gruppen eingeteilt. Gruppe eins hatte die Aufgabe, sich vor dem Auftritt immer wieder den Satz „Ich bin ängstlich" zu sagen, während Gruppe zwei darum gebeten wurde, sich immer wieder „Ich bin angeregt" zu sagen. Diese simple Umetikettierung zeigte Wirkung, denn die Teilnehmer:innen aus Gruppe zwei überzeugten durch eine deutlich bessere Gesangsleistung auf der Bühne. Anstatt sich auf vermeintlich negative Symptome der Angst zu konzentrieren, betrachteten sie ihre körperlichen und mentalen Reaktionen vor dem Auftritt als positive Anregung.

Die Fähigkeit, unsere Perspektive bewusst zu verändern und damit persönliches Erleben zu beeinflussen, hilft uns, Ressourcen zu sparen und konstruktiv mit Ereignissen, Verhaltensweisen, Eigenschaften oder Emotionen umzugehen, die zunächst nicht unseren Präferenzen entsprechen.

ON THE WAY TO NEW WORK

„Die wichtigste Art von Freiheit besteht darin, das zu sein, was du wirklich bist."

Jim Morrison, Sänger

Im Kern der New-Work-Idee steht Freiheit, die Freiheit, das zu tun, was wir wirklich, wirklich wollen, wie Frithjof Bergmann es formulierte. Dabei sind nicht nur äußerliche Hindernisse zu überwinden. Mentale Freiheit soll insbesondere unsere Handlungsoptionen erweitern und uns die Möglichkeit geben, uns von alten Mustern zu verabschieden sowie *mit* unseren Emotionen zu arbeiten statt *gegen* sie.

- Limitierende Glaubenssätze engen uns ein, denn unser Glaubenssystem ist die unbeobachtete Kraft hinter unseren Gedanken, unseren Taten und unseren Erfahrungen.
- Unsere Realität ist ein persönlicher, durch unsere Erfahrungen, Ängste, Wünsche und Glaubenssätze gefärbter Ausschnitt des Gesamten, den wir durch unsere Filter beeinflussen können.
- Viele unserer Verhaltensweisen und Reaktionen laufen im Autopiloten. Daran ist nichts Schlechtes, außer unsere Standardreaktionen engen unseren Spielraum ein. Glücklicherweise können wir uns ein Reaktionsschema wieder abgewöhnen.
- Menschen werden mit einer unterschiedlich hohen Neigung zu Angst geboren. Angst ist in vielen Fällen sinnvoll, sofern wir sie konstruktiv nutzen.
- Was ist die Emotion hinter der Emotion? Wenn wir lernen, unsere Gefühle besser zu verstehen und auszudrücken, können wir auch besser mit ihnen umgehen.
- Entspricht eine Situation nicht unseren Präferenzen oder ist sehr emotional für uns, hilft es, kurz Abstand zu nehmen. Mit simplen Fragen wie „Was kann ich für mein weiteres Leben aus dieser Situation lernen?" oder „Was würde ich meinem besten Freund in dieser Situation raten?" können wir unsere Verhaltensflexibilität schnell wieder erhöhen.
- Da kein Verhalten, keine Situation und auch keine Emotion per se gut oder schlecht ist, können wir unsere Perspektive bewusst verändern und dadurch unser persönliches Erleben und unsere Lösungsorientierung beeinflussen.

Freiheit bedeutet, auch den inneren Kritiker beziehungsweise die innere Kritikerin ausschalten zu können – eine der wichtigsten Voraussetzungen im kreativen Prozess.

7/ KREATIVITÄT

„Wie man Kreativität freisetzt: entschleunigen, ein anderes Fachgebiet studieren, in die Natur gehen, aus dem Büro gehen, Musik (viel), skizzieren, vorher/nachher Cardio machen, kleine Ideen anknabbern, Sachen wegwerfen, die Arbeit atomisieren, nach orthogonaler Inspiration suchen, atmen,etwas über den zirkadianen Rhythmus lernen, malen."

Brian Norgard, Unternehmer und Investor, Ex-CPO *Tinder*

Kreativität ist eine schöpferische Kraftquelle für Neues. Sie kann genau eine dieser Erfahrungen sein, die Arbeit zu einem spielerischen Erlebnis machen und die uns die Energie geben, die wir uns von unserer Arbeit erhoffen. Kreativität im New-Work-Sinne hat verschiedene Facetten. Es geht nicht nur darum, kreativ zu sein, sondern auch darum, kreative Disziplin zu entwickeln und durchzuhalten. Für den mehrfach ausgezeichneten Comedian und Schauspieler Atze Schröder entscheidet sich hier, ob sich aus einem gefeierten Talent ein langfristiger Erfolg entwickeln lässt. Die Kreativitätsforschung kann das mittlerweile immer besser belegen: Es reicht einfach nicht, ein kreatives Genie zu sein und sich darauf auszuruhen,[1] oder frei nach Atze: „Die Faulheit des Talentierten ist der Ausdruck seiner Eitelkeit."[2]

Der New-Work-Vordenker Frithjof Bergmann hatte kreative Prozesse in diverse seiner Projekte „eingebaut". In vielen Beispielen, über die er sprach und die er uns teilweise zeigte, wurden Gebäude oder große Konstruktionen geschaffen, Gärten angelegt, vorhandene Geschäftsmodelle zerlegt und neu kombiniert. Im Kapitel „Lernen" führen wir das Beispiel der *Church of the Messiah* an, die ihre eigenen Shops und kleinen Geschäfte betreibt. Auch ein Schulprojekt, in dem die Schüler:innen einen Dom konstruieren und bauen sollten, zählte zu Bergmanns Beispielen für kreative Prozesse. Aufgrund seiner eigenen Erfahrung aus den verschiedensten Jobs wusste er, welche Kraft in der handwerklichen Arbeit liegt und dass die Freude am Arbeiten dadurch wiederhergestellt werden kann, wenn Ergebnisse sichtbar werden. Menschen, die an solchen Projekten teilnahmen, würden es gar nicht als New Work bezeichnen. Vielmehr lernten sie, ihr Potenzial für die Community einzusetzen und tiefe Befriedigung aus ihrer Arbeit zu ziehen. Gemäß ihren Talenten zu arbeiten, fühlte sich für sie natürlich und vor allem besser als früher an.[3]

Wenn jemand den Satz sagt „Das ist ein Kreativer!", stellen sich die meisten von uns jemanden vor, der morgens aufwacht, von der Muse geküsst wird und anfängt, einen neuen Song oder ein Buch herunterzuschreiben, um sich anschließend zu entspannen und auf den nächsten Inspirationsschub zu warten. Dabei hat Kreativität viele Gesichter und kann ebenso in Excel-Tabellen und Computer-Codes ausgedrückt werden wie in Bildern, Büchern oder Filmen. Auch wenn sich Kreativität nur schwer messen lässt, belegt die Forschung klar, dass sehr kreative Menschen vor allem viel Übung und „Trial and Error" hinter sich haben.[4] Produzieren, Fehler machen, daraus lernen, weiter produzieren und irgendwann – oft nach Jahren – gelingt der große Wurf. Selbst kreative Genies kommen nicht ans Ziel ohne den harten und häufig nicht geradlinigen Weg und ohne Disziplin.

ALLE KINDER SIND KREATIV – UND WER SONST NOCH?

„Als Kind ist jeder ein Künstler. Die Schwierigkeit liegt darin, als Erwachsener einer zu bleiben."

Pablo Picasso, Künstler

Wenn wir Kinder beim Spielen beobachten, dann werden wir immer wieder Zeuge ihrer spielerischen Neugier. Über das spielerische Ausprobieren entdecken sie ihre Welt. Auch Erwachsene, die heute von sich sagen, dass sie „total unkreativ" seien, sind so ins Leben gestartet. Mit jedem neuen Tag, den sich Kinder dem Leben eines Erwachsenen nähern, trainiert unsere Gesellschaft ihnen ein Stück dieser Qualität ab. Unser Podcast-Gast Steve Chapman hat es genauso erlebt. Als Grundschüler wurde er immer wieder von seinen Lehrer:innen für seine kreativen Talente gelobt. Sie sahen in ihm einen Autor, Künstler und DJ. In der weiterführenden Schule hatte das schnell ein Ende, dort wurden seine Talente abfällig als Hobbys abgetan und er bekam immer wieder das Feedback, nicht gut genug zu sein. In der Folge verließ ihn sein Mut. Er verließ die Schule ohne Abschluss und startete als Fabrikarbeiter ins Arbeitsleben.[5]

Tim Brown, der seit 30 Jahren – davon 20 Jahre als CEO – bei der legendären Designagentur *IDEO* arbeitet, erzählt gern von einer Übung, die der Kreativitätsforscher und ehemalige Leiter des Stanford Designprogramms Bob McKim mit seinen Studierenden durchführte. Die Aufgabe war denkbar simpel: „Nehmen Sie einen Stift und ein Stück Papier und zeichnen Sie die Person neben sich. So schnell es geht." Während seines TED Talk *Tales of Creativity and Play* gibt er dem Auditorium dieselbe Aufgabe und lässt ihm 30 Sekunden Zeit dafür. Die Reaktionen sind immer ähnlich, die Menschen lachen, sie sind verlegen und sie entschuldigen sich. Für Tim Brown ist dies ein Ausdruck von Scham und Angst. Wenn man diese Übung mit Kindern macht, reagieren sie völlig anders. „Sie zeigen ihr Meisterwerk freudig jedem, der es sich ansehen möchte." Je älter wir werden, desto mehr verlieren wir den unverkrampften Umgang mit unserer Kreativität und fangen an, uns zu schämen. Studien zeigen, dass Kinder, die sich in einer sicheren und vertrauenswürdigen Umgebung befinden, am unbeschwertesten spielen. Ähnliches lässt sich auch bei Erwachsenen beobachten, die ihrer Kreativität am ehesten in einer sicheren Umgebung vertrauen. Daher bieten Unternehmen wie *IDEO, PIXAR* oder *Google* ihren Mitarbeiter:innen das passende Umfeld.[6]

Der Organisationspsychologe Adam Grant beschäftigt sich auch mit dem Thema Kreativität. Eine seiner kreativsten Studentinnen provozierte ihn mit der Aussage: „Ich habe die kreativsten Ideen, wenn ich etwas aufschiebe." Grant beschloss, dies empirisch zu untersuchen und machte dabei einen besonders kreativen Typus Mensch aus, den er *Originals* nannte und dem er sowohl einen TED Talk als auch ein Buch widmete. „Originale sind unangepasst. Menschen, die nicht nur neue Ideen haben, sondern auch etwas dafür tun. Menschen, die sich abheben und ihre Ansicht äußern. Originale sind die Treiber von Kreativität und Wandel; die Menschen, auf die man setzen sollte. Und sie sind ganz anders, als ich es erwartet hätte." Zwei Dinge, die Adam Grant über diesen sehr kreativen Typus Mensch herausgefunden hat, sorgen immer wieder für Erstaunen. Erstens: Sie sind Prokrastinierer:innen. Demnach beginnt ihre Kreativität genau dann, wenn sie eine begonnene Aufgabe aufschieben, denn sie bleibt im Hinterkopf aktiv. Durch das Aufschieben fällt es ihnen leichter, nicht linear zu denken, und sie können so unerwartete Sprünge vollziehen. Zweitens: Sie scheitern öfter als andere. Das liegt daran, dass sie viel mehr ausprobieren. Sie wissen, dass sie nicht an ihren schlechten Ideen gemessen werden, sondern an denen, die sich später durchsetzen. „Die meisten von uns müssen mehr Ideen entwickeln, um origineller zu werden."[7]

Dass wir unser Verständnis von Kreativität nicht auf das Beherrschen bestimmter Techniken (wie zum Beispiel Schreiben, Zeichnen oder Komponieren) beschränken sollten, zeigen einige Biografien kreativer Menschen, wie zum Beispiel die von Edwin Catmull. Ed wuchs in den 50er-Jahren des letzten Jahrhunderts auf und träumte schon als Kind davon, einmal Zeichner für Trickfilme bei *Disney* zu werden. Seinem Kunstlehrer zufolge war er oft so vertieft in seine Arbeit, dass er sogar das Klingeln am Ende der Stunde überhörte. Auch in seiner Freizeit starrte Ed auf Gegenstände und übersetzte das Gesehene in Zeichnungen. Trotz seiner Leidenschaft musste Ed erkennen, dass sein Talent nicht ausreichte, um ein berühmter Trickfilmzeichner bei *Disney* zu werden. Er studierte stattdessen Physik und Computerwissenschaften. Seine Begeisterung für das Thema Film blieb jedoch. „Ich verließ die Universität mit einer klaren Vorstellung und war bereit, dem mein Leben zu widmen: den ersten computeranimierten Film zu schaffen." Mehr als 20 Jahre später war es dann so weit. Mit der von ihm mit gegründeten Firma *PIXAR* erfüllte sich 1995 sein großer Traum. Für *Toy Story* erhielten er, seine Partner und ihr Team einen Oscar. George Lucas, der Macher von *Star Wars* und ehemalige Chef von Ed, fasste seine Bedeutung so zusammen. „Ed Catmull zeigt uns, dass Kreativität nicht einfach eine Quelle von Ideen ist, sondern von der Chemie der Menschen abhängt. Er zeigt, wie man sich nicht länger im Weg steht und wie das Zusammenspiel von Kunst, Business und Innovation gelingt."[8]

KREATIVITÄT IST EIN HANDWERK

„Kreativität kann man lernen."

Oliver Kray, Unternehmer und Streetart-Künstler

Die Freude und das Feuer, das kreative Menschen häufig ausstrahlen, haben weniger damit zu tun, *was* sie arbeiten, als vielmehr damit, *wie* sie aus ihrer Arbeit ein kreatives Handwerk machen. Im Gespräch mit Simon Heeger von *Zweimusik*, der beim Oscar-prämierten Komponisten Hans Zimmer in Los Angeles lernte, wurde deutlich, dass genau diese Kombination aus Feuer und Disziplin schnell zu erkennen ist. Er berichtete, wie Alicia Keys 24 Stunden am Stück im Studio arbeitete oder wie der Rapper T-Pain zwar mit 20 Freunden ins Studio kam, allerdings selbst seinen Job machte, während die anderen feierten. Simon bestätigte, dass Talente und Superstars bereits zu erkennen sind, wenn sie durch die Tür kommen. Sie haben viele Ideen, ruhen sich aber nicht darauf aus. Sie schreiben jeden Tag einen neuen Song, bis schließlich ein Hit herauskommt. Kreativität ist also viel mehr ein Handwerk oder ein Prozess als Zauberei. Nach Simons Erfahrung ist es wichtig, die Voraussetzungen dafür zu schaffen, um kreativ sein zu können: Ablenkungen zu minimieren, das Arbeitsumfeld zu ändern und mal herauszukommen, hilft genauso dabei wie ein klares Verständnis dafür, dass ausreichend Schlaf ebenso wichtig ist, wie im richtigen Moment die Arbeit beiseite zu legen. Phänomene wie Schreibblockaden gibt es für ihn nicht, wenn klar ist, dass kreative Arbeit ein Handwerk ist, das sich erlernen lässt.[9]

DISZIPLIN UND WIEDERHOLUNG – KREATIVITÄT ANSCHIEBEN UND AM LAUFEN HALTEN

„Kreativität ist nichts Besonderes. Jeder Mensch hat Fantasie. Wer atmet, ist kreativ. Kreativität ist die unerschöpfliche Quelle, mit der jeder Mensch geboren wird. Kreativität kann es also nicht sein, was die mittelmäßigen von den großartigen Unternehmen unterscheidet. Wertvoll wird Kreativität erst, wenn ich sie mit Disziplin kombiniere."

Jim Collins, Berater und Autor

Casting- und Talentshows suggerieren gelegentlich, dass es jeder zum Star schaffen kann. Die Antwort auf die Frage, wie dies genau funktioniert, liegt jedoch nicht darin, anzufangen, sondern darin, durchzuhalten. Simon, der uns bereits von der Arbeit mit den großen Stars der Musikwelt berichtete, ging noch weiter ins Detail und erzählte, dass die Disziplin im Studio von Hans Zimmer so weit ging, dass es präzise Checklisten gab, wie die Bleistifte zu spitzen oder die Regler zu positionieren seien. Das mag auf den ersten Blick wie Schikane wirken oder überflüssig erscheinen. Die sehr erfolgreichen Musiker:innen sind laut Heeger aber eben die Menschen, die neben ihrem Talent auch sehr viel Wert auf Kleinigkeiten legen. Diesen Anspruch an Disziplin haben diese Menschen oft auch an diejenigen, mit denen sie eng zusammenarbeiten. Ist jemand nicht in der Lage, das Studio perfekt vorzubereiten – so die Annahme –, dann kann die Person sich auch nicht angemessen um den kreativen Prozess kümmern. Wenn die Basics nicht stimmen, wie soll dann der große Wurf gelingen?

Disziplin schafft die Voraussetzungen, um kreativ zu arbeiten. Sie hilft uns, weiterzumachen und dranzubleiben – und mit jedem Mal ein wenig besser zu werden. Bei 300 Podcast-Folgen gab es natürlich auch Tage, an denen wir keine Lust auf eine Aufnahme oder die Vorbereitung hatten. Da wir aber unseren Hörer:innen versprochen hatten, dass jeden Montag ein Podcast erscheinen sollte, gab es keine andere Möglichkeit, als es durchzuziehen. Unser Commitment hat dazu geführt, uns immer wieder darauf einzulassen, was wir bis heute kein einziges Mal bereut haben. Meistens haben uns die Gäste und Themen gerade an solchen Tagen, an denen unsere Motivation im Keller war, besonders überrascht.

Auf die Frage, was wichtiger sei, Talent oder Disziplin, fasst Simon Heeger seine Ansicht zu kreativem Arbeiten so zusammen: „Du kannst dich nicht im Keller einsperren und hoffen, dass etwas dabei rauskommt [...] du musst es auch rausbringen können." Es reicht also nicht, einfach nur talentiert zu sein. Durchhalten, dranbleiben, regelmäßig veröffentlichen, lernen, nachbessern, weitermachen und wieder von vorne anfangen – Disziplin und Wiederholung sind die wichtigsten Eigenschaften, um Arbeit in einen kreativen Prozess zu transformieren.

„Setz dich einfach jeden Morgen ran!", das ist leicht gesagt, wenn der Arbeitstag schon voll mit anderen Themen ist. Als wir den Verhaltenspsychologen Jens Corssen nach seinem besten Tipp fragten, um Motivationsblocker oder Krisen zu überwinden, sagte er sinngemäß: Setzen Sie sich morgens auf die Bettkante und überlegen Sie sich, ob Sie nochmals mitmachen wollen. Wenn ja, dann haben Sie Ihre Entscheidung getroffen, stehen auf und legen los. Dann dürfen Sie sich auch nicht darüber beschweren, wenn es tagsüber einmal schwierig wird – schließlich haben Sie sich dazu entschieden mitzumachen. Wenn nicht, dann lassen Sie sich einfach nach hinten zurück ins Bett fallen und bleiben liegen.[10] Ähnlich beschreibt die Bestseller-Autorin Mel Robbins ihre „Fünf-Sekunden-Regel", die ihrer Erfahrung nach hervorragend in Situationen funktioniert, in denen man weiß, dass man etwas tun sollte, aber zögert anzufangen. Sie empfiehlt, wie bei einem Countdown einer Rakete rückwärts zu zählen („fünf, vier, drei, zwei, eins") und die Selbstzweifel oder fehlende Motivation damit zu überwinden.[11] Im Kapitel „Selbstmanagement" sind wir genauer darauf eingegangen, wie wir wieder den Raum für unsere Prioritäten schaffen und fokussierter werden.

ZUFÄLLE UND LEBENSUMSTÄNDE

„Wenn man das Gefühl hat, da ist jemand, der einem den Weg zeigt, dann darf man da mitgehen."

Reinhold Beckmann, Moderator und Musiker

Für Reinhold Beckmann ist das Vertrauen in den Zufall und in zufällige Begegnungen einer der entscheidenden Eckpfeiler in seinem Leben und vor allem für die kreative Arbeit, der er bisher nachgegangen ist. Seine Geschichte überraschte uns an vielen Stellen und nach der Podcast-Folge mit ihm blieb das Gefühl, man dürfe sich ins Leben stürzen und auf den Zufall vertrauen. Reinhold betrieb einen Piratenradiosender, war Cutter und konnte Kameras reparieren. Eher durch Zufall bekam er die Chance, sein erstes Fußballspiel zu kommentieren. Warum? Er konnte einige seiner Vorbilder sehr gut imitieren. Als ein Kommentator ausfiel, bekam er das Angebot. Bei der Fußball-WM 1990 in Italien wurde er dann als Filmemacher eingesetzt. Der damals 34-Jährige durfte die Interviews der Nationalmannschaft nach Spielschluss führen. Als fast Gleichaltriger konnte er die gute Stimmung der Mannschaft auf eine Art einfangen, die ihn vom „Rookie" in der Branche zum Moderator des Jahres katapultierte. Was allerdings noch alles aus diesen Zufälligkeiten entstehen würde, war zu dem Zeitpunkt noch gar nicht abzusehen. Obwohl Deutschland Anfang der 1990er-Jahre Weltmeister geworden war, hatten Fußball und die Bundesliga damals nicht annähernd den Stellenwert, den sie heute einnehmen. Für Reinhold war das die Chance, das Format neu zu gestalten. Die Anfrage kam von *Premiere*, dem Vorgänger von *Sky*, der damals zwar ein paar Abonnenten hatte und einmal in der Woche ein Bundesligaspiel übertragen durfte, aber noch keineswegs ein etablierter Player war. Reinhold erzählt diese Geschichte so eindrücklich, dass man im Podcast das Gefühl bekommt, dabei gewesen zu sein, als er mit Bauchschmerzen nach Hamburg fuhr, um die Stelle anzutreten. Er beschreibt die Unsicherheiten und vielen Telefonate mit Freunden und die Momente, als seine wichtigsten Weggefährten in Hamburg ankamen, um ihm zu folgen und die Formate *ran* und *ranissimo* zu konzipieren, für die er viele Preise gewann. Heute gilt Reinhold als einer derjenigen, der als gelernter Radio- und Fernsehtechniker Fußball im deutschen Fernsehen zu dem Format gemacht hat, wie wir es kennen und lieben: bewegte Kameras, Einsatz von Grafiken, Zeitlupen und epische Torschussaufnahmen. Gereizt hat ihn, dass handwerklich und inhaltlich alles möglich war. Im Kern war es aber sein Vertrauen ins Leben und den Zufall, was ihm dabei half, sich aus der Komfortzone zu begeben.[12]

Diese Geschichte von Reinhold Beckmann wiederholt sich so ähnlich in vielen anderen Podcast-Folgen. Die meisten unserer Gäste können von zufälligen Begegnungen mit anderen Menschen berichten, die sie später als prägende Momente bezeichnen. Bei Atze Schröder war es ein Auftritt zur Kieler Woche, der ursprünglich mit seiner Band geplant war, die aber kurz zuvor aufgelöst wurde. Aufgrund alter Verträge wurde er von seinem Management losgeschickt mit der Aussage:

„Das sind 300 Segler, das kriegst du schon hin." Als er in Kiel feststellte, dass er und seine Band als Headliner für knapp 8.000 Gäste angekündigt waren, musste er improvisieren und alles, was er noch aus dem alten Programm und an Mut hatte, zusammenpacken. Das war 1996 und der Beginn einer Karriere, die bis heute anhält. Auch bei Atze war es die Mischung aus Zufall und im richtigen Moment darauf zu vertrauen, dass es gut gehen würde. „Mir konnte gar nichts passieren", sagt er heute. Mit im Publikum war der Funkhaus-Chef des *NDR*, der nach der Show fragte, ob er Atze als Act auf der Comedy-Tour des *NDR* einplanen könne. So kam es zu seiner ersten Tournee.[13] Die Zufälle und die Chancen darin zu erkennen, ist im Rückblick sicher immer einfacher als in dem Moment selbst, aber das Gefühl in diesen Momenten, die Atze und auch Reinhold beschreiben – bei dem einen waren es die Bauchschmerzen und Unsicherheit, bei dem anderen die laue Sommernacht und gute Laune –, lässt uns erkennen: Hier passiert gerade was Besonderes.

MIT KREATIVER ARBEIT DIE INNEREN UND ÄUSSEREN ZWEIFEL ÜBERWINDEN

„Irgendwie haben wir die Auffassung so verinnerlicht und kollektiv akzeptiert, dass Kreativität und Leid natürlich zusammengehören und dass Kunst – am Ende – immer zur Seelenqual führt."

Elizabeth Gilbert, Autorin

Selbst wenn wir eine offene Haltung und das Selbstbewusstsein entwickelt haben, das wir brauchen, um uns mit unserer Kreativität zu zeigen, sind wir nicht vor unseren inneren Zweifeln geschützt. Oft ist es diese innere Stimme, die uns sagt, „das ist nicht gut genug" oder „das wird bestimmt nichts", und uns von der kreativen Arbeit abhält. Noch schlimmer ist der Druck von außen. Die Schriftstellerin Elizabeth Gilbert wurde von dem Erfolg, den sie mit ihrem Buch *Eat, Pray, Love* hatte, mehr als überrascht. Es war deutlich erfolgreicher als alles, was sie vorher gemacht hatte. Doch nicht der erwartete Zuspruch und ein Lob waren die Folge, sondern es waren Zweifel, die sie erreichten. In ihrem TED Talk von 2008 benannte sie es klar und deutlich: „Das Ergebnis ist, dass ich, egal wohin ich komme, behandelt werde, als wäre ich dem Untergang geweiht." Die Menschen fragten sich, wie sie damit umgehen würde, wenn sie nie wieder so ein Buch schreiben würde, oder sie fragten noch konkreter, ob Elizabeth denn keine Angst hätte, dass es ihr nicht gelingen würde, jemals wieder so erfolgreich zu sein oder auch nur jemals wieder ein Buch zu schreiben, das jemanden interessieren könnte.[14]

Der Neurowissenschaftler Charles Limb versucht seit Jahren, die Frage zu klären, woher Kreativität kommt. Für seine Studien schob er Improvisationskünstler:innen wie Freestyle-Rapper:innen und Jazzmusiker:innen in ein MRT und beobachtete die verschiedenen Hirnregionen, während diese ihrer Kreativität freien Lauf ließen. Gerade Improvisationskünstler:innen vertrauen auf den Zufall in Kombination mit handwerklichem Geschick, welches sie über die Zeit entwickelt haben. Limb und sein Team stellten fest, dass der präfrontale Cortex bei diesen Künstler:innen während des kreativen Prozesses weniger Aktivität zeigte. Dieser Teil des Gehirns ist unter anderem für Kontrolle, vorausschauendes und strategisches Denken verantwortlich, also für Urteile und Kritik. Durch die geringere Aktivität findet eine gewisse Enthemmung statt – ähnlich wie bei Kindern, die ihrer Kreativität freien Lauf lassen.[15]

Woher kommt es, dass wir dem beziehungsweise der inneren Kritiker:in so viel Aufmerksamkeit schenken, und was bedeutet es für die oft zarte Pflanze der Kreativität? Der Autor, Künstler, ehemalige Fabrikarbeiter, Coach, Speaker und selbst ernannte „professionelle Hochstapler" Steve Chapman lebt nach dem Motto „Starte, bevor du bereit bist!". Wir haben ihn danach gefragt, was er macht, wenn er seinen inneren Kritiker hört oder auch die Menschen, die seine Arbeit infrage stellen. Für Steve ist es ein Mythos, dass wir als Erwachsene mit zunehmender Lebenserfahrung zu einer „omnipotenten, kugelsicheren Persönlichkeit" werden, die jeder Kritik widerstehen kann. Er integriert den Selbstzweifel und die Unsicherheit in seine Arbeit und startet in den kreativen Prozess, ohne ein Ziel festgelegt zu haben. Das hilft ihm dabei, seine eigene kritische Stimme verstummen zu lassen. Auf die Frage, wie es kommt, dass er so gut mit dieser Unsicherheit umgehen könne, sagt er: „Das tue ich gar nicht. Es ist für mich einfach nur ein vertrautes, unangenehmes Gefühl." Er bewertet es nicht und lässt sich nicht von der Angst überwältigen, indem er sie einfach betrachtet. Diese Haltung nimmt das Drama aus den Gedankenspiralen. Steve erkennt das Risiko an, dass seine Unternehmungen scheitern können. Dieses Gefühl zu integrieren, hilft ihm dabei, es überhaupt zu versuchen. So löst ein leeres Blatt oder ein großes unbekanntes Publikum keine Angst mehr in ihm aus, sondern gibt ihm die Kraft, sich in den kreativen Prozess zu stürzen.[16]

Rüdiger „Rüde" Linhof wusste schon als Jugendlicher, dass er Rockstar werden möchte. Mit 13 Jahren, so berichtet er, „fraß ihn die Musik auf". Ihm war früh klar, dass es sein größtes Talent war, hart für diesen Traum zu arbeiten. Er glaubt an die 10.000-Stunden-Regel[17] und erklärt uns, was ihn stets geleitet hat: „Das ist die Gabe des Kindes, mit einer Idee eine ganze Welt real werden zu lassen." 1997 erhielt er seine große Chance und spielte bei einer Band als Bassist vor, die es erst seit zwei Jahren gab. Für die *Sportfreunde Stiller* begann damit eine erfolgreiche Karriere, mit sieben Studioalben und zahlreichen Tourneen. Im Oktober 2016 war erst einmal Schluss. Nach dem erfolgreichen Start ihres Albums *Sturm und Stille* zogen sich die Musiker auf unbestimmte Zeit zurück. In unserem Gespräch spüren wir seinen Schmerz, seine Erschöpfung, aber auch seine ungebrochene Verbindung zu seinen Bandkollegen. Rüdiger nutzte die Zeit zur Selbstreflexion, er probierte sich als Unternehmer aus und übertrug das, was er als Mitglied einer Band gelernt hatte, auf den unternehmerischen Kontext. „Das Gegenteil von Angst ist nicht Mut, sondern Vertrauen", fasst er zusammen. Nach fünf Jahren Pause kündigten die *Sportfreunde Stiller* im Oktober 2021 ihr Comeback an.[18]

Elizabeth Gilbert wollte sich mit den Befürchtungen über ihre scheinbar bedeutungslose Zukunft nicht zufriedengeben. Um weiterhin mit Freude schreiben zu können, entwarf sie für sich eine Art „schützendes psychologisches Konstrukt". Sie begab sich auf die Suche nach Ideen, „wie man Kreativen helfen könne, mit den emotionalen Risiken umzugehen, die mit Kreativität verbunden sind". Anhand unterschiedlicher Beispiele, die sie von der Auseinandersetzung mit dem Werk Sokrates' bis hin zu einem Gespräch mit dem Musiker Tom Waits führten, fand sie eine überraschend einfache Lösung für den Umgang mit außergewöhnlich kreativen Schaffensphasen: „Wenn Sie vielleicht nur glauben, dass sie eine Leihgabe sind – von einer unvorstellbaren Quelle für eine erlesene Zeit Ihres Lebens, die an jemand anderen weitergegeben wird, wenn Sie fertig damit sind. Wenn wir anfangen, so darüber nachzudenken, ändert das alles."[19]

LIMITIERUNG FÖRDERT KREATIVITÄT

„Wahre Kreativität entsteht immer aus dem Mangel."

Wolfgang Joop, Modedesigner

Oliver Kray ist im Berliner Stadtteil Moabit groß geworden. Er hat eine Vergangenheit als Sprayer, der den Sprung in die etablierte Kunstszene geschafft hat. Er hat Hunderte Fassaden gestaltet und arbeitet heute als Unternehmer und CEO seiner Firma *MyPostcard* mit mehr als 30 Leuten in Berlin und New York. In unserer gemeinsamen Podcast-Folge berichtet er aus seiner Schulzeit, in der er mit wenigen zur Verfügung stehenden Mitteln seine Motive plante, um sie dann unter hohem Zeitdruck umzusetzen. Erwischt zu werden hätte erhebliche Konsequenzen gehabt. Sich zu limitieren und die Ressourcen, die man hat, kreativ einzusetzen, sind für ihn die wesentlichen Erfolgsfaktoren, die seine Projekte und seine Unternehmungen bis heute ausmachen.[20] Limitierung in den Ressourcen wird auch dem verstorbenen Filmregisseur und Produzent Stanley Kubrick (*Eyes Wide Shut, 2001: A Space Odyssey, Full Metal Jacket*) nachgesagt. Zu Beginn seiner Karriere arbeitete Kubrick als Fotograf in New York. Wie so viele angehende Kreative fehlte ihm das Geld für die Ausrüstung, und so nahm er, was er bekam, um damit einige der bis heute besten Schwarz-Weiß-Fotos der Street-Art zu schießen.[21]

Wir glauben viel zu oft, dass wir etwas Großes erst dann schaffen können, wenn wir die beste Kamera, ein Podcast-Gerät oder den neuen Mac hätten. Dabei sorgt die Einschränkung bei den zur Verfügung stehenden Ressourcen häufig für Lösungswege, auf die wir sonst nicht gekommen wären. Aus eigener Erfahrung in der Podcast-Produktion und auch aus den vielen YouTube-Filmen kennen wir unzählige Beispiele, in denen uns die Einschränkung mehr geholfen als geschadet hat. So waren wir immer dafür offen, einen Podcast an Ort und Stelle aufzunehmen, wenn wir die Chance hatten, eine:n besondere:n Speaker:in vor das Mikrofon und/oder die Kamera zu bekommen. Die Folgen mit dem ehemaligen Sekretär des US-Präsidenten Warren Rustand[22] oder dem Neurologen Andrew Huberman[23] wären sonst nie entstanden.

INSPIRATION, METHODEN UND TOOLS

„Ich habe nur auf meine Karte geschaut und dort stand: Member since."

Gordon Bowen, Gründer und Global Chairman *mcgarrybowen*

So wie uns begrenzte Ressourcen helfen, brauchen wir Inspiration und Wissen, die wir als Bausteine für unseren Schaffensprozess nutzen können. Ohne dieses „Futter", wie es die Psychologin und Künstlerin Franziska Lauter beschreibt, kann unser Gehirn keine kreativen Ideen bauen.[24] Inspiration können wir uns in Zeiten von *Spotify*, *YouTube* und *Kindle* an unzähligen Stellen und auf Knopfdruck holen. Es sind aber oft auch Quellen, an die wir gar nicht denken, wie eine Fotoausstellung zu einem völlig neuen Thema, ein zufälliges Gespräch, eine Zeile in einem Buch, ein Video oder Musikstück. Diese Wissensbausteine verhelfen uns früher oder später zu neuen Ideen. Wir fragen unsere Gäste am Ende eines jeden Podcasts nach ihren Buchtipps und Quellen für Inspiration. Dabei erstaunt uns immer wieder, wie wenig Überschneidung es gibt. Scheinbar hat jeder Mensch seine eigenen Quellen für „kreatives Futter". Das Entscheidende ist allerdings nicht die Quelle, sondern die Zeit, die wir uns nehmen, um neue Impulse aufzunehmen und unserer Kreativität Futter zu geben.

Gordon Bowen ist einer von Michaels absoluten Idolen in der globalen Werbebranche. Er war viele Jahre lang bei *Ogilvy & Mather* für den Werbeetat von *American Express* verantwortlich. Später konnte er den Etat auch mit der von ihm mit gegründeten Agentur *mcgarrybowen* gewinnen. Er ist der Erfinder der „Member Since"-Kampagne, die unter anderem mit dem Titel „Campaign of the Decade" ausgezeichnet wurde. Gordon ist neugierig, empathisch, ein großartiger Geschichtenerzähler, reist gern und hat eine Leidenschaft für Kunst, Musik, Architektur und Popkultur und engagiert sich in zahlreichen sozialen und kulturellen Projekten. Aus all diesen Themen schöpft er neue Energie und Inspiration für seine Arbeit. Die Inspirationsquelle zu seiner wichtigsten und erfolgreichsten Kampagne ist ebenso einfach wie überraschend. Es war der Blick auf seine *American Express*.[25]

In der Forschung wird der Kreativitätsprozess oft in Phasen eingeteilt. Dabei unterscheiden sich die Konzepte vom Drei- bis zum Zwölf-Phasen-Modell.[26] Fast allen Konzepten ist gemein, dass es zuerst um das Beobachten und Analysieren geht, dann die Phase der Problemlösung beginnt, bei der vor allem unsere Intuition gefragt ist, bevor schließlich die Bewertung der Ideen erfolgt. Wie kann man aber konkret in den kreativen Prozess gelangen oder dafür sorgen, dass Kreativität wieder Einzug in das eigene Leben und die Arbeit hält? Wie kann man Kreativität als Werkzeug einsetzen, damit Arbeit wieder mehr Befriedigung und Energie gibt?

Eine Methode, die für komplexere Probleme oder Ideenprozesse wie den Prototypenbau, Produkt- oder Interface-Design eingesetzt wird und aus der professionellen Kreativwelt nicht mehr wegzudenken ist, ist Design Thinking. Als ihr Wegbereiter gilt der Stanford-Professor David Kelley, der Gründer der Designagentur *IDEO*, der die Idee der Interdisziplinarität und einen menschenzentrierten Prozess, wie schon Walter Gropius, der Gründer des Bauhauses, in den 1920er-Jahren, in den Mittelpunkt der Methode stellt.[27] Kelley ist überzeugt, dass komplexe Probleme vor allem zusammen und durch unterschiedliche Blickwinkel gelöst werden können. Unter dem von ihm geprägten Namen Design Thinking trat diese Methode einen Siegeszug in der Kreativbranche an. Der Erfolg und das Versprechen, über den Prozess zu greifbaren, planbaren Ergebnissen zu kommen, führte auch zu kritischen Stimmen, die Design Thinking als „Erlösungsfantasie für Unternehmen" bezeichneten, da nur ein kleiner Prozentsatz der Innovation und Produktideen auf dem Einsatz von Kreativitätstechniken basieren.[28] Bei aller Kritik sollte nicht vergessen gehen, dass es bei der Methode im Kern nicht um erzwungene Kreativität, sondern in erster Linie um das Lösen von Problemen geht. Daher lohnt sich der Blick darauf für die Kreativarbeit in jedem Fall.

Der Design-Thinking-Prozess ist iterativ und wird in sechs Phasen unterteilt. Er beginnt damit, den Kontext zu umreißen, also erst einmal als Gruppe zu *verstehen*, worum es geht, und möglichst weit zu denken. Dann folgt der Analyseschritt, das *Beobachten*. Hier geht es darum, durch echtes Erleben möglichst nah beispielsweise an die Kund:innenwelt oder Lebenswelt der Nutzer:innen heranzukommen. Dieser Schritt sollte ohne eigene Annahmen oder Vorurteile erfolgen und ist zentral für die späteren Ergebnisse. Im dritten Schritt werden die ersten beiden zusammengeführt und daraus die *Sichtweise* oder auch die *Herausforderung* definiert, um die es gehen soll. Dann erst kommt es zur *Ideenfindung* durch Brainstorming und/oder andere Kreativitätstechniken, aus denen in der fünften Phase *Prototypen* entwickelt werden. Diese werden in der sechsten Phase nicht nur besprochen, sondern auch *getestet*.

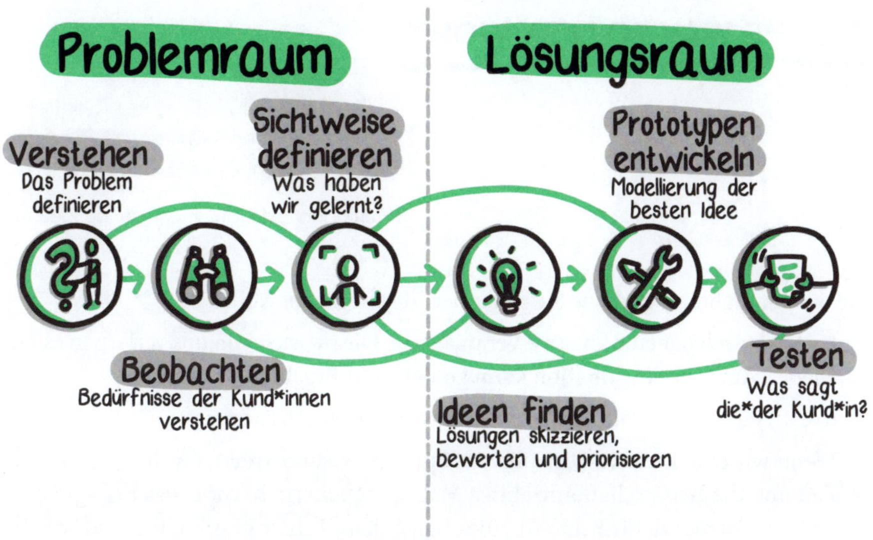

Design-Thinking-Prozess nach David Kelley

Fred Dust, der als Partner bei *IDEO* lange mit Design Thinking gearbeitet und die Methode weiterentwickelt hat, erklärte in einem Vortrag mit dem Titel *Designing the Future*, dass der Zauber dieser Methode in der Phase des Beobachtens liege und darin, die richtigen Fragen zu stellen. Es gehe nicht um Zuhören oder Anschauen, sondern seiner Erfahrung nach darum, in die Lebenswelt der Anwender:innen einzutauchen. Diese Perspektive sorge dafür, dass alle Beteiligten aus den unterschiedlichen Disziplinen integrativer agierten und bessere Lösungen fänden. Dust erklärte, wie mithilfe der richtigen Fragen innovative Lösungen entstünden. Deshalb habe die Stadt Lima eine weibliche Polizeieinheit für Verkehrsvergehen aufgebaut, um das fehlende Vertrauen in die Polizei aufgrund hoher Korruption zu adressieren. Laut Dust wurden im Zuge des Design-Thinking-Projekts immer wieder Bürger:innen unter anderem zu dem Thema befragt, welchen Menschengruppen sie am ehesten vertrauten. Frauen, allen voran Mütter, standen in der Glaubwürdigkeit sehr viel höher als die Gruppen, die bisher mit Polizeiaufgaben betraut waren.[29]

Das Konzept des Eintauchens in die Lebenswelt der Anwender:innen beschreibt das Unternehmen *Uber* wie folgt: „Um all unsere verschiedenen Märkte zu verstehen und zu wissen, wie unsere Produkte in die physischen Gegebenheiten der jeweiligen Stadt passen, tauchen wir ständig in die Orte ein, an denen unsere Kund:innen leben, arbeiten und essen. Wenn wir in unseren Büros in San Francisco oder New York sitzen, können wir die Erfahrungen einer Person auf den Straßen von Bangkok oder London nicht wirklich verstehen. Wir müssen dorthin gehen, uns in der Stadt bewegen, die Essenskultur erleben und beobachten, wie die Menschen die Dinge nutzen, die wir entworfen haben."[30]

Der Mensch steht hier im Mittelpunkt. Gleiches gilt auch für New Work, gerade dann, wenn es darum geht, Arbeit für Menschen besser zu gestalten und anders zu organisieren.

ON THE WAY TO NEW WORK

„Gott ist ein Kreativer, kein Controller. Seine Jobbeschreibung ist Schöpfer, nicht Chief Executive Officer."

Frank Dopheide, Unternehmer und Kreativer

Sie wissen nicht, ob und wie Sie mit einer Idee beginnen sollen?

- Jeder Mensch hat eine kreative Veranlagung. Die meisten von uns verlernen es nur wieder. Auch Prokrastination kann zu besseren Ergebnissen führen.
- Kreativität hat viel mit Handwerk zu tun, das sich erlernen lässt.
- Wenn wir eine kreative Disziplin auf Spitzenniveau betreiben wollen, braucht es Zeit und die Bereitschaft, unzählige Male zu scheitern, bevor etwas Erfolgreiches entsteht. Es gibt dafür keine Abkürzungen, denn Fehler und Zufälle sind wichtig für den kreativen Prozess.

- Innere und äußere Kritiker:innen stehen zwar im Weg, gehören aber dazu. Ständige Wiederholung hilft uns ebenso dabei wie das Beiseiteschieben vorschneller Urteile im kreativen Prozess. Hier können wir viel von Kindern lernen.
- Viel zu produzieren, hilft dabei. Um dranzubleiben, committen wir uns am besten öffentlich dazu, regelmäßig und möglichst oft etwas zu produzieren.
- Wenn uns die perfekte Ausrüstung fehlt, ist das kein Hindernis. Viele Kreative haben Limitierungen gezielt genutzt, um auf neue Wege zu stoßen.
- Am besten sammeln wir Inspiration und Wissensbausteine aus allen Ecken, auch aus solchen, die nicht zwingend mit unserem Thema zu tun haben.
- Design Thinking als Methode ist hilfreich, um den Prozess zu strukturieren und das Handwerk der Kreativität besser zu verstehen und einzusetzen.

Kreativität ist eines der Themen, die uns im Zeitalter lernender Maschinen eine berufliche Existenzberechtigung geben. Kreativität lässt sich erlernen. Menschen, die ihre kreativen Talente entdeckt haben und weiterentwickeln, werden zu lebenslangen Lernenden.

8/ LERNEN

„Wir akzeptieren heute die Tatsache, dass Lernen ein lebenslanger Prozess ist,bei dem es darum geht, mit dem Wandel Schritt zu halten. Und die dringendste Aufgabe besteht darin, den Menschen beizubringen, wie man lernt."

Peter F. Drucker, Ökonom und Autor

Um betriebsbedingte Entlassungen in einem Automobilwerk in Flint im US-Bundesstaat Michigan zu verhindern und gleichzeitig den Arbeiter:innen eine sinnstiftende Perspektive zu bieten, schlug Frithjof Bergmann den zerstrittenen Parteien vor, dass alle ihren Job behalten, aber nur die Hälfte der Zeit arbeiten und die andere Hälfte dazu nutzen sollten herauszufinden, was sie im Leben wirklich, wirklich wollten. In Zentren für Neue Arbeit war auch das Erlernen neuer Fähigkeiten ein zentraler Baustein, der Menschen dabei half, aus ihrer Arbeit mehr als nur reinen Lohnerwerb zu machen. Viele gingen mit diesen neuen Fähigkeiten in neue Unternehmungen, andere beschritten ganz eigene Karrierepfade. So berichtete Bergmann von Menschen, die am Fließband gearbeitet und sich im Zentrum für Neue Arbeit die notwendigen Fähigkeiten für die Eröffnung eines Yogastudios oder eines eigenen Cafés erworben hatten. Was diese einfache Idee bewirken kann, durften wir im Rahmen einer Dokumentation, die wir im Februar 2020 bei einem zweiten Treffen mit Frithjof Bergmann filmten, erleben. Er stellte uns Pastor Barry vor, der in Detroit die *Church of the Messiah* führt. Die *Church of the Messiah* ist keine normale Kirche, sie ist ein sozialer Organismus, der das Internet in der Nachbarschaft zur Verfügung stellt, mehrere zerstörte Häuser renoviert hat und jetzt vermietet, Wein anbaut, einen Fahrradshop betreibt, selbstproduzierte Kerzen verkauft oder Trainingskurse für Medienkompetenz anbietet. Barrys Kirche lebt nicht von den Spenden der Mitglieder und bekommt kein Geld von der ohnehin hoch verschuldeten Stadt Detroit, sondern finanziert sich durch die Einnahmen der vielen Aktivitäten selbst. Barry sagte uns, dass Bergmann das Konzept, Arbeit und Lernen anders zu organisieren, in die Kirche gebracht habe. Er erinnerte sich noch genau an den Tag, an dem die beiden sich das erste Mal begegneten. Ohne dieses Konzept wäre seine Kirche nicht so erfolgreich und unabhängig und hätte in einer der schwierigsten Gegenden Detroits nicht überleben können. Barry verabschiedete uns mit den Worten: „… und deshalb glaube ich an Jesus – und an Frithjof." Wir glauben, dass hier einer der zentralen Hebel der New-Work-Philosophie im Bergmann'schen Sinne liegt. Er wies uns immer wieder auf die besondere Bedeutung des Lernens hin.[1]

LERNEN ZU WOLLEN, IST EINE EINSTELLUNG

„Sei leidenschaftlich und mutig. Lerne immer weiter. Du hörst auf, nützliche Dinge zu tun, wenn du nicht lernst."

Satya Nadella, CEO *Microsoft*

Woran denken wir, wenn wir an Lernen denken? Die meisten verbinden damit sicherlich Schule oder Studium, stundenlanges Sitzen am Schreibtisch, also eine Tätigkeit, um sich Wissen anzueignen. Einer psychologischen Definition zufolge ist Lernen eine Verhaltensänderung. Man unterscheidet hier zwischen intentionalem (absichtlichem) und dem impliziten (beiläufigen) Lernen. Es ist ein aktiver, individueller Prozess, den uns niemand abnehmen kann.[2] Es liegt also in unserer eigenen Verantwortung, Lernen als Fähigkeit im Laufe des Lebens nicht nur beizubehalten, sondern auch weiterzuentwickeln. In den vielen Gesprächen mit unseren Gästen wurde immer wieder deutlich, dass vor allem eine positive Haltung zum Lernen dazu beigetragen hat, unsichere oder herausfordernde Phasen im Leben zu meistern. Mit einer lernenden Haltung bleiben wir in einem Modus, der uns dabei hilft, unser Leben und unsere Arbeit zu bereichern und zu gestalten.

Die Einstiegsfrage in unserem Podcast „Wie bist du der Mensch geworden, der du heute bist?" inspiriert viele der Gäste dazu, Erfahrungen aus ihrer Schulzeit zu teilen. Sie berichten dann häufig über anfangs eher zähe oder, wenn überhaupt, nur durchschnittlich erfolgreiche Schuljahre. Dies erweckt den Eindruck, dass in vielen Schulen keine positive Haltung zum Lernen vermittelt wird. Wissensaneignung an sich und eine lernende Haltung sind nämlich zwei völlig unterschiedliche Fähigkeiten, wie die Geschichte von Peter Bartels, heute Partner der Wirtschaftsprüfungsgesellschaft *PwC*, zeigt. Peter ist bis zur Oberstufe in Kiel und Lübeck zur Schule gegangen. Aufgrund des Jobwechsels seines Vaters zogen er und seine Familie nach Würzburg, wo er sich im bayerischen Schulsystem wiederfand. Der damalige Schulleiter wollte, dass Peter aufgrund des im Vergleich zu Schleswig-Holstein anspruchsvolleren Lehrplans ein Schuljahr wiederholte. Das lehnte Peters Mutter jedoch strikt ab. Das war der Moment, als bei Peter der „Schalter umgelegt wurde" und er plötzlich das Gefühl hatte, „es den Bayern zeigen zu wollen". Er verließ sich dabei nicht allein auf den Unterricht und seine Lehrer, sondern beschäftigte sich intensiv mit dem Lehrplan und entwickelte auf dieser Basis seine eigene Lernstrategie. Peter schrieb das beste Abitur Bayerns in seinem Jahrgang.[3] Eine positive Haltung zum Lernen mag uns also nicht in die Wiege gelegt worden sein, es kann allerdings schon ein Erlebnis genügen, um „den Schalter umzulegen".

DER RICHTIGE RAUM FÜR LERNEN UND FEHLER

„Niemand kriegt beim ersten Mal alles richtig hin. Was uns ausmacht, ist, wie wir aus unseren Fehlern lernen."

Richard Branson, Unternehmer und Autor

Ständige Erreichbarkeit und Ablenkung prägen den Alltag vieler Menschen und verhindern, dass wir uns wirklich fokussieren können. Im Kapitel „Selbstmanagement" haben wir uns bereits mit dem Thema Fokus beschäftigt. Nicht nur Benachrichtigungen auf dem Smartphone und dem Computer sorgen dafür, dass wir aus konzentrierten Phasen herausgerissen werden, sondern zu 90 Prozent sind es – wie Nir Eyal beschreibt – wir selbst, die immer wieder nach Ablenkung und Abwechslung suchen. Der Autor und Unternehmer behauptet sogar, dass die Fähigkeit, sich nicht ablenken zu lassen, eine der wichtigsten Fähigkeiten des 21. Jahrhundert werden wird.[4] Wir haben scheinbar Angst, etwas zu verpassen (FOMO: Fear of missing out), und schauen daher dauernd in unsere Mails, auf unser Smartphone und reagieren auf jede neue Benachrichtigung.[5] Im Gehirn wird dabei das als Glückshormon bekannte Dopamin ausgeschüttet – ein neuronaler Botenstoff, der als Neurotransmitter wirkt.[6] Robert Sapolsky, ein amerikanischer Neuroendokrinologe an der Stanford University, erläuterte in einem Vortrag an der California Academy of Science im Jahr 2011, dass es beim Einfluss von Dopamin auf unser Verhalten nicht um Belohnung oder Vergnügen gehe, sondern um die Vorstellung von einer *möglichen* Belohnung oder etwas, das uns Freude bereiten *könnte*. Wir blicken also laufend auf unser Smartphone und reagieren auf Benachrichtigungen, um nichts zu verpassen, das uns potenziell Freude bereiten könnte.[7]

Machen wir doch genau jetzt einen kleinen Selbstversuch. Sie lesen gerade ein Buch. Es ist sehr schwer, etwas anderes zeitgleich zu machen. Schauen Sie, wie weit Ihr Smartphone in diesem Moment von Ihnen entfernt ist. Warum genau? Bereits 2016 veröffentlichte Apple Zahlen über die täglichen Entsperrungen von iPhones. Schon damals lag der Schnitt bei über 80 Mal am Tag.[8] Um den richtigen Raum zum Lernen zu schaffen, liegt es also nahe, das Smartphone außer Reichweite zu legen und Töne sowie Benachrichtigungen abzuschalten. Interessanterweise zeigen Studien, dass es sogar besser ist, feste Zeiten für Benachrichtigungen einzurichten, statt gar keine zuzulassen. Das „Notification Batching" hilft dabei, den Teufelskreis von Dopamin und FOMO zu unterbrechen.[9]

Ein zweiter wesentlicher Aspekt für unsere Fähigkeit zu lernen, ist unser Umgang mit eigenen Fehlern, Versagen und Scheitern. Betrachten wir dies als Beweis dafür, dass wir etwas nicht können und lieber lassen sollten, werden wir uns auf diesem Gebiet nicht weiterentwickeln. Sehen wir dies als notwendigen Bestandteil des Prozesses, um besser zu werden, verlieren Fehler ihren Schrecken und eröffnen Chancen. Im Kapitel über Kreativität haben wir anhand zahlreicher Beispiele beschrieben, wie sehr Scheitern zum Prozess gehört, schlussendlich Großartiges hervorzubringen, und welch große Rolle Kontinuität dabei spielt. Auf Teams und Organisationen bezogen ist psychologische Sicherheit ein wesentlicher Faktor, um Lernen zu ermöglichen. Die Harvard-Dozentin und Autorin Amy Edmondson[10] erzählte uns, wie sie zu Beginn ihrer Forschungsarbeiten in eine vermeintliche Sackgasse geriet, die sie schockierte. Sie wollte ihre These belegen, dass bessere Teams weniger Fehler machten. Die Daten zeigten aber genau das Gegenteil. Die besten Teams zeigten erhebliche Fehlerquoten. Sie konnte sich diese Korrelation nicht erklären und war frustriert – bis zu dem Zeitpunkt, als ihr das Offensichtliche auffiel: Vielleicht machten gute Teams nicht unbedingt mehr Fehler, sondern waren eher dazu bereit, über ihre Fehler zu sprechen? Der abermalige Blick auf ihre Daten bestätigte die Vermutung. Diese neue Sichtweise begleitete von da an ihre Forschung und führte zu zahlreichen Artikeln und ihrem Buch über psychologische Sicherheit.[11] Hier wirft sie vor allem den Blick darauf, wie Menschen miteinander umgehen, um diese Sicherheit zu gewährleisten. Im Kapitel „Zusammenarbeit“ gehen wir näher darauf ein.

DIE EIGENE LERNSTRATEGIE FINDEN

„Studieren Sie das, was Sie am meisten interessiert, auf möglichst undisziplinierte, respektlose und originelle Weise.“

Richard Feynman, Physiker

Romy Möller ist Coach, Innovationsmoderatorin und Pädagogin. Mit ihr haben wir darüber gesprochen, wie sich unsere Schulen verändern müssen, um die Potenziale eines jeden Individuums und vor allem deren Selbstwirksamkeit nach vorne zu stellen. Ihrer Ansicht nach sind „Lernstrategien wichtiger als Auswendiglernen“.[12] Eine gute Lernstrategie lässt sich häufig in wenige Sätze zusammenfassen. So erläutert beispielsweise der Bestsellerautor Tim Ferriss in seinem Blog seine Lernstrategie, um in sieben bis neun Monaten eine neue Fremdsprache zu lernen: Sie beruht auf vier Stufen. Zunächst beginnt er damit, das Laut- und Rechtschreibsystem der Sprache zu lernen, indem er sich die Sprache anhört, die neuen Laute nachspricht und lernt, diese zu buchstabieren. Dann lernt er 625 einfache Wörter anhand von Bildern. Als Nächstes verwendet er diese Wörter, um das grammatikalische System der Sprache zu lernen, und schließlich „spielt“ er, indem er in der Sprache fernsieht, mit Muttersprachler:innen spricht, Bücher liest und schreibt. Diese Methode mag nicht für jede:n funktionieren, aber sie zeigt im Kern das Vorgehen. Ferriss tastet sich über verschiedene Quellen an die Sprache heran und zerlegt die Lernaufgabe in unterschiedliche Bereiche, die die verschiedenen Arten zu lernen, einschließen. Er beschränkt sich nicht auf Lesen, Auswendiglernen oder Anwenden. Er kombiniert visuelles Lernen mit dem Verständnis für ein Konzept und geht dann über das Hören und Erleben durch Filme, Bücher, Schreiben oder den verbalen Austausch in die Anwendung.[13]

Das Erwerben neuer Kompetenzen funktioniert am besten, wenn informelle und formale Lernmethoden kombiniert werden. Das geht auf ein Modell zurück, welches in den 1980er-Jahren von Morgan McCall, Michael Lombardo und Robert W. Eichinger entwickelt wurde. Der Beitrag des formellen Lernens zum Lernerfolg – also Trainingskurse zu besuchen, zu studieren oder auswendig zu lernen aus Büchern – liegt den Wissenschaftlern zufolge bei nur zehn Prozent. Die restlichen 90 Prozent entstehen durch die Bewältigung herausfordernder Aufgaben (70 Prozent) und den Austausch mit Kolleg:innen oder Vorgesetzten (20 Prozent). Das ergibt zusammen das 70-20-10-Modell.[14] Wenn Sie nach Ihrer eigenen Lernstrategie suchen, kann diese Verteilung dabei helfen, sich nicht zu sehr in Medien oder andere formale Lernarten zu verlieren. Suchen Sie sich eine herausfordernde Aufgabe, um in die Anwendung zu kommen. Über Social Media sind beispielsweise schnell Expert:innen gefunden, mit denen Sie in den Austausch gehen können. Genau wie die Lerntypen ist auch das 70-20-10-Modell nicht als starres Modell zu verstehen. Es kann aber zur Orientierung für die eigene Lernstrategie dienen und unterstreicht, dass formelles Lernen nicht den größten Umfang einnehmen sollte.

Virtuelle Technologien können außerdem beim Eintauchen in eine neue Materie unterstützen und den Zugang erleichtern.[15] Das Gefühl, dabei zu sein, ist der Erfolgsfaktor beim immersiven Lernen[16], denn die Erlebnisse können mit Virtual Reality (VR) oder mit Augmented Reality (AR) sehr viel lebensnaher gestaltet werden, was das Gefühl der Präsenz beim Lernenden erhöht. Andrew Huberman, Neurowissenschaftler und Professor an der Abteilung für Neurobiologie der Stanford University School of Medicine, nutzt Immersive-Learning-Methoden, um seine Studien zur Angstforschung realistischer und effektiver zu gestalten. So machte er zum Beispiel mit einer 360-Grad-Kamera mehrere Tauchgänge, bei denen er weiße Haie aufnahm. Was das Betrachten dieser Aufnahmen durch einer VR-Brille bei den Proband:innen seiner Studien auslösen kann, braucht nicht besonders viel Erklärung. Die Angst, wenn man sich vermeintlich im Wasser befindet und mithilfe der Brille umherschaut und plötzlich ein riesiger Hai unter einem auftaucht, ist real.

DIE NATÜRLICHE NEUGIER ERHALTEN

> „Alle Kinder sind von Natur aus kreativ und neugierig, und dann gehen sie in die Schule."
>
> Pascal Finette, Unternehmer und Dozent

Pascal Finette war in Führungspositionen bei *Google*, *Mozilla* und *eBay* tätig und lehrt heute unter anderem als Dozent an der Singularity University, einem US-amerikanischen Weiterbildungsunternehmen, an dem Führungskräfte lernen, die richtigen Fragen zu den relevanten technologischen Chancen und Herausforderungen der Zukunft zu stellen und die daraus folgenden Ableitungen für ihre Unternehmen zu treffen. Seine Sorge gilt nicht den Fähigkeiten, die wir seiner Meinung nach durch die Vielzahl von Quellen, die wir heute zur Verfügung haben, viel besser erwerben können als je zuvor. Vielmehr sieht er eine viel größere Gefahr darin, dass wir die natürliche Neugier, den Antrieb zum Lernen und die Offenheit für Neues verlieren. Wie kann diese Neugier erhalten bleiben und welche Methoden können uns dabei helfen?[17]

Unser vorhandenes Wissen kann uns sehr viel leichter im Lernen blockieren als unterstützen. So haben wir in den vielen Podcast-Gesprächen gelernt, wie wichtig echtes Zuhören ist. Wir betonen im Vorgespräch stets, dass wir keine Journalisten sind und nichts aufdecken wollen. Wir wollen entdecken und verfolgen dabei keine Agenda. Dennoch: Unsere Offenheit und Neugier in Gesprächen werden oft von unserem vorhandenen Wissen beeinflusst. Nutzen wir dieses Wissen, um Themen ins Gespräch zu bringen oder es in eine gewisse Richtung zu lenken, oder gehen wir ganz unvoreingenommen in das Gespräch und hören genau zu? Wir sind besser darin geworden und haben auch immer wieder schlechte Tage dabei. Folgen wir zu stark unseren vorgefertigten Fragen und dem Wissen, das bereits vorhanden ist, dann entwickeln sich sehr viel seltener Zufälle, die für die schönen Überraschungen und neuen Lernerfahrungen sorgen. Der Autor Stephen R. Covey hat in seinem Buch *Die 7 Wege zur Effektivität* formuliert: „Die meisten Menschen hören nicht zu, um zu verstehen, die meisten Menschen hören zu, um zu antworten."[18] Selbst die Europäische Kommission stellte in einem Papier über Schlüsselkompetenzen für lebenslanges Lernen im Jahr 2006 fest, dass die „Fähigkeiten des Zuhörens und Beobachtens" zu den wichtigsten Bausteinen für persönliche Erfüllung und Entwicklung gehören. Sie sieht hierin die entscheidenden Kompetenzen, um den stattfindenden Wandel der Arbeits- und Freizeitwelt zu bewältigen. Sinngemäß steht in dem Vorschlag der Kommission, dass Fähigkeiten wie Kreativität, kritisches Denken, Eigeninitiative und Problemlösung zunehmend wichtig sind, um unseren Lebensstandard in Europa zu erhalten.[19]

Die Offenheit, die durch Zuhören entsteht, kann ein Baustein sein, um die kindliche Neugier zu bewahren und damit unsere Lernfähigkeit langfristig zu erhalten. Echtes Zuhören, bei dem wir die Ideen aufnehmen und neues Wissen entwickeln, um dann durch ein besseres Verständnis mehr Interesse und Verbindungen aufzubauen, passiert nicht von selbst. Es gibt unzählige Quellen zu dem Thema, allerdings haben wir für uns selbst keine bessere Übung finden können, als einen eigenen Podcast zu starten. Ein Smartphone, ein Thema, für das wir brennen, und ein Gast reichen schon, damit es losgehen kann.

AKTIVES LERNEN – DAS GEHEIMNIS DER GENIES

„Aktives Lernen basiert auf einem Widerspruch: Wenn wir uns zielgerichtet mit einem Gegenstand auseinandersetzen – und uns dabei das Recht zugestehen, Fehler zu machen und dumm auszusehen –, dann werden wir klüger. Anders ausgedrückt, Erfahrungen, die uns dazu zwingen, uns langsam voranzutasten, Fehler zu machen und diese zu korrigieren – so als würden wir einen vereisten Abhang hinaufsteigen und dabei immer wieder straucheln und ausrutschen –, machen uns schnell und graziös,ohne dass wir es bemerken."

Daniel Coyle, Autor

Der US-amerikanische Autor Daniel Coyle glaubt nicht daran, dass Talente darüber entscheiden, wie erfolgreich wir im Leben sind. „Der entscheidende Faktor für den Erfolg liegt in der konsequenten Entwicklung unserer Fähigkeiten." Um herauszufinden, wie das am besten gelingen kann, beschäftigte er sich mit Spitzenleistungen im Allgemeinen und Talentschmieden im Besonderen. Er ging beispielsweise der Frage nach, wie es gelang, dass ein mittelloser russischer Tennisclub, der nur einen Hallenplatz hatte, mehr Spielerinnen unter die Top 20 der Weltrangliste brachte als alle Clubs in den USA zusammen. Er untersuchte weltweit Ansammlungen von Talenten, die scheinbar ohne Vorwarnung entstanden, unter anderem auf einer winzigen Insel in der Dominikanischen Republik, die eine unverhältnismäßig große Anzahl von Spielern in der US-amerikanischen Baseball-Profiliga *NBL* stellte. Neben koreanischen Profigolferinnen, die in ihrer Anzahl ebenso plötzlich zunahmen, und zahlreichen weiteren Phänomenen der jüngeren Vergangenheit beschreibt er außerdem ähnliche Phänomene in der Geschichte. Dabei geht es nicht nur um Sport, sondern auch um Musik, Literatur, Kunst und Wissenschaft.[20]

Mit der Musikschülerin Clarissa gibt Daniel Coyle ein praktisches Beispiel, was aktives Lernen für ihn bedeutet und wie es Menschen dabei helfen kann, sowohl ihre Lerngeschwindigkeit zu erhöhen als auch ihren Lernerfolg zu steigern. Clarissa war Teilnehmerin an einer Untersuchung der australischen Musikpsychologen Garry McPherson und James Renwick und wurde dabei über mehrere Wochen beim Klarinettenunterricht begleitet. Für Daniel Coyle ist Clarissa „das Mädchen, das in sechs Minuten die Lektion eines Monats lernte". Um ihren Lernerfolg, der in einem Video über eine ihrer Übungen dokumentiert ist, besser einordnen zu können, hilft es zu wissen, dass Clarissa zum Zeitpunkt der Aufnahme bestenfalls als Mittelmaß galt. Sie hatte kaum musikalisches Talent, ein durchschnittliches Rhythmusgefühl, kein gutes musikalisches Ohr und ihre Motivation war sogar unterdurchschnittlich. In dem Video wird festgehalten, wie sie ein bestimmtes Stück einübt. Oberflächlich hört es sich schaurig an, nur wenig Töne sitzen. Das Besondere ist jedoch, dass sie ihre Fehler nicht übergeht, sondern sie hört und immer wieder korrigiert. Für

McPherson ist es ein „hochgradig zielführender und auf Fehlerkorrektur ausgerichteter Prozess". Er sieht hier einen durchschnittlich begabten Menschen, der in eine geradezu magische Produktivität kommt. Ohne es selbst zu bemerken, erreicht sie eine zehnfache Lerngeschwindigkeit und zeigt ein Lernverhalten, das Daniel Coyle auf seiner Reise hin zu neun unterschiedlichen Talentschmieden immer wieder begegnet. Ob es der elfjährige Brunio in Brasilien ist, der auf die gleiche Art den Elastico, einen Fußballtrick, lernt oder die 24-jährige Jennie in einem Tonstudio in Dallas, die immer wieder abbricht, wenn sie einen Ton nicht trifft, und bei der sich irgendwann – wie in einem Puzzle – die unterschiedlichen Teile zu einer perfekten Passage zusammenfügen. Was Clarissa, Brunio und Jennie verbindet, ist, dass sie sich ganz bewusst immer wieder an die Grenze ihrer Fähigkeiten herantasten und damit auch in Kauf nehmen zu scheitern. Genau hier, so Coyle, liegt das Geheimnis für ihren Lernfortschritt.

Coyle erklärt das aktive Lernen mithilfe von drei Regeln:

1. **Zerlegen und ordnen:** In den Talentschmieden beobachtete er, dass die Schüler:innen dazu angehalten werden, Bewegungsabläufe oder Passagen zunächst so zu betrachten, wie ein Filmregisseur eine Szene anschauen würde. Es gibt unterschiedliche Perspektiven, Einstellungen und Geschwindigkeiten. Dann werden die Abläufe in ihre Einzelbestandteile zerlegt und häufig wird dann noch mit dem Instrument der Verlangsamung gearbeitet. In einer Musikschule, die Coyle besuchte, galt die Regel: Wenn jemand Unbeteiligtes das geprobte Musikstück erkennt, dann ist es noch zu schnell. In einer Tennisschule wurden die unterschiedlichen Schläge immer wieder in Zeitlupe geübt.
2. **Wiederholen:** Um neu Gelerntes wirklich dauerhaft abzuspeichern, gibt es biologisch gesehen keine Alternative zur aufmerksamen Wiederholung. Anders als bei herkömmlichen Übungsmethoden, bei denen „je mehr, desto besser" gilt, scheint es beim aktiven Lernen eine Obergrenze zu geben, die bei drei bis fünf Stunden täglichen Lernens beziehungsweise Übens zu liegen scheint.
3. **Fühlen:** Coyle bat bei seinen Besuchen die Schüler:innen darum, zu beschreiben, was sie bei ihren produktivsten Übungsstunden empfanden. Dabei wurden ihm Dinge wie Aufmerksamkeit, Verbindung, Aufbau, Ganzheit, Wachheit, Fokus, Fehler, Wiederholung, Müdigkeit, Schärfe und Konzentration genannt. Er schließt seine Erläuterungen mit dem Bild „tapsender Kleinkinder" ab, die für ihn am besten versinnbildlichen, wie sich aktives Lernen anfühlt. „Um etwas gut zu machen, müssen wir bereit und offen dafür sein, es zuerst schlecht zu machen. Wir erwerben unsere Fähigkeiten in Babyschritten."[21]

Der schwedische Psychologe Anders Ericsson beschäftigt sich seit vielen Jahren mit der Erforschung von Spitzenleistungen und kommt zu dem Ergebnis, dass rund 10.000 Stunden Praxis notwendig sind, um in irgendeiner Disziplin zur Expertin oder zum Experten zu werden. Er beschreibt diesen Prozess als zielgerichtetes Lernen. Es geht darum, an einer bestimmten Fähigkeit zu arbeiten, laufend kritisches Feedback einzubeziehen und dabei bewusst Schwächen zu korrigieren.[22] Festzustehen scheint, wer es im Leben zu Spitzenleistungen bringen möchte, sollte nie damit aufhören zu lernen. Die Strategie des aktiven Lernens scheint eine Gemeinsamkeit vieler herausragender Menschen zu sein. Ausdauer ist sicherlich ein wichtiger Bestandteil davon. Der ehemalige Radiokommentator und Motivationstrainer Earl Nightingale legt die Latte sogar noch niedriger an: „Eine Stunde pro Tag Studium in dem von Ihnen gewählten Bereich ist alles, was Sie brauchen. Eine Stunde pro Tag Studium wird Sie innerhalb von drei Jahren an die Spitze Ihres Fachgebiets bringen. Innerhalb von fünf Jahren werden Sie eine nationale Autorität sein. In sieben Jahren können Sie einer der besten Menschen der Welt in dem sein, was Sie tun.“[23] Worauf warten wir also noch?

REGELMÄSSIGE ANWENDUNG MACHT AUS DEM WISSEN EINEN ECHTEN LERNERFOLG

„Wenn ich einen Tag nicht übe, dann merke ich es. Wenn ich zwei Tage nicht übe, dann bemerkt es meine Frau. Und wenn ich drei Tage nicht übe, dann bemerkt es die ganze Welt.“

Vladimir Horowitz, Pianist

Das Wissen der Welt ist für jede:n von uns mit nur einem Klick verfügbar – nicht nur auf *Wikipedia*, sondern auch über *YouTube*, auf diversen Podcast-Plattformen, in Buchzusammenfassungen oder Onlinevorlesungen. Wir können uns an jeder Ecke eine neue Methode oder eine neue Fähigkeit aneignen. Das ist Segen und Fluch zugleich, denn bei einigen erwächst hieraus auch ein immenser Druck oder die Angst, nie genug zu wissen oder zu können, sodass sie regelrecht zu „Wissens-Junkies“ werden. Durch den permanenten Konsum von Wissen geht jedoch ein wesentlicher Teil des Lernens unter: neues Wissen in das vorhandene Wissen zu integrieren und anwenden zu können. Unser Drang nach neuen Impulsen kann also dazu führen, dass wir zwar eine wissende Haltung ausbauen, indem wir das Gefühl haben, dass jeder neue Wissensbaustein und jede neue Methode uns dem Ziel ein Stück näherbringt. Die Impulse befriedigen unseren Wissensdurst allerdings nur kurzfristig, führen jedoch nicht dazu, dass wir durch die Anwendung der neuen Erkenntnisse eigene Erfahrungen machen und unser neu erworbenes Wissen wirklich integrieren. Wir hoffen insgeheim, dass das Hören eines Podcasts oder das Lesen eines neues Buchs genügen.

Ein Beispiel, wie Integration von Wissen in der Praxis aussehen kann, haben wir von Verena Pausder gehört. Die Unternehmerin und Mutter hat unter anderem die Idee der Digitalwerkstätten ins Leben gerufen, in denen Eltern und Kinder den Umgang mit Smartphones und Tablets als Kreativwerkzeuge lernen können. In Verenas Familie gibt es in Bezug auf die Nutzung digitaler Tools klare „Regeln wie im Straßenverkehr“. Dabei wird zwischen Konsumieren und Produzieren unterschieden. Ihre Kinder dürfen dienstags und donnerstags je eine halbe Stunde und am Wochenende eine ganze Stunde spielen oder Videos schauen – also konsumieren. Ganz anders dagegen wird der Umgang mit dem Smartphone gehandhabt, wenn es darum geht, dass die Kinder etwas produzieren möchten und die Anwendung des Gelernten im Vordergrund steht. In diesem Fall dürfen sie so lange mit den Geräten arbeiten, bis sie fertig sind. Meist entstehen dabei Ergebnisse, auf die die Kinder wirklich stolz sind und bei denen sie sich viel Mühe gegeben haben. Statt also digitale Medien grundsätzlich zu limitieren, stehen diese ohne zeitliche Begrenzung zur produktiven Nutzung zur Verfügung.[24]

Es braucht Raum und Zeit, Gelerntes zu integrieren – unabhängig davon, ob wir von privaten oder beruflichen Kompetenzen sprechen. Der Besuch eines Wochenendseminars wird nicht für die große Veränderung am Montag reichen, denn die Arbeit beginnt immer erst danach. Onlinekurse unterstützen die Integration bereits, indem sie Lerninhalte meist über mehrere Wochen verteilen und uns die Gelegenheit bieten, von überall aus teilzunehmen, und uns einen noch nie dagewesenen Zugang zu den besten Trainer:innen der Welt ermöglichen. Allerdings sollten wir uns als festen Teil unserer Lernerfahrung im Anschluss Zeit im Kalender blocken, in der wir dieses Wissen anwenden – also ausprobieren, üben und uns erlauben, Fehler zu machen. Beim Lesen eines (und auch dieses) Buchs ist es genauso. Es geht nicht darum, möglichst schnell durchzukommen, sondern oft liegt der Schlüssel darin, möglichst lange mit einem Buch „zu sein" und Inhalte Stück für Stück zu konsumieren und zunächst zu produzieren, bevor es weitergeht. Was auch bedeuten kann, zugunsten von Tiefe Schwerpunkte zu setzen und diesen Raum zu geben, anstatt alles ein bisschen zu machen und dabei nichts wirklich anzuwenden. Dabei kann dieser „Reiseführer" zu New Work helfen, denn wir beschreiben hier so viele Destinationen, dass Sie sie unmöglich alle gleichzeitig besuchen können.

RUHE UND SCHLAF ALS LERNTOOLS

> „Wenn man in der ersten Nacht nach dem Lernen nicht schläft, hat man keine Chance, diese Erinnerungen zu festigen, auch wenn man danach viel Schlaf nachholt. In Bezug auf das Gedächtnis ist der Schlaf also nicht wie eine Bank. Man kann keine Schulden anhäufen und hoffen, dass man sie zu einem späteren Zeitpunkt zurückzahlen kann."
>
> Matthew Walker, Neurowissenschaftler und Psychologe

Das richtige Maß zwischen Anspannung und Entspannung zu finden, scheint in der Theorie sehr viel leichter zu sein als in der Praxis. Glaubenssätze wie „Vor den Erfolg haben die Götter den Schweiß gesetzt" und „Erst die Arbeit, dann das Vergnügen" sorgen häufig dafür, dass es vielen von uns schwerfällt, nichts zu tun, da wir dies mit „nichts geschafft" gleichsetzen. Bereits die Mönche im Mittelalter wussten: „Nach der Kreation kommt die Rekreation."[25] Welche Bedeutung Ruhe und Regeneration auf Lernen haben, ist uns insbesondere über viele Podcast-Folgen, Projekte und ein besonderes Buch zum Thema Schlaf deutlich geworden.

Im Gespräch mit dem Zenmeister Hinnerk Polenski, der als einer der wenigen deutschen Zenmeister seine Ausbildung in einem japanischen Kloster absolvierte, haben wir über Ruhe gesprochen und welche Bedeutung echtes, innerliches Zur-Ruhe-Kommen für unseren Geist hat. Er beschreibt ein japanisches Mantra, welches besagt, dass aufgrund unterschiedlicher Trainingsintensitäten auch unterschiedliche Ergebnisse zu erwarten sind. Diese Intensität bezieht sich aber nicht nur auf Arbeiten, Denken und aktives Trainieren, sondern auch auf die Intensität, mit der wir üben, zur Ruhe zu kommen, also die Meditation. Wir können laut Hinnerk nicht erwarten, dass wir uns morgens auf eine Matte setzen und direkt zur Ruhe, geschweige denn zu irgendeiner Form von Erleuchtung gelangen. Es kommt auf die Regelmäßigkeit, Ernsthaftigkeit und Intensität an, mit der wir an das Thema herangehen. Was ihm in seiner Arbeit als Zenmeister und Leadership-Coach in den vergangenen Jahren vermehrt auffällt, ist, dass immer weniger Menschen das richtige Maß, also die Balance zwischen An- und Entspannung, beherrschen.[26]

Unser Schlaf ist ebenfalls ein im Alltag oft vernachlässigtes Thema, wenn es um Lernen geht. Matthew Walkers *Das große Buch vom Schlaf* begegnete uns in diversen Gesprächen.[27] Schlaf spielt für unsere Gesundheit eine sehr wichtige Rolle und hat auch für das Thema Lernen eine hohe Relevanz. Walker beschreibt Schlaf als eine Art Speicherknopf für Gelerntes. Diese Erkenntnis ist zwar nicht neu, aber mittlerweile gibt es Verfahren, die genau analysieren können, welche Schlafphase das Erinnerungsvermögen auf welche Weise beeinflusst. Wir wissen heute zum Beispiel, wann und wie Informationen im Langzeitgedächtnis gespeichert werden und wie wir diese abrufen. So können wir nach einer guten Nachtruhe Informationen aus dem Gedächtnis abrufen, auf die wir bislang keinen Zugriff hatten. Die Studien, auf die sich Walker bezieht, zeigen außerdem, dass das Gehirn über Nacht motorische Fähigkeiten wie ein Klavierstück oder im Fall seiner Studienteilnehmer:innen eine einfache Zahlenfolge weiter übt. Im Vergleich zwischen nicht ausgeschlafenen und ausgeschlafenen Proband:innen zeigt sich, dass letztere 20 Prozent schneller und 35 Prozent genauer tippten, wogegen die wach gebliebenen im Vergleich zum Vortag keinerlei Verbesserungen zeigten. Wer ernsthaft seine Lernfähigkeit verbessern möchte, dem legen wir das Thema Schlaf sehr ans Herz.

Wir sprachen auch mit Nils Behrens, Chief Marketing Officer im *Lanserhof*, über Schlaf. Er wird in seinen Ausführungen zum Thema Nachtschichten und fehlende Ruhe sehr deutlich: Schlafmangel führe zu einer Verkleinerung des Gehirns. Durch die fehlende Ruhe würden wir es nach und nach vergiften.[28] Glücklicherweise liegt es in unserer Hand, etwas für einen gesunden Schlaf zu tun. Wem das gerade zu viel sein sollte, kann auch einfach das Buch beiseitelegen und eine Runde schlafen. Jetzt vielleicht mit einem besseren Gewissen.

ON THE WAY TO NEW WORK

„Wenn wir nichts Neues lernen, werden wir depressiv."

Stephan A. Jansen, Wissenschaftler, Autor und Unternehmer

In der menschlichen Natur ist verankert, dass wir lernen wollen. Jedes Kind hat einen natürlichen Impuls zu lernen. Lernen gibt uns Kraft und hält uns jung, und wir können dadurch unser persönliches Glück steigern. Hinzu kommt, dass es nie so wichtig war, uns unsere Bereitschaft zum Lernen lebenslang zu erhalten. Der Weg zurück zum Lernen ist jederzeit möglich und auch die Verbesserung des eigenen Umgangs mit dem Lernen kann gelingen:

- Wer lernen möchte, muss zunächst lernen, sich wieder zu konzentrieren. Wir sollten daher trainieren, uns nicht ablenken zu lassen.
- Lernen setzt außerdem voraus, dass wir Fehler akzeptieren und als notwendigen Bestandteil des Prozesses verstehen. Wer niemals Fehler macht oder scheitert, lernt auch nicht dazu.
- Ganz gleich, ob wir lieber lesen, Software und Apps nutzen, Podcasts hören oder *YouTube*-Videos anschauen, um zu lernen: Unsere Lernstrategie sollte auf verschiedenen Säulen aufgebaut sein und auch das Lösen von Herausforderungen und den Austausch mit anderen integrieren.
- Neue Technologien können uns dabei unterstützen oder dabei helfen, wieder spielerischer an ein Thema heranzutreten, das noch viel zu oft mit Auswendiglernen in Verbindung gebracht wird.
- Manchmal kann uns vorhandenes Wissen blockieren, weil wir Informationen in bereits bekannte Strukturen einordnen wollen. Echtes Zuhören und Interesse an den Geschichten anderer Menschen helfen uns dabei, dies zu überwinden und auf neue und überraschende Erkenntnisse zu stoßen.
- Wie viel Wissen ist genug? In einer Welt voller Informationen ist diese Frage schwer zu beantworten. Viel wichtiger als die Menge neu aufgenommenen Wissens ist die praktische Anwendung. Nur so aktivieren wir unser Wissen und machen es nutzbar – erst dann lernen wir wirklich.
- Zum Lernen gehört auch Ruhe. Wer meditiert, sich ausruht und gut schläft, sorgt dafür, dass sich neu Gelerntes setzt – und das können wir guten Gewissens tun, denn unser Gehirn übt weiter, wenn wir schlafen.

Die Fähigkeit zu lernen ermöglicht uns außerdem einen besseren Umgang mit Herausforderungen und Krisen und ist damit auch ein wichtiger Faktor für unsere persönliche Resilienz.

9/ RESILIENZ

„Bildlich gesehen ist Resilienz weniger unser Rückgrat als vielmehr unsere Fähigkeit, jene Muskeln zu stärken, die unser Rückgrat aufrecht halten."

Sheryl Sandberg, Geschäftsführerin und Autorin
Adam Grant, Organisationspsychologe und Autor

„Fünfter Februar. Ich komme ein paar Minuten zu spät in die Schule, der Unterricht hat bereits angefangen. Mein Lehrer verlangt eine Erklärung für die Verspätung und fordert eine Entschuldigung. Ich denke nur: „Für was in den letzten Stunden soll ich mich entschuldigen?" Ich bringe kein Wort heraus. Zur Strafe fliege ich aus der Klasse und muss bis zur Pause auf dem Gang warten. Ein paar Stunden vorher ging es für mich raus auf die Straße. Meine Mutter setzte mich vor die Tür. Endgültig, mit meiner gesamten Habe, es passte alles in zwei Koffer. Es war finster, als ich nach draußen trat. An der Hauptstraße drehte ich mich noch einmal um und guckte zurück in die Wohnung. In der hohen Schneedecke waren nur die Spuren der Räder der Rollkoffer und meine Fußabdrücke zu sehen. Ab hier war ich auf mich alleine gestellt." Mit diesem Erlebnis beginnen elf Jahre, die Dominik Bloh auf der Straße verbringt und die er in seinem Buch *Unter Palmen aus Stahl* zusammenfasst.[1] Ein Buch, das er bereits auf der Straße zu schreiben begann – auf kleinen Zetteln. Heute lebt Dominik in einer Wohnung in Hamburg und engagiert sich für Menschen, die auf der Straße leben. Gemeinsam mit anderen gründete er die Hilfsorganisation *Hanseatic Help* und war Mitinitiator des Dusch-Busses *GoBanyo*, in dem Obdachlose die Chance haben, sich in Ruhe und würdevoll zu waschen. Dominik spricht oft über seine bewegende Geschichte, um mehr Verständnis und Hilfsbereitschaft für Obdachlose zu schaffen – auf seiner Tour, in Talkshows und in unserem Podcast.[2]

Jeder Mensch erlebt im Laufe seines Lebens Rückschläge. Die Bandbreite dessen, was wir erleben und zu verkraften haben, reicht von Alltagsproblemen bis hin zu existenziellen Herausforderungen, wie sie Dominik Bloh beschreibt, der lange nicht davon ausging, überhaupt 30 Jahre alt zu werden. Es ist faszinierend zu erleben, wie Menschen nach schweren Schicksalsschlägen wieder aufstehen, sich den sprichwörtlichen Staub abklopfen, weitermachen und am Ende gestärkt daraus hervorgehen. Warum schaffen es einige, während andere daran scheitern? Resilienz ist ein entscheidender Faktor, ein Begriff, der seit Jahren immer häufiger verwendet wird, wenn es um wünschenswerte Eigenschaften geht. Gleichzeitig steigt die Zahl psychischer Erkrankungen einschließlich Burn-outs kontinuierlich. Dabei stellen sich viele bereits die Frage „Was ist noch normal und wo verläuft die Grenze?". Für Mirriam Prieß, Medizinerin und Expertin für Burn-out, ist die Steigerung der persönlichen Resilienz ein wichtiger Faktor zur Erhaltung der psychischen

Gesundheit.[3] Der Begriff meint in seiner ursprünglichen Bedeutung die Fähigkeit eines Stoffs, nach Verformung aufgrund externer Faktoren wieder in den Ursprungszustand zurückzukehren. So wie wir Resilienz heute verwenden, ist meist psychologische Widerstandsfähigkeit gemeint, die Fähigkeit, uns nach einer Krise beziehungsweise Veränderung zu erholen und unser psychologisches „Normalnull“ zu erreichen.

Im Beruf sind wir mit sehr viel mehr Veränderungen konfrontiert als früher, beispielsweise durch Jobwechsel, Restrukturierung, Rollenveränderungen und Personalabbau sowie durch die Arbeit in weniger stabilen Konstellationen und mit neuen Methoden und Technologien. Die Methoden innerhalb von New Work, wie zum Beispiel agiles Arbeiten, neue Führungsmethoden oder Organisationsstrukturen, tragen dazu bei, eine Grundlage für sinnerfüllte Arbeit zu schaffen und einer komplexen, sich laufend verändernden Umgebung gerecht zu werden. Gleichzeitig verlangen sie uns aber auch Veränderungsfähigkeit ab und fordern individuell heraus. Die persönliche Resilienz von Mitarbeiter:innen und Führungskräften ist daher eine entscheidende Voraussetzung für das Gelingen Neuer Arbeit und überdies ein wesentlicher Faktor für ein gesundes und erfülltes Leben.

Das Konzept der Resilienz taucht erstmals in den 1950er-Jahren in der psychologischen Literatur auf. Es gibt unterschiedliche wissenschaftliche Forschungsrichtungen, die zum heutigen Verständnis des Begriffs beigetragen haben. In diesem Zusammenhang ist insbesondere die positive Psychologie zu nennen, ein Ansatz, der sich darauf fokussiert, was bei Menschen gut und richtig ist, anstatt darauf, was krankhaft oder dysfunktional ist. Inhaltlich handelt es sich bei Resilienz um ein ganzes Bündel an Fähigkeiten, die sich auf die Faktoren Selbstwirksamkeit, Selbstregulation, Beziehungen, Akzeptanz und Sinnfindung sowie Zukunfts- und Lösungsorientierung verdichten lassen. Ihr Grundstein wird bereits in der Kindheit gelegt. Emmy Werner, die zu den Pionierinnen auf diesem Gebiet gehört, kommt in ihren Studien zu der Erkenntnis, dass es Schutzfaktoren gibt, die den Aufbau von Resilienz im Kindes- und Jugendalter begünstigen.[4] Kinder, die durch die Art und Weise ihres Seins eine positive Reaktion bei Erwachsenen auslösen, indem sie zum Beispiel offen und fröhlich sind, entwickeln hiernach eine stärkere Resilienz. Auch das Vorhandensein einer stabilen Bezugsperson innerhalb der Familie sowie weiterer unterstützender Beziehungen außerhalb der Familie – Freund:innen, Lehrer:innen, Nachbar:innen – haben einen positiven Einfluss auf die psychische Stabilität im Leben.

Mirriam Prieß gehört zu den Resilienz-Expertinnen der Gegenwart und stellt einen ähnlichen Zusammenhang her. Die Beziehungen, die wir in der Kindheit erleben, formen unsere innere Realität und Identität. Kinder brauchen Begegnungen auf Augenhöhe auf der Grundlage von Liebe und dem Gefühl, willkommen zu sein. Wenn das nicht der Fall, baut ein Kind keinen Kontakt zu sich selbst auf, worunter das Selbstbewusstsein und die Resilienz im Erwachsenenalter leiden. Im Podcast erklärt sie uns allerdings auch, dass wahrscheinlich nur zwei Prozent aller Kinder in dieser Hinsicht optimal unterstützt wurden. Es gibt auch genetische Resilienz-Faktoren. Hierbei spielt insbesondere das „5-HTTLPR“-Gen eine Rolle, dessen Länge dafür verantwortlich ist, wie das Glückshormon Serotonin verarbeitet wird und Stresshormone abgebaut werden. Wenn wir uns fragen, ob wir zu jenen gehören, die die gute lange Variante haben, lautet die Antwort allerdings mit 99,5-prozentiger Sicherheit: ja. Hieran sollte es also in der Regel nicht scheitern.[5]

Als Leser:in werden Sie gleich eines feststellen: In diesem Kapitel laufen alle Fäden aus dem ersten Teil dieses Buches zusammen, denn New Work beginnt auf der individuellen Ebene. Alle von uns bisher behandelten Themen tragen zur Steigerung der persönlichen Resilienz bei. Resilienz ist der Ausgangspunkt für gemeinsames Wachstum, worauf wir uns im zweiten Teil des Buches fokussieren. Bevor wir dazu kommen, betrachten wir die einzelnen Resilienz-Faktoren und wie wir diese unterstützen können.

SELBSTWIRKSAMKEIT: DIE ÜBERZEUGUNG ETWAS BEWEGEN ZU KÖNNEN

„Zu sagen, dass etwas teilweise vererbbar ist, bedeutet nicht, dass es nicht veränderbar ist. Die Forschung zeigt, dass Menschen lernen können, wie sie resilient werden."

Karen Reivich, Psychologin und Autorin

Wie stark ist unser Glaube daran, dass das, was wir tun, einen Einfluss hat? Selbstwirksamkeit ist einer der wesentlichen Faktoren für Resilienz. Sie unterstützt uns dabei, auch schwierige Dinge und Herausforderungen aus eigener Kraft zu lösen.

Selbstreflexion als Ausgangspunkt

Im Coaching trifft Swantje Menschen, die viel erreicht haben, dies aber nur selten selbst so sehen. Hierzu gehört zum Beispiel die Topmanagerin, die bereits mehrfach als eine der besten ihrer Branche nominiert wurde und zusätzlich zur 55-Stunden-Woche zwei Kinder erzieht, zum Fußball fährt und bei den Hausaufgaben unterstützt. Sie verzweifelt daran, keine perfekt eingerichtete Wohnung zu haben und nicht fünfmal in der Woche zum Sport gehen zu können. Oder der Inhaber eines Telekommunikationsunternehmens, der nach erfolgreichem Verkauf seines Unternehmens in ein tiefes Loch von Depressionen, Wut und Selbstzweifeln fällt und im Zuge seiner Krise die Familie zerstört, ungeachtet der Tatsache, dass er gerade mehr erreicht hat, als er jemals zu träumen gewagt hätte. Oder die Medienpersönlichkeit, die noch nie so erfolgreich war wie heute und unter dem sogenannten „Hochstapler-Syndrom" leidet. Trotz nachvollziehbar sehr guter Leistungen ist sie der Überzeugung, überschätzt zu werden, und lebt daher in der Angst, dass die mangelnde Kompetenz eines Tages auffliegen könnte.

Die Gemeinsamkeit dieser drei Beispiele liegt darin, dass die Menschen häufig nicht mehr in einem echten Austausch mit sich selbst stehen. Sie sind es gewohnt zu „funktionieren", also zu tun, was man von ihnen erwartet, ohne sich für sich selbst zu interessieren oder gegenüber der eigenen Person empathisch zu sein. Stattdessen begegnen sie sich mit viel innerer Härte und haben die Kompetenz des „Sichzusammenreißens" kultiviert. Selbstreflexion und Selbstannahme tragen dagegen dazu bei, sich wieder zu begegnen. Hierzu gehört die Kenntnis über die eigenen Stärken, die Annahme von Schwächen sowie das Ablegen falscher Selbstbilder, Vorstellungen und unzweckmäßiger Glaubenssätze. Zu wissen, wer ich bin, was ich kann und was mich auszeichnet, hilft, innere Ruhe und Klarheit wiederzufinden, und bildet ein gutes Gegengewicht zu Vergleichen mit anderen. Im Kapitel „Selbstreflexion" haben wir zahlreiche Beispiele und Methoden dargestellt, um damit zu beginnen, die Reise fortzusetzen und regelmäßige Reflexion zur Gewohnheit werden zu lassen.

Ins Handeln kommen über Gewohnheiten und Selbstmanagement

Wenn wir das Gefühl haben, schon lange nichts mehr erfolgreich bewegt zu haben, oder uns immer wieder Dinge vornehmen, die wir hinterher doch nicht machen, leidet sowohl unser Selbstbewusstsein als auch die wahrgenommene Selbstwirksamkeit. Unser Ego wäre vielleicht sogar weniger in Mitleidenschaft gezogen worden, hätten wir es gar nicht erst mit dem selbst auferlegten Sportprogramm, der Gewichtsabnahme oder den beruflichen Vorsätzen versucht.

Ein sehr pragmatischer Weg, um die eigene Selbstwirksamkeit zu steigern, besteht im Aufbau kleiner Gewohnheiten. Mit diesen stärken wir unser Selbstbewusstsein und erreichen meist viel mehr als anfänglich gedacht – und das paradoxerweise mit lächerlich kleinen Veränderungen, die sich leicht etablieren lassen. Wir brauchen uns dann nicht auf unsere Motivation und Willenskraft zu verlassen, denn Gewohnheiten sind unsere neurologische Schnellstraße. Eine gute Gewohnheit, wie zum Beispiel jeden Tag 15 Minuten Sport zu treiben oder ein Telefonat im Gehen zu führen, stärkt uns und hat einen positiven Einfluss auf unsere Identität. Sie unterstützt dabei, einschränkende Glaubenssätze wie „Ich schaffe es einfach nicht, mich zu mehr Bewegung zu motivieren." loszulassen, und beeinflusst auch andere Lebensbereiche. Stabile Gewohnheiten sind eine Art Superkraft, wenn es darum geht, Ziele zu erreichen. Der Aufwand ist gering, das Ergebnis immens. Es gibt allerdings ein paar grundsätzliche Aspekte zu beachten, um stabile Gewohnheiten aufzubauen, deshalb haben wir dem Thema ein eigenes Kapitel gewidmet.

Gewohnheiten sind ein Teil der Lösung, wenn es darum geht, Selbstwirksamkeit zu steigern. Ein anderer ist Selbstmanagement. Viele Menschen fühlen sich schlichtweg überfordert von der Masse an beruflichen und persönlichen Verpflichtungen und Themen, sodass sie zumindest teilweise kapitulieren. Das befreit allerdings nicht, sondern belastet eher, ebenso wie das „Vorsichherschieben" von Aufgaben oder das Verschwenden von Zeit mit Ablenkungen. Dieses Verhalten schwächt uns und führt dazu, dass wir uns immer macht- beziehungsweise kraftloser fühlen. Wenn dann noch etwas Unerwartetes passiert, handelt es sich meist um den Tropfen, der das Fass zum Überlaufen bringt. Auch wenn sich solche Situationen häufig unüberwindbar anfühlen, ist die Lösung gar nicht so komplex. Es schafft sehr viel Erleichterung, zunächst für einen freien Kopf zu sorgen, alle Aufgaben an einem einzigen Ort zu strukturieren und in nächsten Schritten zu denken. Um die Kontrolle zurückzuerobern, helfen uns Strategien, um mit den Aufgaben, Themen und Verpflichtungen umzugehen, sinnvoll zu planen, zu priorisieren und um den Raum zu schaffen, Aufgaben fokussiert zu erledigen. Viele Menschen müssen außerdem wieder lernen, sich abzugrenzen und konzentriert zu arbeiten. Das ist der Kern von Selbstmanagement.[6] Es stärkt unsere Selbstwirksamkeit und schafft Freiräume, um die Dinge zu tun, die uns wirklich wichtig sind, und den sechs zentralen Lebensbereichen Beachtung zu schenken, auf die wir im nächsten Abschnitt eingehen.

SELBSTREGULATION: MIT EMOTIONEN UMGEHEN UND IMPULSE KONTROLLIEREN

„Die Beherrschung der Selbstregulation, das heißt die Beherrschung der eigenen Emotionen, ist der wahre Schlüssel zum Erfolg."

Timothy Pina, Autor, Fotograf und Aktivist

Die Art und Weise, wie wir denken, hat sehr viel mit unserem Erleben zu tun und dem Umfang an Energie, die wir bei uns behalten. Negative Emotionen und Stress verbrauchen um ein Vielfaches mehr Energie als positive, insofern ist die Fähigkeit zur Selbstregulation eine weitere Superkraft im Hinblick auf psychologische Widerstandsfähigkeit.

Gefühle wahrnehmen, verstehen und Reaktionen steuern

Was passiert in uns, wenn wir kritisiert werden oder jemand anderer Meinung ist? Stehen wir dem neutral und offen gegenüber und versuchen, die Perspektive des anderen zu verstehen, oder macht uns das einfach nur wütend? Wie gehen wir damit um, wenn wir gebeten werden, etwas zu tun, das wir noch nie gemacht haben? Sehen wir das als Chance und empfinden Neugier oder fühlen wir Überforderung und Angst? Unsere Emotionen und darauf basierende Reaktionsweisen sind erlernte Muster, die schnell und unbemerkt ablaufen und einen maßgeblichen Einfluss auf unser Verhalten haben. Dabei geht es nicht darum, Emotionen abzulehnen, sondern sie vielmehr bewusst wahrzunehmen, zuzulassen und zu verstehen, auch wenn viele von uns gelernt haben, negative Gefühle zu verdrängen. Gefühle zuzulassen und die Botschaft dahinter zu verstehen, ist für den Psychologen Leon Windscheid ein essenzieller Kompass, emotionale Granularität seine Geheimwaffe. Hierbei geht es darum, hinter die vordergründige Emotion zu schauen, um zu verstehen, wodurch diese hervorgerufen wurde. Durch das Auseinandernehmen unserer Gefühle gewinnen wir den Zugang zu ihnen, anstatt einfach nur an einer Überschrift wie „Ich bin wütend" hängen zu bleiben.[7] Eine andere Möglichkeit besteht darin, sich mit der folgenden Frage auseinanderzusetzen: „Wenn hinter meinen Gefühlen eine positive Intention stünde, welche könnte es sein?" Gefühle wahr- und anzunehmen – auch durch die Betrachtung einer Situation von außen – ist der erste Schritt für einen besseren Umgang. Im zweiten Schritt geht es darum, eine bewusste Entscheidung zu treffen, wie wir damit umgehen wollen, anstatt unreflektiert eingefahrenen Reaktionsmustern zu folgen und beispielsweise aufzuspringen und herumzuschreien oder den Raum zu verlassen und die Tür zuzuknallen. Im Kapitel „Freiheit" befassen wir uns intensiv mit der Rückeroberung mentaler Freiheit.

Alle sechs Lebensbereiche im Blick haben

Wenn wir uns nur auf den Beruf konzentrieren und andere Bereiche unseres Lebens parken, stellen wir eine Rechnung auf, die vielleicht nicht aufgeht. Zu oft haben wir erlebt, dass Menschen mit Ernüchterung feststellen, dass sie Versäumtes gar nicht nachholen können oder ihr Verhalten der sichere Weg in die Erschöpfung war, die ihnen die Möglichkeit genommen hat, sich überhaupt noch an anderen Themen zu erfreuen. Selbst wenn es zeitweilig unterschiedliche Schwerpunkte geben mag, sollten wir immer aus unterschiedlichen Quellen Kraft ziehen. Mirriam Prieß hat als Orientierung ein Modell (das „Käfermodell") entwickelt, das die sechs zentralen Lebensbereiche darstellt, die Menschen stabilisieren und ihnen Kraft geben.[8]

- Beruf
- Familie und Partnerschaft
- Gesundheit
- Soziale Kontakte
- Individualität/Hobbys
- Glaube und Spiritualität

Viele ihrer Patient:innen stehen nur noch auf eineinhalb von sechs Beinen, eines für den Beruf und ein halbes Bein für Familie und Partnerschaft. Damit gibt es dauerhaft keinen stabilen Stand. Wir brauchen alle sechs Bereiche für ein erfülltes und resilientes Leben. Dabei geht es nicht darum, diese alibimäßig mit Leben zu füllen, um Beweise der eigenen Vielfalt auf Instagram zu teilen – das kostet meist noch mehr Kraft. Es geht darum, diese Bereiche so zu gestalten, dass sie uns wirklich Kraft geben. Mirriam Prieß beschreibt in ihrem Buch, dass viele ihrer Burn-out-Patient:innen zwar sehr bemüht waren, die Reichhaltigkeit ihres Lebens im Außen darzustellen, sich allerdings dennoch leer fühlten. Vielleicht, weil der dargestellte Segeltrip, die Strandbar oder die Joggingrunde wenig mit ihnen selbst und ihren eigentlichen Bedürfnissen zu tun hatte. Die Erfahrung aus zahlreichen Coachings und Seminaren zeigt, dass der Verlust zentraler Lebensbereiche ein schleichender Prozess ist, „Noch ein paar Monate Fokus auf den Beruf, nach diesem Projekt wird alles besser, die Umstrukturierung muss ich noch überstehen …" – oft verbunden mit privatem Leistungsdruck und Selbsttäuschung hinsichtlich der Reichhaltigkeit des eigenen Lebens. Manchmal ist der wichtigste Ansatzpunkt, um Menschen beruflich weiterzuhelfen, ihnen ein Privatleben wiederzugeben – und das gelingt am besten Stück für Stück. Da wären wir wieder bei den kleinen Gewohnheiten, wie zum Beispiel, den ersten Kaffee in Ruhe und ohne Ablenkung mit dem:der Partner:in zu trinken, eine kurze Nachricht an jemanden zu versenden, der uns wichtig ist, oder abends eine Viertelstunde zu lesen.

Regelmäßige Bewegung, gesunde Ernährung und ausreichend Schlaf haben natürlich ebenfalls einen großen Einfluss auf unsere Widerstandskraft. Das ist vermutlich alles keine Neuigkeit, aber vielleicht hilft bei der Umsetzung ein anderer Weg als der, den wir bisher versucht haben. Es muss nicht die Spitzenleistung im Fitnessstudio sein, mehr Schritte reichen fürs Erste – und hierbei können uns die vielen Telefonate helfen, die die meisten von uns zu führen haben. Beim Thema Ernährung gibt es einfache Grundregeln, die bereits helfen. Und wer sagt „Schlafen kann ich auch noch, wenn ich tot bin", tut sein Bestes, um dem möglichst früh nahezukommen.[9]

BEZIEHUNGEN: DER SCHLÜSSEL ZUM GLÜCK

„Der Beziehungsaspekt ist der entscheidende Aspekt für Gesundheit oder Krankheit."

Mirriam Prieß, Medizinerin und Burn-out-Expertin

Robert J. Waldinger war der vierte Direktor, der die „Harvard Study of Adult Development" begleitete[10], die möglicherweise längste jemals durchgeführte Studie, um herauszufinden, was Menschen für ein langes und gesundes Leben brauchen. Neben erwartbaren Faktoren wie Gesundheitsversorgung und Bildungsniveau stach konstant ein weiterer Faktor als wesentlich für ein langes und gesundes Leben heraus: viele und gute Beziehungen. Die Wissenschaftler:innen waren überrascht. Robert erzählt uns im Podcast „Wir haben unseren eigenen Daten nicht getraut und dachten ‚Das kann nicht wahr sein!'" aber andere Studien kamen zum selben Ergebnis. Auch der Umkehrschluss konnte bewiesen werden: Menschen, die sich isoliert fühlten und einsamer waren, lebten kürzer und waren weitaus weniger gesund. Zu einem ähnlichen Ergebnis kommt auch Mirriam Prieß, die sowohl äußere Beziehungen als auch die Beziehung zu sich selbst betrachtet. Im Podcast erzählt sie uns, dass ausnahmslos jede:r ihrer Burn-out-Patient:innen entweder unter konfliktreichen Beziehungen litt, keine Beziehung mehr und häufig auch die Beziehung zu sich selbst verloren hatte.[11]

Unterschiedliche Trends und Ereignisse tragen dazu bei, dass uns unser Arbeitsleben immer einsamer macht wie auch die steigende Mobilität, denn viele Menschen leben nicht mehr bei ihren Familien – zumindest nicht während der Woche. Robert Waldinger bezieht sich in unserem Gespräch auf die Arbeit von Robert D. Putnam, der den Einfluss von Technologie auf soziale Interaktionen untersuchte.[12] Der erste große Einbruch kam mit der Verbreitung des Fernsehens in den 1950er-Jahren in den USA. Ein weiterer Einbruch konnte im 21. Jahrhundert durch die Verbreitung des Smartphones beobachtet werden. Die Corona-Pandemie dürfte – wenn auch nicht technologisch bedingt – wahrscheinlich der bisher größte Einbruch sein, da sie von heute auf morgen sämtliche Bereiche des Lebens betraf und viele Menschen isoliert hat. Bereits vor der Pandemie gab es erdrückende Studien zum Thema Einsamkeit am Arbeitsplatz – nur zwei von zehn der befragten Amerikaner:innen gaben an, eine:n gute:n Freund:in bei der Arbeit zu haben.[13] Unternehmen täten also gut daran, in den Beziehungsaufbau ihrer Mitarbeiter:innen zu investieren, denn Menschen, die Freund:innen in der Arbeit haben, sind produktiver, gesünder und kündigen seltener. Es gibt inzwischen zahlreiche Studien, die den engen Zusammenhang zwischen Einsamkeit am Arbeitsplatz und Burn-out belegen.[14]

Wenn es um Gesundheit, Widerstandsfähigkeit und Glück geht, suchen Menschen also oft an der falschen Stelle. Der Schlüssel liegt in unseren Beziehungen. Nichts, das wir kaufen oder besitzen können, kommt dem so nahe.[15]

AKZEPTANZ UND SINNFINDUNG: WIDER DIE GEGENWARTSENTWERTUNG

„Leben hat immer einen Sinn, wir müssen dem Leben diesen Sinn geben beziehungsweise auch in herausfordernden Situationen einen Sinn finden. Es geht darum, etwas daraus zu machen."

Viktor Frankl, Neurologe, Psychiater und Autor

Der österreichische Neurologe und Psychiater Viktor Emil Frankl überlebte vier Konzentrationslager. Frankl war dort Gefangener, aber auch Beobachter. In seinem Buch *... trotzdem Ja zum Leben sagen* beschreibt und analysiert er seine Erfahrungen und leitet daraus Faktoren ab, die es ermöglichen, dass Menschen trotz Demütigung, Hunger, Kälte, Angst und Schmerz nicht zerbrechen: Akzeptanz und Sinnfindung. Für Frankl ist selbst unter den menschenverachtenden Umständen in Konzentrationslagern ein sinnvolles Leben möglich, „indem man mutig und tapfer bleibt, würdig und selbstlos agiert und auch im Überlebenskampf das Menschentum nicht vergisst".[16] Er hat nicht nur aus der Gegenwart Kraft gezogen, sondern auch aus der Zukunft, indem er sich die Zeit nach der Gefangenschaft vorstellte, in der er sich Vorträge über die Psychologie in Konzentrationslagern halten sah und damit seinem gegenwärtigen Leiden Sinn verlieh. Auch wenn Frankl in seinem Buch mehrfach darauf hinweist, dass er an vielen Stellen Glück hatte, waren die Annahme der Gegenwart und der Glaube an die Zukunft entscheidend. Oft beobachtete er Mitgefangene, die sich von der Gegenwart lösten und diese entwerteten. „Der Nachteil der Gegenwartsentwertung besteht darin, dass damit auch Chancen und Möglichkeiten nicht gesehen werden, die die Gegenwart bietet. Die Entwertung führt vollends dazu, sich gehen zu lassen und alles als sinnlos zu betrachten. Solche Menschen vergessen, dass gerade vermeintlich aussichtslose Situationen die Gelegenheit bieten, über sich selbst hinauszuwachsen", fasst es Frankl zusammen.

Akzeptanz bedeutet, mit dem Umstand zu leben, dass das Leben nie perfekt sein wird. Dies ist auch eine der Kernbotschaften von Mark Manson in *The Subtle Art of Not Giving a F:ck*.[17] Menschen neigen dazu, ihr Leben mit einer unrealistischen Idealvorstellung zu vergleichen, die sie unglücklich macht oder frustriert. Davon auszugehen und zu akzeptieren, dass das Leben immer ein gewisses Maß an Versagen und Ablehnung bereithält sowie Dinge, die wir nicht mögen, befreit von Enttäuschungen und macht widerstandsfähiger. Es geht Manson nicht darum, dass Menschen gleichgültig werden, sondern dass sie negative Emotionen akzeptieren und als einen natürlichen Umstand des Lebens anerkennen.

Einige Menschen vertreten die Annahme, dass Optimismus resilienter macht. Immerhin gibt es Studien, die belegen, dass positive Verzerrungen zur schnelleren Gesundung nach einer Verletzung oder Operation beitragen.[18] Eine optimistische Sicht der Welt sorgt dafür, dass wir uns weniger belasten. Viktor Frankl bezweifelt allerdings, dass positive Verzerrungen hilfreich sind. So führt er ein unerklärliches Massensterben im Konzentrationslager in der Woche nach Weihnachten darauf zurück, dass sich jene, die hinsichtlich der Vorstellung, Weihnachten zu Hause zu sein, optimistisch waren, selbst aufgaben, nachdem ihnen klar wurde, dass sich ihre Hoffnung nicht erfüllen würde. Daher ist oft auch von realistischem Optimismus als Resilienz-Faktor die Rede, womit die Annahme der Gegenwart und ein optimistischer Blick in die Zukunft gemeint sind.

KREATIVITÄT UND LEBENSLANGES LERNEN

„Jeder, der aufhört zu lernen, ist alt, egal ob das mit zwanzig oder mit achtzig ist. Wer lernt, bleibt jung."

Henry Ford, Erfinder und Unternehmer

Akzeptanz und Sinnfindung bilden die Grundlage, um Situationen anzunehmen und einen Sinn darin zu sehen. Zukunfts- und Lösungsorientierung helfen uns dann dabei, neue Lösungen zu entwickeln. Zwei wichtige Faktoren, die uns dabei helfen sind Kreativität und lebenslanges Lernen.

Mit Kreativen sind nicht jene seltenen Genies gemeint, denen schon beim morgendlichen Zähneputzen die Weltformel einfällt. Kreativität ist eher eine Sache der richtigen Herangehensweise und eiserner Disziplin. Ernest Hemingway sagt man beispielsweise nach, er habe die letzte Seite von *In einem anderen Land* 39-mal neu geschrieben. Der Cartoonist Matt Diffee, dessen Arbeiten regelmäßig im *New Yorker* erscheinen, zeichnet rund 150 Entwürfe, bevor er einige wenige dort einreicht.[19] Auch in den Gesprächen mit unseren Podcast-Gästen, wie dem Comedian und Schauspieler Atze Schröder, dem Filmkomponisten und Musiker Simon Heeger und dem Autor, Podcaster und Moderator Micky Beisenherz, sind Disziplin und Wiederholung ein gemeinsamer roter Faden. Ein anderer wichtiger Aspekt ist das Zulassen von Zufällen und Fehlern. Zahlreiche Innovationen sind per Zufall entstanden; zu den bekanntesten Beispielen zählen Penicillin (entstanden aufgrund eines nicht aufgeräumten Labors), Viagra (entstanden auf der Suche nach einem Herzmedikament), die Mikrowelle (entstanden bei der Entwicklung von Radaranlagen), Post-its (basieren auf einem „nutzlosen" Kleber, der als zu schwach galt), Teebeutel (eigentlich waren sie nur als billigere Verpackungsalternative gedacht), Teflon (entstanden bei der Suche nach einem Kältemittel für Kühlschränke), Eis am Stiel (entstanden, weil Limonade mit einem Löffel darin versehentlich gefror) und Tesafilm (entstanden auf der Suche nach einem neuen Kleber für Pflaster). In unserem Kapitel über Kreativität beleuchten wir das Thema genauer.

Lebenslanges Lernen ist ein weiterer wichtiger Faktor für unsere Widerstandsfähigkeit, da wir hierdurch flexibler und anpassungsfähiger werden und besser mit veränderten Rahmenbedingungen umgehen können. Es stärkt unsere Selbstwirksamkeit und unser Selbstbewusstsein. Die Altersforschung lässt uns außerdem wissen, wer regelmäßig lernt, trägt erheblich dazu bei, die Funktionsweise des Gehirns zu erhalten und Krankheiten wie Demenz oder Alzheimer vorzubeugen. Wer sich neuen Themen und Fertigkeiten verschließt, wird in der Arbeitswelt von heute schnell überfordert sein. Für viele Menschen ist das Thema Lernen allerdings negativ belegt, die Ursache liegt oft in der Schulzeit.[20] Die Art und Weise, wie in der Schule gelernt wurde, können wir heute getrost hinter uns lassen. Um wieder Spaß am Lernen zu haben, hilft es, die Hürden niedrig zu halten. Im Kapitel über das Lernen haben wir Strategien beschrieben, die dabei helfen, mit Leichtigkeit an neue Themen heranzugehen und negative Glaubenssätze zum Thema Lernen zu überwinden.

ON THE WAY TO NEW WORK

„Der Tiefpunkt wurde das solide Fundament, auf dem ich mein Leben neu aufgebaut habe."

Joanne K. Rowling, Autorin

Im Zuge der Selbstoptimierung entsteht womöglich der Eindruck, Resilienz sei deshalb erstrebenswert, weil sie davon befreie, Stress und negative Emotionen erleben zu müssen. Das ist nicht so. Resilienz hilft uns dabei, ohne nachhaltige Beeinträchtigung mit Krisen umzugehen und unser psychologisches „Normalnull" wiederzuerlangen – eine Fähigkeit, die uns sowohl im Privaten als auch im Beruf zugutekommt.

- Neues Arbeiten soll Menschen stärken, ihnen Sinn geben und klassische Erwerbsarbeit, die Frithjof Bergmann als „milde Krankheit" bezeichnet, durch sinnvollere

Formen ersetzen. Das setzt allerdings auch voraus, dass wir resilient genug sind, um mit Veränderungen umzugehen und die Potenziale wirklich zu nutzen.

- Resilienz wird maßgeblich durch unsere Erfahrungen und unsere Beziehungen in der Kindheit beeinflusst. Die schlechte Nachricht: Die wenigsten von uns hatten hier ideale Voraussetzungen. Die gute Nachricht: Resilienz ist erlernbar.
- Jeder Mensch hat Einfluss auf sein Leben und auf andere Menschen, allerdings spürt dies nicht jede:r. Das Befassen mit den eigenen Stärken, der Aufbau kleiner Gewohnheiten und ein besseres Selbstmanagement sind konkrete Möglichkeiten, um sich selbst und die eigene Wirksamkeit wieder besser wahrzunehmen.
- Emotionen sind nichts, das wir abschalten sollen. Es hilft allerdings, Methoden und Techniken zu lernen, um mit ihnen besser umzugehen, und Impulshandlungen, die uns selbst schaden, zu vermeiden.
- Auch Gesundheit, Erholung und ein ausgeglichener Lebensstil sind für unsere psychologische Widerstandsfähigkeit wichtig. Resilienz ist wie ein Muskel, den wir nur durch regelmäßiges Training und Ruhephasen stärken.
- Gesunde Beziehungen sind der wichtigste Faktor für ein erfülltes Leben, schlechte schaden uns. Mit wem wir unsere Zeit verbringen und wie wir Beziehungen zu anderen gestalten, beeinflusst unsere Resilienz erheblich.
- Dinge laufen anders, als wir es uns wünschen. Je besser wir in der Lage sind, dies zu akzeptieren und das Gute darin zu sehen, desto leichter fällt der Umgang mit solchen Situationen und desto eher lassen sich auch vermeintlich negative Situationen zum persönlichen Wachstum nutzen.

Auch wenn Resilienz im ersten Teil dieses Buchs auf individueller Ebene betrachtet wurde, tragen resiliente Menschen auch zu resilienten Organisationen und Gesellschaften bei. Dies ist nur einer der Faktoren, die organisationale und gesellschaftliche Resilienz ausmachen. Im zweiten und dritten Teil dieses Buchs befassen wir uns intensiv mit den weiteren Faktoren, wie zum Beispiel Agilität, neuen Organisationsformen, Kultur, Nachhaltigkeit und Bildung.

2

Starkes Wir

10/ ORGANISATION

„Man ändert nie etwas, indem man die bestehende Realität bekämpft. Um etwas zu verändern, muss man ein neues Modell entwickeln, welches das bestehende Modell überflüssig macht."

Frédéric Laloux, Autor und Umweltaktivist

Nachdem er zehn Jahre bei der Unternehmensberatung *McKinsey & Company* gearbeitet hatte, entschied sich Frédéric Laloux nach einem Coaching-Prozess dafür, selbst als Coach zu arbeiten. Sein Ziel war, Menschen dabei zu unterstützen, sich tiefere Fragen zu stellen, dem eigenen Sinn näherzukommen und besser mit den an sie gestellten Anforderungen umzugehen. Laloux führte unzählige Gespräche mit Führungskräften, die nicht glücklich waren und durch das Coaching den Mut fassten, sich zu verändern – was oft in einem Wechsel des Unternehmens mündete. Eine Arbeit, die ihn glücklich machte, bis ihn die Erkenntnis traf: „So spannend diese Arbeit ist, sie bewirkt eigentlich wenig."[1]

Der wichtigste Anspruch von New Work besteht darin, dass Arbeit den Menschen stärken soll. Dennoch arbeiten viele von uns in Umfeldern, die Energie kosten, anstatt Energie zu geben. Vielleicht weil wir im Kontext unserer Arbeit nicht wir selbst sein können, eine Fassade aufrechterhalten müssen, uns permanent unter Druck fühlen, um die eigene Position fürchten oder uns mit Themen und Strukturen herumschlagen, die nicht sinnvoll sind und uns behindern, anstatt zu helfen. Handelt es sich dabei um eine normale Nebenwirkung des Berufslebens, mit der wir uns arrangieren müssen, weil wir dafür bezahlt werden? Oder gibt es andere Formen der Arbeit, die frei davon sind? Laloux erkannte, dass die Lösung nicht darin liegen kann, Menschen beizubringen, sich besser mit diesen Umständen zu arrangieren. Dabei war von Anfang an klar: die Suche nach einer anderen Form des Arbeitens ist keine Utopie, denn es gibt diese Momente, in denen wir ohne Maskerade sinnerfüllt miteinander arbeiten und dabei erleben, welche Kraft und Freiheit damit verbunden sind. Laloux machte sich drei Jahre lang auf die Suche nach Organisationen, in denen dies der Normalzustand ist. Er stieß dabei auf Schulen, Krankenhäuser und Unternehmen, die ihre Arbeit neu organisiert haben.

FAST ALLE MENSCHEN ARBEITEN IN EINER ORGANISATION

„Was hindert dich daran, die beste Arbeit deines Lebens zu leisten?"

Aaron Dignan, Autor und Unternehmer

Der Großteil der arbeitenden Bevölkerung ist in Organisationen (auf)gefangen, und während sich unsere Umwelt in den letzten Jahrzehnten stark verändert hat, taten es viele Organisationen nicht. Die Fortschritte, die wir technologisch und intellektuell gemacht haben, sind oft an ihnen vorbeigegangen. Wenn wir Menschen bitten, die Struktur ihres Unternehmens aufzuzeichnen, kommt in den allermeisten Fällen immer noch eine Pyramide dabei heraus, Hierarchien, in denen einige wenige über viele andere bestimmen. Ein Prinzip, das zu Zeiten der industriellen Revolution seinen Eingang in die Wirtschaft fand und heute weder unserer dynamischen Welt noch den Bedürfnissen der Mitarbeiter:innen gerecht wird. Gallup erhebt jährlich den *Engagement Index*, und obwohl dieser 2020 gestiegen ist, haben nur 17 Prozent der Befragten eine hohe emotionale Bindung an ihren Arbeitgeber. 83 Prozent gaben an, eine geringe oder gar keine Bindung an ihren Arbeitgeber zu haben.[2] 5,7 Millionen Arbeitnehmer:innen haben gemäß der Studie innerlich gekündigt, der volkswirtschaftliche Schaden daraus beträgt bis zu 113,9 Milliarden Euro. Eine andere Gallup-Studie ergab außerdem, dass nur 15 Prozent der Befragten bei der Arbeit engagiert sind, 67 Prozent gaben an, nicht engagiert zu sein, und die verbleibenden 18 Prozent bezeichneten sich als „aktiv nicht engagiert", was bedeutet, dass sie die Ambitionen ihres Arbeitgebers sogar bewusst untergraben.[3]

Mangelnde Motivation ist allerdings keine Charakterschwäche. Sie entsteht, wenn unser Umfeld nicht zu uns passt und unsere Bedürfnisse nicht erfüllt werden. Mit Blick auf die eigene Berufserfahrung gab es bei den meisten Menschen Jobs, in denen sie motiviert waren, viel erreichen konnten und erfüllt nach Hause gingen und Jobs, in denen die Wochen zäh wie Kaugummi waren, die verbleibende Zahl an Urlaubstagen zur wichtigsten Kennzahl persönlicher Freiheit wurde und sie nie wirklich glücklich waren. Ob ein Umfeld motivierend ist oder nicht, ist dabei nicht allein eine Frage individueller Präferenzen, sondern auch symptomatisch für die Arbeitsorganisation und Kultur im Unternehmen. In manchen Organisationen wird beispielsweise viel Zeit darauf verwendet, vordergründig Konsens zu erreichen, was eine große Zahl an Diskussionen zur Folge hat. Andernorts erinnert das Hierarchiegehabe an Tierdokumentationen oder es werden laufend Beobachtungen geteilt, Reflexionen durchgeführt und Feedbacks gegeben – und das ganz, ohne die eigene Meinung zu sagen. Es gibt allerdings auch Unternehmen, Bereiche und Teams, in denen es anders läuft, in denen Menschen unabhängig von Alter, Geschlecht und Betriebszugehörigkeit ihre Meinung teilen, Entscheidungen treffen und wenig Zeit darauf verwendet wird, sich selbst zu positionieren. In diesem Kapitel geht es genau darum, neue Organisationsformen, in denen Arbeit selbstorganisiert, ganzheitlich und erfüllend ist.

KLASSISCHE HIERARCHIEN HABEN AUSGEDIENT

„Bei Corporates wird 80 Prozent der Energie darauf verschwendet, Karrieren zu sichern. Da wird nicht im Sinne des Outputs gearbeitet, sondern im Sinne der Beibehaltung des Status quo."

Tarek Müller, Mitgründer von *ABOUT YOU*

Neues Arbeiten braucht einen neuen Rahmen. Der Managementberater und ehemalige Harvard-Professor Gary Hamel beschreibt die vorherrschenden Organisationsstrukturen als eine Mischung aus den militärischen Kommandostrukturen Julius Cäsars und dem technokratischen Gedankengut von Frederick Taylor, welche die effiziente Standardisierung von Prozessen zum Inhalt hatten. Was einst die effizienteste Art und Weise war, größere Einheiten zu organisieren, ist längst zum Hemmschuh von Veränderungsfähigkeit, Innovation und Verantwortungsübernahme geworden. Autoritäre Machtstrukturen sind zu langsam und starr für eine Welt, in der wir schnell und flexibel reagieren müssen. Bevor eine Idee beispielsweise die entscheidungsbefugte Hierarchieebene erreicht, versackt sie im Treibsand zahlreicher anderer Themen oder es vergeht sehr viel Zeit. Allein das führt dazu, dass Menschen vorfiltern und einen großen Teil ihrer Ideen gar nicht erst einbringen beziehungsweise aufgegeben haben, auf Missstände hinzuweisen. Unabhängig von Intelligenz, Kreativität oder Motivation dauert es beispielsweise für Berufsanfänger:innen in einem hierarchischen Unternehmen Jahre, bis sie wirklich Einfluss nehmen können, Jahre, nach denen sie vermutlich genauso angepasst und glattgeschliffen sind wie die eigenen Gedanken und Ideen – ohne Ecken und Kanten. Eine Aussicht, für die mindestens die Generationen Y und Z[4] nicht mehr zur Verfügung stehen.

Gary Hamel und Michele Zanini, die Autoren von *Humanocracy*, gehören zu den größten Kritikern moderner Bürokratien. Um die hierdurch entstehenden Kosten zu verdeutlichen, entwickelten sie den „Bureaucratic Mass Index", einen BMI für Unternehmen.[5] Die beiden Wissenschaftler schätzen, dass ein Übermaß an Bürokratie in den 32 OECD-Ländern pro Jahr ungefähr 9 Trillionen US-Dollar kostet, weil die aufgeblähten Strukturen zu Reibung, interner Komplexität und langsamen Entscheidungen führen sowie zur Entmündigung von Mitarbeiter:innen, Risikoaversion, Trägheit, innerbetrieblicher Politik und Lobbyismus. Hierarchien gehen außerdem davon aus, dass eine höhere Hierarchieebene besser entscheidet. Warum sollte aber jemand, der im Alltag kaum oder gar nicht mit dem eigentlichen Thema zu tun und latent zu viele Themen auf dem Tisch hat, die besseren Entscheidungen treffen als jene, die das Thema tatsächlich betrifft? Selbst wenn er:sie intelligent und fähig ist.

Organisationen müssen damit aufhören, die Schätze menschlicher Kapazität, Kreativität und Motivation ungenutzt wegzuwerfen, weil sie den meisten Menschen nicht die Möglichkeit geben, sich richtig einzubringen. Einer Studie zufolge gaben innerhalb der EU weniger als die Hälfte der Befragten an, dass sie um ihre Meinung gebeten werden, bevor man Ziele für ihre Arbeit festsetzt, dass sie Entscheidungen beeinflussen können und in die Verbesserung der Arbeitsorganisation und Prozesse einbezogen werden.[6] Führungskräfte haben dabei einen deutlich größeren Hebel als Mitarbeiter:innen. Während beispielsweise über 80 Prozent der Führungskräfte in Verbesserungsvorhaben einbezogen werden, sind es nur 31 Prozent der Mitarbeiter:innen auf der untersten Hierarchieebene. Tony Hsieh, der im Jahr 2020 verstorbene Gründer und ehemalige CEO des Online-Schuhhändlers *Zappos,* zog hierbei gern den Vergleich zwischen Städten und Unternehmen: Während Innovationskraft oder Produktivität je Einwohner:in innerhalb einer Stadt bei einer Verdopplung der Einwohner:innenzahl um 15 Prozent ansteige, könne man denselben Effekt in Unternehmen bei einer Verdoppelung der Mitarbeiter:innen fast nie beobachten – eher das Gegenteil. Seine Erklärung: Dieselben Menschen, die Autos kaufen, Häuser bauen, Schulen und Universitäten für ihre Kinder auswählen und andere große Entscheidungen treffen, benötigen im Beruf für einen Reisekostenantrag in Höhe von 100 Dollar die Unterschrift ihres Vorgesetzten.[7]

Neue Management- und Arbeitsprinzipien unterstützen dabei, das Potenzial von Mitarbeiter:innen zu entwickeln und zu nutzen, flexibler zu werden und schneller zu lernen. Eine Patentlösung gibt es dafür nicht – aber es gibt viele Unternehmen, die sich auf den Weg gemacht haben und als positives Beispiel dienen. Wichtiger als konkrete Methoden und Vorgehensweisen sind die dahinterliegenden Prinzipien und die Bereitschaft, alte Denkmuster infrage zu stellen und durch etwas Neues zu ersetzen. Wir orientieren uns an den drei Prinzipien, die auch Frédéric Laloux als wesentlich identifiziert hat: Selbstorganisation, Ganzheitlichkeit sowie am Sinn des Unternehmens ausgerichtete evolutionäre Weiterentwicklung.

SELBSTORGANISATION – EIN MÖGLICHER AUSWEG AUS DER PYRAMIDE

„Uns war immer klar, dass wir versuchen müssen, an den Punkt zu kommen, dass, wenn man auf das Arbeitsleben oder das ganze Leben zurück guckt, man die Zeit, die man hier verbracht hat, nicht bereuen muss."

Tim Mois, Gründer und Geschäftsführer von *sipgate*

Die Innovationsberatung *Dark Horse* ist aus mehreren Blickwinkeln sehr bemerkenswert. Sie wurde 2009 von den ersten 30 Absolvent:innen der D-School des Hasso-Plattner-Instituts of Design Thinking in Potsdam gegründet. Nicht nur das verbindende Thema Design Thinking war neu, sondern auch der unternehmerische Ansatz mit 30 gleichberechtigten Gründer:innen. Die Gruppe junger Menschen wollte zusammenarbeiten, um etwas Sinnvolles zu tun und innovatives Denken und Handeln in Organisationen zu bringen. Auf der Suche nach der geeigneten Unternehmensform beschäftigte sie unter anderem die Frage: „Wie sorgen wir dafür, dass wir nicht zu ‚Fachidioten' werden, die nur eine Sache machen?" Die Antwort schien relativ offensichtlich: Alle würden Teilzeit bei *Dark Horse* arbeiten und zusätzlich auch in anderen Unternehmen angestellt sein, um verschiedene Perspektiven beizubehalten. „Rückwirkend war das ein Fail", beschreiben Fried Grosse-Dunker und Monika Frech ihre Gründungsidee. Als zwei der 30 Gründer:innen konnten sie beobachten, dass gerade größere Unternehmen schlecht mit der angedachten Konstellation umgehen konnten. Dennoch, die Idee blieb, dass jede:r die Möglichkeit haben sollte, etwas anderes zu erleben und eigene Projekte umzusetzen, ohne dass er:sie *Dark Horse* dafür verlassen musste. „Wir suchten eine Organisationsform, die ein Gemeinschaftsgefühl in den Kern des Wirtschaftens stellt." Klassische Organisationsformen gaben dabei nicht viel her. Auch wenn der Weg, den die Organisation nahm, zunächst mit Irrtümern gepflastert war, gab es am Ende ein Ergebnis: die Kloster-Pilger:innen-Metapher. Alle Teammitglieder haben die Möglichkeit zu pilgern, also operativ einen anderen Job zu machen, ohne bei *Dark Horse* kündigen zu müssen. Die Pilger:innen tragen den Geist in die Welt und bringen die Welt auch zurück ins Kloster, was dazu beiträgt, aus der Sackgasse des Fachexpert:innentums auszubrechen.[8]

Die legendäre Hamburger Werbeagentur *Springer & Jacoby* zählte in den 1980er- und 1990er-Jahren zu den kreativsten Agenturen des Landes. Bemerkenswert ist die Tatsache, dass die beiden Gründer Reinhard Springer und Konstantin Jacoby sich sehr früh über moderne Organisationsformen Gedanken machten. Geprägt durch eigene schlechte Erfahrungen sorgten sie dafür, dass die Agentur sich in kleinen, schlanken und selbstständig geführten Einheiten aufstellte. Sobald eine operative Einheit eine Größe von ungefähr 40 Menschen überschritt, fand eine Zellteilung statt und eine neue Agentur entstand. Jede dieser in der Rechtsform einer GmbH geführten Firmen wurde von einem dreiköpfigen Team selbstständig geführt. Der Agenturgruppe gelang es so, sich über zwei Jahrzehnte ihren unternehmerischen Spirit zu erhalten.[9]

Die Abwesenheit zentraler Steuerung ist natürlicher als die Hierarchie. Frédéric Laloux zieht den Vergleich zu einem Ökosystem wie einem Wald, dem menschlichen Gehirn oder auch einem Vogelschwarm. Alle Systeme, die wir in der Natur vorfinden, sind flexibel und reagieren schnell im Sinne des Gesamtsystems – und das ganz ohne Topmanagement, Mittelmanagement und Teamleiter:in. Das Spektrum der von ihm untersuchten Unternehmen reicht vom französischen Automobilhersteller *FAVI* über die niederländische IT-Beratung *BSO/Origin* bis zur kalifornischen *Morning Star*, die Tomatenprodukte verarbeitet. Das prominenteste und am häufigsten zitierte Beispiel ist der niederländische Pflegedienst *Buurtzorg*. Das 2006 von Jos de Blok gegründete Unternehmen beschäftigt heute fast 16.000 Menschen und kommt ohne Vorgesetzte und Hierarchien aus. Selbstorganisierte Teams von zehn bis zwölf Pflegekräften bilden das Netzwerk der Organisation, unterstützt von regionalen Coaches, die mit Ratschlägen und bei der Teamhygiene unterstützen, und einer sehr kleinen Firmenzentrale, in der weniger als 100 Menschen arbeiten und sich um Verwaltungsangelegenheiten kümmern. Weitere Beispiele sind der amerikanische Stahlfabrikant *Nucor*, der aus 75 dezentralen Einheiten besteht, der chinesische Elektronik- und Haushaltsgerätehersteller *Haier*, der sich aus über 4.000 Mikro-Unternehmen zusammensetzt und die skandinavische Bank *Svenska Handelsbanken*, bei der jede Filiale eine unabhängige Einheit ist, die beispielsweise selbst über Kreditvergabe, Konditionen und Kundenkommunikation entscheidet.

Dezentralisierung steht nicht im Widerspruch zu Wirtschaftlichkeit. Die untersuchten Beispiele gehören allesamt zu den erfolgreichsten ihrer Branche und in keinem der untersuchten Unternehmen führt Selbstorganisation zu Strukturlosigkeit oder Endlosdiskussionen, wie es einige vielleicht befürchten würden. Ganz im Gegenteil, es gibt Strukturen, Rollen und Vorgehensweisen, die den Beteiligten Orientierung geben, sowie Methoden zur Entscheidungsfindung, durch die die Zahl der Diskussionen deutlich geringer ist als in hierarchisch organisierten Unternehmen. Der Komplexitätsgrad ist dabei unterschiedlich. Einige Unternehmen arbeiten mit einem minimalen Set an definierten Regeln und überlassen den Rest ihren Teams. Andere setzen auf umfassendere Rahmenwerke.

Holacracy – Selbstorganisation im Extremen

„Man kann sich Holacracy als ein Rahmenwerk vorstellen, um zu einer klaren Organisation ohne Hierarchie, dafür aber mit einer Reihe von Prozessen zu gelangen.“

Brian Robertson, Unternehmer und Autor

Holacracy, das auf Basis der Soziokratie[10] von Brian Robertson entwickelt wurde, gehört zu den umfassenden Rahmenwerken für Selbstorganisation. Brian erzählte uns im Podcast, dass er bereits im Alter von sechs Jahren damit begann zu programmieren.[11] Das war das Einzige, das ihn wirklich interessierte. Es äußerte sich auch darin, dass er fast von jeder Schule flog. Mit 17 Jahren fing er an, in einer Softwarefirma zu arbeiten und half dabei, Satelliten zum Mars zu schicken. Was Robertson dabei überraschte: Die größten Hindernisse, mit denen sich Menschen im Beruf herumschlugen, schienen nicht technischer, sondern menschlicher Natur zu sein. Irritiert beobachtete er, wie viel Zeit und Energie in Konflikte, Politik und Bürokratie floss. Als er mit 21 Jahren die Firma *Ternary Software* gründete, trieb ihn die Frage an, wie er eine Arbeitsumgebung aufbauen könnte, in der es möglich war, dass alle ihre volle Kreativität, Leidenschaft und Menschlichkeit einbrachten. Anfangs hatte er lauter Ideen, die er heute als furchtbar bezeichnet. Doch dann wurde es Schritt für Schritt besser. 2007 präsentierte Brian Robertson seine gesammelten Erfahrungen erstmals als integrierten Ansatz unter dem Namen Holacracy. 2010 veröffentlichte er die Holacracy-Verfassung, die die Funktionsweisen von Holacracy zusammenfasst.

Unternehmen, die nach Holacracy aufgebaut sind, haben keine Top-down-Hierarchien. Die Grundstruktur des Unternehmens besteht aus sich selbst organisierenden Kreisen, die einem gemeinsamen Sinn und Zweck folgen, die wiederum auf den Sinn und Zweck der Gesamtorganisation einzahlen.

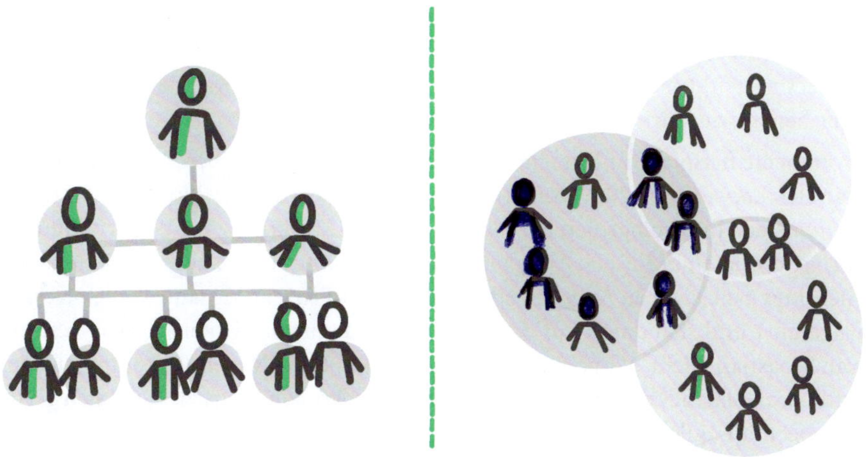
Hierarchie vs. Holacracy

Mitarbeitende haben bei Holacracy keine Positionen inne, sie haben unterschiedliche Rollen. Die Rollen sind klar definiert: Was ist deren Sinn und Zweck, also warum ist es wichtig, dass es diese Rolle gibt? Was sind die Verantwortlichkeiten der Rolle und ihre Befugnisse? In seinem Statement „Sei der CEO deiner Rolle, führe sie wie deine kleine Firma“ bringt Brian zum Ausdruck, dass Rolleninhaber:innen im Rahmen ihrer Rolle frei entscheiden können. Resultieren hieraus Probleme, die er als Spannungen bezeichnet, nimmt das niemand persönlich, ganz im Gegenteil, es sind Möglichkeiten, das System zu verbessern. Hierfür gibt es Meetings, in denen diese Spannungen grundsätzlich geklärt werden. Wenn zum Beispiel die Rolle „Trainingsentwicklung“, deren Sinn und Zweck darin besteht, qualitativ hochwertige Trainings zu entwickeln, ein Problem darin sieht, dass die Rolle „Website-Management“, deren Sinn und Zweck es ist, die Angebote des Unternehmens auf der Internetseite attraktiv darzustellen, eigenmächtig Trainingsinformationen für die Website umschreibt, wird dies im „Steuerungsmeeting“ adressiert. In vielen Managementteams würde nun wahrscheinlich diskutiert, welche Textvariante die bessere ist. In holakratischen Organisationen ist das nicht die Frage. Es geht ausschließlich darum, welche Rolle zukünftig die Entscheidung über die Website-Texte trifft, denn mit hoher Wahrscheinlichkeit fehlte hier eine klare Regelung. Dieses Beispiel macht zum einen deutlich, dass es viel weniger inhaltliche Diskussionen gibt – hier wird den Rolleninhaber:innen vertraut. Zum anderen zeigt es auch, dass Teams sich nicht tagelang einschließen müssen, um jedes Detail für jede Rolle genau auszuarbeiten. Es wird mit groben Rollenbeschreibungen und einem klaren Sinn und Zweck der Rollen begonnen und dem Prozess überlassen, darüber hinausgehende Fragen aufzubringen und zu klären. Das System verbessert sich iterativ von selbst und vervollständigt Rollenbeschreibungen dort, wo es sinnvoll ist. Ähnlich verhält es sich mit Befugnissen, die ausdrücken, was nur diese eine Rolle darf. Auch wenn sich Menschen aus alter Gewohnheit oft als Erstes auf die Frage fokussieren „Was darf nur meine Rolle?“ und damit einen Zaun um den eigenen Kompetenzbereich ziehen wollen, spielt diese Frage bei Holacracy eine untergeordnete Rolle.

Sie wird dann geklärt, wenn es einen realen Klärungsfall gibt – der übrigens selten vorkommt. Holacracy hat mit dem taktischen Meeting außerdem eine hocheffiziente Meetingstruktur entwickelt, auf die wir auch in unserem Kapitel über Meetings eingehen, sowie klare Regeln zur Entscheidungsfindung.

Prominente Beispiele für Firmen, die Holacracy eingeführt haben, sind der Online-Händler *Zappos*, der 2009 von *Amazon* gekauft wurde, die Blogging-Plattform *Medium*, der Technologiebereich von *Zalando*, der Marktplatz für Weiterbildungen *Springest* und *Blinkist*, ein Anbieter von Buchzusammenfassungen. Diese haben allerdings nach eigenen Angaben eine schlanke 20-Prozent-Variante von Holacracy eingeführt und sich damit auf das fokussiert, was für das Unternehmen wertvoll war. Sebastian Klein, Mitgründer von *Blinkist* und *Neue Narrative*, kommt zu dem Schluss: „Holacracy ist etwas für eine bestimmte Art von Menschen, die sich gerne und viel mit Logik und Prozessen befassen, auch eher für Techies und nicht so sehr für Firmen, die kommunikativ und informell sind."[12] Auch *Google* hat Versuche mit Holacracy unternommen, diese jedoch wieder eingestellt.

Das Managementsystem erntet viel Kritik. Dabei geht es meist darum, dass Holacracy sehr am Prozess und wenig am Menschen orientiert ist. Eine Rolle bittet eine andere Rolle, etwas zu tun. Falls das nicht funktioniert und eine Spannung entsteht, wird diese im nächsten Steuerungsmeeting prozessiert. Menschen, Emotionen und Egos haben zurückzustehen, ein Anspruch, der manche Menschen fasziniert und andere abstößt. Darüber hinaus bringt Holacracy ein recht dickes Regelwerk mit, die 40-seitige Verfassung. Bud Caddel, Gründer der kalifornischen Beratung *NOBL Collective*, formulierte: „Ein:e durchschnittliche:r Mitarbeiter:in ist bereits überlastet und unterqualifiziert. Von ihm:ihr zu verlangen, dass er:sie zusätzlich zum Arbeitspensum das Managementäquivalent von ‚Dungeons and Dragons' lernt, ist töricht, wenn nicht sogar unmenschlich."[13] Als jemand, der einer holakratisch organisierten Beratung angehört, 2016 von Brian Robertson ausgebildet wurde und Unternehmen bei der Umsetzung von Selbstorganisation unterstützt hat, sieht Swantje die Methode ebenfalls zum Teil kritisch, zumindest, wenn sie in Gänze umgesetzt werden soll. Eine Schwarz-Weiß-Sicht, wie sie einige Befürworter:innen und Kritiker:innen einnehmen, greift dennoch zu kurz, denn das Arbeiten in Rollen, die klare Trennung operativer Meetings von Steuerungs- und Strategiemeetings sowie die grundsätzliche Haltung zu Spannungen sind wertvoll und auch ohne vollständige Adaption des Regelwerks nutzbar.

„Ich glaube, dass die Prinzipien wichtiger sind als das Operating System", fasst es Frédéric Laloux im Podcast zusammen.[14] Er rät, darauf zu achten, was das Unternehmen und die Menschen im Unternehmen wirklich bräuchten und was am meisten nütze, anstatt sich von ausgefeilten Prozessen verzaubern zu lassen. Hier gebe es keine richtige oder falsche Antwort. Viele selbstorganisierte Unternehmen hätten gemeinsam mit ihren Teams eigene Modelle entwickelt – häufig inspiriert von Managementmethoden wie Holacracy, Praxisbeispielen, eigenen Erfahrungen und dem Gefühl, was für das Unternehmen richtig sein könnte.

Wie in selbstorganisierten Teams entschieden wird

„Erlaube der Magie der Selbstorganisation, für dich zu arbeiten, und das komplexe adaptive System, das wir sind, wird seine eigene Kraft finden."

Harrison Owen, Autor, Berater und Fotograf

Wer trifft bei Ihnen welche Entscheidungen und wie? Wenn wir diese Frage stellen, bekommen wir selten eine klare Antwort. Gelegentlich wird auf eine einzelne Führungskraft verwiesen oder auf herzustellende Einigkeit im Team. Selten sind die Beteiligten damit zufrieden. Ersteres impliziert, dass die Führungskraft tatsächlich die besten Entscheidungen trifft. Um sie dazu in die Lage zu versetzen, fließt oft erheblicher Arbeitsaufwand in Präsentationen und Unterlagen, damit diese dann zum selben Schluss kommt wie die Ersteller:innen jener Unterlagen. Einigkeit im Team zu suchen kann ebenso zeitaufwendig wie frustrierend sein. Zu oft haben wir Teams erlebt, bei denen Stunde um Stunde diskutiert wurde. Diskussionen, an deren Ende häufig ein Kompromiss stand, der niemanden richtig glücklich machte. Ein höheres Maß an Selbstorganisation erfordert deshalb eine explizite Auseinandersetzung mit dem Thema „Wer entscheidet was und wie genau?".

Es gibt einige Ansätze, die als Vorbild dienen können. Eine einfache, aber effektive Möglichkeit zur Entscheidungsfindung ist der Beratungsprozess. Es wird festgelegt, wer die Entscheidung trifft – das kann sich aus bestehenden Rollen ergeben oder eine vom Team oder Vorgesetzten ausgewählte Person sein. Diese Person trifft die alleinige Entscheidung, unter einer Voraussetzung: Sie lässt sich hierzu von einer ebenfalls definierten Zahl anderer Personen beraten. Wenn beispielsweise entschieden werden soll, welcher Transportdienstleister für das Unternehmen der richtige ist, könnte die Auflage lauten, dass sich der:die Nominierte vor der Entscheidung sowohl vom Versandteam als auch vom Einkauf beraten lassen muss. Die Entscheidung wird dennoch im Anschluss allein getroffen. So braucht weder Werbung für die eigene Meinung gemacht werden noch entstehen Kompromisse, um eine Mehrheitsfähigkeit herzustellen.

Ein weiteres Entscheidungsprinzip ist der Konsent, der in der Soziokratie und darauf aufbauend auch bei Holacracy eine wesentliche Rolle spielt. Kurz zusammengefasst läuft der „integrative Entscheidungsprozess"[15] wie folgt ab:

- **Vorstellung**

  Wer Entscheidungsbedarf hat, erläutert zunächst, welches Problem zu lösen ist und bringt einen Lösungsvorschlag ein.

- **Fragen**

  Die Teilnehmer:innen der Runde stellen (falls vorhanden) Verständnisfragen, um das Problem beziehungsweise den Lösungsvorschlag inhaltlich zu verstehen.

- **Reaktionen**

  Die Teilnehmer:innen der Runde kommentieren den Lösungsvorschlag reihum.

- **Anpassung oder präzisieren**

  Der:die Vorschlagende hat nach den Fragen und Kommentierungen die Möglichkeit, sich zu den Reaktionen zu äußern und den Vorschlag anzupassen oder beizubehalten.

- **Einwandrunde**

  In dieser Runde können schwerwiegende Einwände gegen den Vorschlag vorgebracht werden. Die Hürde für einen gültigen Einwand liegt allerdings hoch. Gültig sind diese nur, wenn das Unternehmen durch den Vorschlag ein hohes Risiko eingeht, das den Unternehmenszweck gefährdet. Die Schlüsselfrage lautet daher: „Ist der Vorschlag sicher genug, um ihn auszuprobieren (in dem Wissen, dass wir ihn jederzeit auch wieder revidieren können)?"

- **Integrationsrunde**

  Sofern ein oder mehrere Einwände gültig sind, werden diese von der:dem Vorschlagenden nach Möglichkeit in den bisherigen Vorschlag integriert, über den dann erneut entschieden wird. Das erfolgt je nach Komplexität im selben Meeting oder separat. Da es nur selten gültige Einwände gibt, ist die Gefahr erneuter Schleifen sehr gering.

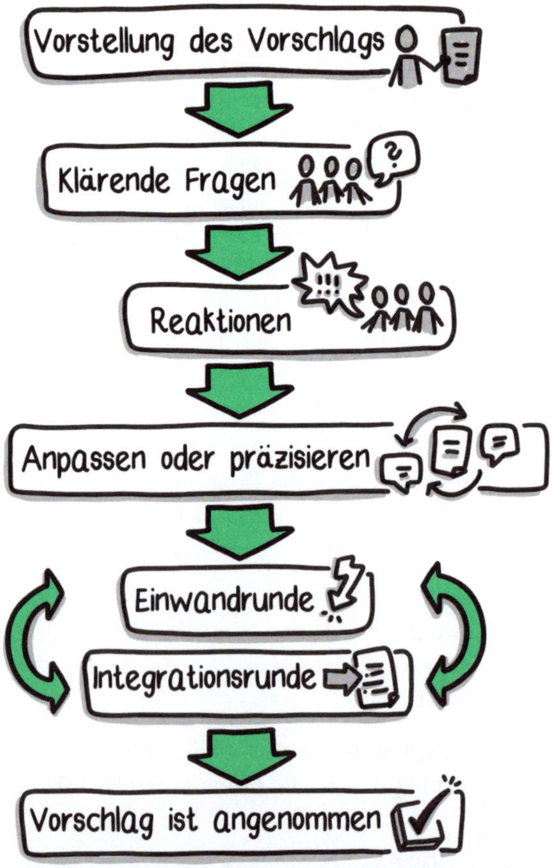

Integrativer Entscheidungsprozess nach Brian Robertson

Durch Konsent können schnell Entscheidungen getroffen werden, da es nicht darum geht, ob alle Beteiligten zustimmen, sondern nur schwerwiegende Einwände einen Vorschlag blockieren können. Gleichzeitig stellt der Prozess sicher, dass Verständnisfragen vorab geklärt sind, alle ihre Meinung zum Vorschlag teilen konnten und der:die Vorschlagende die Möglichkeit hatte, den Vorschlag anzupassen. Wem der Prozess zu formell erscheint - allein die Frage „Ist der Vorschlag sicher genug, um ihn auszuprobieren oder spricht etwas Schwerwiegendes dagegen?" ist hilfreich, um schneller zu einer Entscheidung zu gelangen.

Warum Selbstorganisation Motivation und Leistung fördert

„Niemand weiß besser als deine fünf Teamkolleg:innen, wie gut du arbeitest, wie gut du organisiert bist, wie gut du deine Rollen ausfüllst und ob du irgendwas anders machen solltest."

Sebastian Klein, Unternehmer und Autor

Der Gedanke an Selbstorganisation behagt nicht allen. Gelegentlich hören wir Aussagen wie „Dann strengt sich ja keine:r mehr an!". Die Erfahrung zeigt allerdings, dass das Misstrauen unberechtigt ist. Selbstorganisierte Teams arbeiten effizienter. Entscheidungen werden schneller und unkomplizierter getroffen, der Aufwand für interne Entscheidungsvorlagen und Reporting fällt überwiegend weg und Verbesserungsideen werden kontinuierlich umgesetzt. Sie sind außerdem motivierter, weil sie Verantwortung und Einfluss haben, selbstbestimmt arbeiten und die Fähigkeiten und Talente innerhalb des Teams besser berücksichtigen. Das ohnehin selten funktionierende Regulativ der Führungskraft wird durch Peer-Pressure ersetzt: „Wenn ich das jetzt schlampig erledige, lasse ich meine Kolleg:innen im Stich."

Da, wo Raum für intrinsische Motivation entstehen soll, muss Kontrolle ab- beziehungsweise aufgegeben werden. Die Corona-Pandemie hat Raum für mehr Selbstorganisation geschaffen, da viele Menschen (dezentral) von zu Hause arbeiten. Wie machen wir jetzt weiter? Schenken wir Menschen Vertrauen und geben ihnen die Möglichkeit, daran zu wachsen, oder überlegen wir uns Möglichkeiten, um das gewohnte Maß an Kontrolle trotz dezentralen Arbeitens wiederherzustellen? In einem Unternehmen, in dem das Team während der Corona-Pandemie fast ausschließlich von zu Hause arbeitete, entschied der Inhaber, alle Mitarbeiter:innen müssten ab sofort nicht nur den Zeitaufwand aller Tätigkeiten im internen Erfassungstool festhalten, sondern auch eine detaillierte Beschreibung dessen, was genau in der Zeit gemacht wurde. Steigerung der Transparenz war die Begründung der Geschäftsführung, mehr Kontrolle war die Vermutung des Teams - woraufhin sich schlechte Stimmung verbreitete, die eigenen Arbeitszeiten (um das Soll zu erreichen) aufgerundet und ein argwöhnischer Blick auf die Stundenerfassung anderer geworfen wurde. Das spricht nicht generell gegen Zeiterfassung. Auch beim Telekommunikationsanbieter *sipgate* wird „gestempelt". Bei der Maßnahme, die wenig nach New Work klingt, geht es dem Unternehmen darum sicherzustellen, dass nicht der Eindruck entsteht, es sähe vielleicht doch besser aus, wenn man mehr arbeiten würde oder als Erste:r kommt und als Letzte:r geht. Tim Mois, Inhaber und Geschäftsführer von *sipgate*, teilt seine Meinung dazu mit uns im Podcast: „Mit über 40 Stunden schafft man es einfach nicht dauerhaft, die Leistung zu zeigen und gesund zu bleiben."[16] Bei *sipgate* stellt übrigens das Team seine neuen Kolleg:innen ein. Ein:e Bewerber:in wird immer von jemandem beurteilt und eingestellt, der:die denselben Job macht. Auch Entlassungen werden vom Team selbst übernommen.

Natürlich ist (auch) in selbstorganisierten Teams die Teamhygiene wichtig. Das Team der Unternehmensberatung *The Dive* nutzt beispielsweise die „I like, I wish"-Methode, um sich gegenseitig Feedback zu geben. Hierbei halten die Teammitglieder, bezogen auf die letzte Arbeitsphase, ein gemeinsames Projekt oder einen Workshop, fest, was ihnen gefallen hat (I like) und was verbessert werden könnte (I wish), um Möglichkeiten zur Verbesserung zu identifizieren. Das Team setzt außerdem regelmäßig „Clear the Air"-Meetings ein, in denen Konflikte nach den Regeln Gewaltfreier Kommunikation besprochen und idealerweise gleich geklärt werden. Es gibt zahlreiche weitere Methoden, die dabei unterstützen, negative Spannungen loszulassen und aufkommende Unstimmigkeiten aus dem Weg zu räumen. Hierzu gehören beispielsweise auch Check-ins, in denen alle kurz teilen, wie es ihnen geht, Feedbackgespräche, gegenseitiges Coaching und regelmäßige Retrospektiven.[17] Viel wichtiger als konkrete Methoden sind gegenseitiges Vertrauen, psychologische Sicherheit, Offenheit und die Fähigkeit, Feedback zu geben und anzunehmen. „Das ist kein Hexenwerk, aber man muss sich trauen", kommentiert Sebastian Klein, der auch zum Team von *The Dive* gehört, diese Praktiken im Podcast.[18] Auch in Entwicklungs- und Feedbackgesprächen steckt noch viel Potenzial. Was klassisch eine eher unangenehme Pflichtübung ist, kann auch vollkommen anders ablaufen, zum Beispiel, indem alle Kolleg:innen beteiligt sind und sich gegenseitig konstruktives Feedback geben, die Essenz festgehalten wird und auf dieser Basis Ideen zur persönlichen Weiterentwicklung entstehen, wie es beim amerikanischen Multimedia-Verlag *Sounds True* der Fall ist.

Gibt es keine Hierarchien mehr?

„Richtige Entscheidungen zu treffen ist eine unverzichtbare Fähigkeit auf allen Unternehmensebenen."

Peter F. Drucker, Ökonom und Autor

Doch auch in selbstorganisierten Teams gibt es Formen von Hierarchie. Diese sind allerdings situativ unterschiedlich und resultieren aus einem unterschiedlichen Grad an Expertise. Laloux nennt dies „flexible Hierarchien der Anerkennung, des Einflusses und der Fähigkeiten". Wer mit einem Thema die größte Erfahrung hat und am meisten darüber weiß, wird hierzu am ehesten einen Vorschlag machen, eine Entscheidung treffen oder eine fachliche Führung übernehmen. Ähnlich, aber etwas konkreter, sieht es in Modellen aus, die mit Rollen arbeiten, wie zum Beispiel Holacracy oder Ableitungen davon. Ein:e Rolleninhaber:in trägt innerhalb der eigenen Rolle die volle Verantwortung und Entscheidungsbefugnis. Es gibt allerdings unterschiedlich große Rollen, die auch in einem Über-/Unterordnungsverhältnis stehen können. Beispielsweise ist die Rolle „Chief Financial Officer" für die Sicherstellung der Unternehmensliquidität verantwortlich und macht im Rahmen der Rolle Vorgaben, die den Handlungsspielraum der Rolle „Buchhaltung" begrenzen. Im Unterschied zur klassischen Hierarchie ist es allerdings nicht so, dass eine übergeordnete Rolle in die untergeordneten Rollen hineinregieren kann, wie es ihr gefällt. Der Rolle „Chief Financial Officer" steht es also beispielsweise nicht zu, Veränderungen im Tagesgeschäft der Buchhaltung vorzunehmen oder sich in dort getroffene Entscheidungen einzumischen. Rollen sind bezogen auf ihren Verantwortungsbereich autonom. Erwachsen hieraus Konflikte, werden diese durch eine Anpassung der betreffenden Rollen integriert. Generell haben die Attribute von Hierarchien, wie Weisungsbefugnisse, die Zugehörigkeit zu bestimmten Gremien oder andere Arten subtiler „Schulterklappen", deutlich weniger Relevanz in Organisationen, die sich am Prinzip der Selbstorganisation orientieren.

Selbstorganisation bedeutet allerdings nicht, dass Unternehmen, die sich auf den Weg machen wollen, sofort sämtliche Hierarchien auflösen sollten. Das sorgt meist für mehr Irritation, als dass es hilft. Wir empfehlen, zwischen dem Organisationsmodell, das im Organigramm festgehalten ist, und dem Zusammenarbeitsmodell zu unterscheiden und sich zunächst auf letzteres zu fokussieren. Ein erster Schritt kann auch darin bestehen, gemeinsam mit dem Team zu analysieren, an welchen Stellen ein höherer Grad an Autonomie hilfreich wäre, damit das Team seinen Job besser erledigen kann, und Lösungen zu entwickeln, die diesen Freiraum ermöglichen.

GANZHEITLICHKEIT – DIE „ZWEITE ARBEIT" AUFGEBEN

„Den Menschen immer erstmal als Mensch begegnen."

Insa Klasing, Unternehmerin und Autorin

Frédéric Laloux erzählte uns von seiner Schulzeit. Er hatte Freunde und war sozial integriert, eigentlich alles normal, bis auf das eine Jahr. Aus einem Grund, den er heute nicht erinnert, war er in der dritten Klasse plötzlich Außenseiter und wurde zum stillen Beobachter sozialer Dynamiken. Dabei machte er schon früh eine Beobachtung, die sich im Arbeitsleben immer wieder wiederholt: „Der Anführer hat eigentlich selbst Angst um seine Position." Wir lernen bereits in der Schule, darauf zu achten, nach außen einen bestimmten Eindruck zu vermitteln, eine Fähigkeit, die wir im Laufe des Berufslebens weiter perfektionieren, bis es mindestens zwei Varianten von uns gibt: unser professionelles und unser privates Selbst. Gary Hamel und Michele Zanini stellen die These auf, dass die meisten von uns zwei Arbeiten haben, einmal die Arbeit, für die wir bezahlt werden, und die Arbeit, ein Bild von uns aufrechtzuerhalten, welches beweist, dass wir kompetent sind, alles schaffen und keine Zweifel haben. Letzteres kostet meist mehr Energie als unsere eigentliche Arbeit und verhindert, dass wir uns so zeigen, wie wir sind.[19]

Im Podcast gab uns Frédéric Laloux ein Beispiel dafür, wie wichtig Menschlichkeit am Arbeitsplatz ist. Ein kanadisches Familienunternehmen, das Garne produziert, nutzt die Routine des morgendlichen Check-ins für eine kurze Runde des Teams, in der jede:r kurz mitteilt, wie es ihm:ihr geht beziehungsweise was ihn:sie beschäftigt – und so als Team gemeinsam in den Tag startet. Eines Morgens brachte ein Kollege kein Wort heraus, er wirkte fahrig und verzweifelt und rang sowohl um Worte als auch um Fassung. Schließlich übernahm ein Kollege für ihn das Wort und teilte mit, was passiert war. Der Mann war zu Hause rausgeflogen und völlig verzweifelt, da er nicht wusste, wohin er sollte und was nun passieren würde. Niemand verurteilte ihn, alle halfen. Einer organisierte eine Wohnung, in der er vorerst bleiben konnte, andere kümmerten sich um Möbel und Geschirr. Wieder andere halfen, indem sie dem Mann Mut machten und durch den Tag begleiteten.

Einer im ersten Teil dieses Buches bereits zitierten Gallup-Studie[20] zufolge haben nur zwei von zehn der befragten Amerikaner:innen eine:n beste:n Freund:in bei der Arbeit. Dieselbe Studie schätzt, dass Unternehmen durchschnittlich zwölf Prozent profitabler wären, könnte man diesen Wert auf sechs von zehn steigern. Wer sich kennt und vertraut, arbeitet besser, schneller und mit mehr Spaß zusammen, entdeckt Fehler und kann diese für Wachstum und Weiterentwicklung nutzen. Doch wie schafft man Offenheit und Vertrauen im Team? Unsere Podcast-Einstiegsfrage „Wie bist du der Mensch geworden, der du heute bist?“ ist ein guter Startpunkt für den Austausch im Team. Selbst nach jahrelanger Zusammenarbeit sind die meisten überrascht, was ihre Kolleg:innen auf diese Frage antworten. Auch das Teilen individueller Stärken- oder Präferenzprofile trägt dazu bei, sich untereinander offen zu begegnen. Der Einstieg mag ungewohnt sein, zumal insbesondere im oberen Management die professionelle Maske schon lange getragen wird. Es fällt dennoch vielen leichter als gedacht, da die meisten Menschen das Bedürfnis haben, gesehen zu werden und es erleichternd ist, die „zweite Arbeit“ loszulassen. Häufig ist überraschend, wer dabei am meisten aufblüht. Ganzheitlichkeit ist kein auf Teams begrenztes Thema, sie muss sich auch in der Unternehmenskultur widerspiegeln, im täglichen Miteinander, der Kommunikation nach innen und außen sowie beim Umgang mit flexiblen Arbeitszeiten, Teilzeitmodellen, Arbeitsumgebung, Weiterbildungsangeboten und privaten Herausforderungen.

EVOLUTIONÄRE WEITERENTWICKLUNG – WIR WISSEN EH NICHT, WAS KOMMT

„Schau dich um. Alles verändert sich. Alles auf dieser Erde befindet sich in einem ständigen Zustand der Entwicklung, Verfeinerung, Verbesserung, Anpassung und Veränderung. Du wurdest nicht auf diese Erde gebracht, um zu stagnieren."

Steve Maraboli, Verhaltenswissenschaftler und Autor

Strategie und Change sind ziemlich dicke Bretter und der Kreis jener, die sich damit beschäftigen, in der Regel klein. Sobald eine neue Strategie ausgearbeitet ist, schlägt die Stunde des Change-Teams, welches ein Konzept entwickelt, um die angestrebten Veränderungen möglichst schnell und reibungslos umzusetzen. Change-Architekturen, Meilensteinpläne, Change-Kurven und das passende Kommunikationsbesteck sowie Trainingsprogramme sollen dabei helfen. Dahinter liegt meist ein Programm-Management, das den Inhalt und den Fortschritt einzelner Projekte überblicken und sicherstellen soll. Kein Wunder, dass Change-Programme aufgrund ihrer Komplexität nur alle paar Jahre stattfinden können und selten zu Begeisterungswellen bei den Beteiligten führen. Erschreckenderweise verfehlen sie meist auch noch die gewünschte Wirkung, wie Untersuchungen von *McKinsey & Company*[21], der *Boston Consulting Group*[22] und vielen anderen Institutionen ergeben. Das liegt unter anderem daran, dass der Gesamtprozess schwerfällig und kompromissbehaftet ist, aufgrund der Tragweite keine Risiken oder Experimente eingegangen werden können und nur selten antizipierte Veränderungen Thema sind, denn es geht meistens darum, bereits Versäumtes aufzuholen.

Wir brauchen kontinuierliche und evolutionäre Strategie- und Veränderungsprozesse, um mit der heutigen Dynamik Schritt zu halten, Prozesse, die die Ideen und Talente aller Mitarbeiter:innen integrieren und eine natürliche Vorwärtsbewegung darstellen. Bei der Innovationsberatung *Dark Horse* wird Strategie als „permanentes Nachjustieren auf Basis von schwachen Signalen" verstanden, wie es Monika Frech und Fried Grosse-Dunker, Mitgründer von *Dark Horse*, im Podcast beschreiben.[23] Jede:r Mitarbeiter:in wird eingebunden. Um die Perspektive aller Kolleg:innen in die Strategieentwicklung einzubringen, nutzt das Unternehmen ihr „Roadkill-Format". Zufällig zusammengestellte Zweiergruppen fahren einen Tag weg und erhalten hierfür ein Budget von 300 Euro. An diesem Tag geht es darum, die Wahrnehmung der schwachen Signale zu teilen, festzuhalten und strategische Einsichten daraus zu gewinnen. Die Erkenntnisse der Teams werden anschließend in einem Raum gesammelt. Dort reifen sie eine Zeitlang, bevor sie weiter in den Strategieprozess integriert werden.[24]

Andere Unternehmen verlassen sich nicht mehr auf zentrale Innovationszentren, sondern schaffen die Voraussetzungen für dezentrale Produkt- und Ideenentwicklung. Das setzt voraus, dass die Mitarbeiter:innen über Zeit und Ressourcen verfügen, um eigene Ideen zu entwickeln, und auch methodisch dabei unterstützt werden. Die Grundannahme dahinter: Menschen, die tagtäglich mit den Produkten zu tun haben, haben das beste Gespür für sinnvolle Veränderungen. Es ist ihnen nur abtrainiert worden. „Wenn du wissen willst, was mit dem Produkt nicht stimmt und was die Kund:innen stört beziehungsweise was sie wollen, musst du zum Support gehen", formulierte es ein Coaching-Kunde von Swantje, dem in seinem vorherigen Job immer wieder nahegelegt wurde, dass er als Mitglied der Unternehmensführung bitte nicht direkt mit Mitarbeiter:innen sprechen solle. *Gmail*, *Google AdSense*, *Google Maps* und *Google News* sind Dienste, die im Rahmen der berühmten 20-Prozent-Regel von *Google* entstanden, der zufolge alle Mitarbeiter:innen einen Tag pro Woche auf die Entwicklung neuer Ideen und Projekte verwenden konnten.[25] *Google* war übrigens nicht das erste Unternehmen, das eine solche Regel aufgestellt hat. Der Multitechnologiekonzern *3M* arbeitet bereits seit 1948 mit der 15-Prozent-Regel, um allen Mitarbeiter:innen die Chance zu geben, innovative Ideen zu entwickeln. Dieser Regel haben wir unter anderem die Entwicklung von *Post-Its* zu verdanken.[26]

Bei *sipgate* findet alle zwei Wochen der „Open Friday" statt. Es handelt sich um eine unternehmensweite Veranstaltung, bei der alle Themen einbringen können, an denen sie gern mit Kolleg:innen arbeiten möchten. Tim Mois beschreibt den Ablauf so: „Alle Mitarbeiter:innen treffen sich morgens um zehn Uhr. Jede:r, die:der zu einem Thema etwas diskutieren will, bringt einen Zettel mit, auf dem das Thema steht und hängt diesen an ein Board. Die Themen werden Räumen und Uhrzeiten zugeordnet und jede:r, die:der daran mitarbeiten will, kann teilnehmen." Das zugrunde liegende Open-Space-Format kann komplett offen und ohne Vorgaben ablaufen oder unter ein bestimmtes Thema gestellt werden. Im Fall von *sipgate* hat dies nicht nur zu innovativen Ideen und innerbetrieblichen Verbesserungen geführt, sondern auch den Austausch untereinander gefördert und viele Meetings erspart. *Adidas* Nordamerika organisiert ebenfalls interne Hackathons, die nach ähnlichem Prinzip ablaufen. Im Anschluss wird abgestimmt, welche Ideen am vielversprechendsten sind. Diese werden dann mit einem Budget versehen und im Rahmen eines Experiments getestet. Ein Experiment bezog sich beispielsweise auf die Genehmigung von Dienstreisen. Für einen Monat wurden alle erforderlichen Genehmigungsprozesse aufgehoben. Alle konnten machen, was sie wollten, unter der Prämisse, dass alle Ausgaben nach der Rückkehr für jede:n einsehbar waren. Das Ergebnis: sinkende Reisekosten und mehr Motivation aufgrund der Prozessvereinfachung.[27]

In keiner der von Frédéric Laloux untersuchten Organisationen konnte er die Notwendigkeit eines Change-Managements beobachten, welches Veränderungen top-down plante und aktiv managte und begleitete. Veränderungen geschehen vielmehr permanent, im Rahmen evolutionärer Entwicklungen und aus dem Unternehmen selbst heraus. Der gemeinsame Orientierungspunkt ist der Sinn und Zweck der Organisation. Wenn die lose verbundenen, autonomen Einheiten eine gemeinsame Ausrichtung haben und sich die Frage stellen „Was braucht unser Unternehmen, um seinen Sinn und Zweck zu erfüllen?", zahlen die dezentral entwickelten Ideen und

Veränderungen darauf ein. Was nicht erfolgreich ist, wird wieder verworfen, was erfolgreich ist, wird fortgesetzt – in jedem Fall werden die Ergebnisse der Experimente untereinander geteilt, um alle Einheiten daran teilhaben zu lassen.

Bedeutet das, dass es gar keine Strategie „von oben“ mehr gibt? Im Fall stark dezentral organisierter Unternehmen ist das so. Es gibt allerdings auch Ansätze, in denen sich Strategie und Ziele sowohl von oben nach unten als auch von unten nach oben entwickeln. Hierzu gehört die „Objectives and Key Results“-Methode, auf die wir im Kapitel „Ziele“ genauer eingehen. Ihr liegt ein agiles Strategie- und Zielverständnis zugrunde. 40 bis 50 Prozent der quartalsweise festgelegten Ziele beruhen auf Vorgaben der übergeordneten Einheit, der Rest kommt von den beteiligten Teams.

SINN STATT GEWINNMAXIMIERUNG – UNTERNEHMEN, DIE SICH SELBST GEHÖREN

„Wir wollten nicht mehr gesteuert werden, nicht mehr Teil eines Modells sein, bei dem es darum geht, die Bude für ein paar Millionen zu verkaufen.“

Philip Siefer und Waldemar Zeiler,
Gründer von *einhorn products* und *Entrepreneur's Pledge*

Philip Siefer und Waldemar Zeiler sind die „Einhörner“. Die beiden Berliner vereinen sämtliche Hipster-Klischees mit Mut, Unternehmertum und Idealismus. Im Podcast beschreiben sie ihren Weg, der sie von klassischen Elite-Universitätsabsolventen mit Gründungserfahrung, über Gründungen mit Inkubatoren und Venture Capital Fonds zur Gründung von *einhorn products* und ihrem bisher größten Vorhaben, dem Politikfestival *12062020 Olympia*, geführt hat. Hierfür gelang es ihnen, im Crowdfunding zwei Millionen Euro einzusammeln. Leider konnte die Veranstaltung, die als größtes Demokratie-Event aller Zeiten geplant war, aufgrund der Corona-Pandemie nicht stattfinden.

Waldemar ist aufrichtig dankbar, dass er mit seinen sieben vorherigen Gründungen so unerfolgreich war: „Ich wäre ein riesiges Arschloch geworden.“ Nachdem die beiden realisiert hatten, dass „Millionär werden“ sie nicht – wie ursprünglich angenommen – glücklich machen würde, gründeten sie 2015 *einhorn products*, das vegane und nachhaltige Kondome und Periodenprodukte herstellt. Die ersten eineinhalb Jahre ging es nur ums Überleben. Nach Auftritten in TV-Formaten wie *Die Höhle der Löwen* und zahlreichen anderen Aktionen kamen 2016 die ersten Aufnahmen in das feste Sortiment von Drogerieketten. Bis hier war es eine normale Gründerstory, aber anstatt das Unternehmen aufzubauen und einen möglichst lukrativen Exit anzupeilen, taten Philip Siefer und Waldemar Zeiler etwas Überraschendes: Sie schenkten die GmbH sich selbst. Wie das Ganze technisch ablief und warum sie sich für die Schaffung einer neuen Rechtsform starkmachten, beschreiben die beiden im Podcast. Was sie damit erreichen wollten? Den Sinn und Zweck und die

Werte der Firma schützen, indem sie sicherstellen, dass es im täglichen Tun und bei allen Entscheidungen nur um die Sache geht und nicht darum, den persönlichen Gewinn von Eigentümer:innen beziehungsweise Investor:innen zu maximieren. Gewinne sind nur Mittel zum Zweck, nicht der Zweck selbst.[28]

Die Devise des Start-ups lautete: „Alle dürfen jetzt alles" – solange es im Sinne des Unternehmens ist, Privilegien, an die sich das Team zunächst gewöhnen musste und die jedem:jeder Einzelnen echtes unternehmerisches Handeln ermöglichen. Ein Unternehmen, das sich selbst gehört – was zunächst exotisch klingt, ist gar nicht so außergewöhnlich. Die prominentesten deutschen Unternehmen, die sich im Verantwortungseigentum befinden, sind die Technologiekonzerne *Zeiss* und *Bosch*, aber auch mittelständische Unternehmen wie das Bio-Lebensmittelunternehmen *Alnatura* oder die Internet-Suchmaschine *Ecosia* gehören sich selbst. Studien belegen, dass Unternehmen, die sich selbst gehören, länger existieren, nachhaltiger wirtschaften und besser mit ihren Mitarbeiter:innen umgehen.[29] Der Grund ist einfach: Wenn Gewinnerzielungsabsichten von Investor:innen und Gesellschafter:innen keine Rolle spielen, werden andere unternehmerische Entscheidungen getroffen. Es wird mehr in Forschung und Entwicklung investiert, das Unternehmen ist nicht dem Druck von Finanzmärkten und Investor:innen ausgesetzt, Mitarbeiter:innen sind motivierter, da ihre Leistung dem Unternehmenszweck zugutekommt und nicht dem finanziellen Interesse der Eigentümer:innen. Bisher war der Weg zum Unternehmen im Verantwortungseigentum in Deutschland recht aufwendig, da hierfür die teure Rechtsform der Stiftung notwendig war. In den letzten Jahren gab es hier allerdings zahlreiche Initiativen und Vorstöße, um eine neue, einfachere Rechtsform für diesen Zweck zu schaffen.[30]

EIN PATENTREZEPT GIBT ES NICHT, ABER DAFÜR VIELE WEGE

„Organisation sollte von ‚organisch' kommen."

Hermann Simon, Unternehmer und Berater

In den meisten Unternehmen gibt es Menschen, Teams und Bereiche, die offen dafür sind, neue Organisationsformen auszuprobieren und sich weiterzuentwickeln. Umfassende Veränderungen sind in kleinen und mittleren Unternehmen mit ein paar Hundert Mitarbeiter:innen natürlich am einfachsten, aber auch große Unternehmen, wie beispielsweise die Sportbekleidungsfirma *Decathlon*, die *Deutsche Telekom* oder auch die *Deutsche Bahn,* haben damit begonnen, sich neu zu organisieren. Müssen dafür gleich Organigramme geändert, Führungskräfte abgeschafft und Bereiche umstrukturiert werden? Nein, ganz im Gegenteil. Ein Weg besteht darin, bei den Themen anzusetzen, in denen die meiste Energie liegt, zum Beispiel, weil sie immer wieder für Frust sorgen, die Zusammenarbeit verkomplizieren und Gegenstand von Konflikten sind. Um eine Lösung zu finden und das Ganze nicht von Anfang an zu kompliziert zu gestalten, empfiehlt es sich, mit Experimenten zu arbeiten. Wenn ein Team oder Bereich beispielsweise stärker selbstorganisiert arbeiten möchte, können Entscheidungsbefugnisse verlagert und Entscheidungsprozesse verändert werden. Die Einführung von Rollen kann dabei ebenso hilfreich sein wie ein Experimentieren mit neuen Teamkonstellationen, um eine volle Verantwortungsübernahme überhaupt möglich zu machen.

Es kann aber auch sein, dass Offenheit, Vertrauen und Ganzheitlichkeit die besten Ausgangspunkte sind, um ein Team zu stärken und die Zusammenarbeit zu verbessern. Hier unterstützen beispielsweise regelmäßige Check-ins, das Teilen von Stärken und Präferenzen, Retrospektiven oder auch veränderte Feedbackmechanismen, um sich untereinander offener zu begegnen. Vielleicht sind auch die „Roadkill-Methode" von *Dark Horse* oder der „Open Friday" von *sipgate* sinnvoll, um einen Startpunkt für die evolutionäre Entwicklung eines Teams, Bereichs oder Unternehmens zu setzen. Am besten tauschen Sie sich mit Ihrem Team dazu aus, schauen sich gemeinsam Beispiele an, machen eine Bestandsaufnahme, wo der größte Bedarf besteht, und sammeln gemeinsam Ideen, wie erste Experimente aussehen könnten.

Bei Veränderungsprozessen im Gesamtunternehmen sollte das mittlere Management gut eingebunden sein, insbesondere, wenn es darum geht, Verantwortung und Entscheidungsbefugnisse zu verlagern, denn zum einen müssen sie den Prozess mittragen, kommunizieren und Mitarbeiter:innen Orientierung bieten. Zum anderen verändert sich deren Rolle oft am gravierendsten, wodurch viel Unsicherheit hinsichtlich der eigenen beruflichen Perspektive entsteht. Es braucht nicht nur ein rationales, sondern auch ein emotionales Verständnis sowie Klarheit über persönliche Perspektiven und Rollen. Eins ist klar: Auch neue Formen der Zusammenarbeit brauchen Menschen, die bereit sind, auf übergeordneter Ebene Verantwortung übernehmen.

ON THE WAY TO NEW WORK

„In einem so komplexen Unternehmen wie dem unseren hat keine einzelne Person die Antwort auf unsere Probleme, aber jede hat einen Teil der Lösung."

Yvon Chouinard, Gründer von *patagonia*

Die Strukturen, die zu Zeiten der industriellen Revolution erfolgreich und effizient waren, sind es heute nicht mehr. Die Symptome sind unter anderem langwierige Entscheidungsprozesse mit teils nicht nachvollziehbaren Ergebnissen, geringe Gestaltungsspielräume, langsame Veränderungsgeschwindigkeit, mangelnde Flexibilität und wenig Motivation. Leider haben wir uns oft daran gewöhnt und halten dies für normal. Was ist, wenn es gar nicht so sein müsste und durch eine neue Organisationsform genauso leicht behoben werden könnte wie Fußschmerzen durch einen

Schuh, der besser passt? Es gibt Belege, dass das möglich ist – und zwar unabhängig von Größe, Historie und Branche.

- Unternehmen mit dezentralen Teams, die sich selbst organisieren und die Verantwortung für ihre Einheit übernehmen, sind im dynamischen und komplexen Umfeld deutlich erfolgreicher als Unternehmen mit zentraler Steuerung, Hierarchien und funktionaler Arbeitsorganisation.
- Ganzheitlichkeit ist der zweite wichtige Faktor: Es entstehen deutlich bessere und innovativere Ergebnisse, wenn Menschen sich voll einbringen können und sowohl mit ihren Ideen, Fähigkeiten und Stärken als auch ihren Schwächen erwünscht sind.
- Strategien lassen sich heute nicht mehr in Fünfjahrespläne gießen, die im kleinen Kreis entwickelt werden. Unternehmerische Weiterentwicklung sollte kontinuierlich erfolgen und das gesamte Wissen sowie die vorhandene Erfahrung im Unternehmen nutzen.
- Starten Sie irgendwo. Es gibt keine ideale Choreografie oder Vorgehensweise. Es ist allerdings sinnvoll, dort zu starten, wo eine Veränderung die meiste Energie freisetzen könnte.
- Weniger ist mehr. Versuchen Sie nicht, Ihre Organisation in wenigen Monaten auf links zu drehen. Machen Sie lieber gemeinsam mit Ihrem Team Experimente, um herauszufinden, was funktioniert, angepasst oder auch wieder verworfen werden kann.

Und lassen Sie sich nicht von kompliziert klingenden Beschreibungen abschrecken. Blicken Sie stattdessen mit gesundem Menschenverstand auf das Wesentliche: Worum geht es bei der Methode oder der Organisationsform? Was ist der Wert, den ein Team daraus ziehen könnte? Wie sähe eine Variante aus, die zu Ihnen passt? Agile Methoden bieten hier viel Inspiration und sollten natürlich immer auf die jeweilige Situation angepasst werden.

11/ AGILITÄT

„Der Sprint stattet unsere Start-ups mit einer Art Superkraft aus: Sie können in die Zukunft 'vorspulen' und vorwegnehmen, wie Kund:innen auf ihr fertiges Produkt reagieren werden, bevor sie teure Investitionen tätigen.“

Jake Knapp, John Zeratsky und Braden Kowitz,
Autoren und Unternehmer

„Wir müssen agiler werden“, lautet der Anspruch, den viele Unternehmen für sich formulieren. Was das ganz konkret bedeutet, ist dabei meistens noch nicht klar. Erschwerend kommt hinzu, dass sich rund um agiles Arbeiten zahlreiche Missverständnisse ranken und der Begriff teilweise bereits verbrannt ist, bevor es richtig losgeht. Nur eines ist klar: Nicht agil zu arbeiten, ist auch keine Lösung.

Warum ist Agilität so wichtig? In aller Kürze, denn wir haben es schon mitbekommen, unsere Welt hat sich verändert und die Geschwindigkeit dieser Veränderungen nimmt kontinuierlich zu: Agilität bedeutet für jede:n Einzelne:n, dass wir anpassungsfähiger werden müssen. Die Veränderung betrifft natürlich auch Unternehmen. Hier haben insbesondere Digitalisierung und Globalisierung dazu geführt, dass Märkte viel dynamischer geworden und Verkäufer:innenmärkte zu Käufer:innenmärkten geworden sind. Leistungen sind vergleichbarer und verfügbarer, der Wettbewerb stets nur eine *Google*-Suche entfernt. Eine durchschnittliche Leistung ist daher nicht mehr gut genug. Unternehmen sind gezwungen, schneller auf die Bedürfnisse von Kund:innen zu reagieren als jemals zuvor. In Zeiten, in denen Produkte und Bedürfnisse weitestgehend stabil waren und Massenproduktion statt Individualisierung im Mittelpunkt stand, war die funktionale Gliederung eines Unternehmens in Fachbereiche wie Produktentwicklung, Marketing, Vertrieb und Kundenservice der effizienteste Weg. Schnittstellen wurden durch übergreifende Planung und stabile Prozesse ausgeglichen. Heute, wo der Markt eine schnelle Anpassung an Bedürfnisse von Kund:innen erfordert, erhöht jede dieser Schnittstellen die ohnehin vorhandene Komplexität nochmals und verhindert eine konsistente Erfahrung der Nutzer:innen. Einige Unternehmen reagieren auf diese Entwicklung, indem sie Projektteams einführen, die isoliert oder im Rahmen dynamisch klingender Programme für schnelle Ergebnisse sorgen sollen – außerhalb der üblichen Struktur und meist ergänzt um eine übergreifende Projektsteuerung, die Schnittstellen koordiniert und Druck macht, wenn es nicht läuft. Was kurzfristig helfen mag, verschlimmert die Situation oft nur, da es die Gesamtkomplexität erhöht. Es ist, als würde man versuchen, unübersichtlichen Verkehrsregeln durch weitere Regeln beizukommen. Dabei hilft nur eines, vorhandene Strukturen grundsätzlich zu ändern und die Regeln der Zusammenarbeit neu zu schreiben. Agile Organisationsformen und Methoden bieten dafür einen wertvollen Ausgangspunkt.

AGILITÄT KOMPAKT: ES SIND EIGENTLICH „NUR" DREI PRINZIPIEN

„Agilität ist die Fähigkeit von Teams und Organisationen, in einem unsicheren, sich verändernden und dynamischen Umfeld flexibel, anpassungsfähig und schnell zu agieren."

Svenja Hofert, Autorin und Expertin für Agilität

Komprimiert ausgedrückt geht es darum, die Denk- und Arbeitsweise sowie die Organisationsstruktur an drei Prinzipien auszurichten:

1. Kund:innen und ihre Bedürfnisse stehen im Mittelpunkt.
2. Lösungen werden schrittweise (iterativ) erarbeitet und Feedback sowie neue Erkenntnisse systematisch integriert.
3. Das Team überblickt und verantwortet das Gesamtergebnis und organisiert sich selbst.

Wenn Sie, Ihr Team und Ihr Unternehmen diese Prinzipien konsequent umsetzen, arbeiten Sie agil. Fertig! Der Weg dahin ist allerdings meist steinig, denn hinter diesen drei Prinzipien stecken vollkommen andere Mechanismen, als wir es bisher gewohnt waren.

Jedes Unternehmen behauptet gern, sich streng an den eigenen Kund:innen und deren Bedürfnissen zu orientieren. Im agilen Arbeiten ist die Zielgruppe jedoch durchgängiger Bestandteil des Entwicklungsprozesses. Priorisierung findet basierend auf ihrem Nutzen statt, der nicht angenommen, sondern konkret und regelmäßig ermittelt wird. Meinungen, Eitelkeit, Bauchgefühle und interne Optimierungen verlieren an Bedeutung. Der Entwicklungs- und Produktionsprozess ist so gestaltet, dass Kund:innen früh und regelmäßig etwas zu sehen bekommen, um Feedback zu geben. Negatives Feedback und Änderungswünsche sind willkommener Input, der zur Verbesserung der Qualität des Endprodukts beiträgt. Für Konstantin Mehl, Gründer der Gesundheits-App *Kaia Health*, ist dies eines der wichtigsten Rezepte für Gründungen und Produktentwicklungen. Er fragt seine Zielgruppe – immer und immer wieder.[1]

Lasten- und Pflichtenhefte, die insbesondere der herstellenden Partei dazu dienen, sich gegen Meinungsänderungen abzusichern, haben ausgedient. Agile Prozesse sind so konzipiert, dass Anforderungen am Anfang grob umrissen werden und sich erst im Laufe des Prozesses konkretisieren. Daher ist das zweite Prinzip, sich der Lösung schrittweise anzunähern und regelmäßig zu überprüfen, ob die Richtung stimmt, eine wichtige Grundvoraussetzung. Es reduziert das Risiko, allzu lange in die falsche Richtung unterwegs zu sein. Der Hamburger Tarek Müller[2] ist Mitgründer von *ABOUT YOU.* Das Magazin *Forbes* zählt ihn zu den vielversprechendsten jungen Unternehmer:innen Europas. Das 2014 als Tochterunternehmen des Versandriesen *Otto* gegründete Unternehmen ist in Deutschland inzwischen zur Nummer zwei im Online-Modehandel avanciert; in Europa wächst kein Unternehmen der Branche schneller. Zwei Erfolgsfaktoren sind dessen agile und schlanke Arbeitsweise sowie das Konzept des Minimum Viable Product[3], bekannt aus dem Kontext von Lean Startup.[4] Es geht darum, so schnell wie möglich funktionsfähige Versionen eines Produkts zu entwickeln, die ein Minimum an Eigenschaften abbilden und dem Zweck dienen, früh das Feedback von Kund:innen beziehungsweise Anwender:innen zu generieren.

Selbstorganisierte Teams, das dritte Prinzip agilen Arbeitens, besitzen alle notwendigen Fähigkeiten, eine Leistung zu erstellen. Klassisch hierarchisch müssen Richtungsänderungen und Priorisierungen mit der Managementebene abgestimmt werden. Wir wissen aus Erfahrung, das ist nicht der schnellste Weg. Beim agilen Arbeiten werden Entscheidungen dort getroffen, wo die Expert:innen sitzen. Das ist meistens nicht das Management, sondern das umsetzende Team, das mit den Kund:innen zusammenarbeitet.

Agile Ansätze wie Scrum und Kanban helfen dabei, diese drei Prinzipien in einer Organisation zu verankern. Es folgen zunächst ein Überblick und eine Einordnung der wichtigsten agilen Methoden. Sie sind allerdings nicht das Einzige, was wir benötigen, um agil zu arbeiten – dazu später mehr.

DIE ZUSAMMENARBEIT IM KOMPLEXEN

„Wir haben 2010 angefangen, agil zu arbeiten, und haben dann nicht verstanden, wie es funktioniert. Egal, wir gehen jetzt ‚All-in'. Dass wir es nicht verstehen, ist eigentlich ein gutes Zeichen, sonst hätten wir es uns ja selbst ausdenken können."

Tim Mois, Gründer und Geschäftsführer von *sipgate*

Beim agilen Arbeiten geht es vor allem darum, die Zusammenarbeit bei der Bewältigung komplizierter, komplexer oder gar chaotischer Aufgaben zu koordinieren. Da bei dieser Art von Aufgaben die Prinzipien des klassischen beziehungsweise statischen Projektmanagements und-/oder Linienmanagements häufig nicht greifen, setzt agiles Arbeiten beim Thema Selbstorganisation an. Für unterschiedliche Anwendungsfälle gibt es eine ganze Reihe geeigneter Ansätze.

Scrum

Scrum bedeutet wörtlich „angeordnetes Gedränge" – klingt etwas wild, ist es in der Praxis allerdings nicht. Jeff Sutherland und Ken Schwaber entwickelten diese Methode in den frühen 1990er-Jahren. Jeff Sutherland beobachtete in seinen unterschiedlichen beruflichen Stationen immer wieder, wie Teammitglieder mit unterschiedlichen Zielen gegen- statt miteinander arbeiteten und sich dabei als unbeweglich und ineffizient erwiesen. Seinen Anspruch und sein Versprechen formuliert er in seinem

Buch *Scrum: The Art of Doing Twice the Work in Half the Time.*[5] Es handelt sich um ein effizientes Vorgehensmodell, um komplexe Probleme zu lösen, bei denen sich Ursache-Wirkung-Beziehungen nicht vorhersagen lassen. Den Kern dieses Rahmenwerks bilden kleine, selbstorganisierte Teams, die ihre Arbeit in sauber beschriebene, handhabbare Einheiten zerlegen und in einem Arbeitsspeicher, dem Produkt Backlog, absteigend nach dem Nutzen der Zielgruppe sortieren. Das Team bedient sich in der Sprint Planung hieraus, um die Arbeitspakete für die nächste Iteration (Sprint) festzulegen, die meist zwei bis vier Wochen umfasst. Dieser Arbeitsvorrat wird auch als Sprint Backlog bezeichnet. In dieser Zeit arbeitet das Team nur an der für den Sprint geplanten Arbeit und synchronisiert sich täglich in einem kurzen Meeting, dem Daily Standup. Nach Ablauf eines Sprints werden fertige Produktbestandteile (Produktinkremente) im Sprint Review vor Kund:innen und weiteren wichtigen Anspruchsgruppen präsentiert und gemeinsam abgenommen. Das Team führt außerdem nach jeder Iteration eine Retrospektive durch, in der es um die Verbesserung der Zusammenarbeit geht. Neben den Teammitgliedern gibt es zwei weitere Rollen in Scrum. Der Scrum Master unterstützt das Team beim Einhalten des Prozesses und Beseitigen von Hindernissen. Manchmal wird die Person auch als „Zeremonienmeister:in" bezeichnet, da sie die meisten Scrum Meetings organisiert und begleitet. Der Product Owner wird hingegen gern als „Betriebswirt:in" der Runde gesehen. Diese Rolle steuert fachlich und ist insbesondere für ein gut strukturiertes, geordnetes Backlog verantwortlich und häufig die Schnittstelle zu Kund:innen.

Scrum eignet sich vor allem für Projekte und nicht für das Tagesgeschäft, da der Ablauf durch nicht planbare Arbeiten und spontane Anfragen empfindlich gestört wird. Darüber hinaus funktioniert die Methode dann besonders gut, wenn das Team stabil ist, zwischen drei und neun Personen umfasst und alle Fähigkeiten besitzt, um das Backlog abzuarbeiten. Scrum ist deshalb so verbreitet, weil es die Grundprinzipien agilen Arbeitens auf einfache Art und Weise integriert und zahlreiche Aspekte enthält, die auch isoliert genutzt und mit bestehenden Vorgehensweisen kombiniert werden können.

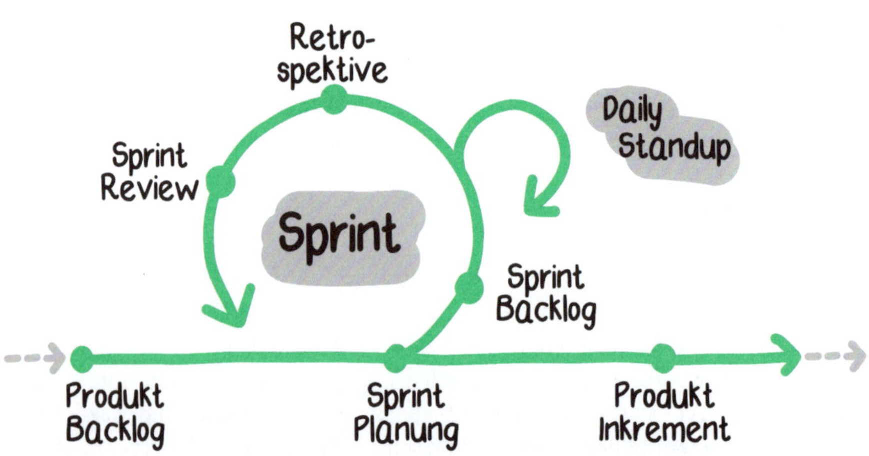

Scrum-Ablauf nach Jeff Sutherland und Ken Schwaber

Kanban

Kanban ist im Vergleich zu Scrum einfacher.[6] Auch hier wird Arbeit in kleine, handhabbare und vom Team umsetzbare Einheiten (Kanban-Karten) aufgeteilt. Diese werden in einem physischen oder digitalen Board sichtbar gemacht, das in der einfachsten Variante aus nur drei Spalten besteht:

- To do: Aufgaben, die noch zu bearbeiten sind
- Doing: Aufgaben, die in Arbeit sind
- Done: Aufgaben, die erledigt wurden

Teammitglieder wählen selbstständig ihre nächste Aufgabe aus der To-do-Spalte und ziehen diese für den Zeitraum der Bearbeitung in das Doing-Feld. So weiß das gesamte Team, welche Arbeit noch offen ist, begonnen und bereits erledigt wurde. Das „Work in Progress"-Limit (WIP-Limit) bestimmt die maximale Anzahl der Kanban-Kärtchen, die gleichzeitig in der Doing-Spalte stehen dürfen. Ist das Limit erreicht, muss eine Aufgabe erst erledigt werden, bevor eine neue Aufgabe begonnen werden darf. Das sorgt für einen gleichmäßigen Arbeitsfluss, verkürzte Durchlaufzeiten und verhindert mangelnde Fokussierung durch zu viele Aufgaben.

Kanban ist mehr als eine übersichtliche Aufgabenplanung. Die Fertigstellung von etwas, mit dem wir begonnen haben, hat Priorität vor dem Beginn von etwas Neuem (erstes Prinzip). Darüber hinaus liegt der Fokus auf kleinen, aber kontinuierlichen Verbesserungen (zweites Prinzip). Für diese ist jede:r verantwortlich, das bedeutet Führungsverantwortung kann und soll von allen wahrgenommen werden (drittes Prinzip). Kanban erfordert keine komplette Reorganisation: Vorhandene Prozesse, Rollen und Verantwortlichkeiten werden grundsätzlich respektiert und beibehalten (viertes Prinzip) – können aber Gegenstand einer schrittweisen Verbesserung werden.

Kanban-Board

Kanban kann im Unterschied zu Scrum auch sehr gut außerhalb von Projekten eingesetzt werden, da die Priorisierung und Aufgabenplanung situativer stattfindet und somit schneller auf Änderungen und neue Aufgaben reagiert werden kann.

Kaizen und Lean

Als die *Porsche AG* Anfang der 1990er-Jahre nach Verbesserungen in den Bereichen Entwicklung, Einkauf und Produktion suchte, befand sich das Unternehmen in einer schwierigen Phase. 1993 hatte das Unternehmen mit 240 Millionen DM den bis dahin größten Verlust seiner Firmengeschichte verzeichnet. Die westliche Automobilwelt schaute damals in vereinter Bewunderung nach Japan, wo die Themen Kaizen Lean Production und auch Kanban ihren Ursprung hatten.

Im Mittelpunkt von Kaizen steht ein kontinuierlicher Verbesserungsprozess. Das Unternehmen wird in vielen kleinen Schritten verbessert. Diese Schritte werden vom Team identifiziert, das die dazugehörigen Maßnahmen selbst organisiert plant und umsetzt. Im Anschluss prüft es, wie sich die Ergebnisse ausgewirkt haben und ob weitere Anpassungen sinnvoll wären. Was eine Verbesserung ist, orientiert sich an den internen oder externen Kund:innen. Im Kaizen stehen Menschen im Mittelpunkt, die dazu beitragen, das Unternehmen und die Qualität ihrer Arbeit mit eigenen Ideen zu verbessern.

In dem Zusammenhang lässt sich auch Lean Management einordnen, bei dem die Vermeidung von Verschwendung und Kosteneinsparungen als wesentlicher Maßstab für Verbesserungen verstanden werden. Auch hier wird den Mitarbeiter:innen die Freiheit gegeben, Verbesserungspotenziale selbstständig zu identifizieren und umzusetzen. Im Unterschied zu Scrum und Kanban steht beim Lean Management eine iterative Verbesserung der Abläufe im Mittelpunkt. Es geht nicht darum, flexibel auf veränderte Anforderungen zu reagieren, sondern darum, Prozesse so weit wie möglich zu standardisieren und zu vereinfachen. Das ist insbesondere dann sinnvoll, wenn ein Unternehmen hohe Stückzahlen produziert und der Wettbewerbsvorteil durch Qualität und Kostenvorteile erzielt wird.

Eberhard Weiblen führt seit über 26 Jahren als CEO die *Porsche Consulting*.[7] In unserem Podcast berichtet er, wie *Porsche* in den Jahren der Krise zunächst die eigenen Prozesse vor allem in der Produktion optimierte und dabei die Idee entstand, die erzielten Effekte auch bei den Zulieferbetrieben zu realisieren. Bedingt durch die relativ niedrige Wertschöpfungstiefe in der Automobilindustrie, die für *Porsche* noch unter dem Branchenschnitt lag und immer noch liegt, versprach sich der Automobilhersteller hier ein großes Einsparpotenzial. Während einige Massenhersteller zu dieser Zeit ihren Zulieferern Einsparziele vorgaben, war das für *Porsche* auch aufgrund der vergleichsweise geringen Bedeutung bei den Zulieferern keine Option. Stattdessen wurde das Programm P.O.L.E. (Prozess-Optimierung durch Lieferanten-Einbindung) entwickelt. Es war ein Zugang, um mithilfe eines standardisierten Methoden-Sets, das an die Kaizen- und Lean-Philosophie angelehnt war, Einsparungen zu ermitteln. Die identifizierten Potenziale sollten dann zwischen *Porsche* und dem jeweiligen Zulieferer aufgeteilt werden. Die Idee war ein großer

Erfolg. Die Zulieferer fragten, ob *Porsche* auch bei der Optimierung der Wettbewerberprodukte helfen könne. So entstand schließlich die *Porsche Consulting*, die heute mit über 600 Berater:innen zu den bekanntesten Unternehmensberatungen zählt.[8]

Agil skalning från Sverige

Was muss passieren, wenn mehrere agile Teams synchronisiert und aufeinander abgestimmt werden müssen? Eine Top-down-Koordination würde der agilen Grundlogik widersprechen und zu Flaschenhälsen und Entscheidungen führen, die an der falschen Stelle getroffen werden. Hier kommen die Schweden ins Spiel. *Spotify* hat für sich selbst ein agiles Skalierungsmodell entwickelt, das so spannend ist, dass es mittlerweile von zahlreichen Unternehmen übernommen wurde. Prominente Beispiele sind die holländische Bank *ING DiBa,* der IT-Dienstleister *Atruvia AG* und die *Deutsche Telekom AG.*

Die kleinste Einheit im Spotify-Modell ist ein Squad, ein Team, das häufig nach der Scrum-Methode arbeitet. Das Squad trägt die Verantwortung für einen bestimmten, von Kund:innen wahrnehmbaren Teil der Gesamtleistung, beispielsweise ein Produkt-Feature. Es wird gern mit einem Mini-Start-up verglichen, da es selbstorganisiert agiert und die volle End-to-End-Verantwortung für sein Ergebnis trägt. Die nächstgrößere Einheit ist ein Tribe. Der Tribe enthält mehrere Squads, die aufgrund fachlicher Nähe zusammengehören, weil sie am gleichen Produktbestandteil beziehungsweise der gleichen Leistungskategorie arbeiten. Der Zusammenschluss als Tribe sorgt dafür, dass die Ergebnisse der Squads zueinanderpassen und auf eine gemeinsame Produkt-Vision einzahlen. Ergänzt wird dies durch Chapter und Gilden. Chapter bestehen aus Mitgliedern eines Tribes, die die gleiche Expertise auf-

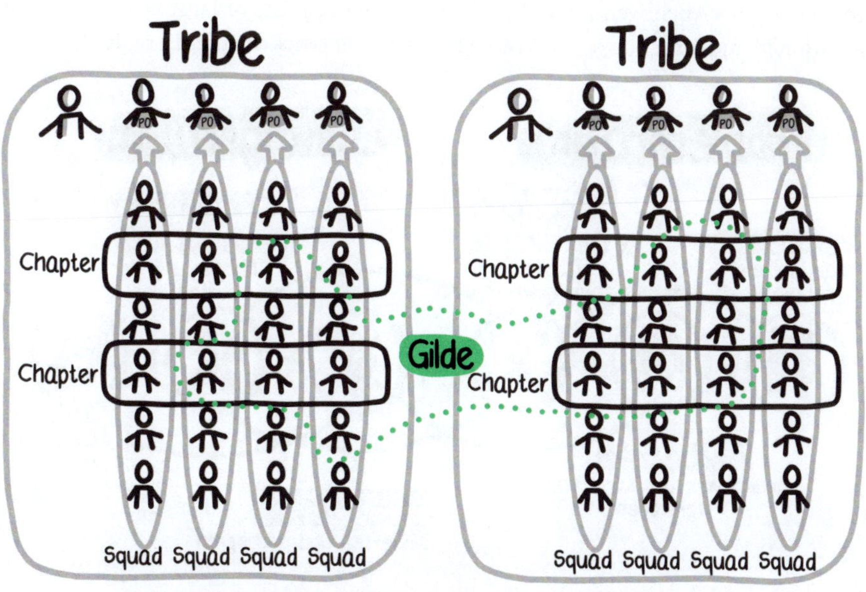

Spotify-Modell nach Henrik Kniberg und Anders Ivarsson

weisen, wie zum Beispiel alle Frontend-Designer:innen. Dieser Squad-übergreifende Zusammenschluss soll fachlichen Austausch und Weiterentwicklung sicherstellen sowie für Standards sorgen, denen sich alle Mitglieder des Chapters verpflichtet fühlen. Gilden sind Tribe-übergreifend und beziehen sich nicht zwingend auf eine ganz bestimmte Fachexpertise. Es sind Interessenverbände zu konkreten Themen, wie zum Beispiel Webentwicklung oder Austausch agiler Methoden.

Design Thinking

Hatten Sie schon einmal das Gefühl, dass Ihnen nicht nur ein Produkt verkauft wird, sondern auch gleich das passende Problem, oder dass Leistungen Probleme adressieren, die Sie überhaupt nicht haben? Hier setzt Design Thinking an, eine Herangehensweise, bei der in einem offenen Designprozess innovative Lösungen entwickelt werden, bei denen die Bedürfnisse der Nutzer:innen im Mittelpunkt stehen.

Zu Beginn des Designprozesses steht ein unklares Problem, das über Austausch und das Verstehen des eigentlichen Bedürfnisses geschärft wird. Das sollte nicht nur durch Interviews, sondern auch durch ausführliche Beobachtungen der Kund:innen im Nutzungsprozess geschehen. Im Anschluss werden Ideen entwickelt und in anfass- und erlebbare Prototypen verwandelt. Diese werden dann bei Kund:innen getestet. Anhand der Reaktionen werden die Ideen neu gedacht, iterativ verbessert oder verworfen. Insgesamt setzt sich der Prozess aus sechs unterschiedlichen Phasen zusammen, in denen je nach Herausforderung und Möglichkeiten des Teams unterschiedliche Methoden angewendet werden, um zum Ziel zu kommen. Die Entwicklung von Lösungen verläuft dabei in mehreren Schleifen. Das Verhalten und die Bedürfnisse der Nutzer:innen stehen beim Design Thinking im Mittelpunkt. Das reduziert die Gefahr, dass Lösungen für Probleme entwickelt werden, die es gar nicht gibt. Auch wenn der Prozess sehr eindeutig ist, verläuft er in mehreren Iterationen, um am Ende wirklich eine Lösung zu entwickeln, die ein reales Problem

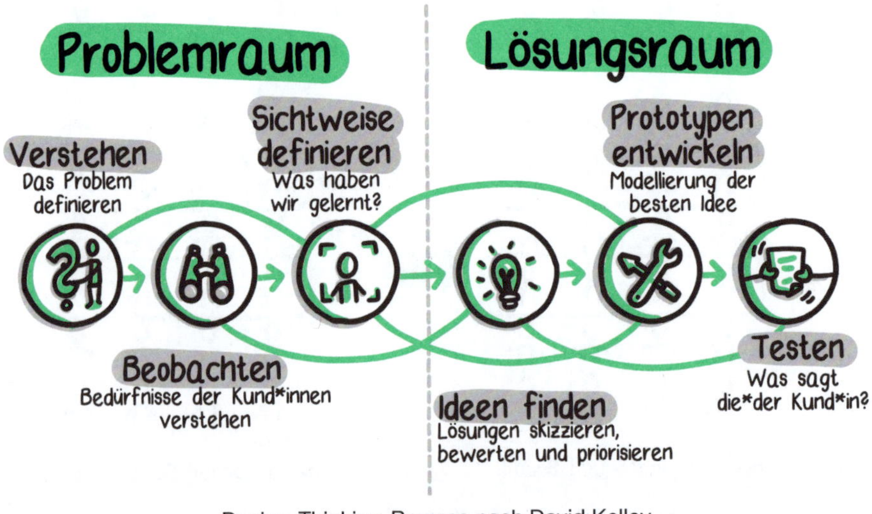

Design-Thinking-Prozess nach David Kelley

löst beziehungsweise Bedürfnis befriedigt. Design Thinking wird häufig in einem Atemzug mit agilen Methoden wie Scrum und Kanban genannt. Es ist allerdings keine Methode, die sich darauf bezieht, wie Teams zusammenarbeiten.

Google Sprint

Die *Google*-Manager Jake Knapp, John Zeratsky und Braden Kowitz haben agiles Arbeiten noch weiter auf die Spitze getrieben. Sie zeigen uns, wie man in nur fünf Tagen neue Ideen testet und Probleme löst.[9] Die ursprüngliche Idee zu Sprint stammt von Jake Knapp, der sich selbst als Prozess-Freak bezeichnet. Mithilfe zahlreicher Mitstreiter:innen wurde die Methode zuerst zum unternehmensweiten Standard bei *Google* und später auch bei *Google Ventures*. Der Sprint ist auf fünf Arbeitstage ausgelegt und kann für zahlreiche Anwendungsfälle – von der Software- und Produktentwicklung, über Dienstleistungen, Marketingstrategien bis hin zu Namensfindungen – verwendet werden. Die Autoren empfehlen eine Teamgröße von maximal sieben Teilnehmer:innen, die jeweils eine Rolle einnehmen beziehungsweise einen Bereich vertreten. Ein Teammitglied moderiert. Knapp, Zaretsky und Kowitz beschreiben den von Brad Pitt verkörperten Logistikexperten aus *Ocean's Eleven* als Idealbesetzung für diese Rolle: „Sie brauchen für Ihren Sprint einen Rusty Ryan. Das ist der Moderator, der für das Zeitmanagement, den strukturierten Ablauf der Gespräche und den gesamten Prozess verantwortlich ist."
Das Ocean's-Seven-Dream-Team besteht aus:

- Entscheider:in
- Finanzexpert:in
- Marketingexpert:in
- Zielgruppenexpert:in
- Technik-/Logistikexpert:in
- Designexpert:in und
- Querschläger:in[10]

Die Ausgestaltung der fünf Tage, an denen die Teammitglieder sich vollständig in den Prozess einbringen müssen, beschreiben die Autoren detailliert in ihrem Buch:

- Der **Montag** beginnt mit der Diskussion der möglichen Ziele („Start at the End") und setzt sich fort mit der Erstellung eines Routenplans, der wie eine Art Landkarte die vielen komplexen Zusammenhänge der Aufgabe klarmachen soll. Am Ende des Tages steht eine Befragung der Expert:innen im Unternehmen und die Verständigung auf ein realistisches Ziel, das in der Woche gemeinsam erreicht werden soll.
- Der **Dienstag** ist der Inspirationstag. Es werden bereits im Unternehmen vorhandene Ideen diskutiert und überprüft, ob – und wenn ja wie – sie sich anders kombinieren lassen können oder was sie besser machen könnte. In einem vierstufigen Prozess arbeiten die Teammitglieder in der zweiten Tageshälfte dann konkrete Lösungsskizzen aus.

- Am **Mittwoch** hat das Team die Aufgabe, aus den am Vortag erarbeiteten Lösungsskizzen die Vorschläge auszuwählen, denen die besten Erfolgsaussichten eingeräumt werden. Am Nachmittag werden Storyboards der besten Lösung(en) erstellt, die im Idealfall als Grundlage für einen Prototypen dienen.
- Am **Donnerstag** versucht das Team, aus dem Storyboard einen Prototypen zu bauen. Je nach Aufgabenstellung kann dieser aus einer Präsentation, einem kleinen Theaterstück (zum Beispiel bei Services), einem gestalteten Raum oder einem physischen Objekt (zum Beispiel aus einem 3D-Drucker) bestehen.
- Der **Freitag** steht im Zeichen der potenziellen Kund:innen. Fünf Interviews genügen dafür in der Regel. Die Autoren begründen diese Zahl mit den Erfahrungen von Jakob Nielsen, einem Experten für die Erforschung von Nutzer:innen. Bereits nach fünf Interviews, so hat er durch eine Metaanalyse eigener Studien herausgefunden, lassen sich in der Regel 85 Prozent der Probleme, die es mit einem Produkt geben kann, feststellen.[11]

Die in ihrem Buch mit zahlreichen plakativen Beispielen und konkreten Tools und Tricks unterlegte Methode hat ihre Anwender:innen und Fans nicht nur bei *Google* und *Google Ventures* gefunden, sondern in Unternehmen auf der ganzen Welt. So auch bei *McKinsey & Company*, der Werbeagentur *Wieden & Kennedy*, bei *Airbnb* und *Meta*, aber auch bei Regierungsbehörden und NGOs. Für jedes Unternehmen, das sich im agilen Arbeiten ausprobieren möchte, ist *Sprint* eine niedrigschwellige und Erfolg versprechende Alternative.

MIT KANONEN AUF SPATZEN SCHIESSEN

„Erfolg erfordert heute die Agilität und den Antrieb, ständig neu zu denken, zu reagieren und zu erfinden."

Bill Gates, Unternehmer und Philanthrop

Die Diskussion um Agilität hat schon so manche Organisation gespalten. Das passiert insbesondere dann, wenn der Eindruck entsteht, bisherige Arbeitsweisen seien vollkommen falsch und wer noch so arbeite, gehöre „zum alten Eisen". Das war wirklich noch nie ein gutes Instrument, um Offenheit für die eigene Sache zu gewinnen. Darüber hinaus sollte auch die Sinnfrage erlaubt sein, denn agile Arbeitsmethoden sind für eine spezifische Art von Herausforderungen entwickelt worden. Dies lässt sich am besten mit dem Cynefin-Modell von Dave Snowden erklären, das Probleme nach Komplexitätsgrad bestimmten Kategorien zuweist.

Es gibt einfache Probleme, wie zum Beispiel das Einschalten des Lichts oder das Bauen eines Gartenzauns, die sich durch simple Ursache-Wirkung-Zusammenhänge auszeichnen. Deren Lösung fällt in den Bereich von Best Practices. Dann gibt es komplizierte Probleme wie das Bauen eines Flugzeugs. Hier sind die Ursache-Wirkung-Beziehungen zwar auch klar, sie sind allerdings kompliziert und mehrere

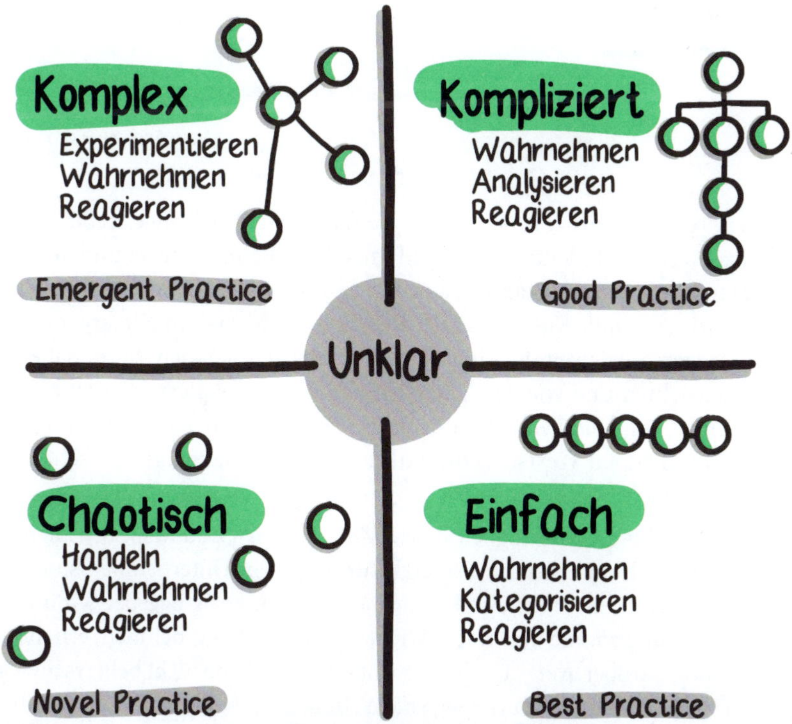

Cynefin-Modell nach Dave Snowden

Herangehensweisen führen zum Ziel. Projekte dieser Art lassen sich von Anfang bis Ende planen und steuern. Es gibt aber auch komplexe Probleme. Hier sind die Ursache-Wirkung-Beziehungen nicht bekannt. Stellen wir uns einen Teller Spaghetti vor. Wenn wir an einer Spaghetti ziehen, wissen wir nicht im Vorfeld, welche anderen Spaghetti sich wie mitbewegen werden. Wir können es nur ausprobieren.[12] Bei Fragestellungen dieser Art kommt die Stärke agiler Methoden zum Tragen. Weder Lösung noch Vorgehen lassen sich exakt im Voraus definieren, sie entstehen schrittweise im Prozess. Ergänzend gibt es noch chaotische Probleme. Hierzu zählt auch die Corona-Pandemie. In Situationen wie diesen ist Handeln gefragt, ohne dass wir den Prozess durch gezielte Experimente und Vorgehensweisen steuern können. In der Mitte des Modells finden wir (noch) nicht definierte Probleme – das trifft anfangs auf viele Probleme zu. Das Cynefin-Modell soll dabei helfen, die Probleme zunächst einzuordnen, bevor wir uns für eine Vorgehensweise entscheiden.

Ja, wir können agile Vorgehensweisen auch auf einfache oder komplizierte Probleme anwenden, es bringt nur nicht so viel. Vielfach werden vorhandene funktionierende Prozesse hierdurch verkompliziert, was die Frustration der Beteiligten erklärt. Es muss also nicht alles agil sein, klassische Methoden und Vorgehensweisen können durchaus gerechtfertigt sein.

AGILE WERTE

„Wenn alles unter Kontrolle ist, fährst du zu langsam."

Mario Andretti, Formel 1-Pilot

Methoden, Tools und Prozesse sind recht greifbar, denn damit angestrebte Veränderungen lassen sich gut identifizieren und umsetzen. Beim Mindset und der Kultur eines Unternehmens sieht es anders aus. Ein agiles Mindset lässt sich ebenso wenig verordnen wie eine agile Kultur. Es hilft allerdings, sich vor dem Hintergrund agiler Werte zu fragen, inwieweit die Menschen im Unternehmen den Raum haben, sich daran auszurichten und wie das Unternehmen darauf reagiert. Wer ist beispielsweise Vorbild, wie laufen Veranstaltungen ab, wie und wofür zeigen Führungskräfte und das Unternehmen Wertschätzung und welches Verhalten gilt als schlecht beziehungsweise nicht wünschenswert?

Wenn wir einen Blick auf die agilen Werte *Mut*, *Offenheit* und *Respekt* werfen, stellt sich die Frage nach der internen Fehlerkultur. In jedem Unternehmen sind Fehler natürlich „höchst willkommen", sind eine Chance zum Lernen. Begeben wir uns dann in die Besprechungsräume und Kaffeeküchen mancher Unternehmen, erhalten wir schnell ein Bild darüber, wer was falsch macht und seinen Job nicht beherrscht – gelegentlich gespickt mit Diagnosen, die sich nicht einmal Psychologen und Ärzte zutrauen würden, und Informationen, die im Sport zur sofortigen Disqualifikation wegen Foul oder Manipulation führen. Hier wird die psychologische Sicherheit aller Beteiligten gestört und verhindert, dass Menschen sich trauen, nicht mehrheitsfähige Meinungen auszusprechen, Dinge auszuprobieren, die auch schiefgehen können, oder überhaupt einmal Entscheidungen zu treffen. Menschen müssen sich sicher fühlen, um ihr Potenzial ausleben zu können. Jede:r Einzelne kann dazu beitragen, indem er:sie Vorbild ist, dazu ermuntert, Konflikte offen anzusprechen, sich nicht an Nachrede beteiligt und Foulspiel nicht akzeptiert. Führungskräfte haben dabei eine besondere Rolle, da sich Menschen an ihrem Verhalten orientieren. Die Energie, etwas positiv zu verändern, kann und sollte allerdings von allen ausgehen. Das gilt auch, wenn wir nicht agil arbeiten. Agiles Arbeiten kann allerdings nicht funktionieren, wenn die Werte keine Entsprechung im Mindset der Handelnden und der Unternehmenskultur finden.

Fokus und *Einfachheit* sind weitere agile Werte. Das Thema Fokus greifen wir insbesondere in dem Kapitel über Selbstmanagement und Meetings auf. An dieser Stelle sei nur die Frage gestellt, inwieweit Menschen überhaupt die Fähigkeit und die Möglichkeit haben, ungestört an etwas arbeiten zu können. Die beste Methode nützt nichts, wenn Menschen nicht den Raum haben, ihre Arbeit zu erledigen, ohne permanent gestört zu werden. Beim Thema Einfachheit geht es insbesondere darum, die eigenen Denkweisen und Prozesse regelmäßig zu hinterfragen. Eine der Lieblingsfragen des Unternehmers Alexander Sixt, um Komplexität zu reduzieren, lautet „Was passiert, wenn wir das nicht mehr tun?".[13]

Zuletzt werfen wir einen Blick auf den agilen Wert *Selbstverpflichtung* beziehungsweise *Commitment*. Nicht selten wird dies sowohl vonseiten der Führungskräfte als auch der Mitarbeiter:innen zum Stein des Anstoßes. Führungskräfte beklagen mangelnde Verantwortungsbereitschaft seitens der Mitarbeiter:innen, die wiederum fehlendes Vertrauen und zu wenig Raum beklagen. Mit dem Finger auf andere zu zeigen, hilft nicht. Beide Seiten müssen gemeinsam lernen, mit dem neuen Paradigma der Verantwortungsübernahme umzugehen. Ein Weg ist das Treffen klarer Vereinbarungen und das Schaffen von Transparenz. Wenn Aufgaben und damit verbundene Ziele klar umrissen sind und sowohl Zeit als auch Fähigkeiten zur Verfügung stehen, fällt es leicht, diese zu übernehmen. Agile Rahmenwerke wie Scrum und Kanban sollen genau dafür sorgen. Umgekehrt unterstützen sie Führungskräfte dabei, Verantwortlichkeiten zu klären (und auch loszulassen), Fortschritt transparent zu machen und regelmäßig Ergebnisse zu präsentieren.

DIE HÄUFIGSTEN MISSVERSTÄNDNISSE ÜBER AGILES ARBEITEN

„Man muss die Dinge so einfach wie möglich machen, aber nicht einfacher."

Albert Einstein, Physiker

Ist der Begriff Agilität zum Buzzword, zu einer Art Aushängeschild geworden, ähnlich wie New Work? Viele Manager:innen nutzen den Begriff und schmücken ihre Vorträge und Reden damit, ohne sich jemals damit auseinandergesetzt zu haben. So kommt es immer wieder zu Missverständnissen. Hier eine Auswahl der wichtigsten:

Agile Methoden sind zu theoretisch

Keine der dargestellten Methoden kommt aus dem Elfenbeinturm. Scrum wurde anhand realer Problemstellungen in der Praxis entwickelt, Kanban kommt ebenso wie Lean und Kaizen aus der Automobilindustrie, *Spotify* löste Skalierungsfragen zunächst für sich selbst.

Agilität ist die Summe aus Methoden & Tools

Richtig ist, dass sich agile Teams oftmals agiler Methoden bedienen, allerdings sollte man das Werkzeug nicht mit der gesamten Idee dahinter verwechseln. Scrum, Kanban & Co. sind nur Werkzeuge, die dabei helfen, die agilen Prinzipien im Alltag umzusetzen – ähnlich, wie ein Hammer und eine Säge dabei helfen, ein Haus zu bauen.

Agiles Arbeiten macht uns sofort schneller

Anfangs sinkt die Produktivität beteiligter Teams sogar häufig. Der Grund liegt darin, dass zu Beginn jede Menge Probleme auftauchen, für die es eine Lösung braucht, wie zu viele Schnittstellen, fehlende Kompetenzen im Team oder mangelndes Verständnis für die neue Arbeitsweise. Es braucht also Zeit, um am System zu arbeiten und die Weichen zu stellen, um dann Geschwindigkeit aufzunehmen.

Agil ist nur für die Softwareentwicklung

Die dargestellten Methoden sind zwar (noch) im Softwarebereich am weitesten vertreten, das bedeutet allerdings nicht, dass sie nur hier relevant wären. Auch im Marketing müssen große Kampagnen zunehmend durch kleine Experimente ersetzt werden, um die Reaktion von Kund:innen zunächst zu testen.[14] Noch überraschender ist wahrscheinlich der Anwendungsfall in der Politik. Anna Sinell, Innovationsexpertin und Senior Public Advisor beim *Bundesministerium für Arbeit und Soziales*, hat uns im Podcast erzählt, dass auch im Rahmen der Gesetzgebungsprozesse daran gearbeitet wird, sich sowohl stärker an den Bedürfnissen von Kund:innen zu orientieren als auch iterativer vorzugehen.[15] „Die Sensibilität, dass es sich um einen iterativen Prozess handelt, in dem Schleifen gedreht werden und in dem Methoden angewendet werden müssen, um die Nutzer:innen ins Zentrum zu stellen, das kann auch bei Gesetzesentwicklungen wahnsinnigen Mehrwert bringen."

Agile Teams planen nicht. Alle machen, was sie wollen

Agile Teams gehen sehr strukturiert vor. Sie sind allerdings bereit, einen Plan zu hinterfragen und iterativ anzupassen, wenn es neue Anforderungen, Prioritäten und Informationen gibt. Ebenso wenig machen alle, was sie wollen. Es gibt klare Regeln und Methoden, mit denen ein Team arbeitet, wie mit neuen Anforderungen und Aufträgen umgegangen und wie priorisiert wird, wie Entscheidungen getroffen werden und wie für Transparenz und Synchronisierung gesorgt wird.

Agiles Arbeiten braucht keine Führungskräfte mehr

Agile Arbeitsweisen funktionieren nur dann, wenn Teams den Raum erhalten, Verantwortung zu übernehmen und sich selbst zu organisieren. Entscheidungen werden dort getroffen, wo Kompetenz und Wissen liegen (zumeist im Team). Das bedeutet nicht, dass es keine Führungskräfte mehr braucht. Benötigt wird vielmehr ein anderes Führungsverständnis, das sich beispielsweise im Konzept der Servant Leadership (dienende Führung) wiederfindet. Ein Servant Leader dient seinem Team und unterstützt die Teammitglieder darin, sich zu entwickeln, sorgt für geeignete Rahmenbedingungen und räumt Hindernisse aus dem Weg. Dieses Vorgehen führt zu qualitativ hochwertigen, innovativen und an Kund:innen orientierten Ergebnissen und sorgt gleichzeitig dafür, dass Menschen leistungsbereiter sind. Im Kapitel über Führung beschreiben wir, wie Wege zu neuer Führung aussehen.

ON THE WAY TO NEW WORK

„Es spielt keine Rolle, wie gut du heute bist; wenn du nächsten Monat nicht besser bist, bist du nicht mehr agil."

Mike Cohn, Agile Trainer und Autor

Agiles Arbeiten wird oft zum neuen Standard erhoben. Die Ursache hierfür liegt darin, dass wir heute weit mehr als früher mit Situationen konfrontiert sind, die sich nicht im Vorfeld durchplanen lassen. Marktdynamiken und die Ansprüche der Kund:innen haben sich deutlich verändert. Das bedeutet nicht per se, dass agiles Arbeiten immer sinnvoll ist – aber immer öfter. Vor dem Hintergrund von New Work ist dies eine positive Entwicklung, denn die meisten Menschen wollen mehr als nur ein „Rädchen im Getriebe" sein.

- Agiles Arbeiten eröffnet neue Räume, in denen Menschen wachsen und sich entfalten können und Führung weniger hierarchisch gelebt wird.
- Der Beitrag eines Teams zum Nutzen der Kund:innen ist wieder erkennbar, was zu besseren Lösungen und mehr Motivation führt.
- Agile Teams sind keine „Insel der Glückseligkeit". Auch hier entstehen Konflikte, Probleme und es werden Fehlentscheidungen getroffen. Die Zusammenarbeit ist allerdings dennoch meist besser und konstruktiver, weil sie regelmäßig reflektiert wird mit dem Ziel, gemeinsam zu lernen.
- Wenn noch nicht klar ist, was agiles Arbeiten für das eigene Team oder Unternehmen bedeutet, kann es zunächst sinnvoll sein, dessen Grundprinzipien zu betrachten: Kund:innen und ihre Bedürfnisse stehen im Mittelpunkt. Lösungen werden schrittweise (iterativ) erarbeitet und Feedback sowie neue Erkenntnisse systematisch integriert. Das Team überblickt und verantwortet das Gesamtergebnis und organisiert sich selbst.
- Am einfachsten ist es, den Weg hin zu agilem Arbeiten als Reise aufzufassen. Es geht nicht darum, von Beginn an alles richtig zu machen, sondern sich Schritt für Schritt zu verbessern, aus Fehlern zu lernen und aufkommende Hindernisse gemeinsam zu beseitigen - eben agil vorzugehen.

Agile Methoden beschreiben Vorgehensweisen, um komplexe Aufgaben im dynamischen Umfeld zu lösen. Sie setzen funktionsfähige Teams voraus. Da dies kein Selbstgänger ist, kommt dem Thema Zusammenarbeit besondere Bedeutung zu.

12/ ZUSAMMENARBEIT

„Alleine kommt man nicht weit."

Raul Krauthausen, Aktivist,
Sozialunternehmer und Autor

Als Michael im Alter von 37 Jahren die Rolle des weltweiten Marketingchefs bei Audi antrat, veränderte er seine Art zu arbeiten nahezu von einem Tag auf den anderen. Warum? Weil er es musste. Eine dreistellige Anzahl an E-Mails täglich, oft in Begleitung längerer Textdokumente oder PowerPoint-Präsentationen, und ein Meetingkalender, der zeitweise 40 oder mehr Wochenstunden umfasste, prägten von da an seinen Alltag.[1] Das Automobil wurde vor mehr als 100 Jahren erfunden und noch heute sind in der Regel mehrere Tausend Menschen in die Entwicklung, die Produktion und die Vermarktung eines neuen Modells involviert, und das aus gutem Grund. Kein Mensch wäre in der Lage, eine solche Leistung allein zu vollbringen. Damit ein neues Fahrzeug nach mehreren Jahren Entwicklungszeit vom Band laufen kann, ist vor allem eines notwendig: Es gilt, die Zusammenarbeit von Tausenden von Menschen und Hunderten Unternehmen zu organisieren und zu orchestrieren.

ARBEITSTEILUNG ERFORDERT KOORDINATION UND ZUSAMMENARBEIT

„Es ist vielleicht an der Zeit, dass Unternehmen Chief Collaboration Officers einstellen."

Rob Cross, Reb Rebele, Adam Grant,
Wissenschaftler und Autoren

In unserem Podcast mit Nir Eyal, dem Autor der beiden Bestseller *Hooked* und *Indestructible*, haben wir gehört, dass der größte Ablenkungsfaktor im Büro andere Menschen sind. Es ist wie eine Hassliebe. Wir brauchen uns gegenseitig und wünschen uns doch, ungestört arbeiten zu können. Weil wir sowohl die Zusammenarbeit als auch das Ungestörtsein benötigen, ist es wichtig, beides gut zu planen und aufeinander abzustimmen.[2] Der zeitliche Anteil, in dem wir auf die Zusammenarbeit mit anderen angewiesen sind, steigt in nahezu allen Branchen weiter an. In einer Analyse kommen Cross et al. zu dem Schluss, dass der Anteil, den Manager:innen und Mitarbeiter:innen für kollaborative Arbeit aufwenden, um 50 Prozent und mehr in den vergangenen zwei Jahrzehnten gestiegen ist. Unternehmen, in denen die Mehrzahl der Menschen einen Großteil ihrer Zeit für Meetings, Telefonate und E-Mails aufwenden, sind demnach keine Seltenheit mehr.[3]

Als wären die Herausforderungen nicht schon groß genug, änderte sich im März 2020 die Welt der Arbeit so unvorhergesehen wie deutlich. Die Corona-Pandemie hat uns, die es bisher gewohnt waren, den Großteil unserer Arbeitszeit im Büro zu verbringen, gezeigt, dass Zusammenarbeit nicht am selben Ort stattfinden muss. Ebenso deutlich ist uns aber klar geworden, wie sehr wir persönlichen Kontakt vermissen und was verloren geht, wenn wir uns nicht sehen. Wir haben eine historische Chance, diese Erfahrungen zu nutzen und Zusammenarbeit neu zu denken, denn wir wissen jetzt, dass es geht, und auch, wofür wir noch Lösungen brauchen.

ZUSAMMENARBEIT HAT VIELE ASPEKTE

„Jeder Mensch, den ich treffe, macht irgendetwas besser als ich. Ich muss nur rausfinden, was."

Christian Angermayer, Unternehmer und Investor

Bei der Organisation von Zusammenarbeit gibt eine ganze Reihe von Aspekten, die es zu berücksichtigen gilt. Einige Aspekte davon sind für den New-Work-Kontext von so großer Bedeutung, dass wir ihnen eigene Kapitel gewidmet haben, so zum Beispiel die Themen Führung, Agilität, Kommunikation und Meetings. Generell geht es darum, gemeinsam Dinge zu erarbeiten, die entweder unterschiedliche Kompetenzen oder Perspektiven erfordern und es somit notwendig machen, dass sich mehr als eine Person damit beschäftigt. Wir unterscheiden die synchrone Zusammenarbeit, die zum Beispiel bei Meetings zum Einsatz kommt, von der asynchronen Zusammenarbeit, bei der mehrere Beteiligte zu unterschiedlichen Zeitpunkten an einer Sache arbeiten. Zusammenarbeit kann ständig in festen Teams oder aber befristet in Projektteams stattfinden (natürlich gibt es auch die Mischform). In der Luftfahrt finden wir eine Extremform vor, denn es bildet sich für jeden Flug ein neues Team. Ausgelöst durch vermeidbare Unfälle wurde hier unter dem Schlagwort „Crew Resource Management" ein Ansatz entwickelt, der die Zusammenarbeit von nur kurzfristig zusammenarbeitenden Teams dramatisch verbessert.[4]

Die renommierte Harvard-Professorin Amy Edmondson beschäftigt seit Jahrzehnten die Frage, was Menschen brauchen, um gut zusammenzuarbeiten. Im Rahmen ihres PhD-Programms war sie Teil einer größeren interdisziplinären Gruppe von Forscher:innen, die an der Inzidenz von Medikationsfehlern in Krankenhäusern arbeiteten. Ihre These: „Bessere Teams haben niedrigere Fehlerraten." Ein erster Blick auf die Daten zeigte eine starke Korrelation, allerdings in eine unerwartete Richtung: Gute Teams machten mehr Fehler. Eine weitere Analyse zeigte dann, dass gute Teams nicht mehr Fehler als schlechte machten. Sie machten sie nur sichtbar, redeten darüber und lernten daraus. Das war die Geburtsstunde der psychologischen Sicherheit in Teams.[5] In zahlreichen Studien hat Amy nachgewiesen, dass psychologische Sicherheit der involvierten Mitarbeiter:innen der zentrale Faktor für den Erfolg von Teams, für deren Innovationsfähigkeit und deren Zusammenarbeit im Allgemeinen ist.

Warum gute Beziehungen und Netzwerke wichtig sind

„Es ist viel spannender, wenn man sich kennt und vertraut."

Frédéric Laloux, Autor und Umweltaktivist

Die Erkenntnis von Robert Waldinger, Professor für Psychiatrie an der *Harvard University,* ist ebenso einfach wie schön: Beziehungen sind der wichtigste Faktor für ein glückliches und langes Leben.[6] Wir wissen außerdem, dass Menschen, die Freunde in der Arbeit haben, produktiver sind und seltener kündigen. Es könnte also alles so einfach sein. Was allerdings auch Fakt ist, ist die Tatsache, dass sich viele Menschen bei der Arbeit einsam fühlen und dort nur selten über enge Beziehungen oder gar Freunde verfügen.[7]

Ein Netzwerk nachhaltig aufzubauen, gelingt am besten, wenn Menschen ein tiefes Interesse an anderen haben. Adam Grant hat dies wissenschaftlich untersucht und kommt zu dem Schluss, dass Menschen, die zu den „Geber:innen" (statt zu den „Nehmer:innen" oder „Tauscher:innen") gehören, die nachhaltigeren Netzwerke haben.[8] Dale Carnegie fasst in seinem Buch *Wie man Freunde gewinnt* zusammen, dass es ein ganz bestimmter Typ ist, der es im Leben leichter hat, Freund:innen zu finden, beliebt zu sein und an Einfluss zu gewinnen. Es sind Menschen, die aufmerksam sind, die sich Namen merken können, die mehr loben, als dass sie kritisieren, die mehr zuhören, als selbst zu sprechen, und die ihre Mitmenschen immer wieder positiv überraschen.[9] Wenn wir über ein gutes Netzwerk verfügen, bieten sich uns zahlreiche Möglichkeiten, Menschen zusammenzubringen, sich gegenseitig zu unterstützen und zusammenzuarbeiten. Nun tut sich nicht jede:r leicht damit, auf Treffen mit lauter Fremden zu gehen, Vorträge zu halten oder sich in den sozialen Medien zu präsentieren. Aus unseren Gesprächen und unseren eigenen Erfahrungen wissen wir, dass es einige Wege gibt, die trotzdem dabei helfen, gute und langfristige Beziehungen einzugehen:

- Echtes Interesse für Menschen entwickeln: Das lässt sich üben, indem wir es zu unserer Gewohnheit machen, mehr zu fragen und damit mehr zuzuhören, als selbst zu sprechen.[10]
- Fokus auf wenige Menschen, wenn wir Veranstaltungen besuchen: Das klingt zunächst kontraproduktiv, aber die Wahrscheinlichkeit für ein wirklich gutes Gespräch steigt mit dem Einsatz von Zeit.
- Großzügig sein: Es hat nicht nur mit Geld zu tun, ob wir als großzügig wahrgenommen werden. Wer anderen Menschen Interesse und Zeit schenkt, ist ebenso großzügig, und jede noch so komplizierte Bitte lässt sich in einen Fünf-Minuten-Gefallen umwandeln. Selbst bei chronischem Zeitmangel können wir damit etwas Gutes tun.[11]

- Tun, was wir sagen: Wer sich im Umgang mit anderen Menschen als zuverlässig erweist, baut bessere und nachhaltigere Beziehungen auf.[12]
- Echte Kompetenz für ein Thema aufbauen: Wer sich auf ein wichtiges Thema fokussiert, hat in der Regel etwas beizutragen, und wer etwas beizutragen hat, dem hören andere gern zu.
- Sich mit seinem Thema zeigen: Wenn wir etwas können, dürfen wir das auch zeigen, und jede:r wird den richtigen Kanal finden, auf dem wir uns mit unserem Know-how präsentieren können.[13]
- Sich bewusst für Menschen entscheiden: Im Durchschnitt verbringen wir die meiste Zeit mit fünf Menschen und wir sind scheinbar nicht in der Lage, zu mehr als 150 Menschen einen echten Kontakt zu halten. Wir sollten also aktiv darüber nachdenken, mit wem wir unsere Zeit verbringen.[14]
- Einer Community beitreten: Ob Rotary, Sportverein, Skatrunde oder eine Glaubensgemeinschaft – nur da, wo Menschen sind, können wir mit ihnen in Beziehung treten.

Wir können damit heute anfangen, ein Anruf bei einem Menschen, der uns wichtig ist, ist ein guter erster Schritt.

Wie man die Affen los wird

> „Sie haben gerade einem „Affen" erlaubt, vom Rücken eines Mitarbeiters zurück zu Ihrem zu springen. Sie arbeiten jetzt für Ihren Mitarbeiter. Nehmen Sie genug Affen auf, werden Sie keine Zeit mehr haben, Ihre eigentliche Arbeit zu erledigen."
>
> William Oncken Jr., Donald L. Wass, Autoren

Geht es um effektives und effizientes Arbeiten, wird gerade Führungskräften oft nahegelegt, so viel wie möglich zu delegieren. An Delegation ist grundsätzlich nichts auszusetzen. Die Bedingungen, unter denen Arbeit an jemand anderen abgetreten wird, sollten jedoch klar kommuniziert und vereinbart sein, ebenso wie das erwartete Ergebnis. Hier gibt es selbst bei einigen der erfahrenen Führungskräfte noch Luft nach oben, weil Erwartungshaltungen wie Fristen, Formate und Umfang nicht vollständig kommuniziert, aber dennoch erwartet werden. Es mag an einem zu kurzen Zeitfenster für die Delegation, eigener Unklarheit oder dem allgemeinen Unbehagen liegen, anderen zu sagen, was sie tun sollen. Am Ende führt dies zu Frustration auf beiden Seiten sowie zu unnötigen Schleifen. Bei der Frage, wem welche Aufgaben übertragen werden, hilft es, sich an den Stärken und Präferenzen der Mitarbeiter:innen zu orientieren, um sie dem am besten geeigneten Menschen im Team zu übertragen. Tests wie der *Clifton StrengthsFinder* oder das *Language and Behaviour Profiling* unterstützen dabei, Stärken besser einzuschätzen und Entscheidungen zu objektivieren.[15]

Doch was machen wir, wenn Aufgaben wie ein Bumerang zurückkommen? In ihrem Beitrag *Who's Got The Monkey?* beschreiben William Oncken, Jr. und Donald L. Wass eine uns allen bekannte Situation: Ein Manager geht durch das Unternehmen und ein Mitarbeiter begrüßt diesen mit folgendem Satz: „Guten Morgen, wir haben übrigens ein Problem!" Schneller als der Manager „stop" sagen kann, landet das Problem auf seinen Schultern. Der „Affe" ist übergesprungen. Wer nicht aufpasst, bekommt auf diese Art und Weise im Laufe eines Tages ein ganzes Gehege zusammen. Ein:e Manager:in, so die Autoren, hat ein Zeitbudget, das sich in drei Teile aufteilen lässt: die Zeit, die durch den eigenen Vorgesetzten beziehungsweise die eigene Vorgesetzte bestimmt wird, die Zeit, die durch das System bedingt ist, und die Zeit, die selbstbestimmt ist. Die Affen stehlen die ohnehin knappe selbstbestimmte Zeit. Wie wir mit der Pflege und dem Füttern der Affen umgehen können, dazu geben die Autoren konkrete Tipps:

1. Füttern oder gleich „erschießen", denn sonst stehlen uns die Affen dauerhaft unsere Zeit.
2. Die Anzahl der Affen, mit denen wir uns befassen, muss sich unserem Zeitbudget anpassen, nicht andersherum.
3. Fütterungen gibt es nur zu bestimmten Zeiten und wir bestimmen wann (also nicht zwischen Tür und Angel).
4. Fütterungen finden im direkten Kontakt statt oder am Telefon, aber nicht per E-Mail.
5. Jeder Affe sollte einen konkreten nächsten Fütterungstermin haben und es sollte klar sein, wer dabei welche Rolle hat.[16]

Wann ist der letzte Affe auf Ihre Schulter gesprungen? Wann haben Sie einen weitergegeben?

In unseren Podcast-Gesprächen hat uns zu diesem Thema besonders der Unternehmer Konstantin Mehl, Co-Gründer von *Foodora* und *Kaia Health*, überrascht. Konstantin reagiert schmallippig, wenn Kolleg:innen mit ihm auf dem Gang oder beim Mittagessen etwas regeln wollen. Warum? „Mich stresst es, wenn ich etwas nicht vorher lesen kann." Wenn jemand ein Thema mit Konstantin besprechen möchte, dann muss diese Person vorher ein Dokument schreiben, das erst Konstantin, dann der oder die Kolleg:in selbst und dann nochmals Konstantin kommentiert. Erst dann gibt es ein Meeting. Die Effektivität und Effizienz dieser Vorgehensweise sei überragend, fasst er zusammen. Einfache Updates lehnt er ab: „Das nervt ja jeden."[17]

Das mag egoistisch klingen, aber Führungskräfte, die allzu gern die Affen ihrer Mitarbeiter:innen übernehmen, tun weder sich noch ihren Mitarbeiter:innen einen Gefallen. Die Zeiten heroischer Führung sind vorbei, vielmehr geht es darum, das eigene Team zu befähigen, Lösungen zu finden und Entscheidungen zu fällen. Aus diesem Grund hat Delegation in neueren Organisationsformen, die sich an Selbstorganisation orientieren, wie zum Beispiel *Holacracy*, keine allzu große Relevanz mehr. Hier wird oft mit Rollen gearbeitet. Diese sind von dem beziehungsweise der jeweiligen Rollenträger:in zu erfüllen, ohne dass diese:r bestimmte Aspekte qua

Hierarchie an jemand anderen delegiert. Sehr viel mehr dazu beschreiben wir im Kapitel „Organisation“.

Was erfolgreiche Teamarbeit braucht

> „Egal wie brillant dein Verstand oder deine Strategie ist, wenn du ein Solospiel spielst, wirst du immer gegen ein Team verlieren.“
>
> Reid Hoffman, Co-Founder *LinkedIn*

In seinem Buch *Powers of Two* bricht Joshua Wolf Shenk mit dem Mythos des genialen Helden, der, angetrieben durch seine Einmaligkeit, die großen Entwicklungen der Menschheitsgeschichte oft allein und zurückgezogen in seinem stillen Kämmerlein vorantreibt. Seit der Aufklärung, so der Autor, steht das einsame Genie im Mittelpunkt der Erzählung. In der Realität waren es jedoch nur wenige Ausnahmefälle, in denen bahnbrechende Leistungen allein entwickelt wurden. Shenk führt an, dass das höchste Maß an Kreativität dann entsteht, wenn zu zweit gearbeitet wird. Im Zentrum der „Netzwerktheorie der menschlichen Leistung“ stehen für ihn Paare: John Lennon und Paul McCartney, die *Apple*-Gründer Steve Jobs und Steve Wozniak oder Marie und Pierre Currie. Dasselbe gilt auch für die Golflegende Tiger Woods und seinen langjährigen Caddie Steve Williams oder für die Partnerschaft zwischen dem Künstler Christo und seiner Frau Jean-Claude. In einer seiner Kapitelüberschriften fasst es Shenk wie folgt zusammen: „1 + 1 = Infinity“ (Unendlichkeit).[18]

Vor über 50 Jahren veröffentlichten J. W. Pfeiffer und J. E. Jones das *NASA*-Weltraumspiel, das seit Mitte der 1970er-Jahre zu den Klassikern in der Teamentwicklung zählt. In der Ausgangssituation haben die Teilnehmer:innen auf dem Mond eine Bruchlandung hingelegt. Um zu überleben, muss die Crew das Mutterschiff erreichen. Die konkrete Aufgabe: Ordnen Sie die 15 unbeschädigten Ausrüstungsgegenstände in eine Reihenfolge der Wichtigkeit. Diese Aufgabe sollen die Teilnehmer:innen zuerst allein und später im Team lösen. Es geht dabei vor allem darum, ihnen anhand des Planspiels zu vermitteln, dass Teams bei komplexen Aufgabenstellungen in aller Regel zu besseren Ergebnissen kommen.[19] Das ist allerdings kein Selbstläufer. Vielmehr gibt es unterschiedliche Faktoren, die darüber entscheiden, wo wir uns auf der Skala zwischen „Zwangsgemeinschaft“ und „High-Performance-Teams“ befinden.

In einem unserer ersten Podcast-Gespräche mit den Unternehmer-Brüdern Christoph und Steffen Behn, die zusammen die *Kartenmacherei* aufgebaut haben, erhielten wir zum ersten Mal den Buchtipp *Die 5 Dysfunktionen eines Teams* von Patrick Lencioni. Für die beiden Brüder ist das Buch zu einem Leitfaden bei dem Aufbau von Teams geworden. Wenn wir uns an unsere negativen Erfahrungen mit Teamarbeit erinnern, dann gibt es bei der Betrachtung dieser fünf typischen Dysfunktionen das eine oder andere Aha-Erlebnis. Nach Lencioni sind es einer oder

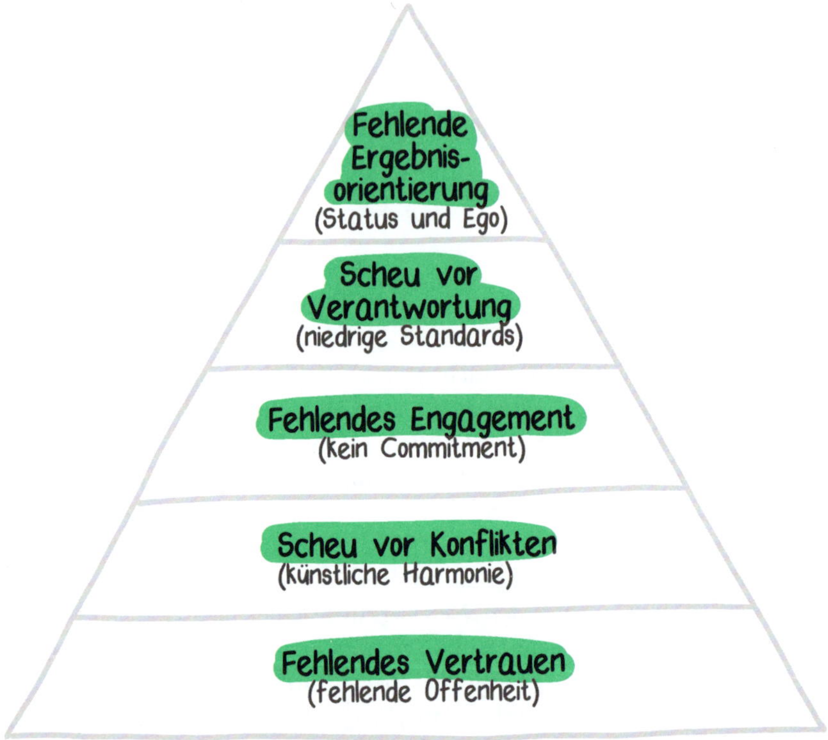

Die 5 Dysfunktionen eines Teams nach Patrick Lencioni

mehrere dieser fünf Faktoren, die verhindern, dass Teamarbeit zu den bestmöglichen Ergebnissen kommt:[20]

- fehlendes Vertrauen (fehlende Offenheit)
- Scheu vor Konflikten (künstliche Harmonie)
- fehlendes Engagement (kein Commitment)
- Scheu vor Verantwortung (niedrige Standards)
- fehlende Ergebnisorientierung (Status und Ego)

Seiner Erfahrung nach reicht es, wenn einer der Faktoren nicht erfüllt ist, damit ein Team nicht funktioniert. In der positiven Umkehrung seiner Dysfunktionen ist eine Roadmap zum Teambuilding versteckt. Die einzelnen Elemente bauen dabei aufeinander auf. Ein Team, das sich vertraut, hat keine Angst vor Meinungsverschiedenheiten und scheut nicht den Konflikt. Die Mitglieder gehen grundsätzlich mit einer offenen Einstellung in die Zusammenarbeit und sind bereit, sich von einer besseren Idee oder von mehr Kompetenz und Erfahrung überzeugen zu lassen. Gemeinsam errungene und getragene Lösungen setzen bei allen Teilnehmer:innen Engagement frei sowie die Bereitschaft zur Übernahme von Verantwortung. Dies ist wiederum die Grundlage für Ergebnisfokussierung, anstatt sich mit Themen wie Status und Ego aufzuhalten.

Auch mit Jennifer Brook haben wir in unserem Podcast über das Thema Teams gesprochen. In Florida aufgewachsen lebte sie unter anderem in New York, wo sie als Designerin für die *New York Times* und dann als selbstständige Unternehmensberaterin tätig war, bevor sie nach San Francisco zu *Dropbox* wechselte, und zwar an die Schnittstelle von Design und Research. Zusammen mit ihrem Team machte sich Jennifer auf die Suche nach den Merkmalen der allerbesten Teams (zum Beispiel in der Krebsforschung, der Broadway-Musical-Produktion oder der Softwareentwicklung) mit dem Anspruch, die Zukunft besser zu gestalten. „Wir glauben wirklich, dass es kleine, koordinierte Gruppen von Menschen sind, die die Welt am Laufen halten." Ihrer Erfahrung nach sind es vor allem die Beziehungen, die darüber entscheiden, ob ein Team funktioniert. Außerdem werden erfolgreiche Teams über einen starken Purpose angetrieben. Dieser wird gestärkt, wenn die Teammitglieder neue Dinge lernen, Beiträge einbringen und eine Wirkung erzeugen können. Idealerweise geschieht das, indem die Teammitglieder während der gemeinsamen Arbeit Wege gehen können, die echte Freude erzeugen. Das wiederum wird unterstützt durch Autonomie, Inspiration und gegenseitige Unterstützung.[21]

Für Amy Edmondson beginnt alles damit, dass sich die Mitglieder eines Teams psychologisch sicher fühlen. In ihrem Buch *Die angstfreie Organisation* zeigt sie auf, wie psychologische Sicherheit am Arbeitsplatz mehr Entwicklung, Lernen und Innovation ermöglicht. Sie berichtet unter anderem über eine umfassende Studie bei *Google*, die der Suche nach den Erfolgsfaktoren von Teams dienen sollte. Zunächst schienen die Daten aus der Untersuchung von 180 Teams keinen Sinn zu ergeben. Keine Kombination aus Bildungsabschlüssen, Persönlichkeitstypen und speziellen Fertigkeiten konnte den Forscher:innen erklären, warum einige der untersuchten Teams bessere Leistungen als die anderen erbrachten. Erst als die Forscher:innen, die aus dem renommierten People-Analytics-Team von *Google* stammten, in der Fachliteratur das Konzept der psychologischen Sicherheit entdeckten, begannen die Daten einen Sinn zu ergeben. Das Team konnte in der Folge insgesamt fünf Faktoren finden, die die Leistungen von Teams erklären:

- **Psychologische Sicherheit:** Teammitglieder erfahren grundsätzlich Wertschätzung. Jedes Teammitglied darf Fehler machen, Kritik üben und auf Probleme hinweisen.
- **Verlässliche Kolleg:innen:** Die Teammitglieder setzen sich bestmöglich für die gemeinsame Aufgabe ein, jede:r kann sich auf jede:n verlassen.
- **Klare Ziele, Strukturen und Rollen:** Jedes Teammitglied kann seine Stärken sinnvoll einsetzen. Die Ziele sind klar formuliert, allen bekannt und die Aufgaben entsprechend verteilt.
- **Sinnhaftigkeit der Aufgabe:** Alle Teammitglieder sind davon überzeugt, dass die Ziele und die Aufgaben einem höheren Sinn folgen, und zwar für die eigene Organisation und idealerweise auch für die Gesellschaft.
- **Persönliches Anliegen:** Jedes Teammitglied erfüllt mit der Teilnahme auch ein persönliches Anliegen. Es gibt eine intrinsische Motivation und den unbedingten Willen, das Beste zu geben.

„Psychologische Sicherheit war mit Abstand die wichtigste der fünf Schlüsseldynamiken, die wir gefunden haben. Sie war die Grundlage der anderen vier," fasste es Julia Rozovsky, Director People Operations bei *Google* und Leiterin von „Project Aristotle", zusammen.[22] Amy Edmondson definiert psychologische Sicherheit als ein Gefühl der Zuversicht, dass das Team niemanden in Verlegenheit bringen, zurückweisen oder bestrafen wird, wenn er oder sie sich offen äußert. In ihrem Buch *Die angstfreie Organisation* stellt sie den positiven Einfluss psychologischer Sicherheit heraus und beschreibt zahlreiche Tragödien, die auf mangelnde psychologische Sicherheit zurückzuführen sind. Hierzu zählt das Flugzeugunglück, das sich am 27. März 1977 ereignete, als zwei Flugzeuge des Typs *Boeing* 747 am Flughafen Los Rodeos auf Teneriffa ineinander rasten. Der Pilot der beteiligten *KLM* galt als sehr erfahrener Kapitän, sodass sich der erste Offizier zwar irritiert zeigte, als dieser die Boeing trotz fehlender Freigabe des Towers in Gang setzte, aber nicht weiter widersprach. Er fragte zwar ein weiteres Mal nach, ob sich der Pilot wirklich sicher sei, dass die Startbahn frei sei, doch als dieser mit „natürlich" antwortete und den Start fortsetzte, fehlte dem ersten Offizier die Courage einzuschreiten. Die Maschine der *KLM* raste in die Maschine der *Pan Am*. Beide Maschinen gingen in Flammen auf und 583 Menschen starben. Auch das Unglück der Raumfähre Columbia, die am 1. Februar 2003 beim Wiedereintritt aus dem Weltall auseinanderbrach, hätte wahrscheinlich verhindert werden können. Einer der Ingenieure hatte vorher etwas Verdächtiges bemerkt, sein Vorgesetzter meinte jedoch, es sei nichts. Der Ingenieur blieb still und äußerte sich hinterher so: „Ich konnte einfach nichts sagen, ich war zu niedrig in der Hierarchie." Auch die wiederholten Warnungen von Katsushiko Ishibashi, Professor am Research Center for Urban Safety and Security an der *Kobe* Universität, wurden überhört. Er wies darauf hin, dass es sehr gefährlich sei, das Atomkraftwerk *Fukushima* in Gebieten mit so hoher seismischer Aktivität zu bauen, und forderte mehrfach eine bessere Absicherung. Die Kraftwerksbetreiber lehnten seine Vorschläge ab. Die Kraftwerksprüferin sagte der japanischen Regierung, man müsse sich keine Sorgen machen, weil der Professor ein „Niemand" sei. Es starben schätzungsweise 15.000 Menschen aufgrund des Reaktorunfalls am 11. März 2011, der durch ein starkes Erdbeben und den dann folgenden Tsunami ausgelöst wurde.[23]

Diversität ist ein weiterer wichtiger Faktor für erfolgreiche Teams. Zahlreiche Studien belegen, dass Teams, die unterschiedlich zusammengesetzt sind, intelligenter und performanter sind. Was mitunter daran liegt, dass sie mehr Alternativen prüfen und weniger schnell das Bedürfnis haben, Einigkeit herzustellen.[24] Auch wenn sich Gemeinsamkeiten anziehen und sich Teams mit Teilnehmer:innen, die vieles gemeinsam haben, zunächst besser verstehen, sind Teams mit mehr Unterschiedlichkeit die erfolgreicheren – sie achten auf unterschiedliche Dinge, reiben sich konstruktiv und generieren die besseren Ideen. Die ehemalige *Lufthansa*-Vorständin Simone Menne, die erste Frau, die in Deutschland CFO eines DAX-Konzerns wurde, bestätigt dies: „Diverse Teams können mehr Perspektiven einnehmen und treffen deshalb auch bessere Entscheidungen."[25] Wir haben diesem Thema daher ein eigenes Kapitel gewidmet.

Zusammenarbeit über die Grenzen der eigenen Organisation hinweg

„Die Endverbraucher werden zu Kollaborateuren."

Michael Schmidt, Designer und Co-Founder *HYVE AG*

Der Begriff der Kollaboration kommt aus der Militärsprache. Ursprünglich ging es dabei um die Zusammenarbeit zwischen Personen oder Gruppen und dem Feind. Er wurde in Zeiten des Krieges oder einer Besatzung verwendet. Heute wird dieser Begriff positiver verwendet und beschreibt die Zusammenarbeit über Abteilungs- und Organisationsgrenzen hinweg. Wenn Unternehmen, die sich im Wettbewerb gegenüberstehen, in bestimmten Bereichen zusammenarbeiten, sprechen wir auch von Coopetition. Co-Creation schließlich engt die Art der Zusammenarbeit auf kreative Schaffensprozesse ein; er wird auch dann verwendet, wenn Kund:innen in die Entwicklung von Produkten und Services eingebunden werden. Beim Crowdsourcing wird der Prozess der Ideensammlung und Entwicklung zu großen Teilen außerhalb des Unternehmens verlagert. Alle Formen dieser Zusammenarbeit verbindet, dass sie die Grenzen der eigenen Abteilung und häufig auch des eigenen Unternehmens überschreiten können.

Dirk Ahlborn ist Gründer und CEO von *Hyperloop*, einem Mobilitätsprojekt, das plant, Menschen unterirdisch in einer Art Rohrpost zu transportieren. Es ist eine Idee, die Elon Musk zugerechnet wird, deren Umsetzung aber von mehreren unabhängigen Firmen betrieben wird. Obwohl ein Wettbewerber mit Investorengeldern von 300 Millionen Dollar ausgestattet wurde, entschied sich Dirk Ahlborn gegen die Aufnahme von Investor:innen und baut *Hyperloop* mit über 1.000 Menschen in einem Open-Source-Ansatz weiter auf. Die Beteiligten arbeiten (zum Zeitpunkt unseres Gesprächs) etwa zehn Stunden pro Woche an dem Projekt und erhalten im Gegenzug Aktienoptionen. Im Vergleich zum besser finanzierten Wettbewerber sieht sich Dirk aber trotzdem im Vorteil: „Wenn du Leute hast, die deine Passion haben, dann brauchst du kein Geld."[26]

Michael Bartl, Johann Füller und Michael Schmidt sind Co-Founder und Co-CEOs der Innovationsagentur *HYVE* in München. *HYVE* setzt seit seiner Gründung vor über 20 Jahren auf Co-Creation und Crowdsourcing. Das Unternehmen nutzt dabei seit mehreren Jahren die Methode Netnographie. Dabei werden in Foren und auf Plattformen ungefilterte, öffentlich geäußerte Erfahrungen, Meinungen und Informationen von hoch involvierten Anwender:innen gesammelt, ausgewertet und zu relevanten Erkenntnissen verdichtet, die dann als Sprungbrett für Innovationsprozesse dienen. Auf diese Weise half *HYVE* beispielsweise dem Hamburger Kosmetikhersteller *Beiersdorf*, das Deo „black & white" zu entwickeln. Die drei Gründer und ihre Kolleg:innen binden zusätzlich auch Expert:innen in die Entwicklung neuer Produkte ein. So haben Hunderte Bergführer:innen im gemeinsamen Prozess dazu beigetragen, dass die vorgeschriebene Rettungsschaufel für den Bergführer-Rucksack so konstruiert werden konnte, dass sie auch als Stabilisator für den Rucksack dient. *HYVE* nutzt vorhandene Communitys für Ausschreibungen und Wettbewerbe und hat sich mit der *HYVE Innovation Community* ein starkes Netzwerk aufgebaut. Michael Bartl findet es spektakulär, dass Kollaboration, Crowdsourcing und Co-Creation zum neuen Betriebssystem für so viele unternehmerische Wertschöpfungen geworden sind.

Es gibt kaum noch ein größeres Unternehmen, das nicht externe Quellen für Innovation nutzt, ob es Hackathons, Ausgründungen von Start-ups, Akzeleratoren, Inkubatoren oder Innovationslabore sind. Auch Finanzierungen laufen immer häufiger über Crowdfunding. Unternehmen wie *Companisto* ermöglichen, dass sich Menschen mit kleinen Beträgen an Start-ups beteiligen. Das Softwareunternehmen *Suse* ist die erste Open-Source-Firma, die an der Börse gelistet ist. Open Science wird zunehmend zu einem Thema, wie zum Beispiel bei der Entwicklung des Corona-Impfstoffs von *Moderna*, aber auch Ideen wie *Creative Commons*, eine gemeinnützige Organisation, die das Urheberrecht neu interpretieren möchte, oder Open Government basieren auf offenen Systemen.[27]

Working Out Loud – Zusammenarbeit aus freier Entscheidung

„‚Working Out Loud' heißt Arbeiten in einer offenen, großzügigen, vernetzten Art und Weise, die es Ihnen ermöglicht, ein sinnvolles soziales Netzwerk aufzubauen, effektiver zu werden und Zugang zu mehr Möglichkeiten zu erhalten."

John Stepper, Unternehmer und Autor

John Stepper blick auf eine erfolgreiche Karriere zurück, doch sein Weg durch die Hierarchiestufen diverser Konzerne hat ihn nie wirklich erfüllt. Auf seiner letzten Station als Managing Director bei der *Deutschen Bank* in New York spürte er deutlich, was ihm missfiel. Ein kurzfristig einberufener Termin mit seinem Chef fühlte sich schon mit dem Eintritt in dessen Büro falsch an. Nachdem ihn sein Chef über eine geplante Umstrukturierung informiert hatte und mit einer Frist von zwei Monaten, die ihm für das Finden einer neuen Position innerhalb des Unternehmens blieben, aus dem Gespräch entließ, fand er das Wort dafür. Er befand sich mit Millionen anderer Menschen in einem Spiel, das er „Karriere-Roulette" nannte und in dem sich bei jeder Veränderung, sei es bedingt durch neue Vorgesetzte oder eine Umstrukturierung, völlig neue Konstellationen ergeben konnten, die für ihn und die vielen anderen „Spielfiguren" kaum zu beeinflussen waren. Aus seiner heutigen Sicht liegen hier die Ursachen dafür, dass aus klugen und fähigen Kolleg:innen verängstigte Menschen werden, die sich häufig schon in Vorwegnahme möglicher Veränderungen in Konkurrenz zueinander begeben und nicht mehr produktiv und konstruktiv zusammenarbeiten.[28]

John fand eine neue Position und blieb zunächst bei der *Deutschen Bank*. In den darauffolgenden Jahren besuchte er Seminare, probierte verschiedene Dinge aus und fand in einem internen Blog seine Stimme. Er stellte Fragen, teilte Wissen und Erfahrungen und suchte sich Konstellationen, in denen er sich immer weniger hinter einer Maske unterkühlter Professionalität zu verstecken brauchte. John beschreibt diese Phase als eine Mischung aus dem Sichtbarmachen seiner Arbeit und dem Aufbau und Wachsen seines Netzwerks. Zum ersten Mal in seinem Leben empfand er seinen Job als erfüllend. Als er acht Jahre nach dem eingangs beschriebenen Gespräch mit seinem Chef von einem anderen Manager erfuhr, dass sein Job umstrukturiert werde, war das gleichbedeutend mit seiner Entlassung. Nach 19 Jahren endete sein Weg bei der *Deutschen Bank* innerhalb weniger Minuten. Sein Manager hielt es nicht einmal für nötig, physisch anwesend zu sein und führte das Entlassungsgespräch remote. Anders als beim letzten Mal fühlte sich John jedoch nicht mehr als Opfer seiner Umstände. Er hatte nur wenige Wochen zuvor einen TEDx-Vortrag zu seinem neuen Thema gehalten, es standen mehrere Gespräche mit potenziellen Kund:innen bevor und die Aussicht, nicht mehr Karriere-Roulette spielen zu müssen.[29]

John Stepper, der den Begriff „Working Out Loud" in Beiträgen von Glyn Moody und Bryce Williams entdeckte, entwickelte in einem Zeitraum von mehreren Jahren eine Methode, die auf fünf Prinzipien aufbaut:

- Beziehungen (Relationships)
- Großzügigkeit (Generosity)
- Sichtbare Arbeit (Visible work)
- Zielgerichtetes Verhalten (Purposeful Discovery)
- Wachstumsorientiertes Denken (Growth Mindset)

Entstanden ist eine „Peer-to-Peer"-Coaching-Methode, bei der drei bis fünf Menschen sich über einen Zeitraum von zwölf Wochen bei der Erreichung eines individuellen Ziels unterstützen. Ein solche Gruppe wird als „WOL Circle" bezeichnet und verbringt in jeder dieser Wochen eine Stunde zusammen. Unterstützt wird sie dabei durch ein Set von Methoden, konkreten Guidelines und Videos für jede einzelne dieser Zusammenkünfte.

Die Methode überzeugt vor allem durch ihre Einfachheit. Viele Teilnehmer:innen, die den Prozess ein- oder mehrmals durchlaufen haben, berichten, dass sie Weichen stellen und Leben verändern kann. Peer-to-Peer-Coaching à la Working Out Loud unterstützt dabei, die persönliche Entwicklung und die erlebte Zufriedenheit der beteiligten Menschen zu verbessern. Sie kann die Bereitschaft und das Klima für innerbetriebliche Zusammenarbeit positiv verändern. In Deutschland ist die Methode mittlerweile in vielen großen Unternehmen angekommen, zum Beispiel bei *Bosch*, *BMW*, *Daimler*, *Deutsche Bahn*, *Merck*, *Siemens*, *Deutsche Telekom* und *Vodafone*.[30]

Crew Resource Management – was wir von Flugzeugbesatzungen lernen können

„Es gibt viel Weisheit unter den Flugbegleitern."

Peter Docker, Autor, Berater und Pilot

Tanja Becker ist Ingenieurin für Luftfahrtsystemtechnik und -management und hat in Medizinwissenschaften über das Thema Jetlag promoviert. Sie hat außerdem die *Lufthansa*-Ausbildung zur Flugzeugführerin erfolgreich absolviert und ist Unternehmerin, Coach und davon überzeugt, dass Unternehmen von Flugzeugcrews lernen können. „Wir hinterfragen unsere Entscheidungen immer wieder in einer Art Dauerschleife." So fasst sie es in unserem Podcast-Gespräch zusammen.[31] Tanja ist ein großer Fan von Crew Resource Management (CRM), einem speziellen Training, das die Zusammenarbeit einer Cockpitcrew optimiert. Auslöser für die Entwicklung waren zahlreiche Flugzeugabstürze in den 1970er-Jahren, die insbesondere auf menschliche Faktoren zurückgeführt werden konnten. Ursachen für sicherheitsrelevante Vorfälle entstehen häufig aus einer Kombination von menschlichen Arbeitsfehlern, dem sozialen Klima innerhalb der Crew (Kabinenhierarchie), technischen Defekten und operationellen Problemen. Im Zentrum des Trainings, das jedes Crewmitglied alle drei Jahre durchlaufen muss, stehen die menschlichen Skills. Dort werden Themen wie Führung, Entscheidungsfindung, Teamwork, situative Aufmerksamkeit, Stressmanagement, Sicherheit, Kommunikation und Konfliktmanagement beschrieben und trainiert. Es geht darüber hinaus um Koordination und Kommunikation zwischen Pilot und Copilot, aber auch zwischen Cockpit und Kabine.[32] „Wir sprechen unsere Grenzen an. Wir sagen, wenn wir überlastet sind", lautet ein Aspekt, den Tanja für entscheidend hält.

Crew Resource Management

Das Crew Ressource Management hält mittlerweile auch in anderen Bereichen Einzug, insbesondere in „High-Reliability-Bereichen“ und in Hochrisiko-Organisationen, wie beispielsweise in der Medizin und in der Seefahrt. Ergänzend merkt Tanja an, dass auch das zweite mächtige Tool der Luftfahrt, nämlich der umfassende Einsatz von Checklisten, auch außerhalb der Luftfahrt immer mehr Anhänger:innen findet. Sie berichtet von Studien, die von einem Rückgang der Sterblichkeit in Krankenhäusern von 50 Prozent berichten. Das gilt nicht nur für Branchen, in denen bedeutende Sicherheitsrisiken vorhanden sind. Reinhard Springer, Co-Gründer der Hamburger Werbeagentur-Gruppe *Springer & Jacoby*, glaubt fest daran, dass sein durch die Luftfahrt beeinflusstes Managementsystem, das auch mehr als 150 selbst entwickelte Checklisten umfasste, einer der wesentlichen Gründe für den über zwei Jahrzehnte anhaltenden Erfolg seines Unternehmens war.[33]

ON THE WAY TO NEW WORK

> „Die großen Ideen unserer Zeit entstehen nicht in der dunklen Kammer allein und auch nicht im akademischen Silo, sondern sie entstehen dort, wo die unterschiedlichen Teams zusammenfinden und in der Zusammenarbeit neue und wirklich große Lösungen entwickeln können.“
>
> Adrian Locher, Unternehmer

Die Bedeutung der Zusammenarbeit nimmt in einer immer arbeitsteiligeren Welt weiter zu, sie ist zeitintensiv und muss daher gut geplant und begleitet werden.

- Das erforderliche Maß an Zusammenarbeit hat sich in den letzten Jahrzehnten deutlich erhöht. Gleichzeitig haben Menschen heute andere Bedürfnisse und es stehen neue Erkenntnisse, Methoden und Tools zur Verfügung, um Zusammenarbeit besser zu gestalten – ein guter Grund, um sich regelmäßig damit auseinanderzusetzen.
- Gute Beziehungen, Netzwerke und Freundschaften innerhalb einer Organisation sind wichtig für ein fruchtbare Zusammenarbeit und persönliche Zufriedenheit.
- Delegation ist insbesondere dann erfolgreich, wenn sie auf einer vereinbarten Grundlage stattfindet und die Stärken der Teammitglieder berücksichtigt. Bei Selbstorganisation kann weitestgehend auf Delegation verzichtet werden.
- Fehlendes Vertrauen ist eine der häufigsten Ursachen für dysfunktionale Teams und psychologische Sicherheit der zentrale Erfolgsfaktor von Teamarbeit.
- Die Öffnung der Abteilungs- und Organisationsgrenzen hin zu Kund:innen, Wettbewerber:innen und Freelancer:innen kann die Innovationsfähigkeit von Unternehmen dramatisch steigern.

- Peer-to-Peer-Coaching-Methoden wie *Working Out Loud* unterstützen bei der Entwicklung neuer Skills. Das funktioniert sowohl innerhalb von Unternehmen als auch über deren Grenzen hinaus.
- Unternehmen und Organisationen können von Flugzeugbesatzungen lernen.

Wenn wir mit anderen Menschen zusammenarbeiten, verbringen wir einen Großteil unserer Zeit damit, miteinander zu kommunizieren. Daher lohnt sich ein genauerer Blick auf das Thema Kommunikation.

13/ KOMMUNIKATION

„Um effektiv zu kommunizieren, müssen wir erkennen, dass wir alle unterschiedlich sind in der Art und Weise, wie wir die Welt wahrnehmen, und dieses Verständnis als Leitfaden für unsere Kommunikation mit anderen nutzen."

Tony Robbins, Coach und Unternehmer

Zu viele E-Mails, zu viele PowerPoints, zu viele Meetings – fast jede:r unserer Gäste hat eine eigene Meinung zu guter Kommunikation, aber in einem Punkt besteht große Einigkeit: Wir kommunizieren mehr als je zuvor und wir erreichen uns dennoch immer seltener. Uns stehen immer mehr Kommunikationskanäle zur Verfügung und wir können in Echtzeit weltweit in Verbindung bleiben. Wo es früher Telefonketten gab, sind heute WhatsApp-Gruppen im Einsatz. Wir erhalten in nur zwei Jahren durchschnittlich so viele E-Mails, wie Albert Einstein Briefe im Laufe seines gesamten Lebens schrieb.[1] Die Masse und Vielfalt hat also deutlich zugenommen, die Qualität nicht. Dabei kann innerhalb eines Teams schon ein gemeinsames Grundverständnis darüber, wie wir miteinander kommunizieren wollen, helfen und uns weiterbringen, statt einfach das nächste Tool einzuführen.

Stewart Butterfield ist studierter Philosoph und Gründer eines der erfolgreichsten Kommunikationstools der modernen Arbeitswelt: *Slack*. Das Unternehmen wurde 2009 gegründet und 2020 für knapp 28 Milliarden Dollar an *Salesforce* verkauft.[2] Wir hatten die Gelegenheit, uns mit Stewart über seine Philosophie zu guter Kommunikation und vor allem, was sie mit uns Menschen macht, auszutauschen. In einem Memo, das er kurz vor dem Launch von *Slack* 2013 an sein Team schickte, schrieb er: „Das beste – vielleicht das einzige? – wirkliche, direkte Maß für ‚Innovation' ist die Veränderung des menschlichen Verhaltens. […] Nach diesem Maßstab ist *Slack* eine echte und große Innovation. Es ist nicht so aufsehenerregend wie selbstfahrende Autos oder implantierbare Chips, aber für Unternehmen, die es einführen, wird es eine dramatische Veränderung in der Art und Weise geben, wie Zeit verbracht wird und wie Kommunikation stattfindet. Es wird Veränderungen in der Beziehung der Teammitglieder untereinander geben und hoffentlich auch signifikante Veränderungen in der Produktivität."[3]

Doch die Realität zeigt, dass in vielen Unternehmen nicht genug über die Art, wie wir kommunizieren, nachgedacht wird. So bleibt es nicht aus, dass sich einzelne Mitarbeitern:innen zwar mit der eigenen Kommunikation auseinandersetzen, aber zu selten Rücksicht auf die Kolleg:innen nehmen. Ein echter Abgleich im ganzen

Team findet nur selten satt. Fest steht: Die Zahl der Kommunikationskanäle nimmt immer weiter zu und so sehr Messenger-Kommunikationstools wie *Slack* oder *WhatsApp* die Effektivität und Effizienz von Teamkommunikation steigern können, so groß ist die Gefahr, dass sie zu noch mehr Kommunikation, zu weniger Qualität und zu noch mehr Stress führen. Wenn wir nicht darüber sprechen, dann hat jede:r von uns ein anderes Verständnis davon, wie viel Kommunikation und welcher Kanal für welche Art von Kommunikationsbotschaft der richtige ist. Die Flut von Botschaften wird für immer mehr Menschen zu einer Belastung.

DAS RICHTIGE TOOL ZUR RICHTIGEN ZEIT UND FÜR DAS RICHTIGE THEMA

„Wir formen unsere Tools und danach formen unsere Tools uns."

John M. Culkin, Medienwissenschaftler

Nach der Zerstörung des britischen Unterhauses in London durch Brandbomben im Oktober 1943 debattierte das Parlament über die Frage des Wiederaufbaus des Plenarsaals. Churchill bestand darauf, die alte rechteckige Form beizubehalten, anstatt ein halbrundes oder hufeisenförmiges Design zu wählen, das von einigen bevorzugt wurde. Winston Churchill betonte damals, dass die Form des alten Plenarsaals für das Zweiparteiensystem verantwortlich sei, welche das Wesen der britischen parlamentarischen Demokratie ausmache: „Wir formen unsere Gebäude und danach formen sie uns." Dieses Zitat wurde im Laufe der Geschichte immer wieder abgewandelt und von John M. Culkin auch in den Zusammenhang mit Kommunikationskanälen gebracht. In den vergangenen 30 Jahren ist eine Vielzahl an Kommunikationswegen und -möglichkeiten entstanden. Möchte man eine Einordnung vornehmen und ein gemeinsames Verständnis dafür aufbauen, die Kommunikationsweise in einem Team oder sogar unternehmensweit abzugleichen, so eignet sich dafür aus unserer Erfahrung die im Folgenden dargestellte Matrix.

Die Aufteilung erfolgt von asynchroner Kommunikation (Lesen und Schreiben) bis hin zum synchronen Austausch (Sprechen und Zuhören). Von zentraler Bedeutung ist dabei die unterschiedliche Verarbeitungsgeschwindigkeit unseres Gehirns bezogen auf die jeweiligen Kommunikationswege. Studien zeigen, dass wir etwa viermal so schnell lesen wie schreiben und etwa doppelt so schnell sprechen wie wir zuhören und verstehen können.[4]

Schauen wir auf ein typisches Meeting, um zu verdeutlichen, wie nicht abgeglichenes Kommunikationsverhalten zu Missverständnissen oder Mehrarbeit führt. Nur selten macht sich jemand vor einem Meeting die Mühe, Unterlagen zur Verfügung zu stellen, und wenn doch, so fehlt vielen in der Hektik des Alltags die Zeit, sich vor einem Meeting einzulesen, obwohl es aufgrund der höheren Lesegeschwindigkeit sinnvoll wäre, Unterlagen vorab zu sichten. Stattdessen wird im Meeting versucht,

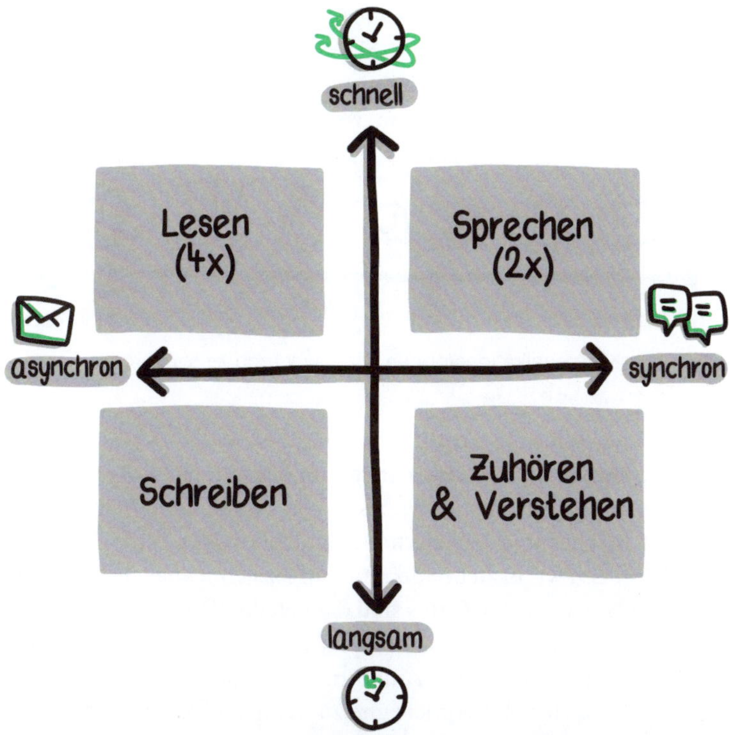

Kommunikationsmatrix nach *Blackboat*

möglichst schnell zu präsentieren, was wiederum nicht besonders effektiv ist, da die Anwesenden aufgrund der niedrigeren Aufnahmegeschwindigkeit beim Zuhören nur einen Bruchteil der Informationen aufnehmen können. Am Ende wird viel geredet, wenig verstanden, vielleicht auf ein weiteres Meeting vertagt. Jemand muss das schriftliche Protokoll aufsetzen, das aber im Nachgang niemand mehr richtig liest.

Neue Tools erweitern unsere Möglichkeiten, aber nur unter der Voraussetzung, dass wir unser Verhalten auch anpassen. Ein gutes Beispiel hierfür ist die E-Mail, selbst wenn sie schon lange Standard ist. Steve Jobs erklärte in einem Interview im Jahre 1990, wie er E-Mails verstand und einsetzte. Er verglich eine mit einem Projektteam transparent geteilte E-Mail-Inbox mit einem Bienenstock voller informeller, effizienter Gruppen-Mails, in die er nach Bedarf ein- und ausstieg, um einen Überblick über den Verlauf des Projekts zu haben. Im Team bei *NeXT Computers*, der damaligen Firma von Jobs, und auch später bei *Apple* wurde die E-Mail von Anfang an als kollaboratives, asynchrones Kommunikationstool eingesetzt. Statt die CC-Funktion als politisches Druckmittel einzusetzen und damit Postfächer zu überfüllen, gab es Projekt-Postfächer, um den Überblick zu behalten und schneller kommunizieren zu können.[5] Johann Jungwirth, ehemaliger *Apple* Executive und zum Zeitpunkt unseres Podcast-Gesprächs Chief Digital Officer bei *Volkswagen*, berichtete uns, wie klar die E-Mail-Regelungen bei *Apple* waren.[6] Im Unterschied dazu haben viele im Zuge der Verbreitung der E-Mail das, was sie aus Geschäftsbriefen kannten, annähernd 1:1 auf das neue Medium übertragen, wie Anrede, Betreff und Signatur (statt Briefkopf) – ergänzt um die Bitte, die E-Mail nicht auszudrucken. Das ist zwar verständlich, trägt aber nicht dazu bei, dass wir neue Medien so nutzen, wie wir könnten. Auch bei den Kollaborationslösungen, wie zum Beispiel *Microsoft* Teams oder *Google* Workspace, wird nur selten das volle Potenzial genutzt.

Kommunikationsformen von asynchron zu synchron

Es braucht in erster Linie die Abstimmung darüber, wie ein Kommunikationstool zum Einsatz kommen soll und ein Format, um das aktuelle Vorgehen regelmäßig zu hinterfragen und gegebenenfalls Anpassungen vorzunehmen. Der Unternehmer, *Bits & Pretzels*-Macher und leidenschaftliche Hobbypilot Felix Haas fasst es im einzigen Podcast, den wir bisher in der Luft aufgezeichnet haben, folgendermaßen zusammen: „Ganz wichtig bei Teams sind das geteilte Wertesystem und der transparente Austausch darüber." Das heißt nicht, dass alles gemacht oder mitgemacht werden muss. Die Angst vieler Führungskräfte, dass aufgrund von zu viel Transparenz alles zerredet, zu viel diskutiert und zu wenig umgesetzt wird, sieht er nicht: „Du lernst als Pilot ‚Nein' zu sagen und du bist sehr klar in der Kommunikation. [...] Nicht rumeiern." Zu oft seien es persönliche Befindlichkeiten und Erfahrungen, die in die Kommunikation eingebracht würden.[7]

Dass es dafür kein Regelbuch geben muss, hat uns das Podcast-Gespräch mit Patrick Harris, Vice President Global Agency Development bei *Meta*, gezeigt. Als er dort anfing, war er ein „single contributor", was nicht mehr und nicht weniger bedeutete, als dass er allein, also ohne eigenes Team, arbeitete. In den letzten Jahren wuchs dann sein mittlerweile sehr international aufgestelltes Team auf über 2.000 Mitarbeiter:innen an. Auf unsere Frage, wie er mit seinem direkten Managementteam kommuniziere, sagte er uns, dass er mit seinen direkt Berichtenden bespreche, welchen Kommunikationskanal jede einzelne Person bevorzuge. Die:Der eine schreibe und lese lieber E-Mails, die:der andere telefoniere und die nächste Person bevorzuge das persönliche Gespräch. Er könne zwar nicht immer nur nach den persönlichen Präferenzen gehen, versuche diese aber wertschätzend zu berücksichtigen. Für die Kommunikation in seinem Führungsteam, die sich an alle Mitglieder richte, habe sich das Team gemeinsam für das von *Meta* entwickelte kollaborative Online-Softwaretool Workplace entschieden.[8]

Wenn Kommunikation in dem Spannungsfeld zwischen synchron, asynchron, persönlicher Präferenz und Sinnhaftigkeit für das Team betrachtet wird, ist es nicht nur sehr viel einfacher, die Tools gezielt für bessere Kommunikation einzusetzen. Vor allem entsteht eine langlebige und stabile Kommunikationskultur, die auch durch Krisenzeiten trägt, Innovation fördert und die von vielen geforderte Augenhöhe und Autonomie in die neue Arbeitswelt bringt.

JE EMOTIONALER DAS THEMA, DESTO SYNCHRONER DER KANAL

„E-Mails führen zu Reaktionen. Telefonanrufe führen zu Gesprächen.“

Simon Sinek, Berater und Autor

Immer wieder laufen wir in die Falle, wenn uns eine E-Mail oder eine Instant-Messenger-Nachricht erreicht, dass wir zu schnell antworten. Insbesondere dann, wenn zusätzlich zum Austausch von Informationen eine emotionale Komponente kommt, dann sind hier oft vermeidbare Missverständnisse die Folge. Die Ursachen können unterschiedlich sein. Die Nachricht erreicht uns zum falschen Zeitpunkt und die Tatsache, dass wir nur Worte lesen und damit die Ebene der nonverbalen Kommunikation fehlt, sind zwei häufige Ursachen. Der Journalist Daniel Rettig folgert daraus in Bezug auf die E-Mail: „Faustregel: doppelt so warmherzig, halb so kaltblütig, denn was der Sender schon als übertriebene Sanftmut empfindet, kommt beim Empfänger noch neutral an.“[9]

Eine häufig zitierte Studie von Albert Mehrabian aus der Kommunikationsforschung befasst sich mit der Bedeutung nonverbaler Kommunikation. Er hat mit seiner 7-38-55-Regel für viel Diskussion gesorgt. Die Regel besagt, dass sieben Prozent einer Botschaft über den Inhalt vermittelt werden, 38 Prozent über die Stimme und die Tonalität sowie 55 Prozent über Mimik und Gestik. Auch wenn er einschränkt, dass dies nur für die Kommunikation von Gefühlen und Einstellungen gilt, macht es diese Verteilung nicht weniger spannend.[10]

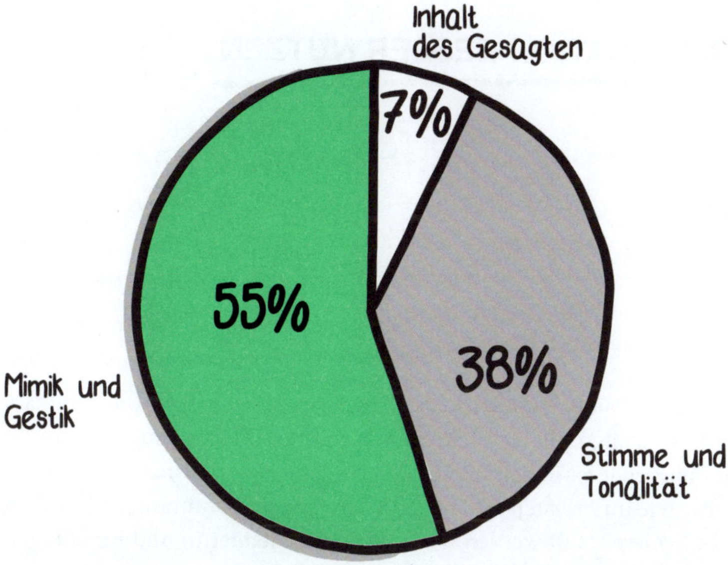

7-38-55-Kommunikationsregel nach Albert Mehrabian

Wenn Körpersprache und Inhalt widersprüchlich erscheinen, vertrauen wir der Gestik mehr als dem gesprochenen Wort. Je mehr Attribute unsere Kommunikation anreichern, desto geringer wird der Interpretationsspielraum im Hinblick auf die Botschaft. Insbesondere bei emotionalen oder konfliktbehafteten Themen ist es daher sinnvoll, einen möglichst synchronen Kommunikationskanal zu wählen, um den Interpretationsspielraum zu minimieren. Christoph nutzt mit seinem Team folgende Regel: „Je emotionaler das Thema, desto synchroner der Kanal." Das gilt im Privatleben sowie im beruflichen Kontext. Wer schon einmal versucht hat, einen Streit per *WhatsApp*-Chat oder per E-Mail-Pingpong zu lösen, wird schnell festgestellt haben, dass das keine gute Idee war. Selbst der Einsatz von Emojis hilft nur bedingt, die Botschaft beim Gegenüber so ankommen zu lassen, wie sie gemeint ist. Besser ist, den Telefonhörer in die Hand zu nehmen und durch Stimmlage, Sprechgeschwindigkeit und Lautstärke mehr Kontext zu geben. Daher sollte ein Feedbackgespräch mit einem Teammitglied immer im persönlichen Gespräch stattfinden. Nur so kann direkt auf nonverbale Reaktionen des Gegenübers eingegangen werden.

Gerade bei sehr schwierigen oder emotionalen Themen ist für viele Unternehmer:innen der gemeinsame Spaziergang ein beliebter Kommunikationskanal. Steve Jobs hat die „Walking Meetings" zum festen Bestandteil bei *Apple* gemacht, aber auch Mark Zuckerberg, Barack Obama oder Richard Branson sind für ihre Spaziergänge bekannt.[11] Die Videokonferenz ist ein guter synchroner Kommunikationskanal, aber auch dieser Kanal ist limitiert: Wir sehen nur einen Teil des Oberkörpers, erleben keinen echten Augenkontakt und sehen uns – sofern es das Feature zum Ausblenden nicht gibt oder wir es nicht nutzen – zudem die ganze Zeit selbst. Die Videokonferenz reiht sich somit ein in die Kanäle, die bei zu starker Nutzung sehr viel mehr Energie rauben, als dass sie zu einem guten Arbeitstag beitragen.[12]

KOMMUNIKATION BESSER NUTZEN

> „Ich bin der festen Überzeugung, dass jedes Werkzeug, das die Kommunikation verbessert, tiefgreifende Auswirkungen darauf hat, wie Menschen voneinander lernen können und wie sie die Art von Freiheiten erreichen können, an denen sie interessiert sind."
>
> Bill Gates, Unternehmer und Philanthrop

Wenn wir der 10.000-Stunden-Regel[13] auch im Bereich der Kommunikation vertrauen, dann sollten alle erwachsenen Menschen Meister:innen darin sein. Der Blick in die sozialen Medien und in diverse Talkshow-Formate, aber auch die Art und Weise, wie im privaten und beruflichen Umfeld kommuniziert wird, belehren uns eines Besseren. Oft werden wir Zeuge, dass Sender:in und Empfänger:in sich nicht erreichen oder nicht verstehen. Immer weniger sehen wir die Bereitschaft, dass

Menschen zumindest die Offenheit mitbringen, sich in einer Diskussion, überzeugen zu lassen. Dabei haben wir Menschen im Gegensatz zu anderen Lebewesen die Fähigkeit, zwischen Reiz und Reaktion innezuhalten und unsere Optionen abzuwägen. Wir können uns mit anderen Menschen austauschen, von ihnen lernen und dadurch neue Erkenntnisse gewinnen. Der Unternehmer und ehemalige Offizier der Vereinten Nationen Yama Mubtaker hat in wenigen Worten zusammengefasst, welche Kraft gute Kommunikation entfalten kann: „Wenn die Menschen die richtigen Fähigkeiten und die Absicht hätten, gut zu kommunizieren, gäbe es keine Konflikte. Je besser wir kommunizieren können, desto besser wird unser Leben sein."[14] Doch wo fangen wir am besten an?

KOMMUNIKATION BEGINNT MIT DER BEREITSCHAFT UND DER FÄHIGKEIT ZUZUHÖREN

„Es hat sich herausgestellt, dass wir nicht nur die Fähigkeit des Zuhörens verloren haben, sondern dass wir auch neu definiert haben, was Zuhören bedeutet. Wir haben unser Zuhören von einer Form des Erkundens zu einer Form des Konsumierens gemacht. Der Beginn dieser Entwicklung war die Einführung einer Technologie, die uns lehrte, nicht zuzuhören: das Fernsehgerät."

Fred Dust, Unternehmer und Autor

Unter den zahlreichen Ansätzen, die uns helfen sollen, besser zuzuhören, nimmt das „aktive Zuhören", das auf den US-Psychologen Carl Rogers zurückgeht, einen besonders prominenten Platz ein. Mit dieser Technik soll dem Sprechenden geholfen werden, genau das zum Ausdruck zu bringen, was ihm wichtig ist. Für den Zuhörenden bedeutet es, sich wie ein Coach um den Sprechenden zu kümmern.[15] In Einzelfällen mag diese Technik sinnvoll sein, aber sie ist nicht die Lösung für das Problem, an das uns Simon Sinek erinnert: „Es gibt einen Unterschied zwischen zuhören und warten, bis man an der Reihe ist." Doch wie konnte es so weit kommen? Das Problem, so führt es der ehemalige *IDEO*-Senior-Partner Fred Dust aus, beginnt bereits in der Schule. Wir bringen schon unseren Kindern bei, dass sie sich melden sollen, wenn sie einen Beitrag leisten wollen. „Die Hand zu heben, kann ein enormer Akt des Mutes sein, aber es ist nicht unbedingt ein Beweis dafür, dass man zuhört. Es ist ein Signal, dass man wartet. Und außerdem liegt dein Fokus zu diesem Zeitpunkt wahrscheinlich auf dem Bewusstsein, dass du wartest."

Wir hören oft, wie wichtig es ist zuzuhören, aber wir bekommen es nicht beigebracht, nicht von unseren Eltern, nicht in der Schule und nicht in der Ausbildung oder im Studium. In seinem Buch *Making Conversation* benennt Fred Dust das Hauptproblem: „Niemand scheint anzuerkennen, dass Zuhören schwer ist." Das war nicht immer so, denn der Kampf um Aufmerksamkeit ist aus Perspektive der Evolution ein neues Thema. In den USA gaben zu Beginn der 1950er-Jahre immer mehr Familien die Kontrolle über ihre Abendessenszeit an das TV-Gerät ab. Mit der Fernbedienung kam das Zappen. So haben wir uns ein System in unser Leben geholt, das eine deutliche Verschlechterung des Zuhörverhaltens von Erwachsenen und Kindern zur Folge hatte. Seitdem leben wir in einer Welt der niemals endenden Hintergrundgeräusche und die ständig neuen Kanäle sorgen dafür, dass es immer lauter wird.

Um den Zugang zum Zuhören, den Fred Dust hat, zu verstehen, lohnt sich ein Blick in die Geschichte seiner Familie. Seine Mutter hatte einen einzigen Bruder, der taub geboren worden war. Hören war von Beginn an unfair verteilt und wenn die Stille durchbrochen wurde, so war es jedes Mal wie ein Geschenk. Hinzu kam, dass Freds Mutter die Zeichensprache sehr gut beherrschte und dass sie das, was sie in der Konversation mit ihrem Bruder machte, auf andere Situationen übertrug. „Sie war eine magische Zuhörerin.“ Als Designer war Dust davon angetrieben, zu verstehen, wie genau es uns gelingen könnte, besser zuzuhören. Er wollte daraus eine erlernbare Fähigkeit machen. Er nennt es „kreatives Zuhören“; es soll besser und ergiebiger sein und mehr Spaß machen. So geht es:

1. Beim nächsten Mal, wenn wir jemandem beim Sprechen zuhören, schalten wir unseren Verstand ab und lassen die Worte über uns fließen.
2. Wenn wir etwas nicht verstehen, fragen wir die sprechende Person, ob sie uns eine Geschichte erzählen kann, eine Geschichte, die ihr Leben erhellt und die sowohl uns als auch die sprechende Person überrascht.
3. Wenn wir das nächste Mal etwas hören, das wir ablehnen oder das uns stört, spüren wir unserer Beurteilung nach und versuchen herauszufühlen, wo es herkommt und was es bedeutet.
4. Wenn wir das nächste Mal eine Person treffen, die fundamental anders ist als wir, dann fragen wir sie, ob wir sie eine Zeit lang in ihrem Leben begleiten dürfen und schauen, wo uns das hinführt.

Das kreative Zuhören hat eine Menge damit zu tun, wie heutzutage moderne Innovations- und Designfirmen wie *IDEO* oder *HYVE* an neue Einsichten von Verbraucher:innen kommen, und kreatives Zuhören kann jedem von uns helfen, ein besseres Gespräch zu führen.[16]

GESCHICHTEN ERZÄHLEN

„Wir Menschen sind geborene Storyteller. Nur nutzen wir diese Fähigkeit zu selten. Dabei will unser Gehirn Storys hören und nicht in langatmigen Datenwüsten den Überblick verlieren. Storys sichern uns seit Jahrtausenden das Überleben. Dies führt auch heute noch dazu, dass der Türsteher des Gehirns Storys hereinlässt, während faktenschwangere PowerPoint-Präsentationen draußen warten müssen."

Veit Etzold, Autor und Hochschullehrer

Veit Etzold war unter anderem Unternehmensberater bei der *Boston Consulting Group*, bevor er sich entschied, seiner wahren Leidenschaft nachzugehen, dem Erzählen von Geschichten. Er zählt heute zu den erfolgreichsten Krimiautoren Deutschlands und berät Führungskräfte und Unternehmen dabei, sich die Kraft von Geschichten zunutze zu machen. Für ihn gibt es drei Mittel, Menschen zu überzeugen. Es geht über Geld, Gewalt oder eben über Geschichten. In seinem Buch *„Der weiße Hai" im Weltraum* erklärt er, wie es Ridley Scott Ende der 1970er-Jahre gelang, seine Idee für einen ungewöhnlichen Science-Fiction-Film an die Studiobosse in Hollywood zu verkaufen. Er erklärte nicht, dass er eine grauenvolle Kreatur in einem Raumschiff in das Zentrum seines neuen Films stellen wollte, sondern er erklärte nur wenige Jahre, nachdem *Der weiße Hai* in den Kinos für Furore gesorgt hatte, wie sich sein Film anfühlen sollte, eben wie „Jaws in Space". Seiner Ansicht nach ist es die Kunst einer guten Geschichte, etwas Bekanntes mit etwas Unbekanntem zu verbinden, und er ist davon überzeugt, dass die bessere Geschichte immer über die Ansammlung von Fakten siegt.[17] Außerdem brauchen gute Geschichten eine:n Held:in und eine:n Schurk:in und die Lösung für ein Problem. Seine Empfehlung: Fangen Sie mit dem Problem und/oder dem:der Schurk:in an, denn ohne dieses Element ist der:die Held:in arbeitslos. In einem Video aus dem Jahr 2020 erläutert er am Beispiel des 45. amerikanischen Präsidenten der USA, Donald J. Trump, was genau er damit meint. Mit den illegalen Zuwanderer:innen aus Mexiko etablierte Trump am Anfang seines Wahlkampfs die „Schurken", er inszenierte sich als Held und die von ihm vorgeschlagene Mauer als Lösung.[18] Was macht also eine gute Geschichte aus? „Die klassische Formel lautet: Ein Protagonist will etwas erreichen, stößt auf Hindernisse und es kommt zur Krise. Der Protagonist versucht das Hindernis zu überwinden, es kommt zum Höhepunkt und schließlich zur Auflösung."[19]

Der Transfer, dass Geschichten auch im geschäftlichen Kontext funktionieren, gelingt immer mehr Unternehmer:innen und Manager:innen; Jeff Bezos ist einer ihrer prominentesten Vertreter. Im Sommer 2004 schrieb der *Amazon*-Gründer und Chairman Jeff Bezos eine E-Mail an sein Team mit dem Betreff: „Ab jetzt keine PowerPoint-Präsentation mehr." Bezos erläuterte, dass Bulletpoints oder

20 Seiten PowerPoint nicht so gut durchdacht werden müssten wie ein guter 6-seitiger Text, der eine wohlüberlegte Geschichte und gut recherchierte Inhalte umfasse. Er wusste, dass wir in der Lage sind, einen Text sehr viel schneller zu lesen und somit vor einem Meeting Informationen in kurzer Zeit erfassen können, um anschließend dem:der Präsentierenden zu folgen. Er beschrieb diesen Ansatz sogar in seinem Jahresschreiben an die *Amazon*-Aktionäre.[20] Der amerikanische Cloud-Computing-Anbieter *Amazon Web Services (AWS)* ist heute einer der wichtigsten strategischen Geschäftszweige von *Amazon*. Er steuerte mit einem Zehntel des Umsatzes 2019 rund 60 Prozent des Gewinns bei.[21] Seine Gründung geht auf ein solches Narrativ zurück. Andy Jassy, heute der CEO von *Amazon*, musste damals einen sogenannten „6-Pager" schreiben, um Jeff Bezos und dem *Amazon*-Board die Vision der Idee zu präsentieren.[22] „Bezos ist *Amazons* oberster ‚Writing Evangelist' und sein Eintreten für die Kunst des langen Schreibens als Motivationsinstrument und Technik zur Ideengenerierung hat in den letzten zwei Jahrzehnten die Denk- und Arbeitsweise bei *Amazon* bestimmt – und vor allem die Art und Weise, wie das Unternehmen neue Ideen kreiert, wie es sie weitergibt und wie es dafür Unterstützung aus der breiten Öffentlichkeit erhält."[23] Auch im Podcast sind es die Geschichten, die uns besonders gut in Erinnerung geblieben sind und auf die uns unsere Hörer:innen am meisten angesprochen haben. Ob es Jessica Orkin war, die uns mithilfe von drei Geschichten erklären konnte, wie sie es an die Spitze von *SYPartners* schaffte[24], oder Fabien Matthias, der während eines Asienurlaubs Zeuge eines der schlimmsten Erdbeben in Nepal wurde und sich gegen die sofortige Abreise und für das Mithelfen entschied[25], oder die Geschichte von Dominic Bloh, der mit 16 Jahren in die Obdachlosigkeit abrutschte und über die aktive Mitarbeit bei der Migrationsbewegung den Weg zurück in ein würdiges Leben fand.[26]

GEWALTFREI KOMMUNIZIEREN

„Jede Form von Gewalt ist ein tragischer Ausdruck eines unerfüllten Bedürfnisses."

Marshall B. Rosenberg, Psychologe, Mediator und Autor

Selbst wenn wir einen synchronen Kommunikationskanal wählen, um emotionale oder konfliktbehaftete Themen zu besprechen, ist damit nicht garantiert, dass dies automatisch zu einer Lösung führt. Oft genug interpretieren wir die Aussagen oder das Verhalten unseres Gegenübers, ohne konkret nachzufragen, was zu Missverständnissen oder Verletzungen führt, oder wir drücken unsere Gefühle so lange nicht aus, bis sich diese letztlich in Form von Angriff, Beleidigung oder Rückzug entladen. Mit einem solchen Verhalten kommen wir allerdings nur selten zu einer konstruktiven Lösung, da unsere Mitmenschen auf Attacken dieser Art in der Regel ebenfalls emotional reagieren, sodass schnell ein Konflikt entsteht und es sehr schwer ist, von dort aus in einen konstruktiven Modus zu gelangen.

Das vom Psychologen Marshall B. Rosenberg entwickelte Handlungskonzept der Gewaltfreien Kommunikation mag zunächst aufgrund seines Namens Vorurteile oder Abwehr auslösen („Ich füge doch niemandem Gewalt zu mit meiner Kommunikation“). Dahinter verbirgt sich allerdings eine einfache und wirkungsvolle Vorgehensweise, um in Konfliktsituationen sowohl empathischer – mit uns und anderen – als auch konstruktiver zu kommunizieren, und zwar ohne die Gefühle anderer zu verletzen, jemanden anzugreifen oder unsere eigene Botschaft nur abgeschwächt zu transportieren. Im Grundmodell handelt es sich um einen Kommunikationsprozess, der aus den Stufen Beobachtung, Gefühl, Bedürfnis und Bitte besteht:

1. **Beobachtung:** Der Prozess beginnt damit, dass wir in Bezug auf das Ereignis, das unsere Emotion ausgelöst hat, zunächst nur unsere Beobachtung schildern. Hierbei ist wichtig, dass dies ohne Bewertung oder Interpretation geschieht. Es geht ausschließlich darum, Klarheit zu schaffen, worauf wir uns konkret beziehen und was wir wahrgenommen haben. Dabei sollten wir auch auf Worte wie „immer“ oder „nie“ verzichten.
2. **Gefühl:** Im zweiten Schritt geht es darum auszudrücken, welches konkrete Gefühl die Beobachtung in uns ausgelöst hat. Hat es uns zum Beispiel verletzt, weil wir uns nicht ernst genommen gefühlt haben oder in uns das Gefühl auslöst, nicht gut genug zu sein. Auch hier bleiben wir bei uns und drücken dies so aus, dass es weder urteilend noch kritisierend rüberkommt. Dieser Schritt gelingt natürlich umso leichter, je besser wir dazu in der Lage sind, hinter die Fassade unserer vordergründigen Emotionen wie Wut, Angst, Trauer oder Enttäuschung zu blicken und auszudrücken, welche konkreten Gefühle dahinterstehen. Der Psychologe Leon Windscheid nennt dies emotionale Granularität.[27]
3. **Bedürfnis:** Als Nächstes formulieren wir unser Bedürfnis, das unerfüllt geblieben ist und damit unserer Emotion zugrunde liegt. Das ist meistens nicht auf den ersten Blick klar, es lohnt sich aber, unsere eigenen Bedürfnisse besser zu verstehen. So kann zum Beispiel hinter dem Ärger, im Gespräch mehrfach unterbrochen worden zu sein, das Bedürfnis nach Anerkennung oder Aufmerksamkeit stehen.
4. **Bitte:** Im letzten Schritt geht es darum, eine konkrete Bitte an das Gegenüber zu kommunizieren, die die andere Person mit einem guten Gefühl erfüllen kann und die unserem Bedürfnis entgegenkommt. Wichtig ist dabei zu formulieren, was wir wollen, und nicht, was wir nicht wollen.

Rosenberg fasst die vier Schritte in einer einfachen Formel zusammen: „Wenn ich a (Beobachtung) sehe, dann fühle ich b (Gefühl), weil ich c (Bedürfnis) brauche. Deshalb möchte ich jetzt gerne d (Bitte).“ Es ist ein hilfreicher Ablauf, der uns Regeln und Verhaltensweisen ins Gedächtnis ruft, die durch Emotionen schnell in Vergessenheit geraten.[28] Auch wenn gewaltfreie Kommunikation etwas Übung erfordern kann, entfaltet die Methode schnell Wirkung. Im Team kann sie auch im Rahmen von Clear-the-Air-Meetings genutzt werden, um gemeinsam Konflikte zu lösen. Mehr dazu im Kapitel „Meetings“.

KONFLIKTE LÖSEN

„Der Dialog hilft uns, dem Leben zu begegnen und an ihm zu wachsen, anstatt an ihm zu scheitern oder sich in ihm zu verlieren."

Mirriam Prieß, Medizinerin und Burn-out-Expertin

Gewaltfreie Kommunikation ist nicht das einzige Schema, nach dem sich Konflikte lösen lassen. In einer unserer nach wie vor meistgehörten Podcast-Folgen gibt uns die Ärztin und Burn-out-Expertin Mirriam Prieß[29] mit dem Dialogmodell eine pragmatische Übersicht und Anleitung, wir wie Konflikte noch auflösen können.[30] Wir waren überrascht, wie einfach, klar, aber vor allem wirksam ihr Vorgehen ist.

Den Ausgangspunkt bildet Verstehen. Wirkliches – und damit auch emotionales und nicht nur kognitives – Verstehen ist laut Prieß eine wichtige Voraussetzung, um Konflikte zu lösen. Laut ihrer Erfahrung sind diese Konflikte oftmals entstanden oder haben sich verschärft, weil wir aufgehört haben, den anderen zu verstehen. Ein Vorgang, der mehrere Punkte umfasst:

1. **Empathie:** Echtes Verständnis setzt Empathie voraus, denn es geht nicht um die Frage „Wie sollte sich der andere fühlen?" oder „Wie würde ich mich fühlen, wenn ich der andere wäre?", sondern darum zu verstehen, „Wie fühlt sich der andere wirklich?" Es klingt sehr viel einfacher, als es in der Realität ist. Empathie heißt nicht, die eigene Position aufzugeben, und auch nicht, das Verhalten der anderen Person gutzuheißen. Es bedeutet, für einen kurzen Moment von sich selbst Abstand zu nehmen und sich in die Position des anderen hineinzuversetzen. Nur so können wir sehen, was der beziehungsweise die andere sieht und angemessen mit der Situation umgehen. Dabei hilft laut Prieß die Empathie insbesondere uns selbst. Sie holt uns wieder auf den Boden, schützt uns vor Kurzschlusshandlungen, die auch uns selbst schaden würden, und gibt uns die Möglichkeit, unseren eigenen Handlungsspielraum wieder zu vergrößern. Ihre Schlüsselfrage: Will ich mein Gegenüber rational und emotional verstehen und bin ich bereit, mich auf seinen:ihren Platz zu setzen?
2. **Offenheit:** Wie offen sind wir für die Möglichkeit, dass die Dinge anders sind, als wir sie sehen? Eine schwierige Frage, vor allem, da wir laut Prieß aufgrund mangelnden Bewusstseins über unsere eigene Identität und unsere Muster dazu neigen, eine andere Meinung als eine Bedrohung wahrzunehmen und dann in die Abwehrhaltung zu gehen. Die Vielzahl verfügbarer Kommunikationswege macht es nicht einfacher, da wir bereits in der Wahl des Kanals unseren eigenen Präferenzen und Mustern und Ansichten folgen. Es ist gut möglich, dass wir unsere Komfortzone ein ganzes Stück erweitern müssen, um wirklich offen zu sein. Die Schlüsselfrage von Mirriam Prieß dazu ist: Bin ich offen für eine andere Sicht und wirklich dazu bereit, meine möglicherweise zu verändern?

3. **Interesse:** Hören wir anderen wirklich zu oder warten wir im Konflikt nur darauf, dass wir wieder dran sind, etwas sagen zu dürfen, um von unserer Sicht der Dinge zu überzeugen? Eine ehrliche Antwort auf diese Frage setzt viel Selbstreflexion voraus, weil wir immer blinde Flecken in der Selbstwahrnehmung haben und aus unserer besten Option heraus handeln. Nach den Ausführungen von Mirriam Prieß hilft dabei, sich auf das Gesagte zu fokussieren und unsere Meinung für einen Moment zu vergessen. Wir können Fragen stellen, wenn wir Aussagen nicht verstehen und halten so die Kommunikation weiterhin aufrecht. Hier wird deutlich, warum gerade synchrone Kanäle – idealerweise das persönliche Gespräch – in den meisten Fällen notwendig sind, um die Emotionalität und das Interesse abbilden zu können. So kann dieser Punkt bereits das Ende des Prozesses und damit Konflikts sein. Schlüsselfrage: Bin ich bereit zu einer gemeinsamen Perspektive oder will ich meinen Standpunkt einfach weiterhin durchsetzen?
4. **Augenhöhe:** Der Verlust der Augenhöhe ist häufig ein Anlass, der zu Konflikten führt oder diese unlösbar macht. Dies geschieht meist unbemerkt. Gerade in der asynchronen, meist schriftlichen Kommunikation bleibt viel Raum für Interpretation und Annahmen über das Geschriebene. Nach Prieß kann der Verlust von Augenhöhe auf drei unterschiedlichen Wegen entstehen: Die Überhöhung der eigenen Person und die Abwertung der anderen. Die Überhöhung der anderen Person verbunden mit der eigenen Abwertung oder die Unterwerfung („Ich kann ohnehin nichts ausrichten"), um sich selbst aus der Verantwortung zu ziehen. Alle Mechanismen führen zum selben Ergebnis: Der Dialog wird nicht gelingen. Die Schlüsselfrage hierzu ist einfach, aber umso wichtiger: Begegne ich meinem Gegenüber auf Augenhöhe?
5. **Respekt und Wertschätzung:** Im letzten Teil des Dialogmodells geht es darum, zwischen der Sache und der Person zu differenzieren und nicht den Wert der anderen Person infrage zu stellen. Nach Prieß' Ausführungen und den Erfahrungen, die viele von uns auch selbst im Leben machen mussten, sorgen Respektlosigkeit und mangelnde Wertschätzung vor allem für Verletzungen. Das gesagte Wort, der geschriebene Kommentar, der kleine Seitenhieb sind – wenn sie erst einmal in der Welt sind – nicht mehr zurückzunehmen. Respektieren und wertschätzen wir unser Gegenüber wirklich? Sollte dies nicht der Fall sein, werden wir nicht in der Lage sein, in einen konstruktiven Dialog zu treten. Es hilft, sich dies im Vorfeld bewusst zu machen und die eigene Wahrnehmung zu verändern, indem wir den Wert unseres Gegenübers in Worte fassen. Schlüsselfrage: Respektiere und wertschätze ich mein Gegenüber – unabhängig von Position, Bildung, Geschlecht, Religion und Alter?

Für Mirriam Prieß ist Dialog weit mehr als eine verbale Kommunikationsform, es ist eine Haltung sich selbst, den Mitmenschen und dem Leben gegenüber.[31]

Mit Matthias Schranner hatten wir einen der weltweit besten Verhandlungsführer und Coaches in unserem Podcast. Auch wenn das Verhandeln in Extremsituationen vielleicht nur Spezialist:innen vorbehalten sein sollte, lohnt sich ein kurzer Blick hinter die Kulissen. Glaubt man Matthias, dann wäre nahezu jedes Problem in einer Verhandlung zu lösen. Dazu sei lediglich eine Vereinbarung im Vorfeld notwendig: „Vergangenheit ist nicht verhandelbar." Er gibt uns einige grundlegende Tipps mit, wie wir uns in Verhandlungen besser zurechtfinden können:

- Stellen Sie sich zwei Fragen: Muss ich verhandeln? Ist es wichtig? Falls nicht, dann verhandeln Sie nicht.
- Wenn es wichtig ist, dann verhandeln Sie richtig. Was ist Ihr Ziel? Wie gehen Sie rein? Wann gehen Sie? Matthias nennt es die „willingness to walk away" (die Bereitschaft zum Gehen beziehungsweise zum Abbruch der Verhandlung).
- Bleiben Sie im Ton immer höflich.
- Formulieren Sie immer klar („Ich möchte zehn Prozent mehr Gehalt, über den Zeitpunkt können wir reden").
- Stülpen Sie Ihrer:Ihrem Verhandlungspartner:in niemals Ihr eigenes Wertesystem über („Der muss doch verstehen, dass ich recht habe").
- Praktizieren Sie spielerische Leichtigkeit, wie Sie sie von Kindern lernen können („Kinder bringen Forderungen ein, um zu üben").
- Spielen Sie Poker.

Wenn gar nichts mehr geht, hat Matthias ein Zauberwort, das einen guten Schlusspunkt für eine Verhandlungsrunde bietet. Er sagt dann häufig nur ein einziges Wort: „schwierig."[32]

ÖFFENTLICH AUFTRETEN

„Vortragskompetenz ist kein Wahlfach für einige wenige. Es ist eine Schlüsselkompetenz des 21. Jahrhunderts."

Chris Anderson, Unternehmer und Kurator *TED*

Als Peter Terium, der damalige Vorstandsvorsitzende der *RWE AG*, bei der Hauptversammlung 2014 ans Rednerpult trat, staunte die versammelt Medienlandschaft über seinen Auftritt. Peter Terium, so beschrieb es die *Welt* damals, erinnerte mit seinem Auftritt an den legendären Steve Jobs.[33] Wer glaubt, dass der Vergleich gezogen wurde, weil Peter Terium ein iPad in der Hand hielt und weil er über die SmartHome-Lösungen von *RWE* sprach, der greift hier zu kurz. Terium, so der Eindruck vieler Beobachter, hatte eine gute Struktur, er sprach mit verständlichen Worten, er klammerte sich nicht an sein Pult und er langweilte sein Publikum nicht mit Worthülsen. Die Journalistin Claudia Obmann fasste es wie folgt zusammen: „Es gibt einen überraschenden neuen Champion im Redner-Ring: Der Niederländer Peter Terium, seit knapp zwei Jahren Vorstandsvorsitzender des Energiekonzerns *RWE*, zeigt den Chefs der 30 größten deutschen Konzerne, wie ein verständlicher und rhetorisch überzeugender Auftritt vor den Aktionären aussieht." Doch wie geht das? Eine Rede halten wie Steve Jobs? Michael Wanker, Schauspieler und Coach, hat dazu eine klare Meinung. Seiner Erfahrung nach braucht er mindestens eine Woche intensiver Vorbereitung, um aus einer normal begabten Person so viel Steve Jobs herauszuholen, wie in ihr steckt. Woher er das weiß? Weil genau so das Briefing lautete, mit dem Michael (Trautmann), der damals mit seiner Agentur *kempertrautmann* für *RWE* arbeitete, auf Michael Wanker zukam. Infolgedessen bekam Michael Wanker die Chance, Peter Terium zusammen mit dessen Redenschreiber auf diesen Auftritt vorzubereiten. Sie arbeiteten an einer emotionalen Story, an der Körpersprache, an den Pausen und ja, auch daran, wann es sinnvoll sein könnte, das iPad hochzuhalten.

Wohl nur wenige Konferenzformate haben in den letzten 20 Jahren unsere Überzeugung, was ein guter Auftritt ist, so geprägt wie die TED Talks. Carmine Gallo war einer der ersten Autoren, der versucht hat, das Geheimnis eines guten TED Talk zu entschlüsseln. Auch wenn Steve Jobs nie auf einer TED-Konferenz gesprochen hat, so halten sowohl die TED-Kuratoren als auch Carmine Gallo die Rede, die Steve Jobs im Jahr 2005 zur Eröffnungsfeier in Stanford hielt, für beispielhaft. Sie wird auf der offiziellen TED-Plattform als Video aufgeführt und Gallo hat sie in seinem Buch analysiert. Steve Jobs beginnt seine Rede mit einer Ankündigung: „Heute möchte ich Ihnen drei Geschichten aus meinem Leben erzählen." In seiner ersten Geschichte erzählt er davon, wie ihm seine Adoptiveltern, die nicht studiert hatten, das Studium am renommierten Reed College ermöglichten. Obwohl er das formelle Studium nach sechs Monaten abbrach, besuchte er noch weitere 18 Monate Kurse zu Fächern, die ihn wirklich interessierten. Kalligrafie war eines dieser Fächer und ohne die Auseinandersetzung mit unterschiedlichen Schrifttypen hätte er den ersten Macintosh-Computer nicht mit dieser Vielfalt von Schriften ausgestattet. Für ihn ergeben diese drei Erlebnisse seine erste Geschichte, er nennt sie „Die Punkte verbinden". Seine zweite Geschichte handelt von „Liebe und Verlust" und sie beginnt mit der Liebe zu Computern und der Gründung von *Apple*. Er schildert anschließend, wie und warum er gefeuert wurde und warum das so wichtig für ihn war. Diese Geschichte endete versöhnlich mit seiner umjubelten und erfolgreichen Rückkehr zu *Apple*. Die dritte Geschichte handelt vom Tod. Hier berichtet Jobs den Absolvent:innen von seiner Diagnose Bauchspeicheldrüsenkrebs. Er beschreibt eindringlich, wie kostbar das Leben ist. „Ihre Zeit ist begrenzt, also verschwenden Sie sie nicht damit, das Leben eines anderen zu leben." Er schließt mit einer Aufforderung, die so klingt, als würde sie sein eigenes Lebensmotto in vier Worten zusammenfassen. Für Gallo hat Steve Jobs damit das perfekte Format für eine Rede vorgelegt, die sich dann auch noch in einem Satz zusammenfassen lässt: „Tue, was du liebst!"

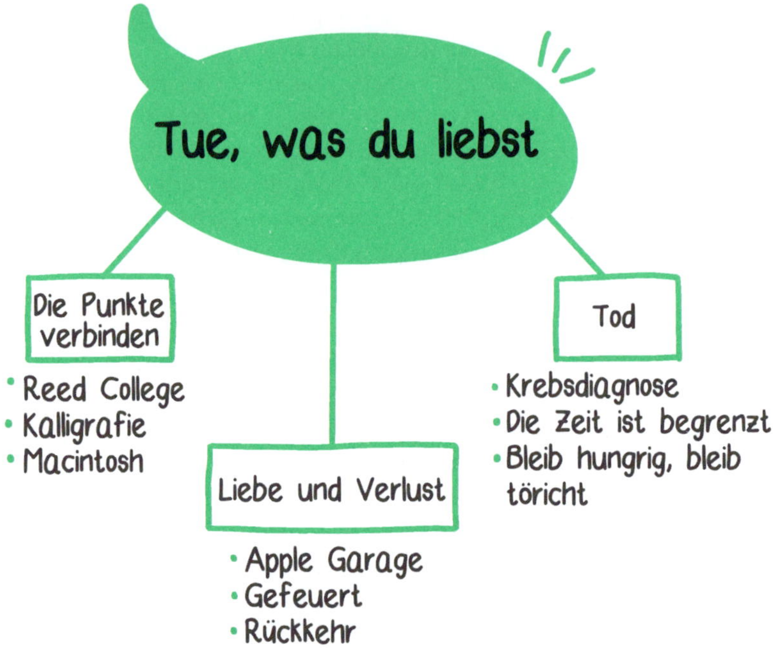

Struktur der Steve-Jobs-Rede auf der Abschlussfeier in Stanford 2005 nach Carmine Gallo

Chris Anderson hat die Leitung von TED 2001 übernommen und es zusammen mit seinem Team zu der Bedeutung gebracht, die es heute hat. Es geht um „Ideen, die es wert sind, verbreitet zu werden", und dafür, so ist er sich sicher, ist die „Kunst der öffentlichen Rede" immer noch das wichtigste Werkzeug. Das typische Format einer TED- oder TEDx-Konferenz ist ein Vortrag von maximal 18 Minuten Länge. Lisa Choi Owens verantwortet bei TED den Bereich Globale Partnerschaften. Im Podcast erklärt sie uns, worauf es ankommt. Auch für sie steckt die Arbeit in der Vorbereitung, denn der eigentliche Auftritt ist maximal zehn Prozent. Vorher gilt es, einige Fragen zu klären:

- Was ist die Idee?
- Ist es überhaupt eine Idee?
- Wie macht man die Idee persönlich?
- Was ist der Spannungsbogen?
- Wo ist der Konflikt?
- Was ist die Lösung?[34]

Gute Auftritte haben also auch etwas mit dem Erzählen einer oder mehrerer Geschichten zu tun, aber Chris Anderson gibt in seinem offiziellen Handbuch *TED Talks* noch zahlreiche weitere Anregungen dafür, was eine gute Rede ausmacht. Hier sind einige von ihnen:

- Schenken Sie Ihrem Auditorium eine Idee. Im Idealfall ist es eine Idee, die Teile Ihres Publikums für den Rest des Lebens begleiten wird.

- Vermeiden Sie typische Fallen: Verkaufen Sie nicht, schwafeln Sie nicht (das passiert oft bei schlechter Vorbereitung), langweilen Sie nicht mit internen Details.
- Folgen Sie einem roten Faden. Wie? Versuchen Sie, Ihren Vortrag in 15 Worten zusammenzufassen.
- Nutzen Sie verschiedene Instrumente: Zeigen Sie sich und Ihre Persönlichkeit, erzählen Sie gute Geschichten. Versuchen Sie, komplizierte Dinge einfach zu erklären. Wählen Sie nur die besten Argumente, dann überzeugen Sie auch. Offenbaren Sie Ihre Idee auf ungesehene Weise oder nehmen Sie Ihre Zuhörerschaft mit auf eine Traumreise.
- Bereiten Sie sich richtig gut vor und üben Sie Ihren Vortrag. Überlassen Sie nichts dem Zufall und geben Sie sich besondere Mühe mit dem Anfang und dem Ende Ihres Vortrags.

Für Chris Anderson ist die öffentlich Rede eines der wichtigsten Instrumente, um gemeinsam Zukunft zu schreiben. „Ein leeres Blatt, ein leeres Publikum wartet auf Ihren Beitrag."[35]

ON THE WAY TO NEW WORK

„Kommunikation ist eine Fähigkeit, die man lernen kann. Es ist wie Fahrradfahren oder Tippen. Wenn du bereit bist, daran zu arbeiten, kannst du die Qualität in jedem Bereich deines Lebens schnell verbessern."

Brian Tracy, Autor

Kommunikation ist ein Grundstein der Unternehmenskultur und bestimmt, wie wir miteinander umgehen. Abgesehen von sehr konkreten Hacks geht es bei der Kommunikation im New-Work-Sinne auch darum, wie durch bestimmte Veränderungen in den alltäglichen Verhaltensweisen der Wandel zu einer besseren Kommunikationskultur stattfinden kann. Die darin liegende Kraft hat Tools wie *Slack* oder *Microsoft* Teams erfolgreich gemacht. Selbst wenn es kaum sichtbare Veränderungen sind, so kann Kommunikation ein entscheidender Faktor sein, um als Unternehmen durch eine Krise zu gehen, statt an Alltagsaufgaben zu scheitern. Dabei können wir bei uns persönlich anfangen und ausprobieren, was sich für uns eignet.

- Welche Werkzeuge wir einsetzen und vor allem, wie sie zum Einsatz kommen, liegt allein in unserer Hand. Ohne eine klare Idee davon, wie ein neues Tool den Kommunikationsfluss verändern kann, können wir es uns nicht zunutze machen.
- Sprechen Sie im Team über die unterschiedlichen Erwartungshaltungen in Bezug auf die Kommunikation mit den verschiedenen Tools. Wie schnell wird eine Reaktion erwartet? Gibt es einen Notfallkanal? Wie transparent sollen Informationen im Unternehmen geteilt werden?

- Je emotionaler das Thema, desto synchroner die Kommunikation. Wann kommunizieren wir mit eher asynchronen Tools? Wann setzen wir auf synchrone Kommunikation? Stehen mir dazu die richtigen Kanäle zur Verfügung? Diese Fragen im Team regelmäßig abzugleichen, macht Kommunikation zu einem greifbaren Thema.
- Kommunikation beginnt mit der Bereitschaft zuzuhören. Doch die Bereitschaft reicht nicht, wir müssen Kommunikation neu lernen und praktizieren.
- Geschichten überzeugen weit mehr als PowerPoint-Präsentationen. Sie lösen Emotionen aus, wir können uns mit ihnen identifizieren und sie bleiben hängen.
- Gewaltfreie Kommunikation ist im Kern ein einfacher Prozess, der uns dabei hilft, einfühlsam und konstruktiv zu kommunizieren und Konflikte oder negative Emotionen aufzulösen. Die Methode lässt sich sowohl verbal als auch schriftlich einsetzen und eignet sich auch, um Konflikte als Team zu lösen.
- Das Dialogmodell ist eine andere Herangehensweise, um mit Konflikten umzugehen. Der klare Prozess hilft dabei, Konflikte unabhängig davon, auf welcher Kommunikationsebene sie entstanden sind, aufzulösen.
- Der öffentliche Auftritt bietet große Chancen, um die eigene Botschaft zu vermitteln. Die Fähigkeit, vor Menschen zu sprechen, kann und muss trainiert werden.

Kommunikation findet mit uns selbst, im persönlichen Gespräch, in kleiner Runde, auf der großen Bühne und – beruflich meist – in Meetings statt. Gute Kommunikation ist nicht das Einzige, das dabei zu bedenken ist.

14/ MEETINGS

„Die meisten Leute wissen nicht, was sie in einem Meeting machen."

Konstantin Mehl, Co-Founder und CEO *Kaia Health*

Egal, wen man fragt: Fast jede:r findet, man verbringt zu viel Zeit in Meetings, die häufig als langweilig, langatmig und nicht zielführend beschrieben werden. Meetings als Geißel des Wissensarbeiters, teilweise so schlimm, dass die Beteiligten sich lieber rudernd auf einer Galeere wiederfinden würden, denn da gehe es wenigstens voran. Sebastian Klein, Autor von *The Loop Approach*, erinnert sich an die morgendlichen „Kaffeekränzchen" bei der Bundeswehr während seiner Wehrpflicht.[1] Eine Stunde, in der der Oberst „irgendwas" erzählte, vermutlich, um anzugeben und zu zeigen, was er für ein toller Typ ist, fasst es Sebastian im Nachhinein zusammen. Dabei erging es ihm ähnlich wie vielen Menschen im Beruf: Anwesenheit war Pflicht.

Der Anteil der Meetings, an denen wir im Alltag teilnehmen, hat sich in den letzten Jahren deutlich erhöht. Bereits vor der Pandemie verbrachten viele Menschen einen Großteil ihrer Arbeitszeit in Meetings, während der Corona-Pandemie hat sich die in Meetings verbrachte Zeit um den Faktor 2,5 erhöht.[2] Die Tatsache, dass die meisten von uns heute viel mehr Zeit in Meetings verbringen als früher, liegt daran, dass die Intensität der Zusammenarbeit und damit die Notwendigkeit des Austauschs gestiegen ist. Wir arbeiten heute 50 Prozent mehr mit anderen zusammen als noch vor 20 Jahren.[3] Wenn wir über New Work sprechen, müssen wir auch diese Begleiterscheinung Neuen Arbeitens berücksichtigen. Ein Großteil der eigenen Arbeitszeit in Meetings zu verbringen, ergibt sich zumindest übergangsweise daraus, dass Teamarbeit ebenso wie dezentrale Arbeit zunimmt. Meetings sind wichtig, wir müssen allerdings berücksichtigen, dass

- sie nicht die einzige Form der Zusammenarbeit sind und wir ergänzende Lösungen für hybride Arbeitsplatzmodelle brauchen,
- sie insbesondere der Koordination, Synchronisation und Abstimmung dienen und oft nicht dem Erledigen der eigentlichen Arbeit,
- Menschen Zeit benötigen, um Aufgaben außerhalb von Meetings erledigen zu können.

Der unreflektierte Einsatz von Meetings beeinträchtigt die Leistungsfähigkeit und Gesundheit der Teilnehmer:innen. Zu drastisch? Wenn Swantje im Selbstmanagement-Coaching die Kalender ihrer Kund:innen sieht, hat die überwältigende Mehrheit jener, die unter mentaler Überlastung, fehlender Motivation oder Überforderung leiden, Kalender, die an das Computerspiel *Tetris* erinnern – mit dem Unterschied, dass hier gleich mehrere Blöcke zur gleichen Zeit „herunterfallen". Wenn das erste Meeting bereits um 7:30 Uhr beginnt, das letzte um 20:00 Uhr oder sogar später endet und selbst freie 15 Minuten mit Einladungen überschrieben werden, stellt sich schon die Frage, wie Menschen überhaupt noch arbeiten sollen. Es bleibt weder die Zeit, um ein Meeting vor- oder nachzubereiten, noch um anstehende Aufgaben zu erledigen. Sind die Termine alle notwendig? Müssen sie so lange dauern? Bringen sie das erhoffte Ergebnis und finden Sie, dass die Zeit gut investiert ist? Wenn Arbeit etwas sein soll, das Menschen stärkt, müssen wir auch auf jene Aspekte schauen, die schwächen.

Wir brauchen auch weiterhin den Austausch miteinander, um Probleme und Herausforderungen zu lösen und Ideen zu generieren. Vielleicht mehr denn je, denn die an uns herangetragenen Fragestellungen werden immer komplexer. Gleichzeitig benötigen wir einen besseren Umgang mit Zeit, um wieder fokussiert arbeiten zu können. Der Großteil der Zeit in Meetings wird ohnehin nicht zielführend verwendet. Eine weltweite Studie quantifiziert den Anteil der sinnvoll genutzten Besprechungszeit gerade einmal auf 44 Prozent.[4] Die verbleibenden 56 Prozent entfallen auf irrelevante Themen (15 Prozent), Smalltalk (13 Prozent), das Warten auf andere Teilnehmer:innen (11 Prozent), das Einrichten von Technik (11 Prozent) und das Überprüfen des Meetingerfolgs (6 Prozent). In diesem Kapitel gehen wir insbesondere der Frage nach, wie wir bessere Meetings gestalten, die weniger Zeit kosten und Raum für freies Arbeiten schaffen.

KEINE BAUCHLADEN-MEETINGS MEHR

„Meetings sind ein Mikrokosmos der gesamten Organisation."

Aaron Dignan, Autor und Unternehmer

In vielen Meetings werden die unterschiedlichsten Themenkategorien miteinander vermischt. Ein nachvollziehbarer Versuch, mehrere Fliegen mit einer Klappe zu schlagen. Die Vermischung strategischer mit operativen Themen und grundsätzlichen Steuerungsfragen ist allerdings alles andere als effizient. Themen werden angerissen und Grundsatzfragen, auf die sich keiner vorbereitet hat, liefern Zündstoff für Diskussionen, aber auch nicht mehr. Gleichzeitig wächst die Frustration, weil es ja noch jede Menge weiterer offener Punkte gibt. „Wenn man Meetings mischt, wissen die Leute nicht ‚Was ist meine Rolle als Teilnehmer:in?'", fasst es Konstantin Mehl, Founder und CEO der Medizin-App *Kaia Health*, zusammen. Für ihn sind wesentliche Kriterien guter Meetings, dass die Teilnehmer:innen ihre Rolle kennen und wissen, was von ihnen erwartet wird und was nicht. Sein Lieblingstipp lautet, in der Einladung festzuhalten, was im Meeting *nicht* gemacht wird. Das nimmt auch dem Moderator Arbeit ab, da die Teilnehmer:innen sich selbst daran erinnern und eingreifen, wenn sie merken, dass Dinge besprochen werden, die ausdrücklich ausgeschlossen sind. Eine klare Trennung nach unterschiedlichen Meetings und ein gemeinsames Verständnis dafür, worum es geht, machen Meetings effizienter und effektiver.

Tägliche Synchronisation

Hierbei geht es darum, dass sich die Mitglieder eines (Projekt-)Teams täglich untereinander abstimmen. Die als Check-in oder Stand-up bezeichneten Formate dauern meistens nur zehn bis 15 Minuten und laufen aufgrund einer klaren Fragestellung sehr fokussiert ab. Im agilen Stand-up teilt jedes Teammitglied seine Einschätzung zu folgenden Fragen:

- Was habe ich gestern erledigt, um unser (Sprint-)Ziel zu erreichen?
- Was plane ich heute zu tun, um unser (Sprint-)Ziel zu erreichen?
- Hindert mich irgendetwas daran, unser (Sprint-)Ziel zu erreichen?

Tim Mois arbeitete schon früh und konsequent in seinem Unternehmen *sipgate* mit unterschiedlichsten Tools aus dem New-Work-Kontext und ist ein großer Freund der täglichen Synchronisation. Seiner Ansicht nach ist der Zeitaufwand, der dort investiert wird, weitaus geringer, als es ein täglicher Abstimmungsrhythmus erwarten lässt. Hinzu kommt, dass sich der Abstimmungsaufwand und weitere Meetings, die man bräuchte, um im Projekt weiterzukommen, deutlich verringern. „Die Teams verbringen natürlich viel Zeit, zu diskutieren und zu reden, aber es ist sehr wenig Bullshit."[5]

Natürlich sind Varianten möglich. Einige Teams fokussieren sich in ihrem Check-in auf das kurze Mitteilen der eigenen Stimmungslage, damit jede:r weiß, wie man die Kolleg:innen an diesem Tag zu nehmen hat. In den über 200 Filialen der Bäckereikette *Junge* findet jeden Tag ein Zwei-Minuten-Austausch zwischen allen Mitarbeiter:innen und der Führungskraft statt, um den Kontakt zu halten, schnelles Feedback geben zu können und herauszufinden, ob es Probleme gibt.

Wöchentliche operative Meetings

In operativen Teammeetings geht es um regelmäßige Projekt-Updates und das effiziente Bearbeiten von Klärungspunkten, die für die täglichen Arbeit relevant sind. Sie finden meistens wöchentlich statt, um

- Transparenz über Projekte herzustellen,
- Informationen zu teilen,
- Hindernisse zu beseitigen beziehungsweise deren Beseitigung anzustoßen und
- nächste Schritte festzulegen.

Monatliche Steuerungsmeetings

Bei Fragen zu Verantwortlichkeiten, Rollen oder Prozessen liegt der Wert in einer grundsätzlichen Klärung statt im Fällen von Einzelentscheidungen. Gerade in selbstorganisierten Teams nimmt dies einen hohen Stellenwert ein, da Regelungslücken bewusst in Kauf genommen werden, um nicht übermäßig zu regulieren, in dem Wissen, dass sich bestimmte Fragen ohnehin erst bei der Umsetzung stellen. Die wichtigsten Inhalte monatlicher Steuerungsmeetings sind:

- Entscheidungen über das „Wie“ der Zusammenarbeit
- Klärung von Rollen und Verantwortlichkeiten
- Umgang mit Prozessen und Rahmenbedingungen

Meetings dieser Art profitieren von einer Moderation, die durch die zu klärenden Themen führt und darauf achtet, dass Themen, die nicht im Meeting geklärt werden können, nicht in Endlosdiskussionen besprochen werden. Darüber hinaus sollte das Team Klarheit darüber haben, wie und von wem die Entscheidungen im Meeting getroffen werden sollen.

Viertel- oder halbjährliche Strategiemeetings

Strategische Fragestellungen lassen sich im Tagesgeschäft kaum beantworten, da zum einen Zeit und Fokus fehlen und sie in der Regel nicht isoliert zu beantworten sind, sondern im Gesamtkontext gesehen werden müssen. Diese Meetings finden meist viertel- oder halbjährlich statt und dauern zwischen einem halben und zwei Tagen.

Es gibt die unterschiedlichsten Formate für Strategiemeetings. Im Kapitel „Organisation“ beschreiben wir beispielsweise das Roadkill-Format der Innovationsberatung *Darkhorse*. Dabei werden alle Mitarbeiter:innen in den Strategieprozess eingebunden, indem Zweierteams ausgelost werden, die einen Tag an einem Ort ihrer Wahl mit einem Budget von 300 Euro miteinander verbringen, um Ideen zu entwickeln und zu diskutieren, auf welche Signale das Unternehmen reagieren sollte. Die Ergebnisse werden anschließend in einem Raum gesammelt und bilden die Grundlage für die weitere Ausarbeitung der Strategie.[6]

Normale Arbeitsmeetings

Meetings sollen dazu dienen, gemeinsam an konkreten Fragestellungen zu arbeiten und Ergebnisse zu produzieren. Der Versuch, dies innerhalb eines Regelmeetings zu erreichen, scheitert meist, da es oft an Zeit, Fokus und Vorbereitung fehlt. Soll gemeinsam an einem Thema gearbeitet werden, empfiehlt sich, dies in einem explizit dafür definierten Termin beziehungsweise Workshop zu tun. Das mag zunächst unattraktiv klingen, weil es ein weiteres Meeting bedeutet. Es ist jedoch in der Regel der effizienteste Weg zur Lösung. Ein Format, das sowohl zur Vorbereitung als auch in der Durchführung von großem praktischen Nutzen ist, ist die Flow-Agenda, die wir weiter unten beschreiben.

Jede Organisation muss ihren Weg finden, wie sich Meetings am besten strukturieren lassen. Beim Unternehmen *Kaia Health* hat sich beispielsweise die folgende Struktur bewährt:

- Informationsmeeting: In einem monatlichen Meeting für alle geht es darum, Informationen mit der ganzen Firma zu teilen.

- Diskussionsmeeting: In diesem Meeting wird über ein Thema diskutiert, Entscheidungen werden nicht getroffen.
- Entscheidungsmeeting: Hier werden ausschließlich verschiedene Entscheidungsmöglichkeiten betrachtet mit dem Ziel, eine Entscheidung zu fällen.

Abgesehen von den schon erwähnten 1:1-Meetings gibt es keine weiteren Meetingformate bei *Kaia Health*, wie uns Konstantin Mehl im Podcast mitteilte.

TAKTISCHES MEETING – DAS FORMAT FÜR OPERATIVE REGELMEETINGS

„Wer einmal durch ein Taktisches Meeting gegangen ist und in einer Stunde 50 Agendapunkte geklärt hat, will nie wieder zurück in die alte Meetingstruktur."

Sebastian Klein, Unternehmer und Autor

Die Kaffeekränzchen-Erfahrung von Sebastian Klein war insofern keine völlig sinnlose Erfahrung, als ihm hierdurch klar wurde, dass er niemals in einer Organisation arbeiten möchte, in der er seine Zeit so verbringen muss. Maximal 15 Prozent der wöchentlichen Arbeitszeit will er in Regelmeetings verbringen. Um dies umzusetzen, nutzt Sebastian gemeinsam mit seinem Team unter anderem die Meetingstruktur des Taktischen Meetings.[7] Das Ziel dieses Formats, das sich insbesondere für operative Regelmeetings eignet, besteht darin, sich schnell und effizient zu synchronisieren und operative Fragestellungen zu klären. Es dauert in der Regel eine Stunde und folgt einem festen Ablauf:

1. **Check-in (fünf Minuten)**

   Ziel: Dinge, die die eigene Aufmerksamkeit anziehen, kurz mitteilen und bestenfalls loslassen, ankommen im Meeting

   Ablauf: Jede:r kann sagen, was er:sie möchte oder auch nichts. Dabei sind keine Kommentare der anderen erlaubt. Manchmal hilft auch eine Leitfrage wie:

   - Meine Stimmung heute …
   - Dieses Meeting ist gut, wenn …
   - Mein Beitrag in diesem Meeting …

2. **Checkliste (fünf Minuten)**

   Ziel: schneller Überblick über den Erledigungsstand von Routineaufgaben

   Ablauf: Wenn es in dem Team Aufgaben gibt, die regelmäßig überprüft werden müssen (wie zum Beispiel Materialversand, Rechnungstellung oder Aktualisierung von Bestandslisten), dann werden diese mithilfe der Checkliste kurz abgefragt. Die Antwort ist nur „ja" oder „nein". Falls sich hieraus Klärungspunkte ergeben, werden sie für die Agenda aufgespart.

3. **Kennzahlen (fünf Minuten)**

   Ziel: schneller Überblick über die wichtigsten Kennzahlen aus Sicht des Teams

   Ablauf: Gibt es Kennzahlen (KPIs), die das Team wöchentlich im Blick behalten will? Wenn ja, findet hier ein wöchentlicher Abgleich der KPIs statt. Es werden gegebenenfalls Änderungen gegenüber den Vorwochen sichtbar gemacht. Falls sich hieraus Klärungspunkte ergeben, werden sie für die Agenda aufgespart.

4. **Projekte (fünf bis zehn Minuten)**

   Ziel: Updates zu relevanten Projekten werden geteilt

   Ablauf: Es werden nur Veränderungen seit dem letzten Taktischen Meeting zu den für das Team relevanten Projekten geteilt. Wenn es keine gibt, dann braucht es kein Update. Es erfolgt keine Diskussion der Projekte. Falls sich hieraus Klärungspunkte ergeben, werden sie für die Agenda aufgespart.

5. **Klärungspunkte (Agenda) verarbeiten (30 bis 40 Minuten)**

   Ziel: schnelle Bearbeitung der operativen Klärungspunkte

   Ablauf: Klärungspunkte, die mitgebracht wurden oder sich aus den vorangegangenen Schritten ergeben haben, werden für alle sichtbar gesammelt (Stichworte genügen). Die Punkte werden nacheinander geklärt und nächste Schritte festgehalten. Das gilt auch für Themen, die nicht im Meeting selbst geklärt werden können, weil hierfür zum Beispiel ein separater Termin notwendig ist. Im Mittelpunkt der Klärung steht das, was derjenige braucht, der den Punkt eingebracht hat. Ergibt sich aus dem Austausch ein neuer Klärungspunkt für jemand anderen, wird dieser im Anschluss als eigener Punkt abgearbeitet.

6. **Check-out (fünf Minuten)**

   Ziel: Reflexion des Meetings durch alle Teilnehmenden, Teilen von Learnings, gemeinsamer Ausstieg aus dem Meeting

   Ablauf: Jede:r kann sagen, was er:sie möchte oder auch nichts. Dabei sind keine Kommentare der anderen erlaubt. Manchmal hilft auch eine Leitfrage wie:

   - Was war gut?
   - Was nicht?
   - Wünsche für das nächste Meeting?

Das Taktische Meeting fokussiert insbesondere auf zwei Aspekte: einen schnellen Überblick über relevante Checklistenpunkte, Kennzahlen und Projekte sowie auf das schnelle Klären operativer Fragestellungen. Der strukturierte Prozess fühlt sich zu Beginn oft ungewohnt an, da er keinen Raum für zwischenmenschlichen Austausch und Diskussion bietet. Dies war auch der größte Kritikpunkt, den der Hauptabteilungsleiter einer öffentlichen Rundfunkanstalt erhielt, als er das Format nach einem Coaching mit Swantje in seinem Team einführte. Er entschied sich daraufhin, den Zeitrahmen des Meetings von üblicherweise drei Stunden weiterhin im Kalender stehen zu lassen, das Taktische Meeting in der ersten Stunde durchzuführen und die restlichen zwei Stunden zur freien Disposition zur Verfügung zu stellen. Es stellte sich heraus, dass sich das Team nicht ein einziges Mal dafür entschied, die freie Zeit freiwillig für das übliche Gerede einzusetzen, das vorher fester Bestandteil der gemeinsamen Sitzungen war. Eine interessante Adaption des Kunden bestand darin, dass die Klärungspunkte vom Einreichenden um ein „B" für Beratung, „I" für Information und „E" für Entscheidung zu ergänzen waren, um dem Team gleich die Information mitzugeben, was gefordert wird. Wird das „I" gewählt, muss der Einreichende einen nachvollziehbaren Grund haben, die Information nicht auf anderem Wege zu teilen. Wird ein Klärungspunkt mit einem „E" gewählt, muss der Einreichende sicherstellen, dass alle Informationen vorab vorliegen und die Entscheidung auch wirklich im Meeting getroffen werden kann. Die Dokumentation des Meetings besteht im Festhalten der Klärungspunkte und der getroffenen Vereinbarungen beziehungsweise nächsten Schritte je Klärungspunkt in einem für alle zugänglichen digitalen System.

In einem Taktischen Meeting helfen insbesondere zwei Rollen: die Moderation, die durch den Ablauf führt und der Gruppe hilft, Ergebnisse selbstständig zu entwickeln und sich an den Prozess zu halten, sowie der:die Schriftführer:in, um Vereinbarungen und nächste Schritte schriftlich festzuhalten. Diese Rollen können innerhalb des Teams wechseln. Es empfiehlt sich jedoch, beide Rollen zu trennen, da sonst der Fokus und damit die Qualität der Durchführung sinken.

KLARHEIT UND TRANSPARENZ MIT DER FLOW-AGENDA

„Meetings können das Beste und das Schlimmste in der menschlichen Natur zum Vorschein bringen."

Frédéric Laloux, Autor und Umweltaktivist

Nicht selten finden wir uns in einem Meeting wieder, ohne ganz genau zu wissen, was der Sinn und die konkrete Erwartungshaltung an das Meeting ist. Bei der bereits erwähnten Umfrage des Kollaborationsanbieters *Barco* gab fast die Hälfte der 3.000 Befragten an, regelmäßig nicht zu wissen, worum es im Meeting gehe und was das Ziel der Besprechung sei. Bei den Top-Führungskräften waren es sogar 61 Prozent.[8] Die Frage lautet daher eher, wie wir für mehr Klarheit sorgen oder was wir tun können, wenn diese nicht gegeben ist.

Eine Methode, die uns dabei hilft, die wichtigsten Aspekte herauszuarbeiten, ist die Flow-Agenda, auch Pentagenda genannt. Sie ist in fünf Felder unterteilt.[9]

- **Sinn und Zweck**
  Warum ist es wichtig, dass das Meeting stattfindet? Auf welches höhere Ziel zahlt es ein? Die Antworten auf diese Fragen klären den Sinn des Meetings, schaffen Klarheit und erzeugen Motivation.
- **Gewünschte Ergebnisse**
  Was sind die konkreten Ergebnisse, die im Meeting erreicht beziehungsweise gemeinsam erarbeitet werden sollen? Die Transparenz des angestrebten Ergebnisses

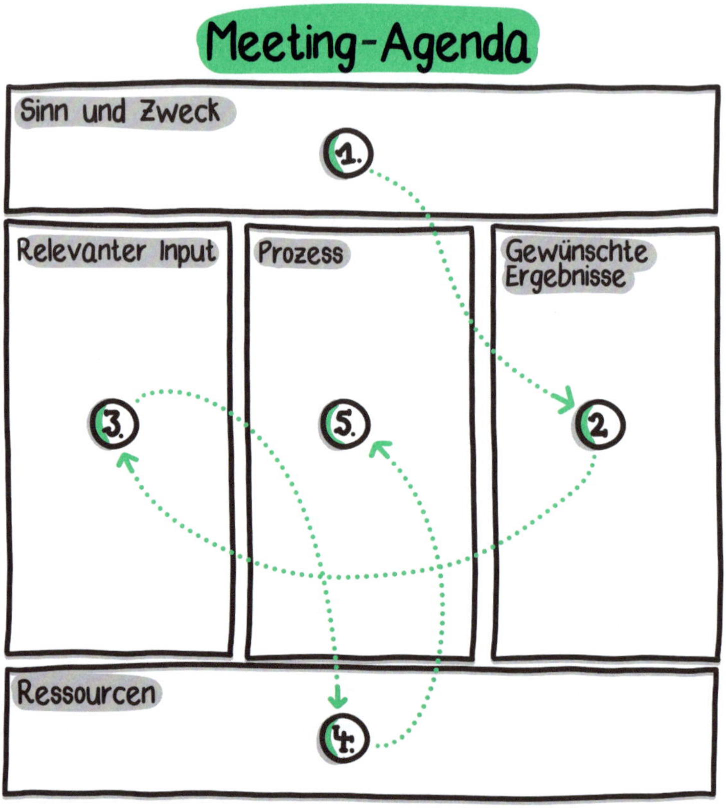

Flow-Agenda nach Martin Gerber und Heinz Gruner

ist ein erheblicher Unterschied zur klassischen Agenda, in der normalerweise die zu besprechenden Themen, nicht aber die konkreten Ergebnisse formuliert sind.

- **Relevanter Input**
  Was muss in Form von Vorarbeiten oder Dokumenten vorliegen, damit die Ergebnisse im Meeting realistisch erarbeitet werden können? Dies ist eine der wichtigsten Informationen für die Vorbereitung des Meetings.
- **Ressourcen**
  Wie lange sollte das Meeting dauern, wo findet es statt, wer nimmt teil? Dabei sollten wir uns trauen, die Meetingdauer kürzer anzusetzen als üblich. Die Frage nach den Teilnehmer:innen darf so restriktiv wie möglich sein: Auf wen können wir *nicht* verzichten?
- **Prozess**
  Wie läuft das Meeting ab? Wie viel Zeit ist für die einzelnen Punkte geplant? Das sind normalerweise die Fragen, die wir uns intuitiv zuerst stellen. Es ist allerdings viel einfacher, den Ablauf festzulegen, wenn klar ist, worauf das Meeting einzahlt, welche Ergebnisse geplant sind und welcher Input dabei hilft.

Die Verwendung einer Flow-Agenda vereinfacht nicht nur die Vorbereitung, sondern sorgt auch für Fokus und ein gutes Erwartungsmanagement im Meeting. Es empfiehlt sich daher, die Agenda rechtzeitig vor dem Meeting zu teilen, insbesondere, wenn Vorbereitung erforderlich ist. Sie sollte darüber hinaus zu Beginn des Meetings kurz vorgestellt werden, um den Fokus zu setzen und eventuelle Fragen zu den einzelnen Punkten zu klären oder Ergänzungswünsche aufzunehmen.

MEETINGS ZUR TEAMHYGIENE

> „Wir haben die Pflicht, konstruktiv nach Lösungen zu suchen und Sitzungen nicht als Nörgel- und Aggressionsplattformen zu missbrauchen."
>
> Martin J. Eppler, Sebastian Kernbach, Wissenschaftler und Autoren

Teams, in denen es keine gelegentlichen Konflikte, Unzufriedenheiten und Widerstände gibt, bereiten Grund zur Sorge. Es ist entweder ein Zeichen dafür, dass sich die Mitglieder nicht voll einbringen und nur noch in sich zurückgezogen ihren Job erledigen, oder die Konflikte werden einfach nicht offen angesprochen. Es herrscht künstliche Harmonie, weil niemand die eigene Meinung sagt – zumindest nicht direkt. Unterschiedliche Ansichten zu haben, ist etwas Gutes, weil es zeigt, dass uns nicht egal ist, was passiert, und durch Reibung und Fehler können neue Lösungen entstehen.

Gute Teams zeichnen sich deshalb auch dadurch aus, dass sie die Dinge ansprechen, die nicht gut laufen, offen mit Konflikten umgehen und gemeinsam daraus lernen. Die Fähigkeit, Feedback richtig zu geben und anzunehmen, ist hierbei unerlässlich. Teams profitieren allerdings auch davon, wenn sie zusätzlich zur schnellen Klärung individueller Reibungspunkte regelmäßig Meetings zur Teamhygiene durchführen mit dem Ziel, die eigene Zusammenarbeit kontinuierlich zu verbessern und dafür zu sorgen, dass Themen schnell auf den Tisch kommen und geklärt werden.

Retrospektive – immer sinnvoll, nicht nur für agile Teams

Ein klassisches Format der Teamhygiene ist die Retrospektive (siehe auch das Kapitel „Agilität"). In Retrospektiven sammelt das Team gemeinsam die Punkte, die im Betrachtungszeitraum gut und nicht gut gelaufen sind. Der Fokus liegt dabei nicht auf der inhaltlichen Arbeit, sondern auf der Zusammenarbeit als Team. Im Anschluss entwickelt das Team Ideen und nächste Schritte für die Themen, bei denen Verbesserungsbedarf besteht, setzt diese in der folgenden Arbeitsphase um und evaluiert den Erfolg. Es gibt verschiedene Varianten von Retrospektiven, beispielsweise im Stil einer *Amazon*-Rezension. Dabei verteilen die Teilnehmer:innen der Retrospektive ein bis fünf Sterne für die letzte Arbeitsphase und geben eine erläuternde Bewertung im *Amazon*-Bewertungsstil ab. Eine andere Variante besteht darin, gemeinsam festzuhalten, was das Team tun muss, um die nächste Arbeitsphase garantiert „gegen die

Wand“ zu fahren. Auf dieser Basis werden im Anschluss positive Vereinbarungen getroffen und Verbesserungsmöglichkeiten identifiziert. Retrospektiven können sich außerdem auf konkrete Fragestellungen beziehen, wie die „Room Service“-Retrospektive, in der das Team angehalten wird, den eigenen Arbeitsraum näher zu beleuchten und festzuhalten, wobei dieser hilft, aber auch, was er erschwert. Daraus werden dann Ideen zur Weiterentwicklung des Arbeitsraums abgeleitet. Es gibt Hunderte anderer Retrospektiven-Formate, die dazu beitragen, gern an solchen Terminen teilzunehmen und es leicht machen, die eigenen Punkte zu adressieren.[10]

„Clear The Air“-Meeting

In „Clear The Air“-Meetings, wie sie zum Beispiel die Unternehmensberatung *The Dive* einsetzt, wird allen die Möglichkeit gegeben, im Check-in „Dampf abzulassen“, ohne dass andere ins Wort fallen oder kommentieren. Dabei kann es auch um private Themen gehen. Anschließend werden unter Einhaltung der Regeln der Gewaltfreien Kommunikation[11] Konflikte angesprochen. Es geht darum, den eigenen Standpunkt zu teilen und anderen die Möglichkeit zu geben, diesen zu verstehen, bevor sie ihre Perspektive einbringen. Im Anschluss erfolgt eine Wertschätzungsrunde, in der alle Teilnehmenden ihre Dankbarkeit gegenüber einem oder mehreren Teammitgliedern zum Ausdruck bringen können. Den Abschluss bildet der Check-out, bei dem beispielsweise das individuelle Befinden während des Meetings geteilt wird. „Clear The Air“-Meetings setzen voraus, dass alle offen miteinander umgehen und sich vertrauen. Außerdem sollten diese Meetings moderiert werden. Ziel ist immer das Herbeiführen einer Klärung, was meistens bereits während des Meetings gelingt.

VIRTUELLE UND HYBRIDE FORMATE

> „Glücklicherweise können wir durch den Einsatz von Technologie und Tools eine durchdachte Gestaltung von Meetings und eine starke Moderation hybride Meetings schaffen, bei denen sich alle Teilnehmer – ob im Raum oder weit weg – engagiert, geschätzt und gleichberechtigt fühlen.“
>
> Bob Frisch, Cary Greene, Berater und Autoren

Virtuelle und hybride Zusammenarbeitsmodelle, bei denen nicht alle Teilnehmer:innen körperlich anwesend sind, haben massiv zugenommen. Sie geben Menschen die Möglichkeit, weiterhin flexibel zu arbeiten, ohne darauf zu verzichten, bei Bedarf vor Ort zu sein.[12] Die Zahl virtuell stattfindender Meetings hat sich von 2020 auf 2021 mehr als verdoppelt, ebenso ist ein deutlicher Anstieg von Chatnachrichten und E-Mails zu verzeichnen.[13] Wenn virtuelle und hybride Meetings bald der Normalzustand sind, wie können wir die Qualität der Meetings vor diesem Hintergrund weiter verbessern?

Hybride Meetings brauchen Planung

Hybride Meetings sind die derzeit noch komplexeste Meetingvariante, da wir auch darauf achten müssen, dass zugeschaltete Teilnehmer:innen nicht ins Hintertreffen geraten, weil sich zwischen den körperlich Anwesenden eine eigene Dynamik entwickelt. Um keine „Zweiklassengesellschaft" aufkommen zu lassen, müssen digital zugeschaltete Teilnehmer:innen genauso mitbekommen, was im Raum geschieht, wie alle anderen. Dies muss durch entsprechende Planung berücksichtigt werden:

Workshop-Design: Hybride Workshops sollten so konzipiert werden, dass digital zugeschaltete Teilnehmer:innen genauso an den Aktivitäten teilnehmen können wie die Anwesenden. Wird parallel gearbeitet, können diese zum Beispiel in einer eigenen Arbeitsgruppe auf einem virtuellen Board arbeiten und es später allen präsentieren. Ebenso können bei Abstimmungen alle Teilnehmenden Remote-Abstimmungstools benutzen, die jede:r auf dem Smartphone anwenden kann.

Technologie: Damit zugeschaltete Teilnehmer:innen mitbekommen, was passiert, hilft es, mehrere Kameras oder eine Konferenzkamera mit integrierten Mikrofonen und Lautsprecher aufzustellen. Im Rahmen einer Diskussion empfiehlt es sich bei größeren Gruppen, mit Handmikrofonen zu arbeiten. Die Zeit für einen Technik-Check ist sehr gut investiert, um sicherzustellen, dass alles funktioniert.

Struktur und Moderation: Ein hybrides Meeting wird durch eine Moderation unterstützt, die darauf achtet, dass bei Diskussionen alle integriert werden und zu Wort kommen. Die Moderation muss zudem darauf achten, dass das Meeting strukturiert abläuft und die Remote-Teilnehmer:innen alle Inhalte sehen und hören.

Videokonferenzanbieter arbeiten an Lösungen, um die Lücke zwischen digital zugeschalteten und physisch anwesenden Teilnehmer:innen zu schließen. So sind Features geplant, bei denen alle physisch Anwesenden eine eigene Bildkachel erhalten, damit diejenigen, die digital zugeschaltet sind, die gewohnte Galerie sehen.

Stress in virtuellen Meetings kumuliert

Eine Studie von *Microsoft* belegt, was wir intuitiv schon wussten und auch erlebt haben: Wenn virtuelle Meetings direkt hintereinander geplant sind, kumuliert der Stress von Meeting zu Meeting.[14] In der Versuchsanordnung der Studie nahmen die Teilnehmer:innen an vier jeweils 30-minütigen Meetings direkt hintereinander teil. Die Vergleichsgruppe hatte auch vier Meetings, allerdings mit jeweils zehn Minuten Pause dazwischen. Während die Teilnehmer:innen der ersten Gruppe immer gestresster wurden, sich Konzentration und Engagement zunehmend verschlechterten, führten die Pausen in der Vergleichsgruppe dazu, dass kein nennenswerter Anstieg des Stresslevels während der vier Meetings zu verzeichnen war. Es ist also kein Wunder, dass wir Meetings am Ende des Tages kaum noch folgen können. Auch Einladende tun sich keinen Gefallen, wenn sie Meetings in die Kalenderlücken anderer „reinquetschen".

Das Institut für Beschäftigung und Employability hat sich ebenfalls mit der „Zoom-Fatigue“[15] beschäftigt und ist den Ursachen auf den Grund gegangen, warum digitale Meetings anstrengender sind. Die Belastungstreiber lassen sich laut Studie in drei Kategorien einteilen:

- **Interpersonelle Aspekte**: Hierzu zählen insbesondere das Fehlen nonverbaler Kommunikation wie Gestik und Mimik, der Wegfall von Smalltalk und gemeinsamen Momenten wie Kaffeetrinken. Auch genannt wurde das Gefühl, auf dem Präsentierteller zu sitzen, sich selbst zu beobachten oder beobachtet zu werden.
- **Organisation:** Zu den wichtigsten Belastungsfaktoren gehören fehlende Pausen und eine zu enge Taktung der Meetings (hier stellten die Forscher:innen im Zeitvergleich allerdings Verbesserungen dar). Außerdem wird die höhere Sachlichkeit in digitalen Meetings als belastend wahrgenommen.
- **Technik:** Am anstrengendsten werden immer noch Netzwerkprobleme, schlechte Bild- und Tonqualität sowie Zeitverzögerungen, die den Gesprächsfluss unterbrechen, wahrgenommen.

Die Studie ergab auch, dass bereits einfache Maßnahmen, wie eine Begrenzung der Meetingdauer, eine (humorvolle) Moderation oder Pausen, dabei helfen, die Zoom-Fatigue zu reduzieren.

Auch virtuell: Raum für Austausch schaffen

Ein großer Nachteil virtueller Zusammenarbeit und digitaler Meetings ist das Fehlen zufälliger Begegnungen und eines Raums für spontanen Austausch. Auch der Aufbau von Netzwerken ist sehr viel schwieriger, wenn Menschen nicht an einem Ort sind. Einige Teams haben Meetings aufgesetzt, um auch digital ohne Themen und Agenda gemeinsam in den Tag oder den Feierabend zu starten. Routinen, die gelegentlich wieder einschlafen, da sie immer noch nicht zufällig sind und keine Möglichkeit bieten, sich auch einmal in einer kleineren Gruppe zu unterhalten, wie es im Büro möglich ist. Das Berliner Start-up *Wonder* bietet ein virtuelles Äquivalent. Die Software schafft einen virtuellen Raum, in dem sich Menschen in unterschiedlichen Konstellationen treffen und diskutieren können, ganz ohne Breakout-Sessions oder separate Kanäle. Sie können sich auch wieder aus der Unterhaltung zurückziehen und einer neuen Unterhaltung anschließen oder eine neue eröffnen. Das ist bei *Wonder* ganz einfach: Wenn sich die Avatare zweier Personen aufeinander zubewegen, bilden sie einen neuen Gesprächskreis mit eigenem Video, Audio und Chat. Alle anderen können sehen, dass diese beiden Personen miteinander sprechen und sich der Gruppe nähern und ebenfalls beteiligen. Es ist darüber hinaus auch möglich, den Kreis zu schließen, um private Gespräche zu führen. So können sich auch online spontane Gespräche ergeben und ein fließender Übergang von einem Gespräch zum nächsten wird möglich. Die Lösung, die insbesondere für das Netzwerken, für Konferenzen, Onlinefeiern und Ähnliches gedacht ist, ließe sich auch innerhalb eines virtuellen Teams nutzen, das hierüber das eigene Büro virtuell abbildet. Als Michael und Christoph das Büro von *Harry's*, einem Rasierklingen-Hersteller in New York, besuchten, erklärte ihnen der Chief of Staff Rachel

Peck, ihm sei bei der Beobachtung der Zusammenarbeit im Team aufgefallen, dass die besten Ideen entstünden, wenn Teilnehmer:innen im Anschluss an ein Meeting die Unterhaltung in kleineren Gruppen fortsetzten.[16] Das Unternehmen hat eigens dafür kleine Austauschflächen neben den Meetingräumen gestaltet. Im Kontext virtueller Meetings kann die beschriebene technische Variante genutzt werden, um Teammitgliedern vor und nach einem Meeting die Möglichkeit zu geben, zusammenzukommen. Die weiter vorn erwähnte Studie von *McKinsey & Company* belegt, dass Unternehmen, die es schaffen, ihre Mitarbeiter:innen weiterhin miteinander in den Austausch zu bringen, durch hybrides Arbeiten sogar Produktivitätszuwächse verzeichnen.[17]

Abwechslung und Beteiligung

Wenn digitale Meetings länger dauern, braucht es auf jeden Fall mehr Abwechslung und Interaktion, um die Konzentration und Motivation der Beteiligten hochzuhalten. Hierzu gehören Check-in-Fragen, kurze Beiträge, wechselnde Vortragende, Geschichten, Video- und Bildmaterial, Nutzung des Chats sowie die Möglichkeit, sich in digitalen Gruppenräumen untereinander auszutauschen. Digitale Boards, auf denen jede:r schreiben kann, wie *Miro*, *MURAL* oder *Microsoft* Whiteboard, sorgen dafür, dass alle gleichzeitig produktiv sind, statt stundenlang auf Präsentationsfolien zu starren oder Diskussionen zu lauschen. Auch der Spaß sollte nicht zu kurz kommen. Gerade in längeren Workshops helfen auflockernde Aktivitäten, wie zum Beispiel ein Matching der Kolleg:innen zu vorher eingesammelten überraschenden Fakten oder kreative Team-Challenges auf dem digitalen Arbeitsboard, wie zum Beispiel der Nachbau eines vorher definierten Tiers oder Gegenstands mit farbigen (natürlich digitalen) Post-its. Um die Motivation hochzuhalten, lässt man am besten zwei oder mehr Gruppen um den schönsten Nachbau wetteifern. Es gibt auch digitale Varianten von *Die Montagsmale*r oder Quizzes, die gerade bei längeren Workshops zur Auflockerung genutzt werden können.

KREATIVE WORKSHOP-FORMATE

„Mit Design Thinking erfinden wir gerade neu, wie wir in Zukunft zusammen lernen und arbeiten werden in einer immer stärker sich vernetzenden Welt – weg von einem trennenden, auf Einzelkonkurrenz setzenden Modus hin zu einem verbindenden, kollaborativen Denken und Handeln."

Ulrich Weinberg, Leiter *HPI School of Design Thinking*

Standardmeetings sind meist nicht dafür konzipiert, dass wir in ihnen kreative Ideen entwickeln – es geht häufig um Updates, Informationen und Entscheidungen. Natürlich, es können auch mal Ideen gesammelt werden, aber wenn der Sinn und Zweck des Meetings darin besteht, kreativ zu werden und neue Gedanken zu entwickeln, helfen passendere Formate und ein Rahmen, der die Kreativität der Beteiligten unterstützt.

Woran soll konkret gearbeitet werden? Dieser Frage sollten wir vor der Wahl des Formats Beachtung schenken, indem das angestrebte Ziel in einer klaren Frage oder einer einfachen Aufgabe ausgedrückt wird. Sie klärt das Suchfeld für die Teilnehmer:innen und sollte offen formuliert sein, eine Richtung vorgeben, inspirierend sein und positive Emotionen wecken. Hilfreiche Fragestellungen beginnen oft mit „Wie könnte …" oder „Wie müsste …" und integrieren sowohl die Zielgruppe beziehungsweise Stakeholder als auch das Ziel, also beispielsweise „Wie könnte eine hybride Arbeitswelt in unserem Unternehmen gestaltet sein, die es unseren Mitarbeiter:innen und Führungskräften ermöglicht, erfüllt und erfolgreich zusammenzuarbeiten?" Ein so weit gestecktes Suchfeld ist sinnvoll, wenn wir ein Thema von Grund auf betrachten wollen. In späteren Phasen oder unter anderen Umständen kann so eine Frage natürlich auch enger formuliert werden, zum Beispiel: „Wie können wir die hybriden Meetings unseres Teams in einen Gewinn für alle Beteiligten verwandeln?" Je nach Herausforderung haben wir nun die Auswahl aus den unterschiedlichsten Kreativformaten.

Design-Thinking-Workshops

Design Thinking ist eine Kreativmethode, die von David Kelley, Gründer der Designagentur *IDEO*, für das Lösen komplexer Probleme entwickelt wurde. Wir haben sie bereits in unseren Kapiteln über Kreativität und Agilität erwähnt. Der Design-Thinking-Prozess eignet sich hervorragend, um zu wirklich neu gedachten, innovativen Lösungen zu gelangen, die Menschen und ihre Bedürfnisse in den Mittelpunkt stellen. Der Prozess, der aus sechs Phasen besteht, kann von einem Team gemeinsam in einem Workshop durchlaufen werden. In jeder Phase werden wiederum unterschiedliche Methoden angewendet, um das Ziel der jeweiligen Phase zu erreichen.

Zu Beginn steht eine Design-Challenge („Wie können wir die Produkterfahrung aus Sicht unserer Nutzer:innen verbessern?"). Die zugrunde liegenden Probleme beziehungsweise die nicht erfüllten Bedürfnisse müssen jedoch zunächst beobachtet und verstanden werden. Erst dann taucht das Team in die Ideenentwicklung ein, die in anfass- beziehungsweise erlebbare Prototypen mündet, die dann von Nutzer:innen getestet und auf Basis des Feedbacks neu gedacht, iterativ weiterentwickelt oder wieder verworfen werden. Es empfiehlt sich, je nach Herausforderung ein bis zwei Tage Durchführungszeit einzuplanen, Material zum Bau von Prototypen zur Verfügung zu stellen und sich im Vorfeld Gedanken zu machen, wie das Team Einsichten potenzieller Nutzer:innen generieren und entwickelte Prototypen testen kann. Das erfordert ein wenig Erfahrung, insofern empfiehlt es sich, den Workshop gemeinsam mit einem Profi vorzubereiten und durchzuführen.

Lego® Serious Play®

Lego für Erwachsene und das auch noch im Beruf? Klingt für einige vielleicht absurd, kann aber sehr gut funktionieren. Bei dieser Kreativmethode lösen die Teilnehmer:innen die Design-Challenge, indem sie ihre Ideen in Form dreidimensionaler *Lego*-Modelle nachbauen, für die spezielle Sets entwickelt wurden.[18] Der Workshop ist so gestaltet, dass auch hier zunächst die Fragestellung beziehungsweise Aufgabe (Design-Challenge) geteilt wird und jede:r Teilnehmer:in im Anschluss Ideen entwickelt und mit den *Lego*-Steinen in ein erstes Modell verwandelt. Die entstandenen Modelle werden im Anschluss allen vorgestellt, einschließlich der Ideen und Gedanken, die dazu geführt haben. Fragen sind erlaubt, Kritik am Modell nicht. In einer nächsten Iteration können die Einzelmodelle zu einem gemeinsamen Modell zusammengeführt werden. Das kann je nach Zahl der Teilnehmer:innen stufenweise geschehen, indem sich zum Beispiel zunächst Zweiergruppen bilden, die ein Gemeinschaftsmodell bauen. Diese schließen sich dann mit einer anderen Zweiergruppe zu einer Vierergruppe zusammen und so weiter. Die Art und Weise der Lösungsfindung versetzt die Teilnehmer:innen in einen kreativen Flow-Zustand, sorgt dafür, dass sich alle beteiligen, macht Spaß und fällt den meisten leicht. Durch die Arbeit mit den Händen werden außerdem besonders viele Hirnregionen aktiviert. Kein Wunder also, dass dabei häufig überraschende Einsichten und Ideen entwickelt werden.

Lego® Serious Play® kann beispielsweise im Rahmen von Visions- und Strategieprozessen, Produktentwicklung, Projekt-Kick-offs, Retrospektiven, zum Teambuilding oder zur Entwicklung von Problemlösungen eingesetzt werden – übrigens auch in virtuellen oder hybriden Workshops. Die Methode lässt sich auch in den Design-Thinking-Prozess einbetten. Ähnlich wie beim Design Thinking sollte hierfür mindestens ein Tag vorgesehen werden sowie eine professionelle Begleitung des Prozesses.

Kurze Design-Sprints

Stehen nur ein oder zwei Stunden zur Verfügung, kann statt des klassischen Brainstormings auch ein kurzer Design-Sprint durchgeführt werden. Nachdem die Aufgabe vorgestellt worden ist (beispielsweise: „Wie sieht ein Bürokonzept der Zukunft aus, in dem unsere Teams produktiv und erfüllt arbeiten?"), bilden sich Zweiergruppen, die sich gegenseitig anhand eines kurzen Leitfadens interviewen. Die bewusst offen gehaltenen Fragen können zum Beispiel sein:[19]

- Was bedeutet dein Büro für dich?
- Was ist dir daran wichtig? Warum?
- Was war deine beste Erfahrung im Zusammenhang mit einem Büro? Warum?
- Was war deine schlechteste Erfahrung im Zusammenhang mit einem Büro? Warum?
- Gab es etwas, das dich überrascht hat beim Thema Büro?
- Wie stellst du dir dein Büro der Zukunft im Idealfall vor (ohne Limitierungen)?

Nach den maximal 15-minütigen Interviews werden die wichtigsten Ergebnisse der Teams *kurz* vorgestellt und physisch oder digital auf einem gemeinsamen Board gesammelt. Punkte, die zusammengehören, werden dabei zu Themenfeldern zusammengefasst. Im Anschluss können alle Teilnehmer:innen die für sie wichtigsten drei Themenfelder mit einem Punkt markieren, sodass ein schneller Überblick über die drei bis fünf wichtigsten Themen entsteht. Hierzu formuliert das Team jeweils eine Leitfrage, wie zum Beispiel „Wie können wir dafür sorgen, dass in unseren Büros individuelle Präferenzen für die Zusammenarbeit berücksichtigt werden?". Diese bildet dann den Ausgangspunkt für die weitere Ideenentwicklung, die am effizientesten in Untergruppen funktioniert, denen sich die Teilnehmer:innen je nach Interessenlage anschließen. Das Vorgehen ermöglicht im Vergleich zum klassischen Brainstorming ein tieferes Eintauchen der Teilnehmer:innen in eine Fragestellung, um daraus systematisch die relevantesten Themen und Fragen abzuleiten. Die weitere Ausarbeitung kann dann im Meeting selbst erfolgen, als Vorarbeit bis zum nächsten Meeting, oder sie kann Gegenstand eines weiteren Termins sein.

Disney-Strategie

Die von Robert B. Dilts entwickelte Disney-Strategie ist ein Format, bei dem die Teilnehmer:innen nacheinander unterschiedliche Perspektiven einnehmen, um eine Idee oder Problemlösung zu entwickeln.[20] Sie durchlaufen die Perspektive Träumer:in, Realist:in und Kritiker:in. In der Phase Träumer:in dürfen alle Teilnehmenden komplett frei denken und auch wilde Ideen entwickeln. Sie träumen groß und entwickeln Idealvorstellungen zur Lösung der Design-Challenge. Im Anschluss wechselt das Team zur Perspektive Realist:in, um einen Umsetzungsplan für die Ideen aus der ersten Phase zu finden. Das Team befasst sich insbesondere mit den Fragen, wie es funktionieren könnte, was gebraucht wird und worauf zu achten ist. Danach wechselt es zur Perspektive Kritiker:in. Jetzt wird zwar nicht der Idee selbst, aber der entwickelten Umsetzungsstrategie auf den Zahn gefühlt. Was wurde vergessen, welche Risiken gibt es und welche Schwächen hat der Plan noch? Dabei wird meistens nicht nur eine Runde zur Ideenentwicklung durchlaufen. In der nächsten Runde wird die Idee weiterentwickelt und erneut aus allen drei Perspektiven betrachtet. Die Methode ist sehr simpel, aber auch effektiv. Das Nacheinanderdurchspielen der drei Perspektiven, anstatt sie zu vermischen, trägt dazu bei, weder zu früh zu bewerten, zu kritisieren oder an die Umsetzung zu denken, noch die realistische oder kritische Perspektive zu unterdrücken. Ein weiterer Vorteil liegt in ihrer einfachen Umsetzbarkeit, ohne dass es zwingend externer Unterstützung bedarf.[21]

MEETINGS MIT VIELEN TEILNEHMER:INNEN

„Wir können nur gemeinsam weise sein."

Margaret J. Wheatley, Autorin

Tim Mois, Gründer und Geschäftsführer des Telekommunikationsanbieters *sipgate*, beschreibt im Podcast eine Routine, mit der sich das Unternehmen schon zahlreiche Meetings und Abstimmungen gespart hat, den Open Friday.[22] Alle zwei Wochen haben die Mitarbeiter:innen einen Tag lang die Möglichkeit, an unterschiedlichen Themen jenseits des Tagesgeschäfts zu arbeiten. Die Themenwahl ist frei und interessenbasiert. Wichtig ist, dass hier intensiv am Thema gearbeitet wird, um mit einem konkreten Ergebnis aus dem Tag zu gehen. Open Spaces eignen sich dabei als Format zur Ideengenerierung und Beteiligung großer Gruppen. Sie können regelmäßig stattfinden und sehr offen gehalten sein oder auch unregelmäßig zu konkreten Fragestellungen durchgeführt werden.

Auch das Format World Café eignet sich gut, um gemeinsam mit vielen Menschen zusammenzuarbeiten. Alle tauschen sich in einer simulierten Kaffeehausatmosphäre in wechselnden Gruppenkonstellationen über mehrere Runden aus. An jedem Tisch wird eine (andere) Fragestellung oder ein Thema diskutiert. Gedanken, Ideen und Skizzen werden am Tisch festgehalten. Nach jeder Runde, die zwischen 15 und 30 Minuten dauert, wechseln die Teilnehmer:innen den Tisch und damit auch die Fragestellung. Das Format wird oft in Veränderungsprozessen genutzt, um möglichst viele Menschen einzubeziehen und unterschiedliche Perspektiven kennenzulernen und zu verstehen. Im Unterschied zum Open Space sind bei einem World Café Fragestellungen vordefiniert und werden nicht erst vor Ort generiert.

Das Format Appreciative Inquiry stellt die Stärken der Organisation und ihrer Teams in den Mittelpunkt, um beispielsweise Mut und Motivation für anstehende Veränderungsprozesse zu schaffen. Während des Formats durchlaufen alle Teilnehmer:innen in Kleingruppen parallel vier unterschiedliche Phasen – von „Discovery“ über „Dream” zu „Design” und „Delivery” – und halten ihre Erkenntnisse fest.

Die wichtigsten Erkenntnisse dieser Phasen werden im Anschluss geteilt und die Ausarbeitungen den einzelnen Gruppen zur Verfügung gestellt. Appreciative Inquiry hat nicht zum Ziel, viele neue Ideen zu generieren. Vielmehr geht es um ein Bewusstwerden der eigenen Stärken, um die Entwicklung eines auf den eigenen Bereich bezogenen Zielbilds und darum, wie der eigene Beitrag aussehen kann.

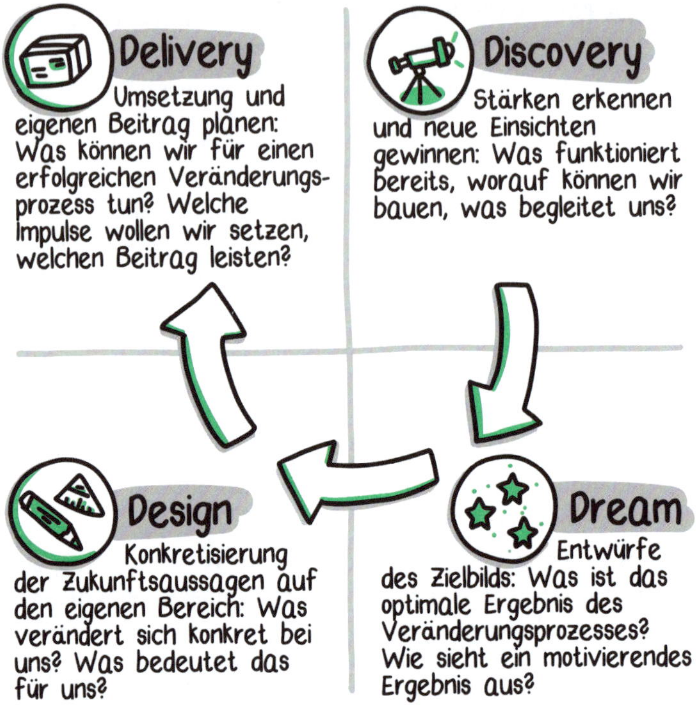

Vier Phasen der Appreciative Inquiry

Das sind nur Beispiele für einige Formate, die sich in großen Gruppen durchführen lassen. Die Wahl des Formats hängt vom jeweiligen Kontext ab. Es gibt jedoch einige grundsätzliche Erfolgsfaktoren für Veranstaltungen dieser Art:

- **Paralleles Arbeiten:** Frontale Informationsvermittlung kann hier und da sinnvoll sein, trägt aber nicht dazu bei, dass alle Beteiligten mitdenken und mitarbeiten. Durch die parallele Arbeit in kleinen Gruppen zu unterschiedlichen Fragestellungen wird sehr viel Input generiert und allen die Gelegenheit gegeben, sich einzubringen. Es empfiehlt sich, dies offen in einem großen Raum zu gestalten, damit die Teilnehmer:innen mitbekommen, was passiert und bei Bedarf auch Gruppe und Fragestellung wechseln können.
- **Offenheit:** Das betrifft die Teilnehmenden ebenso wie die Initiatoren. Beteiligung ist nur dann sinnvoll, wenn die Möglichkeit zur Einflussnahme gegeben ist.
- **Integration:** Großgruppenformate sind dafür da, dass Menschen zusammenarbeiten, die es sonst nicht tun, sodass neue Konstellationen entstehen. Ein wichtiger Erfolgsfaktor dafür ist die Integration der Beteiligten in die Vorbereitung, um sicherzustellen, dass Format, Fragestellungen und Vorgehensweisen zu den Teilnehmenden passen sowie Bedenken und potenzielle Fallstricke berücksichtigt werden. Darüber hinaus sollten die Teilnehmenden selbst möglichst interdisziplinär und divers sein.

WEITERE BEST PRACTICES FÜR MEETINGS

„Die Gestaltung eines Meetings ist wie die Gestaltung einer Beziehung."

John Nawn, Meeting-Designer

Manchmal helfen schon kleine Veränderungen, um Meetings effizienter zu gestalten. Wir haben hier einige zusammengetragen, die sich sowohl in physischen als auch virtuellen und hybriden Meetings nutzen lassen.

Meetingdauer

Ein Meeting, das für 90 Minuten angesetzt ist, dauert auch so lange. Hätte man es für eine Stunde angesetzt, wäre man nach dieser Stunde sehr wahrscheinlich auch fertig geworden. Da die meisten von uns viel zu viel Zeit in Terminen verbringen, empfehlen wir, die Dauer von Meetings konsequent zu hinterfragen und am besten *sofort* um mindestens ein Drittel zu kürzen. Die Kürzung macht sich meist nicht im Ergebnis bemerkbar und kann durch Struktur, Vorbereitung und kürzere Redezeiten kompensiert werden. Bei *Springer & Jacoby* war es beispielsweise üblich, dass sich die Tür zum Meetingraum schloss, wenn der offizielle Startpunkt war. Zu spät kommende Kolleg:innen durften nicht mehr teilnehmen. Klingt hart? Funktioniert aber. Bei *Jung von Matt* haben sich Konferenzen mit Stehtischen bewährt. Die durchschnittliche Meetingdauer wurde dadurch deutlich reduziert.

Timeboxing

Was für ein komplettes Meeting sinnvoll ist, kann auch für die einzelnen Phasen oder Themen innerhalb des Meetings sinnvoll sein. Wenn wir uns vorher darauf festlegen, wie viel Zeit wir in ein Thema investieren wollen, sorgt dies für Fokus und verhindert ausschweifende Beiträge. Besonders hilfreich ist es, wenn die verbleibende Zeit für alle Beteiligten sichtbar ist, indem zum Beispiel ein sichtbarer Timer abläuft.

Moderation

Moderierte Meetings laufen schneller und effizienter ab. Dafür ist keine umfassende Moderationserfahrung notwendig und die Rolle des Moderators kann rotieren. Die Aufgaben der Moderation sind:

- auf die Einhaltung der Meetingstruktur achten
- Fokus herstellen und immer wieder refokussieren
- auf die Zeit achten
- darauf schauen, dass Diskussionen nicht abschweifen
- nächste Schritte klären und dafür sorgen, dass diese festgehalten werden

Jede:r schreibt

Neigen das Team oder einzelne Teilnehmer:innen zu Diskussionen, langen Redebeiträgen oder zur Wiederholung von bereits Gesagtem? Dann ist das Sammeln von Ideen und Meinungen mittels Klebezetteln und Markern ein wirksames Gegenmittel. In digitalen Meetings können hierfür digitale Boards eingesetzt werden, auf denen alle gleichzeitig schreiben können. Neben der Tatsache, dass Punkte zunächst gesammelt werden, ohne dass gleich diskutiert wird, hat das parallele Aufschreiben auch den Vorteil, dass alle Teilnehmer:innen etwas beitragen, Ideen und Beiträge sichtbar werden und damit auch länger präsent bleiben und parallel gearbeitet werden kann, was zusätzlich Zeit spart.

Schnelles Feedback

Es gibt Situationen, in denen ein schneller Überblick über die Meinungen der Teilnehmenden hilfreich ist. Ein mündlich eingeholtes Meinungsbild kann allerdings schnell in Diskussionen oder Monologen ausufern und damit zu lange dauern. Umfragetools wie *Mentimeter* oder *Poll Everywhere* ermöglichen es, die Meinung aller Teilnehmenden schnell einzuholen – zum Beispiel durch Abstimmungen, Reihenfolgen oder Freitextabfragen. Auch bieten die meisten Videokonferenzanbieter einfache Umfragefunktionen an, die in virtuellen Meetings zur Verfügung stehen – und notfalls tut es auch der Chat.

Check-in und Check-out

Check-in und Check-out sind sehr einfache und wirkungsvolle Methoden, um ein Meeting zu eröffnen und zu schließen. Durch den Check-in kommen die Teilnehmer:innen im Meeting an und können Informationen teilen, die für das Meeting eine Rolle spielen, wie Erwartungen, persönliche Verfassung oder Stresslevel. Das hilft, Reaktionen und Kommunikation untereinander besser einschätzen zu können. Der Check-in kann völlig frei oder auch anhand von Leitfragen gestaltet werden, wie zum Beispiel:

- Meine Stimmung heute …
- Was beschäftigt mich gerade?
- Was sind meine Erwartungen an das Meeting oder den Workshop?
- One Word Opening: Was ist das eine Gefühl, mit dem ich ins Meeting gehe?

Auch für virtuelle Teams ist dies eine gute Methode, um im Meeting anzukommen und sich gemeinsam zu fokussieren. Ein weiterer positiver Nebeneffekt: Jede:r hat bereits etwas gesagt. Je früher Menschen im Meeting zu Wort kommen, desto wahrscheinlicher ist die weitere Beteiligung.

Der Check-out läuft nach demselben Muster ab und schließt das Meeting formal und mental ab. Er eignet sich auch, um Feedback einzuholen. Einige Beispiele für Leitfragen:

- Wie gehe ich heute aus dem Meeting?
- Wie war das Meeting für mich?

- Das hat mir heute besonders gut gefallen …
- One Word Closing: Was ist das eine Gefühl, mit dem ich aus dem Meeting gehe?

Weitere Inspiration finden Sie in digitalen Check-in-/Check-out-Generatoren.[23] Wenn Sie wenig Zeit haben oder sich größere Gruppen treffen, dann können Sie durch einen Zusatz wie „In einem Satz …", „Drei Dinge, die …" oder „Mit einem Wort …" dafür sorgen, dass die Check-in- und Check-out-Beiträge zeitlich im Rahmen bleiben.

Einlesezeit

Es ist nicht ungewöhnlich, dass die Vorbereitung eines Meetings meist unter den Tisch fällt, weil zu viele andere Themen wichtig sind. Bei *Amazon* starten Meetings daher häufig mit einer Lesezeit, in der alle relevanten Informationen gelesen werden, wie Gesine Haag, die damals Marketingdirektorin bei *Amazon* war, und ihr Mann Gerry, der dort die Position des General Manager Marketplace innehatte, im Podcast berichten.[24] Neue Ideen oder Themen werden in Form des im Kapitel „Kommunikation" bereits erwähnten Sechsseiters präsentiert, eines Dokuments, das im Unternehmen weitestgehend die üblichen *PowerPoint*-Schlachten ersetzt hat. Der Sechsseiter erklärt die Idee beziehungsweise das Thema und warum es wichtig ist, beschreibt den Zielzustand einschließlich messbarer Erfolgskriterien, beleuchtet den Ist-Zustand, belegt mit Zahlen, Daten und Fakten, und beschreibt dann den Plan, um den Zielzustand zu erreichen. Stichpunkte sind dabei allerdings verboten. Jede:r Autor:in muss den Inhalt in Form eines Narrativs, also einer Erzählung, aufbereiten. In den ersten 30 Minuten lesen alle gemeinsam das Dokument (sie wissen übrigens in der Regel nicht, von wem es stammt), erst danach beginnt das eigentliche Meeting. Meetings, um ausschließlich Informationen zu teilen, gibt es nicht; dafür braucht es kein Meeting, sondern nur die schriftliche Information. „Es gab nie etwas, das nur geschildert wurde. Es ging immer darum, was du aus dieser Information, die du da bekommen hast, ziehst", erinnert sich Gesine Haag. Alexander Sixt, Vorstandsmitglied und Co-CEO der *SIXT SE*, geht in seinem Unternehmen ähnlich vor. Im Podcast erzählt er uns, dass er von allen, die mit ihm einen Termin möchten, zuvor einen Einseiter einfordert, der (ebenfalls in Prosa und ohne Bulletpoints) beschreibt, was der Sinn und Zweck und die Inhalte des Meetings sein sollen.[25]

Nächste Schritte

Oft drehen sich Themen im Kreis, weil nicht klar ist, was damit zu tun ist. Teams, die sich angewöhnt haben, sich zu fragen „Was ist die eine Sache, die uns in Bezug auf dieses Thema konkret weiterbringt?", und konkrete nächste Schritte festhalten, kommen bedeutend schneller durch ihre Punkte, ihr Meeting und vor allem auch inhaltlich voran. Idealerweise arbeitet das Team mit einem Aufgabenboard, in dem festgehalten wird, was genau von wem bis wann zu tun ist. Schaffen Sie außerdem Klarheit darüber, wie diese Punkte nachgehalten werden sollen. Das kann zum Beispiel außerhalb des Meetings vom Meeting-Owner übernommen werden oder im Rahmen des nächsten Meetings.

ENTSCHEIDUNGSFINDUNG IN MEETINGS

„Der Großteil der Meetings sollte aus Diskussionen bestehen, die zu Entscheidungen führen."

Patrick Lencioni, Autor und Berater

Ein Symptom ineffizienter Meetings ist, dass zwar über Entscheidungsbedarfe gesprochen wird, aber keine Entscheidungen getroffen werden. Das liegt oft an bestehenden Unschärfen, wie zum Beispiel an den Fragen, was genau entschieden, wer entscheiden und wie entschieden werden soll. Es gibt unterschiedliche Wege, um die Entscheidungsfähigkeit in Meetings zu verbessern. So sollten Entscheidungsbedarfe vor dem Meeting danach gefiltert werden, ob sie überhaupt in das Meeting gehören. Sofern die Entscheidung nicht von allen Beteiligten des Meetings zu treffen ist, gehört sie nicht ins Meeting.

Wenn eine Entscheidung in einem Meeting getroffen werden soll, sollten alle vorab darüber informiert und existierende Vorschläge geteilt werden. Es ist auch sinnvoll, vorher zu klären, wie die Entscheidung getroffen werden soll. Wenn unterschiedliche Vorschläge oder Alternativen zur Auswahl stehen, ist das Anstreben einer einhelligen Meinung (also des Konsens) nicht immer die beste Lösung. Meist ergibt sich nach langer Diskussion eine Kompromisslösung, die niemanden richtig glücklich macht, aber der Debatte endlich ein Ende setzen soll. Eine Alternative ist der Mehrheitsentscheid, also eine simple Entscheidung für den Vorschlag, dem die meisten zustimmen. Alternativ ist auch eine Widerstandsabfrage möglich. Hier wird der Vorschlag gewählt, der den geringsten Widerstand auslöst. Dies führt in der Regel schneller zu einer Entscheidung als die Abfrage nach Zustimmung. Dazu werden ähnlich wie beim Mehrheitsentscheid die unterschiedlichen Vorschläge der Teilnehmer:innen gesammelt. Jede:r bewertet den eigenen Widerstand gegen jede Alternative auf einer Skala von zum Beispiel null (kein Widerstand) bis fünf (maximaler Widerstand). Pro Alternative werden Summen gebildet und der Vorschlag mit dem geringsten Widerstandswert wird gewählt.

Im Kapitel „Organisation" beschreiben wir außerdem den Konsent-Entscheid, bei dem es in der Regel nur einen Vorschlag gibt. Dieser wird vorgestellt, Verständnisfragen werden geklärt und Meinungen geteilt; es können allerdings nur schwerwiegende Einwände den Vorschlag verhindern. Voraussetzung hierfür ist, dass das Unternehmen durch den Vorschlag kein hohes Risiko eingeht oder der Unternehmenszweck hierdurch nicht gefährdet wird. Die Schlüsselfrage lautet daher: „Ist der Vorschlag sicher genug, um ihn auszuprobieren (in dem Wissen, dass wir ihn jederzeit auch wieder revidieren können)?" Das Arbeiten mit den Konsent-Entscheidungen ist sehr effektiv und sorgt für schnelle Entscheidungen, erfordert allerdings Übung, sowohl in der verantwortungsvollen Anwendung (denn die meisten Vorschläge werden akzeptiert) als auch in der Durchführung und dem Umgang mit sich daraus ergebenden Spannungen.

WENIGER MEETINGS, MEHR ASYNCHRONES ARBEITEN

„Meetings sind ein Symptom für schlechte Organisation. Je weniger Meetings, desto besser."

Peter F. Drucker, Ökonom und Autor

Meetingeffizienz ist das eine, aber wie viele Meetings braucht New Work überhaupt? Sind Meetings das alte Muster, in das wir aus Gewohnheit immer wieder fallen? Die *Deutsche Telekom AG* hat sich auf die Fahne geschrieben, asynchrones Arbeiten voranzutreiben und damit sowohl Meetings zu reduzieren als auch neue Arbeitsmodelle zu ermöglichen.

In seinen „Tipps für asynchrones Arbeiten" ruft das Unternehmen alle Mitarbeiter:innen dazu auf, stärker asynchron zu agieren:

- Jede:r, der:die plant, ein Meeting anzusetzen, soll sich vorher fragen, ob es dies wirklich braucht oder ob das Thema auch asynchron wie zum Beispiel per Chat bearbeitet werden kann.
- Ist ein Meeting erforderlich, sollen nur diejenigen eingeladen werden, die wirklich teilnehmen müssen. Die Inhalte werden auf die Themen begrenzt, die nicht im Vorfeld vorbereitet oder im Nachhinein erledigt werden können.
- Meetings, in denen Informationen wie Status-Updates oder Berichte aus anderen Meetings ausgetauscht werden, sollen durch schriftliche Informationen ersetzt werden.
- Vor der Annahme eines Termins ist jede:r Eingeladene dazu angehalten, sich zu fragen, ob er:sie überhaupt etwas beitragen kann.
- Ist der Inhalt des Meetings unklar, ist diese Frage ebenfalls zu klären, bevor die Einladung angenommen wird.
- Absagen, wenn jemand nichts beitragen kann, und das freundliche Nachhaken, ob sich das Thema nicht ohne Meeting klären lässt, sind ausdrücklich erwünscht.

Projektteams rät das Unternehmen ebenfalls, verstärkt auf asynchrones Arbeiten zu setzen, indem in geteilten Dokumenten oder auf virtuellen Boards gearbeitet wird und Statusmeetings durch die Nutzung von Kanban-Boards reduziert werden, mittels derer jede:r schnell überblicken kann, wie der Erledigungsstand bei einzelnen Aufgaben ist. Auch konzeptionelle Workshops, die früher mit drei Stunden angesetzt worden wären, sollen künftig anders geplant werden, zum Beispiel mit einem kurzes Auftaktmeeting (30 Minuten), um ein gemeinsames Verständnis von Thema und Aufgabenstellung zu schaffen. Im Anschluss wird asynchron am Thema gearbeitet. Die Ergebnisse werden in einem zweiten kurzen Meeting zusammengetragen und die weitere Vorgehensweise abgestimmt.[26]

Natürlich wird es weiterhin Anlässe für Meetings und direkte Abstimmung geben. Es muss nur nicht mehr der Standard sein. Das erlaubt uns nämlich, Arbeit freier zu organisieren und besser in Einklang mit unseren Präferenzen und unserer Energiekurve zu bringen. Ein gutes Selbstmanagement ist hierbei wichtig, denn das Ganze funktioniert nur, wenn wir es schaffen, auch ohne den Druck von Meetings am Ball zu bleiben und Arbeit effizient zu organisieren und zu erledigen.

ON THE WAY TO NEW WORK

„Meetings bei der Arbeit bieten großartige Gelegenheiten, Ihr Talent zu zeigen. Lassen Sie sie nicht ungenutzt verstreichen."

Abhishek Ratna, Autor

Remote-Arbeit und der Anstieg von Teamarbeit haben dazu geführt, dass wir noch nie so viele Meetings wie heute hatten. Unsere Meetingpraktiken haben sich allerdings kaum verändert, außer dass vieles jetzt digital stattfindet und dadurch oft noch anstrengender geworden ist. In diesem Kapitel ging es deshalb darum, bessere Meetings zu gestalten, die weniger Zeit beanspruchen und Raum für freies Arbeiten ermöglichen:

- Die klare Unterscheidung zwischen täglicher Synchronisation, operativen Themen, Steuerungsthemen, strategischen Fragen, normalen Arbeitsmeetings und Meetings zur Verbesserung der Zusammenarbeit sorgt für Klarheit und Fokus.
- Meetingstrukturen wie das Taktische Meeting oder Tools wie die Flow-Agenda geben den Teilnehmer:innen einen klaren Rahmen und erhöhen die Konzentration.
- Digitale Meetings ohne Pausen rufen Stress und kognitive Überlastung hervor. Wir müssen Raum für Pausen schaffen, für Beteiligung und Abwechslung sorgen und brauchen neue Lösungen für informellen Austausch.
- Hybride Meetings gehören immer mehr zum Alltag. Sie brauchen ein passendes Design, strukturierte Moderation sowie technische Vorbereitung, um alle Teilnehmer:innen angemessen zu integrieren.
- Es gibt unterschiedliche Formate, um mit vielen Menschen produktiv zusammenzuarbeiten und die kollektive Intelligenz großer Teams zu nutzen. Unabhängig vom gewählten Format sind paralleles Arbeiten, Offenheit und Integration wichtige Erfolgsvoraussetzungen.
- Auch kleine Veränderungen wie Timeboxing, Check-in und Check-out oder Moderation können Meetings besser machen.
- Wir sollten die Chancen, die durch Remote-Arbeit entstanden sind, nicht durch ein Übermaß an Meetings zunichtemachen. Neues Arbeiten muss verstärkt auch asynchrones Arbeiten ermöglichen und Menschen wieder mehr Freiheit zur eigenen Tagesgestaltung und für konzentriertes Arbeiten zurückgeben.

Das Thema Räume ist bereits in Teilen angeklungen. Unsere Arbeits- und Meeting-Umgebung hat einen erheblichen Einfluss auf das Gelingen von Zusammenarbeit.

15/ RÄUME

„Wir formen unsere Gebäude. Und danach formen unsere Gebäude uns."

Winston Churchill, ehemaliger Premierminister von Großbritannien

Der Mensch ist ein soziales Wesen. Die Fähigkeit für einen guten Umgang miteinander, der persönliche soziale Kontakt und Kooperation prägen uns als Spezies. Studien zeigen, dass häufige persönliche Interaktionen zu mehr Engagement, Unterstützung und Zusammenarbeit zwischen Menschen in Teams führen.[1] In vielen Projekten, die unter dem Titel „New Work" ablaufen, spielt daher der Raum eine entscheidende Rolle. Allerdings geht es oft um die reine Raumgestaltung. Dabei sind ein schönes Design oder mehr Grün auf den Büroflächen nicht entscheidend. Vielmehr gilt es, den Raum so zu verstehen und zu nutzen, dass wir uns sicher fühlen und in die Lage versetzt werden, unsere Arbeit neu zu denken und zu gestalten. Raum ist ein Kommunikationswerkzeug, aber statt zu fragen „Wie sollte das Büro aussehen?" oder „Welche Möbel sollten für agiles Arbeiten zum Einsatz kommen?", sollten wir uns mehr darauf konzentrieren, zunächst die Frage zu beantworten, wie wir miteinander arbeiten wollen.

WAS DIE VERGANGENHEIT DES BÜROS FÜR DIE ZUKUNFT DER ARBEIT BEDEUTEN KANN

„Das Büro ist das Steuerungselement für nahezu alle Prozesse, die die Welt verändern."

Jan Teunen, Produzent von kulturellem Kapital

Schreiben, lesen, lernen, besprechen, verwalten – das Büro war schon immer ein Ort für Wissensarbeit. Wie es gestaltet und wo es angesiedelt ist, hat sich jedoch über die Jahre maßgeblich verändert. So waren beispielsweise in der Blütezeit Amsterdams im 17. Jahrhundert die Büros Teil der herrschaftlichen Familienhäuser an den Grachten. Es gab einen Bereich für Geschäfte, wohingegen die Familie in den oberen Stockwerken wohnte. In London, das zur selben Zeit als größte Stadt der Welt galt, gab es bereits zahlreiche junge Finanzinstitute, die sich entlang der Lombard Street ansiedelten. Geschäfte, die vorher in den Pubs abgewickelt wurden, wurden nun in die Büros der Banken verlagert.[2] Diese Entwicklung machte das Büro im Vergleich zum privaten Heim erstmalig zu einem rein zweckorientierten Ort. Das moderne Großraumbüro, wie wir es heute kennen, kam Anfang des 20. Jahrhunderts auf, als in den USA Arbeitseffizienz und Optimierung von Abläufen in den Mittelpunkt rückten.[3] In diesem Kapitel ist es uns kaum möglich, die spannende Geschichte des Büros in allen Facetten zu beleuchten. Wir wollen uns aber die Frage stellen, wie alles begann, um daraus abzuleiten, was wir aus der ursprünglichen Idee des Büros für die Neugestaltung der Arbeit und unserer Büros lernen können.

Einer unserer Gäste, der einen Einblick in die Geschichte des Büros geben konnte, war Jan Teunen, der sich selbst als „Cultural Capital Producer“ (Produzent von kulturellem Kapital) bezeichnet. Er nennt es die „Raum-Demenz der Entscheider“, die dazu geführt hat, dass wir vergessen haben, welcher Geschichte das Büro entsprungen ist. Sie begann mit einem Mönch, der im Hochmittelalter lebte und der es leid war, ständig seine Pergamentrollen von Raum zu Raum zu tragen, um seiner Arbeit nachgehen zu können. Er wollte ein Möbelstück bauen, das ihm das Lesen an einem festen Ort ermöglichte. Da die ersten Versuche misslangen, ging er mit einem Ordensbruder zu seinem Abt, um mehr Holzplatten zu holen. Das waren in diesem Fall unbehandelte Bretter, die sie zu einem Tisch in Schreibhöhe zusammennagelten. Der Mönch, dem jedoch seine Pergamente sehr lieb und kostbar waren, schaute auf das ungehobelte Holz und ahnte, dass es nicht gut ausgehen würde. So nahm er der Legende nach einen Teil seiner Kutte, die Bura, und legte sie auf das Holz, um so das Kostbare zu schützen. So entstand der Begriff Büro.[4]

Blicken wir heute auf die modernen Büros, dominieren in vielen Arbeitswelten Großraumbüros oder Cubicle-Landschaften mit Stellwänden, die nicht nur bei Arbeitnehmer:innen unbeliebt sind, sondern auch die Zusammenarbeit nachweislich stören und signifikante Produktivitätsverluste verursachen.[5] Eine dänische Studie aus dem Jahr 2011 zeigte beispielsweise, dass große offene Flächen ohne eingängiges Konzept dahinter bei den Arbeitnehmer:innen physische Stressreaktionen mit Langzeitfolgen auslösen und zu über 60 Prozent mehr Krankheitstagen führen.[6] Wir müssen deshalb umdenken, wenn wir das Büro wieder als Werkzeug für Arbeit begreifen wollen: als einen Ort für moderne Zusammenarbeit, zu der gute zwischenmenschliche Kommunikation und Raum für kreative Prozesse zählen. Die ursprüngliche Intention der Mönche war es, den kostbaren Teil ihrer Arbeit zu schützen. Das Kostbare in Bezug auf die Arbeit sind heute wie damals der Mensch und seine Bedürfnisse. Wie kann das, was wir „wirklich, wirklich wollen“, mit den gegenwärtigen Anforderungen an unsere Arbeit verbunden werden und welche Rolle spielt dabei der uns umgebende Raum? Wie können Wohlbefinden und Produktivität in einem Konzept vereint werden, sodass niemand in wenig inspirierenden und unproduktiven Umfeldern arbeiten muss?

MEHR ALS EIN RAUM ZUM ARBEITEN – DIE ROLLE DES BÜROS IM NEW-WORK-KONTEXT

„Die alte Architektur der Arbeit war eine Architektur der Kontrolle."

Raphael Gielgen, Trendscout Future of Work, *Vitra*

Die Rolle der Büros beziehungsweise des Arbeitsraums hat sich in den letzten Jahren dramatisch verändert. Bestimmte Berufsgruppen hatten während der Corona-Pandemie die Chance oder Bürde, zu Hause zu arbeiten. Homeoffice oder Remote-Arbeit ergänzten die bisher genutzten Arbeitsmodelle oder ersetzten sie temporär sogar vollständig. Dennoch wurde der größte Teil der Arbeit aller Wissensarbeiter:innen bisher im Büro verrichtet und viele Unternehmen möchten die Menschen nach der Pandemie auch wieder dorthin zurückbringen. Wir hatten die Chance, viele unserer Podcast-Gäste in ihrer Arbeitsumgebung zu treffen. Die Nähe und die Vertraulichkeit, die vor Ort entstehen, sind über die Distanz nicht zu erzeugen. Der Raum sagt uns etwas über unsere Gäste. Gleichzeitig fällt es im persönlichen Gespräch viel leichter, Emotionen unseres Gegenübers zu erspüren und darauf zu reagieren, als in einer Videokonferenz. Der Psychiater Edward Hallowell beschreibt dies als „human moment" – einen menschlichen Moment, der direkte Interaktion, Empathie und emotionale Verbindung fördert.[7] Im digitalen Gespräch dagegen benötigen wir sehr viel mehr Konzentration und Energie, um die Emotionen und Reaktionen über ein Videobild zu interpretieren.[8]

Es braucht ein klares Bewusstsein derjenigen, die New Work ernsthaft vorantreiben und die Arbeitswelt wieder mehr auf den Menschen ausrichten wollen, damit der Raum mehr ist als ein Ort für die Arbeit. Dabei muss es nicht immer gleich der große Wurf sein. Häufig sind es die Kleinigkeiten, die uns die Augen öffnen. So wurden wir bei dem Rasierklingen- und Männerpflege-Start-up *Harry's* von Rachel Peck durch die Räume der New Yorker Büros geführt. Rachel, die heute Director of Learning and Development bei *Harry's* ist, war damals unter anderem auch für die Raumplanung verantwortlich und – viel wichtiger – für die Art, wie die Räume genutzt werden sollten. Sie erzählte uns, wie sie und ihr Team viel Zeit damit verbrachten, die Zusammenarbeit zwischen den Menschen im Unternehmen zu beobachten. So ist zum Beispiel das „Meeting after the Meeting"-Konzept entstanden, welches wir auch im vorhergehenden Kapitel erwähnt haben. Direkt vor jedem Meetingraum steht eine Sitzgelegenheit für meistens zwei Personen. Dem Team war aufgefallen, dass im Anschluss an ein Meeting immer einige der Teilnehmenden die Unterhaltung in kleineren Gruppen fortsetzten. Diese Gespräche waren nicht nur inhaltlich wichtig, sondern auch der soziale Kit für die starke Kultur von *Harry's*.[9] Bob Greenberg ist Gründer und Chairman der Designagentur *R/GA* mit über 2.000 Mitarbeiter:innen. Er ist einer der Pioniere der Werbe- und Kommunikationsbranche. Die Agentur ist dafür bekannt, sich alle neun Jahre komplett neu zu erfinden.[10] In New York war seine Agentur über sieben Standorte verteilt – bis zur Planung eines neuen Büros. Den gesamten Design- und Bauprozess des neuen Hauptsitzes ließ Greenberg von Filmemacher Gary Hustwit begleiten. Besonders spannende Einblicke gibt der entstandene Film in die Erforschung der Schnittmengen zwischen digitalem und physischem Raum. Er zeigt, wie das Büro mit digitalen Tools, der richtigen Beleuchtung sowie dem richtigen Einsatz von Möbeln zu einem besseren Ort für die Zusammenarbeit wird.[11]

DAS BÜRO ALS TOOL

„Die Bürowelt steht vor einem Umbruch wie von der Kutsche zum Automobil."

Michael Schmutzer, Gründer *Design Offices* und *Neue Höfe*

Das persönliche Zusammenkommen im Büro ist eines unserer stärksten synchronen Kommunikationstools. In der Antwort auf die Frage, wie wir in Zukunft zusammenarbeiten und wie wir im Team kommunizieren wollen, darf also der Raum nicht fehlen. Wie zentral diese Frage und die Haltung ist, dass das Büro vor allem ein Kommunikationstool ist, wird an unterschiedlichen Beispielen aus der Bürogeschichte deutlich.

Johnson Wax – Frank Lloyd Wright erfindet das Büro der Neuzeit

Während der Effizienzgedanke des Taylorismus noch die meisten Entwürfe entstehender Großraumbüros beeinflusste, entwarf Frank Lloyd Wright für seinen Kunden Johnson Wax bereits 1939 eine Firmenzentrale, die sich in der Gestaltung deutlich von den bisher üblichen Büros unterschied. In seinem „Open Plan Office" arbeitete er mit sehr hohen Decken und viel Tageslicht. Statt enger Schreibtischreihen entstanden große, freie Flächen, gestaltet in warmen Farben und versehen mit schallabsorbierenden Materialien. Der Bau ist bis heute zeitlos geblieben. Mit seiner organischen Bauweise wollte Wright Kunst, Natur und menschliche Lebensweise enger zusammenbringen und Arbeitsplätze produktiver gestalten, wofür er auch gänzlich neue Möbel entwarf.[12]

Das Quickborner Team – die „German Radicals"

Auch in Deutschland gab es Konzepte, die das Großraumbüro besser machen sollten. So war es in den 1950er-Jahren die Raumplanungsgruppe *Quickborner Team*, die mit dem Konzept der Bürolandschaft (große Flächen für mehr Interaktion bei gleichzeitig ausreichender Privatsphäre) einen völlig neuen Ansatz etablierte. Für das *Quickborner Team* stand schon damals die Humanisierung der Arbeitswelt im Vordergrund. Die Gestaltung der Arbeitsplätze ging daher weit über das Ziehen von Wänden und die Büroeinrichtung hinaus. Am Anfang eines Projekts standen die Bedürfnisse und Wünsche der Belegschaft, die Prozesse und die Entwicklung des Unternehmens. Nach Projekten für namhafte Unternehmen wie *BASF* oder *Bertelsmann* reüssierte das Team auch international und plante zum Beispiel die *Mercedes Benz*-Niederlassung in New York und den Neubau des Washingtoner Arbeitsministeriums. Für Michael war die Suche nach und die anschließende Entwicklung der neuen Firmenzentrale der von ihm mit gegründeten Werbeagentur *thjnk* der Startschuss für seine persönliche New-Work-Reise. Einer der involvierten Partner war die Firma *Combine*, die aus dem Zusammenschluss zweier Unternehmen hervorgegangen war, darunter das *Quickborner Team*.[13]

Herman Miller Research Corporation – die Geburtsstätte der Cubicles

In den USA war es Robert Propst, der für die *Herman Miller Research Corporation* in Ann Arbor das erste Action-Office-Konzept ausgehend von der Idee der Bürolandschaft entwarf, aus dem viel später die sogenannten Cubicles hervorgehen sollten. Diese ersten Konzepte basierten nicht auf der Idee, möglichst viele Menschen auf wenig Raum unterzubringen, sondern auf Studien- und Forschungsarbeiten, die die Kommunikations- und Arbeitsbedürfnisse von Menschen in Büros analysierten. Das „Action Office 1", das unterschiedlichste Nutzungsmöglichkeiten auf kleinem Raum bot, war seiner Zeit so weit voraus und so teuer, dass es selten umgesetzt wurde.[14] Der Erfolg stellte sich mit dem überarbeiteten „Action Office 2" ein, das sich für größere Unternehmen und Flächen eignete. Vor allem war es der Blick auf ausreichend Privatsphäre im großen Raum, der es attraktiv machte. Wie langfristig und modern die Ideen von Robert Propst waren, wird in einem Aufsatz zu einer MoMA-Ausstellung im Jahr 2001 deutlich: Propsts Ziele förderten ein neues Maß an menschlicher Würde und Kontrolle auf individueller Ebene, sahen enorme Veränderungen in der Technologie voraus und unterstrichen schon damals die Bedeutung des Umweltschutzes.[15] Die Ideen wurden an vielen Stellen aufgegriffen und häufig weiterentwickelt. So entstanden auch die Cubicles, die allerdings nicht gemäß der ursprünglichen Idee der in 120-Grad-Winkeln angeordneten Stellwände entworfen wurden, sondern als 90-Grad-Boxen. Ein kleines, aber enorm wichtiges Detail, wenn wir verstehen wollen, woran gute Ideen in der Realität scheitern können. Propst ärgerte sich den Erzählungen nach oft über die schlechte Umsetzung seiner lang erarbeiteten und erforschten Ideen, bei denen die Details und die Konsequenz in der Umsetzung wichtig waren. So wurde beispielsweise das von seinem Team mitgelieferte „Acoustic Handbook", welches eine bessere Raumakustik und stressfreies Arbeiten unterstützen sollte, oft nicht richtig beachtet.[16] In vielen Fällen entstanden Cubicle-Büros mit zu hohen Wänden, unüberschaubaren Korridoren, schlechtem Raumklima und kleinen Kästchen, in denen die Arbeit stattfinden sollte. Die Ursprungsidee ging im Streben nach Effizienz und wirtschaftlichem Druck verloren.[17]

Das Building 20 am Massachusetts Institute of Technology – das beste experimentelle Gebäude aller Zeiten?

Manchmal muss der Zufall helfen, damit gute Dinge das Licht der Welt erblicken. Als während des Zweiten Weltkriegs in Boston am renommierten Massachusetts Institute of Technology (MIT) innerhalb kürzester Zeit das Gebäude mit der Nummer 20 gebaut wurde, ahnte niemand, was daraus einmal werden würde. Doch der Reihe nach: Das Gebäude sollte Wissenschaftler:innen bei der Erforschung von Technologien dienen, die helfen sollten, den Krieg zu beenden. Neben einer Einrichtung in der Wüste von Los Alamos, in der die Atombombe erfunden wurde, war das „Radiation Laboratory" am MIT der zweite prominente Standort in den USA. Zeitweise arbeiteten mehr als 20 Prozent aller Physiker:innen der Vereinigten Staaten im Gebäude 20, neun von ihnen waren Nobelpreisträger.[18] Das dreistöckige Gebäude war als Provisorium gedacht und sollte spätestens sechs Monate nach Kriegsende abgerissen werden. Doch es kam ganz anders. Als der Krieg zu Ende war und das MIT in großer Geschwindigkeit wuchs, entschied sich die Universitätsleitung dazu, es weiter zu nutzen. In der Folge wurde das Gebäude, das ganz offensichtlich Mängel hatte, zu einer Blaupause für innovatives Arbeiten. Wie war das möglich? Auch weil die über 20.000 Quadratmeter große Fläche im Wesentlichen aus sehr kleinen Büros und langen dunklen Gängen bestand, wollte dort freiwillig niemand arbeiten. Es traf nahezu alle Fakultäten, die dorthin ihre Überkapazitäten auslagern mussten. Um den vermeintlichen Standortnachteil auszugleichen, durften die Nutzer:innen das Gebäude nach ihren Bedürfnissen umgestalten. Stewart Brand, der sich in seinem Buch *How Buildings Learn* ausführlich mit dem Gebäude 20 beschäftigt hat, zitiert den ehemaligen MIT-Physiker Albert G. Hill mit den Worten: „Wenn du ein Loch in den Boden bohren willst, um ein wenig mehr Platz zu bekommen, dann tust du das. Du fragst nicht. Es ist das beste experimentelle Gebäude aller Zeiten."[19] Bedingt durch den Umstand, dass sich hier die Vertreter:innen unterschiedlichster Fakultäten regelmäßig auf den Gängen trafen, kam es in den über 50 Jahren, die das Gebäude noch im Einsatz blieb, zu sehr viel ungeplantem Austausch und ganz erstaunlichen Ideen. Die Dichte und Bandbreite der Innovationen, die auf diese Art entstanden, gelten als unübertroffen. Hier wurden Radarsysteme perfektioniert, bahnbrechende Weiterentwicklungen im Bereich der Wettervorhersage und der Seenavigation erzielt, und als Jerrold Zacharias im Building 20 die erste Atomuhr entwickelte, konnte er dafür zwei Decken entfernen, um ihr genug Raum zu geben.[20] Es gab Labore und Räume für Nuklearwissenschaften, kosmische Strahlungen, Lebensmitteltechnologie und moderne Linguistik.[21] Es wurden dort Unternehmen wie die *Bose Corporation* gegründet und auch die ersten Hacker:innen versuchten sich dort. Niemand hat den Zauber dieses Gebäudes, in dem viele einen Vorläufer der Co-Working-Spaces sehen, so schön zusammengefasst wie die Archäologin und Materialwissenschaftlerin Heather Lechtman: „Wir haben das Gefühl, dass unser Raum wirklich uns gehört. Wir haben ihn entworfen, wir betreiben ihn. Das Gebäude ist voll von kleinen Mikroumgebungen, von denen jede anders ist und jede einen kreativen Raum darstellt. Dadurch hat das Gebäude eine große Persönlichkeit. Außerdem ist es schön, in einem

Gebäude zu sein, das so viel Prestige hat.“[22] 1998 wurde das Gebäude abgerissen, seine Auswirkungen auf die Art, wie wir heute und in Zukunft arbeiten werden, bleiben.

Unilever Hamburg – die Mitarbeiter:innen planen das neue Büro

Schon die Zahlen haben uns neugierig gemacht. Ein Unternehmen verkleinert sich von 38.000 Quadratmetern (24.000 davon waren reine Bürofläche) auf 6.500 Quadratmeter. Der Territorialanspruch auf einen festen Arbeitsplatz wurde aufgegeben und das Ganze fand co-kreativ unter Einbindung all derjenigen Mitarbeiter:innen statt, die diesen Prozess begleiten wollten. *Unilever* legte den Neubau seiner Hamburger Zentrale in die Hände der Belegschaft, für die Unternehmensleitung war das Teil des kulturellen Wandels hin zu mehr Selbstbestimmtheit. Die *Unilever*-Managerin Sarah Dubbert und der Berater Daniel Ringwald von *The Dive* konzipierten mit einem Team von 60 Freiwilligen und zahlreichen Expert:innen das neue Headquarter von *Unilever* und setzten es um. Es besteht aus 150 Quadratmetern vertikalen Moosflächen, die sich auf acht Stockwerken und 6.500 Quadratmetern horizontaler Fläche befinden. Die „Neue Burg“, wie sie genannt wird, umfasst 70 Raum-in-Raum-Systeme, bietet 170 Co-Working-Plätze und über 200 Schreibtische sowie einen spektakulären Empfangsbereich und ein Café. „In dem Moment, in dem ich im Büro meinen festen Schreibtisch, meinen festen Ort, aufgebe, verliere ich ein Stück Heimat in meinem Unternehmen“, beschreiben die beiden im Podcast eine der großen Aufgaben, die es zu lösen galt. Allen Teilnehmer:innen an dem Projekt war klar, wie der neue Raum die Kultur verändern würde. Heute ist es für die meisten Kolleg:innen wie selbstverständlich, dass der eigene Schreibtisch nicht mehr der zentrale Ort ist, an dem alles erledigt wird,[23] oder wie unser Podcast-Gast Jay Osgerby noch deutlicher formuliert: „Der Schreibtisch ist tot.“[24]

DAS NEUE BÜRO – NACHHALTIGER, MENSCHLICHER UND FLEXIBLER

> „Ein echter Maßstab für einen Arbeitsplatz ist, ob die Mitarbeiter stolz darauf sind, ihn anderen zu zeigen – Kunden, Freunden oder anderen.“
>
> Ben Whitter, Autor und Berater

Ein spannendes Konzept, das wir kennenlernen durften und welches weit über die Inneneinrichtung einzelner Büros hinausgeht, ist *The Edge* in Amsterdam. Das Gebäude gilt nach wie vor als das nachhaltigste der Welt und ist nicht nur emissionsfrei, sondern gibt auch noch Strom an das Stromnetz von Amsterdam ab. Der Bauunternehmer Coen van Oostrom, Gründer und CEO des gleichnamigen Unternehmens, war weder überzeugter New Worker noch Umweltaktivist. Es war eine besondere Begegnung, die seine Sichtweise nachhaltig prägte. 2007 traf er den ehemaligen US-Vizepräsidenten Al Gore, der sich seit vielen Jahren weltweit für den Klimaschutz einsetzt.[25] Laut Gore waren es bereits damals über 40 Prozent der weltweiten Emissionen, die durch und rund um den Bau von Gebäuden entstanden.[26] Heute setzt sich van Oostroms Unternehmen für jedes seiner Bauwerke das Null-Emissionen-Ziel und legt den Fokus auf das Wohlbefinden der Menschen, die die Gebäude nutzen. Bei dem Rundgang im *The Edge* ist dieses Ziel deutlich spürbar. Die offenen Flächen sind durch ausgeklügelte Schallkonzepte ruhig genug und gleichzeitig einladend für Gespräche. Überall gibt es Flächen, auf denen sich Menschen zufällig begegnen und so ungeplante Zusammenarbeit fördern. Diese ungeplante Zusammenarbeit ist gleichzeitig auch wichtiger Treiber von Innovation und Produktivität.[27] Intelligente Sensoren steuern das Licht sowie das Raumklima und machen die Auslastung der Räume transparent. Bevor ein Bau- oder Umbauprojekt startet, werden die Menschen in den Unternehmen involviert und befragt, um im Detail herauszufinden, welche Arbeitsweisen wichtig sind. Die Ergebnisse werden um die Erfahrungen aus anderen Projekten ergänzt, beispielsweise um die, dass nicht Lärm an sich ein Problem ist, sondern bestimmte Arten von Lärm: Je besser wir unsere Kolleg:innen bei ihren Unterhaltungen verstehen können, desto eher lenken sie uns ab. Es geht deshalb in der Raumkonzeption nicht nur darum, Schall zu absorbieren, sondern auch darum, ihn diffus zu zerstreuen. Daher gibt es Hintergrundgeräusche wie Wasserplätschern, die in den *Edge*-Gebäuden verwendet werden, weil sie beruhigend wirken und die Produktivität steigern. Die Möbel im Gebäude wirken auf den ersten Blick zusammengewürfelt. Auf den zweiten Blick erkennt man allerdings das durchdachte Konzept und wie sich Einrichtung und Pflanzen stimmig in die Arbeitszone einfügen.[28]

In ihrem 1985 im *Harvard Business Review* erschienenen Artikel *Your Office is Where You Are* stellten die Architekten Philip Stone und Robert Luchetti die These auf, dass der Raum die Unternehmensphilosophie zwar unterstützen, aber sie nicht grundlegend erschaffen könne. Vielmehr läge es in der Verantwortung der Führung, eine vertrauensvolle und eigenverantwortliche Atmosphäre zu kreieren.[29] Stones und Luchettis Arbeit beinhaltete die Idee des aktivitätenbasierten Planens, bei dem die Teams selbst die unterschiedlichen Gegebenheiten ihrer Arbeitsräume für die jeweiligen Aufgaben gestalten, statt einem Raum abzuverlangen, für jede Art von Arbeit geeignet zu sein. Der Activity-Based-Working-Ansatz hat Einzug in unterschiedliche Unternehmen gehalten. Ein ähnliches Ziel verfolgte auch die „Future-Work-Initiative" bei *OTTO*, die von *Blackboat* begleitet wurde. In einem interdisziplinären Projektteam wurde das Thema „Neue Arbeit" anhand der drei Säulen Digitalität, Kultur und Raum vorangetrieben. Auf dem *OTTO*-Campus existieren keine festen Sitzplätze mehr, sondern Flächen auf Basis des „Sharing-Prinzips", die alle technisch gleich ausgestattet sind, aber je nach Arbeitsanforderung gewählt werden können. Ob Telefonbox für ein vertrauliches Telefonat, Brainstorming im Co-Working-Space oder ein „Walk & Talk" auf dem Boulevard – jede:r Mitarbeiter:in sucht sich aktiv den für ihre:seine Aufgaben passenden Ort. Hinzu kommt die Option, mobil zu arbeiten. Der neue *OTTO*-Campus wird laut CEO Alexander Birken selbstbestimmt von den Teams genutzt.[30]

Dass solche Umstellungen sehr viel mehr sind als nur rein technische Herausforderungen und dass zu viel Radikalität und Geschwindigkeit dazu führen können, dass Unternehmen stolpern, zeigt die Geschichte von *Jay Chiat*, einer Legende der Werbebranche. Die Agentur ist für ihr radikales und am Ende gescheitertes Experiment des 100-prozentig virtuellen Arbeitsplatzes über die Werbebranche hinaus bekannt geworden. Der Gründer Jay Chiat sah keinen Grund dafür, dass Mitarbeiter:innen eigene Flächen oder Räume benötigen, um sich zurückzuziehen. Seiner These nach sollten ein Telefon und ein PowerBook absolut ausreichend sein, um die Arbeit der Werbewissensarbeiter:innen zu erledigen. Seiner Meinung nach ginge es im Büro zu sehr darum, wer wie viel arbeiten würde. Als die Umstellung 1994 startete, erwies es sich als eine große Herausforderung für die Teams, überhaupt noch zu arbeiten. Papier und persönliche Gegenstände sollten gänzlich verbannt werden und private Flächen gehörten der Vergangenheit an. Niemand sollte dort sitzen, wo er am Vortag saß, sodass Mitarbeiter:innen aus Verzweiflung begannen, Arbeitsunterlagen in ihren Autos zu lagern und mehrfach am Tag das Parkhaus aufsuchten.[31]

Diese Beispiele zeigen deutlich, worum es bei Arbeitsflächen im Kern geht: um einen realistischen Blick darauf, welche Räume und Nutzungsmöglichkeiten notwendig sind, um die geforderte Art der Arbeit zu vollbringen. Der Unternehmer Konstantin Mehl hat beispielsweise mit seinem Team Fläche auf- statt abgebaut. Obwohl er in seinem Start-up *Kaia Health* von Beginn an Cloud-Collaboration-Tools verwendet, die es leicht machen, von überall aus zu arbeiten, spielen die Arbeitsfläche und der physische Austausch für ihn nach wie vor eine zentrale Rolle. Mehl geht es vor allem darum, richtig zu priorisieren und zu entscheiden, wann der physische Arbeitsplatz der richtige Ort für ein Meeting ist und wann ein virtuelles Tool die bessere Alternative sein kann.[32]

Die Herausforderung beim Activity Based Working liegt also vor allem darin, dass wir uns entscheiden müssen. Wir müssen uns überlegen, welche Art der Arbeit wir mit welchen Tools, in welchem Raum und mithilfe welcher Möbel erbringen möchten. Diese Entscheidung können wir nicht delegieren. Dabei dürfen wir nicht vergessen, dass zahlreiche Studien darauf hinweisen, dass produktive Zusammenarbeit nicht von den gewählten Tools und Methoden, sondern vor allem von guten Beziehungen abhängt.[33] Wenn wir also aufgrund moderner Technologien auch von unserer Küche aus arbeiten können, sollten wir eine wesentliche Frage nicht unbeachtet lassen: Was macht das mit uns und unserer Beziehung zu anderen? In ihrem Artikel im *Harvard Business Review* werden Anne-Laure Fayard, John Weeks und Mahwesh Khan in Bezug auf die Bedeutung der physischen Fläche sehr deutlich. Sie bezeichnen das Büro der Zukunft als „Culture Space", der für menschliche Momente designt, mit anforderungsspezifischer Technologie ausgestattet und so gebaut sein muss, dass echte Beziehungen zwischen Menschen gefördert werden.[34] Unter dem Titel *Designing the Hybrid Office* beschreiben die drei Autor:innen die Herausforderungen, die im Zuge der Corona-Pandemie aufgekommen sind und die gezeigt haben, was auch schon Studien davor erahnen ließen: Wir können zwar über die Distanz weiterarbeiten, sind aber nur auf den ersten Blick produktiver. Über einen längeren Zeitpunkt erodieren unsere für die Zusammenarbeit wichtigen echten Beziehungen, die wir für einen konstant hohen und hochwertigen Output

Spannungsfelder Raumnutzung nach *Blackboat*

brauchen. So zitieren sie Jamie Dimon, den CEO von *JPMorgan Chase*, der in einem Meeting mit Analysten erklärt, „dass die jüngeren Mitarbeiter:innen nach sechs Monaten Heimarbeit die informellen, nicht greifbaren Vorteile des Zusammensitzens im Büro verloren haben und nicht mehr von dem spontanen Lernen und der Kreativität profitieren, die durch den Kontakt von Mensch zu Mensch entstehen". Statt mit vordefinierten Flächenkonzepten wie Workspace-Raum, Bibliothek, Townhall, Meeting-Space oder Ähnlichem zu arbeiten, kann es helfen, einen Schritt zurückzugehen und stattdessen Gegensatzpaare für die unterschiedlichen Räume oder auch Tools durchzuspielen und sich so die Frage zu beantworten „Wie wollen wir auf dieser Fläche oder in diesem digitalen Raum zusammenarbeiten?" Das Pendeln zwischen den Extremen verdeutlicht, dass wir nicht nur einer Art der Tätigkeit nachgehen. Wir müssen uns aktiv für eine Seite entscheiden und sei es nur für ein paar Stunden oder Tage, bis wir wieder unseren Arbeitsmodus ändern.

Dieser erste Schritt ist nur ein Anfang in einem Projekt zum Raum, der aber zeigt, dass es helfen kann, eine Entscheidung treffen zu *müssen*. Um diese ersten Learnings auch noch mit Daten zu unterfüttern, könnte eine App wie *Dojo* zum Einsatz kommen, die anhand von Zusammenarbeits- und Bewegungsprofilen Cluster erzeugt, die Ableitungen auf den Raum zulassen. So erkannte ein Tech-Unternehmen, dass spezielle Boxen, die ursprünglich für private Gespräche und konzentriertes Arbeiten weit weg von den anderen Kolleg:innen angelegt wurden, nicht hierfür genutzt wurden. Mitarbeiter:innen gingen in die Lobby, um private Gespräche zu führen. Kurzerhand richtete das Unternehmen also Telefonboxen in der Lobby ein, nutzte die Fokusflächen anderweitig und gewann 20 Prozent mehr Raum hinzu.[35]

DAS BÜRO – DER ORT, AN DEM WIR UNS BEGEGNEN WOLLEN

„Jede Fahrt ins Büro – ob mit dem Fahrrad, dem öffentlichen Nahverkehr oder dem Auto – wird immer wieder auf einer bewussten Entscheidung für die Arbeit im Büro basieren. Wir werden die Zeiten für die Hin- und Rückfahrt mit dem dort zu erwartenden Ergebnis in Relation setzen. Das kommt einem Paradigmenwechsel gleich: Unsere Einstellung dem Büro gegenüber wird eine ganz andere sein."

Stefan Rief, Leiter Organisationsentwicklung und Arbeitsgestaltung *Fraunhofer-Institut*

Wie wird es sein, wenn wir nur noch ins Büro fahren, wann wir es wollen, und nicht mehr, weil wir müssen? Diese Frage stellen sich immer mehr Menschen, die es bisher gewohnt waren, jeden Tag in ihr Büro zu fahren. Wenn die Corona-Pandemie eines gezeigt hat, dann dass wir unterschätzt haben, wie schnell sich die Menschen auf eine Arbeitssituation außerhalb ihres Büros einstellen können. Selbst Führungskräfte mit einem präsenzorientierten Führungsstil sahen ihre schlimmsten Befürchtungen nicht bestätigt. Die Mitarbeiter:innen mussten weder beaufsichtigt noch kontrolliert werden, die Teams arbeiteten sich schnell in die neuen Collaboration-Tools ein. Alles funktionierte erstaunlich gut. Doch wir werden nie wieder eine Situation haben, in der wir nahezu alle im Büro oder nahezu alle zu Hause sind. Die Zukunft wird hybrid und das bedeutet, dass wir uns über das, was das Büro in Zukunft sein soll, Gedanken machen müssen.

Bei der Frage nach dem Büro der Zukunft haben wir uns auch schon vor der Pandemie mit innovativen Bürokonzepten beschäftigt. Die Suche nach Inspiration an anderen Arbeitsorten ist dabei ein wichtiger Faktor. Wir haben neben den Podcast-Gesprächen mehrere Workspace-Touren unternommen. Da im Fall von Raumgestaltung Bilder mehr als Worte sagen, haben wir diese Büroführungen als lange Interviews mitgefilmt und auf YouTube gestellt.[36]

Der Empfang

Der Empfang ist – neben dem Gebäude selbst – oft das Erste, das wir als Teil der Kultur des Unternehmens wahrnehmen. In New York haben wir Büros besucht, die uns bereits auf den ersten Blick einluden. Ein besonders gutes Beispiel ist die amerikanische Beratungsfirma *SYPartners*, die von zwei ehemaligen, sehr engen Mitarbeitern von Steve Jobs gegründet wurde. Marc Winter und Thomas Winkelmann erzählten uns im Podcast-Gespräch, dass sie ursprünglich ganz auf einen Empfang verzichten wollten. Jetzt gibt es einen ganz kleinen Empfangstisch und daneben einen geradezu gigantischen Tisch, der den Besuchenden zuzurufen scheint: „Setz dich gerne, du bist hier willkommen."[37]

Dass auch eine Büroetage Einfluss darauf hat, ob und wie sich Besucher:innen empfangen fühlen, zeigte uns der Besuch bei *Axel Springer*, insbesondere des Büros des Vorstandsvorsitzenden Mathias Döpfner. Hatte man erst einmal die Sicherheitskontrolle am eigentlichen Empfang hinter sich gelassen, stellte sich die Vorstandsetage überraschend offen und einladend dar. Nach einer kurzen Wartezeit nahm uns Döpfner selbst in Empfang und machte einen Kaffee, während unser Meeting mit ihm in einer bequemen und geschützten Sofaecke stattfand. Das mag verhältnismäßig normal klingen, ist aber, wenn man die Vergangenheit der *Springer*-Vorstandsetage mit ihren geschlossenen Räumen kennt, bemerkenswert. Wir glauben, dass die so entstandene vertrauensvolle Atmosphäre auch dafür sorgte, dass unser Gespräch mit ihm nicht an der Oberfläche blieb.[38]

Vom Empfang in den Workspace zum Arbeiten

In der *Microsoft*-Zentrale in München waren wir einige Male, und es gab immer Neues zu entdecken. Auf YouTube zeigen wir eine komplette Tour durch das Gebäude.[39] Das Besondere ist, dass man in der Empfangshalle nicht das Gefühl hat, nur zum Warten platziert zu werden. Ein Café, eine Arbeitsecke und die Kantine sind auf derselben Ebene, und auch als Externe:r kann man hier entspannt vor und nach einem Termin verweilen. Über eine offene Treppe geht es nach oben in die farblich getrennten Arbeitszonen. *Microsoft* hat die Vertrauensarbeitszeit schon seit 1998 in der Betriebsvereinbarung verankert und seit 2014 auch den Vertrauensarbeitsort.[40] Außer im Empfangsbereich sorgen Teppiche für Ruhe. Alle Tische sind mit dem notwendigen Equipment je nach Arbeitszone (Ruhe, Co-Working, Fokus oder Kommunikation) ausgestattet, seien es ein Bildschirm, Induktionsladegeräte oder Schränke, um Wertsachen zwischenzulagern, sowie Schilder mit der Aufschrift „No Camping", die darauf hinweisen, dass man es sich nicht zu gemütlich machen soll.

Auch das Büro der Hamburger *kartenmacherei* haben wir für eine ausgiebige Videotour besucht. Besonders der offene Empfangsbereich fällt ins Auge: An ein kleines Amphitheater erinnernde gestufte Sitzbänke trennen ihn von einem Küchenbereich und einem offenen Raum für All-Hands-Meetings.[41] Zwei Features sind besonders bemerkenswert: eine sehr hochwertige Siebträger-Kaffeemaschine und ein Bildschirm, auf dem eine Dauer-Videokonferenz mit den anderen Standorten läuft, die zum kurzen „Schnack" einlädt. Beide Features, die Kaffeemaschine und auch der Dauer-Videocall, brauchen Anleitung und Anmoderation, damit sie gut genutzt werden. Das führt wiederum dazu, dass die Nutzung professionalisiert wird und den Austausch fördert – sei es über guten Kaffee oder eben den ungewöhnlichen Blick in die Küche der anderen. Die übrigen Räume der *kartenmacherei* sind vor allem mit viel Stoff und schallabsorbierenden Materialien wie Teppichen und Vorhängen ausgestattet, was zu einer ruhigen Arbeitsatmosphäre beiträgt.

Vom Arbeiten und Entspannen

Das Konzept von *The Edge* in Amsterdam geht noch einen ganzen Schritt weiter, da die Fläche im Eingangsbereich groß und verwinkelt genug ist, sodass neben ausreichend Raum zum Arbeiten auch wenig einsehbarer Raum zum entspannten Zusammensitzen vorhanden ist. Für uns war es besonders die Mischung aus vielen Pflanzen, kleineren Ecken und größeren Lounges mit verschiedensten Sitzmöbeln, die das Gefühl vermittelten, dass man auch mal unbeobachtet sein konnte. *Edge*-Gründer Coen van Oostrom zeigte uns aber auch einen Raum, in dem das Konzept an seine Grenze kam. So wurde der Yoga- und Meditationsraum gar nicht genutzt. Der Raum sei zu einsehbar und zu nah an den offenen Arbeitsflächen platziert, sodass die Mischung aus Arbeit und Entspannung hier nicht gut funktioniere.

New Work und Stechuhr sind eigentlich zwei so gegensätzliche Konzepte, dass man sie nicht miteinander in Verbindung bringen würde. Beim Besuch von *sipgate* in Düsseldorf zeigte uns CEO und Gründer Tim Mois voller Stolz aber genau so eine alte Stechuhr im Eingangsbereich seines Unternehmens. Das Gebäude habe vorher der Post gehört, so Mois, und die Stechuhr sei so schön, dass er sie nicht abhängen wolle. Auf die Frage, ob diese noch in Benutzung sei, erklärte er, dass sie heute zum Schutz der Mitarbeiter:innen vor zu viel Arbeit genutzt werde. Hier werde wirklich gestempelt. Wir konnten es nicht fassen. Mois betonte damals, Jahre vor der Pandemie, dass er nichts von Remote-Arbeiten halte und besonderen Wert darauf lege, dass Mitarbeiter:innen sich nicht überarbeiteten und ausreichend Urlaub nähmen. So wird aus einem Symbol alter Arbeit ein Tool für New Work.[42]

Mehr Grün bei der Arbeit

Es braucht keine wissenschaftliche Studie, um zu erahnen, dass Pflanzen gut für das Raumklima sind. Sogar schon zur Zeit der Bürolandschaft ging man davon aus, dass Pflanzen eine Umgebung gemeinschaftlicher und menschlicher machten. Sie sorgen für bessere Luft, nehmen Schall auf, spenden Schatten und wenn einmal ein „Power Nap“ nötig sein sollte, schützen sie vor den Blicken der Kolleg:innen. Zahlreiche Studien zeigen darüber hinaus, dass sie zum Stressabbau beitragen können, zu einer positiven Stimmung führen und die Arbeitsleistung verbessern.[43] Allerdings waren Pflanzen in vielen Büros, die wir zu sehen bekamen, wenn überhaupt nur ein Randthema. Zwei Beispiele, die uns dafür umso mehr im Kopf geblieben sind, kommen aus Amsterdam. Im *Edge*-Hauptbüro gibt es neben Pflanzen in fast jeder Ecke auch vertikale Gärten, die das durch Sensoren überwachte Raumklima erheblich verbessern. Bei *Sony Music,* ebenfalls in Amsterdam, gibt es unterschiedliche Zonen zum Arbeiten und zum kreativen „Abhängen“. Es wurde mit viel Sichtbeton gearbeitet, der durch die vielen Pflanzen wiederum optisch aufgelockert wird. Hier wurde uns das Potenzial von Pflanzen im Raum zum ersten Mal deutlich. Ihre Integration wirkte so leicht umgesetzt, dass man es am liebsten sofort nachmachen möchte, um dann zu merken, dass es gar nicht so leicht ist, den „grünen Daumen“

zu einem festen Bestandteil der Unternehmenskultur zu machen. Im Sinne des Arbeitsklimas lohnt es sich aber sehr.[44]

Warum Ruhezonen so wichtig sind

In ihrem Artikel *Zwischen Vorhölle und kreativem Arbeitsplatz – wie das Großraumbüro entstand* gelingt es der Journalistin Katharina Grimm bereits in der Überschrift, das zentrale Spannungsfeld in vielen deutschen Büros zu beschreiben, aber wer Activity Based Working richtig versteht, wird es zu verhindern wissen, dass es zum Schlimmsten kommt. Fest steht: Wissensarbeiter:innen brauchen Phasen, in denen sie absolut ablenkungsfrei allein arbeiten können. Wenn wir wollen, dass sie sich dafür nicht immer ins Homeoffice oder eine Universitätsbibliothek zurückziehen, dann sollten wir bei der Planung unserer Büros solche Zonen berücksichtigen. Der Gang durch das neue Headquarter der *New Work SE* in Hamburg zeigt, wie solche Bereiche aussehen können, in denen schon die Möbel zu sagen scheinen: „Bitte sprich hier nicht, wir sind ein Ort für konzentriertes Arbeiten", oder, um es mit den Worten von Coen van Oostrom zu sagen, „Eine Bibliothek ist besser als ein Kopfhörer mit Geräuschunterdrückung".[45]

Gemeinschaftsbereiche – Heimat der Serendipität

Unter Serendipität verstehen wir eine zufällige Beobachtung von etwas, das wir gar nicht gesucht haben, dessen Entdeckung für uns jedoch etwas Überraschendes und Nützliches darstellt. In zahlreichen Studien wird dieses Phänomen als ein wichtiger Baustein für Innovationen gesehen. Damit so etwas entstehen kann, brauchen wir physische Nähe. „Wenn Sie Menschen dazu bringen wollen, mehr zusammenzuarbeiten, sollten Sie aufhören, den Schwerpunkt auf virtuelle Treffen zu legen und Wege finden, sie auf physische Weise zusammenzubringen", fasst es Dian Schaffhauser zusammen. In seinem Artikel *Put People Together for Greater Collaboration* erwähnt er eine Studie des MIT, in dessen Rahmen 40.358 veröffentlichte Arbeiten und 2.350 Patente untersucht wurden, die aus der MIT-Forschung hervorgingen und zwischen den Jahren 2004 und 2014 veröffentlicht oder patentiert wurden. Auf dieser Grundlage entwickelten die Wissenschaftler:innen eine Art Netzwerkkarte der MIT-Kollaborateur:innen und wiesen den Einfluss räumlicher Beziehungen auf dem Campus nach, die über die Abteilungs- und Institutsstrukturen hinausgingen. Das Ergebnis: Fach- und abteilungsübergreifende Initiativen wurden vor allem durch persönliche Interaktionen in gemeinsam genutzten Räumen vorangetrieben.[46]

Die Voraussetzungen, dass diese Effekte entstehen und dass sich Mitarbeitende wirklich austauschen, sind relativ einfach zu schaffen. Sie müssen sich über den Weg laufen, sich sehen und die Möglichkeit haben, sich auszutauschen, ganz egal, ob geplant oder ungeplant. Man muss nicht gleich Steve Jobs folgen, der bei der Planung des *Pixar*-Hauptgebäudes den Bereich vor den Toiletten zum Ort des Austauschs erklärte. Ähnlich wie es auch schon von *Microsoft*-Gründer Bill Gates berichtet wird, waren beide Männer der Auffassung, dass eine zentrale Toilettenanlage ausreichend sei.[47] Was wir aber glauben, ist, dass es sinnvoll ist, eine zentrale Begegnungsstätte zu schaffen. Während der vielen Besuche unterschiedlichster Büros sind uns einige im Gedächtnis geblieben. So gibt es beispielsweise bei *Google* in der Regel alle 30 Meter eine Möglichkeit, etwas zu essen und zu trinken zu bekommen.

Ganz gleich, ob virtueller oder physischer Raum, ob bestimmte Raum-Features nur ein Trend sind oder zum zeitlosen Klassiker werden: Mitarbeiter:innen müssen das Gefühl haben, dass Kontakte zu knüpfen und mit ihren Kolleg:innen in Verbindung zu treten, erlaubt ist. Führungskräfte sollten das unterstützen, indem sie dies explizit aussprechen und vor allem selbst Zeit in den Gemeinschaftsbereichen verbringen und an sozialen Veranstaltungen teilnehmen.[48] Der Raum kann dabei unterstützen und wird damit zu einem der wichtigsten Tools für Neue Arbeit. Die Gestaltung des Tools liegt in unseren Händen.

Die Stadt ist unser Büro

Zum ersten Mal haben wir diese These auf einer Panel-Diskussion bei *Vitra* gehört. Die Architektin und Stadtplanerin Julia Erdmann fasste dabei ihre These knapp zusammen: „Das Büro ist tot. Die Stadt ist unser Büro." Am Beispiel ihres Teams beschreibt sie, wie es ist, wenn das eigene Büro nur noch eine von vielen Optionen ist. Sie sucht die Inspiration für ihren Job in der ganzen Stadt und alle Mitglieder ihres Teams tun es ihr gleich. Für Julia beginnt es mit den Menschen. Es ist ihr wichtig, Orte zu schaffen, an denen die Menschen gern Zeit verbringen. Ihrer Ansicht nach gibt es zu viele „Gefängnisse" (wie den Potsdamer Platz in Berlin) und Stadtteile, die nach 18:00 Uhr tot sind (zum Beispiel Hammerbrook in Hamburg). Laut Julia brauchen wir keine Bürogebäude mehr, wir sollten unsere Städte vielmehr wie Innenräume gestalten.[49]

Raphael Gielgen, Trendscout für die Zukunft der Arbeit bei *Vitra*, mit dem wir uns im Podcast und bei vielen weiteren Gelegenheiten austauschten, hat ein ähnliches Bild von der Zukunft: „In wenigen Jahren werden wir auf die Büros und Arbeitsorte der 2010er-Jahre (und davor) schauen wie heute Heranwachsende auf eine Schreibmaschine. Wir können uns nicht mehr vorstellen, an diesen Orten gearbeitet zu haben. Dann wird die Stadt unser Büro sein, die ganze Stadt mit ihren vielfältigen Orten, die so viel mehr sind als das alte ‚Büro'. Die neuen ‚Büros' sind eine Mischung aus einem lebendigen Kiez und der Internationalen Raumstation ISS. Sie funktionieren in einem Spannungsfeld aus Möglichkeitsraum der eigenen Potenzialentfaltung und Kraftort der vielfältigen Rituale, die Gemeinschaften stärken. Vor allem basiert die Architektur nicht nur auf ‚Building Codes', sondern vielmehr auf den ‚Human Needs'. Diese neue Welt der Arbeit beruht auf dem Wunsch, den Status quo zu hinterfragen, Ideen zu spiegeln und unsere grenzenlose Vorstellungskraft jeden Tag auf ein Neues zu fordern."[50]

ON THE WAY TO NEW WORK

„Wie wir festgestellt haben, ist der Arbeitsplatz eine Reise und kein Produkt, ein ständiger Beta-Test. Sein Leben wird durch den Service, der den Nutzern geboten wird, verlängert, glücklich gemacht und mit Sinn und Zweck versehen."

Neil Usher, Autor und Berater

Die Auseinandersetzung mit der Post-Corona-Zeit muss das Thema „Raum" inkludieren. Räumliche Nähe bleibt wichtig, wenn wir auch in Zukunft ungeplante Kollaboration und soziale Interaktion wollen. Wenn wir, wie prognostiziert wird, weniger Zeit im Büro verbringen werden, müssen wir diese besser planen. Achten wir auf Folgendes:

- Das Büro ist eines der besten synchronen Kommunikationstools, das uns zur Verfügung steht. Gemäß der Regel „Je emotionaler das Thema, desto synchroner die Kommunikation" hat das Büro immer eine Daseinsberechtigung gehabt und wird diese auch behalten.
- Nehmen Sie die Gestaltung der Arbeitsräume aktiv in die Hand. Schon Kleinigkeiten können einen Unterschied machen und das Verhalten der Menschen und die Kultur im Unternehmen nachhaltig prägen.
- Wie Raumnutzung gestaltet und gelebt werden kann, geht unter anderem auf die Forschungsarbeit von Robert Propst und das Konzept des Activity Based Working zurück.
- Es gibt in der Zwischenzeit viele weitere Ansätze, die aber alle gleichermaßen darauf aufbauen, die unterschiedlichen Arten von Arbeit genau zu beobachten. Wie gearbeitet wird, sollte den Raum bestimmen, nicht umgekehrt.
- Außerdem hilft die Inspiration von außen. Einblicke in andere Büros können ein Anstoß sein, um Dinge zu testen und auszuprobieren.
- Es gibt nicht das eine perfekte Büro oder Konzept und es ist völlig normal, dass sich Räume über die Zeit kontinuierlich den Bedürfnissen anpassen.

Wenn wir es richtig angehen, werden die Menschen gern ins Büro kommen. Die ständige Pflege und die Weiterentwicklung dieses Werkzeugs brauchen dafür vor allem eins, eine aufmerksame Führung.

16/ FÜHRUNG

„Wir denken das Unternehmen von außen nach innen und nicht von oben nach unten."

Karsten Kühn, Vorstand Personal und Marketing *Hornbach AG*

Nahezu alle modernen Leadership-Ansätze gehen davon aus, dass Taylor und seine Prinzipien des „Scientific Management" weitestgehend ausgedient haben. Die Zeiten, in denen einige wenige, meist ältere, *weiße* Männer an der Spitze von Unternehmen stehen und „Untergebenen" Anweisungen geben, sind damit zumindest theoretisch dem Ende geweiht. Das bedeutet nicht, dass wir keine Führung mehr brauchen. Vielmehr ist ein anderes Führungsverständnis notwendig, das sich in unterschiedlichen Führungskonzepten manifestieren kann. Die Führung von Teams, Abteilungen, Bereichen oder ganzen Unternehmen wird im New-Work-Kontext zum Teil radikal neu gedacht. Den Ansätzen ist gemein, dass Führung dezentralisiert wird und Entscheidungen dort getroffen werden, wo Kompetenz und Wissen liegen – zumeist im Team. Karsten Kühn, Vorstand Marketing und Personal bei *Hornbach*, hat erst gar nicht den Anspruch, Dinge besser zu können als seine Teams: „Es geht darum zu akzeptieren, dass ich lauter Mitarbeiter:innen beschäftige, die in allem, was sie tun, besser sind als ich."[1]

FÜHRUNG BEGINNT MIT SELBSTFÜHRUNG

„Sei zuerst ein Anführer deiner selbst. Nur dann kannst du wachsen, um andere zu führen."

David Taylor-Klaus, Coach

Auch wenn Führungspersönlichkeiten nicht mehr Vertreter:innen tayloristischen Heldentums sind, sondern ganz normale Menschen, die bestimmte Aufgaben im und für ein Team wahrnehmen, sollten sie dennoch innerlich aufgeräumt sein. Das umfasst unterschiedliche Aspekte, mit denen wir uns bereits im ersten Teil des Buchs beschäftigt haben. Als Ausgangspunkt sehen wir dabei einen natürlichen Zugang zu Selbstmanagement und Selbstreflexion, ein Training des Muskels, der sich immer wieder mit den eigenen Stärken, Schwächen sowie der eigenen Biografie auseinandersetzt – und das in allen Lebensbereichen. Wer andere Menschen führen möchte, sollte auch seine „Dinge geregelt bekommen".

Für den ehemaligen Harvard-Professor und Autor des Bestsellers *Emotionale Intelligenz* Daniel Goleman sind es fünf Fähigkeiten, die gute Führung ausmachen. Durch diese fünf Fähigkeiten werden Führungskräfte in die Lage versetzt, ihre eigene Leistungsfähigkeit und die der ihnen Anvertrauten zu maximieren.

1. **Selbstbewusstsein:** Es geht um das Erkennen der eigenen Emotionen, Stärken, Schwächen, Antreiber, Werte und Ziele sowie das Bewusstsein, wie diese Faktoren auf andere Menschen wirken. Dazu gehören nach Goleman auch ein gewisses Maß an Selbstironie und das Interesse an konstruktiver Kritik.
2. **Selbstregulation:** Damit ist die Fähigkeit gemeint, Emotionen und Impulse zu kontrollieren und zu steuern, sodass zwischen einem Reiz und der Reaktion darauf Handlungsmöglichkeiten abwägbar sind.
3. **Motivation:** Gute Führungskräfte haben eine Leidenschaft für ihre Arbeit. Sie suchen ständig neue Herausforderungen, sie haben immer Energie zur Verbesserung und sie erkennen auch im Scheitern positive Aspekte oder wie es Oliver Wurm in unserem Podcast sagte: „Hinfallen ist auch eine Vorwärtsbewegung."[2]
4. **Empathie:** Empathische Führungskräfte haben eine hohe Sensitivität für die Gefühle anderer und berücksichtigen diese bei ihrer Entscheidungsfindung.
5. **Sozialkompetenz:** Nur wer in der Lage ist, Beziehungen einzugehen, aufzubauen und zu pflegen, kann führen.

Nach Golemans Forschung haben auch technische Fähigkeiten, Intelligenz sowie die Fähigkeit, das große Ganze zu sehen und Visionen zu entwickeln, einen Einfluss auf den Erfolg von Führungskräften. Emotionale Intelligenz erwies sich jedoch auf allen Ebenen als doppelt so wichtig wie die anderen Faktoren. Insbesondere sind es die ersten drei Fähigkeiten Selbstbewusstsein, Selbstregulation und Motivation, die nach Goleman erklären, ob jemand über ein hohes Maß an emotionaler Intelligenz verfügt. Sie sind die Grundlage für das, was wir unter Selbstführung verstehen.[3] Für Reinhard K. Sprenger, einem der gefragtesten Berater zum Thema Führung im deutschsprachigen Raum, funktioniert Führung sogar nur dann, wenn sie vor allem darauf ausgerichtet ist, andere Menschen zu ermutigen, sich selbst zu führen. Da seiner Erfahrung nach jedoch die meisten Manager:innen Selbstoptimierer:innen seien, ist ein Rollenverständnis, in dem es darum geht, „Fremdoptimierer:in" zu sein, eine eher fremde Vorstellung. Ihnen fehlt außerdem häufig das Verständnis dafür, dass allein schon die Anwesenheit einer Führungskraft genügt, um Menschen Selbstverantwortung zu entziehen.[4]

NEUE FÜHRUNGSPARADIGMEN SETZEN AUF EINER ANDEREN HALTUNG AUF

„Führung ist kein Rang oder eine Position, es ist eine Wahl, eine Entscheidung, sich um die Person links von uns und die Person rechts von uns zu kümmern."

Simon Sinek, Berater und Autor

Die tiefgreifendste Veränderung ist ein Aspekt, den wir am wenigsten beobachten, überprüfen oder verordnen können. Es ist die Haltung. Wie sehe ich meine Rolle als Führungskraft, wie sehe ich die Mitglieder meines Teams und welchen Beitrag möchte und kann ich für den gemeinsamen Erfolg leisten? Simon Sinek vergleicht gute Führungskräfte mit guten Eltern. In der Grundhaltung vieler Eltern ist fest verankert, dass ihre Kinder es einmal besser haben sollen, als es ihnen selbst möglich war. Gute Eltern sind darauf bedacht, ihren Kindern den Zugang zu vielen Möglichkeiten für die eigene Entwicklung zu geben. Sie wollen das Selbstvertrauen ihrer Kinder stärken, sie vermitteln ihnen Werte und Regeln. Sie räumen ihren Kindern ein, Fehler machen zu dürfen, und sie feuern ihre Kinder nicht, wenn sie Fehler gemacht haben. Gute Eltern schaffen also Rahmenbedingungen, innerhalb derer sich ihre Kinder optimal entfalten können. Gute Führungspersönlichkeiten sollten, so Simon Sinek, dasselbe für ihre Teams tun.[5]

Peter Docker ist der Co-Autor von *Finde Dein Warum!*, dem Arbeitsbuch zu Simon Sineks *Frag immer erst Warum!* Peter war 24 Jahre bei der Royal Air Force. Als Pilot blickt er auf eine ganze Reihe von Erfahrungen zurück, die ihn für seine heutige Rolle als Coach und Berater qualifizieren. Eine seiner prägendsten Erinnerungen, von der er uns berichtete, war eine Prüfung zum Flugkapitän, die er als Ausbilder abnahm. Ein junger, talentierter Co-Pilot musste seine letzten Flüge absolvieren. Peter war derjenige, der ihn dabei begleitete. Es ging von London nach Washington und dann weiter nach San Francisco. Der Co-Pilot machte alles richtig und wurde mit der Landung in San Francisco Pilot. Für den Rückflug kündigte Peter an, dass er ihn als ganz gewöhnlicher Passagier absolvieren wolle und dass der Prüfling diesen Flug als voll verantwortlicher Pilot antreten werde. Vor dem Rückflug fragte ihn der Jungpilot, ob er zum Start auf dem Jumpseat[6] Platz nehmen wolle. Kurz nach dem Start geriet das Flugzeug in starke Turbulenzen, die das rasche Handeln des jungen Piloten erforderten. Ein einziger Fehler hätte das Flugzeug zum Absturz bringen können. Peter unterbrach seine Schilderung und fragte uns: Wie hättet ihr euch an meiner Stelle verhalten? Die Antwort „Ich hätte eingegriffen", wäre sicherlich nicht ungewöhnlich. Seine Entscheidung war eine andere. Er tat nichts, er atmete nicht einmal schwer. Alle möglichen Reaktionen, so erläuterte er uns, hätten den Piloten ablenken können. „24 Stunden vorher habe ich ihm bestätigt, dass er über alle Voraussetzungen verfügt, ein Flugzeug zu führen – und das auch in kritischen Situationen. Ein Eingriff hätte das alles kaputt gemacht." Peter hat aus den Erfahrungen dieser Zeit einen eigenen Leadership-Ansatz entwickelt. Er nennt ihn „Leading from the Jumpseat".[7]

Insa Klasing musste das Loslassen gezwungenermaßen lernen. Während ihrer Zeit als CEO der deutschen Niederlassung von *Kentucky Fried Chicken* (KFC) entstanden 2.600 neue Arbeitsplätze. Es wurden fast genauso viele neue Standorte eröffnet wie in den mehr als 40 Jahren zuvor. Insa praktizierte nach eigenen Angaben einen kooperativen Führungsstil und hatte sich ein motiviertes Leadership-Team aufgebaut. Dann stürzte sie vom Pferd und brach sich beide Arme. Sie konnte sich damals nicht vorstellen, länger als drei Wochen zu pausieren. Ihre komplizierten Brüche machten aber eine Pause von sechs Wochen nötig. In dieser Zeit begann sie, ihr eigenes Führungsverständnis zu hinterfragen: „Was sagt es über das eigene Führungsverständnis aus, wenn drei Wochen die maximale Abwesenheitsdauer ist, die sich ein:e Manager:in vorstellen kann?"[8] Es war eine Mischung aus falsch verstandener Loyalität, der Angst, die Erwartungen unterschiedlichster Stakeholder:innen zu enttäuschen, das Pflichtbewusstsein, zur Abwendung möglicher Katastrophen da zu sein, und der selbst empfundenen Notwendigkeit, das eigene Gehalt zu rechtfertigen. Insa Klasing nennt es heute den „Unentbehrlichkeitsmythos".

Anders als befürchtet, startete das Führungsteam in der Abwesenheit der Chefin durch. Ungeplant und ungewollt bekamen die Mitglieder mehr Autonomie. Als Insa nach sechs Wochen in den Job zurückkehrte, hätte dies schnell den Rückfall in alte Muster bedeuten können. Doch es kam anders, denn sie konnte ihre Hände immer noch nicht benutzen und ihre Kraft reichte anfangs nur für zwei Stunden am Tag. Was, so ihre Frage, kann ich in zwei Stunden am Tag schaffen? Ihre Antwort war ein völlig neues Führungsverständnis: das Autonomieprinzip. Im Mittelpunkt blieb das stehen, was in den sechs Wochen ihrer Abwesenheit schon so gut funktioniert hatte: die Autonomie der Führungskräfte und Mitarbeiter:innen. Insa entschied, Führung dürfe sich nur noch darauf fokussieren, was die Autonomie weiter stärke, und begrenzte ihre Aktivitäten ab diesem Moment ausschließlich auf das Setzen eines geeigneten Rahmens, den sie als das „Was" bezeichnet. Die Teammitglieder entscheiden innerhalb des Rahmens über das „Wie, Wann und Wo".[9]

Neue Führungsaufgaben

„Vertrauen zu bekommen, ist die inspirierendste Form menschlicher Motivation."

Stephen M. R. Covey, Berater und Autor

Wenn es für Führungskräfte nicht mehr darum geht, zu kommandieren und zu kontrollieren, worum geht es dann? Für Stephen M. R. Covey geht es vor allem um Vertrauen und Inspiration. Der Sohn des legendären Stephen R. Covey, der mit *Die 7 Wege zur Effektivität* eines der wichtigsten Bücher im Bereich Selbstführung schrieb, kam schon als Kind mit den Konzepten seines Vaters in Berührung. Im Podcast beschrieb er es so: „Ich bin mit den sieben Gewohnheiten aufgewachsen, weil sie bei uns zu Hause gelebt wurden. Sie wurden die Software meines Gehirns." Auf unsere Frage, wann er das erste Mal den Einfluss seines Vaters gespürt habe, erzählte er uns von einer Begebenheit, die auch sein Vater in vielen seiner Vorträge schilderte. Er nennt die Geschichte *Green and Clean*. Im Alter von sieben Jahren bekam Stephen von seinem Vater die Aufgabe übertragen, den Rasen vor dem elterlichen Haus grün und sauber zu halten. Der Vater brachte ihm zwei Wochen lang alles bei, was er dazu wissen musste, und stellte ihm frei, wie er vorging. Er bot seinem Sohn an, ihm auch weiterhin mit Rat und Tat zur Seite zu stehen. Der Sohn bestätigte auf Nachfrage, dass er nun bereit sei, die Verantwortung zu übernehmen. Danach passierte erst einmal gar nichts. Nach einiger Zeit wurde der Rasen gelb und es sammelte sich allerlei Zeug, das dort nicht hingehörte. Vater Covey fragte seinen Sohn, ob sie sich einmal gemeinsam den Garten anschauen sollten. Daraufhin brach der junge Stephen in Tränen aus. Sein Vater fragte ihn, ob er Hilfe benötige, und vermittelte ihm damit das Gefühl, nicht zu jung für diese Aufgabe zu sein. Gemeinsam holten sie zwei Säcke und der Vater tat genau das, was sein Sohn im auftrug. „In diesem Moment wurde der Job zu meinem Job“. Weil er das Gefühl hatte, dass sein Vater ihm vertraute, übernahm er die Verantwortung dafür, dass der Rasen grün und sauber war – für diesen und die folgenden Sommer. Für Stephen M. R. Covey liegt in diesem Erlebnis der initiale Zündfunke seiner Begeisterung für das Thema Führung, die ihn zu einem gefragten Berater, Coach und Autor mit Millionen Leser:innen werden ließ. Sein Credo lautet: „Mein Herz, meine Leidenschaft ist es, menschliches Potenzial und Führung zu entfesseln.“[10]

Das Vertrauen in die Fähigkeiten ihrer Leute war auch für Insa Klasing der Schlüssel dazu, neu zu definieren, welche konkreten Aufgaben durch die weitgehende Autonomie ihres Teams für sie übrig blieben. In den zwei Stunden pro Tag, für die ihre Kraft ausreichte, konzentrierte sie sich nur noch auf vier Rollen:

1. **Chef:in als Visionär:in** ist für Insa die wichtigste Rolle. Es geht darum, den Sinn der Organisation immer wieder hochzuhalten und zu vermitteln, denn Sinn ist „die Voraussetzung für autonomes Handeln“. Die Entwicklung einer gemeinsamen Vision sollte zu einem wesentlichen Bestandteil ihrer täglichen Arbeit werden. Hinzu kam die Übersetzung der Vision in konkrete Ziele.
2. **Chef:in als Ermutiger:in** steht für Insa an zweiter Stelle. Hier geht es darum, an den Erfolg zu glauben, erzielte Fortschritte gebührend zu feiern und damit und dabei auch Wertschätzung zu geben.
3. **Chef:in als Coach** folgt der Einsicht, dass Coaching der Schlüssel für beschleunigte Weiterentwicklung und bessere Ergebnisse ist. Ein guter Coach hört wirklich zu, hilft, Stärken zu erkennen und auszubauen, und gibt regelmäßig Feedback.
4. **Chef:in als letzte Instanz** fordert Eigenverantwortung und Entscheidungen ein, nimmt den Mitarbeiter:innen aber nicht alles ab. Er:Sie legt Konflikte offen und sorgt für deren Lösung, übernimmt diese Aufgabe allerdings nur im Notfall – und, ja, der:die Chef:in entscheidet auch noch, aber eben weniger als vorher.[11]

Eine weitere Rolle, die Führungskräfte haben, ist die Identifikation und Entwicklung von Führungsnachwuchs. Von Steve Jobs ist die Überzeugung überliefert, dass nur A-Spieler andere A-Spieler einstellen. B-Spieler würden C-Spieler einstellen und C-Spieler dann D-Spieler. Wenn wir uns auf den positiven Teil dieser Aussage konzentrieren, dann heißt es im Umkehrschluss, dass Top-Führungskräfte einen besonderen Fokus auf die Einstellung und die Entwicklung von Toptalenten legen.[12] Für Sydney Finkelstein liegt hier sogar das Geheimnis der Superbosse verborgen. „Mir war aufgefallen, dass mehr als die Hälfte aller Topmanager einer Branche irgendwann während ihrer Karriere für ein und dieselbe Führungspersönlichkeit gearbeitet haben."[13] Er beschreibt in seinem Beitrag drei unterschiedliche Typen von Superbossen: das Alphatier, den Menschenfreund und den Idealisten. Diese unterscheiden sich in der jeweiligen Interpretation ihrer Führungsaufgabe zum Teil erheblich. In einer Verhaltensweise sind sie sich jedoch überraschend ähnlich und dort anderen Führungspersönlichkeiten haushoch überlegen: Es ist der starke Fokus, den sie auf die Entdeckung und Entwicklung von Talenten legen.

Reinhard Springer und Konstantin Jacoby prägten in den 1980er- und 1990er-Jahren mit ihrer Agentur *Springer & Jacoby (S&J)* die deutsche Werbebranche wie vorher und nachher nur sehr wenige andere Unternehmer:innen. Mit ihrem Unit-Modell, das eine Zellteilung bei ungefähr 40 Mitarbeiter:innen pro Geschäftseinheit vorsah, konnten sie sich auch als eine der größten Agenturen des Landes wie ein Geschwader von kleinen Schnellbooten verhalten. So gelang es den beiden Werbern über zwei Jahrzehnte, den besten Nachwuchs für die Unternehmensgruppe zu gewinnen und diesem schnell Führungsverantwortung zu übertragen. In der Folge trat dann genau das ein, was Finkelstein in den USA in zahlreichen Branchen beobachtet hatte. Es gab Zeiten, da waren im Großteil der Führungsteams der Top-30-Agenturen in Deutschland ehemalige *S&J*-Mitarbeiter:innen vertreten. Genau die Faktoren, die Finkelstein in seinen Arbeiten als Gemeinsamkeiten der Superbosse beschreibt, galten auch für die beiden Unternehmer:

- Andersdenker:innen wurden bevorzugt.
- Es wurde unkonventionell gesucht. In einigen Fällen verfügten die Kandidat:innen nicht einmal über Branchenerfahrung.
- Jobs wurden, wenn sinnvoll, an die Talente angepasst.
- Fluktuation wurde akzeptiert.
- Es bestanden hohe Erwartungen bei gleichzeitiger Stärkung des Selbstbewusstseins.
- Als Vorbild vorangehen – bei *Springer & Jacoby* wurde dies durch die „Gesagt-/Getan-Rate" nachgehalten.
- Es gab überdurchschnittlich großen Entwicklungsraum für alle Mitarbeiter:innen.
- Zum Teil entwickelten sich lebenslange Verbindungen, die weit über das Beschäftigungsverhältnis hinausgingen.

Unter den drei Arten von Superbossen, die Finkelstein beschreibt, passt der „Idealist" am besten, um Konstantin Jacoby und Reinhard Springer zu beschreiben.[14]

Simon Sinek mag Kreise. Neben seinem „Goldenen Kreis", den wir im Kapitel „Sinnfindung" erläutert haben, beschreibt er in *Gute Chefs essen zuletzt* den „Kreis der Sicherheit". Im Halten und Schützen dieses Kreises sieht er die zentrale Aufgabe der Anführer:innen einer Gemeinschaft (ob Herde, Dorf, Stamm oder Unternehmen). „Es ist die wichtigste Rolle der Führung, die Menschen im Inneren des Kreises der Sicherheit zu beschützen.“ Sie bestimmen darüber, so Sinek weiter, wie die Eintrittsbedingungen in den Schutzkreis sind, und sind somit so etwas wie Torwächter und tragen auch die Verantwortung dafür, wie groß der Kreis wird.[15] Mit dieser Überzeugung bestätigt er die Forschung der Harvard-Forscherin Amy E. Edmondson, die sich mit der besonderen Bedeutung der psychologischen Sicherheit für die Leistungsfähigkeit von Teams in zahlreichen Studien auseinandergesetzt hat.[16]

Führung als Service

„Der einzige Weg, um großartige Ergebnisse und große menschliche Zufriedenheit zu erzielen, ist Servant Leadership.“

Ken Blanchard, Unternehmer und Autor

Vieles von dem, was wir bisher in diesem Kapitel beschrieben haben, hat seine Wurzeln in einem Führungsstil, der in der Führungsaufgabe eine Art Servicefunktion sieht. Die dienende Führungspersönlichkeit ist ein Gegenentwurf zur traditionellen Führungskraft, die sich im Wesentlichen durch „Befehl und Kontrolle“ definiert. Ein Servant Leader dient dagegen dem eigenen Team und unterstützt die Teammitglieder darin, zu wachsen und sich zu entwickeln, sorgt für geeignete Rahmenbedingungen und räumt Hindernisse aus dem Weg. Der Begriff des „Servant Leader“ wurde Anfang der 1970er-Jahre durch Robert Greenleaf begründet, der 38 Jahre lang bei *AT&T* tätig war, zuletzt als Director of Management Development. Er zählte zu den ersten Führungskräften, die Frauen und Menschen mit afro-amerikanischer Herkunft in Führungspositionen beförderten. Nach seiner Pensionierung im Jahr 1964 begann seine zweite Karriere als Autor, Lehrer und Berater. In dieser Zeit entstand auch sein bis heute wirkungsvoller Essay *The Servant as Leader.* Eine der herausragenden Eigenschaften eines Servant Leader liegt nach Greenleaf in der Fähigkeit des Zuhörens. Greenleaf beschreibt in seinem Essay die Geschichte eines Mannes, der zum Leiter einer großen, wichtigen und schwer zu verwaltenden öffentlichen Institution ernannt wurde. Da er mit der Entwicklung der Abteilung nicht zufrieden war, überlegte er sich folgende Taktik. Für drei Monate hörte er auf, Informationen von außen aufzunehmen, er ging so weit, dass er aufhörte, Zeitungen zu lesen und Nachrichten zu hören, und vertraute ausschließlich darauf, was seine Mitarbeiter:innen ihm über die Geschehnisse erzählten. Er hörte ihnen zu. In diesen drei Monaten konnten alle administrativen Probleme gelöst werden.

Larry Spears, der als CEO fast 18 Jahre lang das Robert K. Greenleaf Center for Servant Leadership führte, hat aus den Werken von Greenleaf zehn Charakteristika zusammengefasst, die einen Servant Leader ausmachen. Neben dem Zuhören zählen dazu Empathie, die Fähigkeit, Beziehungen zu heilen, das Bewusstsein für sich selbst und für andere, Überzeugungskraft, Konzeptualisierung[17], Voraussicht, Stewardship[18], ein Engagement für das Wachstum der anvertrauten Menschen sowie die Fähigkeit, Communities aufbauen und entwickeln zu können. Servant Leadership macht Teams besser, führt zu qualitativ hochwertigen, innovativen und kundenorientierten Ergebnissen und sorgt gleichzeitig dafür, dass Menschen motivierter, leistungsbereiter und zufriedener sind, wie eine Metaanalyse aus über 300 empirischen Studien belegt.[19]

Für Ken Blanchard kommt es auf das von Spears genannte Bewusstsein an, das einen Servant Leader von einer traditionellen Führungskraft unterscheidet. Wir haben für ihn alle damit zu leben, dass wir zwei Versionen von uns selbst in uns tragen. Da ist zunächst das externe Selbst, das sich stets an Aufgaben orientiert und das es gewohnt ist, Jobs zu erledigen. Wenn es morgens die Kontrolle über uns übernimmt, hetzen wir von Meeting zu Meeting durch den Tag und fallen abends erschöpft ins Bett. Selbst wenn wir das Rattenrennen des Tages gewonnen haben, so zitiert Blanchard in diesem Zusammenhang die Philosophin Lily Tallman, sind wir dann immer noch eine Ratte. Doch wir haben die Wahl, wir können stattdessen aus dem Rennen aussteigen und langsam in unseren Tag eintreten und unserem nachdenklichen und reflektierenden Selbst Raum geben. Er empfiehlt, dass wir uns jeden Morgen überlegen, was wir von diesem neuen Tag wollen, wer wir an diesem Tag sein wollen und wie wir uns verhalten wollen. Blanchard liest außerdem jeden Morgen sein eigenes Leitbild. Wer eine herausragende, dienende Führungskraft sein möchte, ist sich Blanchard sicher, muss sich immer wieder mit den eigenen Visionen und Zielen beschäftigen und diese regelmäßig überprüfen, um dann jeden Tag aufs Neue hinauszugehen und ein Leben im Dienst der Sache zu führen.[20]

Führung in Rollen

„Werde der CEO deiner Rolle."

Brian Robertson, Unternehmer und Autor

Ein weiteres neues Führungsparadigma dezentralisiert Führung und verteilt sie auf Rollen. Jeder Mensch innerhalb einer Organisation hält dabei in der Regel mehrere Rollen, für die es einen klaren Sinn und Zweck gibt sowie klare Verantwortlichkeiten. Das ist weit mehr als eine Stellenbeschreibung im Miniformat, denn es geht hierbei nicht darum, die Aufgaben des Inhabers oder der Inhaberin zu definieren, sondern ihm beziehungsweise ihr die volle Verantwortung einschließlich damit einhergehender Entscheidungsautonomie zu übergeben. Rollen können zwar in einem Über-/Unterordnungsverhältnis stehen, so macht beispielsweise die Rolle „Chief Financial Officer", die unter anderem für die Sicherstellung der Unternehmensliquidität verantwortlich ist, im Rahmen ihrer Rolle Vorgaben, die den Handlungsspielraum der Rolle „Buchhaltung" begrenzen.[21] Es gibt allerdings kein „Ober-sticht-Unter-Prinzip", wie wir es aus klassischen Hierarchien kennen. Das heißt, eine übergeordnete Rolle kann nicht in eine untergeordnete Rolle hineinregieren, wie es ihr gefällt. Um die Rollen sinnvoll zu definieren und auf Veränderungen und Anpassungsbedarfe reagieren zu können, ist es wichtig, Rollen als dynamische Konstrukte aufzufassen – was sie wiederum von Stellenbeschreibungen unterscheidet. Aufkommende Unklarheiten oder Konflikte werden als Chance gesehen, Rollen und ihr Verhältnis untereinander situativ weiterzuentwickeln. Es wird also gar nicht erst versucht, alle Eventualitäten im Vorfeld festzulegen. Wichtig ist, die Eigenständigkeit einer Rolle zu erhalten und damit auch die Führungsverantwortung des Inhabers beziehungsweise der Inhaberin im Rahmen der Rolle. Unterschiedliche Qualifikationen und Ambitionen spiegeln sich in den übernommenen Rollen wider, die sich hinsichtlich ihres Umfangs und ihrer Tragweite unterscheiden.

Hierbei gibt es selbstverständlich unterschiedliche Spielarten. Die Organisationsform Holacracy, die wir im Kapitel „Organisation" ausführlich beschreiben, ist eine der konsequentesten Arten, dies umzusetzen. Brian Robertson war bei uns zu Gast im Podcast und fasste den Grundgedanken in einem Satz zusammen: „Jede:r ist bei uns CEO seiner beziehungsweise ihrer Rollen."[22] Mit einem Schmunzeln beschrieb er dabei eine Situation, die sich mit einer neuen Kollegin, die gerade das College abgeschlossen hatte, ergab. Er selbst hält ungefähr 30 Rollen. Eine davon ist, dass er die „Holacracy Spokesperson" ist. Seine neue Kollegin hat unter anderem die Rolle „Casting Agent". Sie verhandelt und checkt Optionen für passende Vorträge, pflegt Beziehungen, sorgt für Entscheidungsreife. In einem Steuerungsmeeting adressierte sie ihre Frustration über Brians Absagen, da sie so ihre Rolle nicht gut füllen könne. Sie schlug vor, dass Brian klare Kriterien definieren solle, damit sie in Zukunft besser wisse, welche Vorträge ihn wirklich interessierten. Am Ende des Meetings schloss sie mit der Frage: „Bis wann bist du damit fertig?" Eine Frage, die eine frischgebackene Universitätsabsolventin in einem hierarchischen Unternehmen wohl kaum an den Gründer und Geschäftsführer richten würde, schon gar nicht vor versammelter Mannschaft. In Unternehmen, die nach Holacracy arbeiten, ist dies vollkommen normal, denn jede:r Rolleninhaber:in ist Chef:in in den übernommenen Rollen, was Brian als „dezentralisierte Autokratie" bezeichnet.

Führung in Rollen trägt dazu bei, dass jeder Mensch im Unternehmen Verantwortung übernimmt und im Rahmen der eigenen Rollen selbst entscheidet. Tauchen dabei Probleme oder Konflikte auf, gibt es Mechanismen, um diese zu lösen. Rollen haben außerdem den Vorteil, dass Menschen in sich geschlossene, sinnvolle Verantwortungsbereiche übernehmen, anstatt – wie manchmal üblich – einen historisch gewachsenen „Blumenstrauß" der unterschiedlichsten Tätigkeiten. Das schafft auch mehr Flexibilität in der Weiterentwicklung. Wenn jemand das Gefühl hat, dass er oder sie mehr Verantwortung übernehmen möchte, kann dies unbürokratisch durch die Hinzunahme einer neuen Rolle geschehen, ohne dass sich die Person gleich auf eine vollkommen neue Stelle bewerben muss. Ebenso können Rollen an andere abgegeben werden. Wer stärker rollenbasiert arbeiten möchte, braucht nicht gleich die ganze Organisationsform ändern, wie einige Modelle es vorschlagen – das ist eine mögliche Endausbaustufe, die aber nicht immer erstrebenswert ist. Viel wichtiger sind die Prinzipien dahinter, insbesondere die Bereitschaft, Verantwortung zu verlagern, anstatt nur Aufgaben zu übergeben und Rollen iterativ weiterzuentwickeln.

Geteilte Führung

„Zu zweit auf einer Position zu arbeiten, gibt uns eine ungeahnte Freiheit und Flexibilität."

Christiane Hasis und Angela Nelissen,
Vice Presidents *Unilever*

Führung als Rolle zu sehen und je nach Kontext aufzuteilen, findet sich auch in anderen Ansätzen wieder. Im agilen Arbeiten wird zum Beispiel fachliche von personeller Führung getrennt. Das steht im starken Widerspruch zum klassischen Führungsparadigma, in dem beides in Personalunion stattfindet. Es handelt sich hier allerdings um zwei völlig unterschiedliche Kompetenzen, die besser den Menschen anvertraut werden, die in der einen oder anderen Kompetenz ihren Schwerpunkt haben. Aus diesem Grund gibt es beispielsweise im Scrum-Ansatz die Rolle des Product Owner, der fachlich führt und dafür verantwortlich ist, dass das Team an den richtigen Inhalten arbeitet. Gleichzeitig ist der Product Owner die Schnittstelle zu den Kunden:innen und sorgt dafür, dass sämtliche Anforderungen in gut definierte Arbeitspakete überführt werden. Der Scrum Master begleitet hingegen den Arbeitsprozess. Auch er steht im Dienst des Teams und sorgt für einen reibungslosen Ablauf sowie für die Meetings, die zur Einhaltung des Prozesses und zur kontinuierlichen Verbesserung beitragen. Das Thema disziplinarische Führung, das früher der wichtigste Aspekt von Führung war, hat hier eine untergeordnete Rolle, die zwar besetzt ist, allerdings im Tagesgeschäft hinter den anderen Rollen zurücktritt. Ein weiterer wichtiger Aspekt: Wer fachlich gut ist, muss nicht zwingend auch personell führen, um sich beruflich weiterzuentwickeln. Die Verknüpfung mit der Vergangenheit wird damit endlich aufgelöst. Das erlaubt Menschen, am Talent orientierte Verantwortung zu übernehmen.[23]

Doch das ist nicht die einzige Art und Weise, wie Führung geteilt werden kann. Wenn bei *Unilever* eine neue Kollegin oder ein neuer Kollege in das Team von Christiane Hasis und Angela Nelissen eintritt, dann kommt es immer wieder zu derselben Begebenheit: „Wer ist denn diese:r CHAN?", fragen die Neulinge, wenn sie das erste Mal eine E-Mail von CHAN@Unliver.de bekommen. CHAN steht für die Initialen von Christiane Hasis und Angela Nelissen. Die beiden leiten gemeinsam das DACH-Geschäft für Eis und Tee. Sie teilen sich nicht nur den Job, sondern auch eine E-Mail-Adresse. Seit zehn Jahren sind die beiden ein Jobsharing-Team. Sie sind ihre gegenseitigen Kritikerinnen, ihre Coaches und ihre Back-ups, wenn zum Beispiel eines ihrer Kinder krank ist. Sie sind außerdem gute Freundinnen und als Vice Presidents das hierarchisch am höchsten stehende Jobsharing-Duo in der weltweiten *Unilever*-Organisation. Jobsharing hat für viele Menschen leider noch den Beigeschmack, nur etwas für Frauen zu sein, die nach einer längeren Pause wieder in den Job einsteigen wollen. Mit den Themen Karriere oder Führung werden sie noch viel zu wenig assoziiert. Für die beiden steht aber fest, dass ihnen eine so erfolgreiche berufliche Entwicklung nicht trotz, sondern wegen der Teilung gelungen ist. Auf die Frage, warum es bisher fast nur Frauen sind, die sich für ein solches Modell entscheiden, antwortet Angela Nelissen mit einer Gegenfrage: „Können Männer überhaupt Jobsharing machen, ohne Frauen als Coaches?“[24]

Tarek Müller, einer von drei Gründern und das Gesicht von *ABOUT YOU*, ist seit Jahren ein großer Fan von Doppelspitzen. Zunächst waren es Teams in der IT, die sich bei *ABOUT YOU* Führungspositionen teilten, meistens ein Product Owner, der auch die disziplinarische Führung übernahm und eher Außenminister und Schatzmeister war. Außerdem gab es eine Art CTO, der die Entwickler:innen inhaltlich steuerte und im Wesentlichen nach innen arbeitete. Die beiden Führungskräfte standen gleichberechtigt nebeneinander, verdienten fast immer exakt dasselbe und es waren oft eine Frau und ein Mann. Mittlerweile sind unternehmensweit ungefähr 50 Prozent aller Leitungspositionen doppelt besetzt. Es sind, so führt Tarek weiter aus, meist ganz unterschiedliche Leute, die sich aber sehr gut ergänzen. Auch bei Tarek selbst und seinen beiden Co-Geschäftsführern Sebastian Betz und Hannes Wiese ist es so. Tarek hat das Verhandlungsmandat für die drei, er vertritt *ABOUT YOU* nach außen mehr oder weniger autark, und die beiden anderen „machen Dinge nach innen autark“. Es ist ein Modell, das man typischerweise von Gründer:innen kennt, nur haben die drei es auf das gesamte Unternehmen übertragen. Für Tarek ist es absurd, das Risikokapitalgeber:innen auf der einen Seite fast immer Gründerteams besser finden als Einzelgründer:innen. Wenn dieses Prinzip dann auf das Unternehmen übertragen wird, sagen dieselben Leute: „Nee, also verteilte Verantwortung, das ist ja der Teufel.“ Warum soll das, was bei einem Gründerteam schlau und wertsteigernd ist, nicht auch für Teams in der gesamten Organisation gelten? Für Tarek liegen die Vorteile klar auf der Hand. Mit geteilter Führung lassen sich größere Teams bauen und komplexe Aufgaben besser lösen. Führungsteams sind besser abgestimmt und jede:r kann sich auf das konzentrieren, was sie oder er am besten kann. Der Wert geteilter Führung besteht darin, dass unterschiedliche Perspektiven zusammenkommen, Stärken sich ergänzen und individuelle Schwächen ausgeglichen werden – unabhängig davon, ob sie in Form von Rollen, unterschiedlichen Schwerpunkten oder Doppelspitzen stattfindet. Das funktioniert umso besser, je unterschiedlicher die Beteiligten sind und sie diese Unterschiedlichkeit auch einbringen dürfen.[25]

Führung mit Daten und Tools

„Eine datengesteuerte Kultur beginnt ganz oben.“

David Waller, Head of Data Science and Analytics bei *Oliver Wyman*

Geht es um die Führung von Menschen, verlassen sich viele auf ihr Bauchgefühl. Ganz sicher sollte dieses auch eine Rolle spielen, da es eine kognitive Entscheidung durch unbewusst aufgenommene Signale anreichert. Wenn Organisationen jedoch komplexer werden, empfiehlt es sich, Daten hinzuzuziehen. Bei *Google* werden für nahezu alle Entscheidungen Daten genutzt, so auch in der Personalführung. Dies führte unter anderem zu der Erkenntnis, dass eine Gehaltserhöhung oder eine Beförderung die Chance, dass Mitarbeiter:innen dem Unternehmen die Treue halten, lediglich um zwei beziehungsweise drei Prozent erhöht. Ein Entwicklungsgespräch mit einem Senior Executive, der sich wirklich Zeit dafür nimmt, erhöht diese Wahrscheinlichkeit hingehen um über 70 Prozent.[26]

Der in San Francisco geborene Stan Sugarman war einen Großteil seiner Karriere bei *Gruner + Jahr*, bevor er 2016 zu *Salesforce* wechselte. Bei *Salesforce* lernte er die „Ohana" (hawaiianisch für Wahlfamilie) kennen. Seiner deutschen Frau ist dies manchmal etwas zu „sektenartig", aber Stan beschreibt anhand der Werte und der Kultur von *Salesforce* anschaulich, warum das Unternehmen bei der weltweiten Umfrage von *Great Place to Work* zur globalen Nummer eins gewählt wurde. „Wir leben unsere Werte", fasst er es zusammen. Als Unternehmen, das sein Geld mit der Organisation und Nutzung von Daten verdient, nutzt es die eigene CRM-Cloud-Lösung auch nach innen. Mit derselben Gründlichkeit, mit der externe Kund:innen behandelt werden, wird bei *Salesforce* jede:r Mitarbeiter:in behandelt, und die Daten, die über die Mitarbeiter:innen erfasst und verarbeitet werden, sind ein wichtiges Instrument zur Personalentwicklung und Führung.

Hinzu kommt, dass Marc Benioff, der Gründer und Vorstandsvorsitzende von *Salesforce*, mit seinem „V2MOM"-Ansatz (Vision, Value, Methods, Obstacles, Measures, also: Vision, Werte, Methoden, Hindernisse und Kennzahlen) außerdem ein Tool entwickelt hat, das das ganze *Salesforce*-Team in die Lage versetzt, sowohl persönliche Klarheit zu erlangen als auch die Motivation und Intention der Kolleg:innen besser nachzuvollziehen, wodurch auch Führung erleichtert wird. Hierbei erarbeitet jede:r Mitarbeiter:in ein individuelles V2MOM, in dem die persönliche Vision und die Werte ebenso festgehalten werden wie die Maßnahmen, mit denen diese erreicht werden sollen. Ein V2MOM enthält auch mögliche Hindernisse sowie die Indikatoren, um Erfolg zu messen. Dabei orientieren sie sich auch an den V2MOMs ihrer Vorgesetzten und denen des ganzen Unternehmens. Alle V2MOMs sind für alle Kolleg:innen einsehbar und jedes Teammitglied bespricht ihr beziehungsweise sein V2MOM regelmäßig mit der vorgesetzten Person, um eigene Fortschritte zu erkennen und sich ständig weiterzuentwickeln. Stan berichtete uns davon, dass es durchaus üblich sei, sich vor einem Meeting mit den V2MOMs der Teilnehmer:innen zu beschäftigen, um sie besser zu verstehen.[27]

Die Nutzung von Daten wird von vielen Führungskräften noch kritisch gesehen. Eine Umfrage aus dem Jahr 2019, die im Auftrag von *Deloitte* unter amerikanischen Führungskräften durchgeführt wurde, deutet die Tragweite an. Sie ergab, dass 67 Prozent der befragten Führungskräfte sich mit dem Zugriff auf oder der Nutzung von Daten aus ihren Tools und Ressourcen nicht wohlfühlen. Die Tech-Giganten aus dem Silicon Valley und ihre Pendants in China gehen hier einen anderen Weg. Es ist eine wichtige Aufgabe von Führungsteams, Möglichkeiten zu finden, die Wettbewerbsfähigkeit auf der einen und die Gesetze und die eigenen ethischen Standards auf der anderen Seite zu berücksichtigen.[28]

Das sichtbarste Führungsteam

„Wir sind dann in eine Ehetherapie als Konzernvorstand gegangen."

Alexander Birken, CEO *Otto Gruppe*

Alexander Birken treibt vor allem die Digitalisierung, die Entwicklung von Plattformen, das Corporate Venturing und den Kulturwandel bei *Otto* an. Im Dezember 2015 gab die Konzernführung zusammen mit dem Aufsichtsrat den Startschuss zum „Kulturwandel 4.0". Der Impuls kam damals von Benjamin Otto, berichtet Alexander Birken in unserem Gespräch. Dieser war aufgrund seiner Erfahrungen mit Start-ups ein anderes Tempo gewohnt. Den Beteiligten war klar, dass es sich nicht um ein Projekt, sondern um einen Prozess handeln würde, der wahrscheinlich kein Ende hätte. Die Führung räumte damals ein, dass sie noch nicht genau wisse, wie der Wandel gelingen könne. Klar war aber schon damals die Richtung: agiler, flexibler, schneller.

Das Vorstandsteam von *Otto* holte sich dafür externe Hilfe. Zusammen mit Professor Willy Schley entschlossen sich Alexander Birken und sein Vorstandsteam, einen Teambildungsprozess zu absolvieren. Dabei wurden Fragen bewegt, die für Führungsteams in der deutschen Wirtschaft eher unüblich sind:

- Respektierst du den:die andere:n Vorstandskolleg:in?
- Bist du transparent?
- Machst du dich verletzbar?
- Siehst du es als Chance, dich zu öffnen?
- Oder möchtest du darstellen, dass du der Coolste, der Superman und der beste Vorstand bist, den es in der gesamten Bundesrepublik gibt?

Dieser Prozess war schmerzhaft. Alexander Birken erinnert sich an einen Termin im August 2016, an dem sich das Gremium stritt wie die „Kesselflicker". Das Feedback des Coachs war deutlich: „Ihr hört euch nicht zu und ihr verharrt in alten Rollenbildern." Alexander Birken fasst seine damalige Gefühlslage wie folgt zusammen: „Ich schämte mich, mir war es peinlich, dass ich mich gerade so benommen hatte, und ich glaube, es ging allen so." In der Rückschau war das ein Wendepunkt im Unternehmen. Der Respekt und der Umgang miteinander, das Verständnis für die Rollen und die Zusammenarbeit im Team haben sich seitdem signifikant verbessert, und die Mitarbeiter:innen nehmen ihrem obersten Führungsteam nun die Ernsthaftigkeit ihrer Anliegen ab. Es ist unser Ansicht nach nicht verwunderlich, dass die *Otto* Gruppe in Deutschland immer wieder als positives Beispiel im Kontext von Führung genannt wird.[29]

ON THE WAY TO NEW WORK

„Wenn Ihr Handeln andere dazu inspiriert,
mehr zu träumen, mehr zu lernen,
mehr zu tun und mehr zu werden,
sind Sie eine Führungskraft."

John Quincy Adams, sechster US-Präsident

Führung ist ein komplexes Thema, die Meinungen und Erfahrungen darüber sind vielfältig. Im Kontext von New Work und den vielen Gesprächen und Coachings, die wir dazu geführt haben, hat sich für uns dennoch ein roter Faden für gute Führung herauskristallisiert:

- Wer andere Menschen führen möchte, fängt am besten bei sich selbst an. Emotionale Intelligenz ist eine gute Voraussetzung.
- Führung setzt im New-Work-Kontext bei einer anderen Haltung an. Das hat unter anderem mit Respekt vor dem Wissen und der Erfahrung der Geführten sowie der Einsicht zu tun, dass es nur zusammen gut wird.
- Bei den Führungsaufgaben geht es immer mehr darum, Menschen in die Lage zu versetzen, selbst wirkmächtig zu werden und Verantwortung zu übernehmen. Die Vermittlung der großen Linie und das Schaffen eines geeigneten Rahmens ist Kernaufgabe von Führung.
- Eine besondere Bedeutung hat nach wie vor die Identifikation neuer und die Entwicklung bestehender Führungskräfte.
- Führung im New-Work-Kontext versteht sich zuallererst als Service und nicht als Karrierebeschleuniger oder Belobigung.
- Führung kann nahezu ohne den Einsatz von Hierarchien in Rollen stattfinden, deren Vergabe sich am Talent orientiert.
- Führung ist teilbar. Heterogene Führungsduos können ihre Stärken noch besser ausspielen.
- Daten und Tools können gute Führung unterstützen.
- Ein Top-Leadership-Team, das bei sich selbst beginnt, stellt die Weichen für die Zukunft.

Ein Kapitel über das Thema Führung wäre unvollständig, wenn es nicht auch den „Elefanten im Raum" benennen würde. Die Erneuerung von Führung wird nur mit deutlich mehr Diversität gelingen. Alles spricht dafür, dass wir nur so zu New Work und zu New Leadership kommen. Aus diesem und weiteren Gründen haben wir dem Thema Diversität ein eigenes Kapitel gewidmet. Gute Führung braucht außerdem gute Ziele.

17/ ZIELE

„Ziele sind die besseren Träume."

Moritz Fürste, Unternehmer und Olympiasieger

Moritz Fürste wurde 1984 geboren und hat für sein Alter bereits Bemerkenswertes erreicht. Im Hockeysport gehörte er über zehn Jahre lang zu den besten Spielern der Welt. Der ehemalige Kapitän der deutschen Hockey-Nationalmannschaft gewann zweimal olympisches Gold und einmal Bronze. Er hält Ziele für die besseren Träume, denn sie helfen dabei, Dinge auch am Tag zu erreichen. Seit 2017 ist Moritz Unternehmer und baut zusammen mit seinen beiden Partnern und einem motivierten Team die weltweit angelegte Fitness-Competition-Serie *HYROX* auf.[1] Was er sich vornimmt, erreicht er in aller Regel, und wenn er einmal etwas nicht erreicht, so sagt er, liegt es immer daran, dass er sich über seine Ziele nicht im Klaren war.[2]

SPEZIFISCHE UND AMBITIONIERTE ZIELE MACHEN ERFOLGREICHER

„Jeder Fortschritt findet außerhalb der Komfortzone statt."

Michael John Bobak, Digitalkünstler

Meike Ramuschkat ist Kardiologin, Ruderin und Rekordhalterin der schnellsten deutschen Atlantiküberquerung – in einem Ruderboot. Am 12. Dezember 2019 brach sie zusammen mit drei anderen Frauen auf, um von der kanarischen Insel La Gomera aus über den Atlantik zu rudern. 42 Tage später erreichten sie ihr Ziel. Als ihre beste Freundin zum ersten Mal mit ihr über die Idee dieses Abenteuers sprach, wies sie diese weit von sich. Doch durch einen Zufall wurde Meike einige Monate später auf der spanischen Insel La Gomera Zeugin des dort jährlich stattfindenden Regattastarts und ihre innere Stimme sagte: Das ist es, was ich will. Noch nie zuvor hatte sie in einem Ruderboot gesessen.[3] Über eineinhalb Jahre hatte Meike sich gegen viele, auch innerfamiliäre Widerstände auf diese Herausforderung vorbereitet.

James Lawrence verlor in der großen Immobilienkrise 2008 in den USA seinen Job und sein Haus. Um aus seiner Lethargie herauszukommen, gab ihm seine Frau den Hinweis, er möge vom Sofa aufstehen und sich bewegen. Ein erster Lauf über wenige Meilen war der schmerzhafte Beginn. Im Jahr 2015 absolvierte er an 50 aufeinanderfolgenden Tagen in 50 US-Bundesstaaten jeweils einen Ironman.[4] „Die Leute sehen die Schlagzeile, aber sie vergessen die Reise, die die Schlagzeile gemacht hat“, fasst er es im Podcast zusammen – und es war eine sehr lange Reise. Als er mit dem Training begann, konnte er gerade einmal 500 Meter schwimmen. Ohne die Unterstützung seiner Familie und seiner Freunde, so Lawrence, wäre das nicht möglich gewesen. Immer wieder blitzt sein besonderes Verhältnis zu Kindern durch. „Ich glaube, unsere Kinder sind hier, um uns zu helfen, zu lernen und zu wachsen.“ Heute kann James, der mittlerweile den Künstlernamen „Iron Cowboy“ trägt, seine Familie mit seinen Aktivitäten als Athlet, Keynote Speaker, Autor und Coach ernähren.[5] Am 8. Juni 2021 hat er seinen Rekord aus dem Jahr 2015 pulverisiert, diesmal waren es 100 Ironman-Distanzen an 100 aufeinanderfolgenden Tagen.[6]

Im Jahr 1999 gründete Marc Benioff das Unternehmen *Salesforce*. Seinen Anspruch formulierte er klar und deutlich. Er setzte sich bereits im Gründungsjahr 1999 das Ziel, eine Organisation auf Weltklasseniveau aufzubauen, die nicht nur das Themengebiet Vertriebsautomatisierung beherrschen sollte, sondern das auch noch mit einer Benutzerfreundlichkeit auf dem Niveau von *Amazon*. Als einen der Maßstäbe zur Ermittlung, ob die ambitionierten Ziele erreicht würden, formulierte Benioff schon 1999: „Wir sind alle reich.“ Etwas mehr als 20 Jahre nach seiner Gründung hat *Salesforce* eine Marktkapitalisierung von über 200 Milliarden US-Dollar und das Unternehmen gilt in seinem Bereich als Weltmarktführer.[7]

Was ist es, das Menschen wie Moritz Fürste, Meike Ramuschkat, James Lawrence und Marc Benioff dazu bewegt, solche Leistungen zu vollbringen? Warum schaffen es einige Menschen, sich aus ihrer Komfortzone heraus in einen Zustand zu versetzen, der es ihnen ermöglicht, herausragende Leistungen abzurufen? Warum sind einige Teams und Unternehmen deutlich besser als ihre Wettbewerber? Und was haben Ziele damit zu tun? Die Wissenschaft hat auf diese Fragen eine eindeutige Antwort. Die Auswertung von über 400 Labor- und Feldstudien aus 25 Jahren Forschung hat gezeigt, dass spezifische und ambitionierte Ziele zu einem höheren Niveau der Aufgabenerfüllung führen als einfache, vage oder abstrakte Ziele. So fassen es die Psychologen Edwin Locke und Gary P. Latham zusammen, die als weltweit führende Forscher auf dem Gebiet von Zielen gelten.[8] John Doerr, Partner bei *Kleiner Perkins Caufield & Byers*, einer der erfolgreichsten Risikokapitalgesellschaften, berichtet in seinem Buch über OKRs (Objectives and Key Results) von diesen und weiteren Studien zum Thema Ziele und macht aus seiner Begeisterung für das Zielsystem keinen Hehl: „OKRs bringen die zentralen Ziele eines Unternehmens auf die Agenda. Sie kanalisieren Umsetzung und Koordination und sie verlinken Ziele bereichsübergreifend, um Sinn und Einigkeit über das ganze Unternehmen hinweg zu vermitteln.“[9]

Natürlich können wir auch ein erfülltes Leben ohne konkrete Ziele führen. Was im individuellen Bereich allerdings mindestens hilfreich ist, ist für Organisationen überlebensnotwendig, weil es um die Bündelung der Energie vieler Individuen geht. Ausgehend vom übergeordneten Sinn sorgen Ziele für Orientierung und Fokus, richten die Zusammenarbeit aus und sind der Gradmesser für Entscheidungen. Was sich leicht anhört, ist es in der praktischen Anwendung nicht immer. Viele Unternehmen hadern noch mit dem eigenen Zielsetzungsprozess, da dieser nur selten Motivation bei Führungskräften und Mitarbeiter:innen hervorruft und es oft genug an einer systematischen Übersetzung der Ziele in das Tagesgeschäft mangelt.

DER UMGANG MIT ZIELEN BRAUCHT EIN UPDATE

„Wichtig ist, dass man ein großes, ambitioniertes Ziel hat und ein System, um herauszufinden, wie man es in einen konkreten und realistischen Plan umsetzen kann."

Charles Duhigg, Journalist und Autor

Die Evolution der Zielfindungsprozesse in Unternehmen ist vergleichbar mit der Entwicklung von Organisations- und Führungskonzepten, von einer noch aus der Zeit des Taylorismus stammenden strikten Top-down-Orientierung hin zu mehr Selbstbestimmung. Das führt insbesondere dazu, dass Ziele in modernen Ansätzen nicht mehr nur von oben nach unten kaskadiert werden, sondern auch aus der Belegschaft kommen. Das alte System war passend für eine Welt, in der viele Aspekte eines Unternehmens vorhersagbar und planbar waren und Zusammenarbeit vor allem darin bestand, vorher vereinbarte Leistungen zu erbringen. Noch heute werden in vielen Unternehmen Ziele von oben nach unten geplant, was allerdings dazu führt, dass falsche Anreize gesetzt werden und Zielkonflikte entstehen. Eine ausschließliche Top-down-Logik ist nicht mehr sinnvoll, da viele wichtige Informationen, Chancen und Ideen auch auf Ebene der Mitarbeiter:innen entstehen. Fest steht außerdem: Wir brauchen auch beim Thema Ziele viel mehr Zusammenarbeit, um mit der Komplexität umzugehen. Eine zu starke Fokussierung auf individuelle Ziele stellt sich immer mehr als Hemmnis heraus. Hinzu kommt: Menschen wollen auch den Sinn verstehen und nicht nur eine Zahl vorgesetzt bekommen. Daher erfordert Neues Arbeiten auch neue Vorgehensweisen zur Zielsetzung.

SMART allein reicht nicht aus

„Ein Ziel kann leicht SMART sein, ohne klug zu sein."

Dick Grote, Autor und Unternehmensberater

Lange Zeit wurden Ziele insbesondere dann für gut befunden, wenn sie SMART waren. Diese Abkürzung steht für spezifisch, messbar, akzeptiert (im Sinne von erreichbar), realistisch und terminiert.[10] Die Ursprünge des SMART-Systems werden auf das US-amerikanische Unternehmen *General Electric* zurückgeführt. Schon Anfang der 1960er-Jahre wurde jede:r Mitarbeiter:in bei *General Electric* dazu verpflichtet, die individuellen Jahresziele in Form eines Briefs an ihre:n Vorgesetzte:n zu schicken. Diese Ziele mussten einen Zeitplan und eine Indikation darüber enthalten, wie sie erreicht werden sollten. Nach einer Diskussion und etwaigen Anpassungen galt das Papier dann als verbindlich. Es folgten unterschiedliche Anpassungen und Weiterentwicklungen. Anfang der 1980er-Jahre hatte das Unternehmen diese Vorgehensweise zum allseits bekannten SMART-System weiterentwickelt. Sowohl der große Erfolg von *General Electric* als auch zahlreiche Studien belegten einen positiven Zusammenhang zwischen dem Einsatz dieses Zielsystems und dem Erfolg von Teams und Unternehmen. Jack Welch, der legendäre ehemalige CEO von *General Electric*, wies lange Zeit darauf hin, dass er die Verdreifachung des Börsenkurses innerhalb von acht Jahren in einem unmittelbaren Zusammenhang mit dem SMART-Zielsystem sah. Es gab allerdings auch damals schon kritische Stimmen. Gary Latham formuliert eines der Kernprobleme: „Man gerät in eine Denkweise, in der das Abhaken von Aufgaben auf der Liste wichtiger wird als die Frage, ob man das Richtige tut."[11] Dick Grote geht in seiner Kritik noch weiter. Der Autor und Unternehmensberater erkennt bei Unternehmen, die mit der SMART-Systematik arbeiten, eine Tendenz, Ziele zu wenig ambitioniert zu formulieren, bedingt durch eine Überfokussierung auf die Kriterien „erreichbar" und „realistisch". Für ihn ist SMART daher eher eine Prüflogik, ähnlich wie eine Rechtschreibkorrektur, die vor Fehlern bewahrt, aber mit deren Hilfe allein keine großen Texte gelingen.[12]

Auch *General Electric* hatte in einigen Geschäftsbereichen zunehmend Probleme mit dem System. Mithilfe von Steve Kerr, damals Dekan der Wirtschaftsfakultät an der University of Southern California, entwickelte das Unternehmen 1989 ein Workshop-Format, das unter den Führungskräften „Work-out" genannt wurde. Damit wollte der Konzern der Tendenz entgegenwirken, zu kurzfristig und zu wenig ambitioniert zu planen, was insbesondere in schwächeren Divisionen erkannt wurde. Dean, der als Experte in der Psychologie von Zielsetzungen galt, fand in seinen Interviews heraus, dass das Zielsystem – anders als erwartet – den betroffenen Manager:innen und Mitarbeiter:innen Energie und ein gutes Gefühl gab. Sie zogen dies daraus, sich kurzfristige Ziele zu setzen und diese zu erreichen. Um dieses Gefühl nicht zu zerstören, lag ihr Fokus auf dem kurzfristig Erreichbaren. Mithilfe der Work-outs sollte die *General Electric*-Belegschaft dazu ermutigt werden, langfristiger und mutiger zu denken. In einem dieser Work-outs traute sich beispielsweise ein Arbeiter zu sagen, dass er es für einen Fehler halte, einen ganz bestimmten Teil der Entwicklungs- und Produktionsleistungen outzusourcen. Seiner Einschätzung nach könne dieselbe Leistung zu halben Kosten innerbetrieblich erbracht werden. Nichts an diesem Vorschlag, beschreibt es Charles Duhigg, der sich detailliert mit dem Unternehmen auseinandergesetzt hat, entsprach der gelernten SMART-Logik. Dennoch stimmte der verantwortliche Manager diesem mit den Worten zu: „Ich denke, wir werden es ausprobieren." Bis zum Jahr 1994 hatte weltweit jede:r *General Electric*-Mitarbeiter:in an mindestens einem Work-out teilgenommen. Dennoch gab es auch an dieser Methode Kritikpunkte. Um Arbeiter:innen einbinden zu können, musste der Konzern Produktivitätseinbußen hinnehmen und aufgrund des hohen Aufwands wurden die Work-outs nur ein-, maximal zweimal im Jahr pro Division oder Bereich angesetzt. Hinzu kam, dass trotz großer Motivation der Teilnehmenden oft nur kurzfristige Effekte zu beobachten waren.[13]

Die Erweiterung um Stretch Goals

„Wenn du weißt, wie du es erreichst, ist es kein herausforderndes Ziel."

Jack Welch, ehemaliger CEO *General Electric*

Für Jack Welch waren die Work-outs nur ein Zwischenschritt zu einer Überarbeitung der Zielfindungs- und Planungslogik von *General Electrics*. Zwölf Jahre, nachdem er CEO des Unternehmens geworden war, hörte er 1993 auf einer Japan-Reise die Geschichte über das japanische Zugsystem. Als in den 1950er-Jahren in Japan die ersten Ideen für eine Schnellzugverbindung von Tokio nach Osaka aufkamen, wusste noch niemand, wie es möglich wäre, eine technische Lösung zu entwickeln, die den hohen Ansprüchen an Geschwindigkeit, Sicherheit und Komfort gerecht werden könnte. Erste Schätzungen, die prognostizierten, dass der Aufwand für die notwendigen Tunnelbohrungen die Kosten für den Wiederaufbau von Tokio nach dem Zweiten Weltkrieg erreichen könnten, hielten die Macher jedoch ebenso wenig von ihrem Ziel ab, wie die Hunderte von Innovationen und Technologiedurchbrüchen, die erforderlich wären, um das Ziel zu erreichen.

Welch war so sehr davon überzeugt, dass er dem Gelernten sofort einen Namen gab: „bullet train thinking." Zusammengefasst meint es, dass wir Träume nutzen, um Ziele zu entwickeln, die so ambitioniert sind, dass wir bei der Formulierung noch keine Idee haben, wie wir sie erreichen. Bereits sechs Monate nach der Rückkehr von Jack Welch aus Japan hatte jede Division bei *General Electric* ein Stretch Goal. Es dauerte allerdings noch eine ganze Weile, bis sich der CEO und das Topmanagement wirklich einig darüber waren, was ein Stretch Goal sei. Doch irgendwann war klar: „Wenn man weiß, wie man dorthin kommt, ist das kein großes Ziel." In der Folge lag die Lösung für *General Electric* in der Kombination von SMART und Stretch Goal. Für „Corporate America" war dieses System die Blaupause zum Thema Ziele. Es wurde in zahlreichen Studien und Fachbüchern analysiert und von Tausenden Unternehmen kopiert.[14]

Sehr ambitionierte Ziele bergen allerdings auch die Gefahr zahlreicher Nebenwirkungen, wie wir sie weiter unten beschreiben. Daher brauchen wir neue Zielsysteme, die sich an agilen Prinzipien orientieren, Bereichsegoismen verhindern und Selbstorganisation unterstützen. Der wichtigste Ansatz, den wir hier sehen, sind Objectives and Key Results.

Objectives and Key Results

„Objectives and Key Results sind das Yin und Yang der Zielsetzung, die Verbindung zwischen Regeln und Praxis, zwischen Vision und Umsetzung."

John Doerr, Investor und Autor

John Doerr hatte gerade 11,8 Millionen US-Dollar für zwölf Prozent eines Unternehmens zweier Informatik-Studienabbrecher in Stanford investiert. Nach eigenen Angaben war das sein bis dahin höchstes Engagement als Risikokapitalgeber. Schon zu dieser Zeit waren die beiden Gründer fest von den großartigen Chancen überzeugt, die ihr Unternehmen haben würde. Er wollte es genauer wissen: „Was glaubt ihr, wie groß könnte das Ganze werden?" Sie antworteten ihm: „10 Milliarden US-Dollar." John Doerr wäre nach eigenen Angaben fast vom Stuhl gefallen, als die Gründer präzisierten, es ginge dabei nicht um die Marktkapitalisierung, sondern den jährlichen Umsatz. John Doerr gefiel das Gründerteam und deren Vision, „die Informationen der Welt zu organisieren und universell zugänglich und verwendbar zu machen". Die Rede ist von *Google*. Er war beeindruckt. „Es ging keine Prahlerei von Larry (Page) aus, sondern lediglich ruhiges überlegtes Urteilsvermögen." Das Einzige, das den beiden fehlte, war die betriebswirtschaftliche Erfahrung. Für John lag ein Großteil der Lösung dieses Problems in einem Werkzeug, das er in den 1970er-Jahren während seiner Zeit als Ingenieur bei *Intel* kennengelernt hatte. „Es nennt sich OKR und es steht für Objectives and Key Results. Es ist ein kollaboratives Konzept für Unternehmen, Teams und Individuen."[15]

Das Arbeiten mit OKRs hilft Unternehmen dabei, ihre Strategien besser umzusetzen, denn der Weg von der Definition einer Strategie hin zu deren Umsetzung funktioniert häufig schlecht. Das hat mehrere Gründe: Strategien werden von einem kleinen Kreis definiert, sind nicht von Kund:innen ausgehend gedacht und für die meisten Menschen im Unternehmen fehlt die Verbindung zwischen den PowerPoint-Folien und ihren konkreten Alltagsaktivitäten. Hinzu kommt, dass die Anpassungsgeschwindigkeit der Unternehmensstrategie aufgrund schwerfälliger Prozesse meist deutlich hinter der Marktdynamik hinterherhinkt. OKRs versprechen, dies zu ändern, indem sie eine beidseitig befahrbare Brücke zwischen Unternehmensstrategie und Teamaktivitäten bilden. OKRs wurden in den 1970er-Jahren von Andrew Grove bei *Intel* entwickelt.

Vereinfacht ausgedrückt funktionieren OKRs so: Ein Team setzt sich pro Quartal drei bis fünf qualitative Ziele und definiert je Ziel maximal fünf quantitative Schlüsselfaktoren, die unmittelbar vom Team beeinflusst und gemessen werden können und zur Erreichung des Ziels beitragen. Ein mögliches Objective eines Bereichs oder Teams könnte lauten: Unsere Produkt-Website ist suchmaschinenoptimiert, sodass potenzielle Kund:innen unser Produktportfolio leicht finden und erkunden können. Die dazu passenden Key Results könnten dann heißen:

- Verbesserter SEO-Score von 0,4 auf 0,7 (SEO-Score-Tool)
- Verbesserter Anteil der Klicks unserer Zielgruppe auf unsere Homepage von 15 Prozent auf 25 Prozent (Google Analytics)
- Senkung der organischen Absprungrate auf der Landing Page von 80 Prozent auf 65 Prozent (Google Analytics)
- Erhöhung der durchschnittlichen Sitzungszeit auf der Landing Page von 1:40 auf 2:00 Minuten (Google Analytics)[16]

Der meist quartalsweise Zielsetzungsprozess ist kein von oben gedachter Prozess. Als Grundregel werden 40 Prozent der Team-OKRs aus übergeordneten OKRs abgeleitet und 60 Prozent leiten sich aus den Prioritäten der Teams selbst ab.[17] Die Ziele werden sowohl vertikal mit übergeordneten OKRs (zum Beispiel Bereichs-OKRs) als auch horizontal mit anderen Teams abgestimmt, um sicherzustellen, dass sich diese im Einklang mit den übergeordneten Zielen befinden, und um Zielkonflikte zu vermeiden.

Um für Fokus in Bezug auf die eigenen Ziele zu sorgen, arbeiten die meisten Teams mit wöchentlichen Check-ins, in denen der aktuelle Status der Key Results betrachtet und Hindernisse transparent gemacht werden. Darüber hinaus nutzen OKR-Teams Retrospektiven[18] zur kontinuierlichen Verbesserung der Zusammenarbeit sowie Reviews, in denen die Ergebnisse des OKR-Zyklus präsentiert und evaluiert werden. Ein ganz wesentlicher Unterschied zu den klassischen, tayloristisch geprägten Zielsystemen besteht bei OKRs darin, dass die Erfüllung der OKRs nicht im Zusammenhang mit der individuellen Vergütung der Mitarbeiter:innen steht.

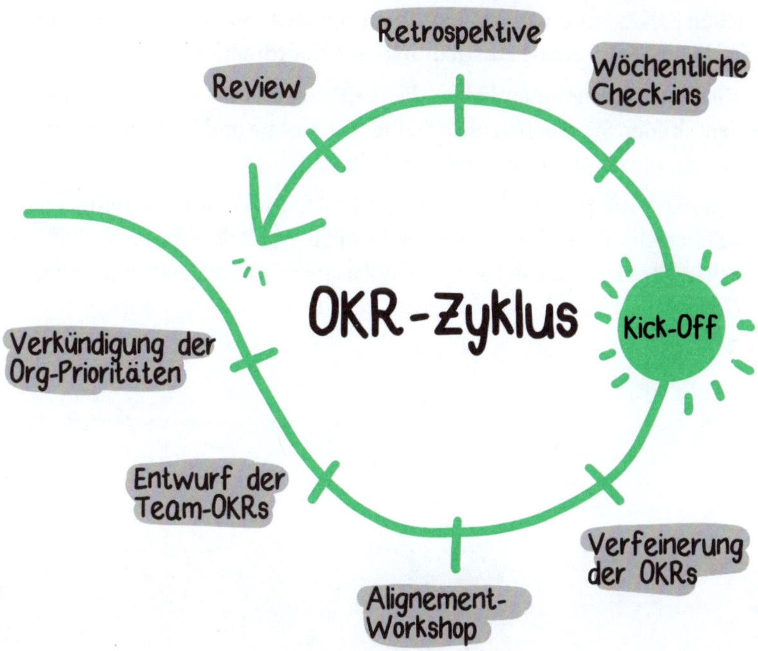

OKR-Zyklus nach *Workpath*

John Doerr nennt vier wesentliche Faktoren, die darüber entscheiden, ob Unternehmen mithilfe von OKRs erfolgreich sind:

1. **Fokussieren:** Es geht darum, die richtigen Prioritäten zu setzen und ganz klar und unmissverständlich zwischen dem, was unbedingt wichtig, und dem, was nicht so wichtig ist, zu entscheiden. Durch die Reduktion kommt es seltener zu Irritationen und Unternehmen sind insgesamt „leichtfüßiger".
2. **Ausrichten:** Durch die Ausrichtung der Ziele sowohl in vertikaler als auch in horizontaler Richtung werden die Kommunikation und die Zusammenarbeit verbessert. Die Teams verstehen ihren Beitrag zur Unternehmensstrategie und die Arbeit wird als sinnstiftender empfunden.
3. **Verfolgen:** OKRs sind datengetrieben und werden regelmäßig bewertet. Bei Abweichungen werden Handlungen ausgelöst, um zurück zur Planung zu gelangen. Gegebenenfalls werden OKRs ersetzt.
4. **Erstreben:** Mithilfe von OKRs werden Mitarbeiter:innen, Teams und ganze Organisationen dazu gebracht, ihre Komfortzone zu verlassen. „Sie führen uns zu Erfolgen an der Grenze zwischen Fähigkeiten und Träumen."

OKRs eignen sich prinzipiell für Unternehmen jeder Größe. Der primäre Nutzen, den das System bietet, kann sich allerdings abhängig von der Unternehmensphase und Größe unterscheiden, führt Doerr aus:

- In Start-ups sind OKRs ein Überlebenswerkzeug, das jungen Firmen, die häufig unter erheblichem Wachstumsdruck stehen, verlässliche Indikatoren für Erfolg liefert.
- In mittelgroßen Unternehmen und insbesondere in jenen, die schnell wachsen, verhelfen OKRs zu einer gemeinsamen Sprache. Sie sorgen außerdem für die vertikale und horizontale Ausrichtung und Koordination.
- In größeren Unternehmen haben die OKRs eine Funktion wie neonbeleuchtete Straßenschilder. Sie schaffen gleichzeitig Autonomie und Verbundenheit zwischen Menschen, die nicht am selben Ort arbeiten.

Larry Page, Co-Gründer von *Google*, bedankt sich im Vorwort zu John Doerrs Buch geradezu überschwänglich, indem er die Erreichbarkeit der *Google*-Vision unmittelbar mit dem Einsatz von OKRs in einen Zusammenhang stellt und schreibt, dass OKRs *Google* zu zehnfachem Wachstum verholfen habe.[19]

Wenn Ziele zu Problemen führen

„Ziele können in Organisationen zu systematischen Problemen führen, da sie den Blick verengen, unethisches Verhalten, erhöhte Risikobereitschaft, geringere Zusammenarbeit und geringere intrinsische Motivation verursachen. Seien Sie vorsichtig bei der Anwendung von Zielen in Ihrer Organisation."

Lisa D. Ordóñez, Maurice E. Schweitzer,
Adam D. Galinsky, Max H. Bazerman,
Autor:innen *Goals Gone Wild*

Im Jahr 2009 veröffentlichte die Harvard Business School unter dem Titel *Goals Gone Wild* einen Artikel, der sich kritisch mit dem Konzept von Zielen auseinandersetzte. Anhand zahlreicher Fallbeispiele beschrieben die vier Autor:innen, warum Zielsetzung nicht nur positive Aspekte, sondern auch eine ganze Reihe negativer Folgeerscheinungen mit sich bringe. So sei einer der größten Skandale, in die das US-Unternehmen *Ford Motor Company* verwickelt gewesen sei, eindeutig durch die Setzung unrealistischer Zielsetzung zu erklären. Aufgrund deutlicher Marktanteilsverluste gegenüber ausländischen Herstellern setzte der damalige CEO Lido Anthony „Lee" Iacocca für den zu entwickelnden *Ford Pinto* das Ziel, dass dieser für einen Preis unter 2.000 US-Dollar angeboten werden solle. Hinzu kam ein deutlich höherer Zeitdruck, als bis dahin üblich war. In der Folge wurden auf verschiedenen Ebenen des Managements notwendige Sicherheitsprüfungen nicht im erforderlichen Umfang durchgeführt. Neben zahlreichen Problemen stach insbesondere hervor, dass für den Kraftstofftank keine ausreichende Knautschzone eingeplant worden war. Es kam zu zahlreichen Auffahrunfällen mit Todesfolge. In den gerichtlichen Auseinandersetzungen zeigte sich außerdem, dass *Ford* seiner Linie selbst dann noch treu blieb, als die Probleme längst klar waren. Anstatt das fehlerhafte Design zu verändern, wurden die Kosten für die Prozesse niedriger eingeschätzt als die Investitionen in ein verbessertes Design. „... wir argumentieren, dass die schädlichen Nebenwirkungen von Zielvorgaben weitaus schwerwiegender und systematischer sind, als in früheren Arbeiten anerkannt wurde."[20]

Amy Edmondson beschreibt in *Die angstfreie Organisation* das Beispiel der US-Bank *Wells Fargo*, die ihren Mitarbeiter:innen unerreichbare Ziele setzte. Der Grund hierfür lag in der Vertriebsinitiative „Going for your Gr-Eight", wonach die Vertriebsmitarbeiter:innen in den damals 6.000 Filialen dazu angehalten wurden, durchschnittlich acht Produkte pro Kund:in zu verkaufen. Die Bank, die stolz auf ihre Fähigkeit war, zusätzliche Produkte zu verkaufen, führte auf allen Hierarchiestufen Belohnungssysteme ein, die sich am Erfolg dieser Cross-Selling-Kennzahl orientierten. Die Verkaufszahlen wurden viermal am Tag an die Zentrale übermittelt und die Führungskräfte, deren Boni sich ebenfalls am Erfolg von „Going for your Gr-Eight" maßen, erhöhten den Druck. Es wurden Coaching-Programme für unterdurchschnittlich verkaufende Mitarbeiter:innen eingeführt. Bei dauerhaft ausbleibenden Erfolgen folgte die Kündigung. In der Folge kam es zu grotesken Verletzungen ethischen Verhaltens. So wurden ohne Wissen der betroffenen Kund:innen Konten eröffnet, Kreditkarten erstellt und Kund:innen wurde fälschlicherweise erklärt, dass bestimmte Produkte nur in Kombination gekauft werden könnten. *Wells Fargo* entließ zwischen 2011 und 2016 über 5.300 Mitarbeiter:innen wegen ethischer Vergehen und weitete unter anderem die Schulungen in Verkaufsethik aus. Verwundert stellte Amy Edmondson fest: „Aber es gab dabei ein offenkundiges Versäumnis: Das Programm ‚Going for Gr-Eight' wurde nicht verändert." *Wells Fargo* hatte ein System geschaffen und Ziele formuliert, deren Erfüllung nur durch Betrug möglich war.[21]

Die Autor:innen von *Goals Gone Wild* sehen ein ganze Reihe von Problemen im Zusammenhang mit Zielen und formulieren ihre Kritik zum Teil drastisch:

- Wenn Ziele zu spezifisch sind, besteht die Gefahr, dass andere wichtige Merkmale einer Aufgabe übersehen werden.
- Zu enge Zielsetzungen können dazu führen, dass Menschen wichtige Leistungsdimensionen ignorieren, die nicht durch Ziele abgebildet werden.
- Zu viele Ziele können bei einigen Menschen dazu führen, sich nur auf ein Ziel zu konzentrieren. Forschungen haben außerdem ergeben, dass einige Arten von Zielen eher ignoriert werden als andere.
- Ziele mit zu kurzfristigen Zeithorizonten, die beispielsweise die unmittelbare Leistung betonen wie den Quartalsgewinn, können verantwortliche Manager:innen zu kurzfristigem Verhalten verleiten, das der Organisation langfristig schadet.
- Zu anspruchsvolle Ziele können zu extremem Risikoverhalten führen. Sie können außerdem unethisches Verhalten fördern und psychologische Folgen bei Zielversagen auslösen.
- Unternehmen, die sich zu stark auf Zielsetzungen verlassen, laufen Gefahr, die Zusammenarbeit zu untergraben, Lernen zu verhindern und den Zusammenhalt in Gruppen zu verschlechtern.
- Durch die Erhöhung der extrinsischen Motivation können Ziele der intrinsischen Motivation schaden, nämlich sich auf eine Aufgabe um ihrer selbst willen einzulassen.

John Doerr sieht den Artikel zwar kritisch, räumt aber ebenfalls ein, dass er einen „empfindlichen Nerv" treffe und dass einige Vorbehalte „nicht ganz unbegründet" seien.[22] Der OKR-Ansatz wirkt einigen der genannten Kritikpunkte entgegen, da Ziele zum Beispiel nicht mehr nur von oben nach unten kaskadiert werden, der Fokus auf „Outcome" statt „Output" kurzfristigem Aktionismus entgegenwirkt, durch die Drei-Monats-Zyklen ausreichend Flexibilität gegeben ist und individuelle Bewertungen und Vergütungen nicht mit dem Erreichen der OKRs verknüpft werden, die immer eine Teamleistung sind. Dennoch: Auch dieses Zielsystem kann nur dann funktionieren, wenn die Unternehmenskultur und das Mindset der Beteiligten dem nicht zuwiderläuft und alte Wertschätzungs- und Anreizmechanismen aus den Köpfen verschwinden.

In ihrem 2015 erschienen Buch *Why Greatness Cannot Be Planned: The Myth of the Objective* weisen die Autoren Kenneth O. Stanley und Joel Lehman auf einen weiteren Punkt hin. Eine zu starke Zielgläubigkeit kann Menschen, Teams und Organisationen in eine Stagnation führen.[23] Forschungen haben ergeben, dass sich dies insbesondere im Bereich von Innovationen niederschlägt, in dem rund 50 Prozent der Produkte beziehungsweise deren Anwendung auf glücklichen Zufällen beruhen. So hatten die Entwickler von *Viagra* zuerst die Behandlung von Angina Pectoris im Sinn und *YouTube* war ursprünglich als Datingseite gedacht.[24]

Moonshot Goals

„Ich glaube, dass diese Nation sich verpflichten sollte, noch in diesem Jahrzehnt das Ziel zu erreichen, einen Menschen auf dem Mond zu landen und ihn sicher zur Erde zurückzubringen."

John F. Kennedy, 35. US-Präsident

Harald Neidhardt gehört zu den neugierigsten Menschen, denen wir je auf unserer Podcast-Reise begegnet sind. Er ist Kurator und CEO von *Futur/io*, einem Unternehmen, das sich für „Moonshots for Europe" engagiert. Als er 2008 zum ersten Mal am *Burning Man Festival* teilnahm, entstand die Idee, selbst außergewöhnliche Events kuratieren und ausrichten zu wollen. Sein Buch *Moonshots for Europe*, das er zusammen mit 27 Autor:innen geschrieben hat, versteht er als eine Einladung, die Kunst des Moonshot Thinking mitzugestalten. Es ist eine Art Flughandbuch für einen Start in eine wünschenswerte Zukunft.[25] Inspiration für die Arbeit von Harald liefern die Singularity University und deren Community, die mittlerweile 250.000 Menschen umfasst und die über verschiedene Initiativen die wirklich großen Probleme (Grand Challenges) der Menschheit anzugehen versucht.

Moonshot Goals begründen ihren Ursprung in der Fähigkeit, exponentiell zu denken, eine Philosophie, mit der Unternehmen wie *Alphabet* (der Mutterkonzern von *Google*) ihre 10x-Initiative erklären: Statt sich mit einer Verbesserung um zehn Prozent zufriedenzugeben, stellen die *Google*-Gründer Larry Page und Sergey Brin die Frage beziehungsweise die Forderung, zehnmal besser zu werden. Unternehmen, die in dieser Grundhaltung geführt werden, verbindet häufig, dass sie für sich einen Sinn und Zweck formuliert haben, der eine außerordentlich hohe Ambition darstellt. Exponentielle Unternehmen denken groß. Deshalb stoßen wir in den Positionspapieren bestehender exponentieller Organisationen auf Zielsetzungen, die in früheren Jahren vielleicht unglaublich erschienen.[26]

Marc Bonchek glaubt, dass exponentielles Denken die Voraussetzung dafür war, dass *Google* sich für eine so ehrgeizige Vision wie die „Organisation der Informationen der Welt" entschied, oder dafür, dass *Meta* sich früh das Ziel setzte, „die Welt offener und vernetzter zu machen". Auch *Airbnb* gehört für ihn in diese Kategorie mit seinem Anspruch, eine Welt zu schaffen, in der sich alle der knapp acht Milliarden Menschen überall zu Hause fühlen können. „Das Moonshot-Denken beginnt mit der Auswahl eines großen Problems: etwas Großem, seit Langem Bestehenden oder von globalem Ausmaß“, fasst es Eric „Astro“ Teller zusammen, der seit 2010 CEO von *Alphabets* Tochter *X* ist – oder wie er sich auf seinem LinkedIn-Profil nennt: der „Captain of Moonshot at *X*“.

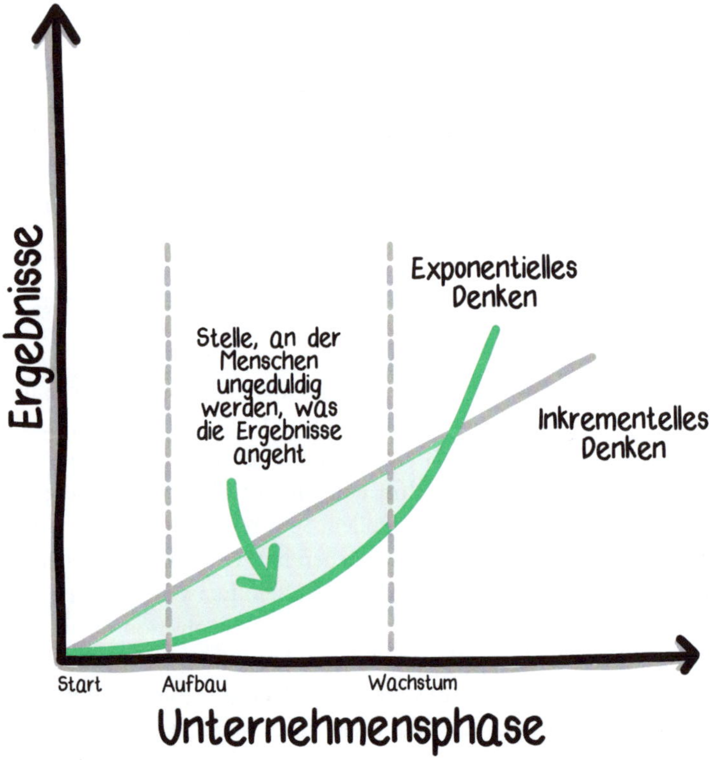

Exponentielles vs. inkrementelles Denken nach Mark Bonchek

ON THE WAY TO NEW WORK

„Nur wer sein Ziel kennt, findet den Weg.“

Laotse, Philosoph

Ziele können, wenn sie richtig formuliert und nachgehalten werden, ein wirksames Instrument für den Erfolg eines Unternehmens sein. Dabei müssen wir jedoch einige Dinge beachten:

- Ambitionierte Ziele sind die Voraussetzung für Erfolg, denn die Fokussierung auf kurzfristige, erreichbare Ziele führt nicht zum gewünschten Ergebnis.

- Der Umgang mit Zielen braucht ein Update: weg von einer strikten Top-down-Orientierung hin zu Teamzielen, die auf einen Sinn (Purpose) einzahlen und intrinsische Motivation wecken.
- SMARTE Ziele galten lange als Standard zur Zielsetzung, sind allerdings kein Garant für gute Zielvorgaben.
- OKRs sind das aktuelle State-of-the-Art-Zielsetzungssystem. Dessen Einführung braucht ein agiles Mindset, Geduld und die Bereitschaft, Ziele nicht mehr nur von oben nach unten zu denken.
- Ziele können Nebenwirkungen haben, sowohl betriebswirtschaftlich, sozial und ethisch als auch motivatorisch – das sollten wir bei aller Liebe zum Erfolg nicht aus dem Blick verlieren, denn nur so gelingt dieser.
- Moonshot-Ziele und exponentielles Denken können uns dabei helfen, die großen aktuellen Herausforderungen der Menschheit anzugehen.

Unternehmen, die moderne Zielsysteme implementieren und mit Leben füllen, haben eine größere Chance, erfolgreich zu sein. Wenn es gelingt, möglichst alle Führungskräfte und alle Mitarbeiter:innen auf diesem Weg mitzunehmen, ist das auch ein wichtiger Treiber für eine gesunde Kultur.

18/ KULTUR

„Wir sind zu dem Schluss gekommen, dass sich das meiste, wie zum Beispiel der Aufbau einer Marke, die den besten Kundenservice bietet, von selbst erledigt, wenn wir die richtige Kultur schaffen."

Tony Hsieh, ehemaliger CEO von *Zappos*

Für den Begriff der Unternehmens- beziehungsweise Organisationskultur existieren zahlreiche Definitionen und Modelle, die ihn unterschiedlich weit fassen und die sich zum Teil widersprechen. Einig sind sich mittlerweile aber Theorie und Praxis darüber, dass die Kultur den Erfolg eines Unternehmens massiv beeinflusst. In ihrem schon 2008 erschienenen Buch *Corporate Culture and Performance* beschreiben die beiden Harvard-Professoren John P. Kotter und James L. Heskett anhand von zehn Fallstudien und einer quantitativen Studie in mehr als 200 Unternehmen den Zusammenhang zwischen Kultur und Leistung. Sie zeigen auf, wie gemeinsame Werte und ungeschriebene Regeln den wirtschaftlichen Erfolg erheblich steigern, aber eben auch zum Gegenteil führen können, nämlich dass diese Werte und Regeln der notwendigen Anpassung an sich verändernde Märkte im Wege stehen.[1] John Coleman weist an anderer Stelle auf Studien von Heskett hin, laut derer die Kultur eines Unternehmens 20 bis 30 Prozent des Unterschieds in der Unternehmensleistung im Vergleich zu Wettbewerbern ausmachen kann.[2]

Für Frithjof Bergmann waren seine konzeptionellen und praktischen Bemühungen für eine „Neue Arbeit" untrennbar verbunden mit dem Streben nach einer „Neuen Kultur". Auch wenn er den Kulturbegriff weiter fasste, als wir ihn hier im Kontext von Organisationskultur verwenden, lohnt sich der Blick auf seine Gedanken. Für ihn war die Neue Arbeit der Weg zu einer individuellen und einer kulturellen Transformation. Im Ergebnis sah Bergmann eine Kultur, die intelligenter, menschlicher und fröhlicher sein würde. Er wollte schon damals etwas gegen die Verschwendung unternehmen, er wollte Armut bekämpfen und er wollte die Menschen dazu ermutigen, einer Arbeit nachzugehen, die für sie eine Berufung ist.[3]

Auch Brian Robertson, der Erfinder der Holacracy-Methode, war getrieben davon, einen Beitrag zur Verbesserung der Kultur in Unternehmen zu leisten. Seine 2010 eingeführte *Holacracy Constitution* verstand er als Grundlage für den Aufbau einer neuen Unternehmenskultur. Im Podcast beschrieb er die Entwicklung der Holacracy-Methode als seine Suche nach einem Arbeitsumfeld, das es jedem Menschen ermöglicht, seine ganze Kreativität, Leidenschaft und Menschlichkeit einzubringen, um gemeinsam etwas Großartiges zu erschaffen. Er wollte durch das System außerdem sicherstellen, dass alles, was von einer Person in der Organisation wahrgenommen wird, schnell und zuverlässig zu sinnvollen Veränderungen führen kann, solange es für den Zweck des Unternehmens relevant ist.[4]

Für Frédéric Laloux spielt das Thema Kultur ebenfalls eine große Rolle. In unserem Gespräch zitierte er Gary Hamel, der einmal sagte, dass wir für zwei Jobs bezahlt würden: für den, für den wir eingestellt wurden, und für den, der das Bild erzeugt, von dem wir glauben, dass es richtig ist. Laloux hat auf seinem Weg nach Unternehmen gesucht, in denen es nicht notwendig ist, eine Maske zu tragen, in denen Konflikte, Ängste und Flur-Getratsche die Kreativität nicht behindern. Die Fokussierung auf ein ganzheitliches Menschenbild und die Einladung zu Selbstführung biete immer wieder Überraschungen. Er habe viele Menschen aufblühen sehen, wenn die Einladungen ernst gemeint waren.[5]

Aaron Dignan, der mit *Brave New Work* einen wichtigen Beitrag zum Thema New Work geliefert hat, wird noch konkreter. Er fordert seine Leser:innen dazu auf, an einer Kultur zu arbeiten, die auf Ehrlichkeit, Transparenz und Vertrauen beruhe und die agiler und adaptiver sei. Nur so könnten wir die Leidenschaft und die Energie entfachen, die notwendig sein würden, um die gängige Art des Arbeitens wirklich zu reformieren. „Wir betrachten die Kultur als den Schatten des gesamten Betriebssystems eines Unternehmens."[6]

DER KULTURBEGRIFF

„Fragen Sie zehn Gründer nach der Unternehmenskultur und was sie bedeutet, und Sie werden zehn verschiedene Antworten erhalten."

Ben Horowitz, Unternehmer und Autor

Im Idealfall ist die Unternehmenskultur die Manifestation der niedergeschriebenen und gelebten Werte eines Unternehmens. Die notwendigen Veränderungen, die sich für die Wirtschaft und die Unternehmen aus den großen Herausforderungen der Menschheit ergeben, können nur dann gelingen, wenn wir es schaffen, alle Menschen in den Unternehmen dabei mitzunehmen, denn sie leben und prägen die Kultur. Die Kultur einer Organisation ist sowohl ein Werkzeug als auch ein Prüfpunkt dafür, wie schnell und vor allem wie nachhaltig uns das gelingen wird. Edgar und Peter Schein weisen in diesem Zusammenhang darauf hin, dass Kultur niemals separat von Führung und Veränderung gesehen werden dürfe. Jeder Veränderungsprozess, der diese Zusammenhänge nicht betrachte, werde scheitern oder zumindest nicht die angestrebten Effekte erzielen.[7] John Coleman hat sechs Faktoren beschrieben, die für ihn kulturprägend sind. Sie stellen für uns eine Art kleinsten gemeinsamen Nenner dar. Wir nutzen sie, um zu beschreiben, was der Kulturbegriff konkret umfasst:

1. **Vision:** Eine ambitionierte Vision, ein starkes Mission Statement oder ein relevanter Unternehmenszweck stehen am Anfang. Wird die Vision von den Füh-

rungskräften vorgelebt und lassen sich aus ihr konkrete Entscheidungen ableiten, kann sie als Orientierung für Mitarbeiter:innen, Kund:innen und alle anderen Interessenvertreter:innen im Umfeld eines Unternehmens dienen.

2. **Werte:** Die Werte eines Unternehmens vermitteln eine Haltung und geben, wenn sie klar formuliert sind und erläutert werden, gute Richtlinien für das erwartete Verhalten innerhalb der Organisation. Als ein gutes Beispiel benennt Coleman den Grundsatz von *Google* „Sei nicht böse",[8] der neben weiteren Prinzipien in dem internen Memo „Zehn Dinge, von denen wir wissen, dass sie wahr sind"[9] aufgeführt ist.
3. **Verhalten:** Anhand der konkreten Praktiken und Verhaltensweisen eines Unternehmens zeigt sich häufig, ob Vision und Werte wirklich gelebt werden. Wer sagt, dass Menschen das größte Kapital eines Unternehmens sind, sollte aufzeigen können, woran sich das festmachen lässt. Firmen, die propagieren, dass flache Hierarchien zu ihrer Kultur gehören, sollten Kolleg:innen die Sicherheit geben, in Diskussionen widersprechen zu können, ohne negative Konsequenzen fürchten zu müssen.
4. **Menschen:** Eine beabsichtigte Kultur funktioniert nur dann, wenn es genügend Menschen gibt, die deren Werte teilen und die durch ihr Verhalten dafür sorgen, dass die Kultur gelebt wird. Studien zeigen, dass Bewerber:innen in Unternehmen, zu denen sie kulturell passen, Einbußen beim Gehalt akzeptieren und außerdem weniger häufig kündigen würden.[10]
5. **Erzählungen:** Jedes Unternehmen hat eine einzigartige Geschichte. Die Fähigkeit, die Aspekte dieser Geschichte freizulegen und in eine spannende Erzählung zu verwandeln, ist ein Kernelement für die Arbeit an einer Unternehmenskultur.[11]
6. **Orte:** Die Auswirkungen der Corona-Pandemie haben uns gezeigt, welche Bedeutung Orte für die Kultur haben. Auch wenn sich viele Menschen mittlerweile mit neuen Modi der Zusammenarbeit arrangiert haben, ist uns oft bewusst geworden, dass die Begegnungen im Büro ein wichtiges Element der Unternehmenskultur sind. „Der Ort – sei es die Geografie, die Architektur oder die ästhetische Gestaltung – beeinflusst die Werte und Verhaltensweisen der Menschen am Arbeitsplatz."[12]

Natürlich gibt es noch mehr Bereiche, die Kultur prägen. Alle Vorgänge, die in einem Unternehmen passieren oder bereits passiert sind, seien sie sicht-, hör- oder auch nur spürbar, können Ausdrucksformen der Kultur des Unternehmens sein. Das kann die Art und Weise sein, wie ein Telefonanruf oder eine E-Mail beantwortet wird. Es kann der Eintritt in ein Firmengebäude sein oder die Begrüßung, die wir dort erfahren. Es sind die Produkte und Dienstleistungen und die Werbung, die diese begleitet. Es ist die Sprache, die gesprochen wird, sowie Gesten und Rituale.

KULTUR UND SINN GEHÖREN ZUSAMMEN

„Ein Mythos, mit dem wir aufräumen sollten, ist, dass Kultur eine ‚Sache' ist, die von Führungskräften und ‚Champions' leicht aufgebaut, verwaltet und manipuliert werden kann, um im Laufe eines Sprints, Hackathons, einer vierteljährlichen Initiative oder sogar eines jährlichen Planungszyklus ‚positive Veränderungen' zu bewirken."

Edgar H. Schein, Sozialwissenschaftler und Autor;
Peter A. Schein, Berater und Autor

Für den renommierten Kulturforscher Edgar H. Schein und seinen Sohn Peter, mit dem er eine Beratungsfirma führt, liegt die größte Gefahr beim Versuch, die Kultur von Unternehmen und Organisationen zu begreifen, darin, sie zu stark zu vereinfachen. Es finge damit an, dass sich Kulturen häufig von innen heraus anders anfühlten und anders wirkten, als es von außen ersichtlich sei, und dass unterschätzt werde, auf wie vielen Ebenen Kultur entstehen und wirken könne. Sie sehen Unternehmenskulturen als „tief und breit" und daraus resultierend als „stabil". An die Unternehmensberater:innen dieser Welt gerichtet, fassen die beiden zusammen: „Wenn Sie einige Elemente der Kultur Ihres Kunden verändern wollen, müssen Sie sich darüber im Klaren sein, dass Sie einige der stabilsten Teile der Organisation Ihres Kunden angreifen."[13]

Die Diskussion über die Suche nach dem Zweck eines Unternehmens ist mit einem Puzzlespiel vergleichbar. Am Anfang gibt es Hunderte von Teilen und es ist nicht abzusehen, wie es jemals aussehen könnte. Es geht also eher um das Ent- und Aufdecken von Dingen, die bereits da beziehungsweise bereits angelegt sind. Ein anderes Bild ist die Analogie „Die Punkte verbinden" von Steve Jobs. Wenn es um den Unternehmenszweck geht, werden häufig die derzeit größten und wertvollsten Unternehmen genannt, also immer wieder *Alphabet, Apple, Meta* und *Amazon.* Diese vier Unternehmen und eine ganze Reihe weiterer erfolgreicher Firmen haben ihren Unternehmenszweck in einem Satz zusammengefasst, der ihnen als Maßstab für ihr Handeln dient. Immer mehr Studien zeigen, dass dieses Bemühen nicht abhängig von der Größe, dem Wert oder der Bekanntheit eines Unternehmens ist, sondern, dass die Suche nach dem „Wozu" – dem übergeordneten Zweck – für Unternehmen jeder Größe sinnvoll ist.

Philippe von Borries ist einer der vier Gründer:innen von *Refinery29*, einer globalen Medienplattform, die Frauen als Zielgruppe hat. Das Unternehmen wurde 2005 gegründet und erreichte sehr schnell Augenhöhe mit den klassischen Medienmarken für Frauen, die ihre Erfolgsgeschichten auf dem Verlegen gedruckter Magazine begründeten. Mit Themen und einer Bildsprache, die nicht nur modern waren, sondern sich stärker an der Lebensrealität der Zielgruppe orientierten, schrieb *Refinery29* eine Erfolgsgeschichte. Im Podcast betont Philippe, dass die wahre Stärke der Marke jedoch in der Mission von *Refinery29* stecke. Die Marke habe wenige Jahre nach der Gründung das globale Thema Feminismus für sich beansprucht, zu einer

Zeit, in der es noch nicht den Weg in den Mainstream gefunden habe. *Refinery29* habe für sich definiert, „Frauen ihre Kraft sehen, fühlen und beanspruchen zu lassen“. Diese Mission hatte zum Zeitpunkt unseres Gesprächs im Jahr 2018 eine große Anziehungskraft, sowohl auf Kund:innen als auch auf die potenziellen und bestehenden Mitarbeiter:innen. Für Philippe gab es kein „Zuviel“. Seiner Ansicht nach sollte das Gründerteam nie aufhören, über die Vision der Firma zu sprechen. Ein starkes „Wozu“ helfe dem ganzen Unternehmen.[14]

Simon Sinek löste mit der Vorstellung des „Goldenen Kreises“ in einem der mittlerweile meistgesehenen TED Talks weltweite Diskussionen aus. Seine Überzeugung ist, dass Unternehmen, die genau sagen können, warum sie etwas machen, denjenigen Firmen überlegen sind, die nur sagen können, was und wie sie es machen. Dies wurde mittlerweile durch zahlreiche Studien belegt. Die auf das Thema „Purpose“ spezialisierte Beratungsfirma *Brighthouse*, die zur *Boston Consulting Group* gehört, sieht die positiven Effekte bei mindestens vier Interessengruppen, nämlich den Mitarbeiter:innen und Bewerber:innen, den Kund:innen und dem Kapitalmarkt.

- 88 Prozent der Verbraucher:innen würden lieber Produkte von einem Unternehmen kaufen, das einen (guten) Zweck verfolgt.
- Pro zehn Prozent mehr Sinnhaftigkeit am Arbeitsplatz verzeichnen Unternehmen 8,1 Prozent weniger Kündigungen.
- Neun von zehn Mitarbeiter:innen würden eine Gehaltskürzung in Kauf nehmen, um mehr Sinn in ihrer Arbeit zu haben.
- Marken mit einem ausgeprägten Unternehmenszweck haben in den letzten zwölf Jahren einen Anstieg der Markenbewertung von 175 Prozent erfahren, verglichen mit einem durchschnittlichen Anstieg von 86 Prozent.[15]

Ein starker und relevanter Purpose allein reicht jedoch nicht aus. Nur wenn er von den Führungskräften vorgelebt wird, wenn alle Mitarbeiter:innen ihr Verhalten aus diesem Zweck ableiten können und es auch tun, und wenn das Ganze dann auch von den Kund:innen wahrgenommen, für relevant gehalten und, noch besser, in der Interaktion mit den Produkten und Dienstleistungen auch erlebt wird, ergeben sich messbare Vorteile.

Bei *Refinery29* gab es trotz des großartig formulierten und relevanten Unternehmenszwecks für die Gründer:innen kein Happy End. Eine im Rahmen der Black-Lives-Matter-Bewegung auf den digitalen Kanälen des Unternehmens geäußerte Solidaritätserklärung führte innerhalb kürzester Zeit zu einer Revolte, denn ehemalige Mitarbeiter:innen begannen daraufhin, öffentlich auf eine toxische Kultur bei *Refinery29* hinzuweisen, in der Minderheiten und insbesondere *schwarzen* Frauen systematisch benachteiligt würden. Dann ging alles sehr schnell, denn die Führung hatte zu spät erkannt, wie groß das Missverhältnis zwischen dem Anspruch und der Wirklichkeit war. In ihrer Rücktrittserklärung erkennt Christene Barberich, die Mitgründerin und ehemalige Chefredakteurin von *Refinery29* dies an: „Der Grund, warum ich diese Woche zurückgetreten bin, war, dieses Versagen anzuerkennen und Platz für eine neue Chefredakteurin und eine neue Generation von Führungskräften bei *Refinery29* zu schaffen, die einen Weg einschlagen können, der unserer ursprünglichen Mission noch stärker verpflichtet ist."[16]

KULTUR KANN KRISE

„Wir entschuldigen uns bei den beiden Personen und unseren Kunden für das, was am Donnerstag in unserem Geschäft in Philadelphia passiert ist."

Starbucks, Twitter, 14.4.2018

Am 12. April 2018 wurden in einer *Starbucks*-Filiale in Philadelphia zwei Männer grundlos verhaftet. Das verantwortliche Management der Filiale hatte die Polizei gerufen, weil die beiden Männer einer Aufforderung, die Filiale zu verlassen, nicht gefolgt waren. Es handelte sich um Afroamerikaner und sowohl die traditionellen als auch die sozialen Medien griffen das Thema sofort auf. Die Marke, die für sich beansprucht, für alle Menschen der „dritte Ort" – nach dem eigenen Zuhause und dem Arbeitsplatz – zu sein, traf dieser Vorfall ins Mark. „Das war falsch. Wir müssen etwas dagegen tun, und wir müssen es sofort und überlegt tun", fasste Jessica Orkin die schnelle Analyse des *Starbucks*-Managements zusammen. Der Vorfall wurde zu einem massiven Weckruf für das Unternehmen, denn die Analyse zeigte den Verantwortlichen deutlichen Handlungsbedarf auf. Die Kernfrage lautete: Was muss die Marke repräsentieren, damit die Mitarbeiter:innen die Unternehmenswerte besser leben können? Eine der ersten Ideen, alle *Starbucks*-Mitarbeiter:innen der USA zu einem zentralen Schulungstag nach Seattle zu fliegen, wurde schnell verworfen. Stattdessen setzte sich die Idee durch, alle Filialen an einem Tag zu schließen, um mit den Mitarbeiter:innen an den Werten der Marke und ihrer Einstellung zu den Themen Diversität und Inklusion zu arbeiten. Innerhalb weniger Wochen wurde dazu ein Workshop entwickelt.[17]

Am 29. Mai 2018 war es dann so weit. Um 14:30 Uhr schlossen die 8.000 *Starbucks*-Filialen und 175.000 Mitarbeiter:innen beschäftigten sich damit, was jede:r Einzelne dafür tun könne, damit sich Situationen wie in Philadelphia nicht wiederholten. Es ging um ein Verständnis dafür, wie schnell unterschwelliger Rassismus entstehen kann und wie sich Mitarbeiter:innen in ganz konkreten Situationen verhalten können. Das Unternehmen und der langjährige Chef Howard Schultz und sein Team machten damit deutlich, wie ernst es *Starbucks* mit dem Thema Kultur war. Sie wollten eine Kultur der Wärme und Zugehörigkeit schaffen, in der jede:r willkommen ist.[18]

Jin Choi war seit über acht Jahren Manager bei *Meta*, als er wie Millionen anderer Manager:innen im März 2020 vor der großen Herausforderung stand, die Führung seines Teams auf unbestimmte Zeit digital leisten zu müssen. Zu Beginn des Lockdowns ging es ihm wie wohl den meisten anderen auch. Er beschrieb es wie folgt: „Mir fehlten die Wahrnehmungsebenen." Wie wohl die allermeisten fragte er sich: „Wie verbindest du dich mit deinem Team?" Da auch schon vor der

Corona-Pandemie die Kommunikation aufgrund der Internationalität regelmäßig per Videocall erfolgte, konnte sich das Unternehmen sofort auf die qualitativen Faktoren konzentrieren. Die *Meta*-Kultur umfasst Werte wie Geschwindigkeit, Agilität und Mut. Sie fordert das Team aber auch auf, soziale Werte aufzubauen. Jin beobachtete, dass die Kultur in der Lage war, eine Gewichtsverlagerung der Werte vorzunehmen: „Empathie, Diversität und Inklusion waren plötzlich Themen, auf die wir ein noch höheres Augenmerk legten." Soziales Wohlbefinden wurde wichtiger als je zuvor. Die DNA des Unternehmens half dabei allgemein und zwei Techniken im Speziellen. Es gibt in den Meetings eine rotierende Rolle, den „Engel der Diversität", der darauf achtet, dass es eine gute und gerechte Meetingkultur gibt. Darüber hinaus half dem Unternehmen die regelmäßige Kommunikation über die Hierarchieebenen hinweg.[19] Führungskräfte hielten auch Kontakt zu den Menschen, die nicht direkt an sie berichteten und bekamen ein besseres Gefühl dafür, wie die Teammitglieder die Auswirkungen der Pandemie verkrafteten und wo es Probleme gab.[20]

Bereits wenige Stunden nach der Verkündung des Lockdowns im März 2020 war für die drei Gründer und Geschäftsführer der Hamburger Agenturgruppe *Finc3* Jan Bechler, Tim Nedden und Björn Sjut klar, dass sie sofort handeln und ihr Team bestmöglich unterstützen wollten. Für den 16. März 2020 wurde ein Lkw gemietet, der alle Teammitglieder zu Hause mit Monitoren, Tastaturen und Stühlen versorgte. Darüber hinaus gab es regelmäßige Überraschungspakete mit Desinfektionsmitteln, Obst, *Finc3*-Masken, Süßigkeiten oder einem Teamfoto gegen das Alleinsein. An heißen Tagen gab es sogar Eis, das die Office-Managerin persönlich vorbeibrachte. Darüber hinaus führte das Unternehmen regelmäßig Umfragen durch, um ein Gefühl für aktuelle Herausforderungen, die Stimmung im Homeoffice und auch die subjektiv empfundene Qualität der Remote-Kommunikation zu bekommen. Im Verlauf der Pandemie folgte die Einführung von „*kununu* engage" als Werkzeug zur Messung der Mitarbeiter:innenzufriedenheit. Nachdem sich in den Umfragen abzeichnete, dass die Mitarbeiter:innen zu Hause gestresster waren und schlechter abschalten konnten, gab es Extra-Urlaubstage und gemeinsame Remote-Aktivitäten für den Teamzusammenhalt. Es wurde beispielsweise ein Künstler für ein abendliches *Zoom*-Konzert gebucht, zu dem alle Mitarbeitenden ein Essen und eine Flasche Wein nach Hause geschickt bekamen. Es gab eine virtuell unterstützte Weinprobe sowie ein virtuelles „Pub-Quiz". Über *Microsoft* Teams wurde gemeinsam Kaffeepause gemacht, gemeinsam gekocht sowie ein „Remote Public Viewing" von *The Voice* veranstaltet, wo ein *Finc3*-Mitarbeiter die „Blind Auditions" erfolgreich hinter sich gebracht und sich für die „Battles" qualifiziert hatte. Nachdem viele den Lockdown zum Ausmisten genutzt hatten, sammelte die Agentur von allen Mitarbeiter:innen Altkleider und brachte sie zum *Deutschen Roten Kreuz*. In einem Video, das die Mitarbeiter:innen für ihre Chefs produzierten, bedankte sich das Team auf sehr emotionale Weise. Die Teammitglieder fühlten sich in ihren Ängsten und Sorgen gesehen. *Finc3* schloss die Jahre 2020 und 2021 trotz der großen Herausforderungen mit Rekordergebnissen ab.[21]

Aus gutem Grund fragt der Unternehmer und Autor Bill Taylor seine Leser:innen, ob die Kultur ihres jeweiligen Unternehmens immer noch die Lust auf Veränderung und Erneuerung aufrechterhalten könne, auch wenn das Unternehmen in einer schwierigen Phase stecke. Denn für alle Unternehmen gelte, dass es viel leichter sei, die Energie und die Moral in einem Unternehmen hochzuhalten, wenn sich die Absatzzahlen positiv entwickelten und der Aktienkurs hoch sei. Praktisch kein Unternehmen könne sich jedoch heute noch sicher sein, dass diese Phase endlos lang anhalte. Rückschläge und Krisen gehörten zum Alltag und nur Unternehmen, die über starke Kulturen verfügten, könnten auch die Resilienz entwickeln, die notwendig sei, ihre Werte auch in der Krise zu leben.[22]

KULTUR AUF STEROID

„Wenn eine Kultur aufhört, Vielfalt und Meinungsverschiedenheiten zu akzeptieren, wird sie zu einem Kult."

Manfred F. R. Kets de Vries, Management-Professor und Psychoanalytiker

„Nach ganz fest kommt lose", lautet eine Redensart unter Handwerkern. Gemeint ist damit die Schraube, die so fest gedreht wurde, dass sie eben nicht mehr hält. Ein ähnliches Phänomen lässt sich auch bei Unternehmenskulturen beobachten. Manfred F. R. Kets de Vries ist Psychoanalytiker, Executive Coach und Professor für Führung und Organisationsentwicklung. Er hat sich mit Unternehmen beschäftigt, die zu „kultig" sind, und einige Warnzeichen herausgearbeitet, die darauf hinweisen, wenn sich in einem Unternehmen eine starke und gut gemeinte Kultur in die falsche Richtung entwickelt.

Als wir 2018 im *WeWork*-Headquarter in New York die Chance hatten, mit Rachid Abu-Hassan zu sprechen, der dort damals als Design Director arbeitete, waren wir beeindruckt. Das damals mit 20 Milliarden US-Dollar bewertete Unternehmen war gerade dabei, das Thema Workspace neu zu erfinden. Rachid erzählte uns, dass ein Büro mehr zu bieten habe als Bildschirme und Schreibtische. *WeWork* sei dabei, den Code zu knacken. Das Unternehmen verstand sich demnach eher als eine Art Betriebssystem; die dahinter liegende Software schien wichtiger zu sein als die physischen Gebäude.[23] Der rasante Aufstieg von *WeWork* setzte sich auch nach unserem Besuch fort. Die Bewertung stieg in einer weiteren Finanzierungsrunde auf 47 Milliarden US-Dollar. Ein Börsengang schien nur noch eine Frage der Zeit zu sein. Scott Galloway, Professor für Marketing an der Stern School of Business der New York University, ließ sich nicht so leicht blenden. In seinem Blog *No Mercy / No Malice* schaute er hinter die Fassade. In einem 2019 erschienenen Beitrag beginnt er seine Analyse bei der Widmung, die *WeWork* in seinem Börsenprospekt vornimmt: „Wir widmen dies der Macht von ‚Wir' – größer als jeder von uns, aber in jedem von uns." Galloway merkt darin an, dass der Gründer 169-mal namentlich genannt wird und dass *WeWork* sich ohne jeglichen Beleg als eine Technologiefirma bezeichnet. Er kritisiert massiv, dass der Gründer und größte

Aktionär insgesamt zehn Gebäude besitzt, in denen *WeWork* Mieter ist. Er mahnt zahlreiche weitere Ungereimtheiten an, wie die Herauslösung der Markenrechte aus der Unternehmung und die (Rück-)Lizenzierung derselben an *WeWork*. In diesem und weiteren Beiträgen spricht Galloway dem Unternehmen jegliche Form der Existenzberechtigung ab.[24] Die *Bloomberg*-Journalistin Shira Ovide formuliert es ähnlich drastisch: „*WeWork* ist ein Büro-Vermietungsunternehmen auf Steroiden, mit einer komplizierten Firmenstruktur, angeführt von einer einzigen Person, CEO Adam Neumann, die ungewöhnlich viel Kontrolle und Einfluss hat."[25]

Die weitere Entwicklung gab den Kritiker:innen zum großen Teil Recht. Das Unternehmen ging zwar nicht in die Insolvenz, es stürzte jedoch in seiner Bewertung in kurzer Zeit von 47 auf 8 Milliarden US-Dollar ab. Wie konnte es so weit kommen? *WeWork* wirkte lange Jahre so, wie es sich all diejenigen, die sich mit Sinnfindung für Unternehmen beschäftigen, vorstellen: eine strahlende Marke mit charismatischen Anführer:innen und einer großen Mission. *WeWork* wollte eigener Aussage nach nicht nur die Arbeitswelt für immer verändern, sondern außerdem dafür sorgen, die universelle Kraft des „Wir" freizulegen und zu fördern. Gründer Adam Neumann wurde nicht müde, diese Vision seinen Geldgeber:innen, seinen Mitarbeiter:innen und den *WeWork*-Mitgliedern mitzuteilen. Insbesondere die internen Veranstaltungen, wie das berühmt-berüchtigte Jahresmeeting, zu dem Adam Neumann die Mitarbeiter:innen einfliegen ließ, zeigen aus heutiger Sicht, dass *WeWork* nicht nur an seinen überzogenen Zielsetzungen und an einem nicht funktionierenden Geschäftsmodell scheiterte, sondern, dass die Hybris des Gründers und der daraus resultierende Kult um seine Person dazu führten, dass über Jahre hinweg niemand kritische Fragen stellte. *Business Insider* zitiert einen ehemaligen Mitarbeiter mit den Worten: „*WeWork* fühlt sich an wie eine endlose Party. Es geht immer nach oben oder nach unten und Adam schreit in beide Richtungen, ob er glücklich ist oder nicht."[26]

Wo also liegt die Grenze zum Kult? Die Risiken, denen sich Unternehmen aussetzen, die zu kultig sind, zeigen sich früh. Für Manfred F. R. Kets de Vries gibt es einige Signale, die sich Führungskräfte regelmäßig anschauen sollten. Zu kultige Unternehmen ließen sich häufig an folgenden Merkmalen erkennen:

- **Verhaltenskontrolle:** Es beginnt meist schon bei den Einstellungsgesprächen, in denen die kulturelle Passung der Bewerber:innen überprüft wird, und es zeigt sich, wenn die Anforderungen, sich der Ausrichtung des Unternehmens anzupassen, einen großen Raum einnehmen. Solch ein Bestreben führt zu großer Gleichheit und dazu, dass individuelle Qualitäten nicht willkommen sind.[27]
- **Familienersatz:** Unternehmen, die ihren Mitarbeiter:innen unbewusst oder bewusst signalisieren, dass sie ein Ersatz für Familie oder andere Gemeinschaften seien, isolieren die Menschen häufig von deren sozialem Umfeld.
- **Firmensprache:** Unternehmen, die zu kultig werden, tendieren häufig dazu, eine umfangreiche eigene Terminologie zu verwenden. Wenn Kund:innen „Gäste" genannt werden, Vorsicht!

- **Übertriebene Rituale:** Wenn in Unternehmen regelmäßig gemeinsam Firmenlieder gesungen werden oder bei großen Zusammenkünften zuerst der Name der Firma von allen Beteiligten dreimal laut herausgebrüllt wird, bevor wöchentliche (!) Service Awards verliehen werden, dann sagt das ebenfalls eine Menge aus.

Manfred Kets de Vries kennt viele Menschen, die kaum noch ein Leben außerhalb ihrer Firma haben. Er hat viele Trennungen und Scheidungen gesehen und sich von extremen Formen berichten lassen, wie von einem Manager, der phasenweise nur noch zum Umziehen nach Hause fuhr. Eine starke Kultur soll nicht dazu führen, dass Menschen kein persönliches Leben mehr haben. Dabei kommt den Führungskräften eine besondere Rolle zu. Es geht darum, auf allen Ebenen kritisches Denken und ein gesundes Urteilsvermögen zu fördern. In einer starken Kultur sollen Individualität und Authentizität belohnt sowie die Stärken und das Wissen aller Mitarbeiter:innen geschätzt werden.[28] Kultige Unternehmen zeigen häufig nur vordergründige Merkmale von New Work; tief im Kern funktionieren sie jedoch ganz anders.[29]

LERNEN IST EINE KULTURFRAGE

„Wie ist es zu erklären, dass ein Team von engagierten Managern, die einen individuellen Intelligenzquotienten von über 120 haben, einen kollektiven IQ von 63 aufweist?"

Peter M. Senge, Luft- und Raumfahrttechniker, Philosoph und Organisationsentwickler

Ähnlich wie Frithjof Bergmann, Frédéric Laloux, Aaron Dignan und viele weitere Treiber der Bemühungen um Neues Arbeiten sieht auch Peter M. Senge die Zeichen für eine grundlegende Erneuerung des Wirtschaftens gekommen. Das vorherrschende Managementsystem sei zur Mittelmäßigkeit verdammt und die zugrunde liegenden Strukturen ermöglichten immer weniger, die Kraft der kollektiven Intelligenz einer Organisation nutzbar zu machen. Für Senge liegt die Lösung in der „lernenden Organisation", zu der seiner Erfahrung nach fünf Disziplinen benötigt werden:

1. **Individuelles Wachstum**: Die Disziplin der Selbstführung und Persönlichkeitsentwicklung bildet einen wesentlichen Eckpfeiler. Es geht um Menschen, die nie aufhören, sich selbst zu reflektieren, zu lernen und ihre Vision beziehungsweise ihre Ziele zu schärfen. Unternehmen können und müssen ihre Mitarbeiter:innen dabei unterstützen. Der Lernwille einer Organisation hängt vom Lernwillen der Individuen ab.
2. **Mentale Modelle**: Menschen und Organisationen betrachten die Welt durch eine Brille aus häufig tief verwurzelten Annahmen und Verallgemeinerungen. Eine lernende Organisation deckt diese Grundannahmen auf und überprüft diese daraufhin, ob sie den übergeordneten Zielen dienen oder ihnen im Weg stehen. Senge nennt es auch „den Spiegel nach innen kehren".

3. **Gemeinsame Vision**: Eine echte Vision kann dazu führen, dass die Menschen in einer Organisation über sich hinauswachsen und aus eigenem Antrieb lernen. Für Senge gehört zu dieser Disziplin die Fähigkeit, gemeinsam Zukunftsbilder zu entwickeln.
4. **Lernen im Team**: Die Grundlagen für das Lernen im Team sieht Senge im Dialog, einer Praxis, die seiner Beobachtung nach in den modernen Gesellschaften fast verloren gegangen ist. Er unterscheidet sie von der Diskussion, bei der es eher darum geht, recht zu haben. Zum Dialog gehört auch das Erkennen und Benennen von Abwehrstrukturen im Team.
5. **Denken in Systemen**: Senge hat sein Buch *Die fünfte Disziplin* hiernach benannt. Systemdenken sorgt für eine ganzheitliche Betrachtungsweise der Organisation, einschließlich der vorhandenen Zusammenhänge und Wechselwirkungen. Die ersten vier Disziplinen sind Voraussetzungen, deren Wirksamkeit aber dauerhaft nur in einer systemischen Perspektive zum Tragen kommt.[30]

In der Organisationsforschung wurden in den letzten Jahrzehnten die Faktoren aufgezeigt, die für das Lernen und die Anpassungsfähigkeit einer Organisation unerlässlich sind. Zu diesen Bausteinen zählt – neben konkreten Lernpraktiken und einem Führungsverhalten, das Lernwilligkeit und -fähigkeit vorlebt – ein unterstützendes Lernumfeld. Das wiederum wird wesentlich durch die Kultur des Unternehmens geprägt. Ein lernförderndes Umfeld zeichnet sich durch vier Merkmale aus:

1. **Psychologische Sicherheit**: Seit Jahren belegen Studien wiederholt, wie wichtig es für Teams ist, dass sich alle Mitglieder sicher fühlen. Nur wenn sie ohne Angst vor Ablehnung, Strafe oder Ausgrenzung Ideen äußern können, über Fehler sprechen dürfen oder scheinbar naive Fragen stellen können, kann es zu einer guten Fehler- beziehungsweise Lernkultur kommen.
2. **Wertschätzung von Unterschieden**: Nur wer sich auch mit gegensätzlichen Ideen beschäftigt, kann lernen. Die grundsätzliche Bereitschaft, sich überzeugen zu lassen und die Neugier auf Andersartigkeit wirken motivierend und geben Energie.
3. **Offenheit für neue Ideen**: Ein gesundes Maß an Risikobereitschaft und der Drang, neue Ansätze zu entwickeln, sind Schmiermittel für eine gute Lernkultur. Es geht ausdrücklich nicht nur darum, Fehler zu korrigieren oder bestehende Probleme zu lösen, sondern vor allem um die Erforschung des Unerprobten und Unbekannten.
4. **Zeit zum Nachdenken**: Wer lernen will, braucht Zeit zum Nachdenken. In einer Arbeitswelt, in der beschäftigt zu sein und die Zahl geleisteter Arbeitsstunden zum Teil immer noch mit Engagement gleichgesetzt wird, fehlt diese Zeit oft. Die Fähigkeit zu analytischem und kreativem Denken wird dadurch behindert.[31]

Für Führungskräfte, die sich um eine bessere Lernkultur bemühen wollen, gilt es zunächst zu verstehen, dass sie nicht die perfekten Antworten liefern, sondern vor allem die richtigen Fragen stellen müssen.[32] Mit Jenny von Podewils haben wir darüber gesprochen, woran es liegt, dass lebenslanges Lernen nicht in der Kultur von Firmen steckt. Aus ihrer Sicht ist zu wenig gegenseitiges Feedback der Grund. Jennys Mission: Sie will mithilfe von künstlicher Intelligenz eine gesunde Feedback- und Lernkultur in Unternehmen etablieren. Zusammen mit Kajetan von Armansperg hat sie *Leapsome* gegründet. Ihr Kernprodukt ist eine Software, die dabei hilft, die Feedback- und Lernkultur in Unternehmen zu verbessern, indem sie Feedbackinteraktionen triggert und Zielprozesse sowie die Erhebung von individuellem Weiterbildungsbedarf unterstützt.[33]

ZUGEHÖRIGKEIT ALS WICHTIGES KULTURELEMENT

„Wenn wir die Pandemie hinter uns lassen, müssen wir herausfinden, wie wir ein Gefühl der Zugehörigkeit und Gemeinschaft innerhalb von Organisationen schaffen können, in denen Angst, Wut und Depression durch Wahlmöglichkeiten, Flexibilität und Freiheit ersetzt werden."

Tomas Chamorro-Premuzic,
CIO und Wirtschaftspsychologe;
Katarina Berg,
CHRO & Global Head of Strategy Operations

Untersuchungen zeigen, dass Mitarbeiter:innen, die das Gefühl haben, zu einem Team oder einer Organisation zu gehören, sich in mehreren Dimensionen vom Durchschnitt positiv abheben. Sie engagieren sich überdurchschnittlich, sie fühlen sich wohler und sie erbringen bessere Leistungen. Im Gegensatz dazu erhöht ein empfundener Mangel an Zugehörigkeit die Risiken für Entfremdung, unterdurchschnittliche Leistungen und Burn-outs.[34]

Für die Ausprägung und Entwicklung von Unternehmenskultur hat seit jeher die physische Begegnung der Mitarbeiter:innen eine große Bedeutung. Für die meisten erwachsenen Menschen, die ungefähr ein Drittel ihrer Zeit mit Arbeit verbringen, fand diese Begegnung bisher am Arbeitsplatz statt. Mit der Corona-Pandemie wurde für viele Menschen die eigene Wohnung zum Büro. Neuere Forschungsergebnisse zeigen jedoch, dass unsere Fähigkeit, eine sinnvolle Beziehung zu anderen Menschen aufzubauen, weniger gut funktioniert, wenn wir nicht physisch anwesend sind. Es ist außerdem viel schwieriger, ein gemeinsames Verständnis für einen komplexen Sachverhalt herzustellen. Die Beteiligten neigen eher dazu, sich ablenken zu lassen, wenn sie Zeit getrennt verbringen.[35] Horst Wagner, Chief Digital Officer und Vorstand der Agenturgruppe *thjnk AG*, fasst es zusammen: „Durch Corona gibt es eine Beschleunigung, wie wir sie nicht erwartet haben." Es liegt in seinem Charakter, dass er auch die positiven Effekte sieht, die die Pandemie auf die dringend notwendige Digitalisierung hatte und immer noch hat. Er erkennt jedoch auch die Notwendigkeit, neue Regeln und Formen der Zusammenarbeit zu entwickeln sowie Antworten auf verschiedene Fragen zu finden, wie zum Beispiel:

Wie integrieren wir neue Kolleg:innen? Wie vermitteln wir ihnen zu Hause die Kultur des Unternehmens? Wie gehen wir damit um, dass die Auswirkungen der Pandemie bei allen unterschiedlich ausfallen?[36]

Von der Vorstellung, dass die Kultur irgendwo innerhalb der vier Wände eines Büros sitzt, müssen wir uns verabschieden. Viele Menschen, die früher im Büro arbeiteten, werden flexibler über den Platz, an dem sie arbeiten, entscheiden. Damit wird es deutlich herausfordernder für Unternehmen, den Kontakt zu den Menschen aufrechtzuerhalten und eine geteilte Kultur zu kreieren. Der wegfallende Fokus auf das Gebäude und die Erkenntnis, dass Arbeit kein Platz ist, an den wir kommen müssen, sondern eine Sache, die wir tun, bieten jedoch auch Chancen. Wir können uns auf die menschlichen Bedürfnisse und Wünsche konzentrieren und uns darum kümmern, wie die Menschen in unseren Unternehmen gesund, produktiv, kreativ, sozial und inspiriert bleiben. Vor diesem Hintergrund sehen der Organisationspsychologe Tomas Chamorro-Premuzic und Katarina Berg, die seit 2013 bei *Spotify* als Global Human Resource Officer wirkt, für Unternehmen und deren Führungskräfte drei wesentliche Herausforderungen:[37]

1. **Spannungsfeld zwischen einer starken Kultur und einer Zugehörigkeit für alle balancieren:** Bei *Spotify* bedeutet Diversität die Einladung zur Party und Inklusion heißt, auch zusammen zu tanzen.[38] Echte Zugehörigkeit ist aber dann gegeben, wenn dort auch *dein* Song gespielt wird. Das Problem stellt sich ein, weil starke Kulturen und der oft schon im Einstellungsprozess gesuchte „kulturelle Fit" der Bemühung nach dem Dreiklang „Diversität, Inklusion, Zugehörigkeit" vordergründig zuwiderlaufen. Zwar setzt sich die Erkenntnis immer mehr durch, dass mehr Diversität auch zu besseren Ergebnissen führt, aber sie macht Teams am Anfang langsamer. Der Umgang mit diesem Spannungsfeld wird in einer hybriden Welt noch schwieriger.
2. **Soziale Elemente der Kultur pflegen, auch wenn die Menschen vermehrt von zu Hause aus arbeiten:** Das Beispiel von Jan Bechler und seinem Team bei *Finc3* macht Mut, denn es zeigt, dass die Menschen in Unternehmen es zu schätzen wissen, wenn die Unternehmensleitung ihren Worten auch Taten folgen lässt.[39] Der wahrscheinlich häufigste Grund, warum viele das Büro vermissen, liegt an dem, was uns Menschen ausmacht: Verbindungen und Beziehungen zu anderen Menschen. Tomas Chamorro-Premuzic und Katarina Berg zitieren Gianpiero Petriglieri, Professor für Organisationsverhalten an der Wirtschaftshochschule *INSEAD*, der glaubt, dass der Grund, zurück ins Büro zu wollen, ein 50-zu-50-Cocktail aus sozialem Verlangen und sozialem Druck ist. „Wir wollen die Menschen sehen und wir wollen nicht, dass sie uns nicht sehen." Raphael Gielgen, der bei *Vitra* Trendscout für die Zukunft der Arbeit ist, vertritt die These, dass Unternehmen in Zukunft eine Art Programmdirektor:in brauchen, um die Büros auch kulturstiftend wieder zum Leben zu erwecken. Digitale Meetings werden auf Dauer nicht ausreichen.[40]
3. **Den Mut haben, die Kultur sich weiterentwickeln zu lassen:** Tomas Chamorro-Premuzic und Katarina Berg beschreiben Kultur als das Produkt, das sich aus

den Werten, dem Einfluss und dem Vermächtnis der Anführer:innen aus der Geschichte eines Unternehmens zusammensetzt, und sie führen weiter aus, dass die Versuchung groß ist, sich an diese zu klammern.

Die Aufgabe, trotz hybrider Arbeitsmodelle eine gemeinsame Kultur und Zugehörigkeit aufrechtzuerhalten, ist groß. Wir werden experimentieren, verwerfen und Neues probieren, und jedes Unternehmen wird dabei seinen eigenen Weg finden müssen.

ON THE WAY TO NEW WORK

> „Eine Kultur kann man nicht einrichten und dann ignorieren. Bei Netflix führen wir eine unablässige Debatte über unsere Kultur und gehen davon aus, dass sie sich kontinuierlich weiterentwickeln wird."
>
> Reed Hastings, Gründer und CEO von *Netflix*

Die Arbeit an der Unternehmenskultur erfordert Ernsthaftigkeit, ganzheitliche Betrachtung und einen langen Atem. Für Unternehmen, die sich auf eine neue Art des Arbeitens einstellen wollen, bietet die Beschäftigung mit der eigenen Kultur einen guten Ausgangspunkt.

- Ein relevanter und gelebter Unternehmenszweck ist ein geeigneter Fixstern für die Unternehmenskultur. Ist er bisher nicht trennscharf und verständlich formuliert, sollte die Arbeit hier ansetzen.
- In der Krise zeigt sich, ob eine Kultur wirklich stark ist.
- Unternehmen, die sich ihren Mitarbeiter:innen als Familienersatz andienen, gehen den falschen Weg.
- Das Schaffen eines guten Lernumfelds und der Wille, eine lernende Organisation zu werden, wirken sich positiv auf die Weiterentwicklung der Organisationskultur aus.
- Diversität, Inklusion und Zugehörigkeit sind wichtig und werden noch wichtiger.
- Im Zeitalter hybrider Arbeitsmodelle darf sich Kulturarbeit nicht auf den Raum zwischen den vier physischen Außenwänden eines Unternehmens beschränken.
- Das Büro bleibt kulturprägend, aber Kultur muss auch ein digitales Äquivalent finden.

Die Arbeit an der Kultur kann ein spannendes und erfüllendes Thema sein, wenn alle Beteiligten sich darüber einig sind, dass sie nur funktioniert, wenn sie kein geplantes Ende hat. Kultur ist kein Projekt. Unternehmen mit einer starken Kultur stellen sich häufig auch ihrer gesellschaftlichen Verantwortung. Wir glauben, dass sich die großen gesellschaftlichen Herausforderungen nur zusammen mit solchen Unternehmen meistern lassen.

3

Starke Gesellschaft

19/ BILDUNG

„65 Prozent aller heutigen Grundschulkinder werden später in Jobs arbeiten, die wir jetzt noch nicht kennen."

Verena Pausder, Unternehmerin und Autorin

Verena Pausder stammt aus einer Bielefelder Unternehmerfamilie. Die Region Ostwestfalen-Lippe gehört zu den stärksten Standorten für Maschinenbau- und Industrieelektronik in Deutschland. Verena hat früh die Unternehmerin in sich entdeckt und auch ein erstes Scheitern hielt sie nicht davon ab, es wieder zu versuchen. Mit ihrer Firma *Fox and Sheep* entwickelte sie Apps und Spiele für Kinder. Diese stellten eine Alternative zu den von ihr als zu aggressiv empfundenen Angeboten dar, die es schon gab. Der Erfolg gab ihr recht, dennoch hatte sie zunehmend das Gefühl, dass ihre Kinder nach dem Spielen eher müde waren und leere Augen hatten. Wann immer ihre Kinder aber etwas Kreatives mit ihren Geräten anstellten, wie zum Beispiel eigene Stopp-Trick-Animationsfilme oder -Programmierungen, strahlten ihre Augen. Für Verena war das der Startschuss, die Themen Digitalisierung und Bildung miteinander zu verbinden. Mit den *HABA Digitalwerkstätten* begann sie parallel zu ihren unternehmerischen Aktivitäten, Kindern zwischen sechs und zwölf Jahren einen spielerischen Einstieg in die digitale Welt zu ermöglichen und ihnen erste Kompetenzen im Umgang mit neuen Technologien zu vermitteln. Mittlerweile gibt es dort auch Workshops für Familien sowie Lehr- und pädagogische Fachkräfte. Das Angebot gab es zum Zeitpunkt unseres Gespräches bereits in zehn deutschen Städten. Mit dem von Verena initiierten Verein *Digitale Bildung für Alle e. V.* will sie in zahlreichen Projekten, das Thema Bildung neu zu denken. Für sie liegt in der Digitalisierung eine große Chance.[1] In ihrem Buch *Das Neue Land* ordnet sie ihre Ideen in einen größeren Kontext ein. Sie nennt es „die Grundsatzerklärung einer Generation, die endlich Verantwortung übernehmen und den gesellschaftlichen, politischen und ökologischen Umbau weiter vorantreiben will". Bildung ist für Verena einer der zentralen Schlüssel für die notwendigen Veränderungen in unserer Gesellschaft.[2]

WIR BRAUCHEN EIN BESSERES BILDUNGSSYSTEM

„Man muss den Kindern beibringen, wie sie denken sollen, nicht, was sie denken sollen."

Margaret Mead, Kulturanthropologin und Autorin

Ein kurzer Blick auf die Welt und unsere aktuellen Lebensumstände reicht aus, um die Notwendigkeit eines verbesserten Bildungssystem zu erkennen. Ganz gleich, ob wir bei der drohenden Klimakatastrophe und anderen ökologischen Problemen anfangen oder bei der Notwendigkeit, eine Weltbevölkerung ernähren zu müssen, die in den nächsten Jahren auf über zehn Milliarden Menschen ansteigen wird.[3] Ob wir die Folgen der Globalisierung, Menschen, die aus ihrem Heimatland fliehen müssen, religiös motivierte Terroranschläge oder kriegerische Auseinandersetzungen untersuchen, ob wir uns mit unseren wirtschaftlichen Abhängigkeiten oder der daraus resultierenden drohenden Übermacht von Ländern wie China oder den USA beschäftigen, wir werden immer einen Bezug zur Bildung herstellen können. Für Deutschland und die Mitgliedstaaten der Europäischen Union hat das Thema Bildung auch aufgrund einer Benachteiligung beim Zugang zu Rohstoffen eine herausragende Bedeutung. Es vergeht keine Woche, in der nicht ein:e Politiker:in den Zusammenhang zwischen Bildung und der Zukunftsfähigkeit unseres Landes betont. Ebenso wenig verwundert es, dass die Vereinten Nationen das Thema Bildung in ihren 17 Nachhaltigkeitszielen verankert haben. Die Verbesserung der Bildungssysteme ist eine globale Herausforderung.[4] Benedikt Herles erinnert uns an den ersten Nobelpreisträger für Ökonomie, den Niederländer Jan Tinbergen, der 1974 schon vom Wettlauf zwischen Technologie und Bildung sprach. Dabei beschreibt Benedikt das Problem plakativ: „Auf der Schulbank entscheidet sich die Zukunft der Gesellschaft. Und nur wenn das allgemeine Bildungsniveau wächst, können Löhne trotz technologischer Umbrüche auf breiter Front steigen." Wie andere Autoren weist er uns außerdem darauf hin, dass die Geschwindigkeit des Wandels weiter zunehme und dass es damit immer schwieriger und gleichzeitig notwendig sei, unser Ausbildungssystem an die Anforderungen anzupassen, die aus den kürzer werdenden Innovationszyklen resultierten.[5]

Die im jährlich erscheinenden Bericht *Bildung in Deutschland* ermittelten Zahlen zum Bildungswesen weisen ebenfalls auf Handlungsbedarf hin. Immer noch haben Kinder mit Migrationshintergrund schlechtere Chancen und auch die Entwicklung der Schulabschlüsse gibt Anlass zur Sorge. Es gibt nach Jahren der positiven Entwicklung eine Stagnation am oberen Ende der Bildungsskala, die sich in einigen Bundesländern durch rückläufige Zahlen bei den Übergangsquoten zum Gymnasium bemerkbar macht, und es gibt eine wachsende Zahl von Schulabbrecher:innen. Die Autor:innen der Studie sehen außerdem einen erheblichen Entwicklungsbedarf in der frühen Bildung und bei den Schulen hinsichtlich der Ausstattung mit digitalen Medien. Es gibt aber auch Entwicklungen, die Mut machen. So zeigt die Studie, dass es einen positiven Zusammenhang zwischen kontinuierlicher Weiterbildung und den Themen Beschäftigungsfähigkeit, Lohnentwicklung sowie politischer und sozialer Teilhabe gibt.[6]

Die Corona-Pandemie hat existierende Ungleichgewichte verschärft. Einer aktuellen Studie der UNO zufolge waren im Jahr 2020 Schulen auf der ganzen Welt über alle Bildungsstufen hinweg für durchschnittlich 79 Unterrichtstage vollständig geschlossen. Die Bandbreite reichte von 53 Tagen in Ländern mit hohem Einkommen bis zu 115 Tagen in Ländern mit niedrigen und mittleren Einkommen. Überall auf der Welt wird berichtet, dass die Auswirkungen benachteiligte Kinder unverhältnismäßig stark treffen, da die Möglichkeiten zum Fernunterricht ungleich verteilt sind. Es bestehen erhebliche Risiken, dass diese Kinder große Schwierigkeiten haben werden, die ausgefallenen Inhalte nachzuholen.[7] Verena Pausder zeigt uns in *Das Neue Land* jedoch auch die große Chance auf, die wir durch die Corona-Pandemie bekommen haben: „Corona war die effektivste, flächendeckendste Fortbildungsmaßnahme, die unser Schulsystem je erlebt hat – vor allem beim Thema Digitalisierung." Durch den Lockdown waren alle Eltern, alle Schüler:innen und Lehrkräfte über Nacht dazu gezwungen, sich mit den Möglichkeiten digitaler Schule zu beschäftigen.[8] Für die Rolle der Lehrkräfte in der Zukunft hat Verena ein klares Bild. Sie sollten eher Ziele als Wege vorgeben, und sie sollten ihre Rolle in der Lernbegleitung sehen.[9]

BILDUNG IST UMFASSEND

> „Einige der brillantesten und kreativsten Menschen, die ich kenne, waren nicht gut in der Schule. Viele von ihnen entdeckten erst dann, was sie wirklich konnten – und wer sie wirklich waren –, als sie die Schule verlassen und sich von ihrer Ausbildung erholt hatten."
>
> Sir Ken Robinson, Bildungsforscher

In dem bisher meistgesehenen TED Talk konfrontierte der Vortragende, der 2020 verstorbene Bildungsexperte Sir Ken Robinson, sein Publikum mit einer Frage, die seitdem immer wieder für Gesprächsstoff sorgt: „Töten Schulen Kreativität?" Er erzählte in diesem TED Talk unter anderem die Geschichte von Gillian Lynne. Es war die Geschichte eines jungen Mädchens in den 30er-Jahren des letzten Jahrhunderts, das von ihrer Schule eine Lernschwäche attestiert bekam. Heute würde die Diagnose wahrscheinlich ADHS lauten. Zusammen mit ihrer Mutter besuchte Gillian schließlich einen spezialisierten Arzt. Ihm beschrieb die Mutter die Probleme, die Gillian aus ihrer Sicht hatte: So könne sie sich nicht gut konzentrieren und sie zapple andauernd herum. Sie störe ihre Klassengemeinschaft und mache regelmäßig ihre Hausarbeiten zu spät. Während des Gesprächs zwischen den Erwachsenen saß Gillian für 20 Minuten auf ihren Händen. Der Arzt stand auf und erklärte dem damals acht Jahre alten Mädchen, dass sie nun ein paar Minuten warten möge, weil er sich mit ihrer Mutter allein besprechen müsse. Auf dem Weg aus dem Zimmer schaltete er noch das Radio an, das auf seinem Schreibtisch stand. Draußen bat er die Mutter, so Ken Robinson weiter, einen Blick in das Zimmer zu werfen. Gillian war aufgestanden. Sie fing sofort an, sich zu bewegen und zur Musik zu tanzen. Nach einigen Momenten erklärte der Arzt, dass ihre Tochter nicht krank, sondern eine Tänzerin sei. Die Mutter folgte seiner Aufforderung, ihre Tochter in einer Tanzschule anzumelden, und der Rest ist Geschichte: Einige Jahre später wurde Gillian an der Royal Ballet School angenommen und gründete – nach einer sehr erfolgreichen Karriere als Solistin – die *Gillian Lynne Dance Company.* Aus einer Begegnung mit Andrew Lloyd Webber entstand außerdem eine langjährige Zusammenarbeit und sie choreografierte in der Folge einige der erfolgreichsten Musicals der Geschichte, darunter *Cats* und *Das Phantom der Oper.* Gillian Lynne starb 2018 als wohlhabende und glückliche Frau. Wäre sie als Kind auf einen anderen Arzt getroffen, hätte dieser ihr wahrscheinlich Medizin verschrieben und ihr gesagt, sie solle sich beruhigen.[10]

Die Ursachen für Geschichten wie diese sieht Robinson in unseren Bildungssystemen: Sie seien eine Erfindung des industriellen Zeitalters und bei ihrer Entwicklung sei es vorrangig darum gegangen, die Bedürfnisse der Industrie zu decken. Dementsprechend seien für die Arbeit nützliche Fächer als besonders wichtig eingestuft worden, während kreative Fächer kaum Beachtung gefunden hätten. Hinzu kommt für Robinson, dass akademische Fähigkeiten seit dieser Zeit unser Verständnis von Intelligenz dominierten und dass die Universitäten, die ebenfalls eine treibende Rolle bei der Bildungsgestaltung spielten, ein System nach ihrem eigenen Bild geschaffen hätten. In seinem TED Talk beschreibt er das System der öffentlichen Bildung als einen „in die Länge gezogenen Prozess einer Aufnahmeprüfung für eine Universität". Viele Menschen, die eher kreative Talente hätten, würden dadurch entmutigt, übersehen und ausgefiltert. Sein Plädoyer, Bildungssysteme so zu verändern, dass sie Kindern und deren Eltern früh ermöglichen, ihre Talente und ihre Interessen zu entdecken, findet glücklicherweise immer mehr Gehör. In der Tat gibt es beispielsweise im skandinavischen Raum Ansätze, die in die entsprechende Richtung zeigen.

Wenn wir also im Zusammenhang mit New Work von Bildung sprechen, dann orientieren wir uns an einer ganzheitlichen Interpretation des Begriffs, die einen lebensbegleitenden Entwicklungsprozess des Menschen bei der Ausbildung und Weiterentwicklung seiner Persönlichkeit umfasst. Dabei ist wichtig, noch einmal festzuhalten, dass es im Kern der ursprünglichen New-Work-Idee lag, dass Menschen sich auf die Suche danach machen sollten, was sie im Leben wirklich, wirklich wollten. Das setzt die frühe Auseinandersetzung mit Fragen wie Selbstreflexion und Sinnfindung sowie eine Beschäftigung mit den eigenen Stärken und Schwächen voraus. Traditionelle Bildungssysteme geben diesen Themen kaum Raum. Daher fällt es vielen Erwachsenen später so schwer, sich mit diesen Fragen zu beschäftigen, und sie begeben sich in Jobs, die sie nicht glücklich machen und trauen sich nicht, ihrem Gefühl zu folgen.

Frédéric Laloux beschreibt in seinem Buch *Reinventing Organizations* als positives Beispiel für ganzheitlich agierende Organisationen auch eine Schule. Es ist die *Evangelische Schule Berlin Zentrum* (ESBZ). Hier spielt das Thema Selbstführung eine große Rolle und die Kinder, die dort zur Schule gehen, haben einen großen Anteil an der Gestaltung des Unterrichts. Von der Art und Weise, wie dort beispielsweise die wöchentliche Schulversammlung abgehalten wird, können sich Unternehmen und Organisationen aus allen anderen Bereichen ein Beispiel nehmen. Jeden Freitag kommen dort alle Schüler:innen, der gesamte Lehrkörper und die Büroangestellten zusammen. In dieser Versammlung können sich die Anwesenden ohne Anmeldung an das offene Mikrofon stellen und sich ganz konkret bei einer oder mehreren Personen bedanken. „Es sagt sehr viel über die ESBZ, dass die Schüler den Mut haben, aufzustehen und andere öffentlich zu loben, und dass es für sie ganz natürlich ist, jeden Freitag vor Hunderten anderen Schülern witzige, berührende und ehrliche Geschichten zu teilen."[11] Die ESBZ ist eine von über 30.000 allgemeinbildenden Schulen. Ganz sicher gibt es noch mehr positive Beispiele, aber ebenso sicher gibt es einen erheblichen Bedarf – und der fängt in der kindlichen Früherziehung an und umspannt unser ganzes Leben.

EIN NEUES BILDUNGSVERSTÄNDNIS

„Wir brauchen Bildung, um uns selbst und anderen die Fähigkeit zum Staunen und die Freude an unserer natürlichen Neugier zu bewahren und, falls nötig, zurückzugewinnen. Und wir brauchen Bildung, um uns selbst bei alldem weiterhin fragwürdig zu finden und nicht etwa aus- und eingebildet zu werden."

Stephan A. Jansen, Wissenschaftler, Autor und Unternehmer

Wenn wir mit Menschen über das Thema Bildung sprechen, folgt eigentlich regelmäßig der Verweis auf das humboldtsche Bildungsideal. Mit Thomas Heilmann, Unternehmer und Politiker, haben wir in unserem Podcast darüber gesprochen und auch in dem von ihm initiierten Buch *Neustaat* fehlt der Verweis nicht. Es geht um den aufgeklärten Menschen und um die Ausbildung der Individualität von Menschen; dies war für Humboldt sogar Bestimmung. Im Ergebnis sah er Menschen, die in ihrer Persönlichkeit alle ihre Anlagen entwickeln konnten, die weltoffen und grundsätzlich um positive Beziehungen in alle Richtungen in eben dieser Welt bemüht waren. Wilhelm von Humboldt, der selbst eine solche Form der Bildung im Rahmen seiner privaten Schulausbildung im Schloss der Familie genoss, setzte sich als Erwachsener mit seinen Bildungsreformen dafür ein, dieses Ideal zum Leben zu erwecken. Nach einigen unbestreitbaren Erfolgen im 20. Jahrhundert (Schulpflicht, humanistische Bildung, dreigliedriges Schulsystem) sind wir von diesem Ideal heute wieder weit entfernt.[12]

Stephan A. Jansen gehört zu den Vordenkern unseres Landes. In seinem Buch *Die Befreiung der Bildung* legt er nach eigenen Angaben eine „Schönschrift" und keine Streitschrift vor. Es ist ein Appell, Bildung wieder dahin zu führen, wo sie ihren

Ursprung hat, nämlich zurück zur kindlichen Neugier. „Diese Gier nach Neuem, mit der jedes Kind zur Welt kommt und die sich niemand freiwillig abgewöhnen würde. Sich zu bilden heißt, die Freiheit unseres Denkens in Gedankengängen zu erkunden und diese neuen Wege zu feiern." Sein Verständnis von Bildung weicht stark von den zentralen und gängigen Definitionen ab. Bildung ist für Jansen ausdrücklich kein formal bescheinigtes Resultat von institutionalisierten Lehr- und Lernprozessen; er grenzt sie damit von Bildungssystemen und -abschlüssen ab; an späterer Stelle spricht er von „Anschlüssen" statt Abschlüssen;

- nicht der sogenannte Bildungskanon, den er als „stets unabgeschlossene Sammlung von Wissen" bezeichnet;
- keine Gleichsetzung des Bildungsbegriffs mit dem der Kultur, also dem zeitgeschichtlichen Ablauf jeweils gesellschaftlich erwünschter Werte und Normen;
- kein Habitus, den Menschen mit Bildung nutzen können, um sich von Menschen mit weniger Bildung abzugrenzen.

Jansen erinnert uns daran, dass jeder Mensch seit 1948 ein Anrecht auf Bildung gemäß Artikel 26 der *Allgemeinen Erklärung der Menschenrechte* der *Vereinten Nationen* hat. Seiner Ansicht nach wurde aber bereits hier ein wesentlicher Fehler begangen, und zwar der, den Eltern ein vorrangiges Recht einzuräumen, über die Art der Bildung entscheiden zu können, die ihre Kinder erhalten sollen. Er sieht Bildung vielmehr als „Selbstbestimmung und Selbsthervorhebung des Menschen in seiner Autobiografie. Bildung ist unsere gelebte Neugier und unser jeweils ganz eigener Aufbruch ins Ungewisse." Er sieht die Notwendigkeit für diesen neuen Bildungsbegriff auch darin, dass eine Neuverhandlung der Arbeitsteilung zwischen Menschen und Maschinen unumgänglich sei. Auch wenn er es so nicht formuliert, so lesen wir zwischen seinen Zeilen: Neue Arbeit braucht neue Bildung.[13]

BESSERE BILDUNGSCHANCEN UND MEHR BILDUNGSGERECHTIGKEIT

> „Bildung ist die letzte große Ressource, die wir hier in Europa haben und die maximal vernachlässigt wird."
>
> Fabian Scholz, Unternehmer

Steve Chapmans persönliche Geschichte hat uns auf verschiedenen Ebenen berührt. Er stammt aus einer englischen Arbeiterfamilie. Sein Vater war erst Fensterputzer und später Busfahrer, seine Mutter Schreibkraft. Als Grundschüler wurde er von seinen Lehrern in seinen Talenten bestärkt. Sie sagten ihm, dass er ein Autor, ein Künstler und DJ sei. Doch in der weiterführenden Schule wurden seine Talente als Hobbys abgetan und er bekam das Feedback, nicht gut genug zu sein. Die Lehrer:innen gaben ihm den Rat, dass er sich mehr anstrengen solle. Dass er Legastheniker ist, weiß er erst, seitdem er Mitte 30 ist. Im Alter von 14 Jahren und ohne Schulabschluss fand er sich als Fabrikarbeiter bei dem Pharmaunternehmen *GlaxoSmithKline* wieder. Nach 20 Jahren verließ er das Unternehmen als Global Director Leadership and Organisation Development mit einem Ashridge Master in Organizational Change. Heute arbeitet er als Speaker, Coach, Blogger, Consultant, Playmate, Artist und Professional Imposter. „Ich bin ein Künstler, ein Schriftsteller, ein Philosoph und ein Redner ohne formale Ausbildung oder Qualifikation in einem dieser Bereiche“, beschreibt er sich in unserem Podcast-Gespräch.[14]

Die Geschichte von Steve ist die Ausnahme von der Regel. Der schon erwähnte Bildungsbericht 2020 beschreibt die Benachteiligung von Kindern aus sozial schwachen Umfeldern wie folgt: 79 Prozent aller Schüler:innen mit einem hohen sozioökonomischen Status gehen auf das Gymnasium. Dieser Anteil ist fast dreimal so hoch wie in der Gruppe derjenigen, die sozial benachteiligt sind, hier schaffen nach der Grundschule nur 27 Prozent der Kinder den Sprung auf das Gymnasium. Auch im internationalen Vergleich sieht es nicht gut aus. Der erfolgreiche Schulbesuch hängt in Deutschland sogar stärker als in anderen Ländern von der sozialen Herkunft ab.[15]

Stephan A. Jansen und Michael Ebmeyer sehen die Ursache für diesen Missstand in der ungleichen Verteilung der finanziellen Mittel. „Der Staat alimentiert Hochschulen, deren Besuch nichts kostet, und lagert zugleich die gebührenpflichtigen Kindertagesstätten an private und kirchliche Träger aus.“ Schon hier werden sozial benachteiligte Kinder – systembedingt – von ihren privilegierten Altersgenoss:innen abgehängt. Es folgt eine „auch im internationalen Vergleich dramatisch unterfinanzierte“ Primarstufe. Erst in der Oberstufe gibt es, relativ gesehen, eine gute finanzielle Ausstattung, doch diese erleben viele der Kinder aus den sogenannten „bildungsfernen Schichten“ schon nicht mehr oder sie schaffen es nicht mehr, verlorenen Boden gutzumachen. Jansen und Ebermeyer fordern deshalb, die Finanzierungspyramide umzudrehen. Sie sehen außerdem die Notwendigkeit eines intersektoralen Finanzierungsverständnisses und schlagen hybride Finanzierungen zum Beispiel durch „Matching Funds“ vor, bei denen die Vergabe öffentlicher Mittel nur in Verbindung mit dem gleichzeitigen Einwerben von privaten Mitteln funktioniert.[16]

Das finnische Bildungssystem gilt als eines der führenden. In weltweiten Vergleichen schneiden finnische Schüler:innen regelmäßig weit über dem Durchschnitt ab. Die Schulen genießen das Vertrauen der Behörden und die Parteien sind sich grundsätzlich über die Richtung von Bildungsreformen einig. Kinder werden in Finnland generell erst mit sieben Jahren eingeschult. Sie bekommen weniger Hausaufgaben als ihre Altersgenoss:innen in anderen Ländern, und der wichtigste Punkt im Zusammenhang mit Bildungsgerechtigkeit: Der sozioökonomische Hintergrund von Kindern wirkt sich viel weniger auf die schulischen Leistungen aus als in anderen Ländern. Pasi Sahlberg, ehemaliger Generaldirektor des finnischen Ministeriums für Bildung und Kultur, sieht hier einen der zentralen Vorteile des finnischen Bildungssystems, das im Laufe der Zeit die Bildungsgerechtigkeit immer weiter gestärkt hat. In Finnland gibt es frühkindliche Bildung für alle Kinder. Alle Schulen erhalten die notwendige finanzielle Ausstattung, um besser für Kinder mit sonderpädagogischem Förderbedarf sorgen zu können. Es gibt in allen finnischen Schulen Zugang zu Gesundheits- und Wohlfahrtsdiensten. Im Unterschied zum deutschen System gibt es außerdem einen nationalen Lehrplan, der darauf ausgerichtet ist, dass sich die Schulen auf das umfassende Wohl und eine ganzheitliche Entwicklung der Kinder konzentrieren, statt sich nur auf die akademischen Leistungen zu fokussieren.[17]

Immer häufiger sehen wir private Initiativen, die dort, wo der Staat nicht hilft, ansetzen. Ein gutes Beispiel dafür ist die in Berlin lebende gebürtige Dänin Anne Kjær Bathel. Im Jahr 2015 – vor dem Hintergrund einer größer werdenden Zahl von Geflüchteten – postete sie auf *Facebook* die folgende Frage: „Wenn ich eine Programmierschule für Geflüchtete gründe, wer kann unterstützen?“ Innerhalb kürzester Zeit boten über 30 Menschen ihre Hilfe an: „Ich kann einen Laptop spenden“, „Ich habe Räume“, „Ich kann unterrichten“ und „Ich habe keine Ahnung, aber ich kann richtig gut Kuchen backen“. Bald konnte Anne die ersten drei Mitarbeiter:innen einstellen und den ersten Kurs starten. „Und zwei Tage später kam glücklicherweise Mark Zuckerberg zu Besuch, weil er in Berlin war“, erzählte uns Anne in unserem Podcast-Gespräch. Einige Kursteilnehmer:innen lernten ihn dabei persönlich kennen und für Anne habe sich das wie der beste Start überhaupt und gleichzeitig doch sehr surreal angefühlt. *Meta* wurde zum Partner und schnell gab es auch deutsche Teilnehmer:innen, die oft ohne Arbeit waren oder sich ein teures Bootcamp nicht leisten konnten. Mittlerweile werden in der *ReDI School of Digital Integration* pro Jahr rund 1.200 Menschen aus 43 Nationen in unterschiedlichen Skills geschult, und Annes ambitioniertes Ziel für die Zukunft ist, hier jährlich 10.000 Menschen auszubilden.[18]

DIE NEUERFINDUNG DER SCHULE

„Wir müssen die Welt, in die wir hineingeboren werden, nicht als etwas Feststehendes und Undurchlässiges akzeptieren.“

Laurene Powell Jobs, Unternehmerin

Marc Winter und Thomas Winkelmann arbeiten bei *SYPartners*, einem US-amerikanischen Beratungsunternehmen, das von ehemaligen *Apple*-Mitarbeiter:innen gegründet wurde.[19] Marc und Thomas berichteten in unserem Podcast-Gespräch von den philanthropischen Aktivitäten von Laurene Powell Jobs, der Witwe von Steve Jobs. Im Jahr 2004 gründete sie beispielsweise das *Emerson Collective*, eine Institution, die finanziell benachteiligte Schüler:innen und Student:innen unterstützt. Im Rahmen ihrer Arbeit wuchs ihre Überzeugung, dass sich das amerikanische Highschool-System dringend ändern müsse. Zusammen mit *SYPartners* rief sie daher einen landesweiten Ideenwettbewerb ins Leben, von dem der damalige US-Präsident Barack Obama Notiz nahm und es sogar unterstützte. Mit ihrem Programm unter dem Titel *XQ: The Super School Project* ermutigte sie Menschen aus den unterschiedlichsten Bereichen der Gesellschaft wie Pädagogik, Innovation und Wirtschaft sowie betroffene Jugendliche dazu, jeden Aspekt der bisher üblichen Erfahrungen im Highschool-System zu überdenken und dabei einen umfassenden Blick einzunehmen: vom Lehrplan, über tägliche Routinen, die Klassenräume, die verwendeten Technologien bis hin zu außerschulischen Aktivitäten. Mithilfe eines Design-Toolkits, das bei *SYPartners* entstand, konnten die teilnehmenden Teams ihren Ideen Gestalt verleihen. Am Wettbewerb nahmen über 10.000 Menschen teil. Insgesamt 18 Schulen wurden in der Folge mit dem Titel „Super Schools" ausgezeichnet und an einer großen Anzahl weiterer Schulen wurden Learning Labs eingerichtet, um einzelne Ideen umzusetzen wie zum Beispiel projektbasiertes Lernen.[20]

In Deutschland setzen sich Menschen wie Verena Pausder dafür ein, das Thema Schule in das digitale Zeitalter zu transformieren. Unter dem Hashtag #wirfürschule hat sie eine Initiative ins Leben gerufen, die sich selbst als eine Community, ein Netzwerk und eine Ideen- und Projektschmiede beschreibt.[21] Im Juni 2021 fand ein erster Hackathon statt. Über 2.500 Menschen nahmen an dieser fünftägigen Session teil, darunter Lehrkräfte, Schüler:innen und Start-up-Unternehmer:innen. Unterstützt wurde der Hackathon vom Bundesbildungsministerium, von der Digitalisierungsbeauftragten der Bundesregierung und von den 16 Kultusministerien der Bundesländer. Vor dem Hackathon fand ein Bürger:innenrat statt, an dem 100 nach dem Zufallsprinzip ausgewählte Menschen das Zielbild der Schule diskutierten. Die Teilnehmer:innen konnten dieses Zielbild im Hackathon hinterfragen und kommentieren. Einige Schulen nutzten die fünf Tage, um konkrete eigene Aktivitäten vorzubereiten. Es geht den Macher:innen von *Wir für Schule* dabei um ein grundsätzliches Update für unser Schulsystem. Die Organisation ist in der Rechtsform einer gemeinnützigen GmbH langfristig angelegt. Sie soll Menschen, die sich aktiv einbringen wollen, Raum und Unterstützung bieten. Über 40 Ehrenamtliche bringen sich in diese Arbeit ein. Ein Hackathon fürs nächste Jahr ist bereits in Planung. Verena und ihr Team möchten damit „unseren Kindern die Tür Richtung Zukunft aufmachen". In einem Interview mit der Wochenzeitung *Die Zeit* argumentiert sie: „Warum bearbeiten wir in der Schule nicht die großen Themen? Kinder wären viel motivierter, wenn sie projekt- und problembezogen zum Klimawandel, zu Nachhaltigkeit oder zum Unternehmertum arbeiten."[22]

Die Journalistin und Autorin Verena Friederike Hasel hat mit ihrem Mann und ihren drei Kindern für ein halbes Jahr in Neuseeland gelebt. Vom ersten Tag an war sie verblüfft, wie anders Schule hier verstanden und gelebt wurde. Ob es der Direktor war, der seine ihm anvertrauten Schüler:innen morgens begrüßte und nachmittags verabschiedete oder die deutsche Flagge, die zur Begrüßung ihrer achtjährigen Tochter an der Wand des Klassenraums hing. Sie lernte eine Mathematiklehrerin kennen, die ihren Unterricht kurzerhand an einen Strand verlegte, damit die Kinder dort einen Tyrannosaurus Rex im richtigen Maßstab in den Sand malen konnten. Sie beobachtete ihre Tochter dabei, wie sie mit Beginn der zweiten Woche barfuß in die Schule ging, und stellte fest, dass ihre Tochter nicht Glück gehabt hatte, sondern dass dahinter ein System steckte. Sie besuchte in der Folge andere

Schulen, um zu verstehen, wie Neuseelands Bildung funktioniert. Dass sie das tut, belegt auch der erste Platz im „Worldwide Educating for the Future Index", den das neuseeländische Schulsystem im Jahr 2017 hinsichtlich der Zukunftstauglichkeit von Bildungssystemen unter allen Ländern der Welt belegte.

Um den Unterschied zwischen Neuseelands und unserem Schulsystem besser zu verstehen, empfiehlt sich ein Blick auf den Lehrplan. Verena Friederike Hasel hat dies für uns getan. Sie beginnt mit der Entstehungsgeschichte des heute in Neuseeland gültigen Curriculums. In die Entwicklung des ersten Entwurfs waren über 15.000 Menschen involviert. Im Anschluss daran konnte jede:r Neuseeländer:in die erste Version kommentieren und ergänzende Vorschläge machen. Im Ergebnis ergab das ein 49 Seiten umfassendes Dokument, das vom ganzen Land getragen wird und dessen Inhalte sich wie eine Zusammenfassung der Grundlagen für eine New-Work-Gesellschaft lesen. „Es gilt landesweit und legt die Schlüsselkompetenzen fest, die Kinder im Laufe ihrer Schulzeit entwickeln sollen: denken, Symbole und Sprache benutzen, zu anderen in Beziehung treten, einen Beitrag leisten und sich selbst managen." Sich selbst managen, das heißt laut Curriculum zum Beispiel, „[…] sich Ziele zu stecken, Pläne zu schmieden, sich selbst zu motivieren und zu wissen, wann man anführen, wann man folgen muss und wann es am besten ist, sich unabhängig von anderen zu machen." Nach der intensiven Beschäftigung mit den Bildungsgrundsätzen Neuseelands fiel Verena auf, dass sie keine Ahnung hatte, wie das entsprechende Pendant in Deutschland aussieht: Es gibt 16 verschiedene Dokumente und sie lesen sich wie technische Beschreibungen.[23]

Schauen wir nochmal nach Finnland: In ihrem Buch *In Teachers We Trust: The Finnish Way to World-Class Schools* beschreiben Pasi Sahlberg und Timothy D. Walker den finnischen Weg hin zu Schulen, die Weltklasse sind. Für sie ist die Grundlage aller Veränderung in Schulen ein grundsätzliches Vertrauen in die Lehrer:innen.[24] Mithilfe von sieben Prinzipien beschreiben sie den Weg zu einer Vertrauenskultur.

1. **Ausbildung der Lehrkräfte im Denken**: In Finnland gibt es das Ideal der „pädagogisch denkenden Lehrkraft". Von Beginn an werden Lehramtsstudent:innen darin bestärkt, ihr eigenes Wirken laufend zu reflektieren. Sie erhalten dafür Zeit und Coaching.
2. **Mentoring für die nächste Generation:** Mentoring ist ein elementarer Bestandteil im finnischen Schulsystem. Lehrkräfte bekommen während ihrer Ausbildung Mentor:innen zur Seite gestellt. Es folgt im Lehrbetrieb ein ständiger Austausch über die Schüler:innen, und die Lehrkräfte werden dazu angehalten, die ihnen anvertrauten Kinder auch als Mentees zu betrachten. So empfehlen die Autoren, für jedes Kind eine Übersicht über dessen Interessen, Stärken und Herausforderungen und die daraus abgeleiteten individuellen Strategien für deren Unterstützung anzulegen und zu pflegen.
3. **Freiheit innerhalb eines Rahmens:** Die Grundlage für dieses Prinzip liegt im Vertrauen in die Professionalität der finnischen Lehrer:innen. In der Folge wird ihnen sehr viel mehr Autonomie in der Ausgestaltung der Inhalte und der eingesetzten Methoden gegeben.

4. **Verantwortungsbewusstes Lernen kultivieren:** In Finnland gibt es eine Praxis, die sich „kummit" nennt: Es geht um eine Patenschaft, die sich zwischen zwei Klassen abspielt. Eine ältere Klasse arbeitet für gewöhnlich für zehn Monate mit einer jüngeren zusammen und die älteren Kinder übernehmen jeweils eine Patenschaft – und damit auch Verantwortung für ein Kind aus der jüngeren Klasse. Manchmal gibt es auch ein solches Verhältnis bei den beteiligten Lehrkräften.
5. **Im Team spielen:** Das finnische Schulsystem ist kollaborativ aufgebaut. Lehrer:innen tauschen sich grundsätzlich gern zu guten Lehrerfahrungen aus und das auch über die Grenzen der eigenen Schule hinweg. Sie besuchen sich gegenseitig und nehmen an Schulstunden teil, um voneinander zu lernen.
6. **Die Führung teilen:** Finnische Lehrer:innen geben einen Teil der Führung an ihre Schüler:innen ab. In einigen Klassen gibt es „Tisch-Kapitän:innen"; diese Rolle rotiert. Ältere Schüler:innen erhalten noch mehr Verantwortung und auch der Rollentausch für einen Tag ist gelebte Praxis.
7. **Vertrauen in den Prozess:** Finnische Lehrer:innen wissen, dass Kinder Zeit brauchen und dass sie ganz individuelle Bedürfnisse haben, die zu unterschiedlichen Formen der Unterstützung führen müssen. Sowohl die Administration als auch die Bürger:innen vertrauen den Lehrer:innen und dem System Schule, es gibt keine formalen Prozesse, die die Effektivität und Effizienz der Lehrenden kontrollieren.

Der Lehrer:innen-Beruf gehört in Finnland zu den anerkanntesten des Landes. Im Vergleich zu anderen Ländern unterrichten sie weniger Stunden, es gibt keine externen Inspektionen der Schulbehörde und deutlich weniger Kündigungen. Der vielleicht wichtigste Grund liegt in ausgewogenen Lehrplänen, die Kinder ganzheitlich sehen und der Bedeutung kreativer Fächer und allgemeiner Lebenskompetenzen für Wachstum und Lernerfolg gerecht werden.[25]

NEUE LERNINHALTE UND METHODEN

> „Wir wissen, wie wir das Lernen nachhaltig gestalten können, wie wir es ansprechend gestalten können, wie wir es so gestalten können, dass es dem dient, was die Menschen wirklich erreichen wollen. Aber wir müssen Wege finden, um es allen zugänglicher zu machen."
>
> Jeffrey Rogers, Facilitator und Workshop-Designer

Anne Kjær Bathel haben wir schon kennengelernt. Wer sich beim Lesen ihrer Geschichte gefragt hat, welche Fähigkeiten man für eine solche Gründung braucht und wo man diese erlernen, anwenden und ausbauen kann, der findet eine mögliche Antwort darauf in ihrer Jugend, genauer im dänischen Schulsystem und Annes erstem Studienfach. Anne wuchs in Aarhus, der zweitgrößten Stadt in Dänemark, auf. In ihrer Schule lernte sie schon im Alter von zwölf Jahren das Arbeiten in Projekten kennen. Am Montag ging es los und freitags musste es fertig sein. „Dänische Schüler sind das gewohnt." Sie wusste schon als Teenager, was sie danach machen wollte. In Aarhus gibt es ein Studium zum „Kaospiloten", erklärt uns Anne.[26] Das Studium dauert drei Jahre und umfasst die Themenbereiche Projektmanagement, Prozessmanagement und Unternehmertum. Bildung wird bei den Kaospiloten seit über 30 Jahren anders gedacht. Es gibt keine Professor:innen, pro Klasse werden 40 Student:innen von jeweils zwei Lehrer:innen für ein Jahr betreut und themenbezogen werden weitere externe Expert:innen hinzugezogen. Wenn etwa für drei Monate das Thema Innovation ansteht, werden zum Beispiel Hirnforscher:innen, Künstler:innen oder Politiker:innen eingeladen, die etwas dazu beizutragen haben. Jeder Themenblock besteht aus zwei Monaten Theorie, auf die eine Projektarbeit von bis zu drei Wochen folgt. Die Aufgaben werden zum Teil von Unternehmen gestellt, beispielsweise von *LEGO*, die die Frage stellten: „Was ist das Spielzeug der Zukunft?" Anschließend findet für eine Woche die Evaluierung statt; Theorie und praktische Anwendung werden abgeglichen. Anne nahm ihre Zeit bei den Kaospiloten als intensiv wahr und sie spürte die Ernsthaftigkeit in der Zusammenarbeit dort vom ersten Tag an. Sie und alle Mitstudierenden bekamen direkt zum Start einen Schlüssel für die Schule und eigene Visitenkarten. Doch das Gefühl, hier die „beste Art von Bildung" zu bekommen, hatte Anne schon beim Auswahlprozess. Das Mindestalter beträgt 21 Jahre. Noten sind für die Aufnahme nicht wichtig. Jede:r Bewerber:in muss einen Artikel schreiben, der beschreibt, wie sich das eigene Leben fünf Jahre nach Studienende verändert haben wird. Es gibt einen Aufnahmeprozess, der zwei Jahre dauert und der von Studierenden des ersten Jahres begleitet wird. Dabei werden Fähigkeiten wie Kreativität, Kommunikation und Leadership-Potenzial gecheckt. Danach absolvierte Anne noch ein Masterstudium in Peace Studies in Tokio und half bei den Aufräumarbeiten nach dem großen Erdbeben 2011, aber das ist eine andere Geschichte.[27]

Die wissenschaftlichen Arbeiten darüber, wie wir unser Bildungssystem ändern müssen, kommen zu Ergebnissen, die bei den Kaospilot:innen in Aarhus anscheinend schon länger berücksichtigt werden. Es geht zunächst darum, die Lernenden in den Mittelpunkt zu stellen. Da sich das Wissen schneller verändert als je zuvor, sollte es mehr um die Ausbildung der Persönlichkeit[28] und um die Vermittlung von Problemlösungskompetenzen gehen.[29] Der klassische Frontalunterricht muss dringend durch weitere Formate wie Gruppenübungen, Einzelunterricht und Coaching ergänzt werden. Um alle Lernenden zu erreichen, sollten möglichst auch alle Sinne angesprochen werden, was bedeutet, den medialen und digitalen Möglichkeiten gegenüber offen zu sein.

Unser Gespräch mit Jeffrey Rogers haben wir bereits im Kapitel „Lernen" angerissen. Jeffrey stammt aus Austin, Texas. Durch sein Geschichtsstudium habe er „sich irgendwie durchgequält". Sein PhD-Programm brach er ab. Um Geld zu verdienen, arbeitete er in verschieden Kontexten als Lehrer, bis er irgendwann merkte, dass er darin erfolgreicher war als in seiner Rolle als Historiker. Es war egal, was er unterrichtete, es fühlte sich immer gut und richtig für ihn an. „Das wurde zu einem grundlegenden Prinzip für den Rest meiner Karriere." Er erinnerte sich an die Themen, die ihn in seiner Jugend faszinierten, wie Nachhaltigkeit und die Zukunft unserer Gesellschaft. Mit ihnen beschäftigt er sich bis heute. Als Educator und Facilitator ist er an der Singularity University verantwortlich für die Vermittlung von Wissen. Wir haben mit ihm darüber gesprochen, warum das industrielle Lernsystem an seine Grenzen stößt und was sich ändern muss. In dieser Podcast-Folge erzählt Michael unserem Gast Jeffrey von einem seiner Söhne, der am deutschen Schulsystem fast gescheitert wäre und der später an der Zeppelin Universität in Friedrichshafen eine völlig neue Art des Lernens kennenlernte. Heute ist Michaels Sohn PhD-Student an der Copenhagen Business School. Jeffrey kennt viele solcher Fälle und sagt, dass wir schon lange wüssten, wie es funktioniere. Er nennt es „projektbezogenes, kooperatives und soziales Lernen, das sich auf das Machen konzentriert". Dabei ginge es auch um ein anderes zahlenmäßiges Verhältnis von Lehrenden zu Lernenden. Er sieht vor allem zwei problematische Faktoren: Unser Schulsystem habe nicht die notwendige Bereitschaft für Veränderung, um sich den immer schneller wandelnden Rahmenbedingungen anzupassen, und das, was gut funktioniere, sei nicht so leicht skalierbar. „Es ist wirklich schwer, die Erfahrung des Lernens zu skalieren." Neben diesen beiden Problemfeldern hat er jedoch Hoffnung für die Zukunft der Bildung. Zum einen glaubt er, dass wir langfristig zu einer Neubewertung des Lernens kommen würden. Alle Eltern, mit denen er gesprochen habe, sagten, dass eine gute Bildung das Wichtigste für ihre Kinder sei und sie hofften, dass insgesamt mehr Geld ins Bildungssystem und auch in die Bezahlung für Lehrende fließen müsse. Die aktuellen Probleme der Menschheit würden diesen Prozess beschleunigen. Kurzfristig würden uns neue Technologien helfen. Die Designs im Bereich digitales Lernen wären immer hilfreicher.[30] Er weist in diesem Zusammenhang auch auf seinen Kollegen Aaron Frank hin, einen Experten für Virtual und Augmented Reality. Die neuen Möglichkeiten würden den Lernenden erlauben, Dinge zu erfahren, zu sehen und zu machen, die sonst nicht zugänglich wären. Es ginge darum, nicht das Alte, also die analoge Lernform, digital nachzubauen, sondern in einem „Digital First"-Mindset zu fragen: Welche ist die stärkste Lernumgebung und -erfahrung? Die Technologien dafür würden immer besser und billiger. Das Zauberwort dafür? „Immersives soziales Lernen".[31]

Für Jeffrey Rodgers waren es unter anderem seine Jahre, in denen er im *San Francisco Historic Maritime Park* jobbte, die seinen Blick auf neue Lehrmethoden schärften. Die Hauptfläche dieser Einrichtung befindet sich auf dem Wasser. Es gibt eine ganze Reihe von Programmen, die dort auch für Schulen angeboten werden. Das „signature programme" richtet sich an Schüler:innen der vierten und fünften Klassen und erfreut sich einer großen Beliebtheit an Schulen in ganz Kalifornien. Ziel ist, die Kinder beim Aufbau von Kommunikations- und Führungsfähigkeiten zu unterstützen und ihnen mehr Vertrauen in ihre Selbstständigkeit zu vermitteln. Die Kinder verbringen insgesamt 18 Stunden auf einem Schiff und übernachten auch dort. Sie erhalten Kostüme, denn sie werden hier in das Jahr 1906 zurückversetzt. Der Kapitän begrüßt sie und stellt „überrascht" fest, dass er es mit Kindern zu tun hat. Er könne sie für eine Nacht an Bord behalten, aber er brauche ihre Hilfe.

Das Programm ist eine eigens entwickelte Geschichte, in der die Lehrer:innen Besatzungsmitglieder sind, die den Kindern Aufgaben stellen beziehungsweise sie mit Problemen konfrontieren. Die Kinder werden durch alle Bereiche geführt und die Crew gibt ihnen schwer verständliche Anweisungen, aber nach und nach schnappen sie die Dinge auf, die wichtig sind. Die Kinder lernen, dass sie in der Gruppe in der Lage sind, aufkommende Probleme zu lösen, die sie allein niemals hätten bewältigen können. Sie lernen zusammen, sie machen gemeinsam Fehler und sie versuchen es wieder und wieder, bis sie die Aufgabe bewältigt und das Problem gelöst haben. Wir merken es an der Begeisterung, mit der Jeffrey über diese Phase seines Lebens spricht: Es hat ihn nachhaltig beeindruckt, wie schnell Kinder durch gemeinsame Erfahrungen lernen können und wie sehr sie dabei wachsen. Erwachsene, die als Kinder an dem Programm teilgenommen hatten, berichteten Jeffrey, sie könnten sich noch genau an die Charaktere und an die Aufgaben erinnern und welchen Eindruck diese 18 Stunden an Bord eines Piratenschiffs auf sie gemacht hätten.[32] Noch weiter geht die Idee vom Ocean College, die Kindern die Möglichkeit eröffnet, für sechs Monate und zwei Atlantiküberquerungen die eigene Schulbildung auf ein Segelboot zu verlegen.[33]

EINE NEUES ROLLENVERSTÄNDNIS UND MEHR WERTSCHÄTZUNG FÜR LEHRKRÄFTE

„Die Rolle des Lehrers im Klassenzimmer ist es, den Schülern zu helfen, und nicht, ihnen Informationen zu vermitteln."

Jonathan Bergmann, Aaron Sams, Lehrer und Autoren

Romy Möller ist davon überzeugt, dass es eine Arbeits- und Schulwelt geben kann, die von Wertschätzung und Leidenschaft geprägt ist. Es ist eine Welt, in der jeder Mensch seine Potenziale und Stärken einbringen und Selbstwirksamkeit erleben kann, in der wir gemeinsam Entwicklung und Erfolg gestalten und über uns hinauswachsen. Für ihre selbst gestellte Aufgabe bringt sie unterschiedliche Perspektiven ein. Sie hat als Redakteurin in einem Verlag für Schulbücher und als Lehrerin gearbeitet. Heute begleitet sie als systemischer Coach Einzelpersonen, Teams und Organisationen zu Themen wie Kommunikation, Führung, Innovation und Neues Arbeiten. Sie glaubt, dass wir Schule nicht nur für unsere Kinder, sondern auch für unsere Lehrer:innen ändern müssten, denn sie seien der Schlüssel für Veränderung. „Im ersten Moment, wenn ich vor einer Klasse stehe, bin ich Führungskraft." Der:Die Lehrende sei nicht mehr Wissensvermittler:in, sondern Lernbegleiter:in. Vielen Lehrer:innen fehle der Mut, neue Dinge auszuprobieren, obwohl die Lehrpläne den Freiraum dafür gäben. Den allermeisten Schulen mangele es Romy zufolge an einer Kultur, Dinge auszuprobieren. Die Schulleiter:innen müssten sich fragen, was sie tun könnten, um diese zu kreieren.[34] Außerdem fehlen für einen der wichtigsten Berufe in unserer Gesellschaft die Menschen, die ihn ausüben wollen.

Besonders eklatant ist der Mangel an den Grundschulen. Einer Studie der *Bertelsmann Stiftung* zufolge fehlen bis zum Jahr 2025 mindestens 26.300 Absolvent:innen für das Grundschullehramt. Das sind 11.000 mehr als die Kultusministerkonferenz noch im Jahr 2018 prognostiziert hat.[35]

Eine radikale Abkehr des traditionellen Verständnisses, was die Rolle einer Lehrkraft zu sein hat, haben die beiden US-amerikanischen Lehrer Jonathan Bergmann und Aaron Sams entwickelt. Die beiden beobachteten, dass immer mehr Schüler:innen Schwierigkeiten hatten, dem Unterricht zu folgen beziehungsweise sich für die vermittelten Inhalte zu begeistern. Sie verdeutlichen ihre Eindrücke aus dieser Zeit mithilfe von drei Typen von Schüler:innen, die ihnen in ihrer Laufbahn, so oder ähnlich, begegneten. Enrique, so nennen sie den ersten Typ, kann mit der Geschwindigkeit seiner Lehrer:innen nicht mithalten. Sie sprechen zu schnell für ihn. Er kann sich nicht schnell genug Notizen machen, um ihrem Unterricht zu folgen. Er arbeitet hart, lernt aber nicht. Janice ist eine sehr gute Sportlerin. Sie ist Leichtathletin und spielt Basketball und Volleyball für ihre Highschool. Sie arbeitet auch hart, fällt aber wegen ihres vollen Terminkalenders hinter ihre Klassenkamerad:innen zurück. Aufgrund der vielen Spiele und der damit verbundenen Reisen verpasst sie viele Unterrichtsstunden. Ihren dritten Typ nennen sie Ashley. Oberflächlich betrachtet scheint sie eine perfekte Schülerin zu sein. Sie tut alles, was ihre Lehrer:innen verlangen und erzielt fast überall gute Noten. Sie macht jedoch nur das, was nötig ist, um die Prüfungen zu bestehen, sie lernt nichts anderes. Sie manipuliert das Bildungssystem. Diese erfundenen Beispiele zeigen stellvertretend vor allem eines: Kinder sind unterschiedlich und die Fokussierung auf den „One fits all"-Ansatz führt uns nicht weiter. Kinder und Jugendliche wollen prinzipiell lernen. Verschiedene Rahmenbedingungen, Umstände und Talente, die oft außerhalb der Kontrolle der jungen Menschen liegen, bauen sich jedoch oft zu scheinbar unüberwindbaren Hindernissen auf, insbesondere dann, wenn es darum geht, sich in klassischen Lernstrukturen zu behaupten. Wie können Lehrer:innen und Schulen unseren Kindern helfen, effektiver und mit mehr Freude zu lernen?

Jonathan Bergmann und Aaron Sams nennen ihren Ansatz „Flipped Classroom". Die beiden stellen die Schüler:innen und nicht die Lehrer:innen in den Fokus. Im Flipped Classroom verbringen Lehrende die Unterrichtszeit damit, Lernenden dabei zu helfen, neues Wissen zu verstehen und anzuwenden. Kurz: Die eigentlichen Unterrichtsstunden werden als Filme aufgezeichnet, die sich die Schüler:innen individuell anschauen können. Die Schulstunden werden dafür genutzt, das vermittelte Wissen anzuwenden und offene Fragen zu klären. Die beiden Lehrer entwickelten ihre Methode, nachdem Sams einen Artikel in einem Technikmagazin gelesen hatte, der zeigte, wie man PowerPoint-Präsentationen aufzeichnet – einschließlich Sprache und Anmerkungen – und wie man die Aufzeichnungen in Videodateien umwandelt und ins Internet hochlädt. Das war zu den Anfängen von YouTube, als Videos ein neues, immer beliebter werdendes Online-Feature waren. Lehrende können so zu Tutoren und Coaches werden und das, was traditionell als Hausaufgabe allein verrichtet wird, wird im Flipped Classroom gemeinsam im Unterricht erledigt. Lehrer:innen haben so, da sie ihre aufgenommenen Videos mehrfach einsetzen können, viel mehr Zeit, sich um einzelne Schüler:innen und deren individuelle Lernbedarfe zu kümmern. Die beiden Autoren betonen, dass das umgedrehte Klassenzimmer kein formelles Protokoll ist, sondern eine Denkweise: Bildung sollte sich auf die Schüler:innen konzentrieren und nicht auf die Lehrer:innen, die täglich in ihrem Klassenzimmer aufträten. Der Erfolg gab den beiden recht, denn obwohl die Schüler:innen weniger Zeit im Unterricht verbrachten, zeigten die Testergebnisse, dass sie mehr lernten. Hinzu kommt: Flipped Classroom ist skalierbar, reproduzierbar und auf alle Altersgruppen und Fächer anpassbar.[36]

Stellen wir uns einmal vor, wir hätten während der Corona-Krise das Prinzip als Standard gehabt. Die Stunden wären als Videos vorproduziert gewesen. Die Hausaufgaben und die Besprechung der Dinge, die nicht verstanden wurden, hätten die Lehrkräfte dann in Kleingruppen per Videokonferenzen betreuen beziehungsweise klären können. Janice hätte zwar während der Corona-Zeit weder Leichtathletikwettkämpfe noch Basketball- oder Volleyballspiele gehabt, aber sobald die Krise überwunden wäre, könnte sie mithilfe der vorproduzierten Videos beides hinbekommen: Schule und Sport.

LEBENSLANGES LERNEN – VOM BUZZWORD ZUM ÜBERLEBENSPRINZIP

„Wir akzeptieren heute die Tatsache, dass Lernen ein lebenslanger Prozess ist, bei dem es darum geht, mit dem Wandel Schritt zu halten. Und die dringendste Aufgabe ist es, den Menschen beizubringen, wie man lernt."

Peter F. Drucker, Ökonom und Autor

Ada Pellert ist seit März 2016 Rektorin der FernUniversität in Hagen. Zu den Schwerpunkten ihrer Arbeit gehören das Bildungs- und Hochschulmanagement sowie Personalentwicklung und Organisationsentwicklung. Die Wirtschaftswissenschaftlerin beschäftigt sich außerdem mit internationaler Hochschul- und Weiterbildungsforschung, Gender- und Diversity-Management sowie mit lebenslangem Lernen. Seit August 2018 ist sie außerdem Mitglied im zehnköpfigen Digitalrat der Bundesregierung. Im *Hagener Manifest* zum Thema New Learning fasst sie gemeinsam mit anderen hochkarätigen Expert:innen den Handlungsbedarf zusammen. Schon in These eins stellen die Autor:innen fest: „New Learning bedeutet lebenslange Bildung." New Learning, so ihre Hoffnung, werde fester Bestandteil unserer Lebensrealität und umfasse einen kontinuierlichen Bildungsprozess, der vom frühkindlichen und schulischen Lernen über das berufliche und akademische Lernen bis hin zur Erwachsenen- und Weiterbildung reiche. Ausdrücklich zählen die Autor:innen auch informelles Lernen dazu, das außerhalb des formalen Bildungswesens stattfindet. Es geht ihnen um die Entwicklung von Kompetenzen und um selbstbestimmtes und selbstorganisiertes Lernen. Dazu brauchen wir „eine Bildungspolitik, die das Thema Lernen in allen gesellschaftlichen Bereichen verortet und dazu alle Akteur:innen der Bildungsinstitutionen sowie Vertreter:innen aus Wirtschaft und Zivilgesellschaft einbezieht."[37] In unserem Gespräch fordert Ada Pellert ein neues Verständnis, das den Lernenden in den Mittelpunkt stellt. Blut, Schweiß und Tränen hülfen ihrer Ansicht nach nicht, um Menschen für ein lebenslanges Lernen zu begeistern. Es gehe vielmehr darum zu vermitteln, dass der Möglichkeitsraum größer als der Bedrohungsraum sei, und das funktioniere nur dann, wenn wir Hirn, Hand und Herz ansprächen.[38]

Martin Wezowski ist Chief Futurist & Head of The Future Hub bei *SAP*. 1984 wanderte er im Alter von 14 Jahren mit seinen Eltern von Polen nach Schweden aus. Sich selbst und seiner Firma *SAP* stellt er regelmäßig eine Frage: „Warum wirst du in zehn Jahren noch relevant sein?" Für Martin steht die Beantwortung der Frage in einem engen Zusammenhang mit der Bereitschaft, kontinuierlich Neues zu lernen. Dabei geht er einen Schritt weiter und fordert für sich selbst und für uns alle: „Ich muss wieder verlernen. Wir müssen uns das Verlernen zu eigen machen."[39] Susan Dumas wird noch deutlicher: „Die Analphabeten des 21. Jahrhunderts werden nicht diejenigen sein, die nicht lesen und schreiben können, sondern diejenigen, die nicht lernen, verlernen und umlernen können."[40] Für Stephan A. Jansen ist „die große Geschichte des lebenslangen Lernens irgendwie auserzählt". Er mag das Wort Weiterbildung nicht und wenn wir in die vergilbten Weiterbildungsordner einiger traditioneller Unternehmen blicken, in denen oft seit 20 Jahren derselbe selbsternannte Rhetorikexperte sein Unwesen treiben darf, dann können wir uns ein Schmunzeln nicht verkneifen. Das, was Jansen den Unternehmen als Rat mit auf ihren Weg gibt, trifft unserer Meinung nach den Punkt. Er spricht davon, Beziehungen zu Menschen zu pflegen, für die bisher zu wenig Zeit war. Er nennt es branchenübergreifendes Lernen, Lernreisen, Praxis-Communities und Kund:inneninnovationen und ruft uns Arbeitende dazu auf, die Kreativität wiederzuentdecken und „mal über den Tellerrand der Untertasse zu schauen".

ON THE WAY TO NEW WORK

„Bildung ist die mächtigste Waffe, die du verwenden kannst, um die Welt zu verändern."

Nelson Mandela, ehemaliger Präsident von Südafrika

Unser Bildungssystem benötigt dringend ein Update. Wenn wir den Herausforderungen der Gegenwart und der Zukunft gerecht werden wollen, müssen wir an verschiedenen Stellen ansetzen. Dazu ist nötig, dass wir alle relevanten Teile der Gesellschaft einbinden: die Politik, die Behörden, die Schulen, die Lehrer:innen, Eltern und die Schüler:innen.

- Kinder und Jugendliche verdienen es, dass wir ihnen gleiche Bildungschancen geben. Das, was bei der Rekrutierung von Nachwuchs-Fußballer:innen gelingt, die wir unabhängig von ihrer sozialen Schicht entdecken und fördern, sollten wir für alle Talente beherzigen.
- Das System Schule muss sich neu erfinden. Die kindliche Neugier muss durch eine Vielfalt von Lernangeboten stärker gefördert werden, innerhalb derer keine Rangfolge existiert.
- Lerninhalte und Formate müssen ebenfalls überarbeitet werden. Statt eine zu starke Abgrenzung von Fächern empfehlen Expert:innen die Behandlung umfassender Themen anhand konkreter Problemstellungen, das „phänomenbasierte Lernen". Der noch dominierende Frontalunterricht sollte immer mehr immersiven Lernerlebnissen weichen.
- Der Beruf des Lehrenden verdient mehr Zuwendung, mehr Anerkennung und mehr Wettbewerb. Wir brauchen eine Entwicklung vom Wissensvermittelnden zum Bildungscoach.
- Lebenslanges Lernen wird vom Buzzword zum Überlebensprinzip: Lernen ist auf verschiedenen Ebenen nötig – als Individuum, als Team oder Organisation und als Gesellschaft.

Ein interessanter Vergleich, der uns beim Umbau unseres Bildungssystems inspirieren könnte, stammt von Sir Ken Robinson. Er schlägt vor, unser industrielles und eher lineares Bildungsmodell, das darauf basiert, Menschen in vorgefertigte Kategorien einzuordnen, hin zu einem neuen Modell zu entwickeln, das eher auf den Prinzipien der Landwirtschaft beruht. Wie ein Bauer beziehungsweise eine Bäuerin, der:die die Rahmenbedingungen schafft, unter denen Pflanzen aufblühen können, sollten wir verstehen, dass das Aufblühen von Menschen kein mechanischer, sondern ein organischer Prozess ist.[41] Was für eine Welt wäre es, in der jedes Kind seinen Weg finden kann, so wie es Gillian Lynne und Steve Chapman gelungen ist? Genau wie in der Landwirtschaft ist auch in der Bildung das Thema Diversität von großer Bedeutung.

20/ DIVERSITÄT

„Niemand darf wegen seines Geschlechtes, seiner Abstammung, seiner Rasse, seiner Sprache, seiner Heimat und Herkunft, seines Glaubens, seiner religiösen oder politischen Anschauungen benachteiligt oder bevorzugt werden. Niemand darf wegen seiner Behinderung benachteiligt werden."

Artikel 3, Absatz 3, Grundgesetz für die Bundesrepublik Deutschland

Diversität ist weit mehr als eine Genderdiskussion. Für uns geht es darum, Vielfalt zu schätzen und in ihr begründete Potenziale zu nutzen, anstatt mit der Normschablone zu rekrutieren und sich zu wundern, dass Zusammenarbeit unkreativ und wenig inspirierend ist, der Wettbewerb an einem vorbeizieht oder dass wir es einfach nicht schaffen, die Herausforderungen unserer Gesellschaft zu lösen. „Diversität ist anstrengender als Monokultur, aber wenn man das durch viel Kommunikation bewältigt hat, ist es performanter, interessanter und reifer", fasst es Ada Pellert, Rektorin der FernUniversität Hagen und Mitglied des Digitalrates der Bundesregierung, zusammen.[1]

Was hat das mit New Work zu tun? Neues Arbeiten bietet neue Konzepte und Möglichkeiten für inklusives Arbeiten, die auch Bestandteil der Unternehmensstrategie sein sollten. Diverse Teams sind innovativer, haben eine höhere Problemlösungskompetenz, treffen bessere Entscheidungen und agieren kund:innenorientierter. Das führt dazu, dass Unternehmen, die Diversität und Inklusion aktiv leben, auch wirtschaftlich vorne liegen. Vielfalt und Inklusion sind darüber hinaus eine gesellschaftliche Aufgabe, denn es geht um Fairness und Menschenrechte.

KURZE BEGRIFFSKLÄRUNG

„Diversität ist die Einladung zur Party und Inklusion ist die Aufforderung zum Tanzen."

Vernā Myers, Aktivistin und Autorin

Diversität, Inklusion, Gleichberechtigung, Gerechtigkeit … was ist hier der Unterschied? Michael Krause, Managing Director Central Europe bei *Spotify*, berichtet, dass man bei *Spotify* zunächst damit begann, diverser einzustellen und für eine gleiche Bezahlung bei gleichen Tätigkeiten zu sorgen.[2] Der nächste Schritt für das Unternehmen ist Inklusion, bei der es darum geht, dass sich alle Kolleg:innen wohlfühlen und die vorhandene Diversität genutzt wird. Simone Menne, Ex-*Lufthansa* CFO, Multi-Aufsichtsrätin und Galeristin, ergänzt die Überlegungen um den Begriff Equity (Gerechtigkeit) und meint damit eine Kultur, die gerechte Bedingungen schafft.[3] Es gibt also jede Menge unterschiedlicher Begriffe, die wir wie folgt voneinander unterscheiden:

- **Diversität** bezieht sich auf Vielfalt, also darauf, dass sich ein Unternehmen beispielsweise darum bemüht, die verschiedenen Diversitätsdimensionen, wie Geschlecht, sexuelle Identität und Orientierung, Alter, Nationalität, Religion und Weltanschauung, soziale Herkunft, körperliche und geistige Fähigkeiten, möglichst breit in der Belegschaft widerzuspiegeln.[4]
- **Gleichberechtigung (Equality)** bedeutet, dass jeder Mensch, unabhängig von seinen individuellen Bedürfnissen, die gleiche Behandlung genießt. Jede:r Mitarbeiter:in erhält beispielsweise genau die gleiche Unterstützung beim Eintritt ins Unternehmen.
- **Gerechtigkeit (Equity)** meint, dass Menschen abhängig von ihrer Ausgangssituation eine an ihren Bedürfnissen orientierte Unterstützung erhalten mit dem Ziel, dass jede:r ein gleiches Ergebnis erzielen kann. Mitarbeiter:innen erhalten zum Beispiel je nach Bedarf ein unterschiedliches Maß an Weiterbildung.
- **Integration** bedeutet, dass eine Mehrheit Platz für eine Minderheit macht. Es gibt allerdings immer noch eine mehr oder weniger sichtbare Grenze zwischen beiden Gruppen. Kinder mit Behinderungen gehen dann beispielsweise auf dieselbe Schule wie nicht behinderte Kinder und werden in einer separaten Klasse unterrichtet.
- **Inklusion**, auch als Teilhabe bezeichnet, sieht alle Menschen als Bestandteil *einer* Gemeinschaft. Bei einer inklusiven Struktur gibt es keine Mehrheit und keine Minderheit mehr. Jede:r wird in die Gemeinschaft so einbezogen, dass er:sie die eigenen Fähigkeiten einbringen und ausleben kann.

EINE FRAGE DER MENSCHENRECHTE UND DER ÖKONOMIE

„Diverse Teams können mehr Perspektiven einnehmen und treffen deshalb auch bessere Entscheidungen."

Simone Menne, Managerin, Aufsichtsrätin und Galeristin

Diversität und Inklusion sind in erster Linie eine Frage von Menschenrechten und Fairness. Sie haben aber auch eine wirtschaftliche Dimension. Eine Studie von *McKinsey & Company* kommt beispielsweise zu dem Ergebnis, dass Unternehmen, deren Executive-Teams auch weiblich besetzt sind, eine um 21 Prozent höhere Wahrscheinlichkeit haben, profitabler zu sein als Unternehmen, die rein männliche

Executives haben. Sind die Teams in Bezug auf Ethnie und Kultur divers, beträgt die Wahrscheinlichkeit 33 Prozent.[5] Ähnliches trifft auch auf die Gewinnspanne zu. Besonders hoch ist die Korrelation, wenn Frauen in Linien-Positionen eingesetzt werden, in denen sie einen Einfluss auf das operative Geschäft nehmen können. Auch unterschiedliche sexuelle Orientierungen und Identitäten sowie Alter und internationale Erfahrungen haben sich als wichtige Einflussfaktoren herausgestellt. Eine Korrelation beweist zwar noch keinen Kausalzusammenhang. Es gibt jedoch gute Gründe anzunehmen, dass es sich um eine stabile Ursache-Wirkung-Beziehung handelt.

Bessere Entscheidungen

Gute Entscheidungen sind der wichtigste Treiber für unternehmerischen Erfolg. Teams treffen bessere Entscheidungen als Individuen und diverse Teams treffen nachweislich die besten. Unterschiedliche Studien belegen, dass sie faktenbasierter arbeiten und dadurch zu genaueren Einschätzungen kommen.[6] Sie verarbeiten Informationen besser, da es weniger Gleichheit in der Gruppe gibt, die dazu verleitet, voreilige Schlüsse zu ziehen und Alternativen außer Acht zu lassen.[7] Es wurde außerdem nachgewiesen, dass es kaum eine Korrelation zwischen der individuellen Intelligenz und der Gruppenintelligenz eines Teams gibt, die kollektive Intelligenz allerdings deutlich steigt, wenn die Gruppe diverser ist.[8]

Innovativere Teams

Heterogene Teams sind außerdem innovativer als homogene Teams. Eine Studie, die Unternehmen mit unterschiedlichen Graden an Diversität verglich, kam zu folgenden Ergebnissen: Der Marktanteil sehr diverser Unternehmen wächst mit 45 Prozent höherer Wahrscheinlichkeit und mit 70 Prozent höherer Wahrscheinlichkeit erschließen diese neue Märkte.[9] Als Grund wird vor allem die Unternehmenskultur gesehen, innerhalb derer es ausdrücklich erwünscht ist, außerhalb bestehender Muster zu denken. Nicht diverse Unternehmen verzichten der Studie nach auf unterschiedliche Perspektiven, Denkansätze und Erfahrungen. Die Ideen *weißer* Männer dominierten, obwohl die Wahrscheinlichkeit, dass Angehörige einer Minderheit korrespondierende Kund:innenbedürfnisse besser verstehen, dramatisch höher ist. Die Innovationsbereitschaft und -fähigkeit von Mitarbeiter:innen in Unternehmen mit einer starken Inklusionskultur sind weltweit etwa sechsmal höher als in Unternehmen mit sehr geringer Gleichstellung.[10] Der Umsatz, den überdurchschnittlich diverse Unternehmen durch Innovationen erzielen, ist im direkten Vergleich fast 75 Prozent höher als der von unterdurchschnittlich diversen Unternehmen.[11]

Höhere Arbeitgeber:innenattraktivität

Ein weiterer Erfolgsfaktor ist der Einfluss von Diversität auf die Arbeitgeber:innenattraktivität und die Zufriedenheit der Mitarbeiter:innen. Diverse Unternehmen gelten als attraktiver und verfügen über einen breiteren Talentpool als nicht diverse Unternehmen. Eine Metastudie über insgesamt 36 Einzelstudien bestätigt, dass Unternehmen, die die Bandbreite sexueller Orientierungen unterstützen, von einer offeneren Unternehmenskultur, weniger Diskriminierung, weniger Krankheitstagen, mehr Arbeitszufriedenheit und mehr Mitarbeiter:innenengagement profitieren – Effekte, die erfahrungsgemäß Produktivität, Kosten und Profitabilität positiv beeinflussen.[12]

EINE BESTANDSAUFNAHME

„Inklusion ist kein Ziel, sondern ein Prozess. Ein Prozess der Annahme und Bewältigung von menschlicher Vielfalt."

Raul Krauthausen, Aktivist, Sozialunternehmer und Autor

Diversität und Inklusion sind gesellschaftliche Themen, die sich nicht durch einen Maßnahmenkatalog abarbeiten lassen. Um besser einschätzen zu können, wo wir aktuell stehen, starten wir mit einer kurzen Bestandsaufnahme.

Die Penetranz traditioneller Rollenbilder

Sexismus ist die Vorstellung, dass ein Geschlecht einem anderen von Natur aus überlegen sei. Sie ist eine der am weitesten verbreiteten Diskriminierungsformen und betrifft alle Geschlechter. Welche Verhaltensweisen als sexistisch gezählt werden können und welche nicht, hängt davon ab, wen man fragt, denn Geschlecht, Lebensalter und sozialer Hintergrund spielen eine große Rolle bei der Wahrnehmung.[13]

Bei Maßnahmen gegen sexistische Diskriminierung im Beruf geht es primär um die Gleichstellung hinsichtlich der Bewerber:innenauswahl, um Frauen in Führungspositionen, gerechte Bezahlung sowie um die Flexibilisierung von Arbeitszeit und Arbeitsort für eine bessere Vereinbarkeit von Familie und Beruf. Die meisten deutschen Unternehmen stehen hier noch am Anfang. Katarzyna Mol-Wolf, Inhaberin und Herausgeberin des Magazins *emotion*, beobachtet dies im Rahmen ihrer Tätigkeit beinahe täglich: „Wenn man sich umguckt und mit Frauen im geschlossenen Raum unterhält, dann erfährt man erst, wie weit entfernt wir noch von Gleichberechtigung sind."[14] Frauen erhielten beispielsweise im Jahr 2020 für die Erfüllung der gleichen Aufgaben eine um 18 Prozent geringere Entlohnung als Männer. Der Equal Pay Day fällt im Jahr 2022 auf den 7. März – Frauen arbeiten demnach vom 1. Januar bis zum 7. März unentgeltlich.[15] Die Corona-Pandemie hat uns hinsichtlich einer Gleichberechtigung der Geschlechter zusätzlich zurückgeworfen, denn insbesondere Frauen sorgten zu Hause für Betreuung, Haushalt und Heimunterricht, sodass traditionelle Rollenbilder eine Renaissance erlebten. Das bestätigt auch ein Bericht der AllBright Stiftung: Die Führungsetagen deutscher Unternehmen sind während der Pandemie kleiner und männlicher geworden – im Unterschied zu den meisten anderen westlichen Ländern, in denen ein gegenläufiger Trend zu beobachten war.[16] Statistiken zufolge erreichen Männer die erste Führungsebene mit einer dreimal höheren Wahrscheinlichkeit als Frauen und die nächste Hierarchiestufe mit einer Wahrscheinlichkeit, die 60-mal höher ist, erzählen uns Claudia Drews und Jens Corssen im Podcast.[17] Am 1. September 2021 sah die Verteilung in den Vorständen der DAX-notierten Unternehmen wie folgt aus: 603 Männer und 93 Frauen.[18] Im Vergleich zum Vorjahr wurde hier zwar aufgeholt, dennoch würde es gemäß der Studie noch 26 Jahre dauern, bis die deutschen DAX-Vorstände zur Hälfte männlich und weiblich besetzt wären, behielte man die durchschnittliche Veränderungsgeschwindigkeit der letzten fünf Jahre bei.[19] Im internationalen Vergleich liegt Deutschland hiermit deutlich hinter den USA, Schweden, Großbritannien und Frankreich zurück, nur Polen steht in der Studie noch schlechter da.[20]

Wer denkt, niedrige Frauenquoten in Führungspositionen seien ein Phänomen traditioneller Konzernunternehmen und Konsequenz stereotyper Denkweisen von alten *weißen* Männern, liegt falsch. Junge *weiße* Männer tragen genauso dazu bei. Börsenneulinge wie zum Beispiel *Delivery Hero*, *HelloFresh*, *Verbio* und *Westwing* ziehen den Anteil der Frauen in DAX-Vorständen nach unten.[21] Die deutsche Start-up-Welt ist in ihren Top-Führungspositionen stark männlich dominiert, bevorzugt aus dem eigenen Alumni-Netzwerk der Eliteuniversitäten rekrutiert. Frauen, Ostdeutsche und Menschen mit ausländischen Wurzeln bleiben bei Führungspositionen meist außen vor.

LGBTIAQ* führt immer noch zu Anfeindungen und Übergriffen

Obwohl sich sowohl die rechtliche Situation als auch Sichtbarkeit und Akzeptanz von LGBTIAQ*-Menschen[22] in den letzten Jahren deutlich verbessert haben, sind Menschen, die nicht der Normvorstellung der heterosexuellen Frau oder des heterosexuellen Mannes entsprechen, häufiger mit Anfeindungen und Übergriffen konfrontiert. Es gibt zahlreiche Stereotype und Vorurteile, mit denen LGBTIAQ*-Menschen konfrontiert sind. 30 Prozent von ihnen gaben im Rahmen einer Studie an, Diskriminierung am Arbeitsplatz zu erleben, bei Transmenschen waren es sogar 40 Prozent.[23] Weitere 30 Prozent haben sich aus Sorge, diskriminiert zu werden, nicht gegenüber Kolleg:innen geoutet oder gehen nicht offen mit ihrer sexuellen Orientierung um. Aus Angst vor diskriminierendem Verhalten treffen sie auch andere Karriereentscheidungen und ziehen beispielsweise das Gesundheits- und Sozialwesen gegenüber anderen Branchen vor. Die Datenlage zur beruflichen Diskriminierung aufgrund sexueller Orientierung und Identität in Deutschland ist dünn. Internationale Studien belegen jedoch, womit Angehörige dieser Minderheiten im Beruf konfrontiert sind: Benachteiligungen im Bewerbungsprozess, schlechtere Karrierechancen, ungleiche Löhne sowie verbale Belästigung, unangemessene Fragen zum Privatleben, Witze und fehlende Akzeptanz.[24]

1,50 Euro pro Stunde für Behinderte

Der Aktivist Raul Krauthausen bringt eine Tatsache auf den Punkt, die Menschen ohne Behinderung nur selten auffällt: „Zehn Prozent der Menschen in Deutschland haben eine Behinderung, aber nicht zehn Prozent ihrer Kolleg:innen oder Freunde sind behindert. Warum ist das so? Menschen mit Behinderung werden von unserem System aussortiert. Sie sind weniger sichtbar als Menschen ohne Behinderung."[25] Das fängt bereits im Kindesalter an, denn Kinder mit Behinderungen werden meist in Förderschulen untergebracht, in denen sie sich vermeintlich besser entwickeln sollen. Das ist allerdings ein Trugschluss. Zum einen sind Menschen mit Behinderungen nicht per se weniger leistungsfähig oder intelligent, zum anderen führt die Separierung zu Vorurteilen, sozialer Ausgrenzung und deutlich schlechteren Lernergebnissen. Das zeigt der Vergleich mit integrativen Schulen, in denen behinderte und nicht behinderte Kinder Seite an Seite lernen. Was in der Schule beginnt, setzt sich im Beruf fort. Personalverantwortliche und Führungskräfte ziehen die Einstellung Behinderter oftmals gar nicht in Betracht, da diese nicht ihrem Alltag angehören, und Barrierefreiheit ist nur selten ein Kriterium im Bürodesign. Der fehlende Kontakt mit behinderten Menschen verursacht Berührungsängste, Unsicherheiten und Vorurteile, beispielsweise im Hinblick auf Leistungsfähigkeit oder Krankheitstage. Nur 30 Prozent aller Menschen mit Behinderungen gelingt der Sprung in den regulären Arbeitsmarkt und fast nie in eine Führungsposition. Der Großteil von ihnen arbeitet in Behindertenwerkstätten, deren Spektrum von Montagetätigkeiten, Verpackungsarbeiten über Landschaftspflege bis zur Möbelherstellung reicht. Sie erhalten dort rund 1,50 Euro pro Stunde für ihre Arbeit.[26] Auch wenn rechtfertigend darauf verwiesen wird, dass den Arbeitnehmer:innen zum Ausgleich nicht gekündigt werden kann und sonderpädagogische Zusatzleistungen angeboten werden, spricht dieser Betrag eine klare Sprache. Darüber hinaus kommen die Werkstätten ihrer eigentlichen Aufgabe, die Beschäftigten für reguläre Arbeitsverhältnisse fit zu machen, nur in den seltensten Fällen nach. Warum auch, niemand (außer den Betroffenen) hat ein ernsthaftes Interesse daran. Betriebe, die keine Menschen mit Behinderungen einstellen, sparen monatliche Ausgleichsabgaben, wenn sie Aufträge an Behindertenwerkstätten vergeben, und können in dem Zusammenhang sogar noch von Fairtrade sprechen.[27]

Rassismus beginnt nicht erst beim Rechtsextremismus

Unter Rassismus wird die Vorstellung verstanden, dass eine ethnische Gruppe, die aufgrund von Hautfarbe, Sprache oder anderer kultureller Merkmale abgegrenzt wird, bestimmte Veranlagungen beziehungsweise Eigenschaften mit sich bringt. Dies geht meist mit einer Wertung und dem Glauben an die eigene Höherwertigkeit und die Minderwertigkeit anderer einher.[28] Im Diskurs gibt es immer wieder Unsicherheiten, wie Unterschiede benannt werden können, ohne dass dies bereits diskriminierend ist. *Weiß*, *schwarz* und *People* beziehungsweise *Person of Color* beschreiben keine Hautfarben oder biologischen Kategorien, sondern Positionen, die durch Rassismus erzeugt werden. *Schwarz* und *People of Color* meint alle Menschen, die nicht *weiß* sind und die von Rassismus benachteiligt sind. *Farbig* ist eine Zuschreibung aus der Kolonialgeschichte. *Weiß* hingegen ist die soziale Position, die von Rassismus bevorteilt wird, die mit positiven Zuschreibungen und darauf basierenden Privilegien belegt ist und von der Rassismus ausgeht. *Weiße* Menschen sind sich ihrer Privilegien meist ebenso wenig bewusst wie der Nachteile, mit denen *People of Color* konfrontiert sind.[29]

Beim Thema Rassismus denken die meisten an Rechtsextremismus. Dabei beginnt Rassismus viel früher, in unbewussten Denk- und Verhaltensmustern. Das können Zuschreibungen sein, die vielleicht sogar nett gemeint sind wie „Du hast den Rhythmus doch im Blut", oder die Normalität, mit der wir hinnehmen, dass bestimmte Jobs von Nicht-*Weißen* übernommen werden und unsere Überraschung, wenn dies nicht dem Klischee entspricht und der Arzt beispielsweise *schwarz* ist. Einleitungen wie „Das ist jetzt nicht politisch korrekt, aber ..." eröffnen in der Regel eine Aussage, die entweder rassistisch oder auf andere Art und Weise diskriminierend ist. Wahrscheinlich hat jede:r schon einmal höflich einen rassistischen Kommentar auf der privaten Familienfeier oder im beruflichen Kontext überhört, denn die eigenen Eltern, Tanten, Onkel oder Kolleg:innen sind ja schließlich keine Nazis. Rassistische Wahrnehmungen und Vorurteile sind weiter verbreitet, als viele meinen. Sie haben es mit der AfD sogar in den Bundestag geschafft. Gemäß der Leipziger Autoritarismus-Studie von 2020 stimmen beinahe 50 Prozent der über 2.500 Befragten der Aussage zu, sich „durch die vielen Muslime fremd im eigenen Land zu fühlen" und über 50 Prozent stimmen der Aussage zu, „Sinti und Roma würden zu Kriminalität neigen".[30]

Auch wenn schon lange nachgewiesen ist, dass Teams ebenso von unterschiedlichen Ethnien und Kulturen profitieren wie von unterschiedlichen Geschlechtern, sind *Schwarze* beziehungsweise *People of Color* im Arbeitsleben deutlich benachteiligt. In den USA sind beispielsweise 85 Prozent der Top-Führungspositionen *weiß* besetzt, obwohl gerade einmal 68 Prozent der Universitätsabsolvent:innen *weiß* sind. In England ist der Unterschied noch deutlicher: 22 Prozent der Hochschulabsolvent:innen sind *People of Color*; sie besetzten allerdings nur acht Prozent der Executive-Positionen. *Schwarze* Frauen sind von doppelter Diskriminierung betroffen und tauchen daher noch seltener in Toppositionen auf.[31] Eine weitere Studie, die den US-Arbeitsmarkt grundsätzlich betrachtet und nicht nur die Führungsriegen, bestätigt dies. *Schwarze* Amerikaner:innen sind häufiger arbeitslos, verdienen in den gleichen Jobs deutlich weniger, sind überrepräsentiert in schlecht bezahlten Berufen und unterrepräsentiert in Management-Jobs.[32] Und wie sieht es in Deutschland aus? Vergleichbare Studien zur Hautfarbe sind uns nicht bekannt. In Deutschland wird sehr viel gehemmter mit der Erfassung und Kategorisierung von Hautfarben und ethnischen Hintergründen umgegangen als beispielsweise in den USA oder England, daher fehlen umfangreiche Daten.[33]

Würden Sie das Kopftuch bitte nicht tragen?!

Religiöse Diskriminierung hat in Deutschland zwar Historie, gehört allerdings nicht der Vergangenheit an. Anhänger:innen, zum Beispiel des Judentums, Islams, Hinduismus oder Sikhismus, erleben ähnliche Formen von Diskriminierung wie ethnische Minderheiten: schlechtere Chancen bei der Wohnungssuche, schlechterer

Bildungszugang, Mobbing und gewaltsame Übergriffe in der Schule, der Freizeit, auf der Straße oder an Orten der Religionsausübung. So wird etwa das Kopftuch muslimischer Frauen nicht selten als Mangel an Integrationswillen ausgelegt. Auch Antisemitismus ist in Deutschland immer noch weit verbreitet. Eine Umfrage des Jüdischen Weltkongresses zeigt, dass 27 Prozent aller Deutschen antisemitische Gedanken haben und 41 Prozent der Meinung sind, Juden redeten zu viel über den Holocaust. Mehr als ein Viertel der gut ausgebildeten Hochschulabsolvent:innen ist der Meinung, Juden hätten zu viel Macht in Wirtschaft und Weltpolitik. Die bereits zitierte Leipziger Autoritarismus-Studie spiegelt ein ähnliches Bild hinsichtlich islamfeindlicher Gesinnung in Deutschland wider.[34]

Rund 25 Prozent aller Diskriminierungsfälle am Arbeitsplatz gehen auf die Religion und Weltanschauung zurück. Musliminnen mit türkischem Namen, die ein Kopftuch tragen, müssen sich beispielsweise viermal so oft bewerben wie Mitbewerberinnen mit deutschem Namen und ohne Kopftuch.[35] Erst im Juli 2021 landeten wieder zwei Fälle vor dem Europäischen Gerichtshof, in denen den muslimischen Klägerinnen, eine Heilerziehungspflegerin und eine Mitarbeiterin einer Drogeriemarktkette, vom Arbeitgeber nahegelegt wurde, kein Kopftuch bei der Arbeit zu tragen.[36] Weitere Diskriminierungstatbestände sind Vorurteile und Mobbing am Arbeitsplatz, die Verweigerung von Aufstiegsmöglichkeiten oder die Beendigung von Arbeitsverhältnissen.

Diskriminierung aufgrund der sozialen Herkunft

Unser familiärer Hintergrund, die Sozialisation in unserer Jugend, die Vorbilder, die uns geprägt haben und unsere Bildung sind nicht das Resultat einer freien Entscheidung, auch wenn einem dies gelegentlich so verkauft werden soll, frei nach dem Motto „Jeder ist seines Glückes Schmied.“ Wer in sozial benachteiligten Verhältnissen aufgewachsen ist, hat schlechtere Chancen am Arbeitsmarkt. So ist bereits die Wahrscheinlichkeit, einen höheren Bildungsabschluss zu erzielen, deutlich geringer. Erfolg in der Schule hängt auch davon ab, ob Eltern die Möglichkeit haben, bei den Hausaufgaben zu unterstützen, eine gute Ausstattung und einen ruhigen Ort zum Lernen zur Verfügung zu stellen, bei Bedarf Nachhilfeunterricht zu bezahlen und ihrem Kind einen stabilen sozialen Rahmen bieten zu können. Höhere Bildungsabschlüsse sind außerdem eine Kostenfrage. Wer nach der neunten oder zehnten Klasse eine Berufsausbildung beginnt, verdient zumindest schon einmal Geld. Viele Akademiker:innenberufe sind darüber hinaus mit der Notwendigkeit unbezahlter Praktika verbunden; auch das kann sich nicht jede:r leisten.[37]

Einer Umfrage zufolge haben 58 Prozent der Befragten in ihrem Arbeitsumfeld Diskriminierung aufgrund der sozialen Herkunft entweder beobachtet oder selbst erlebt.[38] In Frankreich wurde eine Studie mit fiktiven Bewerbungen durchgeführt, in der die vermeintlichen Bewerber:innen aus sozioökonomisch schlechter gestellten Stadtteilen in Paris bei gleicher Qualifikation deutlich seltener Einladungen zu Bewerbungsgesprächen erhielten als diejenigen aus Stadtteilen, in denen besser situierte Menschen wohnen.[39] Ähnliche Ergebnisse gibt es auch in den USA. In fiktiven

Bewerbungen ließen die Freizeitaktivitäten, kulturellen Interessen und das ehrenamtliche Engagement der vermeintlichen Bewerber:innen „Klassenunterschiede“ vermuten; ihre berufliche Qualifikation war hingegen gleich. Bewerber:innen mit elitären Hobbys, wie Segeln, Polo oder klassische Musik, wurden um ein Vielfaches häufiger zum Gespräch eingeladen.[40]

Ageism – zu jung, zu alt, wäre eh bald gestorben

Altersdiskriminierung (Ageism) umfasst die Benachteiligung von Menschen aufgrund ihres Lebensalters – unabhängig davon, ob es um „zu jung“ oder „zu alt“ geht. Die Diskriminierung gegenüber Älteren ist allerdings stärker ausgeprägt. So hat jede:r Zweite Vorurteile gegenüber Menschen, die sich in der zweiten Lebenshälfte befinden, wie ein Bericht der Weltgesundheitsorganisation (WHO) belegt.[41] Den Diskriminierenden ist dabei häufig nicht einmal bewusst, dass sie diskriminieren, beispielsweise durch Ungeduld und Genervtsein, wenn es an der Supermarktkasse länger dauert, mit der Diskussion, ob Führerscheine ab einem bestimmten Lebensalter aberkannt werden sollten oder durch das Verwenden sehr einfacher Sprache, in der Annahme, es fehle den Älteren an geistiger Kapazität. Hinzu kommt die institutionelle Diskriminierung in Form von Regeln, Gesetzen oder sozialen Normen, die Menschen aufgrund ihres Alters systematisch benachteiligen. Sie zählen beispielsweise bei vielen Studien nicht mehr mit, erleben Nachteile bei medizinischer Versorgung, werden in den Zwangsruhestand geschickt, haben Nachteile bei Versicherungs- und Finanzierungsverträgen beziehungsweise können gar keine mehr abschließen. Die Corona-Pandemie hat die Situation weiter verschlechtert: Altersdiskriminierung ist salonfähiger geworden. So wurde die Impfreihenfolge besonders zu Beginn der Pandemie des Öfteren infrage gestellt und die Forderung geäußert, die Alten mögen doch bitte einfach zu Hause bleiben. Es wurde darüber diskutiert, ob die Corona-Opfer nicht ohnehin bald gestorben wären und ab wann nur noch jüngere Patienten beatmet werden sollten. Auch junge Menschen waren in dem Zusammenhang massiv von Altersdiskriminierung betroffen, sie wurden beispielsweise als „verantwortungslos“ und „Treiber der Infektionszahlen“ stigmatisiert.

Beruflich gesehen gehören Menschen ab 50 bereits „zum alten Eisen“. Sie haben geringere Chancen im Bewerbungsprozess und sind mit Vorurteilen konfrontiert. Älteren Kolleg:innen werden etwa schlechtere Lernfähigkeit, Rückständigkeit, Langsamkeit, mangelnde technologische Kompetenz und fehlende Veränderungsfähigkeit zugeschrieben. Sie erhalten außerdem seltener berufliche Weiterentwicklung und Fortbildung und werden bei bestimmten Themen außen vor gelassen. Dieser Ageism ist besonders häufig in jenen Berufen, in denen technologischer Fortschritt eine wesentliche Rolle spielt oder körperliche Fitness und ein junges, attraktives Aussehen als Vorteil erachtet werden. Hierzu zählen beispielsweise die Hightech-Branche, das Gastgewerbe, aber auch die Medienbranche. Junge Menschen dagegen werden aufgrund ihres Alters oft nicht ernst genommen oder es werden ihnen Aufstiegschancen verwehrt, was sich negativ auf Motivation, Engagement und auf die Loyalität gegenüber dem:der Arbeitgeber:in auswirkt.

EINE DIVERSE WELT ENTSTEHT NICHT VON ALLEIN – UND JEDE:R IST DABEI GEFRAGT

„Jemand, der eine komplett gegenteilige Meinung zu mir hat, bringt mich am Ende weiter."

Tijen Onaran, Unternehmerin, Moderatorin und Autorin

Wir leben in Zeiten, in denen die AfD scheinbar in der gesellschaftlichen Mitte angekommen ist und Mitgliedstaaten der EU aktiv die Rechte von Minderheiten beschränken. Kein guter Moment, „um fünfe gerade sein zu lassen" und darauf zu warten, dass andere sich kümmern. Eine diverse und faire Welt beginnt bei uns selbst.

Stereotypen, Verzerrungen und der zweite Gedanke

Unser Gehirn ist darauf aus, Energie zu sparen und Komplexität zu reduzieren. Deshalb greifen wir auf Muster und Zusammenhänge zurück, die wir bereits kennen und ziehen Schlussfolgerungen. Das vereinfacht den Alltag, sorgt für eine gute Passung mit unserem Weltbild und spart Zeit. Der Griff zum Klischee macht darüber hinaus das Erzählen einer Geschichte leichter. So werden uns in Filmen und Serien überwiegend männlich, *weiß* und heterosexuell besetzte Führungspositionen präsentiert, Frauen spielen die Sekretärinnen, homosexuelle Männer den kreativen Exoten, *schwarze* Frauen das hilflose Rassismusopfer und männliche Darsteller mit süd- oder osteuropäischen Wurzeln den gewaltbereiten Kriminellen. Einmal gebildete Stereotype lassen sich nur schwer wieder auflösen, da wir unbewusst nach Bestätigungen unserer Denkmuster suchen und Widerlegungen eher ausblenden oder als Ausnahme von der Regel betrachten. Diese Muster sind Ausgangspunkt für Voreingenommenheit und Präferenzen (Unconscious Bias), die beispielsweise in Bewerbungs- oder Beförderungsprozessen zu verzerrten Entscheidungen führen. Sie führen auch dazu, dass identisches Verhalten bei Männern und Frauen anders bewertet wird. Ein Mann, der seine Wut offen zeigt, lässt sich nicht „die Butter vom Brot nehmen". Eine Frau, die dasselbe tut, ist hysterisch. Männer, die selbstbewusst auftreten, sind durchsetzungsstark, während Frauen mit demselben Auftreten schnell als aggressiv und zickig gelten. Claudia Drews beobachtet viele dieser Verhaltensweisen im Rahmen ihrer Beratungsmandate: „Frauen, die befördert werden, bekommen häufig gesagt, dass es ab jetzt schwer wird (‚Willst du dir das wirklich antun?'), während Männern gratuliert wird."[42] Die unterschiedlichen Anspruchshaltungen spiegeln sich auch in Beurteilungen und Zeugnissen wider. In positiven Bewertungen von Frauen ist etwa zu lesen, sie fänden breite Akzeptanz, wären natürlich und zeigten Beharrlichkeit. Männern werden bei positiver Beurteilung ein starkes und bestimmtes Auftreten sowie Schlagfertigkeit und das Ergreifen von Initiative attestiert.

Da diese Verzerrungen unbewusst ablaufen und sehr schnell entstehen, werden wir sie in der Regel nicht vollständig ablegen können. Der Psychologe Daniel Kahneman unterscheidet zwei Denksysteme:[43]

- **System eins** arbeitet automatisch und schnell, weitgehend mühelos und ohne willentliche Steuerung. Es ist schnell und intuitiv, aber auch unbewusst, stereotypisierend und nicht logisch.
- **System zwei** übernimmt die anstrengenden mentalen Aktivitäten, auf die wir angewiesen sind. Es arbeitet langsam, ist logisch, greift allerdings auf die Empfindungen von System eins zurück und ist sehr viel seltener aktiv.

Wenn wir von Stereotypen und Verzerrungen sprechen, ist also das erste System am Werk, welches die Welt bevorzugt einfacher darstellt, als sie ist, und sich Illusionen hingibt. Unser Einfluss ist hier nur sehr begrenzt. Viel wichtiger als der erste, von System eins gesteuerte Gedanke ist also das, was wir mit unserem bewussten Verstand daraus machen. „Der zweite Gedanke zählt viel mehr", fasst es der Psychologe Leon Windscheid zusammen.[44] Es geht nicht darum, völlig vorurteilsfrei zu sein, sondern darum, Ressentiments wahrzunehmen und zu korrigieren.

Heute soll auch künstliche Intelligenz (KI) dazu beitragen, rationale und unverzerrte Entscheidungen zu treffen. Sie lernt allerdings aus dem, was bereits existiert, und reproduziert damit bestehende Denkmuster und Vorurteile – und das in beängstigendem Maße. So würde künstliche Intelligenz bei gleicher Beweislage eine *Person of Color* mit höherer Wahrscheinlichkeit für schuldig halten als einen *weißen* Menschen, da sie aus vergangener Rechtsprechung lernt.[45] Das weibliche Pendant zum Arzt ist für künstliche Intelligenz meist eine Krankenschwester. Software zur Gesichtserkennung funktioniert bei *People of Color* bedeutend schlechter, ebenso bei älteren Menschen und Frauen. Software zur Spracherkennung wird mit männlichen Stimmen trainiert, was beispielsweise dazu führt, dass Navigationssysteme besser auf einen Mann als auf eine Frau „hören".[46] Dieser einprogrammierte Bias beeinflusst Entscheidungen über Versicherungskonditionen, Kreditvergaben oder relevante Mietinteressent:innen und setzt somit Diskriminierung und Benachteiligung fort, wenn wir nicht aktiv gegensteuern.

: * – und ein verantwortungsvoller Umgang miteinander

Zum Gendern[47] hat wahrscheinlich jede:r eine Meinung. Wir hatten auch eine: Wir wollten *auf keinen Fall* in diesem Buch gendern und stattdessen einen der üblichen Disclaimer einbauen mit dem Hinweis auf eine bessere Lesbarkeit. Mit dem Schreiben dieses Kapitels hatte sich dieser Entschluss allerdings erledigt. Es nicht zu tun, fühlte sich plötzlich ignorant an, zu bequem und zu sehr nach alter Komfortzone.[48] Es wird viel und kontrovers diskutiert, ob und wenn ja wie und wo gegendert werden sollte. Einige Menschen betrachten dies als Eingriff in ihre Grundrechte, andere sind der Meinung, die deutsche Sprache würde „verhunzt", aber haben wir nicht viel schlimmere Grundrechtsverletzungen auf diesem Planeten zu beklagen? Sprache verändert sich ohnehin. Wir sprechen auch nicht mehr wie zu Goethes Zeiten. Es lässt sich nicht von der Hand weisen, dass die Assoziation zu „Polizist" eine männliche ist und zu „Polizist:in" eben nicht. Laura Wohlers, Journalistin und Podcast-Co-Host bei *Mordlust*, erzählte uns, durch das Gendern Hörer:innen verloren zu haben, und ist dennoch froh, dass sie und ihre Partnerin Paulina Krasa sich dafür entschieden haben: „Es fällt auf und damit wirkt es."[49] Kommunikation wird hierdurch reflektierter und wertschätzender, auch wenn dies nur ein kleines Puzzlestück auf dem Weg zur Gleichberechtigung ist. Es wider besseren Wissens nicht zu tun, ist eine bewusste Entscheidung dagegen, die selten mit einem besonderen Empfinden für Sprachästhetik zu tun hat. Wir wollen uns nicht über Menschen erheben, die bisher nicht gegendert haben. Ganz im Gegenteil, wir hatten uns anfangs ja selbst dagegen entschieden, um dann zu erkennen, dass es gar nicht so schlimm und kompliziert und auf jeden Fall sinnvoll ist.

Diskriminierung gedeiht dann besonders gut, wenn die nicht betroffene Mehrheit wegschaut und sich nicht einmischt. Dabei wäre es für diejenigen, die nicht diskriminiert werden, meist einfacher, das Thema anzusprechen, weil sie nicht mit Scham und Verletzung zu kämpfen haben und ihnen seltener mangelnde Objektivität oder der Wunsch nach ungerechtfertigter Vorteilsnahme unterstellt wird. Es gibt im Alltag viele Möglichkeiten, sich besser zu verhalten. Beispielsweise, indem wir nicht (auch nicht aus Höflichkeit) über diskriminierende Witze lachen und stattdessen darauf hinweisen, dass es sich um Diskriminierung handelt.

Jane und Pascal Finette, Mitgründer:innen der Beratung *be radical*, haben das spendenfinanzierte Netzwerk *A Coaching Fellowship* aufgebaut.[50] Mit über 200 Coaches aus 15 Ländern bieten sie seit 2014 weltweit kostenloses Executive Coaching für junge Frauen an, die sich für eine bessere Welt engagieren. Inzwischen haben sie bereits mehr als 1.000 weibliche Führungskräfte dabei unterstützt, ihr Potenzial weiter zu entfalten. Wer über ein gutes Netzwerk oder Einfluss verfügt, sollte dieses nutzen, um auch anderen Raum zu geben, unterrepräsentierte Kolleg:innen weiterzuempfehlen, ihre Sichtbarkeit zu erhöhen oder sich als Sponsor:in anzubieten, um persönliche Werdegänge zu unterstützen. „Das Thema Frauensolidarität und gegenseitige Unterstützung ist ein ganz wichtiges Thema. Wir sollten lernen, andere Frauen strahlen zu lassen.", erklärt uns auch Katarzyna Mol-Wolf, Verlegerin, Netzwerkerin und Medienfrau des Jahres 2018, auch wenn das Thema für sie trotzdem keine Frauenbewegung ist.[51] Katarzyna floh im Alter von sieben Jahren mit ihrer Mutter aus Polen nach Deutschland. Sie wollte schon sehr früh Unternehmerin werden und startete ihre Karriere nach einem erfolgreichen Jurastudium und ihrer Promotion bei *Gruner + Jahr*. Dort war sie zuletzt Verlags- und Anzeigenleiterin für *emotion*, eine Frauenzeitschrift mit psychologischem Schwerpunkt, als die Zeitschrift in die Schieflage geriet. Katarzyna glaubte an das Potenzial des angeschlagenen Magazins und sorgte für viel Aufsehen, als sie anbot, es zu kaufen. Sie schaffte es, innerhalb von acht Wochen die geforderte 1 Million Euro zusammenzubekommen und damit das Blatt vor der Schließung zu bewahren. Heute ist *emotion* Teil einer Plattformidee, die sich dafür einsetzt, dass Frauen ihren eigenen Weg gehen.

DIVERSITÄT UND INKLUSION GEHÖREN IN DIE UNTERNEHMENSSTRATEGIE

„Wir müssen begreifen, dass Diversität ein wichtiger Erfolgsfaktor ist. Es gibt sehr viele Studien, die zeigen, dass Diversität Unternehmen voranbringt."

Katarzyna Mol-Wolf, Verlegerin und Autorin

Dass sich viele Unternehmen schwer damit tun, Diversität und Inklusion zu fördern, liegt zum einen daran, dass sie nicht wissen, wo sie ansetzen können, und dass der Nutzen anfangs schwer zu greifen ist. Natürlich gibt es auch Menschen in Unternehmen, denen aus egoistischen Motiven die Bereitschaft fehlt, Platz für andere zu machen oder die Vielschichtigkeit als Erfolgsfaktor anzuerkennen. Es gibt allerdings auch zahlreiche Organisationen, die den Wert und die Notwendigkeit begriffen haben und sich aktiv für Diversität und Inklusion einsetzen.

Diversitätsmanagement ist dann wirkungsvoll und glaubwürdig, wenn es

- zum festen Bestandteil des Leitbilds und der Unternehmensstrategie wird,
- das Topmanagement sich dazu bekennt,
- organisatorische Verankerung stattfindet und
- Führungskräfte an objektiven Diversitätskriterien und Kennzahlen gemessen werden, deren Entwicklung offen im Unternehmen geteilt wird.

Das Unternehmen *Sodexo* gehört zu den internationalen Vorbildern im Hinblick auf Diversitätsmanagement. Es hat Diversität und Inklusion zum Bestandteil des eigenen Leitbilds gemacht und sich unter anderem vorgenommen, die Frauenquote in den obersten Managementpositionen bis zum Jahr 2025 auf 40 Prozent zu erhöhen und die Lohnlücke von 14 auf 10 Prozent zu reduzieren. Dafür haben sie ein eigenes Gremium eingeführt, das unterschiedliche Maßnahmen zur Steigerung der Frauenquote umsetzt. Weitere Maßnahmen sind zum Beispiel eine Nulltoleranzpolitik gegenüber Rassismus, Unconscious-Bias-Schulungen sowie Netzwerke, Unterstützungsprogramme und weitere Maßnahmen für Angehörige von Minderheiten. Um sich nachhaltige Unterstützung vom Management zu sichern, wurden die jährlichen Boni an einen Diversitätsindex geknüpft. *Sodexo* führt regelmäßig Studien durch, die den positiven Effekt des Diversitätsmanagements auf Marge, Kund:innenbindung, Sicherheit, Mitarbeiter:innenengagement und -bindung nachweisen.[52]

Microsoft hat Diversität und Inklusion ebenfalls in das Zielsystem aufgenommen und zu einer der Kernprioritäten gemacht. Auch hier hängen die jährlichen Boni mitunter am Erreichen der Diversitätsziele. Das Unternehmen hat die Frauenquote von 2016 bis 2020 um ungefähr 5 Prozent (auf 30 Prozent) und den Anteil nicht-*weißer* Mitarbeiter:innen in den USA deutlich erhöht; dieser lag dort im Jahr 2020 bei etwas über 50 Prozent. Der Anteil von Minderheiten in Führungspositionen hat sich ebenfalls überproportional zum Unternehmenswachstum entwickelt. *Microsoft* veröffentlicht erstmals den Anteil von Mitarbeiter:innen mit Behinderungen

(6 Prozent), verbunden mit dem Ziel, diesen weiter auszubauen. Das Unternehmen hat außerdem einen 50-Millionen-Dollar-Fonds aufgesetzt, um für ethnische Gleichbehandlung und Antidiskriminierung im Justizsystem zu sorgen, unterstützt den Zugang *schwarzer* Schüler:innen zu Computern, unterhält intensive Beziehungen zu traditionell *schwarzen* Colleges und Universitäten und unterstützt Fördervereine und NGOs, die sich gegen Rassismus einsetzen.[53]

Salesforce hat im Jahr 2020 Tony Prophet als Chief Equality and Recruiting Officer eingesetzt, um dafür zu sorgen, dass Diversität mit demselben Engagement verfolgt wird wie andere Unternehmensziele. Schon seit 2015 führt das Unternehmen jährliche Gehaltsaudits durch, um Lohngleichheit herzustellen und hat bisher 16 Millionen US-Dollar ausgegeben, um identifizierte Ungerechtigkeiten auszugleichen. Die Initiative, die sich anfangs nur auf Gehaltsunterschiede zwischen den Geschlechtern bezog, berücksichtigt mittlerweile auch Gehaltsunterschiede aufgrund von Nationalität und ethnischer Zugehörigkeit und bezieht die Gleichbehandlung bei Boni und Beförderungen ein.[54]

„Wir würden ja divers einstellen, ...

... aber es bewirbt sich ja niemand", hört man häufig. Das mag richtig sein – und lässt sich ändern, indem wir es Menschen, die zu Minderheiten gehören, erleichtern, sich zu bewerben. Unternehmen können beispielsweise Partnerschaften mit Initiativen eingehen, die sich für Gleichberechtigung einsetzen und dabei unterstützen, Stellenangebote zu publizieren, beziehungsweise Zugang zu Netzwerken und Plattformen geben können. Dass Diversität erwünscht ist, drücken auch Zusatzinformationen in der Ausschreibung aus. Menschen mit Behinderung interessieren sich dafür, wie es um die Barrierefreiheit des Unternehmens bestellt ist. Darüber hinaus kann auch der Hinweis auf Ansprechpartner:innen, Antidiskriminierungsmaßnahmen im Unternehmen, Mentoringprogramme oder vorhandene Netzwerke ein wichtiges Signal setzen. Unternehmen sollten in der Ausschreibung außerdem keine unnötigen Bildungsabschlüsse verlangen und stattdessen konkrete Fähigkeiten und Erfahrungen benennen. Die Verwendung von Formulierungen wie „auch Quereinsteiger:innen und Menschen mit unkonventionellen Lebensläufen sind bei uns erwünscht" motiviert dazu, sich auch dann zu bewerben, wenn der Lebenslauf nicht perfekt ist. Ein interessanter Weg, um Menschen mit Behinderungen zu inkludieren, ist das „Job Carving". Hierbei geht es darum, neue und für Menschen mit körperlichen oder geistigen Behinderungen geeignete Stellenprofile zu formen, indem Aufgaben umgeschichtet werden.

Jobsharing, Feiertage und Eis

Christiane Haasis und Angela Nelissen teilen sich seit mehr als zehn Jahren eine Geschäftsführungsposition bei Unilever.[55] Sie haben eine gemeinsame E-Mail-Adresse, sie verdienen gleich viel, sie führen ihre eigenen Personalentwicklungsgespräche gemeinsam und sie haben einen Namen. Zusammen sind sie CHAN. Das bereits im Kapitel über Führung erwähnte Modell der beiden ist auch unter dem Aspekt Diversität ein spannendes Beispiel für neue Wege. Bei der Frage, wie es dazu kam, erinnern sich die beiden im Podcast an eine Aussage des damaligen Unilever-Chefs Paul Polman: „Wer kauft unsere Produkte? Das sind die Frauen. Wieso sehe ich keine Frauen in höheren Positionen?" Hiermit war der Fokus auf mehr Diversität gesetzt und auch die Tür für innovative Modelle geöffnet. Mit CHAN haben wir auch darüber gesprochen, welche Rolle Diversität jenseits von Jobsharing und dem täglichen Miteinander bei Unilever spielt. *Unilevers* Eiscreme-Marke *Ben & Jerry's* steht beispielsweise für Chancengleichheit und geriet deshalb bereits öfter in die Schlagzeilen, zum Beispiel im Juli 2021, weil das Unternehmen entschied, den Verkauf seiner Produkte in den israelischen Siedlungsgebieten im Westjordanland einzustellen, mit der Begründung, dass der Verkauf in den besetzten palästinensischen Gebieten nicht mit ihren Werten vereinbar sei. Die Marke engagiert sich unter anderem für die Rechte *Schwarzer*, für gleichgeschlechtliche Ehen, gegen den Klimawandel und für die Unterstützung Geflüchteter. Aus Protest gegen die Politik des ehemaligen US-Präsidenten Donald Trump wurde sogar eine eigene Eissorte „Pecan Resist" entwickelt. Von CHAN haben wir erfahren, dass es zwei Social Activists bei *Ben & Jerry's* gibt, die Vollzeit daran arbeiten, diesen gesellschaftlichen Auftrag zu erfüllen.

Jobsharing sowie Flexibilisierung von Arbeitszeit und Arbeitsort vereinfachen die Vereinbarkeit von Familie und Beruf für Mitarbeiter:innen. Simone Menne fordert überdies: „Lass uns nicht mehr die Arbeitszeit messen, sondern das Ergebnis."[56] Sie habe in ihrer Karriere viele Frauen erlebt, die in Teilzeit arbeiten und dasselbe geschafft haben, wie Kolleg:innen in Vollzeit, weil sie sich effizienter organisieren mussten. Warum sollten sie daher weniger Geld verdienen? Diversität kann sich auch bei den Feiertagen zeigen, denn nicht jede:r hat dieselben Feiertage, weshalb sich der Streamingdienst *Spotify* für eine unkonventionelle Lösung entschied, wie wir von Michael Krause erfahren haben: „Feiertage muss man nicht freinehmen. Wenn der Vatertag für mich nicht relevant ist, kann ich an dem Tag auch arbeiten und stattdessen den Freitag freinehmen und mir ein langes Wochenende gönnen. Wenn ich muslimischen Glaubens bin, kann ich auch am 24., 25. und 26. Dezember arbeiten und die drei Tage lieber anlässlich des Zuckerfestes nehmen."[57]

Quoten – ja, bitte

Unternehmen wehren sich oft dagegen, Quoten für die Beschäftigung von Minderheiten aufdiktiert zu bekommen mit dem Argument, man würde es lieber allein regeln. Die Chance hatten sie allerdings lange genug und es ist nicht viel passiert. Der Aufschrei kommt meist von jenen, die sich entschieden haben, nichts zu tun, und bei denen Quoten zu größeren Umschichtungen führen würden. Es ist sogar verständlich, dass Menschen das Gefühl haben, Quoten seien unfair und dass auch Vertreter:innen von Minderheiten sie ablehnen, weil sie den Vorwurf scheuen, nur aufgrund einer Quote irgendwohin gekommen zu sein. Die bisherigen Strukturen, bei denen insbesondere *weiße* Männer im Vorteil waren, sind allerdings viel ungerechter und Quoten sollen dies „geraderücken". Bei den Quoten geht es nicht nur um Frauen, sondern auch um Menschen mit Behinderungen, Migrationshintergrund, unterschiedlichen Ethnien, Generationen, sexuellen Orientierungen und Identitäten. Erst wenn Unternehmen gezwungen sind, auch andere Minderheiten einzustellen, werden sie sich ernsthaft Gedanken darüber machen, wie dies funktioniert, wo Bewerber:innen anzutreffen sind und welche Stellenprofile dabei helfen.[58]

Quoten in der Politik würden auch dazu führen, dass Gesetze, die für Gleichberechtigung und Inklusion sorgen sollen, nicht an der Lebenswirklichkeit der Betroffenen vorbeigehen. Ein Beispiel ist das Barrierefreiheitsgesetz, das am 20. Mai 2021 vom Bundestag verabschiedet wurde. Das Gesetz soll für Barrierefreiheit bei der Nutzung technischer Geräte, wie Computer, Smartphone, E-Book Reader oder Bank- und Ticketautomat, sorgen. Es gibt zu Recht einige Kritikpunkte, zum Beispiel die sehr lange Übergangsfrist von vier Jahren für die Umstellung technischer Geräte, nicht barrierefreie Bank- und Ticketautomaten dürfen sogar bis 2040 in Betrieb bleiben. Und es sind keine Regelungen zur Erhöhung der Barrierefreiheit in der nicht digitalen Welt enthalten, was bedeutet, dass die gesamte bauliche Umwelt nicht barrierefrei sein muss. Es wäre also in Ordnung, wenn der Weg zum barrierefreien Geldautomaten über eine Treppe führte. Auch wenn die Bundesregierung damit vermutlich die Wirtschaft vor Belastungen schützen will, tut sie ihr in Wirklichkeit keinen Gefallen; schließlich haben zehn Prozent der Menschen in Deutschland eine Behinderung. „Es kann doch nicht wahr sein, dass nicht behinderte Menschen ständig wissen, was behinderte Menschen wollen." fasst Raul Krauthausen seine Frustration zusammen.[59]

Auch Caroline Criado-Perez führt Gesetze, die Frauen schlechter als Männer stellen, darauf zurück, dass deutlich mehr Männer als Frauen in der Regierung sitzen.[60] Ein Beispiel ist das steuerliche Ehegattensplitting: Dabei werden die Einkünfte eines Ehepaars zusammengerechnet, dann halbiert und jeweils hälftig versteuert. Verdient nur eine Seite allein oder sehr viel mehr als die andere, werden durch diese Praxis aus einem hohen Einkommen jeweils zwei (fiktive) niedrigere Einkommen. Aufgrund der Steuerprogression fällt in Summe dann eine niedrigere Steuerlast an, als würden die entstandenen Einkommen individuell versteuert. Je größer der Unterschied in den Gehältern, desto größer der Vorteil. Damit entsteht ein negativer Anreiz für die Seite, die deutlich weniger verdienen würde, überhaupt zu arbeiten – was in den allermeisten Fällen die Frau ist. Der Berufsausstieg des:der geringer verdienenden Partner:in wird hierdurch staatlich gefördert. Da 35 Prozent aller Ehen früher oder später geschieden werden, steht diese:r im Anschluss häufig „dumm da" und ist auf staatliche Unterstützung angewiesen. Die Süddeutsche Zeitung hat dies in einem Artikel sehr treffend als „Anstiftung zur Altersarmut" betitelt.[61] Insbesondere die konservativen Parteien in Deutschland halten dennoch daran fest.

Früh übt sich und stellt Weichen

Aufklärung trägt dazu bei, unbewusste Stereotype und Vorurteile abzubauen und Diskriminierung gar nicht erst entstehen zu lassen. Ein einfaches Mittel besteht darin, die Vielfalt in Schulen zu fördern. Das baut von Anfang an Berührungsängste ab und trägt dazu bei, dass Kinder nicht in einer Filterblase groß werden, aus der die reale gesellschaftliche Diversität ausradiert wurde. Das Konzept der Sonderklassen oder Förderschulen hat sich ohnehin als nicht so sinnvoll erwiesen, wie es vielleicht gedacht war.

Eine OECD-Pisa-Studie belegt, dass Kinder mit Zuwanderergeschichte schlechter in der Schule abschneiden. Bezogen auf die Ausprägung der Leistungsunterschiede zwischen Schüler:innen mit Migrationshintergrund und einheimischen Schüler:innen gehört Deutschland zu den Spitzenreitern der 17 untersuchten Länder. Dabei schneiden Schüler:innen der zweiten Migrantengeneration, die also in Deutschland geboren sind, überraschenderweise schlechter ab, als jene, die im Ausland geboren und während ihrer Kindheit zugewandert sind.[62] Unser Schulsystem scheint also dabei zu versagen, Kinder mit Zuwanderungshintergrund entsprechend zu unterstützen und für Chancengleichheit zu sorgen. Experimente zeigen, dass Kindern mit ausländischen Wurzeln im Schulunterricht oft weniger zugetraut wird. Bei der Abgabe eines schulischen Tests wurde beispielsweise ein Murat bei exakt gleicher Leistung schlechter benotet als ein Max.[63] Das wirkt sich natürlich auch auf das Selbstbewusstsein und die Motivation der Kinder aus, sodass sich die Annahme früher oder später tatsächlich bestätigt. Lehrer:innen müssen daher stärker sensibilisiert werden und ihre eigenen Denkmuster hinterfragen. Gleiches gilt auch für Eltern, die häufig fürchten, es wäre ein Nachteil, wenn ihre Kinder mit behinderten Kindern, Kindern aus anderen Kultur- und Sprachkreisen oder aus sozial benachteiligten Familien in einer Klasse unterrichtet werden.

Wer sich Schulbücher aufmerksam anschaut, wird feststellen, dass Diversität auch hier nicht an oberster Stelle steht. Textaufgaben verkörpern meist stereotype Rollenbilder: Frauen beispielsweise werden häufig haushalts- und familiennah dargestellt und unterschiedliche Nationalitäten, Menschen mit Behinderungen oder gleichgeschlechtliche Ehen kommen selten bis gar nicht vor. Auch inhaltlich sind die Schulbücher nicht immer neutral und diskriminierungsfrei. Migration wird grundsätzlich als Problem und Krisenverursacher dargestellt[64] und im Unterricht wird der Zusammenhang gelehrt, der Norden sei reich und afrikanische Länder seien arm. Großzügig ausgespart wird dabei meist die Information, warum das so ist und dass es nicht immer so war.

Die Welt ist divers

Vielfalt sichtbar machen – Christiane Haasis und Angela Nelissen erinnern sich im Podcast an die *Dove*-Kampagne von *Unilever*, die mit dem Klischee brach, dass Frauen in den Medien Modelmaße haben müssen. Sie zeigt stattdessen

Frauen, die sich in ihrem Körper wohlfühlen, in allen Körperformen.[65] Dafür musste einiges an Überzeugungsarbeit geleistet werden, denn es handelte sich um ein mediales No-Go. Das verantwortliche Team hatte eine mutige Idee, um die Top-Führungskräfte von der Kampagne zu überzeugen. Sie führten heimlich Interviews mit deren Kindern zum Thema Schönheit, ihrer Zufriedenheit mit dem eigenen Aussehen und darüber, ob sie etwas an sich ändern würden. Als Ergebnis entstand ein Video mit dem Titel *Wir wünschten uns, die Welt wäre anders*, in dem die Kinder der Führungskräfte ihre vermeintlichen Defizite aufzählten. Die Eltern waren schockiert und betroffen vom Ausmaß der Selbstkritik und den Schönheitsidealen ihrer Kinder. Das war der Start einer der erfolgreichsten und innovativsten Kampagnen der Kosmetikbranche. „Das ist auch New Work. Die Kampagne wäre nicht entstanden, wenn sich nicht alle mit ihrer Authentizität als Einzelperson mit eingebracht hätten.", erinnern sich Christiane Haasis und Angela Nelissen.

ON THE WAY TO NEW WORK

„Es ist deshalb ein Problem, weil wir 50 Prozent des Hirnkapitals brachliegen lassen."

Leon Windscheid, Psychologe, Autor und Unternehmer

Diversität ist keine gute Tat. Sie steht für Respekt, Fairness und Menschenrechte und dafür, in einer vielfältigen Welt zu leben und zu arbeiten. New Work schafft ein Bewusstsein für den Wert von Unterschiedlichkeit und bietet Ansätze und Konzepte, um diese zu integrieren und aufblühen zu lassen.

- Diversität wird meist nur auf die Gleichberechtigung von Frauen und Männern bezogen. Sie hat allerdings viel mehr Dimensionen.
- Es geht nicht nur darum, Vielfalt zu schaffen, sondern auch darum, sie zu inkludieren sowie Teilhabe und Chancengleichheit zu ermöglichen, damit Vielfalt sich auch entfaltet und wir alle voneinander lernen.
- Unzählige Untersuchungen zeigen, dass diverse Teams und Unternehmen erfolgreicher sind. Sie treffen bessere und informierte Entscheidungen, sind näher an den Kund:innen, innovativer und ziehen verschiedenste Talente an.
- Diskriminierung und Ungleichbehandlung ist für Minderheiten in den meisten Lebensbereichen präsent. Dabei begegnen uns immer dieselben Muster: nicht gesehen oder nicht ernst genommen werden, schlechtere Chancen im Beruf, schlechtere Bezahlung, Anfeindungen, Belästigung und Gewalt.
- Vielfalt und Toleranz beginnen bei uns selbst. Wir haben alle unbewusste Stereotype, aus denen Vorurteile und diskriminierendes Handeln werden können. Sich dieser Denkmuster bewusst zu werden und möglichst unvoreingenommen auf andere zuzugehen, ist ein erster wichtiger Schritt.

- Es gibt viele positive Beispiele aus Unternehmen, die zeigen, wie Diversität vom Topmanagement getragen wird oder im Personalmanagement, beim Recruiting sowie bei der Weiterbildung eine Rolle spielt.
- Es liegt auch in der Hand der Politik, Regelungen und Gesetze auf den Weg zu bringen, um für Chancengleichheit zu sorgen und um deutlich zu machen, dass alle ein wichtiger Teil der Gesellschaft sind.

Je mehr Entscheidungen wir zukünftig Algorithmen überlassen, desto wichtiger ist, dass wir diese mit lückenlosen und vielfältigen Daten versorgen und Verzerrungen entfernen. Andernfalls entsteht eine Technologie, die sich gegen Minderheiten und Frauen (die objektiv betrachtet keine Minderheit sind) richtet.

21/ TECHNOLOGIE

„Dank 3D-Drucks und anderer raffinierter Technologien werden wir schon bald in der Lage sein, einen Großteil unserer Güter selbst zu produzieren. Der Konsument wird zum Produzenten, zum sogenannten Fabrikator."

Frithjof Bergmann, Philosoph

In der ursprünglichen New-Work-Idee von Frithjof Bergmann galten die für die Zukunft erwarteten technologischen Umbrüche als eine große Chance dafür, Arbeit anders zu organisieren. Frithjof sah in ihnen vor allem die Möglichkeit, weniger der ungeliebten Lohnarbeit nachgehen zu müssen und stattdessen mehr Raum für die Dinge zu haben, „die wir wirklich, wirklich wollen".[1] So gedacht wird Technologie zu einem Tool für mehr Freiheit und Selbstbestimmtheit. Ebenso aber gibt es die Perspektive, dass uns bestimmte Technologien bedrohen und das Selbstbestimmte nehmen werden. Das gilt vor allem für die Folgenabschätzung der künstlichen Intelligenz und für den verstärkten Einsatz von Algorithmen. Ganz gleich, ob wir auf die Chancen vertrauen oder die Gefahren sehen, Technologiefeldern kommt bei der Beurteilung, inwieweit sich Arbeit ändern wird, eine zentrale Bedeutung zu.

Frithjof Bergmann konnte sich bereits Anfang der 1980er-Jahre Technologien vorstellen, mit deren Hilfe er die Selbstversorgung der Menschen einen großen Schritt näherkommen sah. Seine Vorstellung war, dass Menschen sich nicht nur mit Lebensmitteln selbst versorgen, sondern darüber hinaus auch durch die Herstellung von Gütern des täglichen Bedarfs unabhängiger von den großen produzierenden Unternehmen werden könnten.[2] In Gesprächen mit ihm und auch mit seinen Weggefährt:innen wurde uns deutlich, dass es nicht um die Technologien an sich ging, sondern um deren Auswirkungen auf die menschliche Arbeit. Die New-Work-Bewegung suchte nach Antworten auf ganz bestimmte Fragen:

- Welchen Einfluss haben neue Technologien auf unsere Arbeit?
- Wie können wir unsere Arbeit mithilfe von Technologien anders organisieren?
- Wie können wir monotone Routinetätigkeiten reduzieren?
- Wie können wir mehr Zeit mit sinnstiftender Tätigkeit verbringen?

Es ging Bergmann also vor allem um unsere Haltung zu neuen Technologien und darum, wie wir mit der verbundenen Veränderung oder einer möglichen Veränderung umgehen sollten. In seiner Einschätzung der großen Veränderungsdynamik zahlreicher neuer Technologien auf unser Leben wurde und wird Bergmann oft bestätigt. Das *McKinsey Global Institute* übersetzt diese Einschätzung in Zahlen: „Verglichen mit der industriellen Revolution vollzieht sich dieser Wandel nach unseren Schätzungen zehnmal schneller und in 300-mal größerem Ausmaß, das heißt mit etwa 3.000-mal größeren Auswirkungen."[3] In einer Studie aus dem Jahr 2017 prognostizieren *McKinsey & Company*, dass bis 2030 nahezu 800 Millionen Jobs wegfallen beziehungsweise durch Maschinen übernommen werden.[4] 2021 kommen sie zu der Einschätzung, dass in Deutschland bis 2030 fast vier Millionen Beschäftigte von einem Jobwechsel betroffen sein könnten. In Deutschland stünden insgesamt ungefähr 10,5 Millionen Arbeitnehmer:innen vor massiven Veränderungen und 6,5 Millionen davon müssten weitergebildet werden.[5]

3D-DRUCK

> „Ein ehemaliges Lagerhaus ist jetzt ein hochmodernes Labor, in dem neue Mitarbeiter den 3D-Druck perfektionieren, der das Potenzial hat, die Art und Weise, wie wir fast alles herstellen, zu revolutionieren."
>
> Barack Obama, 44. US-Präsident

Der 3D-Druck ist eine der Technologien, die im New-Work-Kontext sehr viel Raum bekommen haben. So beschreibt Frithjof Bergmann in seinem Buch *Neue Arbeit. Neue Kultur* den – wie er es nennt – „Personal Fabricator" als eine der Schlüsseltechnologien, um die Produktion wieder stärker regional zu verteilen und damit unabhängiger von Fabriken oder großen Produktionszentren zu werden. Seiner Vorstellung nach sollten sich selbst versorgende New-Work-Zentren und lokale Gemeinschaften physische Produkte eigenständig produzieren.[6] Wie bei Tintenstrahldruckern wird beim 3D-Druck Material in Schichten aufgetragen, im Unterschied zum üblichen Druck allerdings in drei Dimensionen. Hierdurch entstehen Bauteile, Kunst, Prototypen, Karosserien oder sogar Organe. Israelischen Wissenschaftlern ist es 2019 gelungen, ein Herz aus menschlichen Körperzellen zu „drucken".[7] Auch wenn die Technologie bisher noch nicht die gleiche Verbreitung wie der PC in den 1980ern und 1990ern oder die Smartphones in den 2000ern erfahren hat, schlummert hier ein enormes Potenzial für „Nachbarschaftszentren", wie Bergmann die Gemeinschaften nannte, die sich selbst versorgen sollten. Konkret könnten Endanwender:innen notwendige Ersatzteile, Schuhe, Haushaltsgeräte und viele weitere Produkte des täglichen Lebens selbst produzieren. Die Zahl der Anwendungsmöglichkeiten beeindruckt schon heute und wächst immer weiter.

In der Industrie ist 3D-Druck für Rapid Prototyping, also dem Anfertigen von Modellen in Echtzeit, bereits etabliert. So zeigt das Beispiel des von einer künstlichen Intelligenz designten und in 3D gedruckten Autos *Czinger 21C*, dass die Form dieser Teile durch den Druck filigraner und organischer sein kann, als es mit klassischen Fertigungsverfahren möglich wäre. Wenn man es mit eigenen Augen sieht, wird deutlich, wie viel Veränderungspotenzial in dieser Technologie steckt.[8] Konsequent weitergedacht könnten Baupläne beziehungsweise Druckpläne für diese Anwendungen zu einem Gut werden, mit dem gehandelt werden kann. Neben künstlicher Intelligenz, die diese Baupläne errechnen könnte, wäre dann auch der Einsatz der Blockchain-Technologie denkbar, um dieses geistige Eigentum besser zu schützen, wie ein Forschungsbericht darlegt.[9]

Bergmanns Idee von der Selbstversorgung mag zwar noch Jahre entfernt sein und vielleicht auch eine Utopie bleiben, dennoch hat der 3D-Druck das Potenzial, nicht nur Fertigungsprozesse neu zu denken, sondern auch über innovative Verfahren Nachhaltigkeit zu einem Grundbaustein der Produktion zu machen. Bereits heute können Abfallreste, wie Holzabfälle oder organisches Material, zu einem druckbaren Grundstoff zermahlen werden. Das Unternehmen *Forust* druckt bereits aus Holzresten Luxus-Innenausstattungen für Autos oder hochwertige Möbel und Design-Accessoires.[10] Auf dem gefragten kalifornischen Immobilienmarkt wird eine bestimmte Art Fertighäuser ungewöhnlich schnell verkauft: 3D-gedruckte Einfamilienhäuser. Mit gigantischen Druckern werden die Gebäude in nur 24 Stunden an dem Ort gedruckt, an dem sie anschließend auch bewohnt werden. Der Prozess reduziert die Kosten deutlich und könnte den hohen CO_2-Fußabdruck der Baubranche senken helfen.[11] Richard A. D'Aveni, Professor an der School of Business am Dartmouth College, fragt sogar provokant: „Wer braucht schon das Pariser Klimaabkommen, wenn er 3D-Drucker hat?" Für ihn stellt diese Technologie die Chance dar, sich von der Wegwerfmentalität des 20. Jahrhunderts zu verabschieden.[12]

CLOUD COMPUTING

„Wenn mich jemand fragt, was Cloud Computing ist, versuche ich, mich nicht mit Definitionen aufzuhalten. Ich sage ihm, dass Cloud Computing einfach eine bessere Art ist, sein Unternehmen zu führen."

Marc Benioff, Gründer und CEO von *Salesforce*

Der Bestseller Autor Nicholas Carr beschrieb 2008 in seinem Buch *The Big Switch* den großen Wandel von der klassischen „On-Premise-IT" (alles vor Ort) hin zur ausgelagerten Cloud und was dies mit der Arbeitswelt machen würde. Er vergleicht diesen Wandel mit dem Stromkrieg, der um 1890 zwischen Thomas Alva Edison und George Westinghouse tobte. Die beiden Unternehmer verfolgten gänzlich unterschiedliche Ansätze, um die damals an Fahrt gewinnende Elektrifizierung voranzutreiben. Edison wollte den sicheren Gleichstrom verwenden, der zwar keine tödlichen Stromschläge auslösen, aber nur über kurze Distanzen geleitet werden konnte. Sein Unternehmen *General Electric* verkaufte also ganze Minifabriken aus Röhren, Turbinen und Motoren, die Strom in der Nähe der Verbrauchsstätten erzeugten. Westinghouse dagegen wollte mithilfe von Wechselstrom große Elektrizitätswerke außerhalb der Städte errichten und den Strom über lange Distanzen zu den Verbraucher:innen und Fabriken schicken. Das ist nur mit der gefährlichen Wechselspannung möglich. Laut Carr wollte Edison aus PR-Gründen daher sogar die Todesstrafe auf dem elektrischen

Stuhl in „to westinghouse“ umbenennen.[13] Wie der Stromkrieg ausging, ist Geschichte, und wir fragen uns im Alltag nicht mehr, wie unser Strom zur Steckdose kommt.

Die Cloud-Technologie verfolgt einen ähnlichen Gedanken, wie Westinghouse ihn mit seinen Elektrizitätswerken im Sinn hatte. Statt der IT und des Servers im eigenen Haus nutzen wir sehr schnelle Verbindungen, um auf unsere Daten, die an anderer Stelle liegen, zuzugreifen. Anders als beim Strom herrscht in diesem Fall häufig Skepsis, denn es geht hier um die eigenen Daten, auf die niemand unbefugt Zugriff haben sollte. Führende Cloud-Unternehmen wie *Amazon, Google, Microsoft* oder deren chinesischer Wettbewerber *Alibaba* stehen also nicht nur vor einer technischen Herausforderung, sondern müssen vor allem das Vertrauen ihrer Kund:innen gewinnen und halten. Dass die Vernetzung von Rechnern die Zukunft prägen würde, prophezeiten führende IT-Köpfe schon zu den Anfängen des Internets. So sagte der spätere *Google*-CEO Eric Schmidt 1993, dass sich der Computer in dem Moment, in dem die Bandbreite kein Nadelöhr mehr darstelle, über das Netzwerk verteilen würde.[14] Die konkrete Idee, Unternehmenssoftware webbasiert zugänglich zu machen, wie es durch *Dropbox*, *Google* Workplace oder *Microsoft* 365 populär wurde, stammt aus der Feder einiger Führungskräfte von *Compaq Computers*, die im Rahmen eines Businessplans für die Zukunft des Internets genau diese Idee schon 1996 beschrieben.[15]

Die moderne Cloud basiert auf einem Grundprinzip, bei dem eine Vielzahl von Rechenzentren über dedizierte Datenleitungen miteinander verbunden sind. Hochleistungsrechner, Verschlüsselungstechnologie und Festplatten, die nur Fragmente der Daten und nie ganze Datensätze speichern, sind Elemente einer modernen Cloud-Infrastruktur, die dabei hilft, uns von einem festen Arbeitsplatz zu lösen. Wissensarbeit ist hierdurch inzwischen für die meisten Menschen von überall möglich. Die Versuche, lokale Cloud-Infrastrukturen zu schaffen, sind bisher nicht von ausreichendem Erfolg gekrönt, sodass auch Unternehmen wie die *Deutsche Bank* oder die *Deutsche Bahn* die Infrastrukturen von *Google*, *Microsoft* und *Amazon* nutzen.[16] Es wäre zu kurz gedacht, wenn man die großen Cloud-Anbieter dahingehend kritisierte, dass sie ein Daten-Monopol aufbauten und keine Alternativen ließen, als die eigene Cloud zu nutzen. Zum einen gibt es verschiedene Anbieter in der Cloud, die sich für unterschiedliche Einsatzzwecke eignen. Zum anderen steht erst durch die Cloud kleinen Unternehmen die IT-Leistung zur Verfügung, die auch Konzerne beziehen und die sie selbst nicht ohne massiven Aufwand herstellen könnten.

VIRTUAL & AUGMENTED REALITY

„Ich glaube, dass Augmented Reality vielleicht der ultimative Computer ist.“

Satya Nadella, CEO von *Microsoft*

Wenn es um immersive Technologien geht, also solche, die das Eintauchen in bestimmte simulierte Realitäten ermöglichen, dann stolpert man über viele verschiedene Begrifflichkeiten, die schnell für Verwirrung sorgen können. Neben den

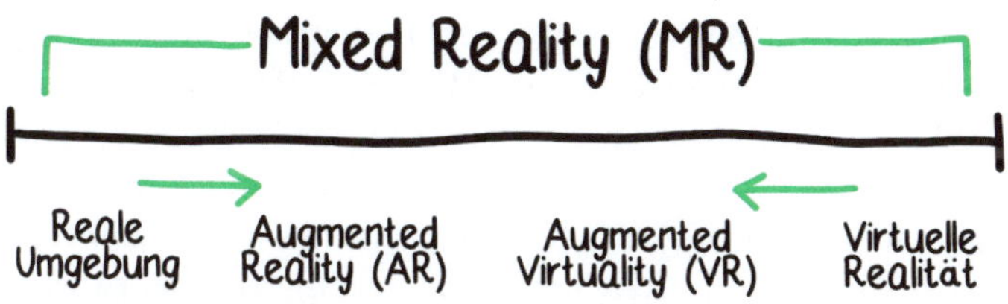

Bandbreite von Mixed Reality nach Milgram et al.

bekannten „Virtual Reality" und „Augmented Reality" findet man auch „Mixed" und „Extended Reality" oder „Assisted Reality" und „Augmented Virtuality". Auf einem Kontinuum zwischen Realität und Virtualität ordneten die Wissenschaftler Paul Milgram, Haruo Takemura, Akira Utsumi und Fumio Kishino 1994 die unterschiedlichen Arten der immersiven Technologien ein. Es geht dabei um den Grad des Eintauchens, also der gefühlten Präsenz.[17]

Bei virtueller Realität oder VR wird die echte Umgebung vollständig durch eine computersimulierte Umgebung ersetzt. Auf der anderen Seite des Kontinuums wird die reale Umgebung durch virtuelle Informationen ergänzt, aber nicht gänzlich ersetzt. Mixed Reality ist das, was sich zwischen den beiden Extremen auf dem Kontinuum abspielt.

Ganz ähnlich wie bei künstlicher Intelligenz gibt es die Idee einer simulierten virtuellen Realität schon sehr viel länger, als auf den ersten Blick angenommen. Anfang der 1960er-Jahre patentierte der Filmemacher Morton Heilig seine Idee des Sensoramas, ein Automat, mit dem eine Motorradfahrt virtuell simuliert und über mehrere Sinnesorgane erlebbar gemacht wurde.[18] Die Virtual-Reality-Brillen, die wir heute kennen, gehen auf dieses Grundprinzip zurück: Wir können in eine virtuelle Realität eintauchen und über verschiedene Sinneseindrücke eine sehr realitätsnahe Erfahrung machen. Dabei sind es nicht nur Bildschirme, sondern auch Berührungs- und Bewegungssensoren, die für echte Erlebnisse sorgen.[19]

Laut unserem Podcast-Gast, dem Blockchain- und VR-Experten Fabian Vogelsteller[20], bewegt sich die Welt hin zu einer stärkeren Virtualisierung. Er glaubt, dass die virtuelle Welt bald so gut sein wird, dass entsprechende Meetings wie in einem Büro erlebt und dass virtuelle Autorennen mit sehr viel weniger Ressourcen realisiert werden können.[21] Unser Podcast-Gast Aaron Frank, Faculty Member der Singularity University und Experte für Augmented und Virtual Reality (AR und VR), beschrieb, wie er durch die virtuelle Simulation, auf der Bühne zu stehen, die Angst vor dem Präsentieren verlor und ein besserer Vortragsredner wurde. Wie VR unsere Arbeitswelt verändern wird, vor allem, wenn es um das Thema Lernen geht, hat er uns anhand diverser Beispiele erläutert. Das Start-up *Tribe* schaffe beispielsweise virtuelle Lernumgebungen, die statt des Anschauens und Nachmachens ein Erleben und direktes Umsetzen ermöglichen. Aaron hat so in wenigen Minuten gelernt, ein professionelles DJ-Mischpult zu verwenden.[22] Erstaunliche Anwendungen für Virtual Reality sind im medizinischen Bereich zu beobachten. Chirurg:innen tragen VR-Brillen bei komplexen Operationen, Psycholog:innen setzen VR bei Therapien mit unterschiedlichen Krankheitsbildern ein, zum Beispiel bei der Behandlung von Patient:innen mit Höhenangst, Schwindel, Angst- und posttraumatischen Belastungsstörungen. Das *Fraunhofer Institut* entwickelte eine AR-Brille, die bei Tumoroperationen hilft, die genaue Lage bösartiger Knoten im Körper zu bestimmen.[23] Der Wirtschaftswissenschaftler und Soziologe Mauro F. Gullién berichtet, dass VR auch Kindern mit Autismus helfen könne, notwendige soziale Kompetenzen zu trainieren, um besser am Unterricht teilzunehmen.[24]

Augmented Reality ist als Erweiterung des Sichtfelds zu verstehen. Wir sehen beispielsweise über das Handy oder auch über eine Brille unser Umfeld und zusätzliche Informationen, Bilder oder Animationen. Viele Online-Möbel-Apps für das iPad haben eine Funktion, mit der man sich die Möbel „ins Wohnzimmer" stellen kann: Die echte Welt wird via Brille oder Bildschirm real abgebildet und durch virtuelle Elemente, wie ein Sofa oder eine Deckenlampe, ergänzt. Darüber hinaus ist eine Interaktion mit der Welt möglich und die Objekte in der echten und virtuellen Darstellung werden in Echtzeit einbezogen. Ein populärer AR-Erfolg war das Spiel *Pokemon Go* auf dem iPhone. Spieler:innen rund um die Welt suchten mit dem Blick durch die Kamera auf den Straßen nach den kleinen Figuren. Auch Anwendungen wie *Googles* oder *Samsungs* Echtzeitübersetzung von Straßenschildern und Speisekarten sind bereits AR-Anwendungen, die in moderne Smartphones oder Tablets integriert sind und im Alltag unterstützen. Die Möglichkeiten, Arbeitsabläufe durch Echtzeitanleitungen oder andere Zusatzinformationen zu verbessern, indem sie in die Umgebung eingebettet werden, sind vielfältig und werden Produktionsbranchen genauso wie die Bereiche Bildung und Forschung berühren.

Sollten die Kritiker:innen recht behalten, bleiben die technologischen Hürden so gewaltig, dass wir noch sehr weit von einem Endanwender:innenprodukt entfernt sind. So resümiert der renommierte Technologie-Blog *TechCrunch* im Januar 2021 nüchtern die vier Probleme, die die großen AR-Innovatoren wie *Apple* oder *Meta* zu lösen haben: „Die Hardware ist noch nicht bereit. Die Plattformen sind nicht bereit. Entwickler sind nicht bereit. Die Nutzer wollen es noch nicht."[25] Ähnlich urteilte unser Gast Aaron Frank 2019 über den Misserfolg von *Google* Glass, einer AR-Brille, die uns im Alltag Informationen wie Navigationsdaten, Daten aus Webseiten oder andere nützliche Informationen direkt vor unseren Augen liefern sollte. Demnach sind wir kulturell noch nicht bereit dafür. Es gibt allerdings bereits industrielle Anwendungsfelder, die die erheblichen Potenziale von AR und VR unterstreichen. Aaron Frank nennt das Beispiel von *thyssenkrupp*, die für komplizierte Fahrstuhlreparaturen AR-Brillen einsetzen und die Arbeitszeit von üblicherweise einer Stunde auf weniger als 20 Minuten verkürzen. Virtuelle Begehungen von neuen Flächen, Wohnungen und Büros erleichtern die Arbeit von Immobilienmakler:innen bereits heute, da die für VR notwendigen 360-Grad-Kameras günstig sind. Kosten- und Zeitersparnis auf der einen Seite sowie die Möglichkeit, komplexe Anwendungen sicherer zu machen und Fehler zu reduzieren auf der anderen Seite, sind gute Gründe für Unternehmen, auf diese Anwendungen zu setzen. Da sich die Technologie schnell verbessert, ist davon auszugehen, dass weitere Anwendungsbereiche hinzukommen, die noch nicht offensichtlich erscheinen. Aaron Frank verweist auf den von Steven Spielberg verfilmten Science-Fiction-Roman *Ready Player One*, der die meiste Zeit in einer virtuellen Realität, der Oasis, spielt. In der Literaturvorlage werden seiner Meinung nach sehr viele Ideen und Entwicklungsmöglichkeiten einer solchen Technologie aufgezeigt, weshalb jede:r neue Mitarbeiter:in bei *Metas* VR-Sparte *Oculus Rift* eine Ausgabe des Romans am ersten Arbeitstag erhält.[26]

MASCHINELLES LERNEN UND KÜNSTLICHE INTELLIGENZ

„Künstliche Intelligenz wird etwa im Jahr 2029 das Niveau des Menschen erreichen."

Ray Kurzweil, Autor, Erfinder und Futurist

Der Begriff der künstlichen Intelligenz lässt sich bis in die 1950er-Jahre zurückverfolgen. Der britische Mathematiker Alan Turing, dem unter anderem die Entschlüsselung der Enigma-Chiffriermaschine im Zweiten Weltkrieg gelang, stellte bereits damals die Frage, ob Maschinen denken können. Er entwickelte dafür den Turing-Test, bei dem – verkürzt gesagt – Menschen mit einer Maschine statt mit einem anderen Menschen kommunizierten, dies aber nicht bemerkten.[27]

Der Grund für den aktuellen Aufschwung im Bereich der KI liegt laut Jürgen Schmidhuber, einem der weltweit führenden Wissenschaftler auf dem Gebiet, vor allem darin, dass bis vor Kurzem günstige Rechenleistung und vor allem die Daten fehlten, um alltagstaugliche künstliche Intelligenz zu entwickeln. In einem Live-Podcast im Rahmen der New-Work-Tagung *NWX* erzählte er uns, wie er bereits als 15-jähriger Ende der 1970er-Jahre von der Idee begeistert gewesen sei, eine Intelligenz zu schaffen, die viel klüger sei als er selbst. Seine ursprüngliche Idee, Physik zu studieren, wich der Vision: „Baue einen Physiker, der viel besser ist als du selbst." Seine Ideen und Entwicklungen werden heute von uns allen genutzt. Das „Long Short-Term Memory" (LSTM) ist beispielsweise eines der bekanntesten Produkte seines Labors. LSTM ist ein rückgekoppeltes neuronales Netzwerk, das sich durch Training immer weiter verbessert. Unternehmen wie *Google, Apple* oder *Meta* haben LSTM täglich im Einsatz, um ihre künstliche Intelligenz zu trainieren. Joachim Schmidhubers Empfehlung an uns: Wir sollten alle lernen zu lernen, da jeder Beruf und jede Arbeit sich gewaltig ändern würden.[28]

Um zu verstehen, wie genau künstliche Intelligenz funktioniert, ist es hilfreich, sich den Unterbereich maschinelles Lernen näher anzuschauen. Wie der Name beschreibt, geht es darum, Maschinen das Lernen beizubringen. Genau wie bei Menschen kann das unter Aufsicht oder auch ohne sie passieren, indem Daten die Grundlage für die Erfahrungen liefern. Der Gründer des KI-Inkubators *Merantix* Adrian Locher erklärte uns, dass man es sich wie im menschlichen Gehirn vorstellen könne. Lernen wir als Menschen etwas, beispielsweise im Kindesalter das Laufen, sind bestimmte Neuronen noch unverknüpft. Kommt nun etwas Neues hinzu und wir können nicht nur laufen, sondern auch nach einem Schubser auf den Beinen bleiben, hat unser Gehirn eine neue Verbindung zwischen den Neuronen gelegt. Es ist wie bei Bahnhöfen, die ohne eine Bahnverbindung untereinander nicht von Nutzen sind. Erst wenn eine Verbindung gebaut wird, können wir auf ihr fahren. Schlägt nun jemand eine bessere Verbindung beispielsweise per Flugzeug vor, lautet häufig die erste Reaktion: „Brauchen wir nicht, wir haben doch eine Verbindung, die funktioniert." Eine KI würde eigenständig und frei von emotionaler Wertung die Möglichkeiten durchgehen und nach einer ressourcenschonenden oder schnelleren Option suchen und die neue Verbindung legen. Wie künstliche Intelligenz im Alltag funktionieren kann, hat *Google* im Mai 2018 demonstriert. Dabei kam mit *Google* Duplex eine Technologie zum Einsatz, die den Befehl bekam, eigenständig bei einem Restaurant oder Friseursalon anzurufen und einen Termin zu vereinbaren. Die Gesprächspartner:innen am Telefon bemerkten aufgrund der natürlichen Sprechpausen und Tonalität nicht, dass es sich um eine Maschine handelte.[29] Dass diese Technologie natürlich noch etliche Hürden im Rahmen des Schutzes und im Umgang mit privaten Daten zu nehmen hat, steht außer Frage. Faszinierend bleibt jedoch, dass *Google* Duplex nicht durch Programmierarbeit Sprechen gelernt hat, sondern eigenständig durch Millionen von Datensätzen.

Spannend ist auch die Frage, die eine Gruppe von Wissenschaftlern 2017 in einem Artikel stellte: Kann künstliche Intelligenz eigenständig einen Software-Code schreiben? Kann sich also ein Computer selbst programmieren? Ihre Prognose, wann es so weit sein könnte, lag um das Jahr 2040.[30] Nachdem im Mai 2020 das von Elon Musk mitgegründete Start-up *OpenAI* mit GPT-3 ein Sprachverarbeitungsmodell mit über 175 Milliarden Machine-Learning-Parametern vorstellte, muss diese Prognose wahrscheinlich noch einmal angepasst werden. GPT-3 kann eigenständig komplette News-Artikel verfassen, programmieren und Bilder aus Texten erstellen. Das alles passiert mit dem gleichen Algorithmus: Was bisher spezielle KI-Anwendungen mithilfe neuronaler Netzwerke erledigen mussten, schafft nun ein und dieselbe KI. GPT-3 genügt eine simple Beschreibung einer Website in zwei Sätzen und eine URL, wie eine ähnliche Website aussehen soll, um eigenständig den Code für eine eigene Website in ein Design-Mockup, also eine für Webentwickler umsetzbare Vorlage, umzuwandeln.[31]

Kein Technologiebereich wird aktuell so viel diskutiert, wie maschinelles Lernen und künstliche Intelligenz. Stellt er für die Befürworter:innen den ultimativen Weg zu mehr Innovation dar, warnen die Skeptiker:innen vor den möglichen negativen Folgen. Einig sind sich alle über deren große Bedeutung für uns oder wie es Stephen Hawking formulierte: „Künstliche Intelligenz ist wahrscheinlich das Beste oder das Schlimmste, was der Menschheit passieren kann."[32] Bis es so weit ist – und wir hoffen, das Stephen Hawking mit dem ersten Teil seiner Prognose recht haben wird –, hilft es schon einmal, wenn sich all diejenigen, die sich mit diesem Themenfeld beschäftigen, dafür einsetzten, dass ihre Algorithmen frei von Diskriminierung sind.[33]

ROBOTIK

> „Kollaborative Roboter sind nicht nur smarter und menschenfreundlicher, sondern auch kleiner und billiger. Damit lohnt sich deren Anschaffung schneller. Cobots werden Millionen Stellenprofile und den Arbeitsmarkt insgesamt verändern."
>
> Benedikt Herles, Unternehmensberater und Autor

Der Blick auf die Entwicklung der Roboter-Industrie ist auf den ersten Blick nur wenig spektakulär. In den Jahren 2009 bis 2020 erhöhte sich zwar der weltweite Bestand von Industrierobotern von circa einer Million Einheiten auf drei Millionen Roboter. Das jährliche Wachstum betrug in den Jahren 2015 bis 2020 durchschnittlich nur neun Prozent.[34] Interessant wird es jedoch, wenn wir uns mit den Auswirkungen der Roboter-Technologie auf die Menschen beschäftigen. Ein in der Produktion eingesetzter Roboter ersetzt im Durchschnitt fünf bis sechs Arbeiter:innen.[35] Während Industrieroboter in der Vergangenheit ihre Arbeit weitestgehend ohne Interaktion mit Menschen verrichteten, geht die Entwicklung immer mehr hin zu kollaborativen Robotern, sogenannten Cobots. Benedikt Herles weist darauf hin, dass die Mehrzahl der Industrieroboter für eine jahrzehntealte Automatisierungstechnologie stünden. „Die neuen, kollaborativen Roboter erkennen hingegen die Welt um sich herum und passen ihr Verhalten an. Damit werden sie im wahrsten Sinne zum Kollegen des Facharbeiters. Fertigungsaufgaben können so flexibel zwischen Mensch und Maschine aufgeteilt werden. In der Fabrik des digitalen Zeitalters finden beide ihren Platz am Band." Die traditionellen Roboterhersteller, führt Benedikt weiter aus, hätten beim Thema künstliche Intelligenz Nachholbedarf, genau hier lägen die Wachstumsfelder für die Branche.

Ein weiterer und mindestens ebenso spannender Bereich sind die Serviceroboter. Naheliegende Einsatzgebiete gibt es in der Pflege von alten und kranken Menschen. Dabei können sie ihren menschlichen Kolleg:innen sowohl Routinetätigkeiten, wie das Abräumen von Geschirr, abnehmen, aber auch Einsatzbereiche in der Betreuung von Demenzkranken scheinen realistisch zu sein.[36] Die Entwicklung solcher Anwendungen beschleunigt sich in ähnlich hohem Maße wie die digitalen Übersetzungshilfen, über deren Ergebnisse viele vor fünf Jahren noch lachten. Das zeigen zum Beispiel die Atlas-Roboter von *Boston Dynamics*, die Bodenturnübungen beherrschen, die durchschnittlich begabte Menschen überfordern würden, und die sich mittlerweile schon im Parkour-Laufen bewähren. Die zahlreichen Videos lassen erahnen, wo die wahrscheinlichen Einsatzbereiche der Atlas-Roboter liegen könnten. *Boston Dynamics* spricht in diesem Zusammenhang von athletischer Intelligenz.[37]

Auch wenn uns immer wieder Nachrichten von Unfällen erreichen, in denen *Tesla*-Fahrer:innen das Assistenzsystem ihres Fahrzeugs überschätzen und davon ausgehen, dass sich ihr Fahrzeug bereits autonom bewegen kann, schreitet die Entwicklung fahrerloser Fahrzeuge voran.[38] Fest steht, die Automobilbranche befindet sich in der größten Transformation seit der Erfindung des Automobils. Mobilität wir völlig neu definiert. „Sie ist in der Zukunft vernetzt, elektrisch und autonom."[39] Johann Jungwirth zählt zu den renommiertesten deutschen Manager:innen im Bereich des autonomen Fahrens.[40] Nach Tätigkeiten für *Daimler, Apple* und *Volkswagen* arbeitet er heute als Vice President Mobility-as-a-Service für die *Intel*-Tochter *Mobileye.* Sein großes Ziel ist, im Jahr 2022 den Durchbruch für das autonome Fahren zu schaffen. Anlässlich der Internationalen Automobilausstellung (IAA) 2021 stellte Johanns Unternehmen mit einer Variante des chinesischen Elektro-SUV NIO ES8 ein Robotaxi vor, das ab 2022 in Zusammenarbeit mit *Sixt* in einer Testflotte in München eingesetzt werden soll.[41] Einer Studie von *McKinsey & Company* zufolge werden ab 2030 eine signifikante Anzahl autonomer Fahrzeuge in den deutschen Städten unterwegs sein. Zwischen 2040 und 2050 erfolgt dann die Wachablösung. „Dann werden etwa 90 Prozent aller Fahrten im großstädtischen Bereich in selbst fahrenden Fahrzeugen zurückgelegt", fasst es Andreas Tschiesner, Senior Partner und Leiter der Automobilberatung in Europa bei *McKinsey & Company* zusammen. Seiner Ansicht nach werden die Auswirkungen auf den Arbeitsmarkt insgesamt positiv sein. Zwar werden Jobs vollständig wegfallen, aber es werden neue entstehen. „Unterm Strich wird es nicht weniger, sondern mehr Arbeitsplätze geben." Folgt man seinen Ergebnissen, so werden Informatiker:innen in den dann notwendigen Verkehrsleitzentralen gebraucht. Neue Jobs würden außerdem in den Bereichen Fahrzeugservices, beim Flottenmanagement und im Reinigungssektor entstehen.[42]

BLOCKCHAIN

„Das ultimative Menschheitsproblem ist damit gelöst, das Vertrauen in Institutionen."

Fabian Vogelsteller, Blockchain-Entwickler und Unternehmer

Der Hype um die weltweit erste Kryptowährung *Bitcoin* verschaffte der Blockchain-Technologie große Aufmerksamkeit. Allerdings ist der Einsatz dieser Technologie nicht nur bei Kryptowährungen sinnvoll. Die Idee der verteilten Speicherung und Organisation von Daten stammt aber tatsächlich aus dem Whitepaper zur *Bitcoin*-Idee, das 2008 von einem bis heute nur unter dem Pseudonym Satoshi Nakamoto bekannten Autor verfasst wurde.[43] Im Podcast-Gespräch erläutert der Blockchain-Entwickler und Unternehmer Fabian Vogelsteller, dass man sich diese „Kette aus Blöcken wie ein Grundbuch mit komplizierten Inhalten" vorstellen könne. Angenommen, jemand würde ein Grundstück kaufen, dann käme in dem Grundbuch eine neue Seite hinzu. Die gesamte Historie des Grundstücks sei also für ihn oder sie als Käufer:in einsehbar und es würde auffallen, wenn darin eine Seite fehlte. Ähnlich würden im Blockchain-System aktuelle Daten und vorausgegangene Datensätze gespeichert. Die Erstellung dieser Datensätze sei sehr aufwendig, da Blockchain-Informationen nur über das Lösen von kryptografischen Rätseln erfolgen könnten, weshalb die Generierung der notwendigen Daten so ressourcenintensiv sei.[44] Die Blockchain-Technologie führt also zu einer hohen Datensicherheit, denn es kann immer nur einen richtigen Datensatz geben.[45] Aus diesen Grundprinzipien und der dezentralen Speicherung über viele verschiedene Rechner ergeben sich vier wesentliche Vorteile, die auch die neue Arbeitswelt betreffen.

- Es gibt zunächst aufgrund der Dezentralität keine Informationshoheit mehr.
- Jede:r kann auf alle Informationen zugreifen, womit eine Gleichstellung für alle Teilnehmer:innen erfolgt.
- Weil jede Veränderung eines Datensatzes in der Blockchain für alle transparent sichtbar ist, ist die Blockchain ein System, dem vertraut werden kann, was bisher oft nur bestimmten Berufen oder Institutionen vorbehalten war.
- Mittler:innen und Zwischenhändler:innen fallen weg. Hierzu gehören unter anderem Banken, Notariate und Grundbuchämter.
- Digitale Objekte können eindeutig einer Eigentümer:in zugeordnet werden; so können virtuelle Güter wie Musik, Kunst, Videos, Podcasts geschützt beziehungsweise als Non-fungible Token (NFTs), also nicht ersetzbare Objekte, gehandelt werden.[46]

Fabian nennt im Podcast das Beispiel der Smart Contracts, die alles ablösen könnten, was heute noch manuell über Notariate oder staatliche Institutionen abgewickelt wird – wie die Blockchain FoodTrust von *IBM*, mit deren Hilfe Standorte und der Status von Lebensmitteln sowie Zertifikate und eine mögliche Verschwendung dokumentiert werden sollen.[47]

Da einer der Hauptanwendungsbereiche der Blockchain derzeit noch Kryptowährungen sind, stehen besonders Banken, die Zentralbanken und nicht zuletzt die Staaten selbst in der Pflicht. Anfang 2022 gibt es über 12.000 Kryptowährungen, die teilweise ungedeckt (wie bei *Bitcoin*) oder durch staatliches Geld gedeckt sind (wie bei *Stablecoin*). Befürworter wie Fabian Vogelsteller argumentieren, dass die Blockchain-Technologie das fehlende Vertrauen in die staatlichen Institutionen lösen könnte. Martin Wolf schreibt dazu in der *Financial Times*, dass es „die Aufgabe der Zentralbanken ist (zusammen mit anderen Regulierungsbehörden), dafür zu sorgen, dass die Revolution im digitalen Zahlungsverkehr für die Gesellschaft als Ganzes funktioniert."[48] Ganz gleich, auf welche Seite man sich begibt, zeigt gerade die Diskussion um digitale Währungen die Bedeutung dieser Technologie in Bezug auf die Zukunft unserer Arbeitswelt. Der Eingriff in die Art, wie Informationen organisiert werden könnten und wie Institutionen und Marktteilnehmer:innen zusammenarbeiten, ist so zentral, dass die Blockchain-Technologie eines der zentralen Technologiethemen auf dem Weg zur Neuen Arbeit werden wird.

QUANTUM COMPUTING

„Das disruptive Potenzial der Quantentechnologie wird den Wandel der Internet-Ära wie eine kleine Bodenwelle aussehen lassen!"

Kevin Coleman, Autor und Berater

Um es mit den Worten unseres Gastes Wolfgang Hildesheim, Director und „Head of Watson"[49] bei *IBM* zu sagen, ist Quantum Computing ein abgefahrenes, tolles Thema – und es beschreibt ein neues Computerparadigma.[50] Bisher haben wir Daten in binären Codes gespeichert, also in einer langen Reihe aus vielen Nullen und Einsen. „New Work" beispielsweise sähe im Binärcode wie folgt aus:

01001110 01100101 01110111 00100000 01010111 01101111 01110010 01101011.

Um die einzelnen Informationen in Form von Nullen oder Einsen, Bits genannt, zu verarbeiten, brauchen wir Mikroprozessoren. Wie Hildesheim ausführt, sind wir dabei an die physikalische Grenze des Moore'schen Gesetzes gekommen. Dieses Gesetz, das eher als Prognose gemeint war, geht auf Gordon Moore, einem der drei Gründer von *Intel*, zurück. Schon 1965 sah er voraus, dass sich die Rechenleistung durch die immer kleiner werdenden Chips in regelmäßigen Zeitabständen verdoppeln würde. Ursprünglich sprach er von einem Jahr als Zeitspanne. Das wurde später revidiert und in den meisten Quellen wird nun von durchschnittlich 18 Monaten gesprochen.[51]

Wolfgang Hildesheim glaubt, dass wir bald an eine Grenze kommen, an der der Silikon-Transistor nur noch einige Atome groß ist. Aus dieser Konsequenz ist die Idee entstanden, dass man doch in einem Atom und den darumliegenden Elektronen Daten in dem Quantenzustand der Elektronen speichern könne. Das würde zu dramatisch mehr Speichermöglichkeiten und damit Rechenleistung führen, wie er weiter erläutert. Für einen Quantencomputer gelten nicht die klassischen Regeln der Physik. Quantenphysik ist ein ganz eigenes Feld, das sich mit Teilchen auf atomarer Ebene beschäftigt. Drei der entscheidenden Elemente sind die „Superposition", die „Verschränkung" und die Tatsache, dass die Quantenwelt auf Beobachtung und damit auf Wahrscheinlichkeiten basiert. Mit Superposition wird das Phänomen bezeichnet, dass ein Teilchen gleichzeitig in zwei Zuständen sein kann. Angenommen, wir sitzen in einem Moment und im nächsten stehen wir, dann wäre das je ein Zustand, der entweder 0 oder 1 ist. In der Quantenwelt können wir uns aber auch in einem Zustand befinden, in dem wir gleichzeitig stehen und sitzen (das ist die Superposition). Ein Qubit kann gleichzeitig 0 und 1 sein. Wenn wir statt der klassischen Bits, also der 0 und 1, Quantenteilchen als Bits oder Qubits verwenden, die gleichzeitig 0 und 1 sind, dann erhalten wir einen weiteren Zustand, der es uns ermöglicht, exponentiell mehr Daten zu speichern als bisher. Hinzu kommt ein weiteres Phänomen, die Betrachtung. Wir wissen erst, in welchem Zustand sich das Teilchen befindet, wenn wir es betrachten, also messen – eine wichtige Eigenheit der quantenphysikalischen Phänomene.

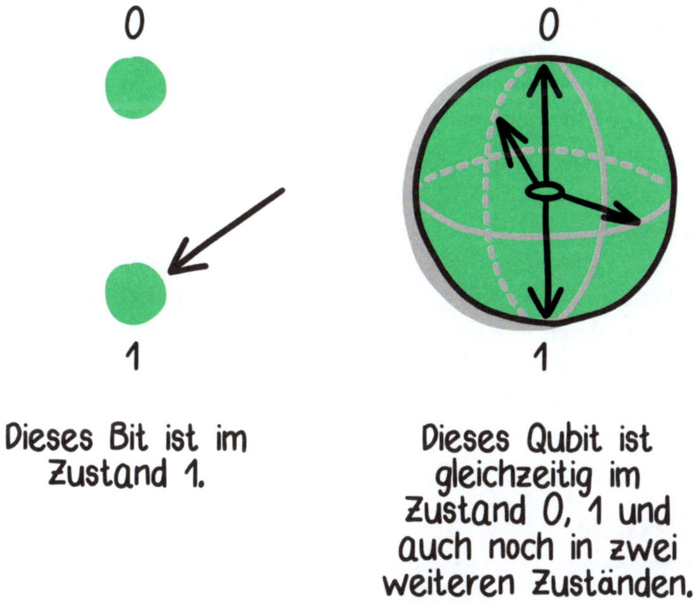

Bit versus Qubit nach *WDR* Quarks

Wolfgang Hildesheim erläuterte uns, dass diese Rechner völlig neue Einsatzmöglichkeiten haben könnten, da die Natur anders rechnen könne, als wir es bisher gemacht hätten. „Bisher müssen wir programmieren, um die Lösung zu finden. In einem Quantencomputer würde es so funktionieren, dass ich programmieren müsste, um die Frage zu stellen, und der Rechner würde innerhalb von sehr kurzer Zeit die Lösung finden. Hier nutzt man das Prinzip aus, dass die Quantenzustände immer energetisch günstig agieren." Damit könne man Dinge rechnen, die bisher nicht zu berechnen gewesen seien, da die Zahl der Kombinationen zu groß sei, wie zum Beispiel in der Logistik das Traveling-Salesman-Problem. Bei dieser Aufgabe solle berechnet werden, welche Strecke mehrere Lieferfahrzeuge mit vielen verschiedenen Paketen fahren sollten, um schnell und günstig auszuliefern. Die Kombinationsmöglichkeiten sind so groß, dass klassische Rechner dabei schnell an ihre Grenzen stießen. Auch im Bereich der künstlichen Intelligenz, auf den Finanzmärkten oder im Bereich Cyber Security, gerade wenn große Datenmengen und Kombinationen eine Rolle spielen, könnten Quantenrechner einen erheblichen Vorteil bieten. Besonders spannend wird aber der Bereich des Bioengineering, da in der Natur so große Informationsmengen und Kombinationsmöglichkeiten bestehen, dass verlässliche Modelle zum Beispiel für die Simulation von neuen Molekülen und Verbindungen möglich werden. Damit könnten Quantencomputer den Prozess der Herstellung neuer Materialien oder Wirkstoffe revolutionieren.[52]
Bisher sind die Quantencomputer so groß wie ein ganzer Raum, ähnlich wie die ersten Rechner in den 1950er-Jahren, und extrem empfindlich. „Ein Qubit ist empfindlicher als jedes Soufflé. Es reagiert auf den leisesten Umwelteinfluss. Schon der Stoß eines Luftmoleküls oder die Einstrahlung von Wärme kann aus dem Überlagerungszustand eines Quantenbits einen klassischen Zustand machen. Daher

schützen Forscher ihre Qubits aufwendig durch Vakuum, sehr tiefe Temperaturen und Abschirmungen. Dennoch halten Qubits ihren Überlagerungszustand meist nur Bruchteile von Sekunden. Ein Algorithmus, der Minuten andauert, kann so nicht zu Ende geführt werden."[53]

Das Potenzial dieser Technologie ist gewaltig, wenn wir uns verdeutlichen, wie viele Informationen durch die Qubits verarbeitet werden könnten. Auch wenn die Quantencomputer bisher noch in den Kinderschuhen stecken, so hätte ein Rechner, der mit nur 300 Qubits arbeitet, bereits Zugriff auf mehr Datenpunkte, als es Atome im uns bekannten Universum gibt.[54] Im Dezember 2020 berichteten chinesische Wissenschaftler:innen um Jian-Wei Pan im Wissenschaftsmagazin *Science* von der erfolgreichen Lösung eines mathematischen Problems. Der Quantencomputer benötigte dafür 200 Sekunden. Der beste chinesische Supercomputer würde für die Lösung dieser Aufgabe 2,5 Milliarden Jahre benötigen.[55]

DISRUPTION

„Wenn wir nicht das Ding erschaffen, das Facebook vernichtet, wird es jemand anderes tun."

Mark Zuckerberg, CEO von *Meta*

Insbesondere die Gründer der großen Tech Companies aus dem Silicon Valley scheinen eine fast paranoide Sicht auf ihre Geschäftsmodelle zu haben. Viele von ihnen haben mit ihren Unternehmen ganze Branchen – oder zumindest deren Geschäftsmodelle – erfolgreich angegriffen und wissen daher, wie schnell ganze Branchen unter Druck geraten können. Als das iPhone 2007 von Steve Jobs das erste Mal präsentiert wurde, erschien einige Monate später eine Ausgabe des *Forbes Magazins* mit dem damaligen *Nokia*-CEO Olli-Pekka Kallasvuo auf der Titelseite und der Headline: „*Nokia* – eine Milliarde Kunden. Kann jemand den Handy-König einholen?"[56] Nur wenig später wurde *Nokia* mit dem Erfolg von *Apples* iPhone und den Betriebssystemen iOS und *Googles* Android vom Thron gestoßen. Die Mobilfunksparte von *Nokia* wurde schließlich 2013 an *Microsoft* verkauft. Der Auf- und Abstieg von *Nokia* ist nur ein Beispiel für die Unternehmen, die den technologischen Fortschritt zwar sehen und auch einschätzen können, aber sich sehr schwertun, sich selbst zu kannibalisieren oder mit der plötzlichen Adaptionsgeschwindigkeit mitzuhalten. Der Technologie-YouTuber und Autor Dagogo Altraide hat zahlreiche Minidokumentationen solcher Fallbeispiele auf seinem *YouTube*-Kanal *ColdFusion* veröffentlicht. In vielen dieser Fälle sind es bestimmte Momente, in denen die Verantwortlichen im Unternehmen realisieren, dass ein Geschäftsmodell aufgrund von technologischem Fortschritt überholt ist.[57] Der österreichische Ökonom und Politologe Joseph Schumpeter bezeichnete dieses Phänomen schon 1942 als schöpferische Zerstörung. Seine Schriften erinnern uns daran, dass Disruption schon immer ein wesentlicher Teil der Marktwirtschaft war.[58]

Für die Arbeitswelt bedeutet das konkret, dass wir immer stärker gefordert sein werden, eine Einschätzung dazu abzugeben, wie unsere jeweilige Branche weitermachen kann oder wie unser Geschäftsmodell verändert werden muss, damit wir als Unternehmen überleben. Bernd Buchholz, der heute Minister für Wirtschaft, Verkehr, Arbeit, Technologie und Tourismus in Schleswig-Holstein ist, war bis 2012 Vorstandsvorsitzender von *Gruner + Jahr*. Er sprach mit uns darüber, wie schwierig es sei, sich selbst zu kannibalisieren. Das Internet habe das Geschäftsmodell der großen Verlagshäuser nicht nur auf den Kopf, sondern ganz infrage gestellt.[59] Das Unternehmen ist ebenso wie seine Wettbewerber seitdem dazu gezwungen, sich neu zu erfinden. Auch für Julia Jäkel, die nach Bernd Buchholz die Führung bei *Gruner + Jahr* für acht Jahre übernahm, war die Disruption der Verlagsbranche das beherrschende Thema. „Ich habe einen enormen Druck gespürt – von innen und von außen –, eine strategische Disruption zu betreiben."[60] Das Unternehmen steckt immer noch in diesem Prozess, das zeigt auch die im Sommer 2021 bekannt gewordene Übernahme durch die *RTL*-Gruppe. Es ist eine schwierige Gratwanderung, gleichzeitig etwas Erfolgreiches am Laufen zu halten und dennoch ausreichend Energie auf eine neue Karte zu setzen – ein Spagat, den viele Branchen, Unternehmen oder ganze Länder nicht schaffen. Benedikt Herles ist sich sicher, dass es die exponentielle Natur des Fortschritts ist, die den Umgang mit neuen Technologien so herausfordernd macht.[61] Ganz gleich, wie schnell sich die Welt verändert, wir können aufmerksame Beobachter:innen sein und eine offene Neugier für Dinge behalten, die uns im Alltag beeinflussen und die die Welt verändern könnten. Dafür gab uns Martin Wezowski, Chief-Designer und Futurist bei *SAP*, einen Hinweis: „Das nächste große Ding ist kein Ding, es ist eine Beziehung zwischen Dingen, die man noch nie zuvor gesehen hat und die zusammenkommen."[62]

ON THE WAY TO NEW WORK

„Technologie verändert den Status quo, indem sie einen oder mehrere der folgenden Gesichtspunkte verändert: das Prinzip eines Produkts, die Art, wie es gemacht ist, wie es verkauft wird, wer es verwendet, wie man es verwendet oder wie Menschen mit seiner Hilfe miteinander interagieren."

Mauro F. Guillén, Wirtschaftswissenschaftler und Soziologe

Technologie treibt Veränderung, sie ist im New-Work-Kontext ein Mittel, um Arbeit anders zu organisieren und zu transformieren. Einen Überblick und einen Zugang zu technologischen Entwicklungen zu haben und sich die Neugier zu bewahren, was Innovationen bewirken können, sind die Grundlage für qualifizierte Entscheidungen und eine realistische Einschätzung, welche Auswirkungen für das eigene Leben oder die eigene Arbeit zu erwarten sind.

- Die 3D-Druck-Technologie wird die Produktion dezentralisieren. Sie wird außerdem ressourcenschonender und nachhaltiger sein und kann sich besser am tatsächlichen Bedarf orientieren.
- Cloud Computing hat die IT bereits jetzt schon dahingehend demokratisiert, dass auch kleine Unternehmen Zugriff auf die neueste IT-Technologie bekommen und sich flexibler organisieren und damit Abläufe beschleunigen können. Es bleibt ein wichtiger Treiber für die Digitalisierung der Wirtschaft.
- Virtual, Augmented und Mixed Reality werden die Entwicklung gänzlich neuer Geschäftsmodelle ermöglichen, die über den Bereich Gaming weit hinausgehen.
- Künstliche Intelligenz wird uns überall umgeben und dabei helfen, in einer viel höheren Geschwindigkeit zu arbeiten, zu produzieren und etablierte Prozesse großer Unternehmen zu verändern und neu zu denken.
- Ähnliches gilt für den Einsatz von Robotik, der dazu beitragen wird, dass wir Menschen uns auf die Bereiche fokussieren können und müssen, die (noch) nicht technologisch substituierbar sind.
- Die Blockchain bietet die Chance, dass geistiges Kapital nicht mehr durch wenige Institutionen kontrolliert wird, sondern Transparenz und eine möglicherweise gerechtere Verteilung Einzug halten.
- Quantum Computing hat das Potenzial, noch nie dagewesene, komplexe Fragen zu lösen, zu deren Beantwortung aktuelle Rechner nicht in der Lage sind.
- Mithilfe unterschiedlicher Technologien werden sich Berufe, Geschäftsmodelle und ganze Branchen weiter verändern.

Technologie ist außerdem notwendig, um das Thema anzugehen, das sich zunehmend als die größte Herausforderung für unsere Gesellschaft herausstellt: die Rettung unseres Planeten.

22/ NACHHALTIGKEIT

„Kerninfos zum Klimawandel in nur 20 Worten:
1. Er ist real.
2. Wir sind die Ursache.
3. Er ist gefährlich.
4. Die Fachleute sind sich einig.
5. Wir können noch etwas tun."

Deutsches Klima-Konsortium

Sommer 2021 – während wir an diesem Buch schreiben, stehen nach starken Regenfällen große Teile Deutschlands unter Wasser, Menschen sterben, Existenzen werden zerstört. Das betrifft nicht nur Deutschland, sondern auch Belgien, die Niederlande, Luxemburg und China. Frankreich, die USA, Indien, der Oman und Neuseeland haben dieses Jahr Ähnliches hinter sich. In den US-Bundesstaaten Nevada und Oregon brennen die Wälder – und zwar so stark, dass die Rauchschwaden bis nach New York City reichen. In Russland und Kanada brennt es ebenfalls lichterloh, ebenso in Frankreich, Spanien, in der Türkei, in Griechenland und in Italien. Zeitgleich stehen wir kurz vor dem Start der Olympischen Spiele in Tokio. Ein Jahr zu spät und ohne Zuschauer:innen, weil die Corona Pandemie die Welt immer noch im Griff hat. Es gab Zeiten, da wäre dies vielleicht das Szenario eines dystopischen Kinofilms gewesen, mindestens aber die Zusammenfassung der schlimmsten Ereignisse eines Jahrzehnts. Dieses Jahr sind dies die Meldungen eines einzigen Tages.

Nachhaltigkeit hat soziale, wirtschaftliche und ökologische Dimensionen. Wir verstehen Nachhaltigkeit im Kontext dieses Kapitels primär als den verantwortungsbewussten Umgang mit den Ressourcen unserer Erde, sodass die Zukunft nachkommender Generationen nicht gefährdet wird. Für uns hat das viel mit New Work zu tun. New Work ist primär eine Haltung – zu sich selbst, zu anderen, der Gesellschaft und der Welt, in der wir leben. Wir sind Bestandteil eines größeren Ganzen und sollten jeden Ort, den wir betreten, mindestens genauso hinterlassen (oder besser), wie wir ihn vorgefunden haben. Was im Kleinen anfängt mit der Frage „Welchen Einfluss habe ich auf mich selbst, meine Familie, meine Kolleg:innen sowie die Menschen und Orte, die ich im Alltag besuche?", endet hier nicht. Trägt unser Handeln dazu bei, auch die Gesellschaft und die Welt zu einem guten und gesunden Ort zu machen? Wäre alles, was wir tun, immer noch in Ordnung, wenn alle es täten oder nehmen wir uns auf Kosten anderer Privilegien heraus? New Work soll Menschen stärken, Arbeit mit Sinn erfüllen und konstruktive Zusammenarbeit in einer komplexen Welt ermöglichen. Sie hilft dabei, nachhaltiges Wachstum zu fördern durch neue Ideen, Technologien und Geschäftsmodelle. Wir brauchen aber auch intelligente Ideen und die Energie und Kreativität vieler Menschen, um nicht nachhaltige Branchen erfolgreich umzubauen und gute politische Lösungen zu finden und voranzutreiben. Frithjof Bergmann wies bereits in den 1980er-Jahren auf die Verschwendung unserer natürlichen Ressourcen und die fortschreitende Zerstörung unseres Klimas hin.[1] Seine Vorstellung von New Work sollte eine Antwort auf diese Herausforderungen sein.[2]

Der Zustand unseres Planeten ist die größte Herausforderung unserer Zeit, die beinahe acht Milliarden Menschen betrifft. 1950 hatten wir gerade einmal ein Drittel der heutigen Erdbevölkerung. Im Zuge der Industrialisierung haben wir für unser Bevölkerungswachstum und unseren Wunsch nach Fortschritt die Ressourcen des Planeten viel stärker genutzt, als wir es hätten tun dürfen, Boden in Acker- und Bauland verwandelt und Wälder gerodet. Wenn es uns nicht gelingt, das Ruder nochmals in eine andere Richtung zu bewegen, werden wir uns nicht mehr lange damit beschäftigen müssen, wie neue Formen der Zusammenarbeit aussehen.

DIE ERDE STEHT KURZ VOR EINEM MULTIPLEN ORGANVERSAGEN

„Der Klimawandel ist die größte Bedrohung für unsere Existenz in unserer kurzen Geschichte auf diesem Planeten. Niemand wird sich von seinen Auswirkungen freikaufen können."

Mark Ruffalo, Schauspieler und Umweltschützer

Die Erde ist in einem schlechten Zustand, und dennoch: Im Alltag machen wir uns das nicht allzu oft bewusst, einmal davon abgesehen, dass nicht allen klar ist, wie es um den Planeten und damit unsere irdische Zukunft bestellt ist. Das Ablenkungspotenzial ist zu hoch, die Zusammenhänge sind komplex und die Wirtschaft hat ein großes Interesse daran, dass wir primär unserer Rolle als Konsument:innen gerecht werden. Große Wirtschaftszweige, denen es bisher gelungen ist, Kohlenstoffdioxid, Müll und Umweltschäden auf Kosten der Allgemeinheit zu produzieren, würden gern dabei bleiben und haben dank gut gefüllter Kassen zahlreiche Einflussmöglichkeiten. Hinzu kommt, dass für einige Menschen die Existenz des Klimawandels allen wissenschaftlichen Ergebnissen zum Trotz eine Glaubensfrage ist. Auch politisch scheint man besonders vorsichtig zu werden, wenn inhaltlich richtige und wichtige Entscheidungen dazu führen, dass Wirtschaft und Konsument:innen (endlich) die Kosten ihres Handelns tragen. Das Ergebnis sind langwierige Diskussionen und halbherzige Kompromisse. Doch es gibt auch einen Silberstreif am Horizont. Das Bundesverfassungsgericht hat am 29. April 2021 Teile des Klimaschutzgesetzes der Bundesregierung als verfassungswidrig erklärt, da sie gegen die Freiheitsrechte der jüngeren und künftigen Generationen verstoßen. In der Kritik stand, dass die Regelungen zur Einsparung von CO_2 bis 2030 vergleichsweise milde ausgefallen und danach nicht ausreichend seien mit der Folge, dass zukünftige Generationen die Konsequenzen daraus zu tragen hätten, indem sie sehr viel radikaler CO_2 reduzieren müssten, was eine überproportionale Einschränkung der Freiheit dieser Generationen bedeuten könne. Das Klimaschutzgesetz muss nun für die Zeit nach 2030 nachgebessert werden. Der Entscheidung des Bundesverfassungsgerichts kommt eine hohe Signalwirkung zu, da die Rechte der jüngeren Generation im Generationskonflikt Gehör fanden. Der erste Teil des 6. Weltklimaberichts, der am 9. August 2021 vorgestellt wurde, erhöht den Druck, denn die Lage sieht schlechter aus, als bisher gedacht, wenngleich wir das Schlimmste noch verhindern können, wenn jetzt entschieden vorgegangen wird. Es liegt an uns, was wir daraus machen. Bevor wir uns mit Ideen und möglichen Lösungen befassen, noch ein kurzer Überblick zur aktuellen Lage.

Der Klimawandel ist das größte Problem, das wir haben

„Wir haben keine Zeit, auf unseren Händen zu sitzen, während unser Planet verbrennt. Für junge Menschen ist der Klimawandel wichtiger als Wahlen oder Wiederwahlen. Es geht um Leben oder Tod."

Alexandria Ocasio-Cortez, US-Politikerin und Aktivistin

Durch die Emission von Kohlenstoffdioxid und anderen Treibhausgasen erhöht sich die durchschnittliche Temperatur auf der Erde, und zwar kontinuierlich, wie die Statistiken der letzten Jahrzehnte zeigen. CO_2 ist nicht per se schlecht, sondern ein wichtiger Bestandteil unserer Atmosphäre, der durch den natürlichen Treibhauseffekt dafür sorgt, dass wir auf der Erde leben können. Es entsteht beim Atmen, durch die Zersetzung pflanzlicher und tierischer Überreste, Waldbrände oder Vulkanausbrüche. Die Natur sorgt für eine gleichbleibende Konzentration, indem sie CO_2 wieder zersetzt, beispielsweise durch die Fotosynthese von Pflanzen und Zersetzungsprozesse an der Meeresoberfläche. Wir haben diesen Kreislauf aus der Balance gebracht, indem wir fossile Brennstoffe wie Kohle, Erdöl und Erdgas in einem Ausmaß aus dem Boden holen und zur Energiegewinnung einsetzen, dass das entstandene CO_2 nicht mehr durch natürliche Prozesse zersetzt werden kann. Das sorgt dafür, dass der Treibhauseffekt zunimmt und sich die Erde kontinuierlich erwärmt.

Das zweitwichtigste Treibhausgas ist Methan. Es ist ungefähr 25-mal klimawirksamer als Kohlenstoffdioxid, allerdings ist weniger davon in der Erdatmosphäre enthalten. Methan entsteht, wenn organisches Material ohne Sauerstoff zersetzt wird, zum Beispiel in Feuchtgebieten wie den Tropen, Sümpfen und Mooren sowie den Mägen von Wiederkäuern. Auch Erdgas besteht überwiegend aus Methan. Die Konzentration in der Erdatmosphäre würde ebenfalls über natürliche Abbauprozesse konstant gehalten, wäre da nicht der Mensch, der dieses Gleichgewicht erfolgreich aus dem Ruder gebracht hat. Hauptursache für den Anstieg der Methankonzentration sind die Massentierhaltung, die Förderung von Erdgas[3] und Erdöl sowie das Methan, das auf Mülldeponien und Reisfeldern entsteht.

Die Erderwärmung wird im Vergleich zur mittleren Temperatur der vorindustriellen Zeit von 1850 bis 1900 gemessen. Seither hat sich die mittlere Temperatur global um 1,1 Grad Celsius erhöht; in Deutschland liegt die Erhöhung schon bei 1,6 Grad. Das Ziel des Pariser Klimaabkommens von 2015 besteht darin, den globalen Temperaturanstieg auf unter zwei Grad, möglichst auf 1,5 Grad, zu begrenzen. Der neue Weltklimabericht, der von über 230 Expert:innen aus 66 Ländern erstellt wurde, zeigt nun auf, dass die 1,5-Grad-Schwelle wahrscheinlich schon in den frühen 2030er-Jahren erreicht sein wird. Das wäre zehn Jahre früher als 2015 in Paris angenommen. Dabei würde es nicht bleiben: Wir steuern derzeit auf eine Erwärmung von drei Grad Celsius bis 2100 zu.[4]

Warum haben ein paar Grad so einen zerstörerischen Einfluss auf unsere Erde? Es handelt sich um einen komplexen und von unterschiedlichen Wechselwirkungen geprägten Zusammenhang, über den wir in den letzten zehn Jahren sehr viel gelernt haben. Starten wir bei der Arktis. Diese erwärmt sich erheblich schneller als der Rest der Erde, was dazu führt, dass der Temperaturunterschied zwischen der Arktis und den mittleren Breitengraden immer geringer wird. Dadurch wird der polare Jetstream, ein Starkwind, der in etwa zehn Kilometern Höhe rund um den Globus weht, deutlich schwächer und mäandriert stärker. Polarluft dringt in Bereiche, in die sie vorher nicht gedrungen ist. Gleichzeitig gelangt warme Luft viel weiter in den Norden, was das Abschmelzen der Polkappen beschleunigt. Forscher:innen gehen davon aus, dass der schwächere Jetstream dazu führt, dass Wetterlagen stabiler werden, als sie es bisher waren. In manchen Regionen kommt es zu deutlich längeren Hitzeperioden, was Dürren und Brände zur Folge hat. In anderen Regionen regnet es viel länger und intensiver, wodurch Hochwasser und Überschwemmungen in bisher nicht gekanntem Ausmaß entstehen.

Aufgrund des weltweiten Temperaturanstiegs trocknen die Böden und die Vegetation weiter aus und es brennt noch häufiger und stärker. Dabei wird genau der Wald vernichtet, den wir so dringend brauchen, um der Luft CO_2 zu entziehen und um Menschen, Pflanzen und Tierarten einen Lebensraum zu bieten. Die zunehmende Erderwärmung erhöht auch die Verdunstung über den Meeren. Hieraus entstehen extreme Wolkenbrüche, die zu Überflutungen führen, die wir früher als Jahrhundertkatastrophe bezeichnet hätten. Heute können sie mehrfach jährlich und in unterschiedlichen Teilen der Erde gleichzeitig beobachtet werden. In Deutschland wähnten wir uns in Bezug auf Extremwetter und Naturkatastrophen lange in Sicherheit. Das ist jetzt vorbei. Aufgrund der lang andauernden Hitzeperiode im Sommer 2018 gehörten wir in dem Jahr zu den drei am stärksten von Extremwettern betroffenen Ländern der Welt.[5] Die Dürre forderte mehr als 1.000 Todesopfer, trieb viele Landwirte in Deutschland an den Rand ihrer Existenz und der Ernteausfall wurde auf 3 Milliarden Euro beziffert. Die Kosten des Hochwassers im Sommer 2021 werden diesen Wert um ein Vielfaches übertreffen.

Extremwetterlagen sind nicht die einzigen Klimafolgen. Die Erderwärmung führt dazu, dass große Teile der kontinentalen Eisschilde in Grönland und der Antarktis abtauen, was zu einem kontinuierlichen Anstieg des Meeresspiegels führt. Einem Sonderbericht des Weltklimarats zufolge ist der mittlere Meeresspiegel im

20. Jahrhundert um 16 Zentimeter gestiegen.[6] Bei einer Erderwärmung von zwei Grad Celsius zwischen 2031 und 2050 wird er im 21. Jahrhundert 61 bis 110 Zentimeter steigen. Wenn die Erderwärmung zwischen 2031 und 2050 1,6 Grad beträgt, ist immer noch mit weiteren 29 bis 59 Zentimetern zu rechnen. Zehn Prozent der Weltbevölkerung leben in niedrig gelegenen Küstenregionen, davon die meisten in Asien, West- und Ost-Afrika. Sturmfluten, Wirbelstürme und extreme Regenfälle werden die Menschen dort ebenso aus ihrem Lebensraum verdrängen wie Hitzewellen, Brände und Dürren andernorts. Es ist mit Hunderttausenden Menschen zu rechnen, die vor dem Klima flüchten müssen.

Wissenschaftler:innen vermuten, dass wir es mit unterschiedlichen Rückkopplungseffekten zu tun haben, die den Klimawandel sogar ganz ohne unser Zutun weiter verstärken. Grüne Oberflächen in den Polargebieten sorgen dafür, dass das Sonnenlicht nicht mehr in gewohntem Maße von Schnee und Eis reflektiert wird, wodurch die Temperatur weiter ansteigt. Hinzu kommt die Permafrost-Kohlenstoff-Rückkopplung. In den Permafrostböden der Arktis befinden sich große Mengen an gefrorenem organischem Material. Es handelt sich um Tier- und Pflanzenreste. Beim Auftauen der Böden werden diese von Mikroben zersetzt, wodurch CO_2 und Methan entstehen. Welche Mengen der Gase sich hierdurch entwickeln können, ist nicht gesichert. Wissenschaftler:innen des Alfred-Wegener-Instituts schätzen, dass es doppelt so viel CO_2 und Methan sein könnte, wie sich derzeit bereits in der Erdatmosphäre befindet.[7] Die Rückkopplungseffekte führen zu Kipppunkten, bei deren Erreichen Veränderungen angestoßen werden, die wir weder aufhalten, geschweige denn rückgängig machen können. Es gibt mehrere Systeme, die Kipppunkte haben. Hierzu gehören beispielsweise neben den auftauenden Permafrostböden, die Bindung von Kohlenstoffdioxid in den Meeren, Eisschilde auf Grönland und in der Westantarktis, der Amazonas-Regenwald und das Golfstromsystem. Da die Systeme zusammenhängen, kann das Erreichen eines einzigen Kipppunkts auch andere Systeme destabilisieren und einen Dominoeffekt auslösen.[8] Wir können derzeit nicht ausschließen, dass einige der Kipppunkte bereits jetzt erreicht sind oder bei geringer zusätzlicher Erwärmung im Begriff sind zu kippen. Die Wahrscheinlichkeit wird noch als gering eingeschätzt. Was jedoch klar ist: Bei höherer Erwärmung steigt die Wahrscheinlichkeit dramatisch an. Es könnte also sein, dass wir noch weniger Zeit haben, die Erderwärmung einzudämmen, als wir annehmen.

Selbst der Klimawandel, den wir bereits angestoßen haben, sollte ausreichen, um uns in den nächsten Jahrzehnten beschäftigt zu halten. Da Klima ein träges System ist, sind die Gletscherschmelze und das weitere Auftauen der Permafrostböden bereits „beschlossene Sache". Die Meeresspiegel werden weiter steigen und Extremwetterereignisse werden stattfinden. Damit wir viele dieser Entwicklungen in einem Bereich stoppen können, in dem wir noch mit den Nebenwirkungen umgehen können, müssen wir alles daransetzen, die Erderwärmung auf 1,5 Grad Celsius zu begrenzen. Dass das noch möglich ist, darüber herrscht Einigkeit. Es erfordert allerdings ein schnelles und kompromissloses Eingreifen – dazu später mehr.

Die weiteren Folgen unseres Handelns

„Das größte Dilemma ist, dass der Mensch sich von der Natur entfremdet, aber die Natur braucht den Menschen nicht, der Mensch braucht die Natur."

Kevin Luhn, Biologe und Erlebnispädagoge

Der Klimawandel ist eine Nebenwirkung unseres Lebensstils. Auch wenn es unterschiedliche Ansichten darüber gibt, wo und wie das Problem zu lösen ist, zweifelt niemand (mit gesundem Menschenverstand) daran, dass unser Konsum einen großen Einfluss auf die Umwelt hat. Wir leben in einer Wegwerfgesellschaft. Produkte und Kleidung werden so produziert, dass ihr Lebenszyklus bewusst kurz gehalten wird, um Nachkäufe anzuregen. Gemeinsam mit tonnenweise Verpackungsabfall entstehen jährlich rund zwei Milliarden Tonnen Müll weltweit. Für 2050 wird ein Anstieg um weitere 70 Prozent prognostiziert. Die Folge ist nicht nur der vermehrte CO_2- und Methan-Ausstoß auf Mülldeponien. Auf den Weltmeeren treiben bereits fünf gigantisch große Müllstrudel, die zu 99 Prozent aus Plastik bestehen. Zwei davon befinden sich im Pazifik, zwei im Atlantik und einer im Indischen Ozean. Der bislang größte Müllteppich befindet sich im Pazifik und ist Schätzungen zufolge 1.600.000 Quadratkilometer groß – 4,5-mal so groß wie Deutschland. Der Müll stammt zu 20 Prozent von Schiffen und Plattformen; der Rest stammt vom Land, insbesondere vom asiatischen Kontinent. Es ist allerdings auch unser Müll. Industrienationen exportieren große Teile ihres Plastikmülls nach Südostasien. Die Folgen für die Umwelt sind vielfältig: Fische, Schildkröten, Meeressäuger, Seevögel, Korallen und viele andere Tiere sterben elendig daran, weil sie sich im Müll verheddern, den Müll fressen oder sich das Mikroplastik Stück für Stück in ihrem Organismus ablagert. Die im Plastik enthaltenen Schadstoffe zerstören darüber hinaus das ökologische Gleichgewicht im Meer, was sich negativ auf die Artenvielfalt und CO_2-Absorption auswirkt.

Weitere Folgen unseres Konsums sind der Raubbau an Ressourcen. Untersuchungen des *WWF (World Wide Fund for Nature)* kommen zu dem Schluss, dass ein Sechstel aller in der Europäischen Union gehandelten Lebensmittel zur Abholzung des Regenwaldes beiträgt.[9] Die Flächen werden für die Fleisch-, Papier- und Möbelindustrie benötigt sowie zum Anbau von Zuckerrohr, Kaffee, Kakao, Soja und Palmöl. Die Aluminium-, Gold- und Kupfer-Gewinnung geht ebenfalls auf Kosten des Waldes. Pro Minute verschwindet Regenwald in der Größe von mehr als 30 Fußballfeldern.[10] Hinzu kommen die Überfischung der Meere aufgrund des Fischkonsums der Industrienationen sowie die Überdüngung landwirtschaftlich genutzter Flächen. Der Boden ist die wichtigste Ressource, die wir haben, um die Menschheit mit Nahrung und Trinkwasser zu versorgen und Kohlenstoff in der Erde zu speichern. Der weltweite Anstieg der Nachfrage nach Futtermitteln, Nahrung und Agrartreibstoffen führt zur Übernutzung und Auslaugung der Böden sowie zum Einsatz von Pestiziden, die das ökologische Gleichgewicht stören. Dadurch geht auch die Wasserspeicherfähigkeit des Bodens zurück, wodurch die Gebiete anfälliger für Überflutungen werden. Die Verwüstung des Bodens verschärft Armut,

Nahrungsmittel- und Trinkwasserknappheit in den betroffenen Gebieten. Jedes Jahr gehen zehn Millionen Hektar Ackerland verloren.[11] Der Verlust fruchtbaren Bodens nimmt Tieren und Pflanzen den Lebensraum sowie Menschen die Existenzgrundlage. Bis sich der Boden regeneriert hat, dauert es Hunderte bis Tausende Jahre.

Klimawandel, Umweltverschmutzung, Waldrodung und Waldbrände, Überfischung, Städtebau, Pestizide, andere Störungen des ökologischen Gleichgewichts und Bodenübernutzung tragen zum Aussterben zahlreicher Arten bei. Der Weltbiodiversitätsrat legte 2019 eine umfassende Analyse über das Artensterben vor, nach der eine Million Pflanzen- und Tierarten vom Aussterben bedroht sind und das Artensterben zehn- bis 100-mal höher ist als in den letzten zehn Millionen Jahren.[12] Expert:innen schätzen, dass täglich ungefähr 150 Pflanzen- und Tierarten von der Erde verschwinden.

SIND WIR NOCH ZU RETTEN? DYSTOPIE UND UTOPIE LIEGEN NAH BEIEINANDER

> „Ich werfe der Bewegung nur vor, zu parolenhaft zu sein. Wir können den Klimawandel nur stoppen, wir können Energieprobleme nur lösen, wenn wir selbstverantwortlich handeln. Dass uns das jetzt alles auf den Kopf fällt, ist klar."
>
> Wolf Lotter, Journalist und Autor bei *brand eins*

Die Klimaschutzbewegung hat lange mit Dystopie-Beschreibungen für Aufmerksamkeit geworben, und das zu Recht. Düstere Szenarien führen allerdings bei vielen Menschen dazu, dass sie sich daran gewöhnen und abschalten, um Komplexität zu reduzieren, denn das Leben hält ja oft schon genug individuelle Herausforderungen bereit. Hinzu kommt ein Gefühl von Ohnmacht. Der Feind ist viel zu groß. Gibt es noch eine Chance? Vielleicht sogar eine Utopie, in der wir die aktuellen Herausforderungen überwunden haben und es schaffen, uns wieder in das Ökosystem einzufügen, anstatt es weiter aus dem Gleichgewicht zu bringen? Ja, die gibt es. Wir können es noch schaffen, die Erderwärmung auf ein erträgliches Maß zu begrenzen, und damit eine Katastrophe verhindern. Wir können der Natur Lebensräume zurückgeben und die Artenvielfalt wieder erhöhen. Um uns wieder an die Erde anzupassen und mit der Natur zu arbeiten statt gegen sie, braucht es

- jede:n Einzelne:n von uns, und zwar als politisches Wesen und als Entscheider:in über unser ökonomisches und soziales Handeln,
- die Wissenschaften, die weiterhin innovative Technologien entwickeln,
- Start-ups, die darauf aufbauend Geschäftsmodelle identifizieren,
- Investor:innen, die in nachhaltiges Wirtschaften investieren,
- große Unternehmen, die Technologien skalieren, existierendes Wirtschaften klimaneutral machen und zeigen, dass nachhaltiges Wachstum möglich ist, und
- die Politik, die als Katalysator wirkt und auch unpopuläre, radikale Entscheidungen trifft, damit wir dann erkennen können, dass das alles gar nicht so radikal ist.

ERSTER TEIL DER LÖSUNG: DER ATMOSPHÄRE KOHLENSTOFFDIOXID ENTZIEHEN

„Verzicht allein kann und wird nicht die Lösung sein. Nur eine Kraft kann uns befreien: Technologie. Ausschließlich Wissenschaft und Innovation ermöglichen nachhaltiges Wachstum trotz begrenzter Ressourcen. Start-ups werden bei der Bewältigung der Mission helfen."

Benedikt Herles, Unternehmensberater und Autor

Der Weltklimarat IPCC ermittelte zuletzt 2018 das noch zur Verfügung stehende CO_2-Budget für mehrere Szenarien. Um das Ziel von 1,5 Grad maximaler Erderwärmung zu erreichen, lag dieses Ende 2017 im wahrscheinlichsten Szenario bei 420 Gigatonnen CO_2.[13] Die CO_2-Uhr des Mercator Research Institute on Global Commons and Climate Change (MCC) kommt auf Basis des aktuellen CO_2-Ausstoßes Ende 2021 auf ein Restbudget von rund 320 Gigatonnen und berechnet auf dieser Grundlage, wie viel Zeit uns noch bleibt, bis es aufgebraucht ist. Im 1,5-Grad-Szenario schätzt das MCC rund 7,5 Jahre.

Die Technologie haben wir – jetzt müssen wir sie nur noch einsetzen

„Angesichts einer drohenden Zuspitzung ökologischer Krisen stehen wir vor drei absehbaren Optionen. Die erste liegt in der Radikalisierung einer Umkehrbewegung, die die Rettung in der freiwilligen oder erzwungenen Schrumpfung von Produktion und Konsum sucht, in Verzicht und Verbot. Ihr Gegenpol ist ein trotziges ‚Weiter so', die Verlängerung des fossilen Industrialismus bis zum Kollaps. Die dritte Möglichkeit liegt in einer neuen Synthese zwischen Natur und Technik."

Ralf Fücks, Politiker

Wir verfügen mittlerweile über eine große Anzahl an Technologien und Verfahren, mit denen Kohlenstoffdioxid wieder aus der Atmosphäre entfernt werden kann. Das Züricher Unternehmen *Climeworks* hat beispielsweise Luftfilter entwickelt, die der Umgebung CO_2 entziehen und Sauerstoff produzieren. Das abgeschiedene Kohlenstoffdioxid wird unterirdisch gelagert, wo es im Verbund mit Basalt durch Mineralisierung versteinert. Eine weitere Option ist, das eingefangene CO_2 aus der Luft auch in Treibhäusern einzusetzen, die mit der Abwärme der Anlage betrieben werden. Mit 300.000 solcher Anlagen ließen sich schätzungsweise ein Prozent des Kohlenstoffdioxids aus der Atmosphäre filtern. Algen stellen ebenfalls eine vielversprechende Möglichkeit dar. Sie filtern nicht nur CO_2, sondern auch Schadstoffe aus dem Wasser und tragen damit zur Reinigung der Meere bei. Die dänische Biologin

Marianne Holmer überraschte mit der Erkenntnis, dass ein Hektar Seegras so viel CO_2 binden könne, wie zehn Hektar Wald.[14] Algen wachsen schnell und brauchen wenig Pflege. Aufgrund ihres hohen Nährstoffgehalts eignen sie sich außerdem als Nahrungsmittel. Wissenschaftler:innen experimentieren mit der Fotosynthese von Algen im urbanen Raum. Das britische Unternehmen *Arborea* hat beispielsweise die Technologie „BioSolar Leaf" entwickelt, die die Funktionsweise eines echten Blatts nachahmt und dafür Algen nutzt. Aufgebracht auf Paneele, die wie Solaranlagen an Gebäuden oder Dächern angebracht sind, entziehen die Algen der Luft so bis zu 100-mal schneller CO_2 als in der Natur vorkommende Pflanzen. Die Algen können (und sollen) sogar geerntet werden und für proteinreiche, gesunde und saubere Nahrung sorgen. Bekannt wurde der Gründer und CEO von *Arborea*, Julian Melchiorri, durch einen aus Mikroalgen bestehenden Kronleuchter, der im Londoner Victoria and Albert Museum die Luft reinigt. Das kanadische Unternehmen *CarbiCrete* aus Montreal stellt Beton mit negativer CO_2-Bilanz her. Traditioneller Beton ist dagegen für beinahe acht Prozent aller CO_2-Emissionen weltweit verantwortlich.[15] Der Wissenschaftler Daniel Nocera und sein Team an der Universität Harvard haben ein künstliches Blatt entwickelt, das mit Bakterien funktioniert und dessen Fotosyntheseleistung zehnmal höher ist als die eines echten Blatts. Das Blatt wandelt CO_2 in Biomasse und Alkohole um, die als Kraftstoff genutzt werden können.

Um die Skalierbarkeit dieser Technologien zu erreichen, braucht es gute Partnerschaften, die Öffentlichkeit und die Politik, die diese Lösungen übergangsweise subventionieren, um sie möglichst schnell massentauglich zu machen. Ähnlich wie Solarpaneele, die anfangs noch unwirtschaftlich waren, können viele dieser Technologien bei ausreichend großer Nachfrage schnell wirtschaftlich betrieben werden und so außerdem für Ertrag und Arbeitsplätze sorgen.

Das ökologische Gleichgewicht wiederherstellen

> „Das eine führt zum anderen. Die Abholzung führt zum Klimawandel, der wiederum zum Verlust von Ökosystemen führt, was sich negativ auf unsere Lebensgrundlage auswirkt – es ist ein Teufelskreis."
>
> Gisele Bündchen, Model und UN-Botschafterin des guten Willens

Technologie hilft uns auch dabei, regenerative Prozesse zu beschleunigen und Flächen, die wir bisher zur Herstellung von Nahrung benötigt haben, wieder an die Natur zurückzugeben. Böden müssen wieder gesunden, Wälder wachsen sowie Luft und Wasser wieder gereinigt werden.

Benedikt Bösel hat einen außergewöhnlichen Lebenslauf: vom Investmentbanker über den Venture Capitalist für nachhaltige Ernährung zum Bewirtschafter des elterlichen Bauernhofs mit trockenen Böden und wenig Niederschlag. Benedikt kämpft mit seinem Team auf 1.000 Hektar für eine bessere Welt. Angefangen hatte er als Biobauer mit nachhaltiger Landwirtschaft. „Ich habe 200 PS gegen 200 KS

(Kuhstärken) getauscht", fasst er seinen damaligen Entschluss im Zuge der Finanzkrise zusammen. Benedikt ist Geschäftsführer vom *Schlossgut Alt Madlitz*. Das ist ein ökologischer Land- und Forstwirtschaftsbetrieb, der etwa eine Stunde östlich von Berlin liegt. Er ist außerdem Vorsitzender von *AgTech*, einer Plattform des *Bundesverbands Deutsche Startups e. V.* Er berät Ministerien, Verbände, Investor:innen und Gründer:innen im Bereich der Agrar-Innovation sowie bei der Entwicklung ländlicher Räume. Wie viele andere Bäuerinnen und Bauern in Deutschland kämpft er mit trockenem Sandboden und wenig Niederschlag. Anstatt nur an den Symptomen anzusetzen, beschäftigt er sich mit der Frage, wie es zu schaffen ist, den Boden wieder gesunden zu lassen und seine Wasser- sowie CO_2-Speicherfähigkeit zu erhöhen. Benedikt hat sich auf die Suche nach innovativen Lösungen begeben und Vordenker:innen in Australien, Japan, Südafrika, Nordamerika und Brasilien kennengelernt. Er arbeitet gemeinsam mit seinem Team an Landnutzungskonzepten, um die Abwärtsspirale aus schlechter Bodenqualität und Übernutzung zu durchbrechen. Gleichzeitig kämpft er dagegen, dass landwirtschaftliche Betriebe zum Sündenbock gemacht werden, denn sie sind nicht der Feind, sondern auch nur Bestandteil eines nicht (mehr) funktionierenden Systems. Die meisten von ihnen sind überschuldet oder kämpfen um ihr Überleben. „Die Bedingungen sind schwierig und wenn wir etwas erreichen wollen, sollten wir uns fragen, wie wir Landwirt:innen unterstützen können." Es brauche Hilfestellungen, Anregungen und Kapital, um gemeinsam einen Paradigmenwechsel durchzuführen.[16]

Biokohle kann beispielsweise dazu beitragen, die Bodenqualität zu erhöhen und der Atmosphäre CO_2 zu entziehen. Sie entsteht durch das Erhitzen von Biomasse unter Ausschluss von Sauerstoff (Pyrolyse) und kann aus Biomasse wie Bioabfällen, Grünabschnitten, Gülle oder Klärschlamm hergestellt werden. Mit Biokohle kann der darin enthaltene Kohlenstoff wieder in die Natur gebracht werden, ohne dass dieser in absehbarer Zeit durch Zersetzungsprozesse zu Kohlenstoffdioxid wird, mit positiven Effekten auf die Bodenqualität, denn Biokohle trägt auch zur Verbesserung des Nährstoff- und Wassergehalts von Böden bei. Einer Beispielrechnung des Deutschen Instituts für Wirtschaftsforschung zufolge könnten durch den Einsatz von Biokohle in der deutschen Landwirtschaft ungefähr 1,3 Prozent des für 2030 angestrebten Treibhausgasreduktionsziels erreicht werden.[17] Das Potenzial in tropischen und subtropischen Gebieten wird aufgrund der höheren Verfügbarkeit von Biomasse als deutlich höher eingeschätzt.

„Vertical Farming" ist eine Option, um bei gleichem Ertrag weniger fruchtbaren Boden zu beanspruchen und ressourcenschonender zu wirtschaften. Die Treibhäuser, die in die Höhe gebaut werden, sind sehr platzsparend, verbrauchen bis zu 95 Prozent weniger Wasser, ermöglichen ein Vielfaches des Ertrags auf sehr kleinen Flächen und lassen sich auch in Metropolen unterbringen. Dass sich dahinter auch ein spannendes Geschäftsmodell befindet, zeigt sich an den Investoren. Das Berliner Vertical-Farming-Start-up *Infarm* erhielt beispielsweise 2021 in einer Finanzierungsrunde einen dreistelligen Millionenbetrag.[18]

Was unsere Wälder angeht, so haben wir im Zuge unseres Wachstums „ganze Arbeit" geleistet. Mehr als die Hälfte des Regenwaldes ist abgeholzt, um das Holz zu verkaufen oder Platz für Rinderfarmen, Ölpalmen, Kaffee, Soja und andere Produkte zu schaffen. Der Verlust des Regenwaldes hat in großem Ausmaß zum Klimawandel und zum Artensterben beigetragen. Wer die Bilder von den zwischen verkohlten Baumstümpfen umherstreunenden Tieren kennt, kann sie nicht mehr vergessen. Wir müssen sofort mit der Waldrodung aufhören und der Wiederaufforstung beginnen. Costa Rica ist ein Musterbeispiel hierfür. Vor 100 Jahren waren mehr als 75 Prozent der Fläche von Costa Rica mit Regenwäldern bedeckt. Auch hier vergriff sich der Mensch an der Natur und zerstörte den Wald, bis dieser nur noch ein Drittel seiner ursprünglichen Fläche betrug. Die Politik griff Ende des letzten Jahrtausends ein. Sie versprach finanzielle Unterstützung, wenn Landwirt:innen Wald schützten und wieder aufforsteten. Finanziert wurde dies durch Kredite, ausländische Investitionen und durch die Besteuerung fossiler Brennstoffe. Nach 25 Jahren bedecken die Regenwälder heute wieder mehr als die Hälfte des Landes und Zehntausende Arbeitsplätze sind durch die Maßnahmen entstanden. Dieses Beispiel zeigt, wofür wir auch die Politik brauchen und wie politische Maßnahmen wirken können. Das heißt aber nicht, dass wir den Prozess nicht noch beschleunigen können. Der Telekommunikationsanbieter *Verizon* hat sich beispielsweise zum Ziel gesetzt, das Klima zu unterstützen, indem er bis 2030 20 Millionen Bäume in Gebieten pflanzt, in denen sie am dringendsten benötigt werden. Wie bereits beschrieben trägt jedes sechste Produkt im Supermarkt dazu bei, die Regenwälder zu zerstören. Hier kann jede:r Einzelne von uns etwas beitragen.

Wir müssen auch das Meer schützen. Die größten Probleme sind Überfischung und Verschmutzung. Überfischung gefährdet nicht nur die natürlichen Fischbestände, sondern trägt durch Beifang zum Tod von Seevögeln, Walen, Delphinen, Haien und Meeresschildkröten bei. Sie zerstört den Meeresgrund und den Lebensraum zahlreicher Meeresbewohner. Das Artensterben wirkt sich wiederum negativ auf die CO_2-Aufnahmekapazität der Meere aus. Auch hier gibt es Ansätze, um dem zu begegnen. Der Inselstaat Palau hat es vorgemacht, indem er 2015 das bis dahin größte Meeresschutzgebiet geschaffen hat. Seitdem haben sich Fischbestände und Riffe wieder erholt, ohne dass dies Nachteile für die heimische Wirtschaft hatte. Man schätzt, dass ungefähr ein Drittel der Meere unter Schutz gestellt werden müssten, damit sich diese wieder in ausreichendem Maße renaturieren könnten. Die Vereinten Nationen verhandeln über entsprechende Abkommen. 2020 ist Deutschland der „Global Ocean Alliance“ beigetreten, einer internationalen Initiative, die sich zum Ziel gesetzt hat, 30 Prozent der Ozeane unter Schutz zu stellen und die für nachhaltige Bewirtschaftung des Meeres eintritt. Fangquoten, ein schärferes Verfolgen illegaler Fischerei sowie Verbote für den Handel mit bestimmten Fischarten oder Produkten, wie zum Beispiel Haifischflossen, sind zwar nicht neu, aber wichtige Maßnahmen, die zu ergreifen und zu intensivieren sind. Darüber hinaus müssen nachhaltige Fangmethoden stärker subventioniert werden, wie etwa Flexnetze, die unerwünschten Beifang verringern und den Meeresboden schützen. Innovativ geht es auch beim Start-up *ECF Farm Berlin* zu, das 2021 den deutschen Nachhaltigkeitspreis für seine kombinierten Basilikum- und Barschfarmen erhielt. Das Prinzip nennt sich Aquaponik. Das sind vertikale Unterwasserfarmen, in denen Fischzucht und Gemüseanbau miteinander kombiniert werden, wodurch ein fast emissionsfreier Kreislauf entsteht, in dem der Fisch die Pflanzen düngt. Dies spart Wasser, CO_2 und Dünger.

Boyan Slat war 2015 der bisher jüngste Empfänger der höchsten Umweltauszeichnung der Vereinten Nationen. Als „Champion of the Earth“ wurde er ebenfalls 2015 von König Harald von Norwegen mit dem „Young Entrepreneur Award“ der maritimen Industrie ausgezeichnet und 2017 von *Reader's Digest* zum Europäer des Jahres gewählt.[19] Der 1994 geborene Kroate gründete mit 18 Jahren das Unternehmen *The Ocean Cleanup*, das als das bisher größte und ambitionierteste Projekt gilt, um die Ozeane von Plastik zu befreien. Die gemeinnützige Organisation hat eine Technologie entwickelt, mit der die riesigen Müllflächen, die auf unseren Ozeanen treiben, Stück für Stück abgetragen werden. Schiffe fahren auf das Meer und errichten dort eine Barriere, mit der der Müll eingefangen und regelmäßig abtransportiert wird. Das Plastik wird recycelt und wiederverwendet. Boyan und sein Team glauben daran, mit der Technologie 90 Prozent der Müllflächen entfernen zu können – vorausgesetzt sie erhalten genug Unterstützung.[20]

ZWEITER TEIL DER LÖSUNG: KLIMANEUTRALITÄT ERREICHEN

> „Jeder von uns kann über seine Kaufentscheidungen einen unglaublichen Einfluss auf das System haben. Wenn du dreimal am Tag einkaufen gehst, dann kannst du dreimal am Tag entscheiden, welche Welt du willst.“
>
> Benedikt Bösel, Agrarökonom und Gründer und CEO von *Gut&Bösel*

Auch wenn wir der Atmosphäre CO_2 wieder entziehen können, reicht dies nicht aus, um das Kohlenstoffdioxid zu kompensieren, das bei der Verbrennung fossiler Brennstoffe entsteht. Wir müssen daher auf regenerative Energien zurückgreifen, von denen uns die Natur mehr als genug überlässt.

100 Prozent Nutzung regenerativer Energien

> „Unsere Abhängigkeit von fossilen Brennstoffen kommt einer globalen Pyromanie gleich, und der einzige Feuerlöscher, der uns zur Verfügung steht, sind erneuerbare Energien.”
>
> Hermann Scheer, Politiker

Coen van Oostrom ist Gründer und CEO des Immobilienunternehmens *Edge Technologies*. Das Headquarter des Unternehmens *The Edge* in Amsterdam ist nicht nur von seiner Konzeption her beeindruckend, weshalb wir es bereits im Kapitel

„Räume" erwähnten, sondern es produziert auch mehr Energie, als es verbraucht – womit wir bereits beim Kern des Unternehmens sind: Es hat sich auf ökologisch intelligente und CO_2-neutrale Bürogebäude spezialisiert, die den Menschen und seine Bedürfnisse in den Mittelpunkt rücken, Inspiration bieten und gesundes Arbeiten ermöglichen. Die Geschichte von *Edge Technologies* und seinem gegenwärtigen Geschäftsmodell beginnt damit, dass das Unternehmen mit der Entwicklung des neuen Hauptgebäudes des Transportdienstleisters *TNT* einen Wettbewerb gewann. Der CEO war ein großer Fan des amerikanischen Ex-Vize-Präsidenten Al Gore, den er zu einem Treffen einlud; Coen van Oostrom war ebenfalls dabei. Al Gore, der sich intensiv für Klimaschutz engagiert, teilte eine Information, die ihm bis dahin neu war: Gebäude sind die größten Umweltverschmutzer. 40 Prozent der globalen CO_2-Emissionen stammen aus dem Gebäudesektor. Für Coen war das die entscheidende Information, um sein Geschäftsmodell inhaltlich und wirtschaftlich neu zu denken. Das erste Projekt nach der Neuausrichtung, *The Edge* in Amsterdam, wurde sofort zur Metapher für moderne Gebäude. *Edge Technologies* ist heute Vorreiter und einer der innovativsten und erfolgreichsten Entwickler für Hightech-Bürogebäude in Europa. Coen ist zuversichtlich, was die Entwicklung in der Branche angeht. Vor 25 Jahren sei es nur ums Geld gegangen; heute gehe es aus seiner Sicht auch um Nachhaltigkeit. Neue technologische Möglichkeiten in der Branche hätten für Disruption gesorgt und neue Talente angezogen. Es gibt für ihn noch zwei Herausforderungen: Wir haben es noch mit jeder Menge alter Gebäude zu tun, die ebenfalls klimaneutral werden müssen. Da das Eigentum breit gestreut ist, ist dies allerdings ein langwieriger und zäher Prozess, sofern die Politik nicht eingreift. Diese lädt jedoch immer noch die traditionellen, großen Player der Branche zum Gespräch ein und nicht die jungen, innovativen Immobilienunternehmen.[21]

Philipp Pausder hilft dabei, sowohl Bestands- als auch neue Immobilien klimafreundlicher zu gestalten. Der Ex-Basketballprofi, Ex-Adidas-Manager und Ex-Unternehmensberater ist heute Clean-Tech-Gründer mit seiner Firma *Thermondo*. Das Unternehmen mit der wohl kürzesten Unternehmensvision der Welt („Kleiner zwei Grad") ist der größte Heizungsinstallateur Deutschlands. Philipp geht fest davon aus, dass in zehn Jahren jedes Haus Fotovoltaik hat und vor fast jeder Tür ein Elektroauto steht. Um diese Reise zu begleiten, möchten er und sein Team die Kümmerer sein. „Wir sind richtige Nerds hier", beschreibt Philipp sich und sein Team. *Thermondo* begleitet seine Kund:innen im Gesamtprozess des Umstiegs auf klimafreundliche Wärme und Energie – von der Fördermittelbeschaffung, inklusive der Abwicklung mit der KfW[22], und der Abstimmung mit allen beteiligten Gewerken. Dabei verbindet das Unternehmen Handwerk mit intelligenten Algorithmen, um die Beratung und Abwicklung so effizient und intelligent wie möglich zu gestalten.[23]

Der Umstieg auf regenerative Energieressourcen sollte also das geringste Problem sein. Im Jahr 2020 wurden rund 20 Prozent des Energiebedarfs für Verkehr, Wärme und Strom in Deutschland aus erneuerbaren Energien gedeckt, der größte Anteil aus Biomasse, danach folgten Wind- und Solarenergie. Der Anteil von Strom aus erneuerbaren Energiequellen soll bis 2030 auf 65 Prozent ansteigen. Machbarkeit ist also nicht mehr der Punkt. Vielmehr geht es darum, die Energiewende weiter voranzutreiben. Um dies zu schaffen, brauchen wir den kompletten Ausstieg aus der Verwendung fossiler Brennstoffe. Das bedeutet, Kohlekraftwerke schon bis 2030 statt wie geplant 2038 abzustellen sowie Verbrennungsmotoren zu verbieten, so wie es die EU im Rahmen des sogenannten *Grünen Deals* vorschlägt.[24]

Transformation unserer Wirtschaft

„Wir haben die Fähigkeit, eine bemerkenswert andere Wirtschaft zu schaffen: eine, die Ökosysteme wiederherstellen und die Umwelt schützen kann und gleichzeitig Innovation, Wohlstand, sinnvolle Arbeit und echte Sicherheit hervorbringt."

Paul Hawken, Umweltschützer und Autor

Das Ziel der Klimaneutralität lässt sich nicht allein durch erneuerbare Energien erreichen, sondern nur durch eine tiefgreifende Transformation unserer Wirtschaft. So müssen beispielsweise die Bau-, Stahl-, Automobil- und Chemieindustrie mit neuen Produktionsverfahren arbeiten. Auch in der Abfallwirtschaft, der Landwirtschaft sowie im Energie- und Mobilitätsbereich braucht es umfassende Transformationsprogramme. Die werden wir nicht durch Ziele, Steuern und Subventionen bewerkstelligen. Maßnahmen müssen konkreter sein und in die einzelnen Branchen eingreifen, um Klimaneutralität bis 2045 zu erreichen. Natürlich sind Industrie- und Arbeitnehmer:innen-Verbände davon nicht immer begeistert. Je früher allerdings Klarheit existiert, was passieren muss, und wir mit dem Umbau beginnen, desto sozialverträglicher kann die ohnehin unausweichliche Transformation stattfinden, die wir als Weichenstellung für ein gesundes Wachstum der Zukunft sehen, denn Nachhaltigkeit und Wirtschaftswachstum stehen nicht im Widerspruch. „Wachstum zu verdammen, ist einer der größten Fehler, den die Umweltbewegung heute macht. Wir müssen aufpassen, dass wir kein ressourcenverschwendendes, vergeudendes Wachstum haben. Wir müssen anfangen, dass wir ein intellektuelles Wachstum haben", fordert der Journalist und Autor Wolf Lotter.[25]

Einige Unternehmen gehen diesen Weg bereits. *Amazon* gründete 2019 gemeinsam mit *Global Optimism* den Climate Pledge, dem sich bereits über 110 Unternehmen angeschlossen haben, darunter Konzerne wie *Mercedes Benz, Unilever, Verizon, Henkel* und *Microsoft*. Alle Unternehmen, die unterzeichnet haben, versprechen, bis 2040 vollständig klimaneutral zu wirtschaften. Die unterzeichnenden Firmen steigen beispielsweise auf regenerative Energien um wie *Amazon*, das inzwischen der weltweit größte Unternehmenskäufer erneuerbarer Energien ist. Sie pflanzen Bäume wie *Verizon*, fördern nachhaltige Landwirtschaft wie der Fleischproduzent *Cranswick*, der alle Farmen bis 2030 klimaneutral aufstellen will, steigen auf Elektromobilität um oder investieren große Summen Geld in den Schutz von Landschaft, Wäldern und Meeren wie *Unilever*, die für diesen Zweck einen Fonds in Höhe von 1 Milliarde US-Dollar aufgesetzt haben.[26] Die unterzeichnenden Unternehmen berichten regelmäßig über den Stand ihrer Treibhausgasemissionen und haben sich außerdem bereit erklärt, bis 2040 alle verbleibenden Emissionen durch zusätzliche Kompensationen zu neutralisieren, um einen CO_2-Fußabdruck von null zu erreichen. Die EU hat nachgezogen und im Rahmen des *Grünen Deals* die Initiative *Green Consumption Pledge* ins Leben gerufen. Auch hier geht es um die Selbstverpflichtung von Unternehmen, CO_2 zu reduzieren, das Klima zu schützen und Transparenz über die Maßnahmen sowie die CO_2-Bilanz herzustellen. Zu den unterzeichnenden Unternehmen gehören unter anderem *Lego, L'Oreal, Decathlon, Philipps* und *H&M*. Aus unserer Sicht ist das mehr als Greenwashing. Es geht darum, dass Unternehmen, die ihr Wachstum nicht nachhaltig begonnen haben, sich nun aktiv am Klimaschutz beteiligen und ihr Wachstum nachhaltig fortsetzen.[27]

Auch wir Mitarbeitenden in den Unternehmen können einiges tun. Dienstwagen können zumindest Elektrofahrzeuge sein oder, wenn möglich, gleich durch eine Bahncard 100 ersetzt werden. Auf Inlandsflüge kann jede:r verzichten und dass die meisten Dienstreisen ins Ausland gar nicht notwendig sind, haben wir inzwischen auch gelernt. Vor der Corona-Pandemie sind wir viel zu schnell und zu oft in den Flieger gestiegen. Der Umstieg auf Ökostrom sollte für jedes Unternehmen eine Selbstverständlichkeit sein, mit etwas Beratung lässt sich der CO_2-Ausstoß von Gebäuden deutlich senken. Viele Unternehmen sind gerade dabei, neue Bürokonzepte einzuführen, um hybrides Arbeiten zu ermöglichen – ein guter Zeitpunkt dafür, auch die Klimawirkung der Büros ins Blickfeld zu rücken. Nullemissionen bekommen die wenigsten Unternehmen hin, aber auch dafür gibt es Lösungen. Unternehmen wie *Climeworks* bieten Programme an, mit denen Einzelpersonen und Unternehmen ihren CO_2-Ausstoß kompensieren können. Das Geld wird in den Betrieb von Anlagen investiert, die der Atmosphäre Kohlenstoffdioxid entziehen.

Jede:r von uns ist Teil der Lösung

> „An alle, die jeden Tag wegschauen, weil sie mehr Angst vor den Veränderungen haben, die einen katastrophalen Klimawandel verhindern können, als vor dem katastrophalen Klimawandel selbst. Euer Schweigen ist das Schlimmste von allem."
>
> Greta Thunberg, Aktivistin und Gründerin von *Fridays for Future*

Wirtschaft und Konsum gehen Hand in Hand. Insofern macht es keinen Sinn, sämtliche Verantwortung nur auf die Industrie abzuschieben, ohne nicht auch die eigenen Konsum- und Verhaltensmuster in den Fokus zu rücken. Die weltweite Tierhaltung verursacht 14,5 Prozent der Treibhausgasemissionen und gehört damit zu den wesentlichen Einflussfaktoren für die Erderwärmung.[28] Schränken wir den Konsum tierischer Produkte ein, sparen wir nicht nur viel CO_2, sondern auch enorm viel Wasser. „Für ein Pfund rotes Fleisch kann man sechs Monate lang duschen“, haben wir von Eva Keretic gelernt, die sich mit den Folgen unseres Konsums auseinandergesetzt hat.[29] Der Markt an Ersatzprodukten wird immer größer und besser. So ist zum Beispiel der Unterschied eines sehr guten veganen Burgers zu einem aus Fleisch kaum noch zu schmecken. Auch seine Ökobilanz kann sich sehen lassen: Während ein Kilogramm Rindfleisch 35 Kilo CO_2 verursacht, sind es bei der gleichen Menge Fleischersatz aus Pflanzen nur elf Kilogramm CO_2.[30] Die Produktion von Rindfleisch benötigt außerdem bis zu 17-mal mehr Land. Die Tatsache, dass der Fleisch- und Wurstproduzent *Rügenwalder Mühle* inzwischen mehr vegetarische und vegane Ersatzprodukte als Fleischprodukte verkauft, zeigt, dass diese Produkte in der Mitte der Gesellschaft angekommen sind. Trotzdem ist der Fleischkonsum in den letzten Jahrzehnten massiv angestiegen, auch durch den Preisverfall für industriell hergestelltes Fleisch, mit negativen Konsequenzen für Gesundheit und Lebensqualität. Es geht jedoch nicht darum, Fleisch und tierische Produkte zu verbieten, wir müssen weniger und nachhaltiger konsumieren.

Klimaschonende Ernährung wird in der Zukunft auch mit Fleisch möglich sein. „Cultivated Meat“, also Fleisch aus der Petrischale, wird ein großer Markt werden. Die Produkte imitieren nicht die Eigenschaften von Fleisch mithilfe von Pflanzen. Stattdessen wird Fleisch anhand kleiner Proben von Tierzellen im Labor gezüchtet. Die Unternehmensberatung *McKinsey & Company* schätzt das Marktvolumen bis 2030 auf 25 Milliarden US-Dollar.[31] Die Konzernmutter des Geflügelfabrikanten *Wiesenhof* investierte trotz eigener veganer Sparte in *Beyond Meat*, einen der führenden US- amerikanischen Hersteller veganer Fleischprodukte, und in das Start-up *Super Meat*, das an der Herstellung von Fleisch aus Zellkulturen arbeitet. Spätestens beim Investieren reichen sich also schon New und Old Economy die Hände. Die Politik kann und muss die Entwicklung natürlich weiter unterstützen, etwa indem sie Massentierhaltung ein Ende setzt, Anreize für die klimaneutrale Lebensmittelproduktion sowie Unterstützung beim Umbau bietet und nachhaltige Ernährung zur günstigsten Alternative macht. In Lyon wurde zum Beispiel in die Speisepläne der Schulen eingegriffen und Fleisch aus der Kantine verbannt – natürlich brach daraufhin Streit aus; beim Essen verstehen die Französinnen und Franzosen bekanntlich wenig Spaß.[32]

Ein weiterer wesentlicher Punkt ist unser Mobilitätsverhalten. Ein Langstreckenflug verursacht pro Person rund fünf Tonnen CO_2. Das ist genauso viel wie der weltweite Pro-Kopf-Durchschnitt im Jahr und die Hälfte des Pro-Kopf-Jahresverbrauchs in Deutschland, der bei ungefähr elf Tonnen CO_2 liegt. Wer grundsätzlich die Bahn nimmt, statt mit dem Auto oder Flugzeug zu reisen (und auf Ausflüge ins Weltall verzichtet), spart sehr viel CO_2 ein. Aufgrund staatlicher Förderungen war bereits jede siebte Neuzulassung 2020 ein Elektro- oder Hybridauto. Damit hat sich die Zahl innerhalb eines Jahres verdreifacht. Die Ökobilanz von Elektroautos steht wegen der Batterie immer noch in der Kritik, da seltene Rohstoffe, sehr viel Wasser und Arbeit, die unter fragwürdigen Bedingungen stattfindet, eingesetzt werden, um diese herzustellen. Der Zukunftsmarkt lässt allerdings vermuten, dass Fortschritte in der Herstellung und Wiederverwertung der Batterien gemacht werden und es weitere Alternativen zum Elektroantrieb geben wird.

Was Klimaaktivist:innen zu Recht nervt, ist, wenn der Eindruck entsteht, der Klimawandel könne allein mit verändertem Konsumverhalten aufgehalten werden. Es braucht Politik und Wirtschaft, um Veränderungen in dem Ausmaß anzugehen, wie wir es benötigen. Das macht unsere Konsumentscheidungen aber dennoch nicht irrelevant, denn ohne persönliche Veränderung wird es auch nicht funktionieren. Zu diesem Anspruch räumt der Biologe und Erlebnispädagoge Kevin Luhn ein: „Es geht nicht darum, dass zehn Leute irgendetwas perfekt machen, sondern dass es ein kollektives Bewusstsein gibt und dass zehn Millionen Leute Dinge ‚imperfekt' machen und darauf achten, wo die Stellschrauben sind."[33]

DRITTER TEIL DER LÖSUNG: DIE KRITISCHE MASSE

„Wir fahren da auf die Wand zu und trotzdem sind wir einfach noch viel zu wenige, die sich dem wirklich gestellt haben und die sagen: ‚Wir müssen das Rad jetzt drehen.'"

Frédéric Laloux, Autor und Umweltaktivist

Die Erderwärmung lässt sich in den nächsten 20 bis 30 Jahren noch auf 1,5 Grad gegenüber der vorindustriellen Zeit begrenzen, wofür sofortige und massive Eingrenzungen des CO_2-Ausstoßes erforderlich sind. Dafür muss Klimaschutz Alltag werden. Politik und Wirtschaft reagieren auf Druck von außen. Was *Fridays for Future*[34] in den letzten drei Jahren erreicht hat, ist auch das Ergebnis von fast zwei Millionen individuellen Entscheidungen. Nachdem die Streiks für das Klima anfänglich belächelt worden waren, formulierte Angela Merkel bei der Eröffnung des UN-Klimagipfels am 23. September 2019 in New York: „Wir alle haben den Weckruf der Jugend gehört." „Die Fridays-for-Future-Generation ist in eine Welt reingeboren, in der schon klar war, dass die Welt nicht so super dasteht. Die haben deutlich mehr einen Plan, als wir es damals hatten", fasst es Benedikt Bösel zusammen.[35]

Frédéric Laloux hat mit seinem Bestseller *Reinventing Organizations*, in dem es darum geht, Zusammenarbeit sinnstiftend zu gestalten, ein Standardwerk geschrieben. Die meisten Menschen wären sicher bei dieser Autorenkarriere geblieben und hätten noch mehr zum Thema geschrieben. Warum Frédéric dieses Kapitel für sich abschloss, erzählte er uns im Podcast.[36] Es begann mit einem Umzug von Belgien in ein Ökodorf in den USA. Eineinhalb Jahre später bekamen Frédéric und seine Frau Besuch von Freunden, die sich intensiv mit der Veränderung des Klimas auseinandergesetzt hatten. Beide hatten erstmals das Gefühl, wirklich zu verstehen: „Wir dachten, wir hätten uns schon mit dem Thema befasst, aber eigentlich schauten wir immer noch weg. Jedes Mal, wenn wir einen Artikel lasen, wie schlecht es in den nächsten 10, 20 oder 30 Jahren sein könnte, lasen wir die ersten Zeilen und hörten dann wieder auf und legten den Artikel zur Seite, nach dem Motto ‚das will ich mir nicht antun'. Wir lebten zwar im Ökodorf, waren aber eigentlich noch in der Verleugnung.“ Daraus entstand das Projekt *The Week* mit dem Ziel, mehr als zehn Millionen Menschen in den USA und Europa zu erreichen, um eine gemeinsame Einsicht über den Zustand der Erde zu schaffen, aber auch, um Stolz und Anerkennung darin zu finden, sich dem zu stellen und sich zu engagieren. Fakten reichen nicht, um wirklich etwas zu verändern. Die Erkenntnis muss tiefer gehen. *The Week* lädt die Menschen auf eine intensive dreitägige Reise ein. Die Teilnehmer:innen kommen dreimal zusammen und befassen sich intensiv mit der aktuellen Lage. An Tag eins geht es darum, wie es im Jahr 2050 aussehen wird, wenn wir nichts verändern. Am zweiten Tag bewegt die Teilnehmenden die Frage, wie es so weit kommen konnte, und am dritten Tag befasst sich die Gruppe mit Lösungen und mit Menschen, die sich bereits aktiv für den Klimaschutz einsetzen. Es geht darum, dass jede:r Einzelne für sich einen Weg findet, sich in die Bewegung einzubringen. Die Gruppe wird im Anschluss weitere zwei bis sechs Monate begleitet. Das Angebot von *The Week* richtet sich auch an Unternehmen. Der Sportartikelhersteller *Decathlon* interessiert sich beispielsweise dafür, wie er das Programm für seine 100.000 Mitarbeiter:innen nutzen kann. Frédéric und seinem Team geht es nicht um düstere Weltuntergangsszenarien, ganz im Gegenteil. „Wir haben die Technologien, wir haben die politischen Agenden, die es braucht, und wir können Gelder freisetzen. Was noch fehlt, ist die kritische Masse – die breite öffentliche Unterstützung durch jede:n Einzelnen.“[37]

Geschichten wie diese zeigen, dass persönliches Engagement der wichtigste Hebel ist, mit einer Wirkung, die weit über persönliche Konsumentscheidungen hinausgeht. Wir können unsere Stimme einsetzen, indem wir unser Wissen erweitern, über Nachhaltigkeit und neue Möglichkeiten sprechen und uns im Rahmen unseres Alltags und Wirkungsbereichs dafür eintreten.

ON THE WAY TO NEW WORK

„Seien Sie offen für scheinbar verrückte Ideen zur Bekämpfung des Klimawandels.“

Bill Gates, Unternehmer und Philanthrop

Der Zustand unserer Erde ist kritisch, denn wir haben den Klima-, Umwelt- und Naturschutz in den letzten Jahrzehnten sträflich vernachlässigt und im Zuge der Industrialisierung viel zerstört.

- Das Meeres- und Gletschereis ist seit Mitte der 1990er-Jahre bis 2017 um 28 Billionen Tonnen geschrumpft. Am 29. Juli 2021 schmolz an einem einzigen Tag so viel Eis in Grönland, dass man den gesamten US-Bundesstaat Florida fünf Zentimeter hoch mit Wasser hätte abdecken können.
- Die Hälfte des Regenwaldes ist zerstört. 90 Prozent der kommerziell genutzten Fischbestände sind überfischt, auf den Weltmeeren drehen sich fünf gigantische

Müllstrudel und die Folgen der Erderwärmung in Form von Extremwetterlagen und dem Anstieg des Meeresspiegels lassen sich nicht mehr übersehen.

- Wir stehen damit vor den größten ökologischen Herausforderungen der Menschheit. Niemals war die Lage so dramatisch wie heute.
- Das können wir nur gemeinsam lösen. Dafür brauchen wir die Energie und Kreativität vieler Menschen, um weitere Ideen und Technologien zu entwickeln, politisch gute Lösungen zu finden und Branchen erfolgreich umzubauen.
- Wir können den Klimawandel noch aufhalten, indem wir uns verändern, klimaneutral wirtschaften und wachsen, der Atmosphäre CO_2 entziehen und der Natur Lebensräume zurückgeben. Die Chancen waren dank Innovation und Technologie sowie dem Wissen über die Zusammenhänge noch nie so gut.
- Der flächendeckende Umstieg auf regenerative Energien, die Wiederaufforstung von Costa Rica, internationale Vereinbarungen zum Schutz des Klimas und andere Beispiele lassen hoffen.
- Wir müssen schnell und beherzt handeln, wir alle, gemeinsam mit Wissenschaft, Wirtschaft und Politik. Klimaschutz geht uns alle an.

Die vielen positiven Beispiele, neuen Technologien und Gespräche zeigen, dass aus einer Dystopie wieder eine Utopie werden kann. Manchmal ist es der Glaube an Utopien, der uns dazu bewegt, das Richtige zu tun.

23/ UTOPIEN

„Für ein paar Jahre oder sogar Dekaden haben wir noch eine Wahl. Wenn wir uns anstrengen, können wir immer noch erforschen, wer wir wirklich sind. Aber wenn wir diese Chance nutzen wollen, sollten wir das jetzt tun."

Yuval Noah Harari, Historiker und Autor

Die Leser:innen des israelischen Historikers Yuval Noah Harari werden sich an seine dystopischen Gedanken erinnern, an denen er uns in *Homo Deus – eine Geschichte von Morgen* und in *21 Lektionen für das 21. Jahrhundert* teilhaben lässt. Der Mensch, so kann man seinen Ansatz zusammenfassen, hat in den letzten Jahrzehnten die Themen Hunger, Krankheit und Krieg weitestgehend überwunden und strebt nun nach Unsterblichkeit, immerwährendem Glück und Göttlichkeit. Dafür sind ihm viele Mittel recht. Die möglichen Szenarien, die uns Harari für unsere Zukunft aufzeigt, sind überwiegend nicht attraktiv, aber er hat zur Auseinandersetzung mit der Zukunft der Spezies Mensch die richtigen Fragen gestellt.[1] Rutger Bregman sieht die Welt weitaus positiver als Harari. In *Utopien für Realisten* proklamiert er eine Rückkehr der Utopie und in *Im Grunde gut* entwirft er ein Menschenbild, dass seine Leser:innen deutlich hoffnungsfroher entlässt, als es Harari tut.[2]

WIR BRAUCHEN UTOPIEN

„Es sind ja nicht nur der Klimawandel, das Plastik in den Weltmeeren, der brennende Regenwald oder die Massentierhaltung. Da sind auch die explodierenden Mieten in den Städten, die wild gewordenen Finanzmärkte, der immer größer werdende Graben zwischen Arm und Reich, zunehmende Burn-out-Zahlen und die unüberschaubaren Folgen der Gentechnik und der Digitalisierung. Längst hat sich ein Gefühl von Zeitenwechsel in unsere Wahrnehmung von der Welt eingeschlichen. Unsere Gegenwart wirkt zerbrechlich, während unsere Zukunft unaufhaltsam auf jene Szenarien zuzulaufen scheint, die wir aus Weltuntergangsfilmen kennen."

Maja Göpel, Ökonomin und Autorin

Aufgrund der ersten Begegnung mit Frithjof Bergmann hat sich New Work für Christoph und Michael zu einem Thema entwickelt, das ihren Berufs- und Lebensweg verändern sollte. Das Feedback auf den Podcast #100 war überwältigend. Viele Hörer:innen berichteten, dass sie die fast drei Stunden lange Episode bis zum Ende und teilweise sogar mehrfach gehört hatten. Frithjof bat uns eindringlich, dabei zu helfen, den Begriff „Neue Arbeit" vom Modebegriff „New Work" abzugrenzen. „In welcher Welt wollen wir leben? Jetzt kommt es auf uns an." lautete sein Appell, denn für Frithjof war New Work eine Utopie, für die er sich nahezu sein gesamtes Leben lang eingesetzt hatte.[3]

Schon in den 1980er-Jahren des letzten Jahrhunderts erkannte er die Notwendigkeit, dass unsere Gesellschaft Antworten auf die großen, sich immer deutlicher abzeichnenden Herausforderungen der Menschheit entwickeln musste. Er nannte sie die „vier Tsunamis". Frithjof betrachtete sie über die Jahre mit zunehmender Sorge:

1. die sich immer weiter öffnende Schere zwischen obszönem Reichtum und schrecklicher Armut,
2. die Verschwendung unserer natürlichen Ressourcen,
3. die fortschreitende Zerstörung unseres Klimas und
4. die Zerstörung unserer Kultur.

Der Philosoph sah ihre Ursachen vor allem in einer fehlgeleiteten Vorstellung, wofür der Begriff Arbeit steht. Die Fixierung auf immerwährendes Wachstum, dessen Auswüchse durch die Automatisierung, die Globalisierung und eine weltweit zu beobachtende Migration von Menschen aus ländlichen Gebieten in Großstädte, teilweise begleitet von der Entstehung von Slums, hat seiner Ansicht nach dazu geführt, dass die Menschen immer mehr der Arbeit dienen, statt andersherum. Die von ihm gegründete New-Work-Bewegung war von der utopischen Vorstellung getrieben, dass Menschen, die durch ihre Arbeit gestärkt werden, in der Lage sein würden, sich den vier Tsunamis entgegenzustellen, um sie gemeinsam zu besiegen.[4]

Gut 40 Jahre später haben sich die Befürchtungen von Frithjof Bergmann weiter verschärft. Hinter uns liegt ein Sommer, der auch die letzten Zweifler nachdenklich stimmen dürfte. Extreme Dürre und Waldbrände in ungekanntem Ausmaß auf der einen und Überschwemmungen auf der anderen Seite treffen uns zu einer Zeit, in der die ganze Welt sich vor allem mit der Bekämpfung der Corona-Pandemie beschäftigt.

Der niederländische Historiker und Journalist Rutger Bregman war 28 Jahre alt, als er sein Buch *Utopien für Realisten* veröffentlichte. Sein eindringlicher Appell darin lautet: „Wir müssen es wagen, das Unmögliche zu denken, denn nur so finden wir Lösungen für die Probleme unserer Zeit."[5] In Deutschland sind es Menschen wie die Ökonomin Maja Göpel und der Philosoph und Publizist Richard David Precht, die dem Thema Utopie mit ihrem Wirken Raum geben. Für Maja Göpel steht vor der Utopie die Bewusstmachung der Regeln, nach denen wir unser Wirtschaftssystem aufgebaut haben. „Erst wenn wir sie erkennen, können wir sie auch verändern – und unsere Freiheit zurückgewinnen."[6] Bei Richard David Precht löst die Welt, in der wir leben, Schauder aus. Er beschreibt sie als doppelt paradox: „Weithin sichtbar baut sie Hierarchien ab – und vertieft gleichwohl die Ungleichheit! Und je mehr Freiheit sie uns vor dem Spiegel verspricht, umso mehr nimmt sie uns auf der Rückseite."

Er geht so weit, dass er aktuell die Werte der Aufklärung gefährdet sieht und stellt all denen, die sich mit Utopien beschäftigen, die Frage, wie diese Werte angesichts der aktuellen Herausforderungen gerettet werden könne.[7]

MENSCHEN SIND IM GRUNDE GUT

„Erst seit einigen Jahren kommen Wissenschaftler aus völlig unterschiedlichen Disziplinen zu dem Schluss, dass unser düsteres Menschenbild reif für eine vollständige Überarbeitung ist."

Rutger Bregman, Autor, Aktivist und Historiker

Die Chancen, die wir aktuell sehen, begründen wir vor allem mit einem grundsätzlich positiven Menschenbild. Der niederländische Historiker Rutger Bregman bietet einen aktuellen und umfassenden Beitrag zu dieser Sichtweise. Er liefert anhand zahlreicher Beispiele und Studien konkrete Indikatoren dafür, dass viele unserer bisherigen Annahmen falsch waren. Er zeigt unter anderem, dass der 1951 erschienene Roman *Herr der Fliegen* wahrscheinlich zu Unrecht mit einem Nobelpreis für Literatur ausgezeichnet wurde. Die Begründung des schwedischen Komitees – ob seiner vordergründig so realistischen Darstellung des Zustands der damaligen Welt – erscheint vor dem Hintergrund der Recherchearbeit von Bregman geradezu grotesk. Bregman beschreibt, wie traurig ihn die Geschichte als Kind machte. Zunächst hinterfragte er das dort gezeichnete Menschenbild nicht. Als er aber das Buch Jahre später noch einmal las, wuchsen die Zweifel und er begann, sich mit der Biografie von William Golding zu beschäftigen. Kurz: ein schlimmer Typ. Er war ein depressiver Alkoholiker, der seine Kinder schlug und Verständnis für den Nationalsozialismus hatte. Ganz im Gegensatz zu der frei erfundenen Geschichte von Golding über die überlebenden Jungen eines Flugzeugabsturzes, die sich auf einer einsamen Insel barbarisch verhielten und von denen drei am Ende die dramatischen Ereignisse nicht überlebten, recherchierte Bregman eine wahre Geschichte über einen vergleichbaren Vorfall:

1966 fand der australische Kapitän Peter Warner eine Gruppe von Jugendlichen aus einem britischen Internat aus Nuku'alofa, der Hauptstadt von Tonga, die 1965 Schiffbruch erlitten hatten. Die sechs Jungen im Alter zwischen 13 und 16 waren aus Langeweile mit einem „geliehenen" Boot aufgebrochen, um die rund 1.000 Kilometer entfernte Inselgruppe Fidschi oder sogar Neuseeland zu erreichen. Im Gegensatz zu der Story im Roman hielten die Jungen auch in schwierigsten Situationen zusammen. Um auf der eigentlich als unbewohnbar geltenden Felseninsel Ata überleben zu können, etablierten sie verschiedene Formen der Zusammenarbeit, Rituale und ein Verfahren, wie sie mit Konflikten umgingen. Sie bauten sich unter anderem ein Musikinstrument, einen Hühnerstall und einen Sportbereich. Es gelang ihnen, ein Feuer zu entzünden, das über ein Jahr nicht ausging. Sie überstanden Stürme, einen gescheiterten Versuch, die Insel zu verlassen, und sie hielten auch dann zusammen, als sich einer von ihnen das Bein brach. Als sie am 11. September 1966 von Kapitän Warner gerettet wurden, befanden sich alle in körperlicher Topform und auch das Bein von Stephen war perfekt verheilt. Bregman fasst es für uns so zusammen: „Der echte ‚Herr der Fliegen' ist eine Geschichte über Freundschaft und Loyalität, eine Geschichte, die zeigt, wie viel wir ertragen können, wenn wir einander vertrauen."[8]

Bregman führt Belege aus zahlreichen Wissenschaftsbereichen auf. So berichtet er von dem Sozialpsychologen Tom Postmes aus Groningen, der seinen Student:innen seit Jahren immer wieder dieselbe Aufgabe stellt. Bei der Notlandung eines Flugzeugs, das in Teile zerbricht, sammelt sich schnell Rauch, sodass die Insass:innen es schnellstmöglich verlassen müssen. Tom Postmes beschreibt seinen Student:innen zwei Szenarien, er nennt sie Planet A und Planet B. Auf Planet A fragen sich die Menschen gegenseitig, ob es ihnen gut geht. Hilfsbedürftige werden vorgelassen und Menschen sind bereit, ihr Leben auch für fremde Menschen einzusetzen. Währenddessen kämpfen die Menschen auf Planet B für sich allein. Es bricht die totale Panik aus und einige Menschen treten und schubsen. Sie trampeln über Menschen mit Behinderung, ältere Menschen und sogar Kinder hinweg. Auf die Frage, welcher Planet die Erde ist, antworten circa 97 Prozent mit „B", aber tatsächlich, so Postmes, leben wir auf Planet A. Ganz gleich, ob es die Tatsache ist, dass die überwältigende Mehrheit der Soldaten, die in einem Kriegseinsatz waren, niemals eine Waffe abfeuerte, oder die kritische Auseinandersetzung mit diversen psychologischen Studien, die nur durch erhebliche Manipulation und die Ausübung von Druck auf die beteiligten Proband:innen die wohl gewünschten Nachweise erbrachten, Rutger Bregman stützt seine These durch unzählige Gegenbeispiele: der Mensch ist im Grunde gut.[9]

Auch heute gehen noch viele Führungskräfte davon aus, dass die meisten Menschen faul und schwach seien und „Kommando und Kontrolle" der einzige Weg sei, um sie zu guten Leistungen zu bringen. Douglas McGregor entwickelte in den 1960er-Jahren des letzten Jahrhunderts zwei gegensätzliche Bilder darüber, wie Menschen funktionieren. Er nannte sie Theorie X und Theorie Y. Innerhalb der Theorie X wird davon ausgegangen, dass Menschen grundsätzlich unwillig seien, faul und ohne natürlichen Antrieb, einer Arbeit nachzugehen. Sie müssten zur Arbeit gezwungen werden und bräuchten eine starke Steuerung und Kontrolle. Anreizmechanismen und Strafen seien notwendige Mittel der Führung. Menschen scheuten die Übernahme von Verantwortung und bräuchten konkrete Arbeitsanweisungen. Darüber hinaus würden sie sich in der Regel der Mehrheit anpassen. Die Theorie Y folgt einem völlig anderen Menschenbild. Demnach seien Menschen grundsätzlich intrinsisch motiviert und leistungsorientiert. Arbeit sei für sie eine Quelle der Zufriedenheit und sie suchten durch sie Sinn und Selbstverwirklichung. Die Theorie Y geht davon aus, dass Menschen grundsätzlich engagiert und eigeninitiativ seien. Daher übernähmen sie gern Verantwortung, seien kreativ, selbstständig in ihrem Denken und daran interessiert, besser zu werden.[10]

Wo wir uns innerhalb des von Theorie X und Y aufgespannten Kontinuums befinden, hat maßgeblichen Einfluss darauf, wie unser Führungsstil ist. Die Annahmen der Theorie X entsprechen im Wesentlichen denen des Taylorismus, also jener Managementlehre, nach der Unternehmen so zu strukturieren seien, dass Mitarbeiter:innen möglichst wenig nachdenken und entscheiden und leicht steuer- und kontrollierbar sein sollten. Wer in diesem Umfeld Leistung erbringt, wird belohnt, indem er oder sie die nächste Hierarchiestufe erklimmt – wer keine Leistung erbringt, wird entweder stärker kontrolliert, degradiert oder entlassen. Viele der heutigen Führungskräfte sind noch in einem solchen Umfeld sozialisiert worden. Insofern ist ihnen kein Vorwurf zu machen, dass sich diese Annahmen zum Teil noch in ihren Köpfen wiederfinden, doch es ist an der Zeit umzudenken. Auch die Corona-Pandemie hat die Anhänger der Theorie X eines Besseren belehrt. Die Arbeitswelt ist nicht zusammengebrochen, die Menschen haben sich in der Mehrheit nicht versteckt oder gar das Denken und das Arbeiten eingestellt. Das Gegenteil war und ist der Fall. Trotz erheblich erschwerter Rahmenbedingungen, die sich für viele Eltern durch die notwendige Betreuung ihrer Kinder ergaben, stellten sich die arbeitenden Menschen in Rekordgeschwindigkeit um. Die gesellschaftlichen Herausforderungen und die Ideen, die im New-Work-Kontext diskutiert werden, brauchen möglichst viele Menschen, deren Menschenbild der Theorie Y entspricht und die – ebenso wie Rutger Bregman – davon ausgehen, dass Menschen im Grunde gut sind. Auch wenn ein positives Menschenbild noch keine Utopie ist, so ist es die Voraussetzung für eine der radikalsten Ideen, die im Rahmen der Diskussionen um das Neue Arbeiten diskutiert werden: die Entkopplung von Einkommen und Arbeit.

BEDINGUNGSLOSES GRUNDEINKOMMEN

> „Jeder Mensch hat Anspruch auf eine Lebenshaltung, die seine und seiner Familie Gesundheit und Wohlbefinden einschließlich Nahrung, Kleidung, Wohnung, ärztlicher Betreuung und der notwendigen Leistungen der sozialen Fürsorge gewährleistet; er hat das Recht auf Sicherheit im Falle von Arbeitslosigkeit, Krankheit, Invalidität, Verwitwung, Alter oder von anderweitigem Verlust seiner Unterhaltsmittel durch unverschuldete Umstände."
>
> Artikel 25, Allgemeine Erklärung der Menschenrechte

In Gesprächen werden wir gelegentlich mit dem Gedanken konfrontiert, New Work sei ein Thema, das nur für eine kleine, elitäre Gruppe relevant sei. Wir glauben nicht daran, denn nicht nur der New-Work-Ansatz von Frithjof Bergmann, sondern auch mindestens eine weitere, seit vielen Jahren immer wieder diskutierte Idee bestätigt uns darin, dass eine positive Veränderung unserer bisherigen Vorstellungen von Arbeit alle Menschen umfassen kann und muss. Es ist die Idee des bedingungslosen Grundeinkommens.

Für viele Menschen, die sich mit Utopien beschäftigen, steht auch das Thema Arbeit im Zentrum ihres Denkens – so auch für Richard David Precht. Seiner Ansicht nach liegt es zwar in der Natur des Menschen zu arbeiten, Dinge zu gestalten und sich selbst zu verwirklichen. Für einen Lohn täglich von neun bis fünf ins Büro zu kommen, gehört für ihn jedoch nicht dazu. Eine humane Utopie, die das von ihm propagierte bedingungslose Grundeinkommen umfasst, würde die Menschen davon befreien, ihre Arbeitsleistung wie Händler:innen gegen Geld tauschen zu müssen. „Vielmehr erkennt sie Arbeit als das Bedürfnis sehr vieler Menschen, etwas zu tun, das ihr Leben erfüllt und Sinn stiftet. Deshalb trennt sie den Begriff der Arbeit als freie Tätigkeit vom Begriff der Lohn- und Erwerbsarbeit."[11]

Der Unternehmer Götz Werner, Gründer und Aufsichtsratsmitglied des Unternehmens *dm-drogerie markt*, äußerte sich im Jahr 2005 erstmals öffentlich zum Thema bedingungsloses Grundeinkommen und setzt sich seitdem für dessen Einführung ein. Er weist uns auf einen Denkfehler hin, bei dem es um den Zusammenhang von Fortschritt auf der einen und dem Abbau von Arbeitsplätzen auf der anderen Seite geht. Während Ersteres in der Regel bejubelt wird, löst das Zweite meist Entsetzen aus. Für ihn sollten wir beides bejubeln, insbesondere dann, wenn Maschinen die Arbeit „nicht nur besser, schneller und kostengünstiger als Menschen erledigen, sondern wo sie uns damit auch vom Stumpfsinn entlasten und uns Zeit für anspruchsvollere und sinnvollere Tätigkeit einräumen". Götz Werner beschreibt das Grundeinkommen als eine Art Basislager, das für die Bürger:innen einen Startpunkt für ein absichtsvolles und eigenverantwortliches Tätigwerden bietet. Die Notwendigkeit für das Grundeinkommen sieht er auch dadurch begründet, dass die industrielle Arbeit, die er als alte Arbeit bezeichnet, knapper wird, und er beschreibt, was er unter neuer Arbeit versteht. Für ihn ist dies die Arbeit am oder mit Menschen, eine Arbeit, bei der sich die Produktivität nicht im gleichen Maße steigern lässt und an der wir noch einen großen Mangel haben.[12] Während die alte Arbeit der Einkommensmaximierung galt, könnte die neue Arbeit der Sinnmaximierung dienen. Er sieht im Konzept des bedingungslosen Grundeinkommens die Chance, noch weitere positive Effekte für die Gesellschaft zu erzielen. Neben der Trennung von Arbeit und Einkommen, die Menschen von der Belastung befreien würde, durch ihre Arbeit ihre Grundversorgung zu sichern, sieht er auch die Möglichkeit, menschliche Arbeit erheblich billiger und damit wieder attraktiver zu machen. Für Götz Werner ist es eine Voraussetzung, dass die vorhandenen Einkommen nicht ergänzt, sondern zum Teil ersetzt werden. Es geht ihm also nicht um die Generierung neuer Geld- und Einkommensströme, sondern um verbesserte Organisation der bereits existierenden. Die Frage der Finanzierbarkeit, die viele Kritiker:innen ins Feld werfen, ließe sich dadurch leichter beantworten.[13]

In *Utopien für Realisten* führt uns Rutger Bregman anhand einer ganzen Reihe von Experimenten, Studien und Organisationen durch die Grundannahmen und Erkenntnisse, die Wissenschaftler:innen aus unterschiedlichen Disziplinen immer wieder dazu bewegt haben, an dieser utopischen und doch so konkreten Idee zu arbeiten. Die häufig geäußerte Befürchtung, dass bedürftige Menschen faul werden würden, sobald man ihnen Geld gäbe, sieht er längst als widerlegt. Menschen, die sich keine Sorgen mehr um ihre Grundversorgung machen müssen, betreiben mehr Selbstfürsorge, sie werden aktiv und trauen sich mehr zu – so lassen sich die

Ergebnisse der Studien zusammenfassen, die Bregman zusammengetragen hat. Im Folgenden beschreiben wir einige von ihnen:

- **Bedingungslose Unterstützung von Obdachlosen:** Die Londoner Hilfsorganisation *Broadway* gab 2009 in einem Experiment 13 Obdachlosen, die schon sehr lange auf der Straße wohnten, eine finanzielle Unterstützung, die an keinerlei Bedingungen geknüpft wurde. Keine Gegenleistungen, keine Bürokratie, sondern lediglich die Beantwortung einer Frage: „Was denken Sie, was Sie brauchen?" Nach einem Jahr hatte jeder der Teilnehmer im Durchschnitt lediglich 800 Pfund ausgegeben, 18 Monate nach dem Start des Experiments hatten sieben der 13 Männer ein festes Dach über dem Kopf, zwei weitere hatten eine eigene Wohnung in Aussicht und alle Teilnehmer an dem Projekt hatten wichtige Schritte unternommen, um den Weg zurück in ein selbstbestimmtes und würdevolles Leben zu gehen. Der finanzielle Aufwand dieser Maßnahme lag pro betreuter Person bei ungefähr einem Achtel der bisherigen finanziellen Aufwendungen für diese Menschen und der *Economist* schlussfolgerte, dass „die effizienteste Methode, Obdachlosen zu helfen, möglicherweise darin besteht, ihnen Geld in die Hand zu drücken".
- ***GiveDirectly*:** Michael Faye ist einer der Co-Founder von *GiveDirectly*. Er ist überzeugt davon, dass die wahren Experten zum Thema Armut die Armen selbst sind, so wie zum Beispiel der Keniate Bernard Omondi, der jahrelang als Arbeiter in einem Steinbruch lediglich zwei Dollar am Tag verdiente. Als *GiveDirectly* ihm 500 Dollar auf sein Konto überwies, änderte sich sein Leben. Ein Journalist der *New York Times*, der wenige Monate später das Dorf, in dem Bernard lebte, besuchte, beschrieb den Effekt, den der Geldsegen, der das ganze Dorf erreicht hatte, bewirkte. Das Wichtigste vorweg: Niemand verschwendete dieses Geld. Stattdessen wurden Häuser repariert und Betriebe gegründet. Und Bernard? Er hatte sich ein Motorrad gekauft und verdiente damit als Taxifahrer mehr als dreimal so viel wie vorher. Eine Studie des *MIT* stellte fest, dass Direktzahlungen von *GiveDirectly* einen dauerhaften Anstieg der Einkommen um 38 Prozent bewirken, den Besitz von Wohneigentum und Nutztieren um 58 Prozent erhöhen und die Anzahl der Tage, an denen die Kinder der Empfänger:innen an Hunger leiden müssten, um 42 Prozent verringern würden.
- **Metastudie Universität Manchester:** In ihrem Buch *Just Give Money to the Poor* unterzieht eine Autorengruppe der britischen Universität diverse Programme einem Vergleich. Diese waren, wie bei *GiveDirectly* üblich, entweder ganz ohne Auflagen oder aber nur an wenige Bedingungen geknüpft. Zusammengefasst bieten diese Programme wesentliche Vorteile: Die betroffenen Haushalte verprassen das Geld nicht, sondern sie geben es überlegt aus. Die Armut in den betroffenen Regionen nimmt ab. Sowohl die Einkommen, die Steuereinnahmen als auch die Gesundheit werden langfristig positiv beeinflusst. Darüber hinaus kosten die Programme relativ gesehen weniger. Eine Studie der Weltbank fand außerdem heraus, dass in 82 Prozent der unterstützten Regionen in Afrika, Asien und Lateinamerika der Konsum von Alkohol und Tabak sank.[14]
- **Als Richard Nixon beinahe das bedingungslose Grundeinkommen eingeführt hätte:** Ungefähr fünf Jahre bevor der damalige amerikanische Präsident wegen des Watergate-Skandals zurücktrat, war er 1969 kurz davor, ein bedingungsloses

Grundeinkommen für alle in Armut lebenden Familien in den USA einzuführen. Für Nixon „stellte das Grundeinkommen die perfekte Symbiose von konservativer und progressiver Politik dar“. Der Versuch scheiterte. So leistete einer der damals engsten Berater von Nixon erheblichen Widerstand gegen das Vorhaben, indem er die Aufmerksamkeit des Präsidenten auf eine 150 Jahre alte Fallstudie lenkte, das „Speenham-System“ in England, das angeblich zu einer Verarmung der Massen führte. Nixon änderte seinen ursprünglichen Plan und ließ in den Vorschlag eine „Verpflichtung zur Arbeit“ einbauen, die schließlich die Stimmung in der Öffentlichkeit umschlagen ließ. Das bedingungslose Grundeinkommen wurde nicht eingeführt.[15]

Bregman sieht zudem eine Gemeinsamkeit zwischen dem Kapitalismus und dem Sozialismus – insbesondere bei den strengen Verfechter:innen gibt es eine „krankhafte Besessenheit von der Erwerbsarbeit“. Der niederländische Historiker hat noch ein weiteres Argument parat, dem wir uns nicht entziehen können: „Wir, die im Land des Überflusses leben, sind reich dank der Institutionen, des Wissens und des sozialen Kapitals, das unsere Vorfahren angehäuft haben. Dieser Reichtum gehört uns allen und ein Grundeinkommen wird uns allen erlauben, daran teil zu haben.“[16]

VERANTWORTUNGSEIGENTUM UND DIE RÜCKKEHR DER GENOSSENSCHAFT

„Um die Wirtschaft zu sanieren, müssen wir die Eigentumsverhältnisse sanieren.“

Philip Siefer, Unternehmer und Aktivist

Philip Siefer und Waldemar Zeiler sind Unternehmer. Philip, der in Hamburg geboren wurde, wollte schnell Millionär werden. Wie es dahin gehen sollte, war ihm egal. Er hatte ein nettes Team, es wurde dort nicht gepöbelt, es war ein bisschen lustiger als in einer durchschnittlichen Firma, aber es ging ihm, so beschrieb er es uns in unserem Podcast-Gespräch, letztendlich nur ums Geldverdienen. Dass unternehmerisches Handeln die Welt beeinflussen kann, war ihm zu diesem Zeitpunkt nicht klar. Waldemar, ein gebürtiger Kasache, gründete sein erstes Unternehmen, als er noch zur Schule ging. Schon früh blickte er auf zu den ganz Großen: Warren Buffett und Bill Gates. Er bestieg sein persönliches Hamsterrad bei *Rocket Internet* in Berlin. Sein Zwischenfazit nach dieser Zeit formuliert er deftig: „Ich will den Kack nicht mehr machen.“ Die Richtung für die beiden Jungunternehmer ist nach diesen Erfahrungen klar: „Vom Saulus zum Paulus“, so beschreiben sie es und beide bringen zusammen fast zeitgleich zwei Ideen an den Start.

Mit dem *Entrepreneur's Pledge* verpflichten sie sich selbst und eine ständig wachsende Zahl von befreundeten und nachhaltig denkenden Unternehmer:innen dazu, ihr unternehmerisches Talent auch dafür einzusetzen, mindestens ein Unternehmen zu gründen, das sich positiv auf die ökologischen und sozialen Herausforderungen unserer Welt auswirken wird. Weiterhin werden sie, so sehen es die Regeln des Pledge vor, 50 Prozent des Gewinns reinvestieren, um dem guten Zweck des Unternehmens gerecht zu werden. Außerdem gründeten Waldemar und Philip die Firma *einhorn*, ein Unternehmen, das als erstes den *Entrepreneur's Pledge* unterschrieb und das fair und nachhaltig Kondome und Periodenprodukte herstellt und vertreibt.[17] Das, was die beiden Gründer von *einhorn* uns in den letzten Jahren vorlebten, zeigt uns wie ein Brennglas, was weite Teile der nachwachsenden Generationen beschäftigt. Es ist die Überzeugung, dass es so nicht mehr weitergehen kann und dass wir uns und unsere Art, Unternehmen zu führen, verändern müssen. Shareholder Value, eine einseitige Orientierung an Gewinnen, ohne die tatsächlichen Folgen für die Umwelt und die Gesellschaft zu berücksichtigen, kann nicht länger unser Weg sein, da sind sich die beiden sicher.

Philip und Waldemar sind Teil einer größeren Gruppe von Vordenker:innen, die sich aktiv im Dialog mit politischen Entscheidungsträger:innen um eine neue Rechtsform für Unternehmen bemüht. Das, was bisher nur durch komplizierte und teure rechtliche Strukturen möglich war, soll in naher Zukunft durch eine neue Variante einer GmbH vereinfacht werden. Menschen wie Armin Steuernagel, der zusammen mit Achim und Adrian Hensen sowie Alexander Kühl schon 2015 die *Purpose-Stiftung* gegründet hat, stehen an der Spitze dieser Bewegung: „Für mich ist das ein faszinierendes Konzept. Es orientiert sich an Familienunternehmen – aber unabhängig von einer genetischen Verwandtschaft. Wenn ausgeschlossen wird, dass man sich persönlich bereichern kann, entsteht ein ganz anderes Verständnis für den Unternehmenszweck."[18] Das Team um Armin Steuernagel hat auch Philip und Waldemar dabei beraten, ihr Unternehmen *einhorn* in eine rechtliche Konstruktion zu überführen, die schon heute dem Ideal Verantwortungseigentum entspricht. Die *Purpose-Stiftung* hält einen Veto-Anteil des Unternehmens und kann so dauerhaft die Ausrichtung und die Unabhängigkeit von *einhorn* schützen.[19]

Das, was für Unternehmen funktioniert, lässt sich auch auf Immobilien übertragen. Zum ersten Mal davon gehört haben wir von Kevin Luhn, und wenn wir jemals den Beweis gebraucht hätten, wie wichtig im Leben Zufälle sind, dann war es die Begegnung mit Kevin. Auf dem Rückweg von einer Tagung in München im Herbst 2019 stand er auf einmal da, an einer Autobahntankstelle, und fragte, ob wir ihn mitnehmen könnten. Nach zehn Minuten war uns klar, Kevin wird unser zweiter Zufalls-Podcast. Seine Lebensgeschichte, über die er mit uns auf dem Weg von München nach Hamburg sprach, beeindruckte uns und viele unserer Zuhörer:innen nachhaltig. Kevin ist Tramper, Biologe, Erlebnispädagoge, Spieleerfinder und Immobilienvisionär. Seine Eltern, erzählt er uns, haben ihn immer auf seinem Weg bestätigt, auch als er nach seinem mit sehr guten Noten abgeschlossenen Biologiestudium anfing, nach mehr zu suchen. Es folgten die längste Variante des Jakobswegs, die über 2.000 Kilometer lang ist, eine Phase als veganer Koch für Veranstaltungen und dann die Entscheidung, noch eine Ausbildung zum Erlebnispädagogen zu machen. Kevin ist seinem inneren Kompass gefolgt. Dazu gehörte auch, dass er bereits 2013 zusammen mit Freund:innen in Leipzig ein Haus kaufte, das sich selbst gehören sollte. Mithilfe einer rechtlichen Konstruktion, die einen Verein und eine

GmbH umfasst, und einigen Investor:innen, die für Investitionen wie das Neuverlegen von Stromleitungen nötig waren, ist es gelungen, die Miete für die nächsten 99 Jahre auf 3 Euro pro Quadratmeter zu begrenzen. In der Satzung steht, dass ein Verkauf des Hauses nicht möglich ist. Kevin erzählt uns, dass es über 100 vergleichbare Projekte in Deutschland gibt, davon allein acht in Leipzig.[20]

Zu diesem Gegenentwurf zum klassischen Immobilienbesitz, der dazu geführt hat, dass die Märkte in den Metropolen von großen Unternehmen beherrscht werden, gibt es auch bereits erste Beispiele im gewerblichen Bereich. Als die Stadt Hamburg ein Grundstück für eine Neuentwicklung ausschrieb, steckte bereits in dieser Ausschreibung die Chance, den Gentrifizierungseffekten etwas entgegenzusetzen. An der Stelle, wo bis 2007 das Finanzamt Altona stand, sollte eine neue Immobilie entstehen, die der Stadt nicht nur Geld in die Taschen spülen, sondern auch inhaltlich für etwas stehen sollte.[21] Cornelius Voss, ein Hamburger Architekt, und Robert Beddies, der Geschäftsführer des *betahaus* Hamburg, sahen hierin eine Chance. Das Gebäude wurde bereits von Kreativschaffenden genutzt, die aber aufgrund der Ausschreibung keine Bleibeperspektive mehr hatten. In unserem Podcast berichten die beiden, wie sie zusammen mit Gleichgesinnten die Idee *Neues Amt Altona* entwickelten und es ihnen gelang, die Ausschreibung zu gewinnen. „Immobilienbesitz führt immer zu Ungerechtigkeiten." So lautet ihre Überzeugung. Diese Tendenz fällt im Gewerbebereich auf den ersten Blick nicht so ins Gewicht, aber auch hier gibt es Entwicklungen, die den beiden Sorge bereiten. Mit der Frage „Wem gehört die Stadt?" starteten sie die Entwicklung eines Kreativstandorts, der Platz für einen Co-Working-Bereich, eine Markthalle, Nebenräume für Konzerte und andere kulturelle Veranstaltungen bieten soll. Das Ganze organisieren sie über eine Genossenschaft, in der die Anteilseigner:innen als Rendite entweder eine niedrige Verzinsung oder aber eine verbilligte Miete erhalten. Alle Anteilseigner:innen sind die „Chefs und Chefinnen" der Menschen, die sich das Konzept ausgedacht haben. Bis zur Eröffnung sind noch einige Hürden zu nehmen, aber Cornelius und Robert glauben, dass dieser Ansatz Vorbild für vergleichbare Projekte sein kann.[22]

Verantwortungseigentum kann helfen, die Bestimmung, die ein Unternehmen oder eine Immobilie hat, dauerhaft sichtbar und verbindlich zu machen. Hier liegt außerdem eine Chance, Ungerechtigkeiten abzubauen und die Einkommens- und Vermögensschere zu verringern. Studien belegen, dass Unternehmen im Verantwortungseigentum länger existieren, nachhaltiger wirtschaften und besser mit ihren Mitarbeiter:innen umgehen.[23] In unserem Kapitel über „Organisation" beleuchten wir das Thema vor dem Hintergrund neuer Organisationsformen und nennen weitere Beispiele.

THEORIE U

„Die Fähigkeit, nicht mehr nur auf die Vergangenheit zu reagieren, sondern sich in eine sich abzeichnende Zukunft hineinzuversetzen und diese zu gestalten, ist heute wahrscheinlich die wichtigste Führungsfähigkeit."

Otto Scharmer, Aktionsforscher und Autor

Otto Scharmer wuchs auf einem Bauernhof in Norddeutschland auf. Hier lernte er von seinem Vater, dass sich die Qualität eines Feldes nicht nur durch die sichtbare Dimension, also das, was auf dem Feld wächst, sondern auch durch eine unsichtbare Dimension bemerkbar macht, nämlich durch die Qualität des Bodens. Otto Scharmer hat diese Betrachtung übertragen auf das, was er soziale Felder nennt. „Wir können sehen, was Menschen tun, also die sichtbaren Ergebnisse wahrnehmen. Worauf wir aber seltener unsere Wahrnehmung richten, das sind die Quellpunkte und die inneren Zustände, auf deren Basis wir handeln." Ähnlich wie schon Frithjof Bergmann mit seinen vier Tsunamis sieht er drei Abgründe:

- Ökologischer Abgrund: Umweltzerstörung, die zum Verlust der Natur führen kann.
- Sozialer Abgrund: Polarisierung, Fragmentierung und Auseinanderbrechen der Gesellschaft, die zum Verlust des sozialen Zusammenhalts führen können.
- Spiritueller Abgrund: Anstieg von Depressionen und Burn-out-Fällen, die zum Sinnverlust und/oder dem Verlust der Wahrnehmung der eigenen Zukunftsfähigkeit führen können.

Scharmer forscht und lehrt seit mehr als 25 Jahren am MIT in Boston. Seine Arbeit wurde unter anderem von einem Netzwerk von Menschen geprägt, zu dem auch die Wissenschaftler Peter Senge und Edgar Schein gehören. Schnell stellte er fest, dass das Lernen von der Vergangenheit zwar notwendig, aber nicht hinreichend war, und so entschied er früh für sich, von der Zukunft lernen zu wollen. Mit dieser Vorgehensweise erntete er zunächst Unverständnis, aber nach über 20 Jahren Arbeit an der Theorie U verstehen immer mehr Menschen, was er damit meint.

Die Theorie U ist ein wichtiger Werkzeugkoffer für alle, die sich mit Veränderungen und der Zukunft – und das auch in Form von Utopien – beschäftigen wollen. Sie besteht aus drei Elementen: einem Bezugsrahmen, einer Methode und einer Bewegung, die sich mittlerweile daraus entwickelt hat. Die zentrale Frage, die Scharmer mit seinem Ansatz beantworten will, beschäftigt sich damit, wie Individuen, Organisationen und ganze Gesellschaften ihre jeweiligen Möglichkeiten in der Zukunft erkennen und umsetzen können. In der Schule des systemischen Denkens verankert, geht es ihm darum, Menschen in jedweder Problemlage von einer Egosystem-Betrachtung zu einem Ökosystem-Bewusstsein zu führen.

Theorie U nach Otto Scharmer

Auf der individuellen Ebene setzt er beim Zuhören an, weil er hier die wahrscheinlich am meisten unterschätzte Grundfähigkeit verortet, und unterscheidet vier Archetypen des Zuhörens:

1. **Herunterladen oder auch Zuhören aus Gewohnheit**: Indem ich nur das bestätigen will, was wir ohnehin schon wissen.
2. **Faktisches Zuhören von außerhalb:** Indem ich mich ein kleines Stück öffne, kann ich widerlegende Informationen bemerken.
3. **Empathisches Zuhören von außerhalb:** Indem ich mit den Augen des anderen sehe, erspüre ich eine andere Sichtweise.
4. **Schöpferisches Zuhören vom entstehenden Feld her:** Indem ich durch mein Zuhören einen schützenden Raum erschaffe, in dem Neues entstehen kann.

Die echte Schwelle liegt für ihn auf dem Weg vom faktischen zum empathischen Zuhören. Hier verschiebt sich der Ort des Zuhörens von der eigenen auf die andere Person und wir gehen den entscheidenden Schritt vom „Ich" zum „Wir". Scharmer beschreibt drei Formen des inneren Widerstands, die seinem Ansatz typischerweise entgegenlaufen können. Es geht um die vorschnelle Verurteilung, den Zynismus und die Angst.[24] Er spricht in diesem Zusammenhang immer wieder von der Führungsaufgabe, einen schützenden Raum zu erschaffen.

Mit Blick auf die Entwicklung von Organisationen sieht er eine Entwicklung von zentralen, über dezentrale und dann vernetzte Organisationen hin zu ökosystemischen Strukturen, die er abwechselnd auch 4.0 nennt. Diese seien um einen gemeinsamen Zweck organisiert. Als Beispiele nennt er Schwarmorganisationen, agile Organisationen und die von Frédéric Laloux als „Petrol Organization" bezeichneten Organisationsformen. Mit seinem Lehransatz folgt er diesem Pfad, indem er die sogenannte u.lab-Klasse, die er am MIT unterrichtet, 2015 in einen sogennanten MOOC (massive open online course) überführt. Bereits im Jahr 2019 zählte das u.lab MOOC über 120.000 Teilnehmende aus 186 Ländern. Er beschreibt das Entstehen von Hunderten co-kreativer lokaler, dezentraler und selbstorganisierter Gruppen.

Seine Methode lässt sich grundsätzlich auf jede Problemstellung anwenden. Scharmer geht es dabei aber um die Lösung der ganz großen gesellschaftlichen Herausforderungen. Er sieht ein „neues Narrativ der sozialen, ökonomischen und zivilisatorischen Entwicklung, das sich auf alle Sektoren und Systeme erstreckt und mit dessen Hilfe die ökologischen, sozialen und spirituellen Abgründe überwunden werden sollen". Kurz: die Aktualisierung unseres gesellschaftlichen Betriebssystems. Um dies zu erreichen, haben wir nach Scharmer eine gewaltige Transformationsaufgabe vor uns und müssen uns vor allem um sieben „Akupunkturpunkte" kümmern. Neben den drei klassischen Produktionsfaktoren Natur, Arbeit und Kapital sind es die Themen Technologie und Management, die er als jüngere Ergänzungen zu den Produktionsformen zählt, und der Verbrauch, also die Nutzerseite der Gleichung. Den Abschluss bildet dann die Koordination des Ganzen. Sein Zielbild – das für uns eine weitere Utopie ist – besteht aus einer Veränderung hin zu:

1. Natur als zirkulärer Ökologie (von der Wiege bis zur Wiege),
2. einer Neuerfindung der Arbeit als „schöpferischen Akt",
3. einem Beitrag des Kapitals zur „Erholung unseres ökologischen, sozialen und kulturellen Gemeinguts",
4. einer Technologie, die Menschen beim Erschaffen und Gestalten unterstützt, statt die Menschen zu manipulieren,
5. Führung, die eine Stärkung des gesamten Ökosystems im Blick hat,
6. einer Neudefinition von Konsum und Wohlstand mithilfe der Sharing Economy und neuer Messgrößen für Wohlstand, wie zum Beispiel dem Bruttonationalglück (BNG),
7. einer Entwicklung eines gemeinsamen Bewusstseins für das Ganze, also weg vom Egosystem-Bewusstsein hin zum Ökosystem-Bewusstsein.

Scharmer bezeichnet seine Arbeit und die des von ihm und seinen Kolleg:innen 2006 gegründeten Presencing Institute als Aktionsforschung. Die aus ihr entstandene Theorie ist für ihn eine Sozialtechnologie für sektorenübergreifende Veränderungsinitiativen. Wir verstehen sie außerdem als einen Baukasten für utopisches Denken.[25]

DIE NEW-WORK-BEWEGUNG VON FRITHJOF BERGMANN

„Entscheidend ist, dass wir jetzt die technologischen Möglichkeiten haben. Wir haben jetzt die Technologie entwickelt, die es uns möglich macht, Arbeit völlig anders aufzubauen, zu denken, zu organisieren als bisher. Arbeit kann wirklich das sein, was den Menschen stärkt, statt schwächt."

Frithjof Bergmann, Philosoph

Frithjof Bergmann hat sich schon als Jugendlicher damit beschäftigt, wie eine Welt aussehen könnte, in der wir leben wollen. Unter dem Eindruck des Naziregimes war er „beeindruckt von der Blödheit des ganzen gesellschaftlichen Aufbaus". In unserem dreistündigen Podcast-Gespräch in Ann Arbor beginnt er die Geschichte seines Lebens mit der abenteuerlichen Flucht seiner jüdischen Mutter, die mithilfe eines fingierten Selbstmords dem Tod im Konzentrationslager entkam. Während die Mutter als Krankenschwester mit einem Zug floh, suchte die Polizei tagelang vergeblich einen Alpensee nach ihr ab. Der Sohn eines Pfarrers gewann für einen Aufsatz, den er im Alter von 17 Jahren verfasst hatte, ein Stipendium für die USA. Er kam Ende der 1940er-Jahre im Hafen von New York an. Das Schiff, so erzählt es uns Frithjof, sank auf der Rückfahrt nach Europa. Ihm war es sehr wichtig, dass wir seine ganze Geschichte hörten, weil er nur so erklären konnte, wie er zu dem Menschen geworden war, der sich auf so leidenschaftliche Weise dem Thema New Work widmete. Nach einer beschwerlichen zehntägigen Busfahrt kam er in Portland im Bundesstaat Oregon an. Sein damaliges Gefühl beschrieb er mit dem ihm so eigenen Humor: „Irgendwann hört die Erde auf und ich stürze ab." Von Anfang an interessierten sich die Menschen für den jungen Mann aus Europa und er musste wieder und wieder seine Geschichte erzählen. Für ihn stellten sich immer dieselben Fragen: „Was wird aus mir werden? Was kommt jetzt?" Er probierte in dieser Zeit viel aus und arbeitete unter anderem als Holzfäller und Bauer. Er entlud mit Getreide gefüllte Eisenbahnwaggons, arbeitete im Hafen und verdiente als Boxer sein Geld. Auch als Schauspieler zeigte er Talent. Sichtlich bewegt berichtet er uns von seiner ersten Begegnung mit Gewerkschaftsvertretern, die den fleißigen Frithjof in seiner Zeit als Hafenarbeiter zum Gespräch baten: „Du arbeitest wie ein Tier. Wir haben gekämpft, um langsam arbeiten zu dürfen." Mit dieser Einstellung hatte Frithjof ein Problem. Er erkannte dort erstmals das, was er später die „Armut der Begierde" nannte.

Freunde wiesen den jungen Mann schließlich darauf hin, dass seine Erzählungen besser waren als alles andere, was er bis dahin probiert hatte, und empfahlen ihm, Philosophie zu studieren. Seinem späteren Mentor Walter Kaufmann an der Princeton-Universität gibt er nach den ersten Stunden als sein Student das Feedback, dass er „absolut nicht beeindruckt war von seinem Seminar". Dieser schrieb ihm daraufhin einen Brief, in dem er sich für die Kritik bedankte. Ohne Walter Kaufmann, so beschreibt es Frithjof weiter, wäre er in New York mit einem Hut vor den Füßen auf der Straße gelandet. Die Universität zeigte sich immer wieder irritiert über den jungen Europäer, der beispielsweise in einer wichtigen Prüfung die Beantwortung mehrerer Fragen verweigerte. Auf die Nachfrage, warum er diese Fragen einfach durchstreiche, antwortete er, dass er nicht antworten könne. Er hatte damals das Gefühl, dass ihm durch diese Aktion der Weg zum Professor für immer verwehrt bleiben würde, aber die Universität machte ihn trotzdem dazu. Das Thema seiner Promotion war Hegel, er zitiert ihn später mehrfach mit dem Satz: „Der Mensch ist die Kreatur, die sich selbst verlieren kann." Ein Grund für seine spätere Fokussierung auf das Thema Arbeit liegt vielleicht in diesem Satz begründet. Eine weitere Ursache lag für Frithjof in dem Fakt, dass er sich in so vielen unterschiedlichen Berufen probiert hatte.

Viele Jahre später, Frithjof war mittlerweile Professor für Philosophie an der University of Michigan in Ann Arbor, gab es so etwas wie die Geburtsstunde der New-Work-Bewegung. Frithjof Bergmann war inzwischen mit seinen innovativen Ideen über die Stadtgrenzen hinaus bekannt und so wurde er angefragt, zwischen den verschiedenen Stakeholdern der zu General Motors gehörenden *Fisher Body Plant*, einem Automobilzulieferer, der vor Massenentlassungen stand, zu vermitteln. Die Gewerkschaften, die streikenden Arbeitnehmer:innen und das Management waren völlig zerstritten und es gab wenig Raum, sich gegenseitig überhaupt zuzuhören. Frithjof gelang es, die Parteien an einen Tisch und in den Dialog zu bringen. Er warnte vor den Folgen der geplanten Entlassung der Hälfte der Belegschaft und schlug vor, dass alle Beschäftigten gehalten werden sollten, indem jeder nur noch 50 Prozent der Zeit arbeiten würde. In der jeweils freien Zeit würde er mit seinem Team helfen, den Menschen neue Inhalte und Optionen zu vermitteln. Es entstand das erste Zentrum für neue Arbeit. Frithjof Bergmann fühlte sich und sein Anliegen ernst genommen, auch wenn alles sehr improvisiert war. Es gelang ihm, die Menschen zu erreichen, und einige nutzten die freie Zeit, um herauszufinden, was sie „wirklich, wirklich" wollten. Es entstanden neue Unternehmen und Community-Projekte, die bis heute nachwirken.[26]

In diesen Jahren entwickelte Frithjof Bergmann seine eigenen Beobachtungen und Erfahrungen zu einem neuen Ansatz. Seine Kritik an der Lohnarbeit bildete den Startpunkt für seine Überlegungen. Die Lohnarbeit führe zu unzufriedenen und unglücklichen Menschen sowie zu Ungerechtigkeiten. Solche Arbeit mache Menschen immer häufiger krank. Wenn es gelänge, die Menschen bei der Suche nach der Art von Arbeit zu unterstützen, die sie im Innersten wirklich, wirklich wollten, hätten wir eine Chance, die Arbeit wieder zu etwas zu machen, das die Menschen stärken könne, statt sie zu schwächen. Den Schlüssel dazu sah er in den umwälzenden technologischen Entwicklungen. Seiner Prognose nach würden Menschen in Zukunft nur noch rund ein Drittel ihrer Zeit für eine klassische Erwerbsarbeit aufbringen müssen. Ein weiteres Drittel würden sie sich mit der Herstellung von Dingen für das eigene Leben und dem bewussteren Konsum beschäftigen. In diesem Zusammenhang sah er die Bedeutung von 3D-Druckern voraus, die er „Personal Fabricator" nannte.[27] Das verbleibende Drittel würden Menschen dann den Themen widmen, die ihnen tiefe Erfüllung gäben. Er bezeichnet dies an anderer Stelle als die drei Säulen der neuen Arbeit: Lohnarbeit, Eigenarbeit und Berufung.[28] In unserem Gespräch vermittelte er uns den Eindruck, dass hier die größte Chance und die größte Herausforderung lägen: „Vor uns liegt eine große pädagogische Aufgabe.“

Am 23. Mai 2021 starb Frithjof Bergmann nach langer Krankheit in der Einrichtung, in der wir zwei Jahre zuvor unsere 100. Folge von *On the Way to New Work* aufgenommen hatten. Sein Werk blieb unvollendet, aber seine Impulse wirken nach und seine Beobachtungen und Prognosen bleiben relevant. Für ihn war New Work von Anfang an mehr als das, was viele heute unter diesen Modebegriff subsumieren. Wer sich mit seinen Werken und seinem Wirken näher beschäftigt, stellt fest, dass er utopisch dachte. Die Notwendigkeit einer Alternative zum Kapitalismus und zum Sozialismus, die er beide für gescheitert hielt, trieb ihn zur Ausformulierung und stetigen Weiterentwicklung seiner Ideen. Dass wir uns trauen dürfen, uns immer wieder zu fragen, was wir wirklich, wirklich wollen, bleibt sein größtes Geschenk an uns.

ON THE WAY TO NEW WORK

„Der Fortschritt ist die Verwirklichung von Utopien.“

Oscar Wilde, Schriftsteller

Die Weiterentwicklung unseres Verständnisses von Arbeit ist die Grundlage für grundsätzlich neue Konzepte, die Arbeit und die Rolle der Menschen in und mit ihr weiterzudenken. Utopisches Denken wird notwendig sein, um die großen Herausforderungen meistern zu können.

- Ein positives Menschenbild bildet die Grundlage für utopische Ideen, den inneren Antrieb, die Suche nach Sinn und Selbstentwicklung und das Einbringen der individuellen Kreativität möglichst vieler Menschen ist eine Kraftquelle, die wir brauchen.
- Das bedingungslose Grundeinkommen ist eine der konkretesten Utopien, die seit Jahren diskutiert und weiterentwickelt wird.
- Unternehmen nicht nur in privater oder staatlicher Hand zu sehen, sondern in Form des Verantwortungseigentums, ist ein zeitgemäßer Weg mit utopischer Kraft, der Unternehmen überdies nachhaltiger macht und dafür sorgt, dass sie länger existieren.
- Aus den starren Formen bisherigen Denkens auszusteigen, erfordert eine neue Art des gemeinsamen Denkens. Die Theorie U bietet dazu nicht nur einen interessanten Ansatz, sondern auch das Fundament für eine Bewegung.
- Der New-Work-Ansatz von Frithjof Bergmann ist mehr als nur ein Modebegriff. Er stellt uns die zentrale Frage: Was ist es, das du wirklich, wirklich willst? Diese Frage als Geschenk anzunehmen und sie für uns zu beantworten, kann der erste Schritt sein.

Was ist es, das du wirklich, wirklich willst?

NACHWORT VON STEPHAN A. JANSEN

WIR BRAUCHEN EINEN KOGNITIVEN KAPITALISMUS

Wir leben in herausfordernden Zeiten. Globalisierung, Digitalisierung, Urbanisierung, Klimaneutralisierung, Alterung der Weltbevölkerung und – wie wir spätestens am Ende des vorliegenden Buches feststellen – die Notwendigkeit, uns und unsere Art zu arbeiten, neu zu erfinden.

Und das alles gleichzeitig.

Frithjof Bergmann hatte recht. Weder der Sozialismus noch der Kapitalismus in seiner aktuellen Form werden uns dabei helfen, den heutigen Herausforderungen der Menschheit in angemessener Weise zu begegnen und notwendige Lösungswege zu beschreiten. Doch bevor wir den Kapitalismus zur Disposition stellen, lohnt sich ein nüchterner Blick auf seine Verfassung. Was ist er? Was leistet er? Und was kann er heute, klug gestaltet, vielleicht besser als bisher?

Den Kapitalismus gab und gibt es in unzähligen Variationen. Allen Varianten gemein ist das Versprechen des Wachstums, der Effizienz und der allgemeinen Wohlfahrt. Zwei für den heutigen Zustand wichtige Entwicklungen liegen rund 50 Jahre zurück. Es ist zum einen der Beginn der Deregulierung der globalen Finanzwirtschaft, die durch die Digitalisierung und den Plattformkapitalismus derzeit eine neue Ausprägung erfährt und zu weiteren Automatisierungsgewinnen und einer Ungleichverteilung von Vermögen geführt hat. Ungefähr zur gleichen Zeit begann im Jahr 1968 der *Club of Rome* über die Grenzen des Wachstums zu sprechen und Nachhaltigkeit auf die Agenda zu setzen. Nachdem diese Debatte zunächst nur von Teilen der Wirtschaft geführt wurde, ist das Thema inzwischen bei allen Parteien und großen Teilen der Wirtschaft angekommen. Es zeichnet sich immer mehr ab, dass die bisherigen Nachhaltigkeitskonzepte nicht ausreichen. Stattdessen muss es um Vermeidung gehen – von Konsum, Mobilität, Müll, Energie, Wasser und dem Verzehr von Fleisch und Fisch.

Es lohnt der Blick auf die Erwartungen der unterschiedlichen Generationen. Während die Babyboomer sich ein andauerndes Nachkriegs-Wirtschaftswunder wünschten und in weiten Teilen auch bekamen, brachte der Generation-X-Kapitalismus eine Aufteilung der Weltwirtschaft mit Schwerpunkten in China und Kalifornien, begleitet von deren Digital- und Finanzierungsmodellen. Ihre Kennzeichen: einfache Geschäftsmodelle, kaum Verantwortung für Eigentum und Personal, ausgelagerte Risiken oft auch ohne Gewinn, dafür Hyperrenditen über Börsenwerte mit allen sozialen Folgeproblemen. Die neueste Variante ist der Woke Capitalism, auf Deutsch etwa achtsamer und auf soziale Gerechtigkeit zielender Kapitalismus der Generationen X und Y, die identitär diverser sind als die Generationen davor.

Sie fragen öko- und sozialunternehmerisch nach dem Zweck des Wirtschaftens: Wie können wir ein lebenswertes Leben für uns und andere entwerfen – und das ohne Ausbeutung der Umwelt, ohne Überproduktion und Überkonsum, ohne den Verlust von Lebensqualität und ohne Überstunden mit unterkomplexen Tätigkeiten, wie sie es von ihren Eltern kennen?

An dieser Stelle treffen sich die Utopie von Frithjof Bergmann und seine Warnung vor den vier Tsunamis (1. die sich vergrößernde Kluft zwischen Reichtum und Armut, 2. die Verschwendung unserer natürlichen Ressourcen, 3. die Zerstörung unseres Klimas und 4. die Vernichtung unserer Kultur), die er schon in den 1980er-Jahren beschrieb, mit den Fragen der jungen Generationen.

Die drei Autor:innen dieses Buches haben ihren Text nicht nur ihm gewidmet, sondern sie wollen einen Beitrag dazu leisten, dass wir alle unsere Chancen ergreifen, an der Bearbeitung der vor uns liegenden Herausforderungen mitzuwirken, sei es auf der Ebene des Individuums, als Teil einer Organisation oder als Mitglied der Gesellschaft. Es geht um nicht mehr und nicht weniger als einen neuen Weg. Wir müssen unser Leben ändern, unsere Art zu wirtschaften ändern und dann unser Ändern im Wirtschaften leben. Dazu brauchen wir so etwas wie einen kognitiven Kapitalismus[1] – also mehr Bildung, mehr Forschung, mehr Daten, mehr sozialinnovatorische Unternehmerinnen und Unternehmer und mehr vordenkende Politik.

Wir müssen wieder eine Volks-Wirtschaft werden.

ENDNOTEN

1 / Selbstreflexion

1 Wissenschaftlich begründet wurde die Reflexionsforschung von Donald A. Schon. Selbstreflexion wird dort auch als eine Lernerfahrung eingeordnet. Schon, Donald A: The Reflective Practitioner, How Professionals Think In Action, 1983.

2 Bergmann, Frithjof: Podcast #100.

3 Befragt wurden 1,7 Millionen Menschen aus 101 Unternehmen in 63 Ländern, Buckingham, Marcus; Clifton, Donald O.: Entdecken Sie Ihre Stärken jetzt!, 2016.

4 Analytisch, Anpassungsfähigkeit, Arrangeur, Autorität, Bedeutsamkeit, Behutsamkeit, Bindungsfähigkeit, Disziplin, Einfühlungsvermögen, Einzelwahrnehmung, Entwicklung, Fokus, Gleichbehandlung, Harmoniestreben, Höchstleistung, Ideensammler, Integrationsbestreben, Intellekt, Kommunikationsfähigkeit, Kontaktfreudigkeit, Kontext, Leistungsorientierung, positive Einstellung, Selbstbewusstsein, Strategie, Tatkraft, Überzeugung, Verantwortungsgefühl, Verbundenheit, Vorstellungskraft, Wettbewerbsorientierung, Wiederherstellung, Wissbegier, Zukunftsorientierung.

5 Seligman, Martin: Wie wir aufblühen: Die fünf Säulen des persönlichen Wohlbefindens, 2015.

6 www.viacharacter.org.

7 *Weisheit und Wissen*: 1. Neugier/Interesse an der Welt, 2. Liebe zum Lernen, 3. Urteilsvermögen/Kritisches Denken/Aufgeschlossenheit, 4. Einfallsreichtum/Praktische Intelligenz/Gewitztheit, 5. Soziale Intelligenz/Persönliche Intelligenz/Emotionale Intelligenz, 6. Perspektive - *Mut*: 7. Heldenmut und Tapferkeit, 8. Ausdauer/Tüchtigkeit/Sorgfalt, 9. Integrität/Authentizität/Ehrlichkeit - *Menschlichkeit und Liebe*: 10. Freundlichkeit und Großzügigkeit, 11. Lieben und zulassen, geliebt zu werden - *Gerechtigkeit*: 12. Gemeinschaftssinn/Pflicht/Teamarbeit/Loyalität, Fairness und Gerechtigkeit, 14. Führungsvermögen - *Mäßigung*: 15. Selbstkontrolle, 16. Besonnenheit/Diskretion/Vorsicht, 17. Demut und Bescheidenheit - *Transzendenz*: 18. Wertschätzung von Schönheit und Vortrefflichkeit, 19. Dankbarkeit, 20. Hoffnung/Optimismus/Zukunftsorientiertheit, 21. Spiritualität/Sinnorientiertheit/Glaube/Religiosität, 22. Vergebung und Barmherzigkeit, 23. Verspieltheit und Humor, 24. Begeisterung/Leidenschaft/Enthusiasmus. Seligman, Martin: Wie wir aufblühen: Die fünf Säulen des persönlichen Wohlbefindens, 2015.

8 www.charakterstaerken.org.

9 Menzel, Elke: Podcast #41.

10 Die menschliche Seele wird bei Hoffman alternativ auch als das Wesen oder das spirituelle Selbst bezeichnet.

11 Stahl, Stefanie: Das Kind in dir muss Heimat finden: Der Schlüssel zur Lösung (fast) aller Problem, 2015, und Stahl, Stefanie: Jeder ist beziehungsfähig: Der goldene Weg zwischen Freiheit und Nähe, 2017.

12 In unserem Kapitel „Freiheit" gehen wir genauer auf das Thema Glaubenssätze ein.

13 Wikipedia versteht unter Profiling „die nutzbare Erstellung des Gesamtbildes einer Persönlichkeit für bestimmte Zwecke (z. B. zur Arbeitsvermittlung oder bei der Tätersuche). Die Erstellung erfolgt durch das Zusammenführen von Daten sowie deren anschließender Analyse und zweckbezogenen Auswertung."

14 Jung, Carl G.: Psychologische Typen: Gesammelte Werke 6, 2021.

15 Allmers, Swantje: Podcast #226.

16 Grant, Adam: Geben und Nehmen: Warum Egoisten nicht immer gewinnen und hilfsbereite Menschen weiterkommen, 2016.

17 www.adamgrant.net/quizzes/give-and-take-quiz/.

18 Von Podewils, Jenny: Podcast #48.

19 Laloux, Frederic: Reinventing Organizations visuell, 2017.

20 Huston, Therese: Let's Talk: Make Effective Feedback Your Superpower, 2021.

21 Im englischen Original spricht sie von „Evaluation, Coaching and Appreciation" – das klingt etwas eleganter.
22 news.stanford.edu/2005/06/14/jobs-061505/.
23 Spenst, Dominik: Das 6-Minuten-Tagebuch, 2017.
24 Sample, Ian: Keeping a diary makes you happier, in: www.theguardian.com, 15.2.2009; eine Aufzählung weiterer positiver Effekte findet sich außerdem hier: www.schreibenwirkt.de/journaling-studien/.
25 www.fuckupnights.com.
26 Strive Magazine, Ausgabe 03/2021. Auf der Website www.strive-magazine.de teilt Michael vier weitere Fuck-Ups, die er zusammen seine „5 Fuck-Ups des Jahrtausends" nennt.
27 Eine beliebte Übung ist, dass innerhalb einer Forumssitzung ein Mitglied von einer beruflichen oder privaten Herausforderung berichtet und seine Situation dann in konkreten Fragen zusammenfasst. Die könnten in einem fiktiven Beispiel so lauten: „Wart ihr schon einmal in einer Situation, in der ein wichtiger Kunde seine Geschäftsbeziehungen zu eurem Unternehmen fristlos gekündigt hat? Wie habt ihr euch dabei gefühlt und was hat euch konkret dabei geholfen, das Problem zu lösen?"
28 Im Kapitel „Sinnfindung" finden Sie weitere Methoden, um Ihren Sinn im Leben zu erarbeiten.
29 Drucker, Peter F.: Managing Oneself, 2011.
30 Vorländer, Christian: Podcast #225.

2 / Sinnfindung

1 Ware, Bronnie: 5 Dinge, die Sterbende am meisten bereuen: Einsichten, die Ihr Leben verändern werden, 2011.
2 Hosang, Maik: Wie kann eine Revolution der Liebe gelingen?, in: Liebe ist die einzige Revolution, Grün, Anselm; Hüther, Gerald; Hosang, Maik, 2017.
3 Frankl, Viktor E.: ... trotzdem Ja zum Leben sagen: Ein Psychologe erlebt das Konzentrationslager, 1946.
4 Bergmann, Frithjof: Podcast #100.
5 Covey, Stephen R.: The 7 habits of highly effective people, 1989.
6 Sinek, Simon: Start with why, 2009.
7 Rosling, Hans: Factfulness: Wie wir lernen, die Welt so zu sehen, wie sie wirklich ist, 2019.
8 Rustand, Warren: Podcast #22.
9 Covey, Stephen R.: Die 7 Wege zur Effektivität – Workbook: So integrieren Sie die 7 Wege in Ihr Leben, 2010.
10 Covey, Stephen R.: The 8th Habit: From Effectiveness to Greatness, 2005.
11 Covey, Stephen R.: The 7 habits of highly effective people, 1989.
12 Zu Salm, Christiane: Dieser Mensch war ich: Nachrufe auf das eigene Leben, 2015.
13 Covey, Stephen M. R.: Podcast #237.
14 Stepper, John: Podcast #181.
15 Strelecky, John: Podcast #125.
16 EO ist die Abkürzung für Entrepreneurs' Organization, eine Peer-to-Peer-Organisation, die Unternehmern bei den Themen „persönliches Wachstum und Lernen" helfen will. Sie wurde 1987 von amerikanischen Unternehmern gegründet und hat aktuell über 12.000 Mitglieder in über 50 Ländern.
17 Töpfer, Teja: Podcast #1.
18 Sinek, Simon: Start with why, 2009.
19 Leicht gekürzt übernommen aus: Sinek, Simon; Docker, Peter; Mead, David: Find Your Why, 2017.
20 Sinek, Simon; Docker, Peter; Mead, David: Find Your Why, 2017.
21 Carmichael, Evan: Podcast #257.
22 Carmichael, Evan: Your One Word: The Powerful Secret to Creating a Business and a Life That Matter, 2016.

23 Im Original ist es das Wort „believe“, das man sowohl als Verb als auch als Imperativ verwenden kann. In unserem Podcast-Gespräch haben wir es als starke Aufforderung gespürt.
24 Auf der Inselgruppe Okinawa leben weltweit und prozentual gesehen die meisten 100-Jährigen. Auf einem Gebiet der Hauptinsel leben fünfmal mehr 100-Jährige als in den USA und die Menschen leben dort sieben Jahre länger als die Durchschnittsamerikaner:innen.
25 Matthias, Fabien: Podcast #57.

3 / Selbstmanagement

1 Urban, Tim: Inside the mind of a master procrastinator, TED Talk, 2016.
2 Eyal, Nir: Hooked: Wie Sie Produkte erschaffen, die süchtig machen, 2014.
3 Eyal, Nir: Die Kunst, sich nicht ablenken zu lassen: Indistractable – Werden Sie unablenkbar, 2019.
4 Eyal, Nir: Podcast #277.
5 Sixt, Alexander: Podcast #256.
6 Allen, David: Wie ich die Dinge geregelt kriege: Selbstmanagement für den Alltag, 2018.
7 Allen, David: Three-Dimensional Self Management, auf: www.gettingthingsdone.com.
8 David Allen ergänzt noch die Vision als Ebene zwischen Purpose und Zielen. Hierunter versteht er unser Zukunftsbild für die nächsten drei bis fünf Jahre, aus dem wir dann Ziele ableiten.
9 Newport, Cal: Konzentriert arbeiten – Regeln für eine Welt voller Ablenkungen, 2017.
10 Laboda, Alexander: Warum wir so oft zum Smartphone greifen, auf: www.mdr.de, 2020.
11 Studie der Analyseplattform „App Annie“: Healthy Habits - The State of Mobile in 2020.
12 Eyal, Nir: Podcast #277.
13 Mark, Gloria; Gonzalez, Victor M.; Harris, Justin: No Task Left Behind? Examining the Nature of Fragmented Work, University of California, 2005.
14 Eryiğit, Sabri: Podcast #189.
15 Urban, Tim: Inside the mind of a master procrastinator, TED Talk, 2016.
16 Fogg, B.J.: Tiny Habits: The Small Changes that Change Everything, 2019.
17 Allen, David: Wie ich die Dinge geregelt kriege: Selbstmanagement für den Alltag, 2018.
18 Tracy, Brian: Eat that Frog. 21 Wege, wie Sie in weniger Zeit mehr erreichen, 2017.
19 Silver, Greta: Podcast #191. Die Credits für diese Folge gehen an Zisa Trautmann und Katinka Magnussen, die die Folge gehostet haben.
20 Töpfer, Teja: Podcast #1.
21 Tracy, Brian: Eat that Frog. 21 Wege, wie Sie in weniger Zeit mehr erreichen, 2017.
22 Haag, Toralf: Podcast #170.
23 Lüssem, Kai: Podcast #66.
24 Newport, Cal: Der Block-dir-Zeit-Planer: Die 90-Tage-Methode für mehr Zeit im Alltag Kalender, 2020.
25 Sixt, Alexander: Podcast #265.
26 Eryiğit, Sabri: Podcast #189.
27 Eyal, Nir: Podcast #277.
28 Nir geht es dabei vor allem um die Etablierung positiver Verhaltensweisen (wie zum Beispiel die pünktliche Einnahme von Medikamenten).
29 Eyal, Nir: Podcast #277.
30 Newport, Cal: Konzentriert arbeiten. Regeln für eine Welt voller Ablenkungen, 2017. Cal Newport verknüpft seine Erkenntnisse mit der Flow-Theorie von Mihály Csíkszentmihályi, nach der wir im Flow-Zustand, dem Zustand, in dem unser Körper oder Verstand im willentlichen Bemühen ist, etwas Schwieriges und Lohnendes zu erreichen, am glücklichsten sind. Deep-Work-Phasen unterstützen dabei, diesen Zustand zu erreichen, und machen damit nicht nur produktiver, sondern auch glücklicher (Csíkszentmihályi, Mihály: Flow. Das Geheimnis des Glücks, 1992).
31 Sixt, Alexander: Podcast #256.
32 Carmichael, Evan: Podcast #257.
33 Eyal, Nir: Podcast #277.

4 / Gewohnheiten

1 Wood, Wendy: Podcast #281.
2 Dabei hat fast jede:r den gleichen Anteil an Gewohnheiten, auch jene Menschen, die sich für spontaner als andere halten.
3 Clear, James: Die 1 %-Methode – minimale Veränderung, maximale Wirkung, 2020.
4 Die Annahme basiert auf den Untersuchungen von Maxwell Maltz (Psycho-Cybernetics, 1960) und wurde bereits mehrfach widerlegt.
5 Für Nicht-Hamburger:innen und/oder Nicht-Läufer:innen: Es sind 7,4 Kilometer.
6 Fogg, BJ: Tiny Habits – The Small Changes that Change Everything, 2019.
7 Fogg, BJ: Tiny Habits – The Small Changes that Change Everything, 2019.
8 Eine Unterscheidung, die wir ebenfalls BJ Fogg verdanken. Fogg, BJ: Tiny Habits – The Small Changes that Change Everything, 2019.
9 Fogg, BJ: Tiny Habits – The Small Changes that Change Everything, 2019. James Clear bezieht sich in *Die 1 %-Methode* ebenfalls auf BJ Fogg und nennt dies „Gewohnheitenkopplung"".
10 Duhigg, Charles: Die Macht der Gewohnheit: Warum wir tun, was wir tun, 2013.
11 Dieser Zusammenhang wurde 1949 erstmals vom Psychologen Donald Olding Hebb formuliert. Die Hebb'sche Regel „what fires together, wires together" besagt, dass Neuronen durch gemeinsame Aktivierung miteinander verknüpft werden. Das führt dazu, dass sie sich anschließend auch gegenseitig aktivieren.
12 Milkman, Katherine L.; Minson, Julia A.; Volpp, Kevin G.: Holding the Hunger Games Hostage at the Gym: An Evaluation of Temptation Bundling, in: Manage Sci., 02/2014.
13 Es erklärt auch, warum es uns oft schwer fällt, gute Gewohnheiten beizubehalten, die wir uns im Urlaub oder während einer Kur zugelegt haben. Die Rückkehr in die ursprüngliche Umgebung konfrontiert uns wieder mit alten Auslösereizen.
14 Wood, Wendy: Podcast #281.
15 Clear, James: Die 1 %-Methode – minimale Veränderung, maximale Wirkung, 2020.
16 Das erklärt auch, warum wir oft scheitern, wenn wir zu schnell zu viel wollen. Die Schwierigkeit muss proportional zum Anstieg unserer Fähigkeiten steigen.
17 Wood, Wendy, Podcast #281.
18 Hier setzen übrigens auch einige der aktuellen Forschungsthemen von BJ Fogg und seinen Student:innen an, die seit 2020 Klimaexpert:innen in Methoden der Verhaltensänderung schulen, damit sie die Erkenntnisse in Maßnahmen und Kampagnen einfließen lassen können. Ein weiteres seiner Projekte zielt darauf ab, Menschen dabei zu unterstützen, unproduktive Bildschirmzeit zu reduzieren. Im Zusammenhang mit der Corona-Impfkampagne in den USA entwickelten er und sein Team auf Basis verhaltenswissenschaftlicher Zusammenhänge Empfehlungen, wie möglichst viele Menschen zur einer Impfung motiviert werden.

5 / Gesundheit

1 Auch auf das Thema Schichtarbeit, das mittlerweile von den Vereinten Nationen als „gesundheitsgefährdend" eingestuft wird, gehen wir nur am Rande ein.
2 Bergmann, Frithjof: Podcast #100.
3 Der Ursprung des Worts „Arbeit" hat in vielen Sprachen eine negative Konnotation. Sowohl im Alt- und Mittelhochdeutschen wird Arbeit mit Mühsal, Strapaze und Not erklärt. In der französischen Sprache hat das Wort „travail" einen noch negativeren Ursprung; es geht auf ein frühmittelalterliches Folterinstrument zurück. Sowohl das englische „labour" als auch das italienische „lavaro" habe ihren Ursprung im lateinischen „labora", das in der Hauptbedeutung ebenfalls für „Mühe" steht. Ganz im Gegensatz dazu steht eine Sichtweise auf Arbeit, die den schöpferischen Anspruch und die positive Energie, die solche Arbeit den Menschen geben kann, in den Vordergrund stellt.
4 Die Studie umfasst neben 15.000 Führungskräften weitere 2.102 Personalfachleute, die zusammen mehr als 1.740 Organisationen in mehr als 24 Branchen auf der ganzen Welt repräsentieren.

5 Segal, Edward: Leaders And Employees Are Burning Out At Record Rates: New Survey, in: www.forbes.com, 17.2.2021. Ungefähr 44 Prozent der Führungskräfte, die sich am Ende des Tages erschöpft fühlen, erwarten, dass sie das Unternehmen wechseln, um voranzukommen; 26 Prozent gehen davon aus, dass sie innerhalb des nächsten Jahres ausscheiden werden. Auch für die nachfolgenden Generationen von Führungskräften weist die Studie auf Gefahren hin, da 86 Prozent der Mitarbeiter:innen mit hohem Potenzial ebenfalls Symptome verspüren, die zu einem Burn-out führen können. Die Wahrscheinlichkeit, dass sie ihr Unternehmen verlassen, ist sogar doppelt so hoch wie bei ihren Kolleg:innen.

6 Damer, Miszek: Podcast #243.

7 Behrens, Nils: Podcast #239.

8 O. V.: New WHO-led study says majority of adolescents worldwide are not sufficiently physically active, putting their current and future health at risk, in: www.who.int, 22.11.2019.

9 Damer, Miszek: Podcast #243, und Damer, Miszek; Krcmarikova, Dominika: Der Gesundheitskompass, 2020.

10 Vgl. hierzu auch den Podcast #259 mit Leonard Beck, dem Co-Gründer und CEO von Standsome, einem Start-up, das sehr günstige Aufsetz- und Stehpulte herstellt.

11 Die vollständige Liste: 1. Verbesserung der Herzgesundheit, 2. Hilft bei der Gewichtsabnahme, 3. Reguliert den Blutdruck, 4. Bekämpft den Krebs, 5. Verbessert den Kreislauf, 6. Reduziert das Risiko von Diabetes, 7. Stärkt die Knochen, 8. Stärkt die Muskeln, 9. Verbessert die Verdauung, 10. Stärkt die Immunfunktion, 11. Vorbeugend gegen Demenz, 12. Erhöht die Lungenkapazität, 13. Verzögert die Alterung, 14. Hilft bei der Herstellung von Vitamin D, 15. Reduziert Stress, 16. Erhöht die Stimmung, 17. Verbessert das Gedächtnis, 18. Erhöht die Produktivität, 19. Erhöht die Kreativität, 20. Aufbau eines sozialen Netzwerks. Damer, Miszek; Krcmarikova, Dominika: Der Gesundheitskompass, 2020.

12 Behrens, Nils: Podcast #239.

13 Haag, Gerry: Podcast #158.

14 Daher kommt die Forschung auch immer wieder zu der Erkenntnis, dass Willenskraft allein nicht ausreicht, positive Verhaltensänderungen zu erreichen, vgl. hierzu das Kapitel „Gewohnheiten".

15 Nils Behrens beschrieb uns im Podcast einen typischen Patienten wie folgt: „Unsere Kunden haben häufig ihre Karriere dem Raubbau an ihrem Körper zu verdanken."

16 Behrens, Nils: Podcast #239. Außerdem empfehlen wir den Podcast *Forever Young*, in dem Nils diese und andere Themen mit Expert:innen diskutiert.

17 Walker, Matthew: Why we Sleep: Unlocking the Power of Sleep and Dreams, 2017.

18 Surel, Chris: Podcast #297.

19 Walker, Matthew: Why We Sleep: Unlocking the Power of Sleep and Dreams, 2017.

20 Surel, Chris: Podcast #297.

21 Belvedere, Matthew J.: Why *Aetna's* CEO pays workers up to $500 to sleep, in: cnbc.com.

22 Huberman, Andrew: Podcast #148.

23 Arndt, Julia: Podcast #242.

24 Prieß, Mirriam: Burnout kommt nicht nur von Stress. Warum wir wirklich ausbrennen – und wie wir zu uns selbst zurückfinden, 2013.

25 Prieß, Mirriam: Podcast #75.

26 www.mhfa-ersthelfer.de/de/.

27 Da es sich bei allen Studienteilnehmern um weiße Männer handelt, bezeichnet Robert Waldinger das ursprüngliche Design der Studie aus heutiger Sicht als maximal politisch unkorrekt.

28 Holt-Lunstad, Julianne; Smith, Timothy B.; Layton, J. Bradly: Social relationships and mortality risk: a meta-analytic review, in: PLoS Medicine, 2010.

29 Holt-Lunstad, Julianne; Smith, Timothy B.; Baker, Mark; Harris, Tyler; Stephenson, David: Loneliness and social isolation as risk factors for mortality: a meta-analytic review, in: Perspectives on Psychological Science, 03/2015.

30 Waldinger, Robert: Podcast #256.

31 Hof, Wim: Podcast #151. Bei dieser Technik geht es darum, in einer komfortablen Position (liegend oder sitzend) 30 bis 40 Mal hintereinander tief ein- und auszuatmen. Dabei empfiehlt

er, vom Zwerchfell (unterer Lungenbereich) über die Brust (oberer Lungenbereich) in den Kopf zu atmen. Es geht außerdem darum, gefühlt etwas weniger aus- als einzuatmen. Am Ende der Übung folgt eine Ausatmung und die Aufforderung, die Luft anzuhalten. Beim darauffolgenden Atemzug soll die Luft 15 bis 20 Sekunden gehalten werden. Danach erfolgt eine kurze Entspannung. Dieser Zyklus soll dann noch zwei- bis dreimal wiederholt werden. Durch Übung gelingt es relativ schnell, den Zeitraum des Luftanhaltens auf zwei bis drei Minuten auszudehnen.
32 Huberman, Andrew: Podcast #148.
33 Tan, Chade-Meng: Search Inside Yourself: Optimiere dein Leben durch Achtsamkeit, 2015.
34 Bechler, Jan: Podcast #209.
35 Harari, Yuval Noah: 21 Lektionen für das 21. Jahrhundert, 2018.
36 Kühne, Vera: Meditation bahnt neue Wege im Gehirn, in: www.handelsblatt.com, 17.8.2010.
37 Prenissl, Jonas: Können wir uns gesund denken?, in: www.faz.net, 30.9.2021.
38 O. V.: Longevity Science Foundation, die eine menschliche Lebenserwartung von mindestens 120 Jahren anstrebt, in der Schweiz gegründet, in: www.businesswire.com, 30.9.2021.

6 / Freiheit

1 Bergmann, Frithjof: Podcast #100.
2 Haag, Gesine und Gerry: Podcast #4.
3 Bergmann, Frithjof: Podcast #100.
4 Stahl, Stefanie: Das Kind in dir muss Heimat finden – Der Schlüssel zur Lösung (fast) aller Probleme, 2015.
5 Hicks, Esther; Hicks, Jerry: The Law of Attraction: Das kosmische Gesetz hinter „The Secret", 2008.
6 Das „6-Minuten-Tagebuch" von Dominik Spenst ist in Deutschland eine der beliebtesten Varianten des täglichen Journalings. Mehr dazu in unserem Kapitel über Selbstreflexion.
7 Hellberg, Helge: Podcast #222.
8 Allmers, Swantje: Podcast #226.
9 Die bekanntesten Untersuchungen stammen vom Psychologen Donald Olding Hebb, der sich mit dem Lernen in neuronalen Netzwerken befasst hat. Die 1949 formulierte Hebbsche Regel „what fires together, wires together" besagt, dass Neuronen durch gemeinsame Aktivierung miteinander verknüpft werden. Das führt dazu, dass sie sich anschließend auch gegenseitig aktivieren.
10 Für die Medizinerin und Expertin für Burn-out Mirriam Prieß sind ungelöste Konflikte die primäre Ursache für Burn-outs. Prieß, Mirriam: Podcast #75.
11 Windscheid, Leon: Podcast #271.
12 Eyal, Nir: Podcast #277.
13 Frithjof erlebte den Zweiten Weltkrieg, er war früh auf sich gestellt, weil seine Mutter vor den Nazis floh und sein Vater in Gefangenschaft war, und wanderte 1949 im Alter von 19 Jahren allein in die USA aus.
14 Bergmann, Frithjof: Podcast #100.
15 Windscheid, Leon: Besser fühlen: Eine Reise zur Gelassenheit, 2021.
16 Windscheid, Leon: Podcast #271.
17 Schwartz, Tony; McCarthy, Caterine: Manage Your Energy, Not Your Time, in HBR's 10 Must Reads – On Managing Yourself, 2010
18 Klasing, Insa: Podcast #263 und die ganze Geschichte im Kapitel über Führung.
19 Windscheid, Leon: Besser fühlen: Eine Reise zur Gelassenheit, 2021.

7 / Kreativität

1 Lehnen-Beyel, Ilka: Macht nur Fleiß das Genie zum Genie?, in: www.spiegel.de, 2004.
2 Schröder, Atze: Podcast #188.
3 Bergmann, Frithjof: Podcast #100.
4 Heuer, Steffan: Die Schnellsten sind nicht immer die Sieger, Interview mit Jim Colllins, in: brandeins.de, 2019; Freitag, Lin: Zwischen Genie und Wahnsinn: Die dunkle Seite der Kreativität, in: www.wiwo.de, 18.1.2016.
5 Chapman, Steve: Podcast #214.
6 Brown, Tim: Tales of creativity and play, in: www.ted.com, 2009.
7 Grant, Adam: The surprising habits of original thinkers, www.ted.com, 2016; Grant, Adam: Originals: How Non-Conformists Move the World, 2017.
8 Catmull, Ed; Wallace, Amy: Creativity, Inc.: Overcoming the Unseen Forces That Stand in The Way of True Inspiration, 2014.
9 Heeger, Simon: Podcast #23.
10 Corssen, Jens; Drews, Claudia: Podcast #172.
11 Robbins, Mel: The High 5 Habit: Take Control of Your Life With One Simple Habit, 2021.
12 Beckmann, Reinhold: Podcast #221.
13 Schröder, Atze: Podcast #188.
14 Gilbert, Elizabeth: Your elusive creative genius, TED Talk, in: www.ted.org, 2009.
15 Limb, Charles J.; Braun, Allan R.: Neural Substrates of Spontaneous Musical Performance: An fMRI Study of Jazz Improvisation, in: www.journals.plos.org, 27.2.2008.
16 Chapman, Steve: Podcast #214.
17 Die 10.000-Stunden-Regel wurde unter anderem 2009 von Malcolm Gladwell beschrieben. Demnach braucht man mindestens 10.000 Stunden Übung, um in einer Disziplin Spitzenleistungen vollbringen zu können. Gladwell, Malcolm: Outliers: The Story of Success, 2009.
18 Linhof, Rüdiger: Podcast #161.
19 Gilbert, Elizabeth: Your elusive creative genius, TED Talk, in: www.ted.org, 2009.
20 Kray, Oliver: Podcast #270.
21 Lobrutto, Vincent: Stanley Kubrick: A Biography, 1999.
22 Rustand, Warren: Podcast #22.
23 Huberman, Andrew: Podcast #148.
24 ARTE Tracks: Von Linkin Park und kreativen Genies, in: www.arte.tv, 2021.
25 Bowen, Gordon: Podcast #69.
26 Wallas, Graham: The Art of Thought, 1926.
27 Wachsmann, Christiane: Vom Bauhaus beflügelt: Menschen und Ideen an der Hochschule für Gestaltung Ulm, 2018.
28 Schuldt, Christian: Kreativität: Das große Missverständnis. Ein Auszug aus der Trendstudie Free Creativity, 2020.
29 Dust, Fred: IDEO Partner Fred Dust on Designing the Future, The Aspen Institute, youtube.com, 2013. Er war außerdem unser Gast in Podcast #300.
30 Smith, Paul Clayton: Uber Design – How We Design on the UberEATS Team, in: www.medium.com, 2017.

8 / Lernen

1 Bergmann, Frithjof: Podcast #100.
2 Nissen, Regina: Lernen, Gabler Wirtschaftslexikon, 2018.
3 Bartels, Peter: Podcast #92.
4 Eyal, Nir: Podcast #277.
5 Przybylski, Andrew; Murayama, Kou; DeHaan, Cody; Gladwell, Valerie: Motivational, emotional, and behavioral correlates of fear of missing out, Computers in Human Behavior, 2013.
6 Bathke, Benjamin: Süchtig nach Nachrichten, in: www.deutschlandfunk.de, 7.1.2019.

7 Sapolsky, Robert: Dopamine Jackpot! Sapolsky on the Science of Pleasure, in: www.youtube.com/foratv, 2011.
8 Bajarin, Ben: Apple's Penchant for Consumer Security, in: www.techpinions.com, 18.4.2016.
9 Fitz, Nicholas; Kushlev, Kostadin; Jagannathan, Ranjan; Lewis, Terrel; Paliwal, Devang; Ariely, Dan: Batching smartphone notifications can improve well-being, Computers in Human Behavior, 2019.
10 Edmondson, Amy: Podcast #264.
11 Edmondson, Amy: Die angstfreie Organisation: Wie Sie psychologische Sicherheit am Arbeitsplatz für mehr Entwicklung, Lernen und Innovation schaffen, 2020.
12 Möller, Romy: Podcast #234.
13 Ferriss, Tim: How to Learn Any Language in Record Time and Never Forget It, in: tim.blog, 16.7.2014. Ferriss, Tim: Die 4-Stunden Woche, Der 4-Stunden Koch, Der 4-Stunden Körper.
14 Lombardo, Michael M.; Eichinger, Robert W.: The Career Architect Development Planner, 1996.
15 Michael spricht in Podcast #64 mit Pascal Finette von der Singularity University und in Folge #159 mit Jessica Orkin, CEO von *SYPartner*.
16 Dengel, Andreas; Mägdefrau, Jutta: Presence is the key to understanding immersive learning, 2019.
17 Finette, Pascal: Podcast #64.
18 Covey, Stephen R.: Die 7 Wege zur Effektivität: Prinzipien für persönlichen und beruflichen Erfolg, 1989.
19 European Commission: Proposal for a Council Recommendation on Key Competences for LifeLong Learning, 2018.
20 Coyle, Daniel: The Talent Code: Greatness isn't born. It's grown, 2009. Daniel Coyle beschreibt die Komponisten in Wien in der Mitte des 19. Jahrhunderts, die Schriftsteller, die sich zur Zeit William Shakespeares in England entwickelten und die „einmalige Explosion an Genies" in Kunst und Wissenschaft, die Florenz, eine Stadt mit nur 70.000 Einwohnern, im 15. Jahrhundert erlebte und die der Stadt eine herausragende Bedeutung bis ins 19. Jahrhundert bescherte.
21 Coyle, Daniel: The Talent Code: Greatness isn't born. It's grown, 2020.
22 Ericsson, Anders; Pool, Robert: Peak: How all of us can achieve extraordinary things, 2017.
23 Nightingale, Earl: Strangest Secret, 1957.
24 Pausder, Verena: Podcast #36.
25 Teunen, Jan: Podcast #130.
26 Polenski, Hinnerk: Podcast #56.
27 Walker, Matthew: Das große Buch vom Schlaf: Die enorme Bedeutung des Schlafs, 2018.
28 Behrens, Nils: Podcast #239.

9 / Resilienz

1 Bloh, Dominik: Unter Palmen aus Stahl, 2021.
2 Bloh, Dominik: Podcast #293.
3 Prieß, Mirriam: Podcast #75.
4 Werner, Emmy E.: The children of Kauai: Resiliency and recovery in adolescence and adulthood, in: Journal of Adolescent Health, 1992.
5 Krol, Beate: Resilienz, in: www.planet-wissen.de.
6 Im Kapitel „Selbstmanagement" beschreiben wir natürlich, worauf es hier konkret ankommt.
7 Windscheid, Leon: Podcast #271.
8 Prieß, Mirriam: Resilienz – So entwickeln Sie Widerstandskraft und innere Stärke, 2019.
9 Im Kapitel „Gesundheit" finden Sie zahlreiche, leicht umsetzbare Tipps, um Ihre Gesundheit zu verbessern.
10 Waldinger, Robert: Podcast #254.
11 Prieß, Mirriam: Podcast #75.
12 Putnam, Robert D.: Bowling Alone – The Collapse and Revival of American Community, 2020.
13 Gallup: State of the American Workplace Report, 2017.

14 Seppälä, Emma; King, Marissa: Burnout at Work Isn't Just About Exhaustion. It's Also About Loneliness, www.hbr.org, 2017.
15 Zahlreiche Untersuchungen von Martin E. P. Seligman belegen, dass Geld kaum einen Effekt auf das Glücksgefühl von Menschen hat. Auffallend war darüber hinaus, dass Menschen, deren Hauptziel Geld war, in der Regel auch sehr unglücklich waren.
16 Frankl, Viktor E.: … trotzdem Ja zum Leben sagen – Ein Psychologe erlebt das Konzentrationslager, 2020.
17 Manson, Mark: The Subtle Art of Not Giving a F:ck – A Counterintuitive Approach to Living a Good Life, 2016.
18 Eberle, Birgit: Resilienz ist erlernbar, 2019.
19 Hamel, Gary; Zanini, Michele: Humanocracy - Creating Organizations as Amazing as the People Inside Them, 2020.
20 Im Kapitel „Bildung" im dritten Teil des Buchs beleuchten wir dies näher und zeigen, dass es auch anders geht.

10 / Organisation

1 Laloux, Frédéric: Podcast #261.
2 Gallup: Engagement Index 2020, 2021.
3 Gallup: State of the Global Workplace, 2017.
4 Generation Y sind die Jahrgänge ab 1980 bis Mitte der 1990er-Jahre und Generation Z die Jahrgänge nach 1995 bis 2010. Je nach Quelle unterscheiden sich die Jahresangaben etwas.
5 Der Test ist frei verfügbar unter hbr.org/2017/05/assessment-do-you-know-how-bureaucratic-your-organization-is.
6 Eurofound: Sechste Europäische Erhebung über die Arbeitsbedingungen, Aktualisierung aus 2017.
7 Robertson, Brian. J.: Holacracy - ein revolutionäres Management-System für eine volatile Welt, 2016.
8 Frech, Monika; Grosse-Dunker, Fried: Podcast #133.
9 Springer, Reinhard; Jacoby, Konstantin: Podcast #124.
10 Soziokratie ist ein Organisationsmodell für Unternehmen und Organisationen, in dem Selbstorganisation und partizipative Entscheidungen im Mittelpunkt stehen. Die vier Prinzipien umfassen das Konsent-Prinzip zur Entscheidungsfindung, die Kreisstruktur, das Prinzip der doppelten Verknüpfung und die Wahl von Rolleninhaber:innen.
11 Robertson, Brian: Podcast #247.
12 Klein, Sebastian: Podcast #45.
13 Caddel, Bud: The Fatal Gap Between Organizational Practice and Organizational Theory, in: academy.nobl.io, 2016.
14 Brian Robertson bezeichnet Holacracy als ein Betriebssystem beziehungsweise Operating System.
15 Robertson, Brian. J.: Holacracy - ein revolutionäres Management-System für eine volatile Welt, 2016.
16 Mois, Tim: Podcast #50.
17 Retrospektiven sind regelmäßige Meetings, in denen es darum geht, die Zusammenarbeit kontinuierlich zu verbessern und aus Fehlern zu lernen. Mehr dazu im Kapitel „Agilität".
18 Klein, Sebastian: Podcast #45.
19 Hamel, G.; Zanini, M.: Humanocracy – Creating Organizations as Amazing as the People Inside Them, 2020.
20 Gallup: State of the American Workplace Report, 2017.
21 Ewenstein, Boris; Smith, Wesley; Sologar, Ashvin: Changing change management, in: www.mckinsey.com, 1.7.2015.
22 Tollmann, Peter et al.: Getting Smart About Change Management, in: www.bcg.com, 5.1.2017.
23 Frech, Monika; Grosse-Dunker, Fried: Podcast #133.

24 Erfahrungen, Ideen, Beobachtungen und Impulse, die für die Zukunft und Ausrichtung von *Dark Horse* relevant sein könnten.

25 Adams, Bryan: How Google's 20 Percent Rule Can Make You More Productive and Energetic, www.inc.com, 28.12.2016.

26 3M: 15 % Regel, www.3mdeutschland.de

27 Hamel, Gary: Free travel experiment (Nordic Business Forum 2018), www.youtube.com, 26.10.2018; HR Innovation and Future of Work, www.youtube.com, 11.3.2020.

28 Siefer, Philip; Zeiler, Waldemar: Podcast #229.

29 Thomsen, Steen; Poulsen, Thomas; Børsting, Christa; Kuhn, Johan: Industrial Foundations as Long-Term Owners; European Corporate Governance Institute (ECGI), Finance Working Paper No. 556/2018. Gemäß der Studie ist die Wahrscheinlichkeit, 40 Jahre nach Gründung noch zu bestehen, ungefähr sechsmal höher, wenn sich das Unternehmen in Verantwortungseigentum befindet.

30 Prominente Vertreter der Bewegung sind unter anderem Christof Bosch, Michael Otto, Verena Pausder, Thomas Bruch und Götz Rehn. Mehr dazu unter www.stiftung-verantwortungseigentum.de und im Kapitel „Utopien".

11 / Agilität

1 Mehl, Konstantin: Podcast #266.

2 Müller, Tarek: Podcast #47.

3 Auf einer seiner ersten Reisen ins Silicon Valley lernte Michael bei *Google* das Konzept des Pretotyping kennen. Der Pretotype ist mit dem MVP vergleichbar. Als *IBM* in den 1960er-Jahren zum erstenmal über die Umwandlung von Sprache in geschriebenen Text nachdachte, hätte die Entwicklung eines richtigen Prototyps zu hohe finanzielle Mittel und zu viel Zeit erfordert. Also nutzte *IBM* einen Trick und setzte eine Sekretärin, die zu den schnellsten Stenografinnen der USA zählte, in einen Nebenraum gleich neben dem Untersuchungsraum, in dem Probanden die neue Technologie ausprobieren sollten. Über einen Kopfhörer bekam sie die gesprochenen Texte mitgeteilt und tippte sie in den Computer. Für die Probanden sah es so aus, als ob der Computer ihre Sprache direkt in Textform umwandelte. Das erstaunliche Ergebnis: Die überwältigende Mehrheit der getesteten Personen sah in dieser Anwendung keinen Nutzen und *IBM* legte das Projekt für viele Jahre auf Eis; die Tastatur hatte als Eingabemedium vorerst gewonnen. Hohe Fehlinvestitionen wurden so vermieden, denn die meisten neuen Ideen scheitern auf dem Markt, auch wenn sie gut umgesetzt werden. Alberto Savoia, der Autor von *Pretotyping*, nennt dies das Gesetz des Marktversagens. Agiles Arbeiten, Minimum Viable Product und der damit verbundene Einsatz von Tests sind eine sinnvolle Antwort. Savoia, Alberto: Pretotype – Make sure you are building the right it before you build it right, 2011.

4 Ries, Eric: Lean Startup: Schnell, risikolos und erfolgreich Unternehmen gründen, 2014.

5 Sutherland, Jeff: Scrum - The Art of Doing Twice the Work in Half the Time, 2015.

6 Ihren Ursprung hat die Kanban-Methode in der Produktion. Sie wurde 1947 von Taiichi Ohno bei *Toyota* eingeführt. *Toyota* wollte damit eine Antwort auf Produktivitätsnachteile gegenüber dem US-amerikanischen Wettbewerb geben. Später wurde das Prinzip auch für die Softwareentwicklung adaptiert.

7 Weiblen, Eberhard: Podcast #72.

8 Der Vollständigkeit halber merken wir an, dass Michael zwischen 1994 bis 1996 als Consultant bei der französischen Management-Beratungsgesellschaft *Bossard Consultants* sowohl an der Konzeption und der Implementierung von P.O.L.E. als auch an der Gründungsphase der *Porsche Consulting* beteiligt war.

9 Knapp, Jake; Zeratsky, John; Kowitz, Braden: Sprint – wie man in nur fünf Tagen neue Ideen testet und Probleme löst, 2016.

10 Der Hauptgrund für den Vorschlag, zumindest zeitweise eine:n „Querschläger:in" ins Team zu holen, besteht darin, dass solche Personen das Problem in aller Regel anders betrachten als die regulären Teammitglieder. Die Aufgabe des:der Moderator:in ist, diesen Typ Mensch, der meist zwischen Rebell:in und Nörgler:in angesiedelt ist, gewinnbringend in das Team zu integrieren.

11 Unter der Überschrift „Persönliche Geschichte statt Big Data" beschreiben die Autoren anhand der Geschichte der damals achtjährigen Alice Newton, dass manchmal das Urteil eines Menschen reicht. Ihr Vater, der Verleger Nigel Newton, brachte im August 1996 die ersten 50 Probeseiten eines Manuskripts mit nach Hause, das bereits acht andere Verlage abgelehnt hatten. Er hatte wenig Lust, es selbst zu lesen, und gab es stattdessen seiner Tochter. Diese war sich bereits nach einer Stunde sicher, dass dieses Buch „besser als alle anderen Bücher war". Monatelang bearbeitete sie ihren Vater, das ganze Manuskript zu besorgen. Er erfüllte ihr schließlich diesen Wunsch und druckte die ersten 500 Exemplare diese Buchs. Der Titel? *Harry Potter and the Philosopher's Stone.*

12 Ein Beispiel, dass wir Frédéric Laloux verdanken: Laloux, Frédéric: Reinventing Organizations visuell: Ein illustrierter Leitfaden sinnstiftender Formen der Zusammenarbeit, 2016.

13 Sixt, Alexander: Podcast #256.

14 Jonathan Kurfess, Gründer und CEO von *Appinio*, hat hier mit seinem Unternehmen neue Maßstäbe geschaffen. Mithilfe der *Appinio*-App ist es möglich, in wenigen Stunden Marktforschungen mit vierstelliger Stichprobengröße durchzuführen. Mehr dazu: Kurfess, Jonathan: Podcast #233.

15 Sinell, Anna: Podcast #275.

12 / Zusammenarbeit

1 Trautmann, Michael: Podcast #15.

2 Eyal, Nir: Podcast #277.

3 Cross, Rob; Rebele, Reb; Grant, Adam: Collaborative Overload, in: www.hbr.org, 2016.

4 Becker, Tanja: Podcast #232.

5 Edmondson, Amy: Podcast #264.

6 Wir haben die Studie bereits im ersten Teil dieses Buchs erwähnt.

7 Im Kapitel „Organisation" sind wir zum Beispiel auf die Gallup-Studie *State of the American Workplace Report* eingegangen, nach der nur zwei von zehn der befragten Amerikaner:innen angaben, in der Arbeit eine:n beste:n Freund:in zu haben. Robert Waldinger spricht im Podcast #254 über eine Studie der *Sloan School* am MIT zum Thema „Einsamkeit bei der Arbeit". Auf die Frage „Haben Sie einen Freund oder eine Freundin in ihrem Arbeitsumfeld?" antworten je nach Unternehmen 40 bis 50 Prozent der Befragten, dass sie dort niemanden haben, den sie als Freund:in bezeichnen würden.

8 Wie schon in unserem Kapitel „Selbstreflexion" ausgeführt, gilt das für den Typ „Geber", der sich nicht verausgabt, sondern dem es gelingt, sich notfalls auch abzugrenzen. Grant, Adam: Geben und Nehmen: Warum Egoisten nicht immer gewinnen und hilfsbereite Menschen weiterkommen, 2016.

9 Carnegie, Dale: Wie man Freunde gewinnt: Die Kunst, beliebt und einflussreich zu werden, 2011.

10 Westermeyer, Philipp: Podcast #2. Der Gründer der *Online Marketing Rockstars* ist hier ein leuchtendes Beispiel. Er ist nicht nur Gastgeber eines äußerst erfolgreichen Podcasts, sondern er zeigt auch ohne Mikrofon in jedem Gespräch ein tiefes Interesse an seinem Gegenüber.

11 Grant, Adam: Geben und Nehmen: Warum Egoisten nicht immer gewinnen und hilfsbereite Menschen weiterkommen, 2016.

12 Springer, Reinhard; Jacoby, Konstantin: Podcast #124. Die Gründer von Springer & Jacoby haben es „Gesagt-Getan-Rate" genannt und es war Teil der berühmten Kultur der Agenturgruppe.

13 Stepper, John: Podcast #181.

14 Rohn, Jim: My Philosophy for Successful Living, 2011.

15 Mehr dazu im Kapitel „Selbstreflexion".

16 Oncken, William, Jr.; Wass, Donald L.: Who's Got The Monkey?, in: On Managing Yourself, HBR"s 10 Must Reads, 2011.

17 Mehl, Konstantin: Podcast #266. Interessant ist außerdem, welche Tätigkeit Konstantin niemals delegieren würde: Face-to-Face-Gespräche mit seinen Kund:innen.

18 Shenk, Joshua Wolf: Powers of Two: Finding the Essence of Innovation in Creative Pairs, 2015.

19 Pfeiffer, J. William; Jones, John. E.: A Handbook of Structured Experiences for Human Relations Training, Vol. I + II., 1970.
20 Lencioni, Patrick: Die fünf Dysfunktionen eines Teams, 2014.
21 Brook, Jennifer: Podcast #49. Wir sprachen außerdem mit Jennifer über eine von ihr entwickelte Methode, die Teams dabei hilft, ihre eigene Kultur zu entwickeln. Sie nennt es „Team Contract Workshop".
22 Edmondson, Amy C.: Die angstfreie Organisation: Wie Sie psychologische Sicherheit am Arbeitsplatz für mehr Entwicklung, Lernen und Innovation schaffen, 2020.
23 Edmondson, Amy C.: Die angstfreie Organisation: Wie Sie psychologische Sicherheit am Arbeitsplatz für mehr Entwicklung, Lernen und Innovation schaffen, 2020.
24 Malone, T.; Wolley, A.: What makes a team smarter? More women, in: Harvard Business Review, 06/2011. Mehr dazu im Kapitel „Diversität".
25 Menne, Simone: Podcast #235.
26 Ahlborn, Dirk: Podcast #113. Das Unternehmen ist zurzeit an unterschiedlichen Standorten auf der Welt in eine Reihe von Projekten involviert. Unter anderem arbeitet *HyperloopTT* zusammen mit dem Terminalbetreiber *Hamburger Hafen und Logistik AG (HHLA)* an einer nachhaltigen Hochgeschwindigkeitslösung für den Frachtverkehr, die in der Zukunft die Kapazität und Effizienz erhöhen und gleichzeitig die Umweltverschmutzung und Staus in Häfen weltweit verringern wird.
27 Bartl, Michael; Füller, Johann; Schmidt, Michael: Podcast #294.
28 Stepper, John: Podcast #181.
29 Stepper, John: Working Out Loud: Wie Sie Ihre Selbstwirksamkeit stärken und Ihre Karriere und Ihr Leben nach eigenen Vorstellungen gestalten, 2020.
30 www.workingoutloud.com
31 Becker, Tanja: Podcast #232.
32 Hertl, Reiner: Crew Resource Management – Lernprozesse aus der Luftfahrt, in: www.wingmag.com, 9.11.2020.
33 Springer, Reinhard; Jacoby, Konstantin: Podcast #124.

13 / Kommunikation

1 Bättig, Regula: Die Welt in Zahlen, *brand eins*, brandeins.de, 2009; Paulsen, Nina; Britze, Nils: Durchschnittlich 26 berufliche E-Mails landen täglich im Postfach, in: www.bitkom.de, 2021.
2 Kerkmann, Christof: Kampfansage an Microsoft: Salesforce kauft Slack für knapp 28 Milliarden Dollar, in: www.handelsblatt.com, 1.12.2020.
3 Butterfield, Stewart: Podcast #61.
4 Bailey, Robert W.: Human Interaction Speeds, humanfactors.com, 2000. Worthy, Beth: Reading vs. Listening – Which is More Efficient for Studying and Remembering?, in: www.gmrtranscription.com, 2021.
5 Palfreman, Jon: Machine That Changed The World, Interview with Steve Jobs, in: www.wgbh.org, 1990.
6 Jungwirth, Johann: Podcast #28. Wer noch mehr erfahren möchte, wie es früher bei *Apple* war, dem empfehlen wir die Podcast Folge #218 mit Wilfried Beeck.
7 Haas, Felix: Podcast #137
8 Harris, Patrick: Podcast #58.
9 Rettig, Daniel: E-Mails führen zu Missverständnissen, in: www.wiwo.com, 23.10.2016.
10 Mehrabian, Albert: Silent Messages: Implicit Communication of Emotions and Attitudes, 1981.
11 Botero, Maria Paula: The Power of Walking Meetings, Thrive Global, thriveglobal.com, 2017.
12 Ramachandran, Vignesh: Stanford researchers identify four major causes for ‚Zoom fatigue' and their simple fixes, in: news.stanford.edu, 30.3.2021.
13 Ericsson, Anders; Pool, Robert: Peak: How all of us can achieve extraordinary things, 2016. Die 10.000-Stunde-Regel besagt, dass wir uns 10.000 Stunden mit einer Tätigkeit befassen müssen, um in ihr Spitzenleistungen abrufen zu können.

14 Mubtaker, Yama: The Growth Toolkit: A practical toolkit for your personal & professional growth, 2020.
15 Rogers, Carl R.; Farson, Richard Evans: Active Listening, 1957.
16 Dust, Fred: Making Conversation: Seven Essential Elements of Meaningful Communication, 2020.
17 Etzold, Veit: „Der weiße Hai" im Weltraum: Storytelling für Manager, 2013.
18 Etzold, Veit: WALLIX MOMENTUM.Live 2020 - Storytelling-Vortrag Veit Etzold, in: www.youtube.com, 20.6.2020.
19 Anderson, Chris: TED Talks: Die Kunst der öffentlichen Rede, 2017.
20 Stone, Madeline: A 2004 email from Jeff Bezos explains why Powerpoint presentations aren't allowed at Amazon, in: www.businessinsider.com, 28.7.2015.
21 Kroker, Michael: Amazon-Cloud AWS sorgt mit nur einem Zehntel des Umsatzes für 60 Prozent des Gesamtgewinns, in: blog.wiwo.de, 4.2.2019.
22 Weise, Karen; Wakabayashi, Daisuke: How Andy Jassy, Amazon's Next C.E.O., Was a 'Brain Double' for Jeff Bezos, in: www.nytimes.com, 3.2.2021.
23 Bashaw, Ben: Write Louder: How Jeff Bezos Turned Narrative into Amazon's Competitive Advantage, in: www.slab.com, 5.2.2019.
24 Orkin, Jessica: Podcast #159.
25 Matthias, Fabien: Podcast #59.
26 Bloh, Dominik: Podcast #293.
27 Im Kapitel „Freiheit" gehen wir auf dieses Konzept ein.
28 Rosenberg, Marshall B.; Chopra, Deepak: Nonviolent Communication: A Language of Life, 2015.
29 Prieß, Mirriam: Podcast #75.
30 Prieß, Mirriam: Resilienz: So entwickeln Sie Widerstandskraft und innere Stärke, 2019.
31 Mirriam Prieß hat dem Thema „Dialog" mittlerweile ein eigenes Buch gewidmet. Prieß, Mirriam: Die Kraft des Dialogs. Gelingende Beziehungen mit dem Dialogprinzip - privat, beruflich, zu mir selbst, 2021.
32 Schranner, Matthias: Podcast #128.
33 Wetzel, Daniel: RWE-Chef gibt den Steve Jobs der Energiebranche, in: www.welt.de, 17.4.2014.
34 Owen, Lisa Choi: Podcast #173.
35 Anderson, Chris: TED Talks: Die Kunst der öffentlichen Rede, 2017.

14 / Meetings

1 Klein, Sebastian: Podcast #45.
2 Microsoft: 2021 Work Trend Index: Annual Report - The Next Great Disruption Is Hybrid Work - Are We Ready?, 2021.
3 Cross, Rob; Rebele, Reb; Grant, Adam: Collaborative Overload, in: Harvard Business Review, 01-02/2016.
4 Barco: Rethinking collaboration: Barco reveals true extent of time lost in meetings, and shows how businesses can reclaim this time to their advantage, in: www.barco.com, 2018.
5 Mois, Tim: Podcast #51.
6 Frech, Monika; Grosse-Dunker, Fried: Podcast #133.
7 Das Taktische Meeting ist eines der Kernformate aus dem Holacracy-Ansatz, das sich allerdings auch losgelöst von der Organisationsstruktur anwenden lässt. Gemeinsam mit der Beratung *cidpartners* hat Swantje diese Struktur vielfach in Unternehmen etabliert. Das Einhalten der stringenten Struktur ist anfangs eine Herausforderung für die meisten. Die erhöhte Klarheit und der Zeitgewinn machen sich allerdings schon nach kurzer Zeit bemerkbar.
8 Barco: Rethinking collaboration: Barco reveals true extent of time lost in meetings, and shows how businesses can reclaim this time to their advantage, in: www.barco.com, 2018.
9 Gerber, Martin; Gruner, Heinz: Orientierung 108: FlowTeams - Selbstorganisation in Arbeitsgruppen, Credit Suisse, 1999. Unser Dank gilt auch Christiane Schneider, die die Flow-Agenda zum festen Bestandteil der Meetings bei der Unternehmensberatung *cidpartners* machte, wodurch Swantje die Methode kennenlernte.

10 Auf der Website https://retromat.org/ können eigene Retrospektiven nach dem Baukastenprinzip gestaltet werden. Inhaltlich greift der Retromat auf das gleichnamige Buch von Corinna Baldauf zurück: Baldauf, Corinna: Retromat – Run Great Agile Retrospectives, 2020.
11 Mehr zur Gewaltfreien Kommunikation findet sich im Kapitel „Kommunikation".
12 *McKinsey & Company* veröffentlichte beispielsweise eine Studie, in der die Mehrheit der befragten Führungskräfte davon ausgeht, dass Mitarbeiter:innen künftig nur noch zwischen 21 und 80 Prozent ihrer Arbeitszeit vor Ort verbringen (McKinsey & Company: What executives are saying about the future of hybrid work, 2021). Der Anbieter für Kollaborationslösungen *Barco* ließ für eine Studie 1.750 Mitarbeiter:innen weltweit befragen und kommt zu einem ähnlichen Ergebnis: Die Mehrheit der Befragten wünscht sich hybride Arbeitsplatzmodelle. Als Ideal wurden im Schnitt drei Tage pro Woche am Arbeitsplatz und zwei im Homeoffice angesehen (Barco: Finding a new balance - how better hybrid meetings will improve collaboration & engagement in the workplace, 2020).
13 Microsoft: 2021 Work Trend Index: Annual Report - The Next Great Disruption Is Hybrid Work – Are We Ready?, 2021.
14 Microsoft: Research Proves Your Brain Needs Breaks, in: www.microsoft.com, 2021.
15 Damit ist die Müdigkeit gemeint, die sich nach virtuellen Meetings einstellt. Zu den häufigsten Symptomen gehören Konzentrationsprobleme, Ungeduld und genervt sein, aber auch Beeinträchtigungen wie Kopfschmerzen, Rückenschmerzen und Sehstörungen (Rump, Jutta; Brandt, Marc: Zoom-Fatigue, 2. Phase, Institut für Beschäftigung und Employability, 2020).
16 Peck, Rachel: Podcast #59.
17 McKinsey & Company: What executives are saying about the future of hybrid work, Mai 2021.
18 Die Methode wurde Mitte der 1990er-Jahre vom damalige *Lego*-Chef Kirk Kristiansen gemeinsam mit den Professoren Johan Roos und Bart Victor entwickelt, die der Frage nachgehen wollten, ob *Lego* nicht auch dazu beitragen könne, Probleme in der Wirtschaftswelt zu lösen.
19 In Anlehnung an *Dark Horse Innovation*: Digital Innovation Playbook, 2016.
20 Man sagt Walt Disney nach, er habe diese unterschiedlichen Perspektiven ebenfalls bei der Ideenentwicklung genutzt und in seinem Haus sogar drei separate Räume für jede dieser Perspektiven gehabt.
21 Die sechs Denkhüte von Edward de Bono folgen demselben Muster. Weiß steht für neutrales, analytisches Denken, Rot für subjektives, emotionales Denken, Schwarz für den pessimistischen Kritiker, Gelb für Optimismus und das Erkennen von Chancen und Vorteilen, Grün für Innovation und Blau für Ordnung, Durch- und Überblick.
22 Klein, Sebastian: Podcast #45.
23 Beispiele: https://tscheck.in und https://checkin.daresay.io.
24 Haag, Gesine; Haag Gerry: Podcast #4.
25 Sixt, Alexander: Podcast #256.
26 Deutsche Telekom AG: Tips for Asynchronous Work, geteilt auf LinkedIn in der Gruppe „New York Pioneers" von Oliver Herrmann, Juni 2021.

15 / Räume

1 Hinds, Pamela; Kiesler, Sara: Distributed work - Multidisciplinary research on dynamics, problems, and potential of distributed work, 2002.
2 Wilner, Frédéric: Drei Städte erobern die Welt, in: www.arte.tv, 2020.
3 Grimm, Katharina: Zwischen Vorhölle und kreativem Arbeitsplatz – wie das Großraumbüro entstand, in: www.stern.de, 2020.
4 Teunen, Jan: Podcast #130.
5 Stahl, Ashley: New Study Reveals That Cubicle Farms Are Ruining Employee Morale (And Output), in: www.forbes.com, 28.7.2016.
6 Pejtersen, Jan H.; Feveile, Helene; Christensen, Karl B.; Burr, Hermann: Sickness absence associated with shared and open-plan offices – a national cross sectional questionnaire survey, National Library of Medicine, in: pubmed.ncbi.nlm.nih.gov, 2011.

7 Hallowell, Edward: The Human Moment at Work, Harvard Business Review, in: www.hbr.org, 1999.
8 Bailenson, Jeremy N.: Nonverbal Overload: A Theoretical Argument for the Causes of Zoom Fatigue, Technology, Mind, and Behavior (TMB), in: tmb.apaopen.org, 2021.
9 Peck, Rachel: Podcast #59.
10 Greenberg, Bob, in: OMR Podcast #98.
11 Hustwit, Gary: Workplace: The Connected Space Documentary, in: www.rga.com, 2016.
12 O. V.: Design, das inspiriert: Das von Frank Lloyd Wright entworfene Verwaltungsgebäude von SC Johnson, in: www.scjohnson.com.
13 www.combine-consulting.com.
14 Propst, Robert: The Action Office, in: The Journal of the Human Factors and Ergonomics Society, journals.sagepub.com, 1.8.1966.
15 Budd, Christopher: The Office: 1950 to the Present, The Museum of Modern Art, in: www.moma.org, 2001.
16 Propst, Robert: The Action Office acoustic handbook: A guide for the open plan facility manager, planner and designer, 1975.
17 Saval, Nikil: Cubed: A Secret History of the Workplace, 2014.
18 Hilts, Philip J.: Last Rites for a 'Plywood Palace' That Was a Rock of Science, in www.nytimes.com, 31.3.1998.
19 Brand, Stewart: How Buildings Learn: What Happens After They're Built, 1994.
20 Vogels, Rebecca: Innovation und Architektur: Welche Räume brauchen neue Ideen?, in: www.derstandard.de, 22.5.2019.
21 Bergstein, Brian: EmTech: A Legendary MIT Building's Lessons on Innovation, in: www.technologyreview.com, 23.9.2014.
22 Brand, Stewart: How Buildings Learn: What Happens After They're Built, 1994.
23 Dubbert, Sarah; Ringwald, Daniel: Podcast #278.
24 Osgerby, Jay: Podcast #192.
25 Van Oostrom, Coen: Podcast #176.
26 Hamilton, Ian: The Global Status Report for Buildings and Construction, Global Alliance for Building and Construction, UN Environment Programme, 2020.
27 Waber, Ben; Magnolfi, Jennifer; Lindsay, Greg: Workspaces That Move People, in: www.hbr.org, 2014.
28 Im Kapitel „Nachhaltigkeit" beleuchten wir die Aktivitäten des Unternehmens aus Perspektive des Klimaschutzes.
29 Budd, Christopher: The Office: 1950 to the Present, The Museum of Modern Art, in: moma.org, 2001.
30 Birken, Alexander: Podcast #150.
31 Berger, Warren: Lost in Space, Wired Magazine, in: www.wired.com, 1999.
32 Mehl, Konstantin: #266.
33 Fayard, Anne-Laure; Weeks, John; Khan, Mahwesh: Designing the Hybrid Office: From workplace to „culture space", in: www.hbr.org, 2021.
34 Fayard, Anne-Laure; Weeks, John; Khan, Mahwesh: Designing the Hybrid Office: From workplace to „culture space", in: www.hbr.org, 2021.
35 Fayard, Anne-Laure; Weeks, John; Khan, Mahwesh: Designing the Hybrid Office: From workplace to „culture space", in: www.hbr.org, 2021.
36 www.youtube.com/christophmagnussen; Playlist: New Workspaces, Culture & People.
37 Winter, Marc, und Winkelmann, Thomas: Podcast #123.
38 Döpfner, Mathias: Podcast #30.
39 Rundgang durch die *Microsoft*-Zentrale, in: www.youtube.com/christophmagnussen, 2018.
40 Richter, Isabel: Microsoft Deutschland führt „Vertrauensarbeitsort" ein, in: news.microsoft.com, 2014.
41 Workspace-Tour bei der kartenmacherei, in: www.youtube.com/christophmagnussen, 2018.
42 Mois, Tim: Podcast #50.

43 Nieuwenhuis, Marlon; Postmes, Tom; Knight, Craig; Haslam, S. Alexander: The Relative Benefits of Green Versus Lean Office Space: Three Field Experiments, in: Journal of Experimental Psychology, 2014.
44 *Sony Music* Amsterdam: in: www.youtube.com/christophmagnussen, 2019; Workspace-Tour im EDGE OLYMPIC | Podcast with Coen van Oostrom Part 2, in: www.youtube.com/christophmagnussen, 2019.
45 Van Oostrom, Coen: Podcast #176.
46 Schaffhauser, Dian: MIT Research: Put People Together for Greater Collaboration, in: www.campustechnology.com, 20.7.2017.
47 O. V. (Dark Horse Innovation): New Workspace Playbook: Das unverzichtbare Praxisbuch in neuen Räumen, 2018.
48 Fayard, Anne-Laure; Weeks, John; Khan, Mahwesh: Designing the Hybrid Office: From workplace to „culture space", in: www.hbr.org, 2021.
49 Osgerby, Jay; Erdmann, Julia; Flemming, Lara; Weinberg, Uli: Podcast #207.
50 Gielgen, Raphael: Podcast #93.

16 / Führung

1 Kühn, Karsten: Podcast #167.
2 Wurm, Oliver: Podcast #94.
3 Goleman, Daniel: „What makes a Leader?", in HBR's 10 Must Reads: On Leadership, 2011.
4 Sprenger, Reinhard K.; Michailov, Georgiy: Podcast #261.
5 Sinek, Simon: Gute Chefs essen zuletzt, 2017.
6 Der Jumpseat ist der Platz in der Mitte hinter dem Piloten, der immer links sitzt, und dem Co-Piloten, der immer auf der rechten Seite sitzt. Dieser Platz auf dem früher insbesondere bei Start und Landung auch Fluggäste sitzen durften, darf heute nur noch von Mitarbeiterinnen und Mitarbeitern der jeweiligen Fluggesellschaft genutzt werden. Von diesem Platz hat man eine besonders gute Sicht.
7 Docker, Peter: Podcast #260. Docker, Peter: Leading From The Jumpseat: How to Create Extraordinary Opportunities by Handing Over Control, 2021.
8 Klasing, Insa: Der 2-Stunden-Chef: Mehr Zeit und Erfolg mit dem Autonomie-Prinzip, 2019.
9 Klasing, Insa: Podcast #263.
10 Covey, Stephen M. R.: Podcast #237.
11 Klasing, Insa: Der 2-Stunden-Chef: Mehr Zeit und Erfolg mit dem Autonomie-Prinzip, 2019.
12 Hansen, Drew: Steve Jobs' Lost Interview Converts Me From Hater To Fanboy, in www.forbes.com, 11.5.2013.
13 Finkelstein, Sydney: Das Geheimnis der Superbosse, in: HNM 04/2020: Vom Manager zum Leader, 2020.
14 Springer, Reinhard; Jacoby, Konstantin: Podcast #124. Michael und sein Mitgründer André Kemper (*kempertrautmann*) waren ebenso wie Jean-Remy von Matt und Holger Jung (*Jung von Matt*) viele Jahre Teil der Führungsmannschaft von S&J. Michael verbindet noch heute eine tiefe Freundschaft mit Reinhard Springer, die auch in der Podcast-Folge mit den beiden Werbern zu spüren ist. Finkelstein, Sydney: „Das Geheimnis der Superbosse", in: HNM 04/2020: Vom Manager zum Leader, 2020.
15 Sinek, Simon: Gute Chefs essen zuletzt, 2017.
16 Edmondson, Amy E.: Podcast #264.
17 Hiermit meint er die Fähigkeit, immer wieder den Blick aus den alltäglichen Routinen hinaus auf das große Bild werfen zu können. Es geht hier also auch darum, große Träume zu träumen.
18 Bei dem Wort Stewardship, für das in dem von Spears genutzten Kontext keine geeignete deutsche Übersetzung existiert, geht es um den ethisch korrekten, verantwortungsbewussten Umgang mit den Ressourcen für das (Gemein-)Wohl der Gesellschaft.
19 Çakmak, Esra; Öztekin, Özge; Karadağ, Engin: The Effect of Leadership on Job Satisfaction, in: Leadership and Organizational Outcomes, 2015.

20 Blanchard, Ken: Ken Blanchard on Servant Leadership, Videokurs auf LinkedIn Learning, 2018.
21 Wir haben dies bereits im Kapitel „Organisation“ beschrieben, in dem wir noch sehr viel ausführlicher auf das Thema Selbstorganisation eingehen.
22 Robertson, Brian: Podcast #247.
23 Mehr zu agiler Zusammenarbeit und agilen Rollen steht im Kapitel „Agilität“.
24 Hasis, Christiane; Nelissen, Angela: Podcast #79.
25 Müller, Tarek: Podcast #47. Einige der Details sind nicht in der Podcast-Folge enthalten, sondern Michael hat sie in einem weiteren Gespräch mit Tarek erfahren.
26 Michael brachte diese Zahlen von einem Besuch im Google Headquarter mit. Eine Quelle dafür, lässt sich nicht recherchieren, wurde aber auf Nachfrage von unterschiedlichen Google-Kolleg:innen immer wieder bestätigt.
27 Sugarman, Stan: Podcast #149.
28 Davenport, Thomas H.; Mittal, Nitin: How CEOs Can Lead a Data-Driven Culture, in: www.hbr.org, 23.3.2020.
29 Birken, Alexander: Podcast #150.

17 / Ziele

1 Anmerkung: Michael ist einer der beiden Partner von Moritz Fürste.
2 Fürste, Moritz: Podcast #21.
3 Ramuschkat, Meike: Podcast #220.
4 3,8 Kilometer Schwimmen, 180 Kilometer Rad, 42 Kilometer Laufen.
5 Lawrence, James: Podcast #142.
6 Skolnick, Adam: He Felt Like Running: 100 Days, 100 Ironman-Length Triathlons, in: www.nytimes.com, 27.7.2021.
7 Benioff, Marc; Langley, Monica: Trailblazer: The Power of Business as the Greatest Platform for Change, 2019.
8 Locke, Edwin A.; Latham, Gary P.: New Developments in Goal Setting and Task Performance, 2017; Latham, Gary P.: The Effects of Learning Goal Difficulty Level and Cognitive Ability on Performance, in: Canadian Journal of Behavioural Science, Oktober 2008.
9 Doerr, John: OKR: Objectives & Key Results: Wie Sie Ziele, auf die es wirklich ankommt, entwickeln, messen und umsetzen, 2018.
10 Im amerikanischen Original steht SMART für: specific, measurable, achievable, reasonable, time-bound.
11 Duhigg, Charles: Smarter Faster Better: The Transformative Power of Real Productivity, 2017.
12 Grote, Dick: 3 Popular Goal-Setting Techniques Managers Should Avoid, in: www.hbr.org, 2.1.2017.
13 Duhigg, Charles: Smarter Faster Better: The Transformative Power of Real Productivity, 2017.
14 Duhigg, Charles: Smarter Faster Better: The Transformative Power of Real Productivity, 2017.
15 Doerr, John: OKR: Objectives & Key Results: Wie Sie Ziele, auf die es wirklich ankommt, entwickeln, messen und umsetzen, 2018.
16 Workpath: OKR: A Complete Guide on How to Succeed with Objectives and Key Results, in: www.workpath.com.
17 Die Empfehlungen hinsichtlich der Prozentsätze variieren leicht. Während *Workpath*, die zahlreiche Unternehmen bei der Einführung von OKRs begleiten und eine eigene Software dafür entwickelt haben, einen Anteil von 40:60 vorschlägt, schlägt John Doerr in seinem Buch *OKR: Objectives & Key Results: Wie Sie Ziele, auf die es wirklich ankommt, entwickeln, messen und umsetzen* eine 50:50-Aufteilung vor.
18 Vgl. hierzu das Kapitel „Agilität“, in dem wir das Instrument der Retrospektive erklären.
19 Doerr, John: OKR: Objectives & Key Results: Wie Sie Ziele, auf die es wirklich ankommt, entwickeln, messen und umsetzen, 2018.
20 Ordóñez, Lisa D.; Schweitzer, Maurice E.; Galinsky, Adam D.; Bazerman, Max H.: Goals Gone Wild: The Systematic Side Effects of Over-Prescribing Goal Setting, in: www.hbs.eu, 2009.

21 Edmondson, Amy C.: Die angstfreie Organisation: Wie Sie psychologische Sicherheit am Arbeitsplatz für mehr Entwicklung und Innovation schaffen, 2020.
22 Doerr, John: OKR: Objectives & Key Results: Wie Sie Ziele, auf die es wirklich ankommt, entwickeln, messen und umsetzen, 2018.
23 Stanley, Kenneth O.; Lehman, Joel: Why Greatness Cannot Be Planned: The Myth of the Objective, 2015.
24 Smart, Andrew J.: How Overfocussing on Goals Can Hold Us Back, in: www.hbr.org, 17.3.2016.
25 Neidhardt, Harald: Moonshots for Europe, 2019.
26 Salim, Ismail: Exponentielle Organisationen, 2017.

18 / Kultur

1 Kotter, John P.; Heskett, James L.: Corporate Culture and Performance, 2008.
2 Coleman, John: Six Components of a Great Corporate Culture, in: www.hbr.org, 6.5.2013.
3 Bergmann, Frithjof: Neue Arbeit, Neue Kultur, 2004, und Podcast: #100.
4 Robertson, Brian: Podcast #247.
5 Laloux, Frédéric: Podcast #261.
6 Dignan, Aaron: Podcast #286.
7 Schein, Edgar H.; Schein, Peter A.: The Corporate Culture Survival Guide, 2019.
8 Weil es auf Englisch schöner klingt, gibt es hier auch noch das Original: „Don't be evil."
9 Glover, Henry: Google's „10 Things We Know to Be True", Core Principles, in: www.henrygloverbirmingham.net, 28.8.2018.
10 www.thinkbrighthouse.com.
11 In seinem Beitrag „A Good Way to Change a Corporate Culture" fasst der Autor Peter Bregman die Gestaltungskraft, die das Thema Storytelling hat, in einem Satz zusammen: „Wenn du die Kultur ändern willst, musst du die Geschichten ändern."
12 Coleman, John: Six Components of a Great Corporate Culture, in: www.hbr.org, 6.5.2013.
13 Schein, Edgar H.; Schein, Peter A.: The Corporate Culture Survival Guide, 2019.
14 Von Borries, Philippe: Podcast #60.
15 www.thinkbrighthouse.com.
16 Flynn, Kerry: Refinery29 is reeling from claims of racism and toxic work culture. Employees say it's even worse behind the scenes, in: www.cnn.com, 11.6.2020.
17 Orkin, Jessica: Podcast #159.
18 Kort, Katharina: Kaffee-Junkies vor verschlossenen Türen – Starbucks schließt vorübergehend Tausende US-Filialen, in: www.handelsblatt.de, 29.5.2018; Stevens, Matt: Starbucks C.E.O. Apologizes After Arrests of 2 Black Men, in: www.nytimes.com, 15.4.2018; www.starbucks.com.
19 Der Begriff dafür lautet „Skip- Level-Communication" und es gibt dafür leider keine gute deutsche Übersetzung.
20 Choi, Jin: Podcast #246.
21 Bechler, Jan: Podcast #209.
22 Taylor, Bill: 5 Questions to Ask About Corporate Culture to Get Beyond the Usual Meaningless Blather, in: hbr.org, 1.7.2017.
23 Abu-Hassan, Rachid: Podcast #65.
24 Galloway, Scott: WeWTF, in: www.profgalloway.com, 16.8.2019.
25 Brücken, Timo: Nur Hype? 4 Anzeichen, dass der Wework-IPO eine schlechte Idee ist, in: www.businessinsider.de, 21.8.2019.
26 Bort, Julie; Morris, Meghan: Sex, Tequila und lebendige Tiger: Wework-Mitarbeiter berichten von zügellosen Partys und Exzessen, 1.10.2019.
27 In unserem Kapitel über Diversität gehen wir darauf ein, dass Teams und Unternehmen insbesondere von Vielfalt profitieren und dass eine übertriebene Fixierung auf die kulturelle Passung kontraproduktiv ist.
28 Kets de Vries, Manfred F. R.: Is your Corporate Culture Cultish?, in: www.hbr.org, 10.5.2019.
29 Kets de Vries, Manfred F. R.: Podcast #285.

30 Senge, Peter M.: Die fünfte Disziplin: Kunst und Praxis der lernenden Organisation, 2017.
31 Garvin, David A.; Edmondson, Amy C.; Gino, Francesca: Is Yours a Learning Organization?, in: Harvard Business Review, März 2008.
32 Edmondson, Amy C.: Teaming: How Organizations Learn, Innovate and Compete in the Knowledge Economy, 2012, und Podcast #264.
33 Von Podewils, Jenny: Podcast #48.
34 Chamorro-Premuzic, Tomas; Berg, Katarina: Fostering a Culture of Belonging in the Hybrid Workplace, in: www.hbr.org, 3.8.2021.
35 Hinds, Pamela; Elliott, Brian: WFH Doesn't Have to Dilute Your Corporate Culture, in: www.hbr.org, 1.2.2021.
36 Wagner, Horst: Podcast #238.
37 Chamorro-Premuzic, Tomas; Berg, Katarina: Fostering a Culture of Belonging in the Hybrid Workplace, in: www.hbr.org, 3.8.2021.
38 Krause, Michael: Podcast #144. Das Originalzitat kommt von Vernā Myers.
39 Bechler, Jan: Podcast #209.
40 Gielgen, Raphael: Podcast #93.

19 / Bildung

1 Pausder, Verena: Podcast #36.
2 Pausder, Verena: Das Neue Land: Wie es jetzt weitergeht, 2020.
3 Rosling, Hans: Factfulness: Wie wir lernen, die Welt so zu sehen, wie sie wirklich ist, 2019.
4 www.un.org/sustainabledevelopment/. Unter den Zielen befinden sich zwei mit direktem Bezug zum Thema Bildung: Ziel 4 lautet: „Hochwertige Bildung“ und Ziel 10 „Weniger Ungleichheiten“.
5 Herles, Benedikt: Warum wir einen bildungspolitischen Aufbruch brauchen, in: www.capital.de, 27.8.2019.
6 Autorengruppe Bildungsberichterstattung: Bildung in Deutschland – Ein indikatorengestützter Bericht mit einer Analyse zu Bildung in einer digitalisierten Welt, 2020.
7 United Nations Educational, Scientific and Cultural Organization: WHAT'S NEXT? Lessons on Education Recovery: Findings from a Survey of Ministries of Education amid the COVID-19 Pandemic, Juni 2021.
8 Die große Last wurde zunächst fast vollständig auf die Eltern übertragen und insbesondere auf die Mütter.
9 Pausder, Verena: Das Neue Land: Wie es jetzt weitergeht!, 2020.
10 Robinson, Ken: Do schools kill creativity?, in: www.ted.com, 2006.
11 Laloux, Frédéric: Reinventing Organizations: Ein illustrierter Leitfaden sinnstiftender Formen der Zusammenarbeit, 2017.
12 Thomas Heilmann, Podcast #132; Heilmann, Thomas; Schön, Nadine: NEUSTAAT: Politik und Staat müssen sich ändern. 64 Abgeordnete & Experten fangen bei sich selbst an – mit 103 Vorschlägen, 2020.
13 Jansen, Stephan A., mit Ebmeyer, Michael: Die Befreiung der Bildung, 2018.
14 Chapman, Steve: Podcast #214.
15 Lehmann, Anna: Wir müssen jetzt das System rütteln, Interview mit Kai Maat, in: www.taz.de, 9.12.2020.
16 Jansen, Stephan A., mit Ebmeyer, Michael: Die Befreiung der Bildung, 2018.
17 Sahlberg, Pasi: Why Finland's Schools are top-notch, in: www.cnn.com, 6.10.2014.
18 Kjær Bathel, Anne: Podcast #197.
19 Im Kapitel „Selbstreflexion“ haben wir schon über Jessica Orkin berichtet, die *SYPartners* als CEO führt.
20 Winter, Marc, und Winkelmann, Thomas: Podcast #123.
21 www.wirfuerschule.de.
22 Pausder, Verena; Parvin Sadigh: Kinder brauchen mehr Freiheit für eigene Lösungen und Wege, Interview, in: www.zeit.de, 24.6.2021.

23 Hasel, Verena Friederike: Der Tanzende Direktor: Lernen in der besten Schule der Welt, 2019.
24 Vertrauen operationalisieren sie mit einem Modell von Megan Tschannen-Moran, das die fünf Bestandteile Wohlwollen, Ehrlichkeit, Offenheit, Zuverlässigkeit und Kompetenz umfasst.
25 Sahlberg, Pasi; Walker, Timothy D.: In Teachers We Trust: The Finish Way To World-Class Schools, 2021.
26 www.kaospilot.dk/.
27 Kjær Barthel, Anne: Podcast #197.
28 Roth, Gerhard: Bildung braucht Persönlichkeit: Wie Lernen gelingt, 2015.
29 Pausder, Verena: Das Neue Land: Wie es jetzt weitergeht!, 2020.
30 Rodgers, Jeffrey: Podcast #80.
31 Frank, Aaron: Podcast #97.
32 Rogers, Jeffrey: Podcast #80.
33 www.oceancolleg.eu.
34 Möller, Romy: Podcast #234.
35 Zorn, Dirk: Lehrermangel in Grundschulen bis 2030 größer als bislang erwartet, in: www.bertelsmann-stiftung.de.
36 Bergmann, Jonathan; Sams, Aaron: Flip Your Classroom: Reach Every Student in Every Class Every Day, 2012.
37 Hagener Manifest zu New Learning, in: www.fernuni-hagen.de.
38 Pellert, Ada: Podcast #253.
39 Wezowski, Martin: Podcast #102.
40 Dumas, Susan: Unlearning is the new learning, in: blog.logicearth.com/unlearning-is-the-new-learning.
41 Robinson, Ken: Bring on the learning revolution!, in: www.ted.com, 2018.

20 / Diversität

1 Pellert, Ada: Podcast #253.
2 Krause, Michael: Podcast #144.
3 Menne, Simone: Podcast #235.
4 Hier orientiert an den sieben Dimensionen der Charta der Vielfalt, in: www.charta-der-vielfalt.de
5 Hunt, Vivian; Prince, Sara; Dixon-Fyle, Sundiatu; Yee, Lareina: Delivering through Diversity, McKinsey & Company, 2018.
6 Levine, Sheen S.; Apfelbaum, Evan P.; Bernard, Mark; Bartelt, Valerie L.; Zajac, Edward J.; Stark, David: Ethnic diversity deflates price bubbles, in: PNAS, Vol. 52, 12/2014.
7 Phillips, K. W.; Liljenquist, K. A.; Neale, M. A.: Is the Pain Worth the Gain? The Advantages and Liabilities of Agreeing With Socially Distinct Newcomers, in: Personality and Social Psychology Bulletin, 12/2008.
8 Malone, T.; Woolley, A.: What makes a team smarter? More women, in: Harvard Business Review, 06/2011.
9 Hewlett, Sylvia A.; Marshall, Melinda; Sherbin, Laura: How Diversity Can Drive Innovation, in: Harvard Business Review, 12/2013.
10 Sweet, Julie; Shook, Ellyn; Klein, Marina; Ising, Jan: Getting to Equal 2019: Kultur der Gleichstellung treibt Innovation am Arbeitsplatz, Accenture, 2019.
11 Lorenzo, Rocío; Voigt, Nicole; Tsusaka, Miki; Krentz, Matt; Abouzahr, Katie: How Diverse Leadership Teams Boost Innovation, The Boston Consultant Group, 01/2018.
12 Badgett, M. V. Lee; Durso, Laura E.; Kastanis, Angeliki; Mallory, Christy: The Business Impact of LGBT-Supportive Workplace Policies, Williams Institute, 05/2013.
13 Bundesministerium für Familie, Senioren, Frauen und Jugend: Sexismus im Alltag, Wahrnehmungen und Haltungen der deutschen Bevölkerung, Pilotstudie, 07/2020.
14 Mol-Wolf, Katarzyna: Podcast #68.

15 Eine Ungerechtigkeit, die schon im Kindesalter beginnt: Gemäß einer aktuellen Forsa-Umfrage erhalten Mädchen elf Prozent weniger Taschengeld als gleichaltrige Jungs. Die Befragung erfolgte für den „Kids-Medien-Kompass" der Burda-Tochter Blue Ocean Entertainment.
16 AllBright Stiftung: Deutscher Sonderweg: Der Frauenanteil in DAX-Vorständen sinkt in der Krise, 10/2020.
17 Corssen, Jens; Drews, Claudia: Podcast #172.
18 Es geht dabei um weit mehr als eine gerechte Teilhabe von Frauen an Top-Führungspositionen, diese werden eher als Gradmesser der gesamten Gendergleichberechtigung im Unternehmen gesehen.
19 AllBright Stiftung: Aufbruch oder Alibi? Viele Börsenvorstände erstmals mit einer Frau,10/2021.
20 Untersucht wurde der Frauenanteil in den Vorständen der jeweils 30 größten Unternehmen im nationalen Leitindex am 1. September 2021 in den Ländern Deutschland, USA, Schweden, Großbritannien, Frankreich und Polen.
21 AllBright Stiftung: Börsenneulinge sind die neuen Alten: Wachstum ohne Frauen, Juni 2021.
22 LGBTIAQ* steht für lesbian, gay, bisexual, trans, inter, asexual/aromantic und queer.
23 De Vries, Lisa; Fischer, Mirjam; Kasprowski, David; Kroh, Martin; Kühne, Simon; Richter, David; Zindel, Zaza: LGBTQI*-Menschen am Arbeitsmarkt: hoch gebildet und oftmals diskriminiert, DIW Berlin, 09/2020.
24 Ozeren, E.: Sexual Orientation Discrimination in the Workplace: A Systematic Review of Literature, Conference paper: Second World Conference on Business, Economics and Management, 2014.
25 Krauthausen, Raul: Ende der Berührungsängste – sagen Sie ruhig „behindert"!, in: amp.n-tv.de, 12.5.2019.
26 Wenzel-Warkentin, Natalia: Euer Taschengeld brauch' ich nicht, Frankfurter Allgemeine Zeitung, 01.05.2021, in: www.faz.net.
27 Krauthausen, Raul: Wenn Recht nicht immer recht ist, in: www.raul.de.
28 Rassismus schließt Fremdenfeindlichkeit ein, denn sie richtet sich gegen Menschen, die sich durch Herkunft, Nationalität, Religion oder Hautfarbe von der eigenen Umwelt unterscheiden.
29 Bürgerstiftung Barnim Uckermark: Rassismus ist kein Randproblem, 2018.
30 Universität Leipzig: Autoritarismus-Studie, 11/2020.
31 Hunt, Vivian; Prince, Sara; Dixon-Fyle, Sundiatu; Yee, Lareina: Delivering through Diversity, McKinsey & Company, 2018.
32 Hancock, Bryan; Manyika, James; Williams, Monne; Yee, Lareina: The Black experience at work in charts, in: www.mckinsey.com, 2021.
33 Baumann, Anne-Luise; Egenberger, Vera; Supik, Linda: Erhebung von Antidiskriminierungsdaten in repräsentativen Wiederholungsbefragungen. Bestandsaufnahme und Entwicklungsmöglichkeiten. Hg. v. Antidiskriminierungsstelle des Bundes, 2018.
34 Universität Leipzig: Autoritarismus-Studie, 11/2020.
35 Weichselbaumer, Doris: Discrimination against Female Migrants Wearing Headscarves, Forschungsinstitut zur Zukunft der Arbeit, 2016.
36 In beiden Fällen wurde den Klägerinnen zwar recht gegeben, es gibt aber auch Beispiele, in denen Klägerinnen verwehrt wurde, ihr Kopftuch während der Arbeit zu tragen.
37 Krauthausen, Raul: Podcast #272.
38 Charta der Vielfalt: Diversity Trends 2020.
39 L'Horty, Y.; Duguet, E.; Parquet, L.; Petit, P.; Sari F.: Place-of-residence effects on access to employment: A discrimination test among skilled youth, Economie et Statistique, 2012.
40 Rivera, L. A.; Tilcsik, A.: Class Advantage, Commitment Penalty: The Gendered Effect of Social Class Signals in an Elite Labor Market, in: American Sociological Review, 81(6), 2016.
41 World Health Organization: Global Report on Ageism, 2021.
42 Corssen, Jens; Drews, Claudia: Podcast #172.
43 Kahneman, Daniel: Schnelles Denken, langsames Denken, 2016.
44 Meuth, Isabelle; Schubert, Kira; Winscheid, Leon: 5050, Podcast by OMR, Folge #9.

45 Webb, Amy: Die großen Neun: Wie wir die Tech-Titanen bändigen und eine künstliche Intelligenz zum Wohle aller entwickeln können, 2019.
46 Criado-Perez, Caroline: Unsichtbare Frauen: Wie eine von Daten beherrschte Welt die Hälfte der Bevölkerung ignoriert, 2020.
47 Verwendung geschlechterbewusster Sprache, also zum Beispiel Mitarbeiter:innen statt Mitarbeiter; Gendern ist nur eine Form inklusiver Sprache. Darüber hinaus inkludiert beispielsweise der Begriff „Partner:in" Vielfalt in Lebensentwürfen und sexuellen Orientierungen und Identitäten besser, als wenn die Rede von „Ehemann/Ehefrau" ist.
48 Wir haben keine Präferenz hinsichtlich der konkreten Art und Weise des Genderns, also ob mit Sternchen, Doppelpunkt, Binnen-I oder durch die konsequente Verwendung der männlichen und weiblichen Form – denn hierum geht es unserer Meinung nach nicht.
49 Wohlers, Laura: Podcast #283.
50 Finette, Pascal: Podcast #64.
51 Mol-Wolf, Katarzyna: Podcast #103.
52 www.sodexo.com.
53 Microsoft, Global Diversity & Inclusion Report, 2020.
54 Salesforce: 2021 Equal Pay Update: Deepening our Commitment to Pay Fairness, in: www.salesforce.com.
55 Haasis, Christiane; Nelissen, Angela, Aka CHAN: Podcast #79.
56 Menne, Simone: Podcast #235.
57 Krause, Michael: Podcast #144.
58 Natürlich müssen die Quoten sowohl vom Umfang als auch vom zeitlichen Horizont realistisch umsetzbar sein. Vielen Branchen fehlt es noch an ausreichend Bewerber:innen und Anwärter:innen auf Führungspositionen. Es braucht Zeit, dies systematisch zu entwickeln. Quoten setzen den Prozess dafür in Gang.
59 Krauthausen, Raul: Podcast #272.
60 Criado-Perez, Caroline: Unsichtbare Frauen: Wie eine von Daten beherrschte Welt die Hälfte der Bevölkerung ignoriert, 2020.
61 Brosius-Gersdorf, Frauke: Anstiftung zur Altersarmut - Kritik am Ehegattensplitting, in: Süddeutsche Zeitung, 6.8.2013.
62 Stanat, Petra; Christensen, Gayle: Schulerfolg von Jugendlichen mit Migrationshintergrund im internationalen Vergleich: eine Analyse von Voraussetzungen und Erträgen schulischen Lernens im Rahmen von PISA 2003, OECD 2006.
63 Hasters, Alice: Was weiße Menschen nicht über Rassismus hören wollen, aber wissen sollten, 2020.
64 Beauftragte der Bundesregierung für Migration, Flüchtlinge und Integration: Schulbuchstudie Migration und Integration, 2015.
65 Haasis, Christiane; Nelissen, Angela, Aka CHAN: Podcast #79.

21 / Technologie

1 Bergmann, Frithjof: Podcast #100.
2 Bergmann, Frithjof: Neue Arbeit. Neue Kultur, 2017.
3 Dobbs, Richard; Manyika, James; Woetzel, Jonathan: The four global forces breaking all the trends, in: www.mckinsey.com, 2015.
4 Rötzer, Florian : 800 Millionen Jobs sollen weltweit durch Automatisierung verloren gehen, in: www.heise.de, 30.11.2017.
5 Manyika, James; Smit, Sven; Woetzel, Jonathan: The postpandemic economy. The future of work after COVID-19, McKinsey Global Institute, 2021.
6 Bergmann, Frithjof: Neue Arbeit. Neue Kultur, 2017.
7 Freeman, David: Israeli scientists create world's first 3D-printed heart using human cells, in: www.nbcnews.com, 19.4.2019.
8 Rix, Jack: Czinger 21C: the world's first 3D printed hypercar, Top Gear, in: www.youtube.com, 2020.

9 Klöckner, Maximilian; Kurpjuweit, Stefan; Velu, Chander; Wagner, Stephan M.: Does Blockchain for 3D Printing Offer Opportunities for Business Model Innovation?, in: www.tandfonline.com, 2020.
10 Vinoski, Jim: Desktop Metal's Forust Brings 3D Printing To Wood, in: www.forbes.com, 30.9.2021.
11 O. V.: The rise of 3D-printed houses: Your next home could be a printout, in: www.economist.com, 18.8.2021.
12 Guillén, Mauro F.: 2030: Die Welt von morgen, 2021.
13 Carr, Nicholas: The Big Switch: Der große Wandel. Cloud Computing und die Vernetzung der Welt von Edison bis Google, 2008.
14 Rodenhäuser, Ben: Damit Sie nicht aus allen Wolken fallen, in: www.manager-magazin.de, 2008.
15 Regalado, Antonio: Who Coined 'Cloud Computing'?, in: www.technologyreview.com, 31.10.2011.
16 Herwartz, Christoph; Neuerer, Dietmar: Deutsche Firmen in der Datenschutzfalle – Behörden intensivieren Ermittlungen wegen US-Cloud-Nutzung, in: www.handelsblatt.com, 13.4.2021.
17 Milgram, Paul; Utsumi, Akira; Takemura, Haruo; Kishino, Fumio: Augmented Reality: A class of displays on the reality-virtuality continuum, 1994.
18 Sakane, Itsuo: Morton Heilig's Sensorama (Interview), in: www.youtube.com, 2011.
19 D3D Cinema, in: www.birdlyvr.com, 2021.
20 Vogelsteller, Fabian: Podcast #112. Sein Spezialgebiet Blockchain ist für Besitztümer in der virtuellen Welt natürlich unverzichtbar, denn ohne eindeutigen Nachweis wäre es nicht möglich, Eigentum virtuell zuzuordnen. Unter dem Begriff „Non-fungible Token" (NFT) hat diese Art von Nachweisen in den vergangenen Jahren immer mehr an Popularität gewonnen, da durch die kryptografisch eindeutige Zuordnung virtuelle Einzelstücke überhaupt erst möglich waren. Wie bei einem Gemälde kann es vielleicht Kopien oder Abbilder geben, aber es gibt nur ein Original.
21 Conti, Robyn; Schmidt, John: Non-fungible-Tokens (NFTs): Digitale Kunstwerke mit Kryptowährung kaufen, in: www.forbes.com, 17.6.2021.
22 Frank, Aaron: Podcast #97.
23 Welling, Daniela: AR-Brille unterstützt Arzt bei Tumoroperationen, in: www.fraunhofer.de, 2.11.2017.
24 Guillén, Mauro F.: 2030: Die Welt von morgen, 2021.
25 Matney, Lucas: Augmented reality's awkward phase will be long and painful, TechChrunch, in: www.techcrunch.com, 23.1.2021.
26 Frank, Aaron: Podcast #97.
27 Sharkey, Noel: Alan Turing: The experiment that shaped artificial intelligence, in: www.bbc.com, 21.6.2012.
28 Schmidhuber, Jürgen: Podcast #46.
29 Leviathan, Yaniv; Yossi, Matias: Google Duplex: An AI System for Accomplishing Real-World Tasks Over the Phone, in: www.techexplorist.com, 10.5.2018.
30 Billings, Jay Jay; McCaskey, Alexander; Valley, Geoffroy; Watson, Greg: Will humans even write code in 2040 and what would that mean for extreme heterogeneity in computing?, Cornell University, in: www.arxiv.org, 2017.
31 Littger, Peter: OMR and the machine: Ist GPT-3 heiße Luft oder eine AI-Revolution? Wir haben's ausprobiert, in: www.omr.com, 21.1.2021.
32 Hawking, Stephen: Kurze Antworten auf große Fragen, 2018.
33 Vgl. hierzu das Kapitel „Diversität".
34 O. V.: Executive Summary World Robotics 2021 Industrial Robots, in: www.ifr.org.
35 Guillén, Mauro F.: 2030: Die Welt von morgen, 2021.
36 Knopp, Anke: Als die Demenz bei uns einzog und ich mir einen Roboter wünschte: Innenansichten eines Demenzalltags, 2020.
37 Beste, Alexandra: Diese Roboter besitzen beeindruckende Parkour-Skills, in: www.welt.de, 19.8.2021.

38 Demling, Alexander: Teslas Autopilot ist nicht völlig selbstfahrend – das ist Täuschung und riskiert Leben, in: www.welt.de, 24.3.2021.
39 Herles, Benedikt: Zukunftsblind: Wie wir die Kontrolle über den Fortschritt verlieren, 2018.
40 Jungwirth, Johann: Podcast #28.
41 Schmidt, Herbie: Autonomes Fahren: „Wir haben keine Zuverlässigkeitsprobleme“, Interview mit Johann Jungwirth, in: www.nzz.ch, 10.11.2021.
42 O. V.: Wie Städte vom autonomen Fahren profitieren werden, in: www.bosch.com.
43 Nakamoto, Satoshi: Bitcoin: A Peer-to-Peer Electronic Cash System, in: www.bitcoin.org, 2008.
44 Auch hier gibt es bereits Technologien, die ressourcenschonender arbeiten, wie die DAG-Technologie (directed acyclic graph).
45 Vogelsteller, Fabian: Podcast #112.
46 Conti, Robyn; Schmidt, John: Non-fungible-Tokens (NFTs): Digitale Kunstwerke mit Kryptowährung kaufen, in: www.forbes.com, 17.6.2021.
47 Vaske, Heinrich: IBM erklärt seine Blockchain-Strategie, in: www.computerwoche.de, 25.6.2019.
48 Wolf, Martin: The time to embrace central bank digital currencies is now, in: www.ft.com, 20.7.2021.
49 Watson ist der Name für die KI-Dienstleistungen der Firma *IBM*.
50 Hildesheim, Wolfgang: Podcast #146.
51 Thackray, Arnold; Brock, David C.; Jones, Rachel: Moore's Law: The Life of Gordon Moore, Silicon Valley's Quiet Revolutionary, 2015.
52 Bova, Francesco; Goldfarb, Avi; Melko, Roger: Quantum Computing Is Coming. What Can It Do?, in: www.hbr.org, 16.6.2021.
53 Speicher, Christian; Meier, Christian J.: Quantencomputer: China präsentiert einen Rechner, der herkömmlichen Computern haushoch überlegen ist. Allerdings kann er nur eines gut, in: www.nzz.ch, 8.12.2020.
54 Mähler, Martin: Quantenrechner – Was Studierende in Zukunft wissen müssen, ibm.com, 27.10.2020.
55 Zitiert nach: Speicher, Christian; Meier, Christian J.: Quantencomputer: China präsentiert einen Rechner, der herkömmlichen Computern haushoch überlegen ist. Allerdings kann er nur eines gut, in: www.nzz.ch, 8.12.2020.
56 Upbin, Bruce: The Next Billion, in: www.forbes.com, 12.11.2007.
57 Altraide, Dagogo: YouTube Channel ColdFusion, in: youtube.com.
58 Schumpeter, Joseph: Kapitalismus, Sozialismus und Demokratie, 2020.
59 Buchholz, Bernd: Podcast #147.
60 Jäkel, Julia: Podcast #240.
61 Herles, Benedikt: Podcast #90.
62 Wezowski, Martin: Podcast #102. In seiner Rolle als Futurist geht es darum, dass er den Blick in die Zukunft wirft und Trends erkennt, die für das Unternehmen relevant werden können.

22 / Nachhaltigkeit

1 Bergmann, Frithjof: Neue Arbeit, neue Kultur, 2004.
2 Mehr dazu in unserem Kapitel über Utopien am Ende des Buchs.
3 Es ist beispielsweise allein in New Mexico von 18.000 Lecks in Erdgaspipelines die Rede, die dafür sorgen, das Methan ungehindert in die Atmosphäre entweichen kann. Siehe auch der Film *Ice on Fire* aus dem Jahr 2019.
4 Vorstellung des IPCC-Berichts zur Erderwärmung, in: www.tagesschau24.de, 9.8.2021.
5 Germanwatch: Globaler Klima-Risiko-Index, 2020.
6 IPCC: Sonderbericht über den Ozean und die Kryosphäre in einem sich wandelnden Klima, 2021.
7 Biskaborn, Boris, Alfred-Wegener-Institut: Fragen und Antworten zum Permafrost, in: www.eskp.de.
8 Wunderling, Nico; Donges, Jonathan F.; Kurths, Jürgen; Winkelmann, Ricarda: Interacting tipping elements increase risk of climate domino effects under global warming, Potsdam-Institut für Klimafolgenforschung, 2021.

9 World Wide Fund For Nature: Stepping up? The continuing impact of EU consumption on nature worldwide, 2021.
10 Global Forest Review: Forest Pulse: The Latest on the World's Forests – How much forest was lost in 2020?, in: research.wri.org/.
11 Bundesministerium für wirtschaftliche Zusammenarbeit und Entwicklung: Wir verlieren an Boden, in: www.bmz.de.
12 Weltbiodiversitätsrat: Globales IPBES-Assessment zu Biodiversität und Ökosystemleistungen, 2019.
13 Séférian, R.; Vilariño, M. V.: Mitigation Pathways Compatible with 1.5 °C in the Context of Sustainable, in: Global Warming of 1.5 °C, 2018.
14 Hinz, Martina: Kampf gegen die Klimakrise – Algenwälder als Hoffnungsträger, in: www.enorm-magazin.de, 26.6.2019.
15 Witsch, Kathrin: Klimakiller Beton: So will die deutsche Zementindustrie CO_2-neutral werden, in: www.handelsblatt.com, 25.11.2020.
16 Bösel, Benedikt: Podcast #248.
17 Teichmann, Isabelle: Klimaschutz durch Biokohle in der deutschen Landwirtschaft: Potentiale und Kosten, in: DIW Wochenbericht Nr. 1+2, 2014.
18 Ksienrzyk, Lisa: Urban Farming-Startup Infarm steigt zum nächsten Berliner Unicorn auf, in: www.businessinsider.de, 16.12.2021.
19 www.theoceancleanup.com.
20 Es gibt auch zahlreiche Möglichkeiten, um dem Verpackungswahnsinn ein Ende zu bereiten. Das Food-Start-up *Vejo* hat beispielsweise eine Kapsel für den Inhalt seines Produkts entwickelt, die sich mit warmem Wasser auflösen lässt und damit vollständig kompostierbar ist. Der Vorteil im Vergleich zu bisherigen kompostierbaren Verpackungen: Der Zersetzungsprozess geht sehr schnell. Damit ist es natürlich nicht das einzige Unternehmen auf dem Markt, das neue Lösungen für Verpackungen entwickelt. Das Multitalent Alge bietet sich hier auch wieder an. Wegen ihrer robusten Struktur können Algen einen interessanten Ersatz für Plastik darstellen.
21 Van Oostrom, Coen: Podcast #176.
22 Kreditanstalt für Wiederaufbau, die weltweit größte nationale Förderbank.
23 Pausder, Philipp: Podcast #70.
24 Fahrplan der Europäischen Union, um bis 2050 in Europa Klimaneutralität zu erreichen, der im Dezember 2019 in Brüssel vorgestellt wurde. Deutschland hat das Ziel im Juni 2021 verschärft und im Rahmen des neuen Klimaschutzgesetzes entschieden, bereits bis 2045 klimaneutral zu sein. Das ist nicht ohne öffentlichen Druck passiert, da die EU ihr Klimaziel für 2030 verschärft (55 Prozent CO_2-Minderung statt 40 Prozent) und das Bundesverfassungsgericht im April 2021 entschieden hat, dass das Klimagesetz von 2019 ohnehin nachzubessern sei, da konkrete Vorgaben für die Zeit nach 2030 fehlten.
25 Lotter, Wolf: Podcast #262.
26 www.theclimatepledge.com.
27 o. V.: Green Consumption Pledge Initiative, in: ec.europa.eu.
28 o. V.: Tierprodukte befeuern Erderhitzung, in: www.albert-schweitzer-stifung.de.
29 Keretic, Eva: Podcast #228. Man schätzt 7.700 Liter Wasser für 500 Gramm Rindfleisch.
30 Umweltbundesamt: Die Zukunft im Blick: Fleisch der Zukunft – Trendbericht zur Abschätzung der Umweltwirkungen von pflanzlichen Fleischersatzprodukten, essbaren Insekten und In-vitro-Fleisch, 2019.
31 Brennan, Tom; Katz, Joshua; Quint, Yossi; Spencer, Boyd: Cultivated meat: Out of the lab, into the frying pan, McKinsey & Company, 06/2021.
32 Pantel, Nadia: Dieser grüne Fraß!, in: www.sueddeutsche.de, 22.2.2021.
33 Luhn, Kevin: Podcast #162.
34 Bewegung von Schülerinnen, Schülern und anderen jungen Menschen, die sich weltweit für den Klimaschutz einsetzen und an Freitagen dafür streiken, dass die Klimaziele eingehalten werden, die die Staaten im UN-Weltklimaabkommen 2015 (Pariser Abkommen) beschlossen haben.
35 Bösel, Benedikt: Podcast #248.

36 Laloux, Frédéric: Podcast #261.
37 Laloux, Frédéric: Podcast #261.

23 / Utopien

1 Harari, Yuval Noah: Homo Deus: Eine Geschichte von Morgen, 2017, und: 21 Lektionen für das 21. Jahrhundert, 2018.
2 Bregman, Rutger: Utopien für Realisten, 2017, und: Im Grunde gut: Eine neue Geschichte der Menschheit, 2019.
3 Bergmann, Frithjof: Podcast #100.
4 Bergmann, Frithjof: Neue Arbeit, Neue Kultur, 2004.
5 Bregman, Rutger: Utopien für Realisten, 2017.
6 Göpel, Maja: Unsere Welt neu denken. Eine Einladung, 2020.
7 Precht, Richard David: Jäger, Hirten, Kritiker: Eine Utopie für die digitale Gesellschaft, 2018.
8 Bregman erwähnt weiter, dass eine ganze Reihe von Reality-TV-Formaten sich auf den Roman „Herr der Fliegen" beziehen. Die These, dass Menschen unter extremen Umständen zu schlechtem Verhalten neigen, konnten sie jedoch nicht nachweisen. Nahezu immer mussten und müssen die TV-Macher nachhelfen, um den gewünschten Effekt zu erzielen. „Die Kandidaten werden belogen, betrunken gemacht und gegeneinander ausgespielt." Der traurige Effekt: Junge Menschen nehmen sich derartige Sendungen zum Vorbild und glauben, man käme mithilfe von Lügen und Gemeinheiten im Leben besser voran.
9 Bregman nennt unter anderem als Beispiele das Robbers-Cave-Experiment, das im selben Jahr der Veröffentlichung von William Golding's Buch *Herr der Fliegen* abgehalten wurde, und das 17 Jahre später abgehaltene Stanford-Prison- Experiment. Im ersten Fall wurden zwei Gruppen männlicher Jugendlicher in ein Camp geführt, in dem die Jungen angeblich machen konnten, was sie wollten. Tatsächlich wurden sie von den Wissenschaftler:innen in unterschiedlichen Übungen aufeinander gehetzt. Konflikte der beiden Gruppen kamen nur so zustande. Die Ergebnisse des Stanford-Prison-Experiments kritisiert Bregman noch deutlicher. Das Experiment, in dem die Probanden in Wärter und Häftlinge eingeteilt wurden und in dessen Verlauf sich die Wärter zunehmend skrupellos verhielten, entlarvt er als komplette Fälschung.
10 McGregor, Douglas: The Human Side of Enterprise, 1960; Bartlog, Heiko: Agilität? Haben wir probiert! Funktioniert nicht! – Teil 3, in: t2informatik.de, 30.1.2020.
11 Precht, Richard David: Jäger, Hirten, Kritiker: Eine Utopie für die digitale Gesellschaft, 2018.
12 An dieser Stelle lässt sich ein Vergleich ziehen zu der Art von Arbeit, die Frithjof Bergmann als die Dinge bezeichnet, die wir „wirklich, wirklich" wollen. Von Anfang an hat er hier immer wieder auch die Arbeit am Gemeinwohl als Beispiel genannt.
13 Werner, Götz W.: Einkommen für alle: Bedingungsloses Grundeinkommen – die Zeit ist reif, überarbeitete, aktualisierte und erweiterte Neuausgabe, 2018. Für Werner ist es neben der von ihm geforderten Einführung des bedingungslosen Grundeinkommens außerdem an der Zeit, über eine grundlegende Überarbeitung des Steuersystems nachzudenken. Für ihn liegt der Schlüssel hier in der ausschließlichen Besteuerung des Konsums, die er für wirtschaftlich notwendig und für sozial gerecht hält.
14 Hanlon, Joseph; Barrientos, Armando; David Hulme: Just Give Money to the Poor, 2010.
15 Rutger Bregman präsentiert an späterer Stelle, dass jüngere Forschungen zu einer ganz anderen Einschätzung kommen und das Speenham-System als erfolgreich beurteilt haben.
16 Bregman, Rutger: Utopien für Realisten, 2017.
17 Siefer, Philip; Zeiler, Waldemar: Podcast #229.
18 Spiegelberger, Sophie: Der Eigentumsverfechter, in: www.forbes.at, 27.5.2021.
19 Siefer, Philip; Zeiler, Waldemar: Podcast #229. Wir greifen das Thema Verantwortungseigentum auch in unserem Kapitel „Organisation" auf.
20 Luhn, Kevin: Podcast #162
21 Die Entscheidung über den Zuschlag sollte zu 60 Prozent das Konzept berücksichtigen und nur zu 40 Prozent den Kaufpreis.
22 Voss, Cornelius; Beddies, Robert: Podcast #273.

23 Thomsen, Steen; Poulsen, Thomas; Børsting, Christa; Kuhn, Johan: Industrial Foundations as Long-Term Owners; European Corporate Governance Institute (ECGI), Finance Working Paper No. 556/2018. Gemäß der Studie ist die Wahrscheinlichkeit, 40 Jahre nach Gründung noch zu bestehen, ungefähr sechsmal höher, wenn sich das Unternehmen in Verantwortungseigentum befindet.

24 Im englischen Original bezeichnet er sie als Voice of Judgement, Voice of Cynicism und Voice of Fear.

25 Scharmer, Otto C.: Essentials der Theorie U: Grundprinzipien und Anwendungen, 2019. Wir empfehlen insbesondere unseren Leser:innen, die sich mit gesellschaftlichen Veränderungen beschäftigen, die tiefere Auseinandersetzung mit der Theorie U. Scharmer geht selbstkritisch mit seinen Veröffentlichungen um. Im Vorwort zu den „Essentials der Theory U" zitiert er seinen amerikanischen Verleger: „Warum schreiben Sie jetzt zur Abwechslung nicht mal ein Buch, das lesbar ist – kürzer, verständlicher und aktualisiert." Wer sich auf Scharmer einlässt, wird unserer Ansicht nach durch Erkenntnisgewinn belohnt.

26 Kurz vor dem ersten Lockdown der Corona-Pandemie war Christoph noch einmal mit seinem Filmteam in Michigan, um zusammen mit Frithjof die für ihn wichtigen Orte zu besuchen. Die Aufnahmen zeigen eindrücklich, wie sehr Frithjof Bergmann daran glaubte, dass wir Arbeit völlig neu denken müssen. Die Gespräche mit alten Weggefährten zeigen außerdem, wie positiv sich die Arbeit von Frithjof in der Region ausgewirkt hat.

27 Er sprach in diesem Zusammenhang von „High Tech Self Providing" und „Smart Consumption".

28 www.newwork-newculture.dev

Nachwort

1 Jansen, Stephan A.: Noch mal mit Verstand, in: brandeins, Prolog zum Schwerpunkt „Kapitalismus", 9/2021.

AUTORENPROFILE

Swantje Allmers

Nach dem Wirtschaftsstudium und mehrjähriger Forschungstätigkeit baute Swantje Allmers als Head of Corporate Planning die damals neu gegründete Unternehmung *TUI Cruises* mit auf und spezialisierte sich im Anschluss auf die Bereiche Organisationsentwicklung, agiles Arbeiten, Selbstmanagement, Leadership sowie Change- und Transformationsbegleitung. Als Beraterin, Trainerin und Executive Coach unterstützt sie Start-ups, mittelständische Unternehmen, Konzerne sowie Führungskräfte aus diversen Branchen. Sie gehörte sechs Jahre zum deutschen Getting-Things-Done-Trainerteam und arbeitet seit 2015 eng mit *cidpartners*, einer Beratung für Transformation und Organisationsentwicklung, zusammen. Ihre Kund:innen schätzen ihre offene, strukturierte und integrative Art, das Gespür für zwischenmenschliche Faktoren und den Fokus auf Ergebnisse und Zielerreichung. Swantje verfügt über zahlreiche international zertifizierte Qualifikationen, wie zum Beispiel Getting Things Done Coach und Trainerin, Language and Behaviour Profiling Consultant und Trainerin, NLP Coach und Trainerin, Tiny Habits Coach, Scrum Master und Product Owner, Holacracy Practitioner sowie Objectives and Key Results Coach. Gelernt hat sie dabei meistens von den Entwickler:innen dieser Ansätze, wie zum Beispiel von Richard Bandler, Jeff Sutherland, Brian Robertson, BJ Fogg und Shelle Rose Charvet. Seit 2020 ist sie Co-Gründerin und Geschäftsführerin der *NWMS GmbH* (New Work Masterskills).

Michael Trautmann

Nach dem Studium der Betriebswirtschaft und der Promotion im Bereich ökologieorientiertes Marketing folgte der Berufseinstieg bei *Bossard Consultants*, wo Michael zuletzt als Manager und Recruiting Director tätig war. Als Geschäftsführender Partner bei *Springer & Jacoby* war er gesamtverantwortlich für den *Mercedes-Benz*-Etat und den Aufbau eines europäischen Netzwerkes. Als Global CMO und Mitglied des „7er-Kreises" war er Stellvertreter des Vertriebs-Vorstandes und der jüngste Topmanager bei der *Audi AG*. 2004 gründete er zusammen mit André Kemper die Werbeagentur *kempertrautmann*, aus der später *thjnk* wurde. Die Agentur wurde Newcomer des Jahres, zuerst in Deutschland und dann weltweit. Michael ist Mitgründer der *Upsolut Sports GmbH*, die mit dem Eventformat *Hyrox* die weltweit erste Fitness Competition für jedermann entwickelt hat. In den letzten 15 Jahren war und ist er außerdem als Beirat und Aufsichtsrat tätig, unter anderem für das *Deutsche Schauspielhaus*, die Innovationsagentur *HYVE AG* und *Coca Cola Europacific Partners*. Als Business Angel unterstützt er außerdem junge Start-ups wie zum Beispiel *Appinio*. Einmal in der Woche ist er seit dem Tag der Arbeit im Jahr 2017 zusammen mit Christoph Magnussen als Co-Host im Podcast „On The Way to New Work" zu hören. Seit 2020 bringt er seine Erfahrungen zusammen mit Swantje Allmers in die *NWMS GmbH* (New Work Masterskills) ein.

Christoph Magnussen

Christoph ist seit seiner Schulzeit im Herzen Filmemacher und Unternehmer. Nach seinem Studium an der Universität St. Gallen war er Mitbegründer eines eCommerce-Unternehmens, das in weniger als fünf Jahren von 1 Mio. Euro auf 31 Mio. Euro Umsatz wuchs. Anstatt dem starken Wachstum mit immer mehr Mitarbeiter:innen zu begegnen, fokussierte er sich auf die individuelle Produktivität und Team-Kommunikation mithilfe modernster Online-Kollaborationstools und innovativer Arbeitsmethoden. Daraus entstand die Idee für das Beratungsunternehmen *Blackboat*.

Neben seiner offiziellen Rolle als Geschäftsführender Gesellschafter ist Christoph seit Jahren das Gesicht von *Blackboat* und einer der gefragtesten Keynote-Speaker für Digitalisierung und Neue Arbeit. Seine Leidenschaft für das Filmemachen verbindet er mit seiner Arbeit auf YouTube, wo er jede Woche neue Videos zu New Work, Technologie, Unternehmertum und Kreativität teilt. Gemeinsam mit Michael ist er außerdem Mitbegründer und Co-Host des Podcasts „On the Way to New Work".

DANKE

Swantje, Michael und Christoph sagen danke

Danke, liebe Gäste von „On the Way to New Work“. Danke für eure Zeit, euer Vertrauen, euer Interesse und eure Geschichten und Erfahrungen, die ihr mit uns und unseren Zuhörer:innen geteilt habt. Danke, liebe:r: Aaron Dignan, Aaron Frank, Ada Pellert, Adrian Locher, Agneta Lansing, Alastair Bruce, Alena Evers, Alex Karner, Alexander Birken, Alexander Graf, Alexander Sixt, Amol Sarva, Amy C. Edmondson, Amy Wilkinson, Andreas Geyr, Andreas Loff, Andrew D. Huberman, Angela Nelissen, Anja Hendel, Anna Katharina Pelzel, Anna Lemcke, Anna Sinell, Anna Schnell, Anne Kjaer Bathel, Arne Wolter, Atze Schröder, Babette Kemper, Barbara von Meibom, Bastian Bauer, Benedikt Bösel, Benedikt Herles, Benjamin Adrion, Benjamin Minack, Benjamin Rohé, Bernd Buchholz, Bernhard Sack, Björn Staschen, Björn Weide, Brian Robertson, Burkhard Remmers, Burkhard Rönnefarth, Carl Brockmeyer, Carolin Silbernagl, Carsten Brosda, Catharina Bruns, Charles Bahr, Chris Surel, Christian Angermayer, Christian Byza, Christian Häfner, Christian Kuper, Christian Vorländer, Christiane Hasis, Christiane zu Salm, Christoph Balz, Christoph Behn, Christoph Burseg, Christoph Werner, Claude Ritter, Claudia Drews, Claudia Frese, Clemens von Saldern, Coen van Oostrom, Conor Neill, Constantin Buer, Cornelius Voss, Dalia Das, Damian Boeselager, Dana Schweiger, Dandapani, Daniel Barke, Daniel Ringwald, David Allen, Dirk Ahlborn, Dominik Bloh, Eberhard Weiblen, Eli Perzlmaier, Elke Menzel, Eva Keretic, Evan Carmichael, Fabian Kienbaum, Fabian Scholz, Fabian Vogelsteller, Fabien Matthias, Fabrice Schmidt, Felix Haas, Felix Plog, Felix Zeltner, Flemming Pinck, Florian Heinemann, Florian Klages, Frank Alva Buecheler, Frank Eilers, Frank Hensgens, Fred Dust, Frédéric Laloux, Fried Grosse-Dunker, Frithjof Bergmann, Gabor Steingart, Georgiy Michailov, Gerald Haag, Gerd Schulze Weischer, Gesine Haag, Gorden Bowen, Greta Silver, Günter Pecht, Hanno Renner, Hans-Christian Schwingen, Harald Neidhardt, Harald Schirmer, Helene Reiner, Helge Hellberg, Hinnerk Polenski, Holger Pütting, Horst Wagner, Ildikó von Kürthy, Imran Rehman, Insa Klasing, Isabelle Dumortier, Jacob Tilly, James Lawrence, Jan Bechler, Jan Fischer, Jan Homann, Jan Hugenroth, Jan Teunen, Jan von Enden, Janina Lin Otto, Jannis Bandorski, Jay Osgerby, Jeffrey Rogers, Jennifer Brook, Jenny von Podewils, Jens Corssen, Jessica Orkin, Jin Choi, Joana Breidenbach, Jobst Plog, Johann Füller, Johann Jungwirth, Johannes Burr, Johannes Oberlin, John Stepper, John Strelecky, Jonathan Kurfess, Jörg Rheinboldt, Julia Arndt, Julia Borggräfe, Julia Erdmann, Julia Jäkel, Julia von Winterfeldt, Julian Kupfer, Julius van de Laar, Jürgen Dold, Jürgen Schmidhuber, Kai Diekmann, Kai Lüssem, Kais al Saadi, Karsten Kühn, Katarzyna Mol-Wolf, Katharina Lilienthal, Katharina Wolff, Kathrin Balz, Katja Suding, Katrin Erbar, Keith Pepper, Kevin Luhn, Khesrau Behroz, Konstantin Jacoby, Konstantin Mehl, Lara Flemming, Lars Gaede, Lars Klingbeil, Laura Dekker, Laura Katharina Lewandowski, Laura Wendt, Laura Wohlers, Lee Caraher, Lena

Kleine Kalmer, Lena Wittneben, Leon Windscheid, Leonard Beck, Linda Zervakis, Lisa Choi Owens, Lisa Ramuschkat, Manfred Kets de Vries, Marc Winter, Marc-Sven Kopka, Maren Jopen, Maren Wagener, Marian Salzman, Mariane Bullwinkel, Marius Urbanczyk, Markus Albers, Markus Urban, Martijn Roordink, Martin Geier, Martin Schilling, Martin Unger, Martin Wezowski, Marvin Willoughby, Mathias Döpfner, Matthias Schranner, Matthias Wagener, Mattias Ulbrich, Matze Henze, Matze Hielscher, Maureen Taylor, Max Wittrock, Meike Ramuschkat, Michael Bartl, Michael Brehm, Michael Krause, Michael Schmidt, Michael Schmutzer, Micky Beisenherz, Millie Baring, Mintra Tilly, Mirko Kaminski, Mirriam Prieß, Miszek Damer, Monika Frech, Monika Jiang, Moritz Fürste, Moritz Kothe, Mousse T., Nadine Nobile, Nadja von Saldern, Nela König, Nick Sohnemann, Nieky Sarah Ipektchi, Nikita Fahrenholz, Nils Behrens, Nils Schnell, Nir Eyal, Nono Konopka, Nora Cavara, Oliver Burkhard, Oliver Kray, Oliver Wurm, Pascal Finette, Patrick Harris, Patrick Mushatsi-Kareba, Peter Bartels, Peter Docker, Peter Jungbluth, Petra von Strombeck, Philip Hartmann, Philip Siefer, Philipp Pausder, Philipp Preuß, Philipp Westermeyer, Philippe von Borries, Rachel Peck, Rachid Abu Hassan, Rainer Schaller, Ranghild Struss, Raphael Brinkert, Raphael Gielgen, Raul Krauthausen, Reiner Hoffmann, Reinhard K. Sprenger, Reinhard Springer, Reinhold Beckmann, Richard Mulholland, Roas Riera, Robert Beddies, Robert J. Waldinger, Robert Rausch, Romy Möller, Ross Drakes, Rüdiger Linhof, Rudolf Pütz, Ryan Merchant, Sabine Scheunert, Sabri Eryiğit, Sarah Dubbert, Sarah Träutlein, Sascha Lobo, Sebastian Klein, Sebastian Kraska, Shawn Ardaiz, Simon Heeger, Simone Menne, Stan Sugarman, Stefan Leichsenring, Stefan Lemcke, Stefan Richter, Stefan Stroh, Steffen Behn, Stephan A. Jansen, Stephanie Wille, Stephen M. R. Covey, Steve Chapman, Steward Butterfield, Susanne Harnisch, Sven Franke, Sven Schuwirth, Sven Weizenegger, Tanja Becker, Tarek Müller, Tassilo Benjamin Karunarathna, Teja Töpfer, Thomas Heilmann, Thomas Riedel, Thomas Vollmoeller, Thomas Winkelmann, Thorsten König, Tijen Onaran, Tim Leberecht, Tim Mois, Tina Müller, Tobias Karrer, Tommy Oehl, Topias Rohde, Toralf Haag, Uli Weinberg, Uwe Schuricht, Verena Pausder, Vincent Haldy, Vincent Kittmann, Waldemar Zeiler, Warren Rustand, Wendy Wood, Wilfried Beeck, Wim Hof, Wolf Lotter, Wolfgang Hildesheim.

Zur Fertigstellung dieses Buches haben neben unseren über 300 Podcast-Gästen eine ganze Reihe von Menschen mitgeholfen. An erster Stelle möchten wir uns bei unserem Lektor Dennis Brunotte bedanken, der uns geholfen hat, eine Idee für das Buch zu entwickeln und es zu schreiben. „Wenn Arbeit etwas wird, was Menschen stärkt" fasste er seine Eindrücke zusammen, nachdem er sich durch eine ganze Reihe unserer Podcast-Folgen gehört und unseren längst verworfenen ersten Entwurf quergelesen hatte. Ihm verdanken wir es auch, dass er uns regelmäßig an diese Idee erinnert hat. Wir sind sehr froh, dass er unserem Projekt seine große Erfahrung, Kreativität, Übersicht und Zeit gewidmet hat. Er hat einige der von uns am meisten bewunderten Bücher lektoriert, so zum Beispiel *Reinventing Organizations* von Frederic Laloux, *Die angstfreie Organisation* von Amy Edmondson, *OKR* von John Doerr und *Working Out Loud* von John Stepper. Ein extra Dank geht an eben diesen John, der uns mit Dennis zusammengebracht hat. Unterstützt wurde Dennis durch die Korrektorinnen Anke Schaffrek und Eva Herrmann, bei beiden bedanken wir uns ebenfalls sehr herzlich. Bei Christine Oymann bedanken wir uns für die Illustrationen in diesem Buch. Christine ist Expertin für Change Management und Transformationscoach. Sie treibt wirksame Arbeit in Teams voran, indem sie die Teams in Richtung Selbstorganisation begleitet. Sie zählt zu den Pionieren des Loop Approach und gestaltet Veränderungsprozesse, die den individuellen Bedürfnissen von Organisation gerecht werden. Durch ihre visuelle Kompetenz sorgt sie für Leichtigkeit und Verständlichkeit in diesem Buch. *loved* ist eine Agentur für Branding und Storytelling. Wir danken Alexander Müssgens, Michael Jacobs und Nora Depner für die Entwicklung des Covers und ihre Ideen zum Layout.

Bei dem großartigen Team der *Podstars* von *OMR* bedanken wir uns für die Betreuung der über 300 Podcast-Folgen, die eine wichtige Grundlage für unser Buch geworden sind. Danke auch an Benjamin Ditscheid, Jan Stäblein, Marcel Petzold, Tessa Morgenroth und Yannick Stahmer von *Blackboat,* die unseren Podcast technisch und organisatorisch von Beginn an unterstützt haben. In einigen Folgen, an denen entweder Christoph oder Michael nicht teilnehmen konnten, hatten wir Gast-Hosts. Wir bedanken uns hierfür bei Franziska Trautmann, Katinka Magnussen, Maks Giordano, Peter Bartels und Philipp Westermeyer. Wir danken außerdem den vielen kritischen Augen, die uns wichtigen Input gegeben oder/und uns dabei geholfen haben, verständlicher und regelkonformer zu schreiben. Unser Dank geht an Alex Wipperfürth, Annegret Allmers, Bettina Olf, Henrik Lambertz, Johanna Mühlbeyer, Kais al Sadi, Lisa Waloschik, Lucienne Damm, Max-Antonio Burger, Mieke Haase, Nicole Wronski, Philipp Westermeyer, Ralf Denkmann, Romy Möller und Tessa Morgenroth. Ein ganz besonderer Dank gilt unseren Zuhörerinnen und Zuhörern, die uns teilweise schon seit dem 1. Mai 2017 begleiten, uns immer wieder Feedback geben und die Hauptmotivation dafür waren, dass dieses Buch doch noch das Licht der Welt erblickt hat.

Swantje sagt danke

Mein erster Dank gilt den Leser:innen dieses Buches, ohne die es nicht zum Leben erweckt würde. Ich danke außerdem meiner Familie und meinen Freundinnen und Freunden dafür, dass ihr da seid und ich ein Teil eures Lebens sein darf – selbst wenn ich gelegentlich dazu neige, wochenlang abzutauchen, was im Frühstücksclub normalerweise nicht akzeptiert wird. Mein Dank gilt auch denen, die mich beruflich geprägt haben. Hierzu gehören meine ehemaligen Kolleg:innen bei *TUI Cruises*, von und mit denen ich viel lernen durfte, natürlich auch aus unseren Fehlern. Meinen Kolleg:innen von *cidpartners* verdanke ich neben einer großartigen Zusammenarbeit zahlreiche Erfahrungen, Know-how und Impulse, die in dieses Buch eingeflossen sind. Meinen Kolleg:innen von *Next Action Partners* danke ich nicht nur für ihre Unterstützung, sondern auch dafür, dass es dieses Buch ohne ein vernünftiges Selbstmanagement sicherlich nicht gegeben hätte. Und danke an diejenigen, die mich ins kalte Wasser gestoßen haben, weil sie wussten, dass es mir guttäte. Besonderer Dank gilt natürlich meinen Kund:innen, ohne euch würden wir hier ja nur von Theorie sprechen – danke für euer Vertrauen. Und ich danke den vielen brillanten Expert:innen und Autor:innen, auf deren Arbeiten wir aufbauen durften. Viele davon haben wir in diesem Buch zitiert. Zuletzt möchte ich mich beim Schicksal (oder was auch immer ein passendes Wort dafür wäre) bedanken, dass ich ein Leben führe, welches es mir ermöglicht hat, dieses Buch zu schreiben. Ich halte das in keinster Weise für selbstverständlich.

Michael sagt danke

Danke an euch alle, die mir geholfen haben und immer noch helfen, der Mensch zu sein, der ich heute bin: meine Familie und meine Freund:innen, wie zum Beispiel mein (ältester) Kieler Freundeskreis und meine Hamburger Freund:innen. Es sind meine Studienfreund:innen aus Paderborn und Augsburg, es sind die Menschen aus meinem Praktikum bei *Grey* in Düsseldorf und die nach dem Studium bei *Bossard Consultants* in München, Berlin und Paris. Ich danke den Kolleg:innen bei *Springer & Jacoby*, zuerst in London und später dann in Hamburg, Barcelona, Mailand und Paris. Zu vielen haben sich langjährige Freundschaften entwickelt. Meine Jahre bei *Audi* und die vielen Menschen, die ich dadurch auf der ganzen Welt kennenlernte, sind ebenso wichtig für mich und meinem Start als Unternehmer. Es sind die Kolleg:innen und Partner:innen bei *kempertrautmann* und später *thjnk*, bei der *loved*, bei *upljft* und dem fantastischen Team bei *HYROX*. Es sind die Teams, mit denen ich Sport gemacht habe, ob als Jugendlicher im Volleyball beim TSV Kronshagen und beim FT Adler Kiel oder als Erwachsener dann bei meiner Beneteau 25 Segelcrew, beim Hockey im Hamburger Polo Club und beim Beachhockey im legendären Team Hammabeach. Auch die Mitgliedschaften und die damit verbundenen Freundschaften in Netzwerken wie Rotary oder EO haben mir auf meinem Weg geholfen, und ich danke all den Menschen, die ich dadurch kennenlernen durfte. In den über 25 Jahren, die ich als Dienstleister gearbeitet habe, waren es viele Kundinnen und Kunden und ebenso viele Menschen bei Partnerunternehmen, die mich begleitet und geprägt haben. Ich danke euch allen für eure Geduld, euer Vertrauen und die meist liebevoll kritische Begleitung.

Christoph sagt danke

Mein aufrichtiger Dank gilt all jenen, die vor und hinter den Kulissen des Podcasts dabei geholfen haben, durchzuhalten– jeder kleine Kommentar, der Support, die starken Nerven, das Aushalten, die anstrengenden Wochenenden, viele Reisen, Experimente, Learnings und auch mal Gegenwind. Ihr seid großartig, denn ohne eure liebevolle Kritik und die Arbeit mit und für euch wäre der Podcast und damit auch das Buch, das wir heute in den Händen halten, nichts außer ein paar Dateien, netten Gesprächen und Anekdoten.

Insbesondere sind das meine beiden Eltern, die mich immer wieder in meinem Leben ermutigt haben, weiterzumachen. Meine Oma, die einen Tag vor der ersten Podcast-Reise verstorben ist, aber immer voller Interesse war für das, was ich begonnen habe und sich gefreut hätte, dass ihr Enkel endlich einmal was „so richtig Anfassbares“ geschaffen hat. Da sind unsere Zuhörer:innen, die unermüdlich den Gesprächen folgen, und unsere Leser:innen, die das Buch bis hier gelesen haben. Meine Familie, die mich durch so vielen Höhen und Tiefen begleitet hat. Meine engen Freunde, die sich immer wieder die Zeit nehmen, meinen Themen zuzuhören. Mein Team, mit dem ich jeden Tag arbeiten darf und das so stark hinter der New-Work-Idee steht. Meine Partnerin, die die intensiven Monate des Schreibens so eng begleitet und mich an den richtigen Stellen kritisiert und sehr viel mehr liebevoll motiviert hat.

Es ist nicht möglich, jede und jeden in so einem kurzen Absatz zu nennen und dabei niemanden zu vergessen. Was ich aber nicht vergesse, sind die vielen kleinen Momente und die Kommentare, die manchmal nur im Nebensatz fallen, aber umso mehr bewegen und dabei helfen, weiterzumachen und durchzuhalten. So habt ihr dazu beigetragen, dass wir uns die Zeit genommen haben, zu dokumentieren, wie sich die Arbeit verändert und was auf dem Weg zur Neuen Arbeit noch alles zu tun ist. Aus tiefstem Herzen: Danke! Das Beste liegt noch vor uns.

#OnTheWayToNewWork.

NEW WORK MASTERSKILLS

Höher, schneller, weiter? Oder lieber tiefer, besser und nachhaltiger? Mit New Work Masterskills unterstützen wir Menschen dabei, sich selbst, ihre Teams und ihr Unternehmen vor dem Hintergrund von New Work weiterzuentwickeln. Für persönliches Wachstum, gemeinsamen Erfolg und eine bessere Gesellschaft. Die von Swantje und Michael gegründete NWMS GmbH bietet hierfür unterschiedliche Ansatzpunkte:

NEW WORK EXECUTIVE PROGRAMM

Das einjährige Programm besteht aus vier Präsenz-Modulen und einer intensiven Betreuung der Teilnehmer:innen zwischen diesen Modulen. Swantje und Michael haben das Programm zusammen mit mehr als 15 Expert:innen entwickelt. Ganz im Sinne des vorliegenden Buches geht es darum, den Teilnehmer:innen Methoden und Tools zur Stärkung ihrer individuellen Fähigkeiten aufzuzeigen sowie Wege zur Verbesserung der Zusammenarbeit in Teams, Organisationen und Unternehmen. Gemeinsam mit einem starken Netzwerk werden sie bei der Anwendung unterstützt. Wir beschäftigen uns außerdem mit der Zukunft unserer Gesellschaft und der Frage, wie jede:r Einzelne von uns einen Beitrag für eine bessere Gesellschaft leisten kann. Oder in kurz: „Better me, better we, better society."

EXECUTIVE COACHING UND NEW-WORK-BERATUNG

Im Coaching unterstützen wir auf individueller Ebene, um konkrete Situationen zu reflektieren und neue Lösungen zu entwickeln. Es gibt unterschiedliche Anlässe und Themen für ein Executive Coaching, wie zum Beispiel die (Neu)Definition von Purpose, Vision und Zielen, Reflexion eigener Muster und Verhaltensweisen, Steigerung von Wirksamkeit und Effizienz in der Kommunikation, besserer Umgang mit den eigenen Ressourcen, Fokus und Stressreduktion oder die Bearbeitung von Herausforderungen und Themen aus dem (Führungs-)Alltag.

Neben der individuellen Haltung und Arbeitsweise umfasst New Work vor allem neue Formen der Zusammenarbeit als Team, ein neues Führungsverständnis sowie kulturelle Aspekte. Wir begleiten Führungskräfte, Teams und Organisationen auf dem Weg dorthin. Hierzu gehören Themen wie Purpose- und Visionsentwicklung, neue Methoden der Zusammenarbeit einschließlich hybrider Arbeit, Feedback, Kommunikation und psychologische Sicherheit, Leadership, Aufbau neuer Organisationsmodelle sowie Nachhaltigkeit, Diversität und Inklusion. Abhängig von Bedarf und Ausgangslage setzen wir unterschiedliche Formate ein, wie zum Beispiel Beratung, Workshops, Trainings und Impulsvorträge.

UNSER ANSATZ

Swantje und Michael bringen in ihre Arbeit langjährige Erfahrungen und ein großes Netzwerk an Expert:innen ein. Sie kombinieren die besonderen Talente außergewöhnlicher

Menschen aus den unterschiedlichsten Bereichen für den Erfolg der betreuten Menschen und Organisationen. Darunter befinden sich ehemalige Weltklasse-Sportler:innen, Unternehmer:innen, Medienpersönlichkeiten, Mediziner:innen, Executive- und Recovery-Coaches, Organisations- und Teamentwickler:innen, Nachhaltigkeitsexpert:innen sowie Schauspieler:innen und Medientrainer:innen.

www.newworkmasterskills.com

BLACKBOAT UND DAS „HOUSE OF NEW WORK"

Der Weg zur neuen Arbeit hat für Christoph mit seinem Beratungsunternehmen Blackboat schon vor dem Podcast-Start vor mehr als 10 Jahren begonnen. Mit dem Fokus auf die Verbesserung der Kommunikation und Zusammenarbeit in Unternehmen stand für ihn schon immer der Mensch im Mittelpunkt der New-Work-Reise. Und damit die Frage, wie Technologien, Tools und Methoden eingesetzt werden können, um Arbeit anders zu organisieren und zu etwas zu machen, das den Menschen stärkt, statt schwächt. Angefangen von der technischen Einführung und Change-Begleitung für Kommunikationstools wie *Microsoft* 365, G Suite oder *Slack* über New Work Leadership-Programme bis hin zu Streaming von hybriden und virtuellen Veranstaltungen. Die Blackboat-Crew, bestehend aus Expert:innen für u.a. IT, Psychologie, Medien-Produktion und Architektur, begleitet ihre Kund:innen in allen Bereichen der Kommunikation – seien es die digitalen Tools für hybride Arbeit oder die Neugestaltung von Flächen für das Büro und die räumliche Zusammenarbeit der Zukunft.

Insbesondere die Zeit der Pandemie hat gezeigt, welche große Bedeutung der Raum neben den digitalen Technologien als Ort für gute Kommunikation und Arbeit hat. Um die Möglichkeiten virtueller und hybrider Arbeit weiter zu erkunden, haben Christoph und sein Team bei Blackboat daher vor Kurzem einen neuen Workspace in Hamburg bezogen. Das sogenannte „House of New Work" soll dazu dienen, den Themen rund um Zusammenarbeit der Zukunft einen Raum zu geben. Im „House of New Work" können Menschen zusammenkommen, die sich diesen Fragen stellen und gemeinsam nach Lösungen suchen. Mit seinen Zentren für neue Arbeit hat Frithjof Bergmann schon in den 1980er-Jahren seiner Idee erstmals einen Ort gegeben. Er hat uns im Podcast und den anschließenden Interviews erneut den Impuls dazu gegeben, „Arbeit neu zu denken und zu organisieren". Mithilfe eines Raums, der diesem Zweck gewidmet ist und Technologien und New-Work-Inspirationen miteinander verbindet, wollen wir diese Tradition fortsetzen.

www.blackboat.com